U0298397

木材工业实用大全

涂 饰 卷

中国林业出版社

图书在版编目(CIP)数据

木材工业实用大全：涂饰卷/《木材工业实用大全》编辑委员会《木材工业实用大全·涂饰卷》编写小组编．—北京：中国林业出版社，1998

ISBN 7-5038-1935-9

Ⅰ．木… Ⅱ．木… Ⅲ．①木材工业-手册②涂饰卷-手册 Ⅳ．TS6

中国版本图书馆 CIP 数据核字（97）第 22873 号

中国林业出版社出版

（100009 北京西城区刘海胡同 7 号）

北京卫顺印刷厂印刷 新华书店北京发行所发行

1998 年 9 月第 1 版 1998 年 9 月第 1 次印刷

开本：787mm×1092mm 1/16 印张：24.25

字数：634 千字 印数：1～2500 册

定价：70.00 元

《木材工业实用大全·涂饰卷》编写组

主　　编：张广仁
副 主 编：王　愉
作　　者（按姓氏笔画为序）：
王　愉　任宗发　吕文新　刘　锋　朱　毅　李宝权
李晓平　郑凤兰　周长庚　张广仁　洪之宁　封凤芝
徐茂员　徐瑞杰　傅国良　蔡立新

责任编辑：马爱锦

依靠科技进步，
振兴木材工业

田纪云
一九九二年五月

提高木材工业技术水平
促进林业事业发展

高德占

一九九二年十月

序　言

林业是国民经济的重要组成部分，既是一项社会公益事业，又是一项重要的产业，肩负着改善生态环境和为国家经济建设以及满足人民生活需要提供各种林产品的双重任务。在党和国家的高度重视下，通过广大林业职工和社会各界的共同努力，目前，我国已实现了全国森林资源总生长量大于总消耗量，消灭了森林“赤字”，扭转了长期以来森林蓄积量持续下降的局面，开始走向森林面积和森林蓄积双增长的新阶段，林业形势正在继续向好的方向发展。

林产工业是林业的重要组成部分，是国民经济中不可缺少的一个产业。培育、保护、经营和利用好森林资源是林业的主要任务。作为资源综合利用的林产工业，是实现森林资源再生的重要环节，是加工木材和各种林产品服务于经济建设和美化人民生活的重要行业。大力发展林产工业更是充分合理利用森林资源，从根本上减轻森林资源压力，壮大林业实力，实现以工养林、林工贸一体化的有效途径。

改革开放以来，林产工业得到了较快发展，无论是生产技术水平和装备水平，还是产品质量，都有明显提高。但其发展的总体水平与国民经济的发展还很不适应，与发达国家同行业相比还有很大差距，亟待急起直追。

振兴林业，科技先行，人才为本。目前，正是我国建立社会主义市场经济新体制，实现现代化经济建设第二步战略目标的重要时期，对林业的振兴，既是机遇又是挑战。我国林业要在国际、国内占有一席之地，从现在起就要十分重视人才的培养，把加强科技队伍建设，搞好技术培训放到重要地位，培养一支在国际、国内市场上具有竞争能力的跨世纪的科技队伍。《木材工业实用大全》的出版意在满足对现有科研、教育、设计和生产等领域的工程技术人员，对更新知识，推广应用新技术、新成果的需要起到积极的作用。因此，编写和出版这本《木材工业实用大全》是十分必要和及时的，希望这朵科技兴林之花，能结出社会主义现代化林业之果。

1994年3月25日

前 言

木材工业是指以木材和木质材料为原料，经机械或机械与化学方法加工为产品的加工工业。它包括自原木开始后的制材、木材干燥、防护和改性处理，人造板等复合材料制造以及木制品生产等方面。由于木材是有质量轻、强度高、弹性好、色调丰富、纹理美观、保温隔热、加工容易等优点，所以木材用途极为广泛；加以木材工业加工能源消耗低，环境污染少，资源有再生性，废弃产品又可多次重复利用，因此，木材工业也是环境的友好工业，对国家经济建设和人民生活有着密切的关系，在国民经济中占有重要位置。此外，木材工业在市场的牵引下不断健康增长的同时，亦有利于森林资源的优化和持续发展。

新中国成立以来，我国的木材工业有了很大的发展，特别是改革开放以来，无论是在产品品种、数量和质量上，还是生产技术、设备和管理水平上，更有了明显的提高，积累了不少可贵的经验和资料。为了反映我国木材工业现状，便于相互交流和促进其持续发展，以满足现有生产、设计、教育和科研等方面的工程技术人员和企业管理人员等对生产、技术、知识更新和新技术推广等的需要，中国林业出版社倡议编撰《木材工业实用大全》大型套书，得到了林业部领导的支持和中国林产工业公司的积极响应，成立了该书的编辑出版领导小组和编辑委员会，编委会由国内有关专家50人共同组成。

《木材工业实用大全》是以实用为主的手册性的大型工具书，主要供有关工程技术人员、企业管理人员和中级以上水平操作工人阅读。编写的原则是：1. 按产品分卷为主，各卷既要尽可能的保持其独立性，又要避免过多的重复；2. 既要撰写国内成熟的生产技术，又要适当介绍符合我国国情的国外技术；3. 内容阐述上以生产工艺为中心，设备为辅，设备又以主机为主；4. 内容表达上要求文字简洁，尽可能用图表、公式，力求充分体现手册性的特点。

《木材工业实用大全》的内容包括木材工业各种主要产品，如木材卷、胶粘剂卷、制材卷、木材干燥卷、木材保护卷、木制品卷、家具卷、涂饰卷、胶合板与胶合木卷、刨花板卷、纤维板卷及人造板表面装饰卷。各卷均具有其独立性，按分卷陆续出版，标示卷名，不列卷次，便于读者需要购买，也有利于分卷编辑出版。

《木材工业实用大全》在编写过程中得到领导小组的亲切指导，编委会编委的热情支持与辛勤工作，有关高等院校、科研单位、设计单位及生产部门的大力协助，香港嘉汉木业的巨额资助，特别是承前国务院副总理田纪云同志、前林业部部长高德占同志为本书亲笔题词，在此一并谨致诚挚的谢意。编写这样大型工具书，国内外尚不多见，我们缺乏经验，不妥之处，恳请读者批评指正。

王恺

1997年5月8日

本卷前言

涂饰是指用涂料（油漆）涂饰木制品，在其表面形成一层附着牢固的装饰保护涂膜。木器涂饰在我国有极为悠久的历史，甚至可以说人类发展木制品涂饰的历史都可以从中国人开始应用大漆的时期算起。早在公元前我国劳动人民已开始使用天然大漆涂饰器物，至今数千年来已积累了丰富的经验。尤其在近年来我国改革开放的新的历史时期中，使木制品涂饰获得了飞跃发展。新材料新工艺不断得到应用，各种木制品表面装饰以极快的速度在改变面貌。经过涂料装饰的木制品对美化人民生活，促进国民经济的发展起到极为重要的作用。

由于地球上木材资源日渐减少，近几十年许多国家兴起了模拟装饰，即在低质木材的表面或刨花板、纤维板表面上，采取染色、模拟木纹以及胶贴各种装饰贴面材料等方法模拟木材的天然花纹与颜色，模拟大理石、珍珠、皮革、织物等材料的外观。模拟装饰大大简化了木制品表面装饰工艺，模拟效果极为逼真，花色品种繁多。但是随着国民经济的深入发展，人民生活水平的进一步提高，采用这些模拟装饰的木器家具在市场上通常列入中低档产品。只有那些款式新颖、用料名贵、作工考究，并采用精细涂料涂饰的木制品才真正属于高档产品。因此，尽管世界各国大量地应用了模拟装饰方法，而至今国内外木制品表面的主要装饰方法则仍然是涂料涂饰。目前，我国市场上即使用料并不名贵（仅用刨花板、中密度纤维板制做）的木器家具，只要经过高级木器漆（聚酯、聚氨酯等）精细涂饰的都是家具中的上品。尤其前几年标明“聚酯家具”的产品曾极为畅销，近几年涂饰清漆的各类实木制品成为新潮，这些都说明木制品涂饰在生产中与在人民生活中的价值。可以预计随着我国市场经济的发展，涂饰质量将在很大程度上决定着木制品的市场竞争能力。本书特为此而编写。

涂料是化工产品，品种繁多，性能各异，新的材料不断涌现，发展极快。大多数液体涂料只有经过涂饰固化后才能形成木材表面的涂膜。而木材原是生物，与其它材料（金属、塑料等）相比其结构复杂又不均匀。因此，将液体涂料涂于木材表面的过程，影响因素很多，技术难度很大，这就决定了木器涂饰的研究内容丰富。若想做到优质、高效、低耗地进行木制品涂饰，在生产实际中涉及到的材料、方法、工具设备、工艺条件与质量控制的问题很多，只有深入总结生产实践经验，不断引入新的工艺技术，才能使我国木制品涂饰技术水平尽快提高到一个新的阶段。

本书是木材工业实用大全的一个分卷，编写过程中力求作到符合《大全》的编写原则。即针对工程技术人员与中级以上水平的操作人员，同时也兼顾广大社会读者。尽量写成手册性的工具书，以实用为主，查阅方便，编写内容以工艺为中心，尽可能用图表形式表达。内容深度尽量反映我国当前生产中的实用技术，涉及的内容较为全面，许多章节都是我国已出的同类书中前所未有的。

本书初稿曾经《大全》编委会确定的主审——东北林业大学余松宝教授认真审阅，并提出修改意见。又在1992年9月经《大全》编委会主编王恺先生召集的审稿会详细审阅，又经作者反复修改才最后定稿。这里对王恺、余松宝教授以及参加审稿会的北京油漆厂梁增田高级工程师、哈尔滨油漆厂张巨生高级工程师表示深切谢意。

本书共12章，参加编写者有：张广仁、吕文新（第1、2、4、5、8、10章），王愉、朱毅（第2、8、9、12章），李宝权（第3、6、7章），周长庚（第4、9章），刘锋（第11章），傅国良（第10章），封凤芝（第2章），徐茂员（第2、8章），蔡立新（第5章），李晓平（第2章），洪之宁（第8章），徐瑞杰（第8章），任宗发（第2章），郑凤兰（第2章）。

由于我国幅员广大，木器行业与部门较多，涂料与涂饰技术发展很快. 限于编者水平，错误与不足之处敬请读者批评指正。

编 者

1997年12月

目　录

1 涂料基础

2 涂料品种

4　涂饰着色

5 涂饰涂料

6 涂层干燥

9 大漆涂饰

10 涂饰缺陷

11 涂饰流水线

12 工时与材料消耗

1 涂料基础

虽然近几十年来贴面装饰较为发达，但至今国内外各类木器表面的主要装饰方法仍然是用涂料涂饰。涂料旧称油漆，在我国这类材料开始是用植物油和天然树脂制成。但是近代随着石油化学工业的发展，涂料工业已经广泛应用各种合成树脂制漆，很多涂料品种已经完全不用植物油和天然树脂作原料。故近年的书刊资料以及有关标准中均用“涂料”代替“油漆”，实际含义相同，习惯上人们仍经常并用。

涂料是这样一些材料，多为液状，少数为可液化之固体粉末或厚浆状物质，借助某种特定施工方法可涂于物体表面上，经干燥固化而形成连续固体涂膜。对被涂物体具有保护、装饰或其它特殊功能。大多数液体涂料是由成膜物质、溶剂、着色材料与辅助材料等构成。

1.1 成膜物质

成膜物质是一些涂于物体表面能干结成膜的材料。涂料工业制漆时应用一些含有特殊功能团的树脂或油脂作成膜物质，经过溶解或粉碎，当被涂覆到物体表面时，经过物理或化学变化，能形成一层致密的连续的固体薄膜。成膜物质是涂料组成中最重要的成分，主要决定液体涂料以及随后转变成固体漆膜的许多性能。

1.1.1 植物油

油脂包括植物油与动物脂肪。实际上我国长期以来主要使用植物油制漆，至今含有植物油的涂料品种仍占很大的比重。植物油一般是用植物的籽实压榨制得，制漆时多须经过精制（漂油）与熬炼（高温处理）使其纯化与改性。植物油的主要成分为甘油三脂肪酸酯（简称甘油三酸酯），此外还含有磷酯、固醇、色素、蛋白质、水分、育酚、游离脂肪酸与糖类等杂质。其中脂肪酸对油类性能影响较大。

脂肪酸在常温下为液体或固体，无色或白色，比水轻，不溶于水，可分为饱和脂肪酸与不饱和脂肪酸二类。前者的分子结构中不含双键（$-CH_2-CH_2-$）；后者含有双键（$-CH=CH-$）。由于脂肪酸分子结构的不同，使不同品种的油类性能差异较大，尤其对油类干燥性能（干性）的影响最明显。

1.1.1.1 植物油分类 按油类干性，涂料工业应用的植物油可分为干性油、半干性油和不干性油三类，可由测定其碘值加以区分。碘值是指 100 克油所能吸收碘的克数，能表示油类的不饱和程度与干燥速度。一般说油脂中脂肪酸所含双键数越多，即不饱和程度越高，则碘值越大，干燥越快。植物油分类情况如表 1-1 所列。

表 1-1 植物油分类表

油类	品种	干性与用途
干性油	桐油、亚麻油、梓油、苏子油	碘值在 140 以上。涂成薄层能较快吸氧干结成膜，主要用作成膜物质
半干性油	葵花油、豆油、棉子油、花生油	碘值介于 100～140。涂成薄层能慢慢吸氧，需较长时间才干结成膜，用作成膜物质与制造油改性树脂
不干性油	蓖麻油、椰子油	碘值低于 100。不能吸氧自行干燥结膜，用作增塑剂与制造合成树脂。蓖麻油可经脱水改性成为干性油

1.1.1.2 油类品种 涂料工业常用植物油品种与性能如表 1-2 所列。

表 1-2 常用植物油性能

品种	来源与产地	性能
桐油	是由桐树果实压榨制得。桐树盛产于我国长江流域及其以南地区	是我国特产，使用较早，并至今仍广泛应用的极优良的干性油。油色从浅黄到黄棕，有特殊气味，较粘稠。用它制漆具有漆膜坚硬、致密、光亮、耐水、耐碱、耐光、耐久、耐大气等优点。但是单用桐油或用量过多，漆膜可能起皱失光，早期老化
亚麻油（胡麻油）	是草本植物亚麻种籽压榨制得。产于黄河以北的内蒙古、山西、陕西等地	是一种造漆用量很大的干性油，其干性稍次于桐油、梓油。所制涂料的涂膜柔韧耐久、耐候性比桐油好，不易起皱。但耐光性差、易变黄、不适于制白色漆
梓油（青油）	由乌桕树果实的籽仁压榨制得。盛产于我国南方江、浙等省份	是青黄色或棕红色液体，也是一种性能良好的干性油，干性比亚麻油快，仅次于桐油。精制梓油制成的漆，颜色浅，不易变黄，漆膜坚韧
豆油	由大豆压榨制得，东北产量最大	属半干性油，干燥较慢。油清彻透明，油膜不易变黄，适于制浅色漆与白色漆
蓖麻油	由蓖麻籽冷榨制得	属不干性油，不能直接作成膜物质，用作增塑剂或制作改性聚氨酯漆。经高温脱水可转变成干性油（俗称脱水蓖麻油），制成的漆膜不易变黄，耐水性好
椰子油	由椰树的果肉制取得油。产于热带	属不干性油，多用于制不干性醇酸树脂。颜色浅淡，所得漆膜保色性好，硬度大，稍脆

常用植物油物化特性常数如表 1-3 所列。

表 1-3 常用油类物化特性常数

品种	颜色[1)]（号）	折光指数（20℃）	酸值（pH）	碘值[2)]	皂化值[3)]	比重[4)]（20℃/4℃）
桐油	＜9	1.518 5	＜6	155～167	188～197	0.936～0.945
亚麻油	＜9	1.479 5	1～7	175～195	184～195	0.927～0.937
梓油	＜9	1.482 5	4～10	165～187	200～212	0.935～0.939

（续）

品 种	颜色[1]（号）	折光指数（20℃）	酸 值，pH	碘 值[2]	皂化值[3]	比 重[4]（20℃/4℃）
苏子油	<9	1.481 0	2～5	190～205	188～197	0.926～0.935
豆 油	<6	1.473 5	1～4	120～140	185～195	0.921～0.925
棉子油	<12	1.469 5	5	100～116	191～198	0.917～0.925
蓖麻油	<5	1.476 5	2～9	81～91	176～186	0.955～0.965
椰子油	<4	1.448（40℃）	<5	7.5～10. 5	253～268	0.869～0.875（99/15℃）

注：1）颜色为铁钴比色计测定；2）碘值系在一定标准条件下100克油所能吸收的碘的克数，表示油料不饱和程度；也是表明油料干燥速度的重要指标。干性油的碘值一般在140以上，半干性油为100～140，不干性油一般在100以下；3）皂化值系1克油完全皂化时所需要的KOH（氢氧化钾）的毫克数。是区别油与其中不能皂化物质的分析基础。皂化值表示油中全部脂肪酸的含量（包括游离的及化合的）；4）比重是指20℃时某物质与4℃时水的重量比（同体积）。

1.1.1.3 油类固化机理与性能 植物油能作成膜物质，当涂成薄层时能干结成膜主要是油分子结构中不饱和脂肪酸的双键与空气中的氧发生氧化聚合反应，使油分子逐步互相牵连结合，分子不断增大，逐渐由低分子转变成聚合度不等的高分子，由液体状态转变成固体皮膜。这个化学反应过程比较复杂也比较缓慢。当加入金属催干剂与加热能使油类的干燥固化加速。所以，清油或油改性树脂以及含大量植物油的所谓油性漆（清油、酯胶漆、酚醛漆与醇酸漆等）施工时应尽量涂成薄层，使其充分接触空气，施工环境空气新鲜，涂层上方空气流动。涂层在吸氧之后，发生一系列复杂的氧化聚合反应，用氧将小的油分子连接成大的油分子，使涂层失去流动性，逐渐转变成固体的涂膜。

油类或油性漆的涂膜柔韧耐久，耐候性与附着力好，有一定的耐热、耐水、耐化学药品性，涂膜光亮耐久。但涂膜的硬度、光泽与干燥速度等不及含树脂较多的漆。

1.1.2 树 脂

树脂是一些无定形的粘稠液体或固体物质，具较高的分子量，多数仅溶于有机溶剂而不溶于水，部分（或特制的水溶性树脂）能溶于水中，无明显的熔点，受热变软，将其溶液涂于物体表面，待溶剂挥发则能固化成树脂薄膜，故能作成膜物质，已成为现代涂料的主要组成成分。含树脂的漆类将明显地提高了漆膜的光泽、硬度、耐磨、耐水、耐化学药品以及干燥速度等性能。

树脂按来源可分为天然树脂（如虫胶、松香树脂等）与合成树脂（酚醛、氨基环氧树脂等）。根据其受热后软化变形的情况可分为热塑性与热固性树脂。合成树脂由于其性能优良，资源丰富，在现代涂料工业中使用最广泛。

木器漆常用树脂性能如表1-4所列。

表1-4 木器漆常用树脂性能

品种	来源	性能
虫胶 （紫胶、漆片）	由寄生在热带树木上的紫胶虫分泌物经采集加工制得	多为黄色或棕褐色片状，少量颗粒状，也有经漂白的白虫胶。片胶中含90%～94%紫胶树脂，余为蜡与色素等 虫胶易溶于酒精、碱溶液中，也能溶于甲醇、甲酸、乙酸等而不溶于其它常用溶剂 虫胶软化点低耐热性差，制成漆干燥快、光泽好，坚硬、高弹性，耐油、耐酸、防潮防腐
松香	由赤松、黑松等树皮层分泌的松脂、明子经蒸馏提出松节油后制得	为微黄至棕红色透明硬脆的固体天然树脂。不溶于水，溶于乙酸、丙酮、松节油等，与油类热炼制漆可增进漆膜的光泽、硬度与干性。但未经改性的松香软化点低、脆性大、酸值高、易回粘、保光性差、遇水发白，需改性
酯胶 （甘油松香）	将松香加热熔化与甘油作用制得	属一种改性松香，为块状透明固体。与松香比较软化点提高，酸值降低，耐水性改进，但漆膜仍有回粘现象，干后不够爽滑
季戊四醇松香	由季戊四醇与松香经高温酯化反应而成	为块状透明固体，也是一种改性松香。用其制漆在干性、硬度、耐水、耐热、耐磨等项均比酯胶好
顺丁烯二酸酐松香甘油酯（失水苹果酸树脂）	由松香、顺丁烯二酸酐（失水苹果酸酐）与甘油高温反应生成的酯	为块状透明固体，是较优异的改性松香，色浅、抗光性强，不易泛黄，可溶于酯、酮、苯类与松节油等溶剂，制成漆膜光泽高，硬度大，干后爽滑
松香改性酚醛树脂	将酚与醛的缩合物与松香反应再经甘油酯化制得	为浅黄至棕红色透明固体，与油类有很好的混溶性。能溶于松香水、松节油、苯与酯、酮类溶剂，其硬度、光泽、软化点都比酯胶好。用其制成的漆膜坚硬、光亮、耐水、耐热、耐久、耐化学药品
醇酸树脂	由多元醇、多元酸与单元酸缩聚制得，常用苯酐、甘油（或季戊四醇）与植物油高温酯化制成	是重要的涂料用树脂，是固体或半固体材料。品种多，性能优异，在附着力、光泽、硬度、保光性、耐候性方面均超过前述树脂。能与多种树脂混溶，可独立制醇酸漆，也可用于制硝基漆、氨基漆等
硝化棉（硝酸纤维素酯）	由纤维素（棉花、木浆）经硝酸、硫酸混合液硝化制得	白色或微带黄色纤维状固体。比重约为1.6，不溶于水而溶于酮、酯类溶剂。其溶液涂于表面所成薄膜坚硬、耐磨，但耐热耐碱性差。漆用硝化棉含氮量约11.5%～12.2%
过氯乙烯树脂	由聚氯乙烯与氯反应而成的热塑性树脂	白色疏松状颗粒，含氯量61%～68%，易溶于酯、酮与苯类溶剂。其涂膜有优良的耐化学药品性、耐水、防霉，附着力与光泽差
氨基树脂	是由含氨或酰氨的单体与甲醛反应而成的热固性树脂	具优越的光泽、硬度、保色和耐化学药品性能。但单纯的氨基树脂其涂膜硬而脆，附着力差。故常与醇酸树脂合用制成氨基醇酸漆

（续）

品　种	来　源	性　　能
丙烯酸树脂	是由丙烯酸或甲基丙烯酸酯类、腈类、酰胺类等单体聚合而成，可制成热塑性与热固性树脂	热塑性丙烯酸树脂具有坚硬耐磨、色浅、光泽高、不失光、不变色、耐热、耐候与耐化学药品等特点。而热固性树脂则具有更优良的物理机械性能，可供制高级木器漆
聚氨酯（聚氨基甲酸酯）	是由多异氰酸酯与多羟基聚合物反应制得	聚氨酯兼有优异的装饰与保护性能。涂膜坚韧、光亮、丰满、耐磨、附着力好。并有突出的耐水、耐化学药品、耐热与耐寒性，用于制高级木器漆
聚酯树脂	是由多元醇与多元酸缩聚反应制得，可制成饱和与不饱和聚酯树脂	不饱和聚酯涂膜具有优异的光泽、硬度、耐磨与耐化学性。其独特之特点是可制成无溶剂型涂料，固体含量极高，一次可得厚涂膜。但涂膜韧性差，易划伤，是多组分漆，施工麻烦，可制高级木器漆
环氧树脂	是由环氧氯丙烷和二酚基丙烷缩聚而成	环氧树脂的涂膜有极好的附着性、硬度、柔韧性、耐水性与耐化学腐蚀性，但耐候性差

1.2 溶　剂

溶剂是液体涂料组成中的重要成分，是一些能溶解成膜物质的挥发性液体（如松节油、松香水、二甲苯、醋酸乙酯等），造漆时按一定比例加入漆中，涂料施工时也用溶剂调节粘度与清洗工具、设备和容器，此时所用溶剂常称稀释剂，许多漆类组成中的溶剂与施工用稀释剂是同一材料，有些则略有区别。

1.2.1 作用与性质

1.2.1.1 溶剂作用　造漆用溶剂与涂料施工用稀释剂有如下作用。

（1）溶解成膜物质　由于用作成膜物质的树脂多为固体与厚油（经高温熬炼的植物油粘度增稠），故在造漆与涂料施工时都需要溶剂溶解，使之成为有适宜粘度便于施工的液体。

（2）增加涂料贮存稳定性　含适量溶剂的涂料贮存时，可防止成膜物质胶凝，桶内充满溶剂蒸气可防止油性漆结皮；含足量溶剂的涂料不致使树脂析出、分离使涂料变稠。

（3）增加涂料对木材的润湿性　含适量溶剂之涂料涂于木材表面易于润湿木材表面，便于使漆液渗入木材孔隙之中，可改善干后涂膜对木材的附着力。

（4）改善湿涂层的流平性　由于溶剂作用涂料粘度适宜，则涂于表面的湿涂层有足够的流平时间，能保证涂层的均匀性，可避免涂层过厚、过薄、起皱与留下刷痕等。

（5）活性溶剂参与成膜　无溶剂型漆如聚酯漆中的苯乙烯，既作溶剂溶解不饱和聚酯，又能在成膜助剂作用下与其交联固化成膜，起到兼作溶剂与成膜物质的作用。

（6）决定液体涂料的某些性能　液体涂料的粘度主要由溶剂品种与数量控制；湿涂层胶凝停止流动的时间决定于溶剂数量与挥发速度；涂料的毒性、气味以及易燃易爆等性能多与溶剂有关，等等。

1.2.1.2 溶剂性质 溶剂的重要性质有溶解力、蒸发速度、沸点和馏程、闪点、自燃点和易燃性、毒性、气味。此外还有粘度、纯度、比重、颜色、含水量、酸碱度、不挥发物等。选用溶剂还应考虑其价格。

(1) 溶解力 是指溶剂能把成膜物质分散和溶解的能力，能使成膜物质均匀地分散在溶剂中而形成稳定的溶液。实际上每种溶剂只有相对的溶解力，并不能溶解所有的成膜物质。例如酒精能很好地溶解虫胶，却不能溶解一般的植物油；松节油能溶解植物油却不能溶解虫胶与硝化棉。因此，造漆、调漆与涂料施工中都需掌握具体的溶剂品种能溶解的成膜物质种类，以及具体的成膜物质能被其溶解的溶剂品种。只有正确的选用才能顺利溶解，选用错误可能会使漆液造成混浊、沉淀、析出、失光、甚至报废。

判断溶剂对成膜物质溶解力的强弱，一般可以通过观察一定浓度溶液的形成速度或观察一定浓度溶液的粘度来决定。溶解力越强，溶解速度快，溶液的粘度越低。溶剂可以允许加入非溶剂的物质，其加入量多，贮存与对温度的稳定性越好。在一定粘度要求下，溶解力强的溶剂用量少。

(2) 蒸发速度 是指溶剂从湿涂层中挥发到空气中去的速度。它对涂膜的形成有很大影响，尤其是挥发型漆。溶剂蒸发速度直接影响湿涂层的胶凝干燥速度和漆膜形成质量，决定湿涂层处于流体状态时间的长短。溶剂挥发太快时，有可能使涂层来不及流平就很快变稠，刷涂时不便回刷理顺，潮湿天气施工挥发型漆易变白与产生桔皮等缺陷；而挥发太慢虽有利于湿涂层的流平，但有可能产生流挂与延缓涂层的干燥时间。

溶剂的蒸发速度大致与其沸点成比例（但也并不完全一致）。一般说，低沸点溶剂比高沸点溶剂挥发快。因此，常用溶剂沸点区分溶剂蒸发速度。大致可分为低沸点溶剂（沸点在100℃以下）；中沸点溶剂（100～150℃）与高沸点溶剂（150℃以上）。沸点较高的溶剂相对挥发慢，可改善涂层的流平性以及避免挥发型漆发白（可作防潮剂）。

(3) 安全性：是指溶剂的易燃易爆以及毒性与气味等。有机溶剂多为易燃品，液体溶剂与溶剂蒸气遇明火或高温条件都可能燃烧；溶剂蒸气与空气混合达一定比例还有可能发生爆炸，溶剂的易燃易爆性多与其闪点、自燃点以及爆炸极限有关。

涂料用有机溶剂多有不同程度的毒性。当溶剂与其蒸气通过呼吸或皮肤进入人体对人有害，可致急性或慢性中毒。溶剂对人的伤害与溶剂蒸气在空气中的浓度、停留时间、溶剂品种、接触量等因素有关。同一情况常因人而异，有些人可能在同一条件下施工多年，产生一定适应性，虽接触有毒溶剂而感觉并不明显。

溶剂大多有特殊的刺激气味。可能引起操作人员强烈的生理作用，人们对气味的敏感性也往往因人而异。溶剂以及涂料的气味有时比毒性还会严重影响对其选用。

为保护操作者的安全，对溶剂在空气中的最大容许量，世界各国都作了规定。常用每升毫克数或百万分之几来表示。

生产中通过采用机械化涂饰（喷、淋、辊涂）与人工干燥方法（热风、红外线与紫外线等）以及车间或局部通风等措施来防止溶剂的毒性、气味与易燃易爆等。

1.2.2 溶剂品种

木器漆常用溶剂品种与性能如表1-5所列。

表 1-5 木器漆常用溶剂品种性能

品种	来源	性状	溶解性
松节油	属萜烯类混合物，由松树松脂或松根经蒸馏或溶剂浸提制得	无色或淡黄色液体，有松脂气味。比重0.86～0.87；沸点150～170℃；闪点30℃；自燃点263℃。对眼和皮肤有刺激作用，长期接触能引起头疼、恶心。挥发较慢	能溶解天然树脂、油类和乙醇。多用作酯胶漆、酚醛漆和醇酸漆的溶剂与稀释剂
溶剂汽油（松香水、白醇）	由天然石油与人造石油经分馏制得	无色透明液体，有汽油味。比重0.77～0.78；沸点150～200℃；闪点33℃；自燃点280℃。属非极性溶剂，为麻醉性毒物，能引起头昏、头疼、心悸、乏力	具中等溶解力，对油类与长油度改性树脂、松香等能很好溶解。是油性漆用量最多的溶剂
苯	从煤焦油中的轻油部分分馏而得	无色透明液体，有特殊芳香气味。比重0.88；沸点80.1℃；闪点−8℃；自燃点580℃。挥发快、溶解力强，易燃、易爆，有毒	可溶解油类、天然树脂与合成树脂，因毒性应用较少
甲　苯	由煤气及煤焦油中提炼得到	无色透明液体，有芳香气味。比重0.862；沸点110.8℃；闪点6～30℃；自燃点552℃。挥发比苯慢，有毒比苯轻，溶解力强	能溶解油脂与树脂，用于醇酸、硝基等漆中
二甲苯	主要从煤焦油的轻油部分分馏和催化重整轻汽油分馏制得	无色透用液体（对二甲苯为片状或棱柱晶体），比重0.863；沸点139.2℃；闪点34.4℃；自燃点553℃。挥发速度适中，有低毒，溶解力强	能溶解油脂、树脂，是涂料工业应用较多的溶剂。广泛用于醇酸、聚氨酯、氨基等漆中
醋酸乙酯	由醋酸和乙醇在硫酸的催化下经脱水制得	无色易燃液体，有果香味，比重0.902；沸点77.1℃；闪点−4℃；自燃点400℃。为高极性溶剂，溶解力强，挥发快。对粘膜有轻微刺激与麻醉作用	能溶解硝化棉与合成树脂等，用于硝基漆中
醋酸丁酯	由醋酸与正丁醇在硫酸共热下反应制得	无色透明液体，有果香味。比重0.883；沸点126℃；闪点25℃；自燃点422℃。属中沸点溶剂。挥发适中，溶解力强，对眼与呼吸道有刺激作用	能溶解合成树脂与硝化棉等，多用于硝基、聚氨酯等漆中
醋酸戊酯	由醋酸与戊醇反应制得	无色易燃液体，有较浓水果香味。比重0.87；沸点142℃；闪点25℃；自燃点400℃。挥发慢可改善涂层流平与泛白，对眼与结膜有刺激作用	与醋酸乙酯、丁酯合用可提高溶解力。用于硝基漆等，属中极性溶剂，能作静电溶剂

（续）

品　种	来　源	性　状	溶 解 性
丙　酮	用淀粉发酵生产丁醇、乙醇同时可得到丙酮	无色易燃易挥发液体，有酸苦味。比重0.79；沸点56.2℃；闪点－17℃；自燃点633℃。溶解力强，为高极性溶剂，对中枢神经有麻醉作用	能溶解油脂与合成树脂。用于过氯乙烯漆与硝基漆等，也可作去漆剂
甲基异丁基酮	可由缩二丙酮催化氢化制得	无色透明液体。比重0.802；沸点115.8℃；闪点18℃。是溶解力较强的中沸点溶剂，具低毒，有麻醉和刺激作用	可溶解多种合成树脂与硝化棉等。用于硝基、环氧树脂漆等
环己酮	由环己醇催化脱氢制得	无色或淡黄色透明液体，有特殊刺激气味。比重0.950；沸点156.7℃；闪点47℃。溶解力强，挥发慢，能改善涂层流平性与泛白，有低毒	是纤维酯与聚氨酯的优良溶剂、用于聚氨酯等漆
乙醇（酒精）	用粮食发酵或合成均可制得	无色透明易燃液体，有酒的气味。比重0.792（纯）；沸点78.3℃；闪点14℃；自燃点421℃。挥发快，易吸潮，能溶解部分树脂	木器漆中是虫胶漆的良好溶剂，也用于硝基漆的助溶剂
丁　醇	用粮食发酵或合成制得	无色透明液体，有酒味。比重0.81；沸点118℃；闪点37℃。挥发较乙醇慢，能溶解部分树脂	是氨基树脂的良好溶剂。用于氨基漆与作硝基漆的助溶剂

常用有机溶剂物化特性参数如表1-6所列。

表1-6　常用溶剂物化特性参数

品　种	挥发速度，5mL/25℃，min	爆炸下限		爆炸上限		卫生许可浓度，mg/L	蒸气密度，kg/m³	气化热，kJ/kg
		%	g/m³	%	g/m³			
松节油	350	0.80	—	44.5	—	0.30	4.660	—
200号溶剂汽油	320	1.40	—	6.00	—	0.30	—	—
苯	12～15	1.50	48.7	9.50	308	0.05	2.770	389
甲　苯	36	1.00	38.2	7.00	264	0.05	3.200	360
二甲苯	81	3.00	130.0	7.60	334	0.05	3.680	348
醋酸乙酯	15	2.18	80.4	11.4	410	0.20	3.140	142
醋酸丁酯	90	1.70	80.6	15.0	712	0.20	4.000	309
醋酸戊酯	180	2.20	117.0	10.0	532	0.10	—	352
丙　酮	7	2.50	60.5	9.00	218	0.20	2.034	523
环己酮	—	1.10	44.0	9.00	—	—	—	—
乙　醇	40	2.60	49.0	18.0	338	1.00	1.613	858
丁　醇	—	1.68	51.0	10.2	309	0.20	—	544

1.3 着色材料

用于制漆以及涂饰施工中的着色材料主要是颜料与染料。

1.3.1 颜 料

颜料是一些白色或彩色的细微粉末状物质，不溶于水、油及溶剂等介质，但能均匀地分散于其中。将颜料与成膜物质溶液混合经研磨分散后涂于物体表面，能形成不透明颜料色层，并能遮盖基底。颜料应具有良好的着色力、遮盖力、分散度以及色泽鲜明和对光、热的稳定性能。色漆涂膜中的颜料能阻止紫外线的穿透，延缓漆膜老化，提高漆膜的强度、耐磨性与耐候性。

对于木器涂饰，颜料有两个用途，即用于制造色漆（磁漆、调合漆等）与涂饰施工时调制填孔剂、着色剂与腻子等。全部涂料都可依据是否含有颜料而分为两大类，即清漆与色漆，不含颜料的为透明清漆；含有颜料的为色漆（可分透明色漆与不透明色漆两种），所以颜料是色漆的重要组分。涂料中由于放入颜料而制成各种色漆。

颜料品种很多。按其来源可分为天然颜料与合成颜料，合成颜料又可分为无机颜料和有机颜料；按其在涂料与木器涂饰施工过程中的作用可分为着色颜料、体质颜料与防锈颜料（金属用）等。着色颜料是指在涂料中与木器涂饰施工过程中主要起着色与遮盖作用的颜料，具有白色、黑色与红、黄、蓝、绿等各种彩色，都具备一定的着色力与遮盖力和其它颜料品性，如氧化铁红、钛白、碳黑等。体质颜料又称填料、填充料，是指那些不具有着色力与遮盖力的白色和无色颜料，如老粉（碳酸钙）、滑石粉等。由于这些颜料的折光率低（多与涂料中作成膜物质的油或树脂接近），将其放入漆中不能阻止光线的透过因而无遮盖力，也不能给漆膜添加色彩，但能增加漆膜的厚度与体质，增加漆膜的耐久性，故称体质颜料。制造色漆主要使用着色颜料。但是由于体质颜料多为天然产品和工业副产品，价格便宜，常与着色力高或遮盖力强的着色颜料配合制造色漆。因此，在色漆品种中常含一定比例的体质颜料，以降低成本，节省贵重着色颜料的消耗。有些体质颜料本身比重轻、悬浮力好，可以防止比重大的颜料沉淀；有的可以提高漆膜的耐磨性、耐水性和稳定性；有的可以作消光剂。

常用颜料品种性能如表 1-7 所列。

表 1-7 常用颜料品种性能

类别	品种	性能
白色颜料	钛白	纯白色粉末，成分为 TiO_2。白度高，着色力强，遮盖力大。并耐水、耐热、耐酸、耐碱、耐光、耐候。是白色颜料中的优良品种，主要用于制作白色漆与浅色漆
	立德粉（锌钡白）	白色粉末，为硫化锌与硫酸钡的混合物。有较高的着色力与遮盖力，耐热耐碱不耐酸，耐光耐候性差。易粉化，不宜于制户外用漆
黑色颜料	碳黑	极细的黑色粉末，主要化学成分是碳。具极高的着色力、遮盖力和耐光性。对酸碱与高温作用都很稳定，是最通用的黑色颜料
	氧化铁黑（铁黑）	黑色粉末，成分为 Fe_3O_4。遮盖力、着色力都很高，对光和大气作用稳定，耐碱但不耐酸

（续）

类 别	品 种	性 能
红色颜料	氧化铁红（铁红、红土）	为红棕色粉末，成分为Fe_2O_3。分天然与人造两种，色光变动于橙红与紫红之间。着色力遮盖力强，耐光、耐热、耐候性与化学稳定性都很好。天然产称红土，色光暗、纯度低、颗粒粗，性能与人造相同。铁红广泛用于制漆与涂饰施工
	红 丹（铅丹）	橘红色结晶型粉末，成分为Pb_3O_4。有毒，有较好的着色力与遮盖力，是应用广泛的防锈颜料
	银 朱（硫化汞、朱砂）	有红与黑两种色体，具很高的着色力与遮盖力。较好的耐酸、耐碱与耐久性，密度大，有毒，价贵。是古老的红颜料，可用于大漆中
	甲苯胺红（猩红、吐鲁定红）	红色粉末，为有机红颜料。色光鲜艳，粉粒细软，有较高的着色力、遮盖力与良好的耐光、耐水、耐热、耐油以及耐酸碱等性能
	大红粉	红色粉末，有机红颜料。红光鲜艳，遮盖力好，耐光、耐热、耐酸碱。广泛用于制色漆，也可以放入大漆中
棕色颜料	氧化铁棕（铁棕、哈巴粉）	棕色粉末，是氧化铁红、氧化铁黑与氧化铁黄等的混合物。性能与氧化铁颜料类似，有较高的着色力、遮盖力并耐热、耐光。广泛用于透明涂饰调制填孔着色剂
黄色颜料	铅铬黄（铬黄）	浅至深黄色粉末。主要成分是铬酸铅或铬酸铅与硫酸铅的混合物（有柠檬黄淡铬黄、中铬黄、深铬黄和桔铬黄等之分）。具较高的着色力、遮盖力与耐大气性，耐光性稍差，光照变色，与含硫化物颜料或碱性颜料拼用也易变色。有毒
	氧化铁黄（铁黄）	成分为含水氧化铁（$Fe_2O_3 \cdot H_2O$），黄色粉末，色光变动于柠黄至桔黄之间。具较高的颜料品质，着色力、遮盖力高，耐光、耐候、耐碱，但不耐酸与高温。当温度达150～200℃便脱水转变为铁红
蓝色颜料	铁 蓝（华蓝、普鲁士蓝）	深蓝色粉末，分别有带青光、红光、青红光等几种。其着色力强、遮盖力差，耐光、耐候、耐酸，但不耐碱
	群 青（洋蓝）	半透明蓝色粉末，色泽鲜艳。着色力、遮盖力较低，能耐碱、耐光、耐候、耐热性，遇酸变色。用其制白漆可抵消油料的黄色
	酞菁蓝	纯蓝色或深蓝色粉末，是色泽鲜艳的有机颜料。其着色力强，耐光、耐热、耐油、耐溶剂、耐酸碱、耐水，但遮盖力较差
绿色颜料	铅铬绿	是铅铬黄与铁蓝的混合物。具优良的遮盖力、着色力、耐光和耐候性，但不耐酸碱
	酞菁绿	深绿色粉末，具优良的着色力。并耐光、耐热、耐候、耐酸碱、耐溶剂、遮盖力小

（续）

类 别	品 种	性 能
金属颜料	金 粉 （铜粉）	金黄色颜料，由铜锌合金制成的鳞片状粉末。具较高的金属光泽，装饰性强，质地较重，遮盖力小，反射光和热的性能较差
	银 粉 （铝粉）	具有银色光泽的鳞片状粉末，其遮盖力好，稳定性大，对光和热的反射性能好。质轻，易在空气中飞扬，遇火星易爆炸，遇酸反应失去颜料性能。铝粉漆易结底，宜现用现配
体质颜料	碳酸钙 （石粉、老粉、大白粉）	白色粉末，成分为 $CaCO_3$。天然产称重体碳酸钙，质地粗糙，比重较大。人造的称轻体碳酸钙，颗粒细，体质轻，质量纯
	滑石粉	白色具滑腻感的极细粉末，质软，化学稳定性好。在涂料中使用有消光、防止颜料沉淀、涂层流挂的作用。并增加漆膜的耐水、耐磨性
	硫酸钡 （重晶石粉）	为斜方晶体白色粉末。天然产称重晶石粉，人工制造称沉淀硫酸钡。质地细软，颗粒均匀，化学稳定性好，具优良的耐酸、耐碱性
	硫酸钙 （石膏粉）	白色透明或半透明单斜晶体粉末。有玻璃光泽，质地比碳酸钙、滑石粉粗，极易吸水而变硬。用其调制填孔剂对粗孔材填孔效果很好
	高岭土 （瓷土）	由天然产高岭石加工制得的白色粉末。含杂质的呈灰色或淡黄色粉末，质地细软。有滑腻感，能耐稀酸、稀碱，能增加漆膜的硬度

1.3.2 染 料

染料是一些能使纤维或其它物料相当坚牢着色的有机物质。大多数染料的外观形态是粉状的（细粉、超细粉），少数有粒状、晶状、块状、砂状等。染料的外观颜色有的与染成的色泽相仿，有的与它们染色后的色泽是完全不同的。

染料不同于颜料，一般可以在水、油或有机溶剂中溶解，因此也称作可溶性着色物质。当溶于清漆中，可制作着色透明清漆。当配成染料水溶液、染料有机溶剂的溶液时，可用于透明涂饰时的基材着色或涂层着色。

染料品种极为繁多，按来源可分为天然染料与合成染料两类，目前使用的大多为合成染料。我国按产品性质和应用性能将染料共分为 12 大类。其中的酸性染料、碱性染料、分散性染料等是我国木器涂饰的常用染料。此外，还应用不属于这种分类的醇溶性染料、油溶性染料等。

我国商品染料名称采用三段命名法。即第一段冠称——表示染料根据应用方法或性质分类的名称（类称）；第二段色称——表示染色后呈现的色泽名称；第三段字尾——表示染料的色光、形态及特殊性能与用途等（以拉丁字母表示），例如 B（代表蓝光）、D（代表稍暗）、G（代表黄光或绿光）、F（代表亮）、R（代表红光）、T（代表深），等等。染料命名举例，如酸性红 3B，即酸性染料类，能染成红色，“3B”比“B”更蓝，是个蓝光较大的红色染料。

木器涂饰常用染料品种性能如表 1-8 所列。

表 1-8　木器涂饰常用染料品种性能

类　别	特　　点	品　种	性　　能
酸性染料	其分子结构中含有酸性基团(磺酸基或羧酸基)。当染毛、丝等纤维时,需在酸性条件下进行染色 酸性染料色谱齐全、色泽鲜艳,耐光性高,溶解性好。易溶于水与乙醇,其染液可用于木材表面与深层染色以及涂层着色。是国内外木材应用较多的染料	酸性橙Ⅱ (金黄粉、酸性金黄)	为鲜艳金黄色粉末。易溶于水和乙醇,水溶液呈红光黄色,乙醇溶液呈桔红色,多用于调配水色
		酸性嫩黄 G (酸性淡黄)	浅黄色粉末。易溶于水和丙酮,也溶于乙醇,微溶于苯。水和乙醇溶液呈黄色,可用于调配水色
		酸性红 B (酸性枣红)	暗红色粉末。易溶于水呈紫红色,溶于乙醇呈红色溶液,微溶于丙酮,可用于调水色与酒色
		酸性红 G (酸性大红)	红色粉末。易溶于水,水溶液呈大红色,微溶于乙醇,多用于调水色
		酸性黑 10B (酸性元青 10B)	系青光黑,外形为深棕色粉末。易溶于水呈蓝黑色,溶于乙醇呈深蓝色,微溶于丙酮
		酸性黑 ATT (酸性元青 ATT)	系由 70%的酸性黑 10B 与 30%的酸性橙Ⅱ拼混而成。外形为棕色粉末,溶于水呈黑色溶液
		黄纳粉	棕黄色粉末,是由酸性橙、酸性黑与酸性嫩黄混合配成,并加栲胶与硼砂等。易溶于水,微溶于乙醇,常用于调配水色进行基材与涂层着色
		黑纳粉	棕红色粉末,是由酸性橙、酸性红与酸性黑混合配成,并加栲胶与硼砂等。性能、用途同黄纳粉
碱性染料	原名盐基染料,其分子结构中含有碱性基团,其化学性质属于有机化合物的碱类。碱性染料颜色浓而鲜艳,耐光性较差,易溶于热水(不宜用沸水)与乙醇,多配成乙醇或虫胶漆溶液(酒色)。用于木材或涂层着色,对含单宁木材染色效果好	碱性嫩黄 (槐黄、品黄)	黄色粉末。易溶于热水和乙醇,难溶于冷水,溶液呈黄色,多用于调酒色
		碱性橙 (盐基金黄、杏黄)	有红褐色砂粒状的俗称橙砂;有带绿色光泽的黑色块状晶体俗称块子金黄。溶于热水中呈橙红色,溶于乙醇中为橙黄色,微溶于丙酮
		碱性红 (品红)	为深红色块状或黄绿色结晶粒状。溶于水呈红紫色,易溶于乙醇呈红色
		碱性绿 (品绿、孔雀绿)	带绿色金属光泽的大块晶体或片状。易溶于水,水溶液呈蓝光绿色,溶于乙醇呈绿色
		碱性棕 (盐基棕)	深棕色粉末。易溶于水呈棕色溶液,微溶于乙醇
分散性染料	分子结构中不含水溶性基团。在水中溶解度极小,但能分散在水中。需用专门溶剂配成溶液。用于木材与涂层着色,色泽鲜艳,耐热、耐光	分散红 3B	紫褐色粉末。能溶于丙酮呈红色溶液
		分散黄 RGFL	土黄色粉末。能溶于丙酮、乙醇或苯中呈带红光的黄色
		分散黄棕 H2R	橙红色粉末。不溶于水,微溶于乙醇,溶于丙酮,有优良的染色性能与耐光性

（续）

类别	特点	品种	性能
油溶性染料	是一些可溶于油脂和蜡或兼溶于其它有机溶剂而不溶于水的染料	油溶烛红（烛红）	纯品为暗红色粉末，能溶于油脂、蜡、苯酚和乙醇等。不溶于水，具良好的耐热、耐酸碱性能
		油溶橙（油溶黄）	黄色粉末。不溶于水，能溶于油脂、乙醇和其它有机溶剂，能耐酸碱
		油溶黑	黑色粉末。不溶于水，微溶于乙醇、苯和甲苯，易溶于油酸和硬脂酸，有良好的耐光和耐酸碱性
醇溶性染料	是一些能溶于醇类或其它类似的有机溶剂，而不溶于水的染料	醇溶耐晒火红 B	红色粉末。微溶于水，易溶于醇类，其溶液呈红色
		醇溶耐晒黄 GR	黄褐色粉末。不溶于水，易溶于醇类，溶液呈深黄色，有优异的耐光性
		醇溶黑（醇溶苯胺黑）	灰黑色粉末。不溶于水，易溶于乙醇，溶液呈浅蓝黑色

1.4 辅助材料

在涂料组成中以及木器涂饰施工过程中，都要用到一些有专门用途的辅助材料。这些材料用量不多，但是对涂料性能以及施工过程影响较大。例如催干剂、增塑剂、固化剂、防潮剂、脱漆剂等。

1.4.1 催干剂

催干剂也称干料、燥液、燥油等。是一些能加速油类以及油性漆涂层干燥速度的材料，是油性漆组成中的一个成分。当制造油性漆时，按照一定的比例加入漆中。如前述植物油的干燥成膜是由于吸收氧气发生氧化聚合反应的结果，常温下这个过程需要很长时间。而由多价金属制成的催干剂可破坏涂层的抗氧性，提高油中不饱和双键的活性。使双键容易打开，促进与氧的结合而引起聚合反应的进行，从而加快干燥。例如未加入催干剂的亚麻油，其涂层约需几天才能干结成膜，且干后不爽。而当加入催干剂后，可缩短在十几个小时内即可干结成膜，且油膜爽滑而不粘手，便于施工，缩短干燥时间。

1.4.1.1 催干剂组成 许多金属的氧化物与其盐类都可用作催干剂。其中最常用的是钴、锰、铅、铁、锌、钙等几种金属的氧化物、盐类及其各种有机酸皂。例如，氧化铅（俗称密陀僧、黄丹，黄色粉末）、二氧化锰（俗称土子，黑色粉末或颗粒）、醋酸铅（白色粉末）、环烷酸钴（紫色溶液）、环烷酸锰（暗红色溶液）、环烷酸铅（浅色溶液）等。

催干剂一般分固态与液态两种。一些固态的金属氧化物在目前涂料工业造漆时已很少应用，较多用于土法熬炼熟油。而目前最广泛应用的催干剂是一些金属的环烷酸盐。常用一些金属氧化物与环烷酸的钠盐作用，生成相应的环烷酸金属皂，再溶于 200 号溶剂汽油中制成液体，使用方便。

含各种金属的催干剂其作用是不相同的。例如，钴催干剂有较强的催干能力，尤其对促进涂层表面干燥作用显著。但是单独使用时，易产生表干里不干或涂膜起皱等毛病，因此常需与其它催干剂混合使用。又如锰催干剂既能促使涂层表面干燥，又能达及涂膜深处，但所得涂膜硬而脆。而铅催干剂的作用则比较均匀，并能获得坚韧耐候的涂膜。

1.4.1.2 **催干剂品种** 常用的催干剂品种组成与性能如表1-9所列。

表1-9 常用催干剂品种

序号	品种	组成与性能
1	G-1钴催干剂 (液体钴干料)	由环烷酸与钴盐反应而制成的金属皂溶于200号溶剂汽油等有机溶剂中的溶液。催干能力强，多用于酯胶、酚醛与醇酸等漆中，用量不要超过0.5%
2	G-2锰催干剂 (锰干料)	由环烷酸与锰盐反应制成的金属皂溶于200号溶剂汽油。用于一般油性漆中，用量在1.5%～2%
3	G-3铅催干剂	用环烷酸与金属铅反应制成的金属皂溶于有机溶剂。用于一般油性漆中，用量为2%～3%
4	G-4钴锰催干剂	为钴、锰等金属的亚麻油酸或环烷酸皂溶于干性油和有机溶剂中。用于各种油性漆中，用量3%左右
5	G-5钴铅催干剂	为钴与铅的环烷酸皂混合溶于有机溶剂中，用量不超过5%
6	G-6铅锰催干剂	为铅、锰的脂肪酸盐溶于有机溶剂，与油性漆易混溶。可用于各种清油、厚漆、清漆等，用量为5%左右
7	G-7铅锰钴催干剂	为铅、锰、钴的环烷酸皂溶于有机溶剂，属综合性催干剂。有较全面的催干能力，可用于各种油性漆与皱纹漆，用量在2%～5%
8	G-8厚漆催干剂	以一定量钴、锰、铅等金属化合物和干性油、体质颜料等经研磨而成的糊状干燥剂。专用于厚漆以及油性色漆，用量为2%左右

1.4.1.3 **催干剂使用** 催干剂仅是油性漆的组成成分，其它漆类一般并不需要催干剂。当油性漆制造完成出厂时，按涂层干燥要求数量的催干剂均已加足。一般在施工时都不再补加催干剂，只在两种情况下，才有可能补加催干剂。一是在冬天或较冷天气施工干燥缓慢；再就是油性漆贮存过久而干性减退时。催干剂用量最多不能超过涂料的3%。

催干剂只是在一定数量范围之内才能加速油性漆涂层的干燥，并非越多越好。当超过一定数量时，干燥速度反而要下降，同时可能引起漆膜起皱的缺陷。另外催干剂量多，除了促使涂层加速干燥外，同时也会促使漆膜老化破坏。

在使用液体催干剂时，注意在将催干剂加入漆中之后，应充分搅拌均匀，并放置1～2h，这样能充分发挥催干效能。

1.4.2 增塑剂

增塑剂又称增韧剂、软化剂等，是一些能增加漆膜柔韧性(弹性)的材料。在各类漆中，含植物油的油性漆柔韧性好，在漆的组成中不需要再加入增塑剂。但是许多不含油类的树脂漆(如硝基漆、过氯乙烯漆、环氧漆等)，其涂层干后硬脆易裂，附着力不好。增塑剂则是这类漆组成中不可缺少的一种辅助材料。

任何漆膜都应当具备一定的柔韧性，以适应涂漆制品在使用时可能遇到的冲击、振动、弯曲变形，以及体积伸缩或因温差变化造成的变形。当成膜物质本身柔韧性差时，漆中加入专门的增塑剂材料，可以提高漆膜的韧性，改善漆膜的附着力，适应恶劣气候与湿热严寒等温差变化的能力。并提高冲击强度，从而提高漆膜的耐久性。增塑剂还是制造色漆时很好的颜料研磨湿润剂。

涂料用的增塑剂，其分子比树脂分子小，能充塞在树脂高分子的空隙中。可以消除与缓和树脂高分子间相互结合的力，减少一些形成网状立体结构的凝聚力。使高分子的分子间有活动的余地，从而增加漆膜的韧性。

需要加入增塑剂的漆类（硝基、过氯乙烯漆等）都是在制漆时按配方规定数量一次加足，而在施工时不再补加增塑剂。

增塑剂品种很多，造漆时选用的增塑剂应具备如下性能，与漆中树脂混溶能力强，能溶于该种漆所用溶剂，不挥发，能长期保持增塑性能；有利于提高漆膜的光泽和附着力，有较好的耐光、耐热与耐寒能力；且对漆膜软化作用小，不溶于水，对颜料湿润性好；无色、无臭、无毒，性质稳定，价廉易得。

常用的增塑剂有不干性油、苯二甲酸酯类与磷酸酯类等。如蓖麻油、氧化蓖麻油、苯二甲酸二丁酯、苯二甲酸二辛酯、磷酸三甲酚酯、磷酸三丁酯、磷酸三苯酯，等等。

1.4.3 固化剂

各类涂料中，有些在室温条件下的空气中就可以固化成膜（也称气干漆），有些必须经过高温加热才可以固化成膜（如氨基烘漆），有些则需要利用酸、胺、过氧化物等化学药品与漆中的成分发生化学反应才能固化成膜，这些材料称为固化剂。

在木器涂料中只有一少部分漆需要固化剂这类辅助材料，例如，木器用酸固化氨基醇酸漆常用盐酸酒精溶液作固化剂，这类漆施工时只有加酸才能固化。也可以用其它酸类（如硫酸、磺酸等）作固化剂。聚酯漆施工时，配漆加入的过氧化物（如过氧化环己酮）引发剂与环烷酸钴促进剂，以及光敏漆中的光敏剂（安息香醚类）都属于固化剂一类的材料。

固化剂一般是与液体涂料分装的，临使用时按比例加入漆中混合均匀再涂饰。

1.4.4 防潮剂

防潮剂也称防白剂。是由沸点较高挥发较慢的酯类、醇类与酮类等有机溶剂混合配成的无色透明液体。用于在相对湿度较高的气候环境中涂饰挥发性漆时，加入漆中可防止涂层发白，或发生针孔等弊病。

当阴雨潮湿天气涂饰挥发型漆（硝基漆、过氯乙烯漆、虫胶漆等）时，空气中有较多的水蒸汽（相对湿度在70%以上），气温较低，由于漆中溶剂挥发快，吸收周围热量，使涂层表面温度迅速降低，空气中的水蒸汽就凝结于漆膜表面，使涂层形成白色雾状，此种现象称之为“泛白”。此外用喷枪喷涂时，压缩空气中可能含有水蒸汽，也会引起泛白。在这种条件下施工时，临时加入防潮剂，使整个涂层溶剂的挥发变慢，吸热降温现象缓和，水蒸汽凝结现象减少，可防止涂层泛白的发生。

防潮剂不是漆的组成成分，是特定条件（潮湿低温）下施工需要临时加入的。加入的防潮剂可以代替部分稀释剂来调节漆液粘度。但是当空气湿度过大，加入防潮剂也无效时，只有停止施工。

防潮剂应与稀释剂配合使用，一般可在稀释剂中加入10%～20%，需要可加到30%～40%。但防潮剂不能完全当作稀释剂使用，否则浪费防潮剂，增加成本，而且使涂层干燥变慢。常用防潮剂品种如表1-10所列。

表 1-10 常用防潮剂品种

序号	品种	组成	应用
1	F－1 硝基漆防潮剂	由沸点较高的酯、醇、酮类等溶剂混合配成	与硝基漆稀释剂配合使用。在相对湿度较高条件下施工，可防止涂层泛白
2	F－2 过氯乙烯漆防潮剂	由沸点较高的酮、苯、酯类溶剂混合配成	在相对湿度较高条件下，与过氯乙烯漆稀释剂配合使用。可防止过氯乙烯漆涂层泛白
3	松香		用作虫胶漆的防潮剂。用量为干虫胶片的 8%～10%

1.4.5 脱漆剂

脱漆剂也称去漆剂、洗漆剂或洗漆药水。分为液体与乳状两种，是一些溶解力较强的溶剂，用于施工中去除废旧漆膜。常用脱漆剂品种见表 1-11。

表 1-11 常用脱漆剂品种表

序号	品种	组成	性能	用途
1	T－1 脱漆剂	由酮、醇、苯与酯类等有机溶剂，加适量石蜡配制成[1]	白色糊状物，具有溶胀漆膜使之剥离的性能	用于清除旧的油基漆、酚醛漆等漆膜
2	T－2 脱漆剂（特种脱漆剂）	由酮、醇、酯与苯类等有机溶剂，加适量石蜡、氨水混合配成	无色透明液体，具有较高的溶解、溶胀漆膜性能	用于清除油基漆、醇酸漆、氨基漆与硝基漆的旧漆膜
3	T－3 脱漆剂（102 脱漆剂）	由二氯甲烷、有机玻璃、乙醇、甲苯、石蜡及有机酸混合制成	粘稠状液体，毒性小，脱漆速度较快，效果好于 T－1、T－2	用于脱油基漆、醇酸漆、硝基漆或环氧漆、聚氨酯漆的旧漆膜

注：脱漆剂中的石蜡可延缓强溶剂的挥发，使脱漆剂能在旧漆膜上停留较长的时间，以便将干漆膜充分溶透。如温度较低，蜡质析出，切勿弃掉，否则影响脱漆效果。

此外，稀的热碱溶液或常温的有机酸类溶液也可作脱漆剂使用。

脱漆剂使用时可用长毛软刷蘸脱漆剂涂于欲去除之旧漆膜上（像剃胡须时擦肥皂一样）。涂得厚些，静置十几分钟（冬季天冷可延至半小时左右），待漆膜溶解软化膨胀，即可用铲刀轻轻铲去。若旧漆膜太厚，一次不易变软铲除，可反复连涂二三次。待漆膜全部脱净后涂饰新漆时，必须将脱漆剂彻底揩净。可用乙醇、苯或汽油洗净剩余的脱漆剂，否则可能影响新漆面的光泽、干燥及附着力。

由于脱漆剂含大量挥发溶剂，易燃，可能有不同程度的毒性。故使用场所应注意通风，尤其在家里使用。北方冬季门窗关闭，更应防止发生中毒与火灾。

1.5 涂料分类

1.5.1 涂料分类

涂料有各种分类方法，如表 1-12 所列。

表 1-12 涂料分类

序号	分类方法		涂料种类
1	按涂料组成中成膜物质为基础分类	按中华人民共和国国家标准 GB2705-81 分类方法	(1)油脂漆;(2)天然树脂漆;(3)酚醛树脂漆;(4)沥青漆;(5)醇酸树脂漆;(6)氨基树脂漆;(7)硝基漆;(8)纤维素漆;(9)过氯乙烯漆;(10)烯树脂漆;(11)丙烯酸漆;(12)聚酯漆;(13)环氧树脂漆;(14)聚氨酯漆;(15)元素有机漆;(16)橡胶漆;(17)其它漆
		按我国生产计划统计分类方法	(1)清油;(2)厚漆;(3)油性调合漆;(4)油性防锈漆;(5)其它油脂漆;(6)酯胶清漆;(7)酯胶调合漆;(8)酯胶磁漆;(9)酯胶底漆;(10)松香防污漆;(11)其它天然树脂漆;(12)酚醛清漆;(13)酚醛调合漆;(14)酚醛磁漆;(15)酚醛防锈底漆;(16)其它酚醛漆;(17)沥青清漆;(18)沥青烘漆;(19)沥青底漆;(20)其它沥青漆;(21)醇酸清漆;(22)醇酸磁漆;(23)醇酸底漆;(24)氨基树脂漆;(25)硝基纤维漆;(26)硝基铅笔漆;(27)纤维素漆;(28)过氯乙烯漆;(29)磷化底漆;(30)乙烯树脂漆;(31)各种丙烯酸漆;(32)各种聚酯漆;(33)环氧清漆;(34)环氧磁漆;(35)环氧底漆;(36)其它环氧漆;(37)各种聚氨酯漆;(38)各种有机硅漆;(39)各种橡胶漆;(40)其它漆;(41)硝基漆稀料;(42)过氯乙烯漆稀料;(43)氨基漆稀料;(44)醇酸漆稀料;(45)催干剂;(46)脱漆剂;(47)防潮剂;(48)其它辅助材料
2	按用途分类		(1)建筑涂料;(2)车辆涂料;(3)船舶涂料;(4)桥梁涂料;(5)家具涂料;(6)标志涂料;(7)电绝缘涂料;(8)导电涂料;(9)耐药品涂料;(10)防腐蚀涂料;(11)耐热涂料;(12)防火涂料;(13)示温涂料;(14)发光涂料;(15)杀虫涂料等
3	按组成成分特点分类		(1)油性漆;(2)树脂漆;(3)溶剂型漆;(4)无溶剂型漆;(5)清漆;(6)色漆;(7)水性漆;(8)粉末涂料;(9)固体涂料
4	按被涂表面材质分类		(1)钢铁用涂料;(2)镀锌铁皮用涂料;(3)轻合金用涂料;(4)木材用涂料;(5)混凝土用涂料;(6)橡胶用涂料;(7)纸用涂料;(8)塑料用涂料;(9)皮革用涂料
5	按涂饰方法分类		(1)刷涂用涂料;(2)浸涂用涂料;(3)淋涂用涂料;(4)辊涂用涂料;(5)喷涂用涂料;(6)静电涂装用涂料;(7)电沉积涂料等
6	按涂饰过程分类		(1)底涂涂料(底漆、封闭漆);(2)中涂涂料(打磨漆);(3)上涂涂料(面漆)等
7	按固化机理与干燥方法分类		(1)挥发型漆;(2)非挥发型漆;(3)常温干燥型漆;(4)高温烘干型漆(烘漆、烤漆);(5)辐射固化型漆(光敏漆、电子束固化型漆)
8	按贮存组分数分类		(1)单组分漆;(2)双组分漆;(3)多组分漆
9	按涂膜光泽分类		(1)亮光漆(有光漆);(2)亚光漆(半光漆、无光漆、柔光漆)

表 1-12 中第一项是按国标规定的分类方法分类的,其余各项中有些是属于习惯的分类方法。例如,按组成的成分特点分类是指涂料组成中某一成分对涂料性能与应用影响较大。

本书把组成中含大量植物油的清油、酯胶漆、酚醛漆,以及醇酸漆等称作油性漆。与组成中树脂含量较多的树脂漆比较，其涂膜硬度低、干燥缓慢。

漆中含大量有机溶剂（一半以上），施工时需全部挥发才能固化的漆类称为溶剂型漆（硝基漆、醇酸漆、聚氨酯漆等）。相对地施工时涂层中没有溶剂挥发出来的漆称作无溶剂型漆（如不饱和聚酯漆等）。

组成中不含颜料涂饰后能形成透明涂膜的漆类称作清漆。而组成中含有颜料涂饰后形成各种色彩涂膜的漆类称作色漆。

以水为主要溶剂或分散相的漆类称作水性漆。不含液体成分而呈粉末状或固态的涂料称粉末涂料与固体涂料。

涂料涂饰后其所含溶剂挥发完便干结成膜的漆类称作挥发型漆（虫胶漆、硝基漆、过氯乙烯漆），而溶剂挥发完尚未成膜需待组成成分的化学反应完成才能固化成膜的漆类称作非挥发型漆（醇酸漆、聚氨酯漆等）。必须经紫外线辐射或电子束辐射才能固化的漆类称作光敏漆与电子束固化漆。

双组分漆与多组分漆（3、4 个组分）贮存时必须分装，临使用时按比例混合一起搅拌均匀便开始固化，而单组分漆则不必分装。

1.5.2 涂料命名

中华人民共和国国家标准 GB2705-81 涂料命名作如下规定。

①命名原则

涂料全名＝颜色或颜料名称＋成膜物质名称＋基本名称

当颜料对漆膜性能起显著作用时，则可用颜料名称代替颜色名称，如铁红酚醛防锈漆。

②成膜物质名称均作适当简化，如酚醛、醇酸、硝基、聚氨酯等。

如果基料中含多种成膜物质时，选取起主要作用的一种成膜物质命名。必要时可以选取两种成膜物质命名，主要成膜物质名称在前，次要成膜物质名称在后，如氨基醇酸漆。

③基本名称仍采用我国已广泛使用的名称，例如清漆、磁漆、调合漆、木器漆等。

④在成膜物质和基本名称之间，必要时可标明专业用途、特性等，如醇酸导电磁漆等。

⑤凡是需加热固化的漆，在基本名称之前，要标明“烘干”二字，如：氨基烘干磁漆。

1.5.3 涂料型号

中华人民共和国国家标准 GB2705-81 对涂料型号作如下规定。

① 为了区别同一类型的各种涂料，在名称之前必须有型号。涂料型号由三部分构成：第一部分用一个汉语拼音字母表示涂料类别；第二部分用两位数字表示涂料的基本名称；第三部分是序号，用一位或两位数字表示同类品种间的组成、配比、性能或用途的不同。在第二与第三部分之间加一短线读音“至”。

涂料型号举例：

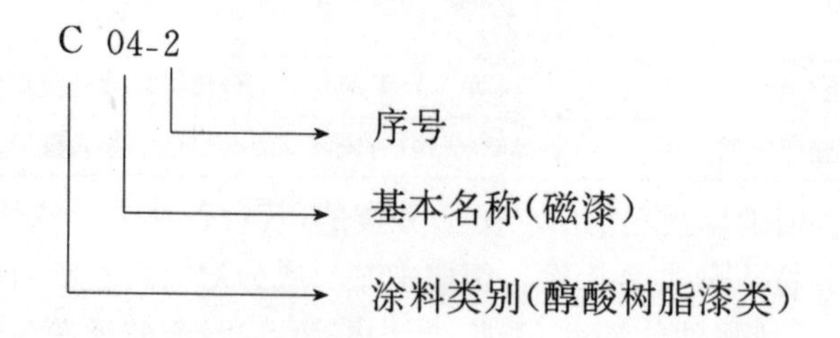

②涂料类别代号见表 1-13。

表 1-13 部分木器常用漆类代号

代号	涂料类别	代号	涂料类别	代号	涂料类别
Y	油脂漆	A	氨基树脂漆	Z	聚酯漆
T	天然树脂漆	Q	硝基漆	H	环氧树脂漆
F	酚醛树脂漆	G	过氯乙烯漆	S	聚氨酯漆
C	醇酸树脂漆	B	丙烯酸漆		

③涂料基本名称代号见表 1-14,其中部分基本名称代号划分如下。

00—13 代表涂料的基本品种

14—19 代表美术漆

20—29 代表轻工用漆

40—49 代表船舶漆

表 1-14 部分基本名称代号

代号	基本名称	代号	基本名称	代号	基本名称
00	清 油	07	腻 子	22	木器漆
01	清 漆	09	大 漆	50	耐酸漆
02	厚 漆	11	电泳漆	51	耐碱漆
03	调合漆	12	乳胶漆	55	耐水漆
04	磁 漆	13	其它水溶性漆	61	耐热漆
05	粉末涂料	17	皱纹漆	80	地板漆
06	底 漆	20	铅笔漆	84	黑板漆

④辅助材料型号由一汉语拼音字母表示辅助材料类别,用一位或两位数字表示序号,用以区别同一类型的不同品种。字母与数字之间有一短线,例如:

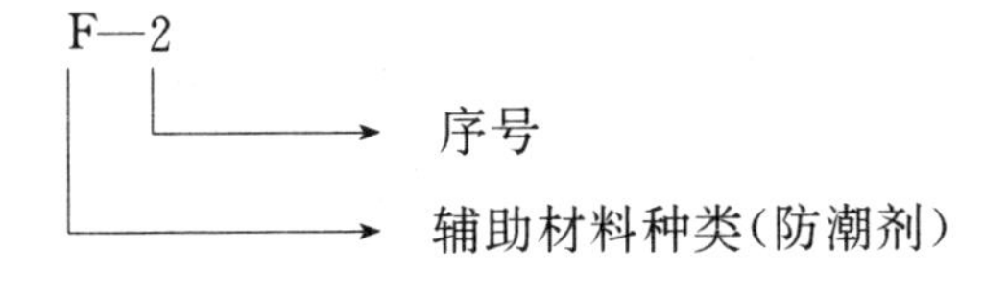

表 1-15 辅助材料代号

代 号	辅助材料名称
X	稀释剂
F	防潮剂
G	催干剂
T	脱漆剂
H	固化剂

辅助材料代号见表 1-15 所列。

⑤ 型号名称举例见表 1-16 所列。

表 1-16 型号名称举例

型 号	名 称	型 号	名 称
Y00－1	清 油	Q06－3	浅黄硝基底漆
T01－18	虫胶清漆	Q22－1	硝基木器清漆
F03－2	各色酚醛调合漆	Z22－1	聚酯无溶剂木器漆
C01－1	醇酸清漆	B01－1	丙烯酸清漆
C04－2	各色醇酸磁漆	S01－3	聚氨酯清漆

1.6 涂料性能

随着国民经济的发展，人民群众生活环境条件的改进，对现代木器、家具与各种木制品表面的装饰保护涂膜的质量要求越来越高。为了优选，方便使用，获得理想的涂膜，都需要确定液体涂料以及固化的涂膜应具备的性能和检测方法。

1.6.1 液体涂料性能

目前使用的大部分涂料都是液状的。液体涂料的性能不仅影响贮存、施工，也影响成膜的质量，故对液体涂料的性能质量应加以控制。

1.6.1.1 颜色及外观 清漆的颜色要求清澈透明，越浅越好，没有机械杂质和沉淀物。因清漆多用于木器的透明涂饰，颜色深将不能制作高质量的浅色本色透明涂层，影响木纹的清晰显现。当涂料中含有机械杂质和水分时，将影响成膜后的光泽和颜色，并延迟漆膜的干燥时间。

测定清漆的颜色是将试样倒入干燥洁净的无色玻璃试管内与一系列标准色阶的溶液来比较。在天然散射光线下，或固定的人工光源的透射光下来观察其颜色的深浅程度。

目前颜色测定一般采用铁钴比色计，系由氯化铁、氯化钴和盐酸按不同比例配成 18 个标准色阶溶液(号越大颜色越深)。将试样的颜色与之比较，以最近似的某号色阶溶液的颜色作为该试样的颜色，以色号表示。铁钴比色计有市售标准仪器，也可自行配制。

色漆的颜色应均匀纯正，同一批涂料颜色一致。目视观察应符合指定的标准样板的色差范围，或用色差仪检测。

无论清漆或色漆，当湿涂层完全干透的漆膜外观要求能达到平整光滑，无斑点、针孔、橘皮、皱纹等。

1.6.1.2 细　度 涂料细度表示色漆或漆浆内颜料、体质颜料等颗粒的大小或分散的均匀程度。以微米(μm)来表示，用刮板细度计来测定。

涂料细度的优劣能影响漆膜表面的光滑平整、光泽、透水性与贮存稳定性。如果涂料细度小，能使涂层平整均匀，对涂层的外观和装饰性均能起到一定的作用；而细度大较粗糙的涂层，不但影响涂膜外观和光泽，还影响涂膜的耐久性。例如，户外建筑物与车船表面的漆膜，常要经受气候、温湿度变化的影响，涂层最粗糙的部分也最易受到破坏。此外，潮气、霉菌、盐雾等也能从粗糙部分侵蚀进去，从而使整个涂层逐渐老化和破坏。

各类涂料细度范围有所区别。一般室内装饰性要求较高的亮光，漆膜细度要小，而底漆、亚光漆以及装饰性要求不高的漆膜细度可稍大。一般涂料细度范围如表 1-17 所列。

表 1-17 一般涂料细度控制范围

涂料品种	细度，μm	涂料品种	细度，μm
装饰性亮光面漆	15～20	半光面漆	30～40
一般底漆及防锈漆	50～60	无光面漆	40～50

1.6.1.3 比　重 是指涂料产品单位容积的质量，一般采用规定容量的金属比重杯测定色漆的比重；使用各种规格的比重计来测定大多数液体产品(清漆、溶剂与稀释剂等)。

根据涂料比重可以确定桶装涂料单位容积的质量，可以计算单位面积的涂料消耗量。

涂料比重与所用颜料比重有关，与配方中的颜料体积浓度有关。

1.6.1.4 **结皮性** 某些涂料(如油性漆)在密闭桶内贮存时便开始结皮(漆液表层干结成一层硬皮),在开桶后的使用过程中会更快结皮。当取漆倾倒时必须先捅破漆皮,破碎的漆皮混入涂层将造成漆膜的粗糙颗粒,需用过滤(金属筛或几层纱布)方法除去破碎的漆皮。

高质量的涂料,制造完毕包装之前,先在漆液表面添加少量抗结皮剂(如丁酮酚、双戊烯等)。这样在桶内经长期贮存应没有严重的结皮现象。

检测涂料的结皮性,可将盛有容积 2/3 的试样装入有盖的玻璃瓶内。定期检查,直到表面结皮为止,并记录时间。

1.6.1.5 **贮存稳定性** 是指在一定贮存期限内涂料不发生变化不影响使用的性能。一般应从生产日算起,至少有一年以上的使用贮存期(有特殊性能者除外)。涂料生产厂应在产品技术条件上注明,以便用户在贮存到期前及时使用。否则超过一定的贮存期往往会胶化、变质造成损失。但虽超过规定的贮存期限,若按产品技术条件所规定的项目进行检验,其结果仍能符合要求时,可允许继续使用,不可视为报废产品。

因为涂料是由有机高分子胶体、颜料和有机溶剂等组成的悬浮体。当它在包装桶内贮存时,可能发生化学或物理变化,导致变质。例如,增稠、分层、变粗、絮凝、沉淀、析出、结块、变色、干性减退、干固硬化或成膜后失光等。如果这些变化超过了允许的限度,很可能影响到涂层的质量,甚至成为废品。

涂料贮存稳定性与外界的贮存环境、温度、日光直接照射等因素有关。而某些特殊涂料(如金属闪光漆、耐高温铝粉漆等)如果贮存不当,甚至会使密闭的包装桶发生爆裂。

1.6.1.6 **活性期** 系指贮存分装的多组分漆(如双组分漆、三组分漆)临使用按产品说明书规定比例混合后的使用期限。多组分漆一经混合交联固化成膜的化学反应便已开始,漆液粘度开始增稠。到一定期限它便无法涂饰,故在产品技术条件中必须注明在规定的多少时间内(几小时或多少分钟)必须使用完毕,否则便无法使用。这个允许使用的时限即活性期。

明确活性期便于组织生产而不致造成浪费。活性期可经试验确定。

1.6.2 涂料施工性能

一些涂料性能将直接影响施工效率与质量,故要求涂料应具备方便施工的一些性能。

1.6.2.1 **粘　度** 粘度是流体内部阻碍其相对流动的一种特性。除粉末涂料外,大多数的涂料均为比较粘稠的液体,涂料的粘度就是涂料的粘稠稀薄的程度。理论上表述的粘度有绝对粘度、运动粘度、相对粘度与条件粘度等多种,而生产中则多使用条件粘度。

当液体涂料的粘度过稠将使施工困难。例如,拉不开刷子,喷涂困难,可能造成起皱、刷痕,影响施工质量和效率。相反涂料粘度过稀会造成流挂与涂层薄等缺点。

造漆时涂料粘度决定于成膜物质的分子量大小以及涂料的固体份含量。造漆完毕包装前以及涂料施工中都是用溶剂控制粘度。

使用涂料时可分为原始粘度和施工粘度。原始粘度为用漆厂进厂时原漆的粘度;施工粘度又称工作粘度,即适合某种涂饰方法使用的粘度。

测定粘度的方法很多,我国生产与科研中应用较多的是用涂-4 粘度计测定涂料的条件粘度。即以 100ml 的漆液,在规定的温度下,从直径为∅4mm 的孔中流出的时间,以秒表示。此外,也用涂-1 粘度计、落球粘度计、气泡粘度计(格氏管)等。

生产使用的涂料应有适宜的粘度,这是针对具体施工方法(刷、喷、淋、辊等)经试验调节选择确定的。并用涂-4 粘度计测出准确秒数,这是制定涂饰施工工艺规程的重要工艺参数之一。

1.6.2.2　干燥时间　涂料从液体流动状态转变成固体漆膜的物理化学过程称为干燥或固化，其所需时间将直接影响涂饰生产效率，施工周期以及产品占地面积。在木制品生产过程中，要求涂层干燥时间越短越好，这样便可提高效率，缩短施工周期，节省厂房面积。

涂层干燥常分为表面干燥（表干）、实际干燥（实干）与完全干燥（全干）等几个阶段。表干即流体层干至表面刚刚形成微薄的漆膜，但里面尚未干。实干则是涂层表里均已形成固体漆膜，但是并未干透。全干则是涂层彻底形成了固体漆膜。干燥各阶段的工艺性质详见第6章叙述。

测定涂层表干时，常用在涂层表面轻放棉球能够吹跑而不沾纤维或以手指轻触发粘而不沾手为准，记录所需时间以分或小时表示。测定实干时用滤纸或棉球轻放涂层上，并加干燥试验器（200g 的砝码），在规定时间（一般为 30s）内拿开试验器，以滤纸或棉花能自由落下不沾纤维为准，记录所需时间，以分或小时表示。

1.6.2.3　固体份含量　即液体涂料中不挥发份含量，用百分比表示。它决定于涂料中成膜物质的分子大小与溶解性以及溶剂的反应性。

涂料固体份含量可以表示涂料的转化率（即一定量液体涂料可转变成多少干漆膜），因而影响涂层厚度与涂饰遍数。固体份含量高则相对的挥发份含量低，可节省溶剂消耗，减少有害气体的挥发，环境污染轻，通风动力消耗少。但粘度也会增高，因而增加稀释率。

选用高固体份的涂料达到同样膜厚则涂饰遍数少，可简化涂饰工艺。但是在调粘度时，加入溶剂量多，粘度降低，固体份含量也降低。

测定时，将少量取样滴至表面皿或玻璃板上，称出漆重，于烘箱内烘干至恒重再称重（即固体份重量），固体份重量除以漆重，用百分比表示即固体份含量。

1.6.2.4　遮盖力　是指色漆涂成均匀的薄膜，能够遮盖被涂饰表面底色的能力。以能遮盖单位面积所需的最小用漆量（g/m^2）表示。

优质色漆应有较好的遮盖力。通常深色漆的遮盖力比浅色漆强，则遮盖相同面积的表面耗漆量少，可降低施工成本。

测定遮盖力一般采用单位面积重量法，即采用一定面积有黑白格玻璃板，将测定之色漆用刷子均匀地涂刷在黑白格玻璃板上至看不见黑白格为止。将用漆称重除以黑白格玻璃板面积，即得该漆的遮盖力数值。

1.6.2.5　流平性　又称流展性或匀饰性。是指涂料经刷或喷涂于物体表面，其刷痕或喷痕能否很快自动消失流展成平滑表面的性能。优质涂料其涂痕能很快自动消失，使涂层表面平滑均匀，这是涂料装饰性能的一项重要指标。

测定流平性时，先将试样调至施工粘度，涂刷在已涂过底漆的样板上，使之平滑均匀。然后在涂层中部，用刷子纵向抹一刷痕，观察多少时间刷痕消失流布均匀。一般按涂层达到均匀平滑表面所需时间来评级。不超过 10min 者为良好；10～15min 为合格；超过 15min 涂层表面尚未均匀者为不合格。

影响涂料流平性的因素有涂料的种类与组成（树脂、溶剂与颜料种类以及颜料体积浓度、固体份含量等）、涂料的物理性质（粘度、挥发干燥速度、表面张力等）以及涂料的使用方法。大多数油性漆、聚氨酯等慢干漆流平性好，粘度低、表面张力越小越易于流平。使用时当涂痕细小则易流平，涂层越厚越易于流平。当涂饰产品的立面时，粘度宜高涂层宜薄，在保证不流挂的前提下才有可能流布均匀。所以刷涂立面时粘度宜高，用刷子少蘸漆，薄刷较好。

1.6.3 固体涂膜性能

干透的涂膜应具备具体使用要求的性能，这是最终比较涂料质量代表具体使用价值的一些指标。但是干膜的使用性能既决定于涂料组成，成膜物质种类，也决定于施工工艺。

1.6.3.1 附着力 也称附着性，是指涂膜与被涂物表面之间或涂层之间相互粘结的能力。是考核涂料本身和施工质量的一项重要技术指标，是涂膜具备一系列装饰保护性能的前提条件。附着力好的涂膜经久耐用，具备使用要求的性能。涂膜附着力差容易开裂、脱落，无法使用。

影响涂膜附着性能的因素有涂料种类；成膜物质硬度；涂饰时对基材的润湿程度与所含极性基团数量；涂饰工艺；被涂饰表面的性质，等等。

一般说涂膜较软的油性漆，其附着力好于较硬的树脂漆。涂于木材表面的漆液润湿与渗透良好则有利于改善附着性。根据吸着学说，涂膜附着强度的产生是由于其成膜物质聚合物的极性基团（如羟基或羧基）与被涂物表面的极性基相互结合所致。因此，凡是减少这种极性结合的各种因素（具体的涂饰工艺与被涂饰表面性质等）均将导致涂膜附着力的降低。例如，被涂表面有脏污；有水分；木材含水率高（大于15%）；底层涂饰水性材料未干透；涂层过厚本身有较大的收缩应力；成膜物质聚合物在固化过程中相互交联而消耗了极性基的数量，等等。

复合涂层层间的附着状况也影响附着力。选择异类复合涂层需注意底面漆的配套性，选用同类复合涂层时，某些聚合型漆（如聚氨酯），当上一道涂层干燥太过份再涂下道时，由于层间未能很好交联而影响附着力。所以，在生产中双组份聚氨酯漆当连续涂饰多遍时，宜采用表干后接涂的“湿碰湿”工艺。

木材涂层多采用划格法（交叉切割）测定附着力。用锋利刀片在干透漆膜表面切割成互成直角的两组格状割痕，每组割痕都包括11条长为35mm，间距为2mm的平行割痕。所有切口应穿透到基材表面，割痕方向与木纹方向近似为45°。把氧化锌橡皮膏粘贴在试验区域上用手指按压，并顺对角线方向猛揭，根据割痕内漆膜损伤程度评级。

1.6.3.2 硬　度 是指涂膜对于外来物体侵入涂膜表面所具有的阻力，它是表示涂膜机械强度的重要性能之一。将涂料涂于表面，其涂层硬度将随干燥进程而逐渐增大，漆膜干透则达最高值。

漆膜硬度决定于涂料组成中成膜物质的种类、颜料与漆料的配比，催干剂的种类与多组分漆配漆的比例等。一般含硬树脂较多的漆膜较硬，而油性漆则较软。

许多木器表面要求漆膜应具有较高的硬度，尤其木器承受摩擦的部位。例如地板、沙发扶手、台面、椅面、车厢板等处表面漆膜需有足够的硬度。

漆膜硬度高，其表面机械强度高，坚硬耐磨，能经受磕碰划伤。尤其用抛光膏研磨抛光时，坚硬的漆膜易抛出光泽，而软的漆膜一般不能进行抛光。但是过硬的漆膜柔韧性差，冲击强度低，容易脆裂，影响附着力。

测定漆膜硬度多用摆杆硬度计。是以一定重量的摆，置于被测漆膜上，在规定的振幅中摆动衰减的时间与在玻璃板上于同样振幅中摆动衰减的时间比值（是一小数）来表示。一般较硬的漆膜可达0.7～0.8，较软的漆膜约0.2～0.3。还有用铅笔的硬度来测定漆膜硬度，即以不致被其划伤的铅笔硬度的H数表示。

1.6.3.3 柔韧性 柔韧性表示涂层在弯曲试验后可能开裂与剥落的情况。试验时，先将涂料涂于厚约0.2～0.3mm的薄马口铁板上，干透后将涂漆马口铁板在柔韧性试验器不同直径的轴棒上弯曲，以其弯曲后不引起漆膜破坏的最小轴棒直径的毫米数来表示。试验点上6根钢制轴棒最大直径为10mm，最小为1mm，故柔韧性好的漆膜柔韧性为1mm。

漆膜在轴棒上弯曲的状况，表示了漆膜的综合性能(包括漆膜的弹性、抗拉强度、抗张强度、对底面的附着力等)。

木器表面漆膜不仅应具有较高的硬度，而且还应具有一定的柔韧性，以便适应木制品因外界环境作用而发生的变形。例如，因水分移动而干缩湿胀的木材体积变形；因温度变化漆膜本身的热胀冷缩；以及漆膜表面可能经受的冲击、振动，柔韧性不良的漆膜，当遇上述变化的影响，漆膜会很容易胀裂破坏。

涂膜柔韧性主要决定于涂料组成的树脂分子链长短或内聚力大小。一般含油类较多的涂料柔韧性好，而含树脂较多的漆类一般需用增塑剂调节。

1.6.3.4 **耐液性** 是指漆膜接触各种液体不发生变化与破坏的性能。测定家具表面漆膜耐液性的有关国标规定，是用15种日常生活可能遇到的液体浸透滤纸放在试样表面。经规定时间后移去，根据漆膜损伤的程度评级。15种液体如乙酸、乙醇、盐液、碱液、茶水、咖啡等。耐液性差的漆膜在经上述试验后可能出现失光、变色、鼓泡、皱纹等。而耐液性好的漆膜可能没有变化或只有轻微的变化。

各种木器在使用中均有可能遇到各种液体，因而要求木器漆应有良好的耐液性，经久耐用。

1.6.3.5 **耐热性** 是指涂膜在一定时间内，在一定的高温作用下，仍能保持完好的性能，又称使用温度范围。耐热性差的涂膜遇高温作用可能失光、变色、皱皮、起泡、开裂、留下痕迹等。各类木器遇热的情况并不一样。一般柜类制品使用中遇热机会较少；但是台面类家具(如餐桌、茶几、写字台等)表面经常放上热茶杯、火锅；厨房家具表面可能接触热的水、蒸汽与热油，这些木器表面涂膜则要求具有较高的耐热性。

按家具表面漆膜测定法的国标规定，测定家具表面漆膜的耐干热与耐湿热。耐干热采用盛介质的容器，加热至规定温度置于试样表面，经规定时间后，取走容器，根据漆膜损伤程度评级。测定耐湿热时采用同样方法，只是在试样表面隔一片湿布再放容器。容器为一铜试杯(内径44.0mm，高105.5mm)，盛放介质为燃点不低于250℃的矿物油。试验温度一般为70、80、90、100、120℃等，放置时间一般为15min。

1.6.3.6 **耐磨性** 是指涂膜能经受摩擦或研磨而不致很快损伤破坏的性能。常采用砂粒或磨耗仪的砂轮研磨漆膜，记载其磨耗的情况，以测定漆膜的耐磨程度。耐磨性实际上是漆膜硬度、附着力，以及内聚力的综合效应的体现。并与基材种类性质，施工过程中的表面处理与涂层干燥过程中的温湿度有关。

耐磨性是制品使用过程中经常受到机械磨损的漆膜的重要特性之一。如前述一些木器在使用中也会不断受到磨损，甚至使用多年将漆膜磨掉露白，如室内进门处地板的漆膜，以及桌边、椅面等。

家具表面漆膜测定法的有关国标规定，采用JM-1型漆膜磨耗仪测定耐磨性，经一定磨转次数后，按漆膜的磨损程度评级。

1.6.3.7 **耐温变** 也称耐冷热温差变化。是指漆膜能经受温度变化的性能，即能抵抗制品使用环境温度骤变的影响。这种情况在我国北方生产的制品常会遇到。例如，北方油漆车间的室内温度与冷库低温变动；户外运输时的温度与用户家庭室内温度，可能对一件制品在短时间内温度变化很大。漆膜耐温变性好，则漆膜会完好无变化，否则也可能失光、变色、鼓泡与开裂等。

测定耐温变时，将涂漆干透样板先放入规定的恒温恒湿箱(温度为40±2℃、相对湿度为98%～99%)内1h；再移入低温冰箱(－20±2℃)1h；每经3个周期将试样放于温度为20±2℃，相对湿度60%～70%的试验室条件下静置18h。然后检查漆膜损坏情况，如漆膜完好则继续试验，漆膜耐温变性以不发生变化的周期数表示。

1.6.3.8 光 泽 光泽是指物体表面受光照射时，能大量集中向一个方向反射(正反射)的能力。正反射的光量越大，则其光泽越高，这与表面的平整光滑程度有关。一个表面越平越光，入射光线才能大量集中向一个方向反射，人们便感到这个表面光亮。当表面较为粗糙不平时，则入射光线不可能集中向一个方向反射，人们便感到表面不光亮。漆膜表面同样，只有当表面比较平整光滑才使照射在漆膜表面的光线能集中向一个方向反射，人们才感到漆膜的光泽。

选用亮光装饰时，所获得的漆膜应具较高的光泽，并能长期保光，这与涂料品种性能有关。亮光装饰应选用优质亮光漆涂饰，漆的流平性要好，漆膜硬度要高，以便能抛出光泽。但优质亮光漆，尚需正确施工才能获得高的光泽，并能长久保光。

施工时影响漆膜光泽的因素很多。诸如基材性质状况、涂层厚度、填孔质量、中间涂层与表面漆膜的修饰研磨，以及涂饰方法，等等。

亮光装饰时，白茬基材表面机械加工质量要高，涂漆前的基材表面应是平整光滑的。粗孔木材要用填孔剂填满填实填牢管孔，以保证基底的平整和不使漆膜下陷，渗出管孔。木材表面漆膜应有足够的厚度，显得丰满厚实。表面漆膜的平整光滑是许多平整光滑的中间涂层积累形成的。因此，要对中间涂层进行适量研磨，抛光装饰的表面还应对表面漆膜进行精细的研磨抛光。只有经过一系列施工过程才能得到高光泽的漆膜，并能保持长久。

光泽还与施工方法有关。例如挥发型漆，采用棉球擦涂的施工方法，能得到极高光泽的表面，并能保持经久不变。一般喷涂要比刷涂的效果好。

漆膜光泽一般用肉眼观察，也采用固定角度的光电光泽计测定(例如用GZ-Ⅱ型光电光泽计)。其结果以试验样板漆膜表面的正反射光量与同一条件下标准板表面的正反射光量之比的百分数表示。

2 涂料品种

我国生产的 18 大类涂料中，约十余类漆用于各种木制品表面，现介绍其一般组成、性能、应用以及具体品种。

2.1 油脂漆

是指单独用油脂（主要是植物油）作成膜物质的一类漆。品种有清油、厚漆、油性调合漆以及红丹防锈漆与各色油性电泳漆等。它是一种较为古老而又是最基本的涂料。其涂层是靠吸收空气中的氧使油分子发生氧化聚合反应而固化成膜。

油脂漆对木材有极好的渗透性，因此，其涂层对木材附着良好，漆膜柔韧，不易粉化，价格低廉，施工方便，便于涂刷，有一定的装饰保护作用。但干燥缓慢漆膜软，不能打磨抛光。其光泽、装饰性能、耐水性与耐化学性比其它漆类差。只适于涂饰质量要求不高的木器，以及在木材涂饰施工过程中用于调制填孔剂、腻子与着色剂等。

国外部分国家专用油脂漆涂饰高档家具，使其充分渗透木材内部而表面几乎没有漆膜，使木材保留极其自然状态，此种方法称作“油饰”，具有独特的装饰效果。

2.1.1 组成与性能

2.1.1.1 清 油 也称熟油。是用精制干性油（桐油、亚麻油等）或加部分半干性油经高温熬炼聚合后加入催干剂制成。熟油也可以根据所用原料油的种类而有不同叫法。例如，单用亚麻油或桐油、梓油等熬炼成的则分别叫熟亚麻油、熟桐油与熟梓油。由多种干性油熬炼成的叫混合熟油。

清油渗透性好，便于涂刷。但干燥缓慢，在木器涂饰过程中多用于调配厚漆、油性腻子与油性填孔剂，而较少用作罩面材料。

2.1.1.2 厚 漆 也称铅油。是由多量体质颜料、着色颜料与精制干性油经研磨而成的稠厚浆状物。其中油分含量较少，一般只占总重量的 10%～20%，故名厚漆。由于厚漆稠厚，其中液体漆料没有完全加够，催干剂也未加入，比一般涂料容积小，可节省包装与贮运费用。但是不能直接使用，使用时必须加入清油，其粘度与干性可根据实际需要加以调节，可以随意配色。加入清油与厚漆重量比约为 1∶3，清油加入量多则漆膜光泽高。当加入足量清油后其粘度仍很高时，可加入少量松节油或 200 号溶剂汽油调稀。

厚漆是质量较差的不透明色漆只用于质量要求不高的木器与建筑物的涂饰。木器涂饰施工中多用于调配油性腻子、油性填孔剂与油性着色剂等。

2.1.1.3 油性调合漆 是用干性油、着色颜料、体质颜料经研磨后再加入溶剂、催干剂等调制而成。与厚漆比较涂料组成完善，已经调配得当，可直接用来涂刷，性能优于厚漆。

油性调合漆便于涂刷、柔韧性好、附着力高，不易粉化与龟裂，耐候、耐水、能经受大气侵蚀，但干燥缓慢、光泽差。可用于室内外一般木材、金属与砖石表面的涂饰。

2.1.2 品种与使用

2.1.2.1 清 油 具体型号有Y00-1清油、Y00-2清油、Y00-3清油、Y00-7清油、Y00-8清油、Y00-9清油等。其常用清油品种如表2-1所列，部分清油具体技术指标见表2-2所列。

表2-1 清油品种表

品 种	组 成	性 能	应 用
Y00-1清油	以亚麻油为主。经熬炼后加入催干剂调制而成	与生植物油比较干燥快、流平性好，漆膜柔软，易发粘	用于调制厚漆和红丹防锈漆。也可用于涂饰木材表面，涂饰量60g/m²
Y00-2 清油（熟油、鱼油）	以梓油为主。经熬炼后加催干剂调制而成	与生植物油比较干燥快、流平性好，漆膜柔软，易发粘	用于调制厚漆和防锈漆。也可用于涂饰木材表面，涂饰量60g/m²
Y00-3清油	由各种混合植物油经熬炼后加入催干剂调制而成	比生植物油干燥快，漆膜柔软，易涂刷	用于调制厚漆和防锈漆。也用于涂饰木材表面
Y00-7 清油（熟桐油、光油）	以桐油为主，加入其它干性油。经熬炼加入催干剂而成	比一般清油干燥快，光泽好、漆膜坚韧耐磨、耐水	用作木器罩光和调配厚漆及腻子，涂饰量60～90g/m²
Y00-8 聚合清油（调漆油、103 清油）	由精炼干性油经熬炼后加入溶剂、催干剂调制而成	色浅、价格便宜，由于含溶剂质量不如一般清油	用于木材、金属、织物表面涂饰。也用于调厚漆及腻子等，涂饰量90～120g/m²
Y00-9 清油（506 填面油）	由桐油和其它干性油混合热炼聚合后加入催干剂调制而成	比一般清油干燥快，光泽好。但粘度较高	用于调制油性腻子与填孔剂

注：贮存过久或天冷施工可适当加入钴锰催干剂促进干燥。一般不加溶剂，必要时加200号溶剂汽油或松节油调粘度。

表2-2 清油技术指标

项 目	指 标				
	Y00－1	Y00－2	Y00－3	Y00－7	Y00－8
原漆颜色（号）≯	12	14	14	16	12
原漆外观和透明度	透明无机械杂质				
粘度（涂－4），S	18～30	18～30	18～30	40	15～35
酸价，mgKOH/g ≯	3	6	6	—	6
干燥时间，h					
表 干	12	8～12	12	8	12
实 干	24	24	24	24	24
沉积物容积，% ≯	1	1	1	1	1

2.1.2.2 厚 漆 具体型号有Y02-1、Y02-2、Y02-13等，以Y02-1各色厚漆为例，其组成与性能如下：

（1）组成 由干性或半干性油与着色颜料、体质颜料混合，经研磨而成的稠厚浆状物。颜色有浅灰、深灰、铅绿、蓝灰、瓦灰等。

（2）特性 价格便宜，施工方便，干燥慢、漆膜软、耐久性差。具体技术性能指标如表

2-3 所列。

表 2-3 Y02－1 各色厚漆技术指标

项目	指标	项目	指标
漆膜颜色和外观	符合标准样板	黄色	180
原漆外观	不应有搅不开的硬块	红色	200
遮盖力，g/m² ≯		白色、象牙色	250
黑色	40	干燥时间，h ≯	24
铁红色	70	稠度，cm	
灰、绿色	80	白色、黄色、蓝色、绿色、铁红、灰色	9～12
蓝色	100	红色、黑色	7～9

（3）使用　必须用清油调稀方能使用，清油与厚漆调配比约为 1：2～3，可酌加适量 G－8 厚漆催干剂，过稠了用 200 号溶剂汽油或松节油调节。一般用于低档木器涂饰，或用于调填孔剂、着色剂与腻子或打底等。

2.1.2.3　**油性调合漆**　型号有 Y03－1、Y03－3、Y03－82 等，以 Y03－1 各色油性调合漆为例，其组成与性能如下：

（1）组成　由干性油与着色颜料、体质颜料经研磨后加入 200 号溶剂汽油或松节油以及钴锰催干剂等调配而成。

（2）特性　质量比厚漆好，耐候性高于酯胶调合漆。易于涂刷，直接可用，漆膜较软，干燥缓慢。具体技术性能指标如表 2-4 所列。

表 2-4 Y03－1 各色油性调合漆技术指标

项目	指标	项目	指标
漆膜颜色和外观	符合标准样板及其色差范围，漆膜平整光滑	红、黄色	180
粘度（涂－4），S ≮	70	白色	240
细度，μm ≯	40	干燥时间，h ≯	
遮盖力，g/m²		表干	10
黑色	40	实干	24
绿、灰色	80	光泽，% ≮	70
蓝色	100	柔韧性，mm	1

（3）使用　用于室内外一般金属、木材以及建筑物表面的保护与装饰。使用前必须搅拌均匀，如发现粗粒、结皮应进行过滤。调稀与促干同清油与厚漆。多用刷涂施工，刷涂第一道漆宜调稀些，以便漆液渗透木材中。第二道必须在第一道干透后稍加打磨再涂，重涂间隔在 24h 以上。一般刷 2～3 遍。

2.2　天然树脂漆

是指用天然树脂作成膜物质的一类漆。天然树脂漆品种很多，木器应用最多的是虫胶漆、油基漆、腰果漆与大漆等（大漆有专章叙述）。

2.2.1　虫胶漆

虫胶漆是虫胶溶于酒精调配的一种挥发型快干涂料。虫胶又称紫胶、漆片、洋干漆等，是一种黄色或紫红色的固体树脂。它是一种寄生在树枝上的昆虫（紫胶虫）的分泌物，经收集加工多制成片状。虫胶漆曾是我国室内木器（尤其家具）涂饰应用最广泛的漆种之一。

2.2.1.1 组成与性质 虫胶的组成中绝大部分是紫胶树脂，在片胶（虫胶片）中一般占90%～94%，此外有少量蜡质、色素与其它杂质等。

虫胶中所含的蜡对于调配的虫胶漆是天然增塑剂，可使虫胶漆膜柔韧耐久。但是，虫胶中的蜡在酒精中的溶解性差，因此影响虫胶清漆涂膜的透明度。对于高级木器的透明涂饰，需制取脱蜡虫胶，即去除虫胶中所含的蜡。

虫胶中由于含有色素，使普通片胶的颜色由半透明的浅黄色到几乎不透明的暗红色。使所配成的虫胶清漆往往带有较深（黄红）的色调，不宜用于木制品的浅色与本色透明涂饰。但是可使虫胶漂白，国外用漂白虫胶较多，国内也有少量漂白虫胶可用于浅色、本色透明涂饰。

按质量状况，虫胶一般分四等，其技术标准如表2-5所列。

表2-5 虫胶技术标准

项　目	特　级	甲　级	乙　级	丙　级
色素　（碘比色计）	10以下	15以下	15～30	35以下
水分　＜	2%	2%	2%	2%
蜡质　＜	5%	5%	5%	5%
乙醇不溶物　＜	2%	5%	5%	5%

虫胶的软化点（40～50℃）和熔点（77～90℃）都比较低，因而漆膜耐热性差。作面漆不宜用在可能接触高温的制品上，即使作底漆上面罩以耐热性高的面漆，整个漆膜的耐热性也不很好。因此台面类部位都不宜使用虫胶漆涂饰。

虫胶易溶于甲醇、乙醇与甲酸和乙酸中，我国生产中多用乙醇溶解调配虫胶漆。虫胶一般不能在水中溶解，但在含适量碱的水溶液中加热能够溶解。因此可以用硼砂、碳酸钠等配制水溶性虫胶漆。

虫胶一般不溶于松香水、松节油、苯类与酯类溶剂。这使虫胶漆能封闭木材（例如防止松脂的渗出、防止渗色等），隔离涂层。

2.2.1.2 配漆与应用 虫胶漆有少量成品市售，多数为用漆者买来干虫胶片用酒精溶解自行调配。虫胶与酒精比例为1∶3～6。通常用1份虫胶片放入3份酒精中溶解配漆，使用时如粘度高再加入酒精。要用95度（95%）的工业酒精，不可用70度的医用消毒酒精。

调配虫胶漆时，需将散碎的虫胶放入酒精中溶解，不断搅拌，以防止虫胶沉积于容器底部。溶解过程中不可加热，以免引起胶凝变质与酒精挥发。

调配与盛装虫胶漆的容器宜用陶瓷、搪瓷、塑料、木材与不锈钢等材料。因虫胶酒精溶液遇铁能发生化学反应而使溶液颜色变深，粘度变稠。因此不宜用铁质容器也不宜用铁质作搅拌器。

已配好的虫胶漆应密闭贮存，防止灰尘与污物落入，并减少酒精的挥发。使用前可用几层纱布过滤。已溶解好的虫胶漆不宜久放不用，最好在半年内用掉。因为虫胶中的有机酸能与乙醇反应生成酯，此种酯可能使涂层干燥缓慢、发粘、色深或难干。

虫胶漆调配简单，使用方便，干燥迅速。它是一种主要依靠溶剂挥发而干燥成膜的挥发型漆。涂层干燥快是其很大的优点，涂饰一遍一般几分钟即达表干，几十分钟可达实干。涂饰虫胶漆可在短时间内连续涂饰多遍。

虫胶漆中可放入染料或少量颜料用于涂层着色或拼色补色；虫胶漆涂层可以封闭木材隔离涂层，虫胶腻子干燥快使用方便。

虫胶漆可用排笔刷涂、棉球擦涂、或用喷枪喷涂以及用淋漆机淋涂。用虫胶漆打底，除不宜与聚酯漆配套外，在虫胶漆的涂层上大部分常用木器漆（油性漆、硝基、聚氨酯、丙烯酸漆等）均可涂饰。擦涂虫胶漆可以获得很光亮的表面。

虫胶漆的缺点是耐热性、耐候性与耐水性差，颜色深。如遇天气潮湿涂饰虫胶漆则涂层易出现吸潮发白与脱落等现象。其综合的理化性能远不及其它漆类，因此目前不用作面漆，而用于作底漆。

虫胶漆在我国应用多年。由于是天然材料，其性能已不能完全满足现代涂饰的要求。故近年陆续出现一些代虫胶作底漆的合成材料，其品种与性能如表 2-6 所列。

表 2-6 代虫胶底漆涂料品种性能

涂料名称	主要成分	性能	光泽（%级）	耐磨转数	耐水 80h	耐干热 80℃，15min	耐 30%醋酸，12h	耐冷热循环	附着力（2mm）	研制与生产单位
WC－1 水性树脂	聚丙烯酸酯乳液	以水作溶剂，安全无毒	75 2	2 000 转，未露白 2 级	基本无变化 2 级	近乎完整间断环痕 3 级	无变化 1 级	合格	2～3 级	上海家具研究所、上海皮革化工厂
824 底涂料	蓖麻油改性树脂溶于苯、酯、醇类溶剂	固化快，阴雨天施工不泛白	85 1	2 000 转，未露白 2 级	无变化 1 级	无明显间断环痕 2 级	无变化 1 级	合格	3 级	景德镇家具厂
SS－911（A）涂料	醇溶性树脂	附着力强，封闭性好，阴雨天不泛白	97 1	4 000 转，未露白 1 级	无变化 1 级	无明显间断环痕 2 级	无变化 1 级	合格	1 级	苏州市化工研究所、苏州市家具二厂
7610 合成虫胶	线型酚醛树脂		82 2	2 000 转，未露白 2 级	无变化 1 级	明显间断环痕 3 级	无变化 1 级	合格	3 级	浙江温岭县岩下化工日用制品厂

2.2.2 油基漆

油基漆是指用植物油与天然树脂（主要是改性松香）共作成膜物质的一类漆。有清漆、色漆、底漆与腻子等，木器曾应用较多的是酯胶漆与钙脂漆。

2.2.2.1 组成与性能 用干性油与改性松香经过加热熬炼后制得的漆料，加入催干剂与溶剂等，即制成油基清漆。再加入颜料便制成油基色漆，其中体质颜料略多些即成为底漆，如含大量体质颜料稠厚状的即油基腻子。

油基漆常以所含改性松香的名称命名。例如，用前述甘油松香（酯胶）与干性油一起熬炼制成的漆称为酯胶漆。但是近年将用季戊四醇松香酯与顺丁烯二酸酐松香酯分别与干性油一起熬炼制成的漆也称作酯胶漆。用石灰松香与干性油一起制成的漆称作钙脂漆。

由于油基漆中用植物油和天然树脂共作成膜物质，因而兼有油类使漆膜柔韧耐久、树脂使漆膜坚硬光亮等特点。因此，油基漆与油脂漆比较，其干燥速度、漆膜光泽、硬度、耐水性、耐化学药品性等方面均有所提高。其提高的程度视所用油类与树脂的品种和比例而不同。常按树脂与油的比例将油基漆划分为短、中、长三种油度，其性能差别如表 2-7 所列。

表 2-7 油基漆油度与性能

油度	树脂：油	一般性能
短油度	1：2以下	漆膜干燥快、光泽好、硬度高，耐候性差。多用于室内
中油度	1：2～3	性能介于短油度与长油度之间。室内外均可使用
长油度	1：3以上	漆膜柔韧性好，耐候性强，易涂刷，干燥慢，漆膜软。适于室外用

一般地说油基漆原料易得，制造容易，成本低廉，施工简便。与油脂漆相比，其保护与装饰性能提高，可用于质量要求不高的木器家具、民用建筑等的涂饰。因含植物油，漆膜干燥慢、耐久性差。

2.2.2.2 油基漆品种 部分油基漆品种型号与性能如表 2-8 所列。

表 2-8 油基漆品种

品　种	组　成	性　能	应　用
T01－1 酯胶清漆（清凡立水）	由干性油和甘油松香加热熬炼后，加入200号溶剂汽油或松节油与干料配制而成中、长油度清漆	漆膜光亮，耐水性较好，有一定的耐候性	用于木器、金属表面罩光。以刷涂为主，用200号溶剂汽油或松节油调稀，涂漆量 40g/m^2
T03－1 各色酯胶调合漆（磁性调合漆）	由甘油松香和干性油熬炼后，加入颜料碾磨，再加入催干剂、200号溶剂汽油调配而成	干燥比油性调合漆快，漆膜较硬，有一定耐水性	以刷涂为主，用于室内外一般木器、金属表面涂饰。一遍涂饰量：白色 70～80g/m^2；其它色 60～70g/m^2
T04－1 各色酯胶磁漆（镜子漆）	由干性油与甘油松香酯为主，炼制并加入有机溶剂而成中油度漆料。再与颜料混合碾磨，并加入催干剂而成	漆膜光亮坚韧，附着力好，有一定耐水性。光泽和干性优于T03－1，耐候性差	用于室内一般金属、木器，以及五金零件、玩具等表面涂饰。以刷涂为主，亦可喷涂。使用量：浅色 70g/m^2；深色为 60g/m^2
T84－31 钙脂黑板漆（黑板漆）	用石灰松香酯、桐油加热熬炼。并以200号溶剂汽油为溶剂，加入炭黑、体质颜料等碾磨，并加入适量催干剂而成	涂膜无光，耐磨性好，有一定耐洗擦性，漆膜较硬，用粉笔书写字迹清晰。常温表干约8h，实干约72h	用于涂刷木黑板，以刷涂为主

注：刷涂之前宜用此漆与碳酸钙（老粉）调成厚漆状，用刮刀刮涂一层作为打底。干约一天，砂磨光滑，再刷涂此漆1或2遍。

部分油基漆性能技术指标如表 2-9 所列。

表 2-9 部分油基漆技术指标

项　目	指　标		
	T01－1 酯胶清漆	T03－1 各色酯胶调合漆	T04－1 各色酯胶磁漆
原漆颜色（号）≯	14	—	—
原漆外观和透明度	透明，无机械杂质	—	—
漆膜颜色和外观		符合标准样板及色差范围漆膜平整光滑	符合标准样板，漆膜平整光滑
粘度（涂－4），S	60～90	70以上	70～110
酸价，mg KOH/g ≯	10	—	—
固体含量，%≮	50	—	—
干燥时间，h			

（续）

项　目	指　标		
	T01－1 酯胶清漆	T03－1 各色酯胶调合漆	T04－1 各色酯胶磁漆
表　干	6	6	8
实　干	18	24	24
硬度（摆杆硬度），≮	0.30	—	—
柔韧性，mm	1	1	1
耐水性，24h	不起泡、不脱落、允许轻微变白，1h 内恢复	—	—
回粘性（级）　≯	2	2	—
光泽，%　≮	—	80	90
细度，μm　≯	—	40	铁红 40；其它 30
遮盖力，g/m²　≯			
黑　色	—	40	40
铁红色	—	60	60
绿、灰色	—	80	—
蓝　色	—	100	—
白色	—	200	200
红、黄	—	—	160

2.2.3 腰果漆

腰果漆的主要成分是腰果壳液（腰果壳油）。它是由热带植物腰果树的果实——腰果的外壳（腰果壳）经压榨而得到的一种黑色粘稠液体。

腰果树原产于非洲、美洲等热带地区，我国主要产于海南省、云南省等地。由于腰果壳液是一种多用途优质涂料原料，并可节省部分植物油，它成为近年来国内外兴起的一种新型涂料。主要用于竹、木、藤制品及金属表面涂饰，特别适用于仿古家具、高级乐器、工艺品及室内高级装饰。

2.2.3.1 组成和性能　腰果壳液组成中约 94%以上是腰果酸。它在高温（100～200℃）加热时发生胶凝反应得到一种产物——腰果酚。其结构式如下：

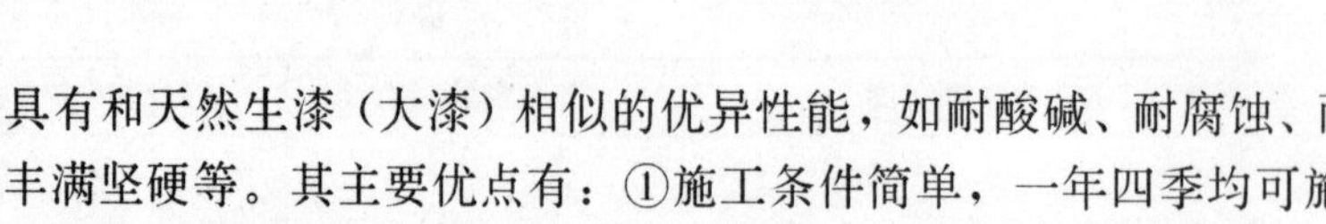

OH　—COOH　—$C_{15}H_{27}$　　HOOC—　OH　—$C_{15}H_{27}$　　OH　—$C_{15}H_{27}$

腰果酸　　　　　　　　　　　腰果酚

腰果酚是一种一元酚。它可以和醛类反应形成酚醛缩合物，还可以加入各种干性油进一步加工成许多改性树脂。并适量加入催干剂、200 号溶剂汽油或松节油制成各种酚醛树脂型腰果漆。

腰果漆具有和天然生漆（大漆）相似的优异性能，如耐酸碱、耐腐蚀、耐磨、耐盐水、耐高热、漆膜丰满坚硬等。其主要优点有：①施工条件简单，一年四季均可施工，不像大漆要求的那样复杂苛刻；②透明度优于天然生漆，显示出的木纹，外观典雅庄重；③可调制各种颜色（白色除外）；④无明显色变过程（天然生漆要 2 个月左右色相才能稳定）；⑤无毒，腰果酚经处理无毒；⑥价格便宜，平均相当于目前大漆价格的 40%～45%；⑦施工方便，可打磨、褪光、抛光、可涂刷、喷、烘、浸；⑧可调入少量其它漆（如酯胶、醇酸等漆）搅拌后使用；⑨流平性好，可在粘度 30～100s（涂－4）范围内施工，而不必砂磨、抛光。它的不足之处是颜色较深，干燥时间较长。腰果清漆与大漆具体性能对比见表 2-10 所列。

表 2-10 腰果清漆与大漆性能比较

对比项目	腰果清漆	大漆
施工条件	方便，几乎是“全天候性”，必要时可适量加入催干剂调节	苛刻，温度要在 20～35℃，相对湿度 80%～90%，pH 值在 4～8
漆膜外观	光亮，丰厚	光亮，丰厚
漆膜透明度	较好	不好
色漆调制	容易，且不变色，范围广	困难，2 个月后色相才稳定
毒性	无皮肤过敏	皮肤过敏
干燥时间，h		
表干	4～6	4～5
实干	8～18	20～24
硬度（摆杆硬度）	0.45	0.27
物理性能	涂刷性好、漆膜坚硬，耐酸碱、耐热、耐沸水烫，能抛光退光、打磨，附着力好	涂刷性不好，漆膜坚硬，能抛光、耐磨，附着力好，遮盖力强，耐沸水烫

注：本表选自阳江化工厂著《宝鼎牌腰果清漆应用施工工艺技术》。

2.2.3.2 品种与应用 近年来，用于木器涂饰的腰果漆品种和数量在逐渐增多。仅阳江化工厂就有五种型号的腰果清漆进行生产，即 F01-21-A 型、F01-21-B 型、F01-21-C 型、F01-21-D 型、F01-21-E 型。其中 A 型、B 型、C 型为高尖产品，选料精良，粘度高，适用于特殊工艺要求。如翻修文物、古代建筑、高档漆器、工艺美术品、高档乐器及出口家具等的涂饰。D 型、E 型属通用型产品。除单独使用外，也可做 A 型、B 型、C 型品种的配套底漆及调制腻子（漆灰）等使用。各种型号腰果清漆质量指标如表 2-11 所列。

表 2-11 腰果清漆系列品种技术指标

项目	指标				
	F01－21－A 型	F01－21－B 型	F01－21－C 型	F01－21－D 型	F01－21－E 型
原漆外观	棕褐色透明液体，无机械杂质	棕褐色透明液体，无机械杂质	棕褐色透明液体，无机械杂质	棕褐色透明液体，无机械杂质	棕褐色透明液体，无机械杂质
漆膜外观	平整光滑	平整光滑	平整光滑	平整光滑	平整光滑
粘度（涂－4），S ≮	200	150	100	60	30
干燥时间，h					
表干	6	6	4	4	6
实干	18	18	15	16	18
固体含量，% ≮	70	60	60	50	40
光泽，% ≮	105	100	100	100	100
硬度（摆杆硬度），≮	0.4	0.4	0.4	0.4	0.4
柔韧性，mm	1	1	1	1	1
冲击强度，N·m ≮	5	5	4	4	4
回粘性，级 ≯	1	1	1	1	1
耐热性，(150±2)℃，2h	漆膜无起层、皱皮鼓泡开裂现象				
耐水性（蒸馏水浸 2h）	漆膜不起泡、不脱落、允许轻微变白，3h 内恢复				

使用时可用松节油或 200 号溶剂汽油作稀释剂调节粘度，忌用醇类溶剂。

腰果漆还可以制成各种颜色的不透明涂料，即各色耐热腰果调合漆。其耐热性能比聚氨脂漆还好。目前阳江化工厂生产的腰果调合漆有 A 型、B 型、C 型三种型号，其各种型号质量指标见表 2-12。

表 2-12 部分腰果调合漆技术指标

项目	指标		
	A 型	B 型	C 型
漆膜颜色及外观	符合商定标准样板及其它范围，平整光滑		
粘度（涂－4），s	70～130		
细度，μm，≯	35	40	40
干燥时间，h			
表干	4	5	6
实干	16	17	18
遮盖力，g/m²，≯			
黑色	30	35	40
铁红	50	55	60
中绿、灰色	70	75	80
蓝色	90	95	100
红、黄、果绿	160	170	180
摆杆硬度，≮	0.40	0.35	0.30
光泽，%　≮	100	95	90
柔韧性，mm　≯		2	
回粘性，级		1	
冲击强度，N·m　≮		4	
耐水性（浸 2h 取出后恢复 2h）	漆膜不脱落、不开裂、不起泡		
耐热性，150℃，4h	漆膜不脱落、不开裂、不起泡。允许轻微变化		

腰果调合漆和其它不透明涂料一样，可刷涂、喷涂。

腰果漆在使用时如果干燥较慢，可适量加入催干剂。但最多不能超过漆量的 0.2%，而且用多了还会降低漆膜的光亮度。如果漆液粘度太高，可掺入 200 号溶剂汽油或松节油调节。

2.3 酚醛树脂漆

酚醛树脂漆是指其组成中含有酚醛树脂的一类涂料。木器用酚醛树脂漆主要是用松香改性酚醛树脂与干性油共同作成膜物质制造的油性酚醛树脂漆。

2.3.1 组成与性能

在酚醛漆组成中，用松香改性酚醛树脂与植物油共作成膜物质。

松香改性酚醛树脂是将酚与醛在碱性催化剂存在下生成的可溶性酚醛树脂，再与松香反应并经甘油酯化而得到的红棕色透明的固体树脂。这种树脂的软化点比松香高 40～50℃，油溶性良好。制造松香改性酚醛树脂的配方举例如表 2-13 所示。

表 2-13 松香改性酚醛树脂配方

原料	规格	重量比，%	原料	规格	重量比，%
松香	酸值为 170	69.40	六次甲基四胺	—	0.50
苯酚	—	11.70	氧化锌	—	0.13
甲醛	37%	11.45	甘油	100%	6.82

由上述配方制得的树脂中，酚醛缩合物约占 15%，酚与醛的摩尔比为 1∶1.12。实际上由于反应条件的不同，可以制得多种性能不同的松香改性酚醛树脂。

当用松香改性酚醛树脂与植物油合炼制漆时，常根据树脂与油的配方比例不同可以得到短、中、长三种油度的漆料。其中短油度树脂与油之比为 1∶2 以下，长油度为 1∶3 以上，中油度为 1∶（2～3）。由于油度不同给涂料性能带来一系列影响，具体影响的程度如表 2-14 所示。

表 2-14 油度对酚醛树脂漆膜性能影响

项目	影响情况	短油度	中油度	长油度	影响情况
		1∶2	1∶（2～3）	1∶3	
炼漆稳定性	不易胶凝	←	——	→	易胶凝
溶剂品种	适于芳烃	←	——	→	脂肪烃
研磨性能	差	←	——	→	好
贮存结皮	少	←	——	→	多
涂刷性	差	←	——	→	好
干燥时间	快	←	——	→	慢
附着性	差	←	——	→	好
光泽	好	←	——	→	差
柔韧性	差	←	——	→	好
硬度	高	←	——	→	低
耐水性	好	←	——	→	差
耐化学性	好	←	——	→	差
耐候性	差	←	——	→	好

酚醛树脂漆中所用干性油，主要是桐油与亚麻油。桐油可提高漆膜的耐光、耐水及耐碱性。亚麻油常以厚油（聚合油，经初步热聚合粘度增加）的形式加入。即改善漆膜性能（弥补桐油的过份硬脆，使漆膜坚韧，改善漆膜的耐光性、耐水性，增进光泽与流平性），并在制漆时用来冷却以防漆料过度聚合而胶化。

用松香改性酚醛树脂与干性油熬炼，制成各种油度的漆料。再加入溶剂、催干剂即制成松香改性酚醛树脂清漆，常用溶剂为 200 号溶剂汽油、松节油。催干剂多用环烷酸钴、环烷酸锰等。为了提高漆膜的耐水性与硬度，有时加入少量松香铅皂。制漆时为了稳定铅皂加入少量松香钙皂（即石灰松香）。当加入各种颜色的着色颜料及体质颜料则制成酚醛磁漆、底漆等品种。

酚醛漆的漆膜柔韧、耐久、附着力与光泽都很好，耐热性、耐水性与耐化学药品等性能都很高。酚醛清漆涂层当常温干燥 48h 以后，漆膜在沸水中煮 15min 无变化。但酚醛漆中由于含有大量植物油，因此，涂层干燥缓慢，不适宜用在机械化油漆流水线上。干燥后的漆膜比较软，不宜打磨抛光，多为原光装饰。故表面不够平滑，比较粗糙，一般不宜用于中高级木器涂饰。

酚醛树脂漆颜色较深，而且涂膜在木器使用过程中容易泛黄。因此清漆不宜用于木器的浅色或本色透明涂饰、色漆也很少有白漆品种。

2.3.2 酚醛漆品种

酚醛漆品种很多，木器涂饰应用较多的是酚醛清漆与酚醛磁漆。表 2-15 列出几种酚醛漆的品种型号与性能。

表 2-15 常用酚醛漆品种

品 种	组 成	性 能	应 用
F01－1 酚醛清漆	由干性油和松香改性酚醛树脂溶于松节油或 200 号溶剂汽油中，并加入适量催干剂调制而成	漆膜光亮、耐候、耐热。耐水性比酯胶清漆好，易泛黄	主要用于木器家具表面罩光，可显出木器底色和花纹。也用于油性色漆上罩光
F04－1 各色酚醛磁漆	由干性油和松香改性酚醛树脂与颜料研磨，加入适量催干剂、200 号溶剂汽油调制而成	漆膜坚硬，光亮鲜艳，附着力好。但耐候性比醇酸磁漆差	用于建筑工程，交通工具，机械设备等室内木材和金属表面涂饰
F04－60 各色酚醛半光磁漆	由松香改性酚醛树脂、季戊四醇松香酯聚合干性油与颜料研磨后，加入催干剂，200 号溶剂汽油调制而成	漆膜坚硬，附着力好，自干或烘干均可。耐候性比 C04－64 各色醇酸半光磁漆差	用于要求半光的金属和木材表面涂饰。用于喷涂，不宜刷涂，以免形成刷痕。烘干温度 70～80℃，4h
F03－1 各色酚醛调合漆	由长油度酚醛树脂与颜料研磨，并加催干剂、溶剂等配成	漆膜光亮鲜艳，耐候性比 F04－1 稍差，附着力较好	用于室内外木器、金属表面的涂饰
F06－8 锌黄、铁红、灰酚醛底漆	由松香改性酚醛树脂、聚合植物油与颜料研磨，加入催干剂、200 号溶剂汽油与二甲苯调制而成	漆膜附着力良好，有一定防锈性	锌黄色用于铝合金表面，铁红色和灰色用于钢铁金属表面

注：颜料包括着色颜料和体质颜料。几种酚醛漆技术指标见表 2-16 所列。

表 2-16 常用酚醛漆技术指标

项 目	指 标		
	F01－1	F04－1	F04－60
原漆颜色及外观	铁钴比色计，号≯14	符合标准样板及色差范围，平整光滑	符合标准样板及色差范围，平整半光
透明度	透明无机械杂质	—	—
粘度（涂－4），s	60～90	≮70	70～110
酸价，mg KOH/g	≯10	—	—
固体含量，%	≮50	—	—
干燥时间，h ≯			
表 干	5	6	4
实 干	15	18	18
回粘性，级	≯2	≯2	—
光泽，%	100	90	30±10
摆杆硬度 ≮	0.30	0.25	0.30
柔韧性，mm	1	1	1
细度，μm ≯	—	30	40
遮盖力，g/m² ≯			
黑 色	—	40	—
铁红、草绿色	—	60	70
绿、灰色	—	70	80
蓝 色	—	80	—
浅灰色	—	100	—
红、黄色	—	160	—
附着力，级 ≯	—	2	—
耐水性	（浸于沸蒸馏水中 30min）不起泡不脱落，允许轻微变黄色	（浸 2h，取出恢复 2h）保持原状，附着力不减	（浸 24h）不起泡，不脱落
冲击强度，N·m	—	—	5

2.4 醇酸树脂漆

醇酸树脂漆是以醇酸树脂为成膜物质的一类涂料。是目前我国的木器家具、建筑构件以及车船等应用广泛的一类漆。

2.4.1 组成与性能

醇酸树脂是由多元醇、多元酸与单元酸经酯化缩聚反应制得的一种涂料用树脂。可用的多元醇有丙三醇（甘油）、季戊四醇、三羟甲基丙烷等；可用的多元酸有邻苯二甲酸酐（苯酐）、间苯二甲酸、对苯二甲酸、顺丁烯二酸酐（顺酐）等；单元酸则用植物油脂肪酸、合成脂肪酸、松香酸等。自然界中直接存在的植物油脂肪酸（如油酸、亚油酸、桐油酸、亚麻酸等）很少，而大量存在的是各种植物油。如前述植物油是甘油和脂肪酸反应生成的甘油三脂肪酸酯，因此植物油中的甘油与脂肪酸都是合成醇酸树脂的原料。所以，在实际生产中，常用苯酐、甘油（或季戊四醇）与各种植物油（桐油、亚麻油、豆油、椰子油与蓖麻油等）作原料制造醇酸树脂。

在制造醇酸树脂的配方里，植物油常占很大比重（中长油度醇酸树脂常占一半以上）。所以，植物油对醇酸树脂的制造以及性能都有很大影响，常称植物油改性醇酸树脂。常按植物油的品种与含量来划分醇酸树脂。根据所用植物油（或脂肪酸）的品种不同可分为干性与不干性醇酸树脂。用不饱和脂肪酸或干性油、半干性油为主改性制得的称为干性醇酸树脂。如脱水蓖麻油改性醇酸树脂、亚麻油改性醇酸树脂、豆油改性醇酸树脂、亚麻油桐油改性醇酸树脂等。这些树脂能溶于松香水、松节油与苯类溶剂中。其性能随所用油脂种类不同而有所差异，如豆油、葵花油改性的醇酸树脂制成的漆膜不易泛黄、色浅，多供制白色与浅色漆用。亚麻油、桐油改性醇酸树脂的漆膜耐水性较好，但颜色深。而单用桐油改性的醇酸树脂形成的漆膜，有易起皱的缺点，因此常与其它油脂混用。这类树脂制成的涂料，能在常温下通过空气氧化结膜干燥。

用饱和脂肪酸或不干性油为主改性制得的醇酸树脂，称作不干性醇酸树脂。如蓖麻油改性醇酸树脂、椰子油改性醇酸树脂等。这类树脂本身不能在室温下直接固化成膜，需要与其它树脂（经过加热或加固化剂）发生交联反应，才能固化成膜。如蓖麻油改性醇酸树脂常与硝化棉、氨基树脂等并用，在硝基漆与氨基醇酸漆中起增塑剂与成膜物质的双重作用。

按油含量醇酸树脂也分为短、中、长三种油度。即用植物油制造醇酸树脂时可以制成不同油度的醇酸树脂，其中短油度含油量在50％以下；中油度含油量为50％～60％；长油度则在60％以上。油度对醇酸树脂性能有很大影响，其影响的情况如表2-17所示。

木器涂饰应用较多的是醇酸清漆与醇酸调合漆、醇酸磁漆等色漆。醇酸清漆是用醇酸树脂加入适量催干剂与溶剂制成。催干剂多用环烷酸钴、环烷酸锰与环烷酸铅等。溶剂多用200号溶剂汽油、松节油与苯类。色漆则为清漆中加入着色颜料与体质颜料。亮光磁漆与调合漆相比树脂含量多些，不加体质颜料。

醇酸漆与前述油脂漆、油基漆与酚醛漆比较，其组成中都含相当数量的植物油，本书统称作油性漆。由于醇酸树脂的独特性能，较之前三类漆综合性能好，漆膜有良好的柔韧性、附着力与机械强度以及耐久性。清漆颜色浅、光泽高，并保光保色。色漆有良好的耐候性，广用于涂饰户外门窗车船以及建筑物等。醇酸漆一般也有较好的耐热性与耐液性。但是，醇酸漆膜较软不宜打磨抛光，一般不宜用于中高级木器的涂饰。因含较多植物油，故干燥缓慢，不适宜用在机械化连续涂饰流水线上。

表 2-17 油度对油改性醇酸树脂漆膜性能影响

项 目	影响情况	油 度,%			影响情况
		短油度	中油度	长油度	
油含量,%	30	40	50	60	70
不挥发份	低————————→高				
粘 度	高←————————低				
溶解性	差————————→好				
流平性	差————————→好				
干 性	好——→)(←————差				
颜料混合性	好————————→差				
光 泽	高←————————低				
硬 度	高←————————低				
柔韧性	差————————→好				
附着力	差————→)(←——好				
耐水性	好————————→差				
耐油性	好←————————差				
耐变色性	好←————————差				
耐候性	差————→)(←——好				
贮存稳定性	差————————→好				

醇酸漆一般都能在常温下自干，也可以经过 60～90℃烘烤干燥。在加热烘烤前，湿涂层应放置 15～30min，使涂层流平，溶剂挥发，然后再烘干。浅色漆应在较低温度条件下烘烤，以防漆膜变黄。深色漆可在稍高温度条件下干燥。经烘烤干燥的醇酸漆膜，比常温干燥的坚固、耐久、耐磨，耐水性也有提高。

醇酸漆可刷涂、喷涂与淋涂。可用专门的醇酸稀料（X－4 醇酸稀释剂）调节粘度，也可以使用 200 号溶剂汽油，松节油与二甲苯的混合溶剂为稀料。

2.4.2 醇酸漆品种

醇酸漆品种较多，一般按漆膜外观分为清漆、调合漆、磁漆、亮光漆（有光漆）、半光漆、无光漆等；按涂层配套可分为底漆、腻子、面漆等。为简化名称，常省去有光与面漆等字样，例如各色醇酸磁漆即有光面漆。

常用醇酸漆品种见表 2-18。

表 2-18 常用醇酸漆品种

品 种	组 成	性 能	应 用
C01－1 醇酸清漆	用干性油改性的中油度醇酸树脂溶于松节油或 200 号溶剂汽油与二甲苯的混合溶剂中，并加入适量催干剂调配而成	常温能自干，漆膜附着力，耐久性优于酯胶清漆与酚醛清漆，耐水性比酚醛清漆差	可刷、喷、淋。适于室内外金属、木材表面涂饰。涂漆量每遍 40～60g/m^2，每遍干膜厚控制在15～18μm。重涂间隔不小于 16h，涂层可经 60～70℃烘干
C07－7 醇酸清漆	由苯酐、季戊四醇与亚麻油聚合制得的长油度醇酸树脂溶于松节油或 200 号汽油与二甲苯的混合溶剂中，加入适量催干剂制成	可常温自干。漆膜富有弹性，附着力好，并具有良好的光泽与保光性。耐候性比 C01－1 好，但防霉、防潮、防盐雾性能差	用于室内外木器的涂饰，可与醇酸底漆醇酸腻子及醇酸磁漆配套使用，用做金属表面罩光，涂漆量 40～60g/m^2

（续）

品　种	组　成	性　能	应　用
C04－2 各色醇酸磁漆	由干性油改性的中油度醇酸树脂与颜料二甲苯、催干剂等研磨而成	漆膜具良好的光泽与机械强度，耐候性比调合漆与酚醛漆好。耐水性较差，如经 60～70℃烘烤可提高耐水性	用于室内外木材、金属表面涂饰。可刷或喷于已涂有底漆的制品表面，每层涂漆量 60～80g/m^2，每层干膜厚 15～20μm，可与醇酸腻子，醇酸底漆配套
C04－42 各色醇酸磁漆	由干性油改性的长油度季戊四醇醇酸树脂与各色颜料研磨后加入溶剂、催干剂制成	漆膜户外耐久性及附着力比 C04－2 好。但表干时间较长，可自干，如经 10℃烘干漆膜性能更好	多用于户外钢铁表面涂饰。可刷、喷，涂漆量每遍 60～80g/m^2
C04－64 各色醇酸半光磁漆	由中油度醇酸树脂与颜料及体质颜料研磨后加入催干剂、溶剂调配制成	漆膜呈半光，光泽柔和，漆膜坚韧，附着力、户外耐久性均好	用于木器及金属表面涂饰。自干或 100℃烘干均可。宜喷涂施工，喷涂粘度 35～45S（涂－4），每道干膜厚度在 35～45μm[①]
C03－1 各色醇酸调合漆	由松香改性醇酸树脂、松香甘油酯等与颜料、体质颜料混合研磨并加入催干剂、有机溶剂等制成	漆膜光亮，性能优于脂胶调合漆	用于房屋建筑的涂饰
C06－1 铁红醇酸底漆	由干性油改性的中、长油度醇酸树脂与铁红、铅铬黄、体质颜料等研磨后加入催干剂、溶剂等制成	漆膜附着力好，防锈，在一般气候条件下耐久性好，但在湿热带和潮湿地区耐久性差	用钢制品涂底漆，与硝基磁漆、醇酸磁漆等面漆配套使用均可

注：该漆涂饰后，如感光泽过低可适当加入醇酸清漆或同一颜色的醇酸磁漆；如感光泽过高，则需适量加入同色无光醇酸磁漆。该漆不适用于湿热带地区。施工配套要求：先涂 1 或 2 遍 C06－1 铁红醇酸底漆，用醇酸腻子补平；再涂 C06－10 醇酸底漆二道，然后涂该漆。

常用醇酸漆技术指标见表 2-19。

表 2-19　常用醇酸漆技术指标

项　目	指　标				
	C01-1	C01-7	C04-2	C04-42	C04-64
原漆颜色及外观（号）	≯11 平整光滑	12 平整光滑	符合标准样板及色差范围，平整光滑	符合标准样板及色差范围，平整光滑	符合标准样板及色差范围，平整光滑
透明度	透明无机械杂质	透明无机械杂质	—	—	—
粘度（涂－4），s	40～60	40～80	60～90	60～90	60～110
酸价，mg/KOH/g ≯	12	10	—	—	—
固体含量，% ≮	45	45	—	—	—
干燥时间，h ≯					
表　干	6	5	5	12	4
实　干	15	15	15	18	15
摆杆硬度 ≮	0.30	0.30	0.25	0.25	0.30
柔韧性，mm	1	1	1	1	1
冲击强度，N·m	5	5	5	5	5
附着力，级， >	2	2	2	2	2
耐水性	24h 允许轻微变白；3h 恢复外观不变	24h 允许轻微失光；1h 恢复	6h 允许轻微失光、发白、小泡；3h 恢复	8h 允许轻微失光、变白、小泡；3h 恢复	12h 不起泡、不脱落，允许漆膜颜色变浅
耐汽油性	1h 允许稍微失光；1h 恢复	1h 允许稍微失光；1h 恢复	6h 不起泡，不起皱，允许失光；1h 恢复	—	—
耐油性（变压器油 24h）	外观不变	—	—	—	—
细度，μm ≯	—	—	20	20	40

（续）

项　目	指　标				
	C01－1	C01－7	C04－2	C04－42	C04－64
遮盖力，g/m^2≯					
白　色	—	—	110	110	140
黑　色	—	—	40	40	—
灰、绿色	—	—	55	55	55
蓝　色	—	—	80	80	80
红、黄色	—	—	140	140	—
米黄色	—	—	—	—	120
草绿、军黄、保护色	—	—	—	—	70

2.4.3 醇酸漆施工与贮存

因醇酸漆涂层是靠吸收空气中的氧发生氧化聚合反应而固化成膜，因此在施工中，每道涂层宜薄不宜厚，否则易出现皱纹、流挂、乌光等漆膜缺陷。为达到装饰质量要求的漆膜总厚度，必须采用多次涂饰来达到。每道干膜厚度：清漆控制在 20μm 以下；磁漆 30μm 以下；半光漆 30～40μm；无光漆 40～45μm。一定要第一道干后再涂饰第二道。

醇酸漆可采用刷涂、喷涂、淋涂与浸涂等法施工，其中刷涂与喷涂应用较多。三种喷涂方法都可用于醇酸漆的喷涂。当用空气喷涂时，空气压力约为 0.2～0.3MPa，清漆与磁漆粘度可控制在 25～30s（涂－4，25℃），可用 X－6 醇酸稀料稀释。半光与无光漆粘度控制在35～45s，可使漆膜厚些。当采用高压无气喷涂时，粘度可控制在 30～40s，可用甲苯稀释以防流挂。当采用静电喷涂时，粘度一般控制在 20s 左右，用静电专用稀料稀释（通常用高沸点苯类如 200 号焦油溶剂、重芳烃、二丙酮醇、丁醇等配成）。手工刷涂时的粘度一般控制在 40～50s。浸渍施工粘度控制在15～20s，用二甲苯和松节油稀释。

醇酸漆施工要求有适宜的温湿度与环境卫生条件，温度应控制在 20～30℃，湿度太大的雨季不宜施工。冬季气温低，应使被涂饰制品与漆温、环境温度均调整到 20℃左右。空气要清洁。

醇酸漆涂层可自然干燥，也可以采取烘干方式。但是开始烘干温度不可高于 60℃，如金属表面涂层在低温烘干一段时间（约 30min）后可升温至 100℃烘干 2h，否则开始温度过高将引起皱纹。

由于醇酸漆以及前述油性调合漆、酯胶漆、酚醛漆以及单组份聚氨酯漆等均为吸氧干燥，因此在贮存与应用时，接触空气的涂料表面容易固化结皮，尤其桶内装漆不满或密封不严时结皮严重。因此，余漆贮存时应避免溶剂挥发与接触空气，以防止结皮。具体作法可采用在余漆表面洒上薄薄一层该漆用的溶剂，如 200 号溶剂汽油或松节油等。并盖严桶盖，或者采取在漆面上覆盖牛皮纸以隔绝空气和避免溶剂挥发。

使用醇酸漆的工具、设备、容器等，用毕应及时用稀释剂清洗。也可浸泡在稀释剂或洁净的水中，以便隔绝空气防止干固不能使用。

醇酸漆以及前述各类漆应贮存在阴凉通风干燥的库房内。防止日晒雨淋，并应隔绝火源，远离热源，夏季温度过高应设法降温。此类漆在符合贮运条件下，自生产之日算起，有效贮存期为一年，超过期限经检验合格仍可使用。

2.5 氨基树脂漆

氨基树脂漆是以氨基树脂和醇酸树脂为主要成膜物质的一类涂料。其产量在合成树脂漆中占有很大比重，但在我国木器表面涂饰的应用并不广泛。主要有氨基烘漆与酸固化氨基漆，前者多用于钢木家具的金属表面涂饰；后者用于木材表面涂饰。而各种金属制品如轿车、自行车、冰箱、洗衣机等则广泛应用氨基烘干漆。

2.5.1 组成与性能

透明的氨基清漆一般由氨基树脂、醇酸树脂（或丙烯酸酯）与溶剂组成。如加入颜料则组成氨基磁漆。酸固化氨基漆临使用需加入酸固化剂。

涂料用氨基树脂是指一种含有氨基（$-NH_2$）官能团的原料（如尿素、三聚氰胺）与醛类（主要是甲醛）反应，再以醇类（多为丁醇）改性制得的能溶于有机溶剂的一类树脂。例如丁醇醚化三聚氰胺甲醛树脂、尿素甲醛树脂等。

单纯的氨基树脂所成涂膜过分硬脆，附着力差，不能单独制漆。一般都是与其它成膜物质配合使用，最常用的是醇酸树脂，近年也用丙烯酸树脂。

用氨基树脂与醇酸树脂配合制成的氨基醇酸漆性能较为完善。其中氨基树脂改善了醇酸树脂的硬度、光泽、烘干速度、漆膜外观，以及耐碱、耐水、耐油与耐磨等性能；醇酸树脂则改善了氨基树脂的脆性、提高附着力等。

氨基漆中所用醇酸树脂多为蓖麻油、椰子油改性的短、中油度醇酸树脂。所用溶剂为丁醇与二甲苯，酸固化剂多用盐酸乙醇溶液等。

氨基漆的通性如下：

①氨基清漆颜色浅，不易泛黄；磁漆色彩鲜艳。

②漆膜外观光泽和丰满度好。

③漆膜坚韧，附着力好，机械强度高。

④漆膜具有良好的耐候、耐化学药品、耐磨与电气绝缘性，也具有一定的耐水、耐油性等。

具体品种的性能差别决定于树脂种类、氨基与醇酸树脂的比例，以及涂层固化的条件。

传统的氨基漆品种主要是氨基醇酸漆。我国80年代出现丙烯酸氨基漆，即用丙烯酸树脂代替醇酸树脂。丙烯酸树脂具有极佳的保色性、保光性、耐候性和耐久性。所制清漆水白透明，白漆洁白无瑕，色漆色泽纯正鲜艳不泛黄。故综合性能优于传统的氨基醇酸漆（只是漆膜丰满度略差）。在丙烯酸氨基漆中加入闪光铝粉便制成闪光漆，用于涂饰钢家具则漆膜色彩鲜艳并具有闪烁感。大大提高了装饰性。

各色水性丙烯酸氨基漆是由水溶性丙烯酸树脂、水溶性氨基树脂与各色颜料、助剂、助溶剂和水等组成。具有水性漆无毒、无味、不污染环境等特点。

上述氨基漆涂饰后均需高温（100℃以上）烘烤氨基树脂才能与醇酸树脂或丙烯酸树脂交联固化成膜，故氨基漆多称烘漆（或烤漆）。但木材涂后不宜高温烘烤（可以60℃以下低温烘烤），因此氨基烘漆都不能用于木材涂层。但是氨基漆品种中有一种酸固化氨基醇酸漆，可于常温条件下加酸即可固化，能用于木制品木材表面的涂饰。其组成中也是用氨基树脂与醇酸树脂作成膜物质，用丁醇与二甲苯作溶剂，一般用盐酸乙醇溶液作固化剂。

2.5.2 氨基漆品种

2.5.2.1 A01－1、A01－2 氨基烘干清漆

（1）组成　由氨基树脂与醇酸树脂溶于丁醇和二甲苯的混合溶剂而成。氨基含量 A01－2 略多。

（2）特性　需高温烘烤成膜，漆膜坚硬光亮，具优良的附着力，并耐水、耐油与耐磨。A01－1 比 A01－2 色泽略深，丰满度稍好。具体性能指标如表 2-20 所列。

表 2-20　A01－1、A01－2 氨基烘干清漆性能指标

项　目	指　标	
	A01－1	A01－2
原漆外观和透明度	无机械杂质，透明度 1 级	
漆膜外观	平整光滑	
原漆颜色，号 ≯	8	6
粘度（涂－4），s ≮	30	
干燥时间（110±2℃），h ≯	1.5	
光泽，%， ≮	95	
硬度（摆杆硬度） ≮	0.50	0.55
柔韧性，mm ≯	1	3
冲击强度，N·m ≮	5	4
附着力，级 ≯	2	
耐水，36h	不起泡、允许轻微变化，3h 恢复	

（3）应用　多用于色漆膜罩光，提高制品表面装饰性。施工以喷涂为主，也可以静电喷涂。用 X－4 氨基漆稀释剂或二甲苯和丁醇（4∶1）的混合溶剂调整粘度与清洗。烘烤温度为 100～110℃；时间以 1.0～1.5h 为宜。温度过高漆膜发脆、失光、泛黄。施工粘度以 17～23S 为宜；空气压力 0.3～0.5MPa；喷距 20～30cm；喷涂后静置 5min 以上再入烘房。

2.5.2.2 A04－9 各色氨基烘干磁漆

（1）组成　由高醚化度的三聚氰胺树脂与短油度醇酸树脂漆料、颜料等经研磨后加入二甲苯与丁醇的混合溶剂而成。

（2）特性　漆膜色彩鲜艳、光亮、丰满，附着力好，且具有耐水、耐油、耐磨等性能。具体性能指标如表 2-21 所列。

表 2-21　A04－9 各色氨基烘干磁漆

项　目	指　标
漆膜颜色及外观	符合标准样板及其色差范围，平整光滑
粘度（涂－4），s ≮	40
细度，μm ≯	20
遮盖力，g/m² ≯	白 110；黑 40；大红 160；中绿 55
干燥时间，h ≯	
红、白及浅色（105±2）℃	2
深色（120±2）℃	2
光泽，% ≮	90
硬度（摆杆硬度） ≮	
红、白及浅色	0.4
深　色	0.5
柔韧性，mm	1
冲击强度，N·m	5
附着力（级） ≯	2
耐水性，60h	不起泡，允许轻微变化；3h 恢复
耐油性（10 号变压器油 48h）	不起泡、不起皱、不脱落，允许轻微变色变暗

（3）应用　可用于钢家具表面涂饰。使用前需搅拌均匀，如有粗粒杂质需进行过滤。施工以喷涂为主，稀释剂同A01－1。

2.5.2.3 各色丙烯酸氨基闪光烘漆

（1）组成　由含羟基丙烯酸树脂、氨基树脂、颜料、闪光型铝粉和有机溶剂组成。颜色分红、黄、蓝、绿、青五种。

（2）特性　是一种烘干型美术漆，该漆漆膜鲜艳、光亮、丰满，呈现有层次的立体闪光。具体性能指标如表2-22所列。

表2-22　各色丙烯酸氨基闪光烘漆性能指标

项　　目	指　　标
漆膜颜色及外观（目测）	闪光效果明显，允许有均匀细小颗粒
粘度（涂－4），s	50～70
干燥时间，min　≯	
烘干（120℃）	30
柔韧性，mm	1
摆杆硬度，　≮	0.7
冲击强度，N·m	5
附着力，级　≯	2
耐水（浸于25℃蒸馏水60h）	不起泡，允许轻微变化；3h恢复
耐汽油（75号航空汽油48h）	不起泡、不起皱、不脱落

（3）应用　用于钢家具以及家电等金属表面的装饰性涂层。可手工喷涂或静电喷涂，可用二甲苯和丁醇混合溶剂（按7：3）稀释，静电喷涂也可用配套专用静电稀释剂。使用时需将漆液均匀搅拌，使桶底无铝粉沉积。喷涂闪光漆前必须用各色丙烯酸氨基烘漆打底，最终漆膜的外观色彩是由底漆与闪光漆的颜色所产生的双色效应而呈现出来。选择适当的颜色配套可达到美丽的闪光效果。底漆喷完在常温洁净环境中放置10～15min，然后喷闪光漆，仍放于常温洁净环境中静置10～15min进入烘室，两道一起烘烤。闪光漆膜干后，表面可用300～500号水砂纸轻轻打磨，然后喷涂丙烯酸氨基清烘漆罩光。

以上各品种氨基漆国内各大油漆厂均有生产。

2.5.2.4 JM－1家具面漆（酸固化氨基漆）

（1）组成　由氨基树脂、醇酸树脂、溶剂和特种助剂配制而成。

（2）特性　漆膜清澈透明，颜色浅，光亮丰满硬度高。其涂层既能于常温加酸固化，也能于低温（60～80℃）条件下烘干。具体性能指标如表2-23所列。

表2-23　JM－1家具面漆性能指标

项　　目	指　　标
原漆外观和透明度	透明，无机械杂质
原漆颜色（号）　≯	7
漆膜外观	平整、光滑
粘度（涂－4），s	80～110
固体含量，%	47～53
干燥时间，h　≯	
表　干	1
实　干	8
光泽，%　≮	90
柔韧性，mm	1
硬度（摆杆硬度）　≮	0.5

（3）应用　主要用于木家具表面涂饰，可与光敏底漆配套使用。可用配套的专用稀释剂稀释，临使用加入酸固化剂2%～3%。在有配套底漆封闭基材的条件下，可淋涂1或2遍，淋涂量为200～500g/m^2。

2.6 硝基漆

硝基漆又称硝酸纤维素漆、喷漆、蜡克，是以硝化棉为主要成膜物质的一类涂料。不含颜料透明的品种即硝基清漆；含颜料不透明的品种有硝基磁漆、硝基底漆与硝基腻子等。硝基漆是涂料中比较重要的大类，是国内外木材表面涂饰用漆的主要品种之一。

2.6.1 组成性能与应用

2.6.1.1 硝基漆组成 硝基漆中的固体分（即形成涂膜的部分）由硝化棉、合成树脂、增塑剂与颜料等组成。挥发份包括真溶剂、助溶剂与稀释剂等混合溶剂。其中硝化棉与合成树脂是硝基漆的成膜物质。增塑剂可提高漆膜的柔韧性。颜料使不透明的色漆涂膜呈现某种色彩并有遮盖性。这四种成分构成的固体份其重量比例约占液体硝基漆的20%～35%。漆中的挥发份用于溶解硝化棉与合成树脂，其重量比例约占液体硝基漆的65%～80%。

（1）硝化棉　是硝酸纤维素酯的简称，是硝酸与纤维素生成的一种酯类。工业生产的硝化棉是用脱脂棉短绒经浓硝酸和硫酸混合液浸湿、硝化制成。硝化棉的外形为白色或微黄色纤维状。密度为1.60左右，不溶于水，能溶于酯或酮类有机溶剂。其溶液涂于表面，溶剂挥发即形成较坚硬的硝化棉薄膜。工业上以含氮量表示其硝化度，根据其硝化程度的不同可制得不同含氮量与粘度的硝化棉。其性能不同，适于制木器漆的硝化棉含氮量为11.7%～12.2%；有1/4、1/2、5、10、30、40s（落球粘度计）等多种粘度。

单用硝化棉制漆其性能并不完善，漆膜光泽不高，比较硬脆，韧性不足，附着力很差；需要大量溶剂溶解（致使漆的固体份含量低）等。因此，在硝基漆中加入各种合成树脂，以改善漆膜性能。

（2）合成树脂　大部分合成树脂均可与硝化棉并用制漆。一般分硬树脂与软树脂两类，前者如松香甘油酯、顺丁烯二酸酐松香甘油酯等。可提高漆膜的光泽、硬度与打磨抛光性能。但硬树脂使用过多会影响涂层的机械性能和户外耐候性。后者（软树脂）有不干性油改性醇酸树脂、干性油改性醇酸树脂、氨基树脂、丙烯酸树脂等。加入这些树脂使硝基漆膜的柔韧性、附着力、耐候性与光泽等均有改善。所以，在硝基漆组成中含一定量的合成树脂（数量约为硝化棉的0.5～1倍），不仅改善了漆膜性能，而且在不增加粘度的情况下提高了固体份含量。

（3）增塑剂　单纯硝化棉的膜柔韧性很差，硬脆易裂。因此，加入增塑剂可改善硝基漆膜柔韧性，提高附着力与其它性能。硝基漆中的增塑剂可分为溶剂型与非溶剂型两类。前者能与硝化棉无限混溶，如苯二甲酸二丁酯、苯二甲酸二辛酯、磷酸二辛酯、磷酸三苯酯等。后者不能与硝化棉混溶，品种有蓖麻油、氧化蓖麻油等。

（4）颜料　硝基漆中加入各种着色颜料与体质颜料则可构成硝基磁漆、底漆与腻子等色漆品种。并能增加漆膜的硬度与机械强度。

（5）溶剂与稀释剂　硝化棉的粘度高溶解性差，常需大量强溶剂溶解。故在硝基漆中使用品种和数量较多的混合溶剂。按其对硝化棉的溶解力一般分为真溶剂、助溶剂与稀释剂三类。

真溶剂是指能够溶解硝化棉的酯、酮类溶剂。常用的有：醋酸乙酯、醋酸丁酯、醋酸戊酯、丙酮、甲基异丁基酮、环己酮等。

助溶剂（也称潜溶剂）是指不能直接溶解硝化棉的醇类溶剂。当与真溶剂混合（真溶剂量多）也能具有一定程度溶解硝化棉的能力，常用的有乙醇、丁醇、甲醇等。

稀释剂是一些对硝化棉既不能溶解也不能助溶的芳烃溶剂。如苯与甲苯等。但对硝化棉溶液能起稀释作用，同时也是漆中合成树脂的良好溶剂，并能降低混合溶剂的成本。

上述混合溶剂即硝基漆中的挥发份，常占液体硝基漆的很大比例。一般用户买到的硝基漆固体份含量约为 30%，挥发份即占 70%。即使这样低固体份的漆，粘度仍然很高，实际上无法直接刷涂、擦涂或喷涂，施工时还要用专门配套的硝基漆稀释剂（也称硝基稀料、信那水、香蕉水等）稀释与清洗工具设备等。这部分施工时使用的稀释剂的组成，与硝基漆中的挥发份基本一致。也包括真溶剂、助溶剂与稀释剂三个部分，只是比例略有变化，苯类稍多。

2.6.1.2 **硝基漆性能** 硝基漆有如下优缺点。

①装饰性好，一般称硝基漆为高级装饰性涂料。硝基清漆颜色浅，可用于木材的浅色与本色涂饰。硝基清漆透明度高，可使木材花纹得到清晰显现，可使木质结构特征得以渲染，加强木材的透明装饰效果。硝基漆膜坚硬，打磨、抛光性好。当涂层达一定厚度，经研磨、抛光修饰后可以获得很高的光泽。尤其精细的手工擦涂后再经修饰，可以获得像镜子一样的光泽的表面，并经久耐用。硝基磁漆色调丰富，涂膜色彩鲜艳，平滑细腻，装饰性很高。

②干燥快，硝基漆属挥发型漆。涂于表面的硝基漆涂层溶剂完全挥发的同时，涂层便已干燥成膜。一般喷涂一遍，在常温下十几分钟可达表干，几十分钟已达实干。可以表干连涂，因此，在间隔时间不长的情况下可以连续涂饰多遍，其干燥速度比油性漆快许多倍。但是在表干连续涂饰多遍的情况下，涂层完全干透也需要较长时间，一般在 12～24h 以上，或更长的时间。

③具有一定的保护性，硝基漆膜坚硬耐磨具较高的机械强度。但有时硬脆易裂，尤其涂饰过厚，当使用一段时间之后，就会出现顺木纹方向的裂纹。部分品种的硝基漆的耐热、耐寒性不高，硝化棉在高温下不稳定易分解。一般涂层在 70℃以上就会逐渐分解，机械强度下降，涂层变软变色。涂于木材表面的硝基漆涂层当遇零下 20～30℃的低温条件便会冻裂。硝基漆在常温下有一定的耐水和耐稀酸性能，但不耐碱。在 5%NaOH 溶液中浸半天，涂层便脱落。因此，就其综合的保护性能，在木器涂饰用漆中硝基漆不属上乘之列。

④固体份含量低，由于当施工时还必须用大量溶剂稀释，因此硝基漆在实际使用时的固体份含量一般只有百分之十几，使每涂饰一遍的涂层很薄。当达到要求的漆膜厚度时，需涂饰多遍、手工擦涂常需几十遍，致使施工工艺繁琐，施工周期加长，手工涂饰的体力劳动繁重。漆中固体份含量低，相对挥发份含量高。在施工过程中将挥发大量有害气体，易燃易爆，有毒，污染环境，需增加车间通风设备与动力消耗。遇天气潮湿施工，由于大量溶剂挥发较快使硝基漆涂层变白。

2.6.1.3 **硝基漆应用** 硝基漆广泛用于各行业。在木材表面涂饰主要用作中、高级木器涂饰的面漆材料，常与虫胶漆配套使用，即用虫胶漆打底，硝基漆罩面。由于干燥快、颜色浅，有时也用作木材浅色本色装饰的底漆，其上罩以醇酸、聚氨酯、聚酯等漆。

硝基漆涂饰可采用擦涂、刷涂、喷涂、淋涂、浸涂等方法，以手工擦涂居多。涂饰前，需用硝基漆稀释剂，调至施工粘度。空气喷涂、高压无气喷涂以及静电喷涂均可用于硝基漆涂饰。手工擦涂时，在基材表面处理与填孔着色并干燥之后，可先刷涂几遍再行擦涂。一般擦涂 2 或 3 次，每次擦涂约几十遍（视涂层状况而定），常温干燥十几小时，用水砂纸湿磨与抛光。喷涂与淋涂在有底漆层的基础上，一般喷或淋 4 或 5 遍，干燥后表面砂光与抛光。如遇潮湿条件施工涂层发白，可在稀释剂内加入 10%～20%的硝基漆防潮剂。

2.6.2 硝基漆品种

木器常用的品种有通用的清漆、磁漆、底漆与腻子等，此外还有专用的台板漆、铅笔漆等。常用硝基漆品种如表 2-24 所列。

表 2-24 常用硝基漆品种

品 种	组 成	性 能	应 用
Q01－1 硝基清漆	由硝化棉、醇酸树脂、增塑剂与混合溶剂组成	涂层干燥快，漆膜具良好光泽和耐久性	用于外用硝基磁漆罩光，及室内外木器及金属表面涂饰。涂漆量 50～70g/m²
Q22-1 硝基木器漆	由硝化棉、醇酸树脂、松香甘油酯、增塑剂与混合溶剂等调制而成	漆膜光亮坚硬，可研磨抛光。但耐候性差不宜用于室外	用于涂饰高级木器。可用喷、淋、刷、擦方法施工。每遍涂漆量60～100g/m²
出口家具专用硝基漆[1)]	由硝化棉、多羟基树脂、硬树脂、增塑剂、助剂及混合溶剂等调制成	涂层干燥快，手感滑腻光滑	用于出口家具表面涂饰
Q04-2 各色硝基外用磁漆	由硝化棉、油改性醇酸树脂、氨基树脂、增塑剂与混合溶剂等组成	漆膜坚硬光亮，耐候性好，可打磨抛光	用于户外车辆、金属、木材表面涂饰。涂漆量 240～360g/m²
Q04-3 各色硝基内用磁漆	由硝化棉、改性松香树脂、蓖麻油、各色颜料与混合溶剂等配成	漆膜光泽良好，但耐候性差	用于涂饰室内木器、金属表面。可用 X-2 硝基稀释剂调节粘度[2)]
Q04-62 各色硝基半光磁漆	由硝化棉、醇酸树脂、增塑剂、着色颜料与体质颜料和混合溶剂等组成	漆膜呈半光。因含大量体质颜料漆膜易粉化，耐久性比 Q04-2 差	用于亚光不透明木器表面涂饰，适于喷涂
Q06-6 硝基底漆	由低粘度硝化棉、顺丁烯二酸酐树脂、增塑剂、着色颜料、体质颜料与混合溶剂组成	漆膜打磨性良好，对木材封闭性好，附着力好	可专用于木器底漆，干后用 400 号水砂纸湿磨，再罩硝基面漆。涂漆量 80～120g/m²

注：1）由哈尔滨油漆厂生产；2）该漆膜干后不宜用砂蜡打磨，因其成分中含较多甘油松香，打磨会使漆膜发花倒光，该漆使用量约为 240～360g/m²。

各种硝基漆具体性能指标如表 2-25 所列。

表 2-25 部分硝基漆技术指标

项目	品种						
	Q01-1	Q22-1	出口家具专用漆	Q04-2	Q04-3	Q04-62	Q06-6
原漆颜色	≯10号	≯10号	≯10号	符合标准样板及色差范围	符合标准样板及色差范围	符合标准样板及色差范围	符合标准样板及色差范围
原漆外观和透明度	浅黄色透明液体，无显著机械杂质	透明，无机械杂质，平整光滑	透明，无机械杂质、平整光滑	漆膜平整光滑	-	漆膜平整半光	漆膜平整
粘度（涂-4），s	100～200	落球粘度计 15～25s	100～200	70～200	100～200	120～200	12～50
固体含量，% ≮	30	32	27	—	—	—	—
红、黑、深蓝、紫红	—	—	—	34	深蓝、紫红	32	23
其它各色	—	—	—	38	27、35，红、黑色 30	35	—
干燥时间，min ≯							
表 干	10	10	10	10	10	10	15
实 干	50	50	50	50	50	60	60
摆杆硬度 ≮	0.50	0.60	0.55	0.50	0.40	—	—

（续）

项　　目	品　　种						
	Q01－1	Q22－1	出口家具专用漆	Q04－2	Q04－3	Q04－62	Q06－6
柔韧性，mm	1	≯3	1	≯3	≯3	≯3	—
光泽，% ≮	—	95	—	浅色 70、深色 80	浅色 70、深色 80	30±10	—
附着力（级）≯	—	2	—	—	—	—	—
耐水性（浸 24h）	—	允许轻微失光，变白起泡，2h 恢复	—	允许轻微发白，起泡、失光 2h 恢复	—	—	—
耐汽油性（浸 24h）	—	—	—	不起泡，不脱落	—	—	—
浸润滑油（浸 24h）	—	—	—	—	漆膜允许轻微痕迹	漆膜不起泡，不脱落	—
遮盖力，g/m² ≮							
黑　色	—	—	—	20	20	20	—
白　色	—	—	—	60	60	—	—
红　色	—	—	—	80	70	—	—
铝　色	—	—	—	30	—	—	—
黄　色	—	—	—	80	—	—	—
深蓝色	—	—	—	100	100	100	—
冲击强度，N·m ≮	—	—	—	3	3	3	—

2.7 丙烯酸树脂漆

丙烯酸树脂漆是以丙烯酸树脂为主要成膜物质的一类涂料。涂料工业用的丙烯酸树脂经常是丙烯酸酯、甲基丙烯酸酯及其它乙烯系单体（如丙烯腈、丙烯酰胺、丙烯酸等）的共聚树脂。丙烯酸树脂是合成树脂中之上品，丙烯酸树脂漆是性能优异的涂料，广泛应用于国民经济各部门和人们的日常生活中。

2.7.1 品种与性能

随着选用单体品种、数量与聚合条件的不同可以得到性能不同的丙烯酸树脂。丙烯酸树脂不仅可以单独制漆，还可以与其它树脂混合使用，用以对其它树脂进行改性。近年国内外丙烯酸漆发展迅速、数量很多。其品种分类见表 2-26 所列。

表 2-26　丙烯酸涂料分类

涂料类型			具代表性涂料品种
溶剂型漆	挥发型		热塑性丙烯酸漆
	交联型	热固型	丙烯酸氨基烘干漆
		常温固化型	B22－1 丙烯酸木器清漆
无溶剂型漆	辐射固化类漆		丙烯酸光敏漆
	粉末涂料		丙烯酸粉末涂料
水性漆	水溶性型		水溶性丙烯酸电泳漆
	水乳化型		丙烯酸乳胶漆
非水分散型漆			非水分散型丙烯酸烘干漆

丙烯酸漆类具有下列共同的特点。

①具有优良的色泽。可以制得颜色极浅的水白透明清漆以及色泽纯白的白磁漆。清漆透明度高。

②具有良好的保色保光性。丙烯酸树脂在空气中与紫外线照射下不易发生断链、分解或氧化等化学变化。因此，其颜色及光泽可以长期保持稳定，不易变黄，耐候性好。

③耐热性高。热塑性丙烯酸漆在较高温度下软化，冷却后能复原，一般不影响其它性能。固化型丙烯酸漆在170℃下不分解不变色。

④耐腐蚀与三防性能好。有较好的耐酸、碱、盐、油脂、洗涤剂等多种化学药品的沾污与腐蚀。并能防湿热、防盐雾与防霉菌。

⑤漆膜丰满，光泽高，装饰性强。

2.7.2　热塑性丙烯酸漆

由于制造树脂时选用单体与反应条件不同，可以得到不同分子量大小的热塑性丙烯酸树脂。热塑性树脂的结构一般是线型的链状高分子物，是可溶可熔的，其分子结构上不含活性官能团。在加热的情况下不会自己或与其它的外加树脂交联成体型结构，受热时软化，冷却后恢复原来性状。用热塑性丙烯酸树脂可以制成挥发型丙烯酸漆，性能类似硝基漆。其组成以丙烯酸树脂为主体，用增塑剂调整弹性与脆性。有时拼用其它树脂，用酯、酮、苯类作溶剂，色漆品种中加入颜料。

热塑性丙烯酸漆除具有前述通性外，涂层干燥快，常温下1h即可实干，操作方便。但固体份含量低，漆膜受热易发粘，耐溶剂性差。

木器用热塑性丙烯酸漆品种有B22－2、B22－3与北方牌配套热塑性丙烯酸木器漆（齐齐哈尔油漆厂生产）等。其具体型号与组成性能及施工应用列于表2-27中。

表2-27　热塑性丙烯酸漆品种性能

品　种		组　成	技术性能	应　用
B22－2丙烯酸木器漆		甲基丙烯酸酯、丙烯酸酯及苯乙烯共聚树脂、硝化棉、氨基树脂、增塑剂、酯、醇、苯类溶剂等	有较好的光泽与硬度。颜色浅、漆膜较脆，耐寒性较差	适于涂饰木器小面积零件。可以喷涂、刷涂、或用棉球擦涂。可用X－1硝基漆稀释剂稀释，潮湿天气有发白现象时，可以酌加F－1防潮剂
B22－3丙烯酸木器漆		甲基丙烯酸酯与甲基丙烯酸的共聚树脂、硝化棉、增塑剂、酯、醇、苯类溶剂等	漆膜坚硬、光亮、色浅、耐热、耐火、耐候、附着力好、不变色、干燥快。原漆粘度（气泡法）10s；固体含量40%以上；表干10min；实干40min；硬度大于0.5；柔韧性不大于1mm；附着力不大于2级	适于木器涂饰。可以喷、刷或擦涂。可用X－1硝基漆稀释剂稀释，潮湿天气有发白现象时，可以酌加F－1防潮剂
北方牌配套丙烯酸木器漆	丙烯酸木底漆	由丙烯酸树脂、改性树脂、增塑剂、流平剂、溶剂与填料研磨而成	干燥快，表干10min，实干50min；硬度高、附着力好，易打磨；粘度（涂－4）70～100s；固体含量（50±2）%	可刷涂、喷涂、擦涂。木器着色后即可涂本底漆。25℃，2h后即可用200号砂纸打磨。用配套丙烯酸稀释剂稀释
	丙烯酸木器漆	由丙烯酸树脂、改性树脂、流平剂、增塑剂与有机溶剂等配成	干燥快，表干10min；实干50min；漆膜硬度高不小于0.6；光泽不小于90%；具优异耐老化性能不变色；固体含量（30±2）%，漆膜丰满，可抛光；粘度（涂－4）25～40s；附着力不大于2级；耐水性（浸24h）允许失光变白2h恢复	在丙烯酸木器底漆漆膜表面经打磨后除去磨屑即可。涂饰本木器漆，稀释用配套的丙烯酸稀释剂或低苯类信那水

丙烯酸木器漆为刚出现的品种，产量不多，应用较少。与应用广泛的硝基漆、聚氨酯漆等性能比较的情况如表 2-28 所列。

表 2-28 涂料性能比较

项 目	丙烯酸漆	硝基漆	聚氨酯漆	聚酯漆
组 分	单	单	单、双	多
硬 度	中	中	高	高
干 燥	快	快	慢、较快	较快
耐热性	良	差	优	优
施工要求	低	低	高	高
毒 性	小	较大	大	小
出现缺陷率	低	低	高	中
耐磨性	良	中	优	优
施工固体份	中	低	高	最高
耐晒性	好	差	差	中

在应用上，与硝基漆类似，施工比硝基漆简化。传统使用硝基漆涂饰的木器也可用丙烯酸木器漆涂饰，但如与丙烯酸木器底漆配套使用，则效果更好。当用丙烯酸木器底漆或虫胶漆打底后，即可用丙烯酸木器漆罩面。在 25℃ 条件下，如一次涂饰较厚，则在两天以后打磨抛光为好。一般本色家具涂饰一遍丙烯酸木器底漆和两遍丙烯酸木器漆，即可得到较好的涂饰效果。

2.7.3 固化型丙烯酸漆

固化型漆是指涂料涂饰后，成膜物质之间经化学反应交联固化成膜的漆类。不同于仅依靠溶剂挥发而固化成膜的硝基漆与热塑性丙烯酸漆。其漆膜不溶、不熔，性能优于热塑性漆。此类树脂生产时，可将分子量控制在较低范围内。所以，漆的粘度较低，固体份含量提高，可以减少涂饰遍数就能获得丰满度与装饰性能好的涂膜，相对减少溶剂消耗，减少环境污染。

固化型丙烯酸漆可分为热固化型与常温固化型两种。前者涂层必须在加热条件下才能固化成膜。其中产量大、应用广的品种是丙烯酸氨基烘漆。后者是在室温下便能发生化学反应交联固化成膜的漆类。具体品种有丙烯酸聚氨酯漆与 B22－1 丙烯酸木器清漆，其中 B22－1 是我国木器涂饰应用较久、较重要的品种。

B22－1 属高档木器家具用漆，曾在我国京津地区应用较广。该漆为自干型清漆，漆膜丰满光亮，经抛光打蜡后漆膜平滑如镜，经久不变。其耐寒性、耐温变与耐热性均好，漆膜坚硬，附着力强，耐磕碰，固体含量高，施工方便，性能比传统的硝基漆优越。可涂装钢琴、家具、工艺品、缝纫机台板等。具体性能指标见表 2-29 所列。

表 2-29 B22－1 丙烯酸木器漆技术指标

项 目	指 标	项 目	指 标
干燥时间，h ≯		柔韧性，mm ≯	3
表 干	2	固体含量，% ≮	45
实 干	24	配漆有效使用时间，h	2
硬度（摆杆硬度） ≮	0.4		

B22－1 丙烯酸木器漆属多组分漆。近年灯塔牌 B22－1 丙烯酸木器漆（天津油漆厂产）为三个组分组成，分装供应，用时按比例混合。其组分一是甲基丙烯酸不饱和聚酯与促进剂（环烷酸钴等）的甲苯溶液；组分二是甲基丙烯酸改性醇酸树脂的二甲苯溶液；组分三是引发剂过氧化环己酮溶液。临使用的配漆比例（重量比）为组分一：组分二：组分三＝1.0：1.5：

0.015。如前述多组分漆配漆后便开始交联固化成膜的化学反应，故有配漆使用期限。当气温在20～27℃时应在3～4h内用完；气温在28～35℃时则应在2h内用完。因此，应现用现配，用多少配多少。该漆可采用刷涂、喷涂或淋涂法施工。喷涂的适宜粘度为15～20S（涂－4粘度计），一般采用二甲苯调节粘度与清洗工具设备与容器等，也可以使用X－5丙烯酸稀释剂或甲苯。该漆主要用于中、高档木器的面漆涂饰，可用虫胶漆与醇酸漆作底漆。在适当的底漆涂层上可涂饰2～6遍，每涂一遍涂膜厚度不宜超过60μm。常温间隔24或48h可用水砂纸磨平后再涂下遍，最后一遍最好干燥一周再行抛光。

该漆的固化机理与后面叙述的不饱和聚酯漆与光敏漆类似，属于游离基聚合反应。组分三过氧化物是一种引发剂，很不稳定。在促进剂环烷酸钴、环烷酸锌的作用下，常温就能分解成初级的游离基。可进一步引发组分一与组分二中的不饱和键，促使其进行链锁聚合反应，从而使涂层交联固化。该漆在常温与高温下均能固化，气温高固化快。组分三可以少加（但不能不加），气温低固化慢可多加，增加量约为1%～2%。

2.8 聚酯漆

聚酯漆是以聚酯树脂为基础的一类涂料。聚酯是多元醇与多元酸的缩聚产物。当选用不同的多元醇与多元酸和改变工艺条件时，可制成不同类型的聚酯树脂。如饱和聚酯、不饱和聚酯、油改性聚酯等。以不饱和聚酯为基础的不饱和聚酯漆正是国内外木器漆中十分重要的品种。

我国木器应用聚酯漆涂饰已有30多年的历史。目前在钢琴、家具、音像制品的木壳表面以及缝纫机台板、各种仪表箱匣的木壳上应用越来越多，品种也在不断发展变化。尤其近年出现了气干聚酯，将使该漆的应用更为方便。目前国内应用的聚酯漆分类如表2-30所列。

表2-30 聚酯漆分类

分类依据	分类	特点
外观	聚酯清漆	形成透明聚酯涂层
	着色聚酯清漆	形成着色透明聚酯涂层
	聚酯色漆	形成不透明彩色聚酯涂层
应用	聚酯清漆	用于透明涂饰罩面
	聚酯磁漆	用于彩色不透明涂饰罩面
	聚酯腻子	用于填平基材
固化条件	避氧聚酯	需隔氧施工
	气干聚酯	不需隔氧施工
隔氧方式	蜡型聚酯	靠浮蜡隔氧
	非蜡型聚酯	靠薄膜隔氧

2.8.1 组成与性能

2.8.1.1 组成 聚酯漆组成中成膜物质主要是不饱和聚酯。溶剂用苯乙烯，辅助材料有引发剂、促进剂、增稠剂、阻聚剂与隔氧剂等。色漆品种中包括颜料，着色清漆中含有染料。

由饱和的二元醇（如乙二醇、丙二醇等）与不饱和的二元酸（如顺丁烯二酸酐）经缩聚反应制得的是一种线型聚酯。其分子结构中含有双键，即有不饱和的碳原子，故称为不饱和聚酯。它能溶于苯乙烯中，在一定条件下（如在引发剂或热作用下）能与苯乙烯发生聚合反应而形成体型结构的不溶不熔物——即不饱和聚酯漆的漆膜。

苯乙烯是一种无色易燃易挥发的液体，也是一种含双键的不饱和化合物。它既是不饱和聚酯的溶剂，又与大多数漆中的溶剂不同。它能与被其溶解的不饱和聚酯发生聚合反应而共同成膜，所以一般称苯乙烯为活性稀释剂、可聚合溶剂，或称交联单体。当然，聚酯漆中的交联单体不只是苯乙烯，还可用乙烯基甲苯、醋酸乙烯等。但是由于价廉与制漆性能好，所以国内外的聚酯漆主要都是用苯乙烯作交联单体。

不饱和聚酯漆属多组分漆，常包括 3 或 4 个组分。使用前是分装的，临使用按一定比例混合调匀再用。其中主要组分（常为组分一）是不饱和聚酯的苯乙烯溶液（即常称不饱和聚酯漆的部分）不饱和聚酯与苯乙烯的比例一般为 65：35：或 70：30。二者比例影响涂料性能，一般说苯乙烯多，涂料粘度低，固化产物收缩率大；苯乙烯少则不能充分固化。

不饱和聚酯与苯乙烯之间的固化成膜反应属游离基聚合反应，反应能够进行首先必须有游离基存在。因此，聚酯漆组成中需有辅助成膜材料引发剂与促进剂。引发剂（也称交联催化剂、固化剂）就是一些能在聚酯漆涂层中分解游离基的材料。最常应用的聚合引发剂是各种过氧化物，如过氧化环已酮、过氧化甲乙酮与过氧化苯甲酰等。

过氧化环已酮是由过氧化氢（双氧水）与环已酮在低温条件下反应制成。再用邻苯二甲酸二丁酯调成含 50%的过氧化环已酮的白色糊状物（也称过氧化环已酮浆）。一般需冷藏保存，贮存时极易沉淀，使用时需摇动均匀。过氧化苯甲酰是一种白色结晶粉末，稍有气味，不溶于水，微溶于乙醇，可溶于苯与氯仿等。干品极不稳定，摩擦、撞击、遇热能引起爆炸。贮存时一般注入 25%～30%的水，宜在低温黑暗处保存。用作引发剂时，也常制成含邻苯二甲酸二丁酯的糊状物。

一般过氧化物只有在高温条件下才能很快分解游离基，在适于常温固化的木器涂层中还不能直接发挥作用。而促进剂正是在常温下能加速过氧化物分解游离基的材料，故聚酯漆组成中还需有促进剂。由于引发剂与促进剂的具体品种不同，故在实际生产中常需配套使用。当引发剂用过氧化环已酮、过氧化甲乙酮时，促进剂要用环烷酸钴。环烷酸钴原为紫色半固体粘稠物，常用苯乙烯稀释至含金属钴 2%的紫色溶液。由于钴液中的紫色，如用量多时可能影响聚酯清漆涂层的颜色。当使用过氧化苯甲酰时，促进剂要用二甲基苯胺或二乙基苯胺，均匀淡黄色的苯乙烯溶液。使用这一套引发剂与促进剂固化的涂膜可能泛黄。

国内传统的聚酯漆多不能气干（近年已出现少量气干聚酯品种），即聚酯与苯乙烯的聚合反应会受到空气中氧的阻聚作用。当在空气中将聚酯漆涂于制品表面时，涂层中过氧化物产生的游离基极易与氧反应，而不再引发聚酯与苯乙烯之间的聚合反应。表现为涂层下部已固化，而表面仍然发粘不能干燥，易被溶剂洗去。也可以说，传统的聚酯漆在空气中不能彻底干燥，里干外不干，因此传统聚酯漆需隔氧施工。生产中主要采用膜封法与蜡封法隔氧。前者是在涂层上覆盖涤纶薄膜；后者是在漆中加入少量高熔点（54℃）石蜡。涂漆后不用薄膜覆盖，石蜡能够浮在涂层表面，形成蜡膜，隔离空气。但固化后涂层表面留有一层蜡膜，表面无光，需将蜡层磨掉才能出现聚酯漆的光泽。因此，石蜡也是聚酯漆中一种辅助材料，称作隔氧剂，一般配成石蜡的苯乙烯溶液约含石蜡 4%。

此外，在聚酯漆组成中还有阻聚剂，常用对苯二酚（一种无色晶体）。它可以吸收漆料在贮存过程中“偶然”产生的游离基，使其丧失引发功能。有的聚酯漆品种中有增稠剂（触变剂），可使聚酯漆在垂直表面涂饰较厚（125～250μm）涂层也不致流挂。

聚酯漆中放入着色材料则构成色漆或着色清漆等品种。配制聚酯磁漆、填孔漆与聚酯腻子时，需放入着色颜料与体质颜料，如铁红、铬黄、钛白、滑石粉等。但是颜料或多或少都有些阻聚作用。聚酯漆中放入染料则可制成着色聚酯清漆，一般可使用直接染料与酸性染料。例如直接猩红、酸性曙红、直接菊黄、酸性紫等，用量约为树脂的0.05%～0.10%。碱性染料与油溶性染料可能引起固化不良，不宜采用。漆中的过氧化物引发剂也可能会使染料氧化变色，所以选用的染料必须经过试验。

2.8.1.2 性 能 聚酯亦为合成树脂之上品，故聚酯漆漆膜的综合理化性能优异，漆膜坚硬耐磨，并耐水、耐湿热与干热、耐酸、耐油、耐溶剂、耐多种化学药品，并具绝缘性。聚酯漆漆膜外观极为丰满厚实，清漆颜色浅，漆膜光泽高，并保光保色，有很高的装饰性。

木器漆中，聚酯漆是独具特点的高级涂料。漆中的交联单体苯乙烯兼有溶剂与成膜物质的双重作用，使聚酯漆成为无溶剂型漆。苯乙烯一般称作活性稀释剂，可聚合溶剂。成膜时没有溶剂挥发，配好的液体聚酯漆涂于制品表面，可全部转变成固体漆膜。固体份含量为100%，涂饰一次即可形成较厚的涂膜，可以减少施工的涂层数，简化工艺。成膜时基本没有有害气体的挥发，对环境污染少。

但是，多组分的聚酯漆配漆使用比较麻烦，配漆后受使用时间限制。材面的不洁物质与基材的含有物质都可能影响固化。涂层薄则干燥缓慢，涂膜损坏修补困难。

聚酯漆的固化不同于大部分涂料。不饱和聚酯与苯乙烯之间的游离基聚合反应是个完全封闭的过程，既无漆中溶剂的挥发，也无需外界因素的参与。而是全靠漆中各成分之间的反应完成。当引发剂与促进剂加入漆中之后，引发剂开始分解的游离基首先要将漆中的阻聚剂消耗掉才能进而引发聚酯与苯乙烯之间的聚合反应。此期间涂料外观基本无变化，称之谓诱导期，也称胶化时间或凝胶时间（国内品种大多为12～30min左右）。经过诱导期之后，树脂便急剧开始胶凝固化至最后硬固。诱导期即涂料的活性期，相当于可使用时间。此时间内，配好的漆在容器内尚具流动性，可进行涂布作业。但必须在此时间内把配好的漆涂完，否则便硬固报废。可使用时间一般与干燥时间成比例。

聚酯漆的固化时间约需几十至几百分钟。一般常温干燥至少4～6h以上才能用砂纸打磨涂层。而完全干透并具备漆膜的应有性能，则在常温条件下，需经10天左右的时间。聚酯漆实际固化时间受加入的引发剂与促进剂数量影响，也与温度以及涂料数量、涂层厚度有关。一般引发剂、促进剂用量多，则固化快、活性期短；过多就可能来不及操作，所成涂膜硬脆、附着力差。如生产条件允许（车间温度与施工周期等）以少加为好。

聚酯漆固化速度与温度关系密切，提高温度便能加速固化，温度低相对干燥慢。对于不含蜡的聚酯漆涂层，当用薄膜隔氧之后送入烘炉内，提高温度可缩短干燥时间。含蜡的聚酯漆涂层适宜的温度是15～30℃。如温度过高，涂层胶凝过快，溶入漆中的石蜡有可能无法浮出，使表面固化情况恶化，漆膜模糊发粘，无法打磨。如温度低于15℃，石蜡有可能在涂层内结晶，也会引起漆膜模糊。当温度低于10℃，聚合反应进行极慢而活性稀释剂却逐渐从涂层中挥发出去，可能造成固化不良或所成漆膜“瘦瘪”。

由于聚酯与苯乙烯的聚合反应是放热反应，因此配漆数量越多，涂层越厚发热量越大，固化进行越快。所以，配漆量对可使用时间有影响，例如50g与500g漆的可使用时间就有差别。手工操作每次配漆不宜过多（一般不宜超过1kg）否则散热困难，容易胶化来不及使用。涂层薄便干燥缓慢，含蜡的涂层未达到100μm，则蜡膜形成困难。温度过高或急剧加热，涂层也会出现针孔、气泡等缺陷。涂层被吹风或空气流动过快，使涂层周围降温也影响固化速度，常温干燥仍以 20～25℃为宜。

2.8.2 应用与施工

聚酯漆主要用作中高级木制品的面漆材料。可用手工刷涂、用单头或双头喷枪喷涂、同心嘴喷枪喷涂、双淋头淋漆机淋涂等。目前应用较多的仍然是传统的蜡型与非蜡型聚酯清漆。前者为四个组分（聚酯漆、引发剂、促进剂与蜡液），后者为三个组分，不含蜡液。两者施工时隔氧方式不同，前者靠浮蜡层隔氧，后者用薄膜隔氧。

多组分的聚酯漆临使用前需按比例配漆。一般配漆的参考配方如下：聚酯漆 100 分、引发剂 2～6 分、促进剂 1～3 分、蜡液 1 分。具体品种的聚酯漆应按生产厂产品使用说明书规定比例，并结合具体使用条件试验选择最佳配方。引发剂与促进剂用量主要根据气温以及施工周期，一般气温低多加；气温高、施工周期长，可少加。

三组分的非蜡型聚酯漆，配漆混合的顺序一般是先将按比例称取的聚酯漆与促进剂混合搅拌均匀；再放入引发剂，实际上先加后者亦无仿。使用时常按件配漆，被涂饰的板件（例如一张桌面、一个柜门或一张人造板等），经表面处理（砂光、填孔着色或打底后），将计算好涂饰量（一般为 125～250g/m^2）的聚酯漆按量称取（生产中多用量筒、量杯按容积量取）混合搅匀倒在板件中央。适当刷开，放上隔氧的涤纶薄膜（事先将薄膜粘到比板件稍大的木框上），用工业毛毡制的刮具（用两块木板将毛毡夹在中间）或橡皮辊筒在薄膜上面将聚酯漆刮或辊擀均匀（制宝丽板则是用机械可移辊筒），并擀除去涂层的气泡。罩上薄膜的聚酯漆涂层在常温下静置 20～40min，也可送入烘炉（50～70℃）内约 15～25min。然后，揭去薄膜便可获得极为平整并具很高光泽的表面，漆膜已干至相当硬度，但远未干透。漆膜的平滑与光泽和薄膜的使用次数有关，一般选用厚些的薄膜可多次使用。如能保持薄膜较新，表面没有皱折弯曲与脏污，则均能获较为理想的聚酯漆膜表面。使用薄膜隔氧时，还需注意隔氧效果，不应漏气。一般靠木框或金属框的重量，或用金属卡具将板件与木框卡紧。或用小布袋（内装砂子）压在薄膜边角，以防漏气，并保证隔氧的效果。

四组分的蜡型聚酯漆配漆顺序如前述，也可将按配比称量的聚酯漆与蜡液分成相等的两份。一份与按比例称量的引发剂混合调匀；另一份与促进剂混合调匀。含引发剂的一份只能存放 3～4h；另一份可存放较长时间，临使用将这两部分混合调匀即可涂饰。可采用刷、喷、淋等法施工。当连续涂饰几遍时，每遍间隔约半小时左右（视气温与配方而定）。如果涂饰 2 或 3 遍时，第 1、2 遍可不放蜡液，最后一遍再放。如每遍都放蜡液（如淋漆机上已放好）则视前一遍蜡液已浮出（一般约 20～30min）再涂下一遍。当采用双头淋漆机淋涂板件时，上述两部分漆可分别装入两个淋头里，从两个淋头流出的漆液比例应为 1∶1。一般板件的一个面淋完最后一遍漆之后，常温应保持 3h 以上再淋另一个面和板边。

除上述之外，聚酯漆施工还应注意如下各项。

①引发剂与促进剂不能直接接触，否则反应异常激烈可能燃烧爆炸。故贮存运输要分装，配漆时也不要挨靠很近，以免无意碰洒相遇。引发剂与促进剂也不能与酸或其它易燃物质在一起贮运。引发剂也不能与钴、锰、铅、锌、镍等的酸盐在一起混合。

②引发剂应在低温与黑暗处保存，在光线作用下它可能分解；聚酯漆也应存于暗处，受热或曝光也易于变质。如促进剂温度升至 35℃以上或突然倒进温度较高容器时发泡喷出，与易燃物质接触可能引起自燃起火。不要把浸过引发剂的棉纱或布在阳光下照射，可保存在水

中，并应在安全的地方烧掉。不应把引发剂和余漆倒进一般的下水道。

③要按生产厂提供的产品使用说明书进行贮存与使用。按其规定比例配漆，现用现配，用多少配多少。配漆应搅拌均匀，但搅拌不宜急剧或过细，以免起泡，造成涂层的气泡、针孔，故需缓慢搅拌。

④已放入引发剂与促进剂的漆或一次未使用完的漆不宜加新漆。因旧漆已发生胶凝，粘度相当高，新漆即将开始胶凝，故新旧漆不能充分混合而形成粒状涂膜。已附着旧漆的刷具、容器、喷枪、搅拌棒等用于新漆时也会造成粒状漆膜。

⑤聚酯漆最好直接使用原液涂饰而不要稀释。因此应选用或要求油漆厂提供适于某种涂饰方法（刷、喷、淋等）粘度的聚酯漆。要降低粘度时宜加入低粘度的漆，而尽量不加苯乙烯或其它稀释剂。否则失去聚酯漆可一次涂厚的特点，增加涂饰次数，干燥后涂膜收缩大，发生收缩皱纹而得不到良好的涂膜。若加入丙酮则可能发生针孔，附着力差。

⑥应针对基材表面结构状况，尤其管孔的粗细来选择不同粘度的聚酯漆。例如，当涂饰细孔材（管孔管沟小或没有管孔的树种如椴木、松木等），如不填孔直接涂饰时，需使用低粘度聚酯漆，使其充分渗透，有利于涂层的附着；而当涂饰粗孔材（柳桉、水曲柳等），如不填孔直接涂饰应选用粘度略高的聚酯漆，以免向粗的管孔管沟中渗漆使漆膜出现收缩皱纹。

⑦当采用刷涂与普通喷枪喷涂时，配漆后有可使用时间限制，配漆量要在可使用时间内用完；当采用双头喷枪、双头淋漆机涂饰时，没有可使用时间限制，但是已加入引发剂的聚酯漆在淋头内如漆液粘度偶而增加很快（如夏季气温在28～30℃以上，超过55s）则必须停止涂漆，并将漆液从淋头中取出倒掉。由于这个组分存放时间有限（只几小时），最好临涂漆前短时间内配制，剩余部分可放在5～10℃冰箱中。

⑧涂饰聚酯漆的基材需精细处理平整、干净、去除油脂脏污。木材含水率不宜过高，染色和润湿处理后必须干燥至木材表层含水率在10%以下。底漆不能用虫胶漆，可用聚氨酯、硝基与聚乙烯醇缩丁醛液等。使用聚氨酯打底后必须在5h之内罩聚酯漆，否则附着不牢。

⑨手工刷涂时如返刷过多，急剧干燥（引发剂与促进剂加入过多或急剧加高温）则易引起气泡针孔；干燥过程中涂层被吹风，涂膜易变粗糙，延缓干燥，因此车间空气流速不宜过高（气流最大不超过1m/s）。干燥过程中应避免阳光直射，光的作用也可能引起涂层出现气泡和针孔。涂饰过程中的温差作用也会导致涂层弊病。例如，冬天自冷库取出温度较低的漆在较暖的作业场地涂于较暖的材面上，则因温度的急剧上升而易发生气泡、针孔等。硝基漆尘落在聚酯漆涂层上就有可能引起针孔，所以一般不宜在喷硝基漆的喷涂室内喷聚酯漆。

⑩许多因素可能会影响聚酯漆的固化。如某些树种的内含物，贴面薄木透胶，木材深色部位（多为心材）、节子、树脂囊等含多量树脂成分，都可能使聚酯漆不干燥、变色或涂膜粗糙。

⑪车间应有很好的排气抽风的通风系统，并应从下部抽出空气。因苯乙烯的蒸汽有时会分布在不高的位置上。砂光聚酯漆膜的漆尘磨屑也应排除。施工环境温度应不低于18℃。

⑫施工用的刷具、容器、工具设备等涂漆后都应及时用丙酮、信那水或洗衣粉洗刷，否则硬固无法洗除。但是刷子上的丙酮与水要甩净，不能带入漆中，否则影响固化。使用引发剂最好戴保护眼镜与橡皮手套。如引发剂刺激了眼睛，可用2%的碳酸氢钠（俗称小苏打）溶液或用水清洗并请医生检查，不可自用含油药物，否则可能加剧；引发剂落到皮肤上必须擦掉，并用肥皂水洗，不能用酒精或其它溶液。引发剂落在工作服上应立即用清水洗去。

2.8.3 聚酯漆品种

2.8.3.1 北方牌聚酯系列漆 系齐齐哈尔油漆厂产品，包括聚酯底漆、聚酯清漆（平面）与聚酯清漆（立面）。前者用于木器涂饰打底；后者用于立面涂饰减少流挂。以平面漆应用多，可配套亦可单独使用。

北方牌聚酯清漆由四组分组成：不饱和聚酯的苯乙烯溶液、过氧化环己酮液、环烷酸钴液、石蜡液。其各组分技术性能如表 2-31 所示。

表 2-31 北方牌聚酯漆技术指标

组分	项目	指标
不饱和聚酯树脂	颜色（铁钴比色计）（号） ≯	8
	粘度（涂－4），s	120～180
	酸价，mgKOH/g ≯	40
	固体份，%	65～70
	胶凝时间，(25±1)℃，min	8～30
过氧化环己酮液	外观	白色糊状物，无杂质的乳白液
	活性氧含量，%	6.4±0.4
环烷酸钴液	外观	紫红色液体
	钴含量，%	2±1
石蜡液	外观	清澈透明无杂质
	固体份，%	5±0.2

该厂供应的聚酯漆，组分四一般并不事先配好。因配好的蜡液如遇低温石蜡便会析出，使用前需加热。如蜡液反复加热其中的苯乙烯有可能自聚，将会影响漆的固化与蜡浮液稳定性。因此蜡液是现用现配，用多少配多少。配蜡液时，需按量称取之。石蜡切碎放入相应量的苯乙烯中，将盛蜡液之容器放入热水（50～60℃）浴中加热并搅拌至溶解为止。溶解后应及时从热水浴中取出，以防止苯乙烯自聚。如时间长降温石蜡析出则需再放入热水浴中加热。

四组分配漆比例为 100∶（4～6）∶（2～4）∶（1.0～1.5）。配漆后如需降低粘度可适当加苯乙烯，加入量一般不宜超过聚酯漆的 5%。用于钢琴的涂饰，一般在基材填孔着色后。先封闭一遍（可用聚氨酯底漆）；随后淋涂三遍聚酯漆；干后砂磨抛光。

北方牌聚酯漆系引进日本技术生产之不饱和聚酯漆，为国内高档木器与钢琴专用漆。施工适应性强，装饰保护性能优异，漆膜丰满光亮，坚韧耐磨。并耐水、耐化学药品、耐热、耐寒、耐温变，实属木器漆中之上品。该漆可刷涂、喷涂、辊涂，尤其适于板式家具与钢琴板件在连续涂饰流水线上淋涂施工。

2.8.3.2 Z22－1 聚酯木器清漆 为上海造漆厂产品，组成与性能与北方牌类似。其中四组分用石蜡隔氧，漆膜需抛光；三组分者用薄膜隔氧不需抛光。该产品已用于钢琴与木器家具、缝纫机台板等多年，性能良好。

2.8.3.3 196 不饱和聚酯 常州建材 253 厂、天津市合成材料厂与广东等地均有生产。多用作玻璃钢，也可用作涂料。我国钢琴以及木器用聚酯漆多从使用 196 树脂开始，并至今也还在应用，其性能与应用与前述相同。

2.8.3.4 PC-891 气干聚酯 系上海市涂料研究所近年研制，昆山市玻璃钢化工厂生产的新型聚酯漆。除具有传统聚酯漆的性能而外，主要解决了空气阻聚问题，不需隔氧施工，为其推广应用创造了条件。该漆触干时间（27～29℃）为 25～40min，防流挂性与漆膜打磨抛光性均好。清漆涂层透明度高，漆膜光泽为 95%以上，铅笔硬度为 3H 以上。耐冷热温差

((40±2)℃～(－20±2)℃)三个周期无变化。该漆已在部分钢琴厂试用中。

2.8.3.5 仙人掌牌PE聚酯系列漆 系香港启迪化工有限公司产品，包括PE底漆、PE木器清漆。前者填充力佳，打磨容易，适合任何木器表面的底层使用；后者漆膜坚硬，平滑及厚实，具立体感，光泽高，耐热且极能抵抗化学物品的侵蚀，特别适宜高级木器涂饰。其具体技术指标如表2-32所示。

表2-32 仙人掌牌PE聚酯系列漆技术指标

项　目	指　标	
	PE底漆	PE木器清漆
颜　色	透明、黑色、白色	透明
光　泽	全亚	全光、半光、全亚
干燥时间指触干，min	40	40
实　干，h	8	8
重　涂，h	—	3～6
可打磨，h	3～4	—
固体份含量，%	94±3	95±3
比重，123℃	1.33±0.03	1.06±0.03
建议漆膜厚度，μm	100	30

使用时配漆比例见表2-33。

表2-33 参考配漆比例

品　种	组　分			
	不饱和树脂	促进剂	硬化剂	稀释剂
PE木器清面漆	100	0.5	0.5	20
PE底漆	100	3.0	2.0	30

采取喷涂方法施工。

2.8.3.6 华润PE系列不饱和聚酯漆

华润牌PE系列不饱和聚酯漆部分品种见表2-34。

表2-34 华润PE系列部分品种表

类　别	品 种 型 号
底漆类	PE白底漆（HJPE－01） PE黑底漆（HJPE－07） PE灰底漆（HJPE－08） PE透明底漆（HJPE－09）
面漆类	PE亮光清面漆（PEOOOF） PE半亚光清面漆（PEOOAF）
辅料类	PE漆用促进剂（蓝水）（3809） PE漆用引发剂（白水）（3810） PE面漆用稀释剂（808） PE底漆用稀释剂（808A）

2.9 聚氨酯漆

聚氨酯漆是聚氨基甲酸酯漆的简称，是以聚氨酯树脂为成膜物质的一类涂料。聚氨酯是由多异氰酸酯和多羟基化合物反应制得的含有氨基甲酸酯链节的高分子化合物。是涂料品种中的重要一类，也是国内外木器用漆的主要品种之一。我国木器应用聚氨酯漆已有30余年的历史，近些年在中高级木器上的应用发展很快，已经相当普及。由于其综合性能优于硝基漆等，所以在我国已是木器家具当前最主要的用漆品种。

2.9.1 分类与组成

聚氨酯是一大类涂料，目前国内广泛应用的聚氨酯品种约有几十个。根据其化学组成与固化机理可分为聚氨酯改性油、湿固化型聚氨酯漆、封闭型聚氨酯漆、催化固化型聚氨酯漆与羟基固化型聚氨酯漆等五类。除封闭型需高温烘烤不适宜于木材表面涂饰外，其它四类均可用于木器涂饰。但实际应用最多的是羟基固化型，此外还有聚氨酯改性油。

2.9.1.1 羟基固化型聚氨酯漆 这是聚氨酯涂料中占主导地位的一种，其综合性能最好，品种最多，应用最广泛。属双组分漆，一个组分含羟基（—OH）可称羟基树脂；另一组分含异氰酸基（—NCO）可称异氰酸酯树脂。平时两组分分装，临使用前按一定比例混合均匀，涂于表面。由于异氰酸基与羟基的化学反应，所以交联固化形成聚氨酯漆膜。

常用的羟基树脂有：蓖麻油醇酸树脂、蓖麻油松香醇酸树脂、合成脂肪酸醇酸树脂、聚酯树脂、丙烯酸树脂等。常用的芳香族异氰酸酯树脂有：三羟甲基丙烷二异氰酸酯加成物、蓖麻油异氰酸酯预聚物、聚异氰酸酯预聚物等。常用的脂肪族异氰酸酯树脂有缩二脲。

羟基固化型聚氨酯漆的具体组成可举一种早年木家具常用的双组分漆为例说明。分为甲乙两个组分，其中乙组分为精制蓖麻油、甘油、苯酐、松香经缩聚反应而成的含羟基蓖麻油松香醇酸树脂。甲组分则是乙组分与甲苯二异氰酸酯的加成物，二者均用醋酸丁酯、环已酮与二甲苯为溶剂。

甲苯二异氰酸酯是我国应用较多的一种制造聚氨酯的原料，属芳香族多异氰酸酯。它是一种无色透明易挥发的液体，带有刺激气味，有毒，一般造漆时已采取措施降低其毒性（例如上述例子）。多数聚氨酯的毒性与气味都来自甲苯二异氰酸酯。因此，制造与使用聚氨酯漆需加注意。

羟基固化型聚氨酯漆有清漆、磁漆与底漆等品种。磁漆与底漆中含有颜料，漆的固体份含量一般约为50%左右。聚氨酯漆多为亮光漆，近年来国内已出现专为木材涂饰用的聚氨酯亚光漆，并出现水性聚氨酯漆。

2.9.1.2 聚氨酯改性油 这类漆是用甲苯二异氰酸酯部分代替苯酐与干性油或半干性油的单甘油酯与二甘油酯反应制成，所以亦称聚氨酯醇酸或聚氨酯油。主链中含有氨基甲酸酯基，但不含游离的异氰酸基。其涂层靠油脂中的不饱和双键在空气中氧化聚合而固化成膜。这类漆的性能与醇酸漆类似，属单组分聚氨酯漆。干燥比醇酸快，比双组分聚氨酯漆慢，硬度比醇酸高，能打磨抛光。其耐磨、耐水、耐稀酸、耐碱、耐油性与光泽都比醇酸好。但流平性差，易于变黄，贮存稳定性不及醇酸。由于是单组分，因此比双组分聚氨酯使用方便。

2.9.2 性能与应用

聚氨酯漆兼有优异的装饰性与保护性，其主要优点如下：

漆膜具有良好的物理机械性能，坚硬耐磨。耐磨性几乎是各类漆中最突出的，可制成多种耐磨性高的专用漆，如纱管漆、地板漆、甲板漆等。

该类漆具有优异的耐化学腐蚀性能。漆膜能耐酸、碱、盐类、水、油与溶剂等。因此，可用于涂饰化工设备、贮槽、管道等。

漆膜具较高的耐热与耐寒性。涂漆制品一般能在零下40℃到零上120℃条件下使用（有的品种可耐高温达180℃，并耐燃着的香烟）。

聚氨酯对各种表面均有良好的附着力，故可制胶粘剂。对木材的附着性更好，有关研究指出，异氰酸基能与木材的纤维素（含羟基）起化学反应，而使聚氨酯坚固地附着在材面上。因此，极适于作木材封闭漆与底漆，其固化不受木材内含物以及节疤油分的影响。

聚氨酯漆膜平滑光洁、丰满光亮，具很高的装饰性。因此广泛用于中高级木制品、钢琴与大型客机的涂饰。

聚氨酯漆膜在耐热、耐寒、耐水、耐化学药品与耐磨等方面均超过木器涂饰传统使用的硝基漆。固体份含量比硝基漆高2～3倍，因而涂饰工艺比硝基漆简化。部分品种施工成本低，因此其综合性能优于硝基漆。

聚氨酯漆也有如下缺点。

由芳香族甲苯二异氰酸酯为原料制成的聚氨酯漆保光保色性差。漆膜长期曝露于日光下会很快失光、粉化、泛黄。因此不宜用于户外，也不宜于制浅色漆。用脂肪族多异氰酸酯制成的聚氨酯漆，保光保色性好。

异氰酸酯对人体有刺激作用，在使用时应注意劳动保护。如车间通风不良，则甲苯二异氰酸酯的气味与毒性较严重，而脂肪族异氰酸酯的毒性比芳香族小。异氰酸极为活泼，因此液体的聚氨酯漆对水分、潮气和醇类都很敏感。在使用聚氨酯漆时，所用溶剂不能含水含醇。一般使用纯度较高的无水醋酸丁酯、无水环已酮与无水二甲苯，即所谓“氨酯级溶剂”。

使用聚氨酯漆对施工条件要求较高。成膜质量易受潮气水分影响，稍不慎可能出现针孔、气泡等缺陷；某些颜料、染料也可能引起变色或化学反应。双组分聚氨酯漆使用比较麻烦，配漆后受可使用时间的限制，一般需现用现配，用多少配多少。配漆后如不使用可放入冰箱内，能延长使用时间。

聚氨酯漆多用作中高级木制品的面漆材料，也是良好的木材底漆与封闭漆。近年国内已有配套的聚氨酯底漆、罩面漆、封闭漆与打磨漆等。单独用聚氨酯面漆也可以用丙烯酸系水性漆作底漆或用虫胶漆作底漆。可用手工刷涂或喷涂、淋涂等方法施工。由于聚氨酯漆属于反应性很强的多组分涂料，对环境敏感，成膜过程与所成漆膜性能均与施工关系密切。因此在施工应用过程中需注意以下各项：

①双组分聚氨酯漆两个组分的配比量对成膜性能影响较大。如果含异氰基组分过量则所成漆膜硬脆；反之含羟基组分过量则漆膜软，干燥慢甚至长时间不干，所成漆膜耐水与耐化学药品腐蚀性差，故需严格按规定比例配漆。

②近年木器专用聚氨酯漆发展很快，具体的品种型号很多。双组分聚氨酯漆使用时应按生产厂的产品说明书中规定比例配漆。估计好用量（一般按当日需要量），用多少配多少，两组分混合后搅拌均匀，放置15～25min待气泡消失后再使用。如配漆当日未用完，则以专用稀释剂稀释至3倍，密封后可于次日与新漆混合使用，但混合的新漆应占80%以上。

③聚氨酯漆原液粘度可能因不同生产厂的具体型号而异。冬季与夏季也可能不一样，施

工时粘度高易发生气泡，故需用专用稀释剂稀释。因前述原因则稀释率可能不同，应针对具体施工方法试验确定最适宜的粘度。自选溶剂可用工业无水二甲苯、工业无水环己酮（或二者混合使用），不可乱用其它溶剂（如信那水）代替。

④双组分漆贮存、配漆与使用过程中忌与水、酸、碱、醇类接触。木材含水率不可过高，底层的水性材料（水性填孔剂、着色剂等）与底漆必须干透方可涂聚氨酯漆。注意当空气喷涂时不得带入水、油等杂质，最好用无气喷涂。配漆时取完料（尤其含异氰酸基组分）罐盖要盖密闭，以免吸潮、漏气、渗水，最好贮存在低温而且干燥的环境中。

⑤涂饰聚氨酯漆不宜一次涂厚，可多次薄涂，否则易发生气泡与针孔。双组分聚氨酯漆可采用"湿碰湿"方式施工，即表干接涂。当涂饰多遍时，每遍在表干（常温干燥约40～50min左右）后涂饰下一道为宜，两遍之间不宜间隔过长（不宜超过48h）。如已间隔时间过长，干燥过分，再涂下道漆，则层间交联差，影响附着力。对固化已久的漆膜需用砂纸打磨或用溶剂擦涂一遍再涂。单组分聚氨酯漆可像醇酸漆一样施工，即每涂饰一遍至实干（常温约24h）经砂纸打磨再涂下一道。

⑥某些颜料、染料与醇溶性着色剂（如铅丹、锌黄、炭黑以及部分酸性染料、碱性染料）等，可能与聚氨酯发生反应，不宜放入漆中，或使用前需经过试验。当漂白木材使用酸性漂白剂时，涂漆前需充分中和，以免反应变黄。

⑦施工环境温度需适宜，温度过高可能出现气泡与失光；温度过低或含羟基组分用量不当、涂层太厚都可能造成干燥缓慢。溶剂含水，被涂表面潮湿，催化剂用量过多，树脂存放过久等均可使涂层暗淡失光。

⑧由于聚氨酯的毒性与气味均不利于施工人员的健康，故施工需特别注意劳动保护。工作场所必须通风良好，操作人员中午休息或下班后应漱口。

2.9.3 聚氨酯漆品种

木器专用聚氨酯是各类木器漆中品种最多的一类，部分型号与组成、性能以及施工应用列于表2-35中。近年广东等地的PU聚氨酯发展很快、品种最多，如华润牌、玉莲牌、金冠牌等，部分品种分别列于表2-36、表2-37。

表2-35 聚氨酯漆品种性能

品种	主要组成	技术性能	施工应用	备注
685聚氨酯木器清漆	685乙组分为蓖麻油、甘油、苯酐等缩聚而成的含羟基聚酯。以醋酸丁酯、环己酮为溶剂。685甲则为685乙与甲苯二异氰酸酯的预聚物，溶剂同乙组分	甲组分外观为黄色透明液体。－NCO含量为4.5%～6.0%；粘度（涂－4）10～25s固体含量为48%。乙组分为黄棕色透明液体，羟值为60～90；酸值<8mg，粘度（涂－4）10～30s。甲乙组分混合后交联固化所成漆膜坚硬耐磨、耐热、耐寒、耐温变、耐液、附着力好，丰满光亮	配漆参考比例为甲组分100份；乙25份；50%424树脂15份；溶剂（醋酸丁酯、环己酮、二甲苯铵1∶1∶1）适量。如冬季干燥慢可加固化剂二乙氨基乙醇（为甲组分量的0.2%）；夏季气温高防止气泡可酌加微量硅油。可刷、喷、淋涂，待底漆干后可涂饰2～3道685漆，常温干燥36h可水砂、抛光	上海家具涂料厂生产424为顺丁烯二酸酐树脂的二甲苯溶液

（续）

品 种	主要组成	技能性能	施工应用	备 注
672 聚氨酯木器清漆	672乙组分为蓖麻油、甘油、甘油松香、苯酐缩聚而成的含羟基聚酯。以环己酮、二甲苯为溶剂。672甲则为672乙与甲苯二异氰酸酯的预聚物，溶剂与乙组分同	甲组分外观为浅黄至黄棕色透明液体。—NCO含量为6.5%～7.5%，粘度（涂—4）10～25s；固体含量为50%。乙组分外观为浅黄色透明液体，羟值为100～130；酸值＜8mg，粘度同甲。所成漆膜与685类似。由于甲组分中异氰酸基含量高于685，漆膜硬度略高，性能稍好	配漆比例为甲比乙＝2∶1，另加适量溶剂（环己酮与二甲苯为1∶2），涂饰工艺与685相同。如需提高漆膜光泽可加入10%左右的424树脂液	上海家具涂料厂生产
745 聚氨酯木器清漆	745甲为三羟甲基丙烷和甲苯二异氰酸酯的加成物。以醋酸丁酯为溶剂。745乙是由合成脂肪酸、季戊四醇、苯酐等缩聚而成的含羟基聚酯。以环己酮、醋酸丁酯与环己烷为溶剂	甲组分外观为黄或棕黄色透明液体。NCO含量为7.5%～9.5%；粘度（涂—4）10～23s；固体含量为50%。乙组分外观为红棕或棕褐色透明液体，羟基含量为2%～3%；酸值＜8mg，粘度（涂—4）8～20s；固体含量为50%。该漆由于原料好；综合性能优异，采取了萃取工艺，因此降低了漆中游离单体含量。溶剂中不含苯类，故是聚氨酯漆类中的低毒品种	配漆比例为甲8份；乙10份；环己酮0.5份，冬季可加5%二丁基二月桂酸锡0.03份，夏季酌加极微量201硅油，25%硝基纤维素流平剂1份。施工与685同，可淋涂、刷涂或喷涂	上海家具涂料厂生产
821 聚氨酯清漆	821乙组分为蓖麻油、甘油、苯酐缩聚而成的含羟基聚酯。甲组分为乙组分与甲苯二异氰酸酯的预聚物	甲组分外观为浅黄色透明液体。NCO含量为7.5%～9.0%，固体含量为50%；粘度（涂—4）15～25s。乙组分为黄棕色透明液体，羟值60～90；酸值＜8mg；粘度为15～30s；固体含量为50%。该漆与685相对比具有低毒，颜色浅，干燥快，硬度高，使用方便等优点	使用配比为甲组分1份；乙组份1.5～2.0份；溶剂适量。如施工温度低于15℃应加入催化剂二甲基乙醇氨或二乙基乙醇氨0.03%～0.05%；气温超过30℃则应加入0.01%～0.03%201号有机硅油。溶剂可使用环己酮与醋酸丁酯	上海家具涂料厂生产
8621 各色聚氨酯磁漆	甲组分主要原料与685甲同，为含异氰酸基的预聚物。乙组分主要原料同685乙并加入各种颜料	甲组分外观为浅黄色透明液体。NCO含量为7.5%～9.0%；固体含量为50%；粘度（涂—4）15～25s。乙组分外观符合色板要求，细度≤25μm；粘度为35～60s。该漆常温表干1h、实干6h，漆膜色彩鲜艳纯正，丰满光亮。并耐热、耐温变、耐腐蚀，硬度为＞0.5，光泽＞90%、附着力2级、柔韧性为1mm	配漆比例为甲、乙组分按1∶1，溶剂适量，溶剂可用醋酸丁酯、二甲苯与环己酮。施工温度低于15℃时应加入0.01%～0.05%的二乙基乙氨醇或二甲氨基乙醇	上海家具涂料厂生产
SY－11 聚氨酯清漆	为油改性聚氨酯树脂、醇酸树脂、200号溶剂汽油、二甲苯与催干剂等组成的单组分聚氨酯清漆	外观为浅黄色透明液体。粘度（涂—4）25～50s；固体含量为50%；常温表干为2h；实干为12h；漆膜硬度不小于0.5；柔韧性不大于1mm；附着力不大于2级；光泽不小于95%。该漆既具有聚氨酯的光亮、丰满与漆膜硬等优点。还具有醇酸漆的易施工、低毒无刺激的特点。施工与醇酸漆相同	该漆可刷、喷、淋、辊与浸涂施工，可用200号溶剂汽油调整粘度。每道漆宜涂薄（干膜厚以15～20μm为宜），前道漆需实干经打磨再涂下道漆。	天津油漆厂生产

（续）

品种	主要组成	技能性能	施工应用	备注
S01－3聚氨酯清漆	甲组分为甲苯二异氰酸酯与三羟甲基丙烷的加成物。乙组分为蓖麻油醇酸的二甲苯溶液	该漆外观为浅黄至棕黄色透明液体。固体含量为50%；常温表干4h；实干20h；烘干（120℃）1h；完全固化需要7d；柔韧性1mm；冲击强度5N·m。硬度：常温干48h后不小于0.5，120℃干1h后不小于0.6，耐水性48h不起泡。此外，该漆坚硬耐磨，丰满光亮，耐水、耐腐蚀、附着力好	配漆比例为甲：乙＝85：100。配好漆需放置20min再用，并应在8h内用完。可用X－10、X－11聚氨酯稀释剂调粘度，涂层可自干或烘干。喷刷、浸涂均可、刷涂粘度为25～30s，喷涂为18～20s，使用量每层约为50～60g/m^2	天津油漆厂与全国各大油漆厂生产
PU－10聚氨酯封闭漆	甲组分为异氰酸酯加成物。乙组分由含羟基树脂、流平剂、催化剂等组成	该漆外观为浅黄色透明液体，粘度（涂－4）40～120s；固体含量为（35±2）%；常温表干为30min；实干为6h。该漆对木质基材封闭性良好，对上涂漆层也有很好的附着力，并能清晰显现木纹	配漆比例为甲：乙＝1：4，溶剂适量。可刷涂与喷涂，刷涂可原液使用，喷涂需调稀，粘度为15s，用口径为1.5～2.0mm的喷枪，空气压力为0.35～0.40MPa，涂饰量约为50～70g/m^2。连续涂饰可间隔20min以上，配漆后可使用时间为4～6h	齐齐哈尔油漆厂生产
PU－20聚氨酯打磨漆	甲组分为异氰酸酯加成物。乙组分为含羟基树脂、打磨剂、流平剂与填充剂等组成	该漆外观为乳白色液体。粘度（涂－4）60～140s，固体含量为（48±2）%，细度不大于80μm，附着力为2级，常温表干为30min，实干不大于6h。该漆对木质基材有填充能力，涂膜便于打磨，形成平滑的涂层	配漆比例为甲：乙＝1：3，可加适量溶剂。可涂于封闭漆上，也可以直接用作底漆，用作中密度板表面底漆效果良好。涂饰一遍常温（25℃）干燥2～3h即可打磨。涂饰量为80～120g/m^2，可刷涂与喷涂，喷涂粘度为15～20s	齐齐哈尔油漆厂生产适于与PU－10、PU－30配套使用
PU－30聚氨酯罩光漆	甲组分为异氰酸酯加成物。乙组分为含羟基树脂、流平剂与消泡剂等组成	该漆外观为浅黄色透明液体。粘度（涂－4）30～50s；固体含量为50%，常温表干1h，实干不大于8h。漆膜透明丰满光亮，坚硬耐磨、耐液、耐热、耐温变，附着力好	配漆比例为甲：乙＝1：2，溶剂适量，此漆属面漆，多用于封闭漆和打磨漆的上面。可刷涂与喷涂，刷涂使用原液，喷涂需调稀至粘度（涂－4）15s。配漆可使用时间为4～6h，涂层间隔时间为20min以上	齐齐哈尔油漆厂生产适于与PU－10、PU－20配套使用，也可单用
STB聚氨酯木器清漆	甲组分为含羟基树脂（乙组分）与甲苯二异氰酸酯的加成物。以无水二甲苯和醋酸丁酯为溶剂。乙组分为蓖麻油、甘油、苯酐酯化而成的含羟基树脂，溶剂同甲	该漆外观甲组分为红棕色，乙组分为浅黄透明液体。粘度为15～45s，固体含量为（50±5）%，粘度（涂－4）14～45s，常温表干不大于2h，实干不大于10h，附着力2级，硬度＞0.7；沸水5h无变化；烟头1min无变化，耐盐水48h无变化。该漆丰满光亮，漆膜耐热、耐寒、耐磨、耐温变、耐化学腐蚀	配漆比例为甲：乙＝（1.0～1.5）：1，调匀后需放置10～15min再涂饰。喷涂、淋涂与刷涂均可，可用虫胶或硝基打底。常温可每间隔1.0～1.5h涂一遍，最后一遍（一般涂3或4遍）需干36h后用水砂纸打磨，晾干1h可抛光。如冬季施工环境温度过低可加聚氨酯漆固化剂（二甲基乙醇氨），用量约为甲组分的2%	哈尔滨油漆厂生产

（续）

品 种	主要组成	技能性能	施工应用	备 注
SH－2彩色聚氨酯漆	甲组分为含异氰酸酯的预聚物。乙组分为含羟基与环氧基的聚合物，并加入颜料	混合后所成漆膜外观为平整光滑符合样板要求之色泽。原漆粘度为18s(涂－4)；常温表干1h，实干24h。所成漆膜遮盖力为120g/m²(白色)；细度25μm；硬度0.6；附着力2级；光泽95%。该漆耐水、耐酸、碱、耐热、耐温变，漆膜丰满光亮，附着力好	使用时甲乙组分可按1：1调配。调粘度可用二甲苯、环己酮与醋酸丁酯(按3：1：1)混合溶剂。配漆后搅拌均匀，需在6h内用完。可刷涂与喷涂，喷涂效果好。有各种颜色可选用，适于彩色家具的涂饰	无锡造漆厂生产
PU木器底漆	为双组分漆。甲组分为多元醇树脂打磨剂。乙组分为聚异氰酸盐组成	该漆外观为透明液体。粘度(涂－4) 89～96s；固体含量(69±5)%；常温表干30min；打磨4h，实干8h。该漆干燥快，易施工，易打磨，适合各类木器的底层使用	配漆比例为甲：乙(催干剂)：稀释剂＝2：1：1。可喷涂使用，混合后的施工漆液使用时间勿超过5h	仙人掌牌聚氨酯漆
PU清面漆	甲组分以多元醇树脂为主组成。乙组分由聚异氰酸盐组成	外观为浅黄色透明液体。粘度(涂－4) 40～50s (23℃，KU)；固体含量(52±3)%，常温表干25min，实干4h。该漆膜丰厚，光泽高，施工容易。且抗水性、抗化学性优越、适合各类木器使用	配漆比例为漆油：催干剂：稀释剂＝2：1：1。可喷涂使用，混合后的施工漆液使用时间勿超过5h	仙人掌牌聚氨酯漆
优丽旦“聚酯”底漆	双组分漆	分T－3102F白色与3180F黑色两种。固体含量(75±2)%；表干20min；打磨时间4h。硬度高，干燥快，易打磨	配漆比例为底漆：催硬剂：稀释剂＝2：1：2。喷涂使用，耗用量0.23kg/m²(喷涂$1\frac{1}{2}$度)	深圳日高公司松树牌优丽旦“聚酯”底漆
优丽旦“聚酯”面漆	以聚氨酯树脂为基料，为双组分漆	干燥快、高光泽，漆膜坚硬，耐磨、耐水、耐清洁剂。表干20min，实干24h，固体含量(65±4)%，耐沸水100℃1h，闪点35℃。有各种颜色	配漆比例为面漆：催硬剂：稀释剂＝2：1：3。喷涂使用，耗用量0.112kg/m²（喷涂$1\frac{1}{2}$道）两层漆膜厚度50μm。适用底漆为松树牌A－1133封固底漆（头度），T－3102F优丽旦聚酯底漆（白）3180优丽旦聚酯底漆（黑）（两度底漆），或T－8102保丽聚酯底漆	深圳日高公司松树牌优丽旦“聚酯”面漆
901－DZQ(A型)高级瓷化清漆	由DD树脂与多种羟基，纤维素、异氰酸酯通过共聚共混而成，为双组分漆	干燥快，硬度高，耐磨、耐酸碱。具有光亮柔和的光泽，手感滑爽。外观为透明液体。表干≤30min，实干≤60min，固体含量甲组分为25%；乙组分为48%；硬度≥0.778	配漆比例为甲组：乙组＝1：1(重量比)。使用前将甲组充分搅匀，然后将乙组按比例倒入甲组中配好，陈放10min后使用。配好的漆争取3h内用完，过稠可用溶剂稀释。施工可采用喷、淋及刷涂	烟台福山西苑化工厂

（续）

品　种	主要组成	技能性能	施工应用	备　注
901—DC2（B型）高级瓷化清漆	由DD树脂与多种含羟基、聚脂、异氰酸酯通过共聚共混而成	干燥快，硬度特高。耐磨、耐酸碱，手感爽滑，为透明液体。表干≥30min，实干≥60min；固体含量A组为38.3%，B组为46.7%，硬度≥0.792	配比为甲组分：乙组分=1：2。使用前将甲组分充分搅匀，然后按配比将乙组分倒入甲组分配好，陈放10min后使用。配好的漆争取3h内用完，过稠可用溶剂稀释	烟台福山西苑化工厂
904—DZQ（A型）高级瓷化彩色漆	由DD树脂与各种羟基、纤维素酯、异氰酸酯及颜料通过共聚共混而成	干燥快，手感滑爽，坚硬耐磨、耐酸碱。甲组分颜色符合色差范围。乙组分固体含量（50±2）%；甲组分细度≤40μm；表干30min；实干≥1h；硬度0.78	配比为甲组分：乙组分=1：1。使用前将甲组充分搅匀，然后将乙组分按配比倒入甲组分中配好，陈放10min后使用。两次涂饰间隔时间不宜过长，配好的漆争取3h内用完，过稠可用溶剂稀释。配套底漆为905—2—DC封闭底漆	烟台福山西苑化工厂

表2-36　华润牌PU类部分品种型号表

类　别	品种型号	类　别	品种型号
亮光实色面漆系列	意大利清（1000）	透明有色亮光面漆系列	透明酸枝色（6094）
	意大利白（1001）		透明深花梨色（6074）
	意大利黑（1007）		透明浅花梨色（6033）
	清（1200）		透明原木色（6030）
	白（1210）		透明亮光琥珀黄色（6035）
	黑（1270）		透明亮光红棕色（6054）
	黄（1230）		透明亮光棕色（6057）
	大红（1240）		透明亮光啡色（6055）
	蓝（1260）		透明亮光橙啡色（6053）
	浅灰（1221）		透明亮光柚木色（6037）
	深灰（1272）		透明亮光醉红色（6043）
	浅蓝（1216）		透明亮光宝蓝色（6067）
	浅绿（1218）		透明亮光墨绿色（6087）
	桃红（1294）		

表2-37　玉莲牌聚氨酯部分品种性能表

品种型号	主要特性	主要性能指标	施工应用
PU121头度底漆	对于木材含有油脂、水分等有极强封闭性，利于改善整个涂层之附着力，便于去木毛，可防止涂料渗陷，干燥快，透明度好，易渗透	固含量22%，出厂粘度8±1秒（NK—2），表干<10min，可打磨2h，使用时限>10h	配用硬化剂UH307、配用稀释剂TH451（夏）、TH452（冬）。配漆：主剂：硬化剂：稀释剂=1：1：1。用于头度底漆喷或刷涂，涂布量80～100g/m^2
PU208速干清底漆	干燥快、填充性好，透明度高，易打磨，附着力好，可增加涂层丰满质感	细度<60μm，固含量64%、出厂粘度1500cPs（B型粘度），表干<10min，可打磨<2h，使用时限4～8h	配用硬化剂UH208、配用稀释剂TH451（夏）、TH452（冬）。配漆：主剂：硬化剂：稀释剂=2：1：1。用于中涂，喷涂粘度17S（涂—4），涂布量120～160g/m^2

（续）

品种型号	主 要 特 性	主要性能指标	施 工 应 用
PU1500特硬清面漆	漆膜丰满光亮，硬度高，具良好的抛光性，流平好，透明度高，漆膜还具有良好的耐化学物质腐蚀以及耐磨性	固含量52%，出厂粘度700cPs（B型），表干<12min，实干<6h，使用时限4～8h，光泽98%，硬度0.75（摆杆硬度）	配用硬化剂UH257，配用稀释剂TH451（夏）、TH452（冬）。配漆：主剂：硬化剂：稀释剂＝2：1：1～1.5。用于高档木器家具上涂罩面，喷涂粘度（涂－4）16s，涂布量100～120g/m²
PU800 高固清面漆	固体含量高，涂膜丰厚光亮，流平极佳，经特别技术加工可预防因厚涂可能出现的针孔气泡等缺陷。涂膜硬度高，附着力好	固含量60%，出厂粘度150cPs（B型），表干<15min，实干<6h，使用时限4～8h，光泽100%，硬度0.75%（摆杆硬度）	配用硬化剂UH803，配用稀释剂TH451（夏），TH452（冬）。配漆：主剂：硬化剂：稀释剂＝1：1：0.2～0.5。用于高档木器家具上涂罩面，喷涂粘度（涂－4）16s，涂布量100～120g/m²
PU1510特硬白面漆	漆膜丰满光亮坚硬耐磨，抛光性良好，固体含量高，遮盖力强，配用专用耐黄变硬化剂色泽稳定漆膜不变黄	固体含量71%，细度<25μm，出厂粘度4000cPs，表干<15min，实干<6h，使用时限4～8h，光泽100%，硬度0.78（摆杆硬度）	配用硬化剂UH257或专用耐黄变硬化剂UH258，配用稀释剂TH451（夏）、TH452（冬）。配漆：主剂：硬化剂：稀释剂＝2：1：1～1.5。用于高档木器家具白色不透明上涂罩面，喷涂粘度16s（涂－4），涂布量为100～120g/m²
PU1590特硬黑面漆	漆膜特丰厚饱满坚硬高光、抛光性良好，遮盖力高，并具优异的综合理化性能	固体含量58%，细度<20μm出厂粘度2500cPs（B型），表干<15min，实干<7h，使用时限4～8h，光泽100%，硬度0.78（摆杆硬度）	配用硬化剂UH257，配用稀释剂TH451（夏）、TH452（冬）。配漆：主剂：硬化剂：稀释剂＝2：1：1.5。用于高档木器家具黑色不透明上涂罩面，喷涂粘度16s（涂－4），涂布量为100～120g/m²
TC01单组份地板漆	漆膜特坚硬、丰满、耐腐、高光并保光保色，防水、耐污、耐各种化学物质腐蚀。单组份施工方便	固体含量48%，出厂粘度15s（NK－2），表干<15min，实干<6h，光泽99%，硬度0.81（摆杆硬度）	配用稀释剂TH01，配漆：主剂：稀释剂＝1：0.5～1。主要用于木地板手工刷涂，施工粘度为16s（涂－4）
TU02 双组份地板漆	漆膜丰满坚硬耐磨，附着力好，填充性佳，防水、耐污、抗各种化学物质腐蚀，高光并保光保色	固体含量45%，出厂粘度200cPs（B型），表干<12min，实干<4.5h，使用时限4～8h，光泽98%，硬度0.80（摆杆硬度）	配用硬化剂UH901，配用稀释剂TH451（夏）、TH452（冬），配漆：主剂：硬化剂＝1：1，有时少量用稀释剂用于地板刷或喷涂，施工粘度13s（NK－2），涂布量100～120g/m²

注：1）表内B型粘度指用旋转粘度计测得的粘度；2）NK－2指日本岩田杯粘度计；3）可打磨指底漆可以打磨砂纸的时间；4）使用时限指多组份漆配漆后能正常使用的时间；5）摆杆硬度指用摆杆硬度计测得之漆膜硬度值。

2.10 光敏漆

光敏漆也称光固化涂料。是应用光能（紫外线）引发而固化成膜的涂料，即此类漆的涂层必须经过紫外线的照射才能固化成膜。国外在60年代末兴起，并首先用于木材表面涂饰。我国从70年代开始研制应用，至今国内外的光敏漆仍然主要用于木制品与木质材料表面的涂饰。

2.10.1 组成与性能

2.10.1.1 光敏漆组成 光敏漆的主要组成有反应性预聚物(光敏树脂)、活性稀释剂与光敏剂。此外根据需要可加入其它添加剂，如填料、颜料、流平剂、促进剂与稳定剂等。

光敏树脂是光敏漆的主要成膜物质。决定涂膜的性能，是一些含双键的预聚物或低聚物。常用品种有不饱和聚酯、丙烯酸聚酯、丙烯酸聚氨酯、丙烯酸环氧酯等。国内目前应用后二者较多。丙烯酸聚氨酯具优异的物理机械性能，耐化学性好，附着力高，漆膜光亮丰满；丙烯酸环氧树脂硬度大，光泽与耐化学性好，附着力强，可制光敏底漆与光敏腻子，作面漆可以抛光。

活性稀释剂与聚酯漆中的稀释剂类似，是一些含有活泼双键的液体，既能溶解光敏树脂，又能与光敏树脂发生聚合反应交联固化共同成膜。应用较多的仍是苯乙烯，此外丙烯酸酯类如丙烯酸乙酯、丙烯酸丁酯等也有应用。相对比较苯乙烯固化速度慢，贮存稳定性差，形成的漆膜硬脆。丙烯酸丁酯与丙烯酸乙酯固化较快，贮存稳定性好，形成的漆膜柔韧，但价格比苯乙烯贵。

光敏剂也称光聚合引发剂，是以近紫外光区(300～400nm)的光激发而能产生游离基的物质。光敏漆的涂层能够固化成膜，是光敏树脂与苯乙烯之间的游离基聚合反应的结果。当用紫外线照射光敏漆涂层时，光敏剂吸收特定波长的紫外线，其化学键被打断，解离生成活性游离基，起引发作用，使光敏树脂与活性稀释剂的活性基团产生连锁反应，迅速交联成网状体型结构的光敏漆膜。能作为光敏剂的物质很多，其中安息香及其各种醚类是目前使用最多的光敏剂。我国应用较多的是安息香乙醚、安息香丁醚等，是一些淡黄色固体粉末状物质，使用时多用苯乙烯溶解配成溶液。

除上述主要成分外，在具体品种中可能加入改善涂料与涂膜性能的其它添加剂，如加入二甲基乙醇胺等作为提高光敏剂催化效率的促进剂；加入乙基纤维素、醋酸丁酸纤维素等作为流平剂；加入能透过紫外光的体质颜料与着色颜料等可制造色漆品种。

由上述各成分构成的光敏漆商品或向使用厂家供货时可能是单组分(单包装、一罐装)与多组分(多包装、如三罐装)。前者是将各成分混合一起，可直接使用，贮存时间短；后者是将各成分分装，使用前按一定比例混合配漆，贮存时间长。

2.10.1.2 光敏漆性能 光敏漆有如下特点。

①涂层固化速度快。当光敏漆涂层一经紫外线照射，光敏剂迅速分解游离基而引发光敏树脂的聚合反应交联固化成膜，这个过程时间很短，常在几秒钟内完成。这是在目前实际生产应用的木器漆中干燥最快的漆类。

②由于涂层固化快，固化装置的长度短，被涂饰的零部件一经照射即可收集堆垛。可节省油漆车间的生产面积，缩短涂饰施工周期，便于组织机械化连续涂饰流水线，大大提高了木质零部件的涂饰生产率。

③光敏漆属无溶剂型漆。涂层固化过程中溶剂参与成膜的固化反应基本不挥发，减少了对大气的污染并节省了资源，施工卫生条件好。

④由于涂层固化过程中基本没有溶剂挥发，固化的漆膜收缩小，涂料的转化率高。固化后的漆膜比较平滑光洁。当光敏漆涂饰流水线上空气适当净化，则干后漆膜表面很少有缺陷，几乎可以不必修饰抛光。在各类木器漆的原光漆膜中装饰质量比较高。

⑤由不饱和聚酯、丙烯酸环氧酯、丙烯酸聚氨酯等制作的光敏树脂，制漆性能优异。因

而用于涂饰中、高级木制品，其所成涂膜的综合装饰及保护性能都很高。

⑥光敏漆涂层不吸收紫外光线的部分不能固化。因此，一般只适于可拆装木制品平表面零部件的涂饰。形状复杂装配好的整体制品涂饰光敏漆需有特制的紫外光源，目前国内尚未有应用。

2.10.2 品种与应用

国产光敏漆生产与应用，经历了曲折发展，80年代曾有一批厂家研制与生产了许多品种的光敏漆，诸如天津的灯塔牌、上海的闪光牌、常州的登月牌，以及无锡、兰州、大连、齐齐哈尔均有光敏漆产品，用光敏漆涂饰的板式家具曾受到市场的欢迎，但是80年代末便陆续停产。90年代以来随着实木地板与板式家具的发展，部分厂家开始引进意大利、德国、我国台湾省的光敏漆（UU漆），国内华润牌UV漆也在部分地板厂与家具厂得到应用。90年代的光敏漆性能有所提高，综合性能优异，固化速度更快，一般几秒钟可达实干。华润牌部分品种见8.4UV漆应用工艺分析。

2.11 水性漆

水性漆是指成膜物质溶于水或分散在水中的漆。不同于一般溶剂型漆，是以水作为主要挥发分的涂料。由于其独特性能以及可用多种树脂制作，故像光敏漆一样不属于我国涂料标准分类的18大类之中。

2.11.1 组成与性能

2.11.1.1 水性漆组成 目前常用的水性漆主要是水溶性漆与乳胶漆两种。树脂能均匀溶解于水中成为胶体溶液的称为水溶性树脂，用于制水溶性漆；以微细的树脂粒子团（粒子直径0.1～10.0μm）分散在水中成为乳液的称为乳胶。乳胶体系是由连续相（亦称外相－水）、分散相（亦称内相－树脂）及乳化剂三者组成，用于制乳胶漆。

水溶性漆一般由水溶性树脂、水与各种助剂等构成，色漆品种还包括着色颜料与体质颜料。当在成膜聚合物中引进亲水的或水可增溶的基团便可获得水溶性树脂。故可制得多种水溶性树脂，如水溶性酚醛树脂、醇酸树脂、氨基树脂与丙烯酸树脂等。目前水溶性漆主要用于金属表面，如电泳漆、水溶性烘漆与水溶性自干漆等。而木材表面应用较多的是乳胶漆。

乳胶漆的主要组成是水分散聚合物乳液与各种添加助剂。色漆品种则加入颜料水浆。水性漆的制造工艺与具体组成远比溶剂型漆复杂，其中尤其是各种添加助剂的应用。聚合物乳液一般由乙烯基单体在乳化剂、引发剂等助剂存在下经聚合反应制得。颜料水浆是由分散剂等助剂将颜料分散在水中制得。此外，乳胶漆中还需加入交联剂、增塑剂、消泡剂、增稠剂、成膜助剂、防霉剂、防冻剂，等等。水是乳胶漆的分散介质。在乳胶、颜料浆的制备以及最后混合制漆稀释和施工调整粘度时都要加入水。需使用纯净的水，最好采用软水或蒸馏水。硬水中的钙镁离子会影响乳胶系统的稳定性。

2.11.1.2 水性漆性能 水性漆有以下共同的优点。

①用水作溶剂与稀释剂，价廉易得，净化容易，代替了有机溶剂，节省了资源。

②水性漆无毒、无味，施工中不挥发有害气体，不污染环境，施工卫生条件好。贮存、运输与使用中无火灾与爆炸危险。

③施工方便。水性漆可刷涂、喷涂、淋涂与辊涂，一般具有很好的流平性，尤其施工工

具设备以及容器等均可用水清洗。

水性漆也存在缺点，诸如某些品种干后漆膜耐水性差，耐腐蚀性与光泽不及同类溶剂型漆，部分品种冻融稳定性差。施工时涂层中的水分必须挥发充分才能进行下道工序。目前国内木材可用的性能理想的水性漆品种甚少。

多数研究认为乳胶漆的成膜机理是聚合物微粒的融接结果。乳胶漆中的聚合物是以微小的颗粒悬浮于水中。当将乳胶漆涂于表面时，水分逐渐蒸发，涂层开始收缩。这些分散的聚合物颗粒慢慢接近互相接触，颗粒间存在的水的毛细管压力迫使颗粒挤紧。随着水的蒸发，毛细管压力增大，迫使颗粒变形。如环境温度高于乳胶聚合物的最低成膜温度，颗粒就相互融合而形成连续的漆膜。

乳胶漆施工的环境温度必须高于最低成膜温度（一般为10℃）。如果低于或接近最低成膜温度，则聚合物颗粒不能变形、融合，不能形成连续的漆膜，而可能仅仅是一层粉末。所以，乳胶漆的施工环境温度一般应在15℃以上。

乳胶漆的表干速度很快。一般在20～25℃室温条件下，约30～60min即可表干，实干约需24h左右。而整个成膜过程的彻底完成时间甚长，约需2周左右。所以，在施工后的24h以内，环境温度仍应保持在最低成膜温度以上，涂层不应受雨水淋刷。由于乳胶漆涂层固化是依靠水的蒸发，故环境的温湿度都会影响其干燥质量与速度。

2.11.2 品种与应用

2.11.2.1 木器专用水性漆 水性漆属涂料新品种。近年来研制了一些木器专用水性漆，部分品种如表2-38所列。此外广东等地的华润牌、玉莲牌水性漆品种很多，应用广泛。

表2-38 木器用水性漆品种

类别	名称牌号	适用对象	研制与生产单位
丙烯酸酯系乳胶漆	WC－1型水性涂料 SH－87水性涂料 莲花峰牌水性涂料	家具 家具 木制品	上海皮革化工厂 三明市缝纫机台板厂 上海家具研究所
	双虎牌丙烯酸系乳胶木器清漆	木器家具	武汉制漆总厂
水溶性漆	WP－1型树脂色浆复合剂 WP－2型树脂色浆复合剂 WP－3型树脂色浆复合剂	透明家具 彩色家具 建筑木材	岳阳市君山复合材料板厂， 中南林学院
苯丙系乳胶漆	人造板木纹印刷乳胶底漆	人造板	中国林业科学研究院 木材工业研究所
其它	SS－911（B）涂料	木器家具	苏州化学工业研究所

（1）丙烯酸酯系乳胶漆　丙烯酸酯系木器乳胶漆（亦称丙烯酸酯共聚乳液）是水性漆中应用最广泛的一类。表2-38中所列的WC－1型、SH－87型与莲花峰牌水性漆便是国内木器行业目前较常应用的品种。此类漆用丙烯酸酯、甲基丙烯酸酯与丙烯酸或甲基丙烯酸等作乳液原料；用N－羟甲基丙烯酰胺作交联单体。在引发剂与乳化剂等助剂作用下合成乳液。经聚合反应所得到的乳液，再加入增稠剂、成膜助剂和消泡剂等各种添加剂便组成丙烯酸酯系木器乳胶漆。

此类漆的技术性能如表2-39所列。

表 2-39 丙烯酸酯乳胶漆技术指标

牌号	外观	粘度（涂－4），s	固体含量，%	pH值	游离单体，%
WC－1	蓝白色乳液	15～30	≥37	8～10	<1
SH－87	蓝白色乳液	15～30	37左右	8～10	<1
莲花峰牌	蓝白色乳液	15～30	37～43	8～10	－
双虎牌	蓝白色乳液	15～30	≥45	≥8	－

此类漆所成涂膜性能如表 2-40 所列。

表 2-40 涂膜性能指标

项目	指标	试验条件
光泽（%）	75～80	45°光度计
附着力	1 级	划格法
耐磨	不露白	2 000 转
耐酸	无变化	30%醋酸，12h
耐碱	无变化	10%Na_2CO_3，6h
耐温变	无变化	＋40℃，－20℃，6 周期
耐水	基本无变化	80h

此类漆除具有一般水性漆的节省溶剂、无污染、无火灾危险外，其涂膜有较好的光泽、附着力和耐久性。干燥较快，漆膜能够进行抛光，既可作面漆也能作底漆。尤其 WC－1 型作底漆在国内得到推广应用，能与硝基、聚氨酯与光敏漆很好配套。

水性漆施工方便，用途广泛。除用于打底、罩面外还可用于调配填孔剂、着色剂、拼色剂。用作底漆和面漆可原液涂饰，也可以加水稀释。当调配填孔剂时，可用丙烯酸酯木器乳胶漆加水（可按 1∶1 或更多些）加体质颜料（常用滑石粉与少量碳酸钙），再加入适量着色颜料或染料。一般调成浓度为 30%～40%的浆液状水性漆填孔剂，可先刷后擦。当调配填孔着色剂时，可适量多加着色颜料与染料，主要用于深色。当调拼色剂时，可用酒精与水按 1∶1 混合再加 2 倍的水性漆原液与适量着色颜料即可。

丙烯酸酯木器乳胶漆用作底漆一般涂饰 2 或 3 遍，干后罩面漆。装饰质量要求不高的制品可直接涂饰 3 或 4 遍，而不必再罩面漆。涂饰时注意温湿度条件，一般在室温 18℃以上，相对湿度在 85%以下效果好。涂饰第一遍水性漆粘度可略低（16S，涂－4），后几遍可稍高（18～22S，涂－4）。水性漆施工时一般不再加助剂，如气泡严重可适量加 BYK073 消泡剂与 SPA202 消泡剂。气温低可加适量乙醇作防冻剂。湿度大施工加适量乙醇还可作催干剂。

（2）水溶性树脂色浆复合剂　水溶性树脂色浆复合剂的具体品种如表 2-38 中所列的 WP-1型、WP-2 型、WP-3 型。它是以水溶性树脂为主，并与多种材料组成的混溶物。在木器涂饰施工中可用于一次完成填孔、着色与打底封闭的多道工序的任务。

色浆复合剂由水溶性醇酸树脂、水溶性聚酯树脂、有机溶剂（200 号溶剂汽油、松节油）、着色颜料与体质颜料、水以及多种助剂（分散剂、稳定剂、附腐剂、防冻剂）等组成。制作时需先将树脂、溶剂与稳定剂等进行高速共聚与共混；再将颜料、染料、水与分散剂、稳定剂等在高速搅拌下混合；最后将两部分充分混合一起便制得色浆复合剂。

此种材料施工方便，既可以手工擦涂也可以机械辊涂。所成涂层填孔与封闭性能好，附着力强，干后表面平滑，不需砂光便可涂饰面漆。用于透明涂饰的填孔着色，木纹清晰，色彩纯正，富立体感。色浆复合剂的表面张力介于水和油之间，有利于机械辊涂的流平。由于色浆复合剂可一次完成填孔、着色与打底，故可简化涂饰工艺，提高涂饰效率。

色浆复合剂可用于家具板件与人造板的透明涂饰，也可用于不透明的彩色家具、人造板以及建筑门窗等。色浆复合剂制成的适于机械辊涂与手工擦涂的品种，使用时均用水稀释，以调成适于辊涂与擦涂的粘度。手工擦涂一般用棉纱或竹花进行。白坯基材在砂光与去除脏污的基础上擦涂色浆复合剂。静置5～10min之后，再用水润湿棉纱或竹花轻擦板件表面多余的复合剂至木纹清晰显现为止。常温干燥30～60min后便可涂饰面漆。

(3) 人造板木纹印刷乳胶底漆　如表2-38所列的木纹印刷用乳胶底漆是以苯丙系（苯乙烯和丙烯酸酯共聚乳液）有光乳胶白漆作基料。加入氧化铁颜料与钛白粉，并加入分散剂、润湿剂与匀染剂等助剂研磨制成。该漆的性能指标如表2-41所列。

在人造板木纹印刷施工中，采用乳胶底漆性能优异。在其它条件相同（腻子、油墨与面漆）时，与传统硝基底漆比较，所获涂膜的理化性能在耐温、耐水、耐酸、耐碱与耐磨等方面基本一致。附着力可达90%以上不脱落。在老化试验中保色性优于硝基底漆。耐温变试验中在（-20 ± 2）℃，2h，+60℃，2h条件下4个周期无变化。该漆主要用于辊涂，在人造板印刷木纹流水线上经热风干燥成膜。

表2-41　乳胶底漆性能指标

项　　目	指　　标
细度，μm	<30
固体含量，%	48±1
pH值	8.6～8.9
遮盖力，g/m^2	55
粘度（涂-4），20℃，s	120～150
干燥时间，70℃，s	90
热稳定性，40℃	21天不结块、不凝结，粘度增高10%
冻融稳定性（-20℃，18h，室温6h，5个周期）	不结块、不凝聚，粘度增加25%左右
贮存稳定性，常温	3个月

2.11.2.2　通用水性漆　通用型水性漆泛指大多数综合性造漆厂均有生产的，可用于木质材料上，又可用于其它建筑材料上的乳胶漆。应用较多的是丙烯酸酯类乳胶漆、苯丙共聚系列乳胶漆、醋酸乙烯乳胶漆等。此类漆多数为亚光（平光型），少数为亮光（有光型）漆。多数品种调制成乳胶漆用作面漆，也有少部分合成乳液直接用于底漆涂饰。

(1) 丙烯酸乳胶漆　组成与前述相同，常见品种如表2-42所列。

表2-42　常见品种与性能指标

品　种	生产厂	光泽，%	遮盖力，g/m^2	干燥时间，h	耐水性	耐碱性	备　注
各色丙烯酸有光乳胶漆	西安油漆厂（经建牌）	75～85	≯85	实干≯1.5	500h不起泡、不脱落	48h不起泡、不脱落	细度≯40μm

（续）

品　种	生产厂	光泽，%	遮盖力，g/m²	干燥时间，h	耐水性	耐碱性	备　注
建筑外用乳胶漆	天津油漆厂（灯塔牌）	—	—	表干≤0.5 实干≤24	24h 无变化	24h 无变化	固体含量≥45%；硬度≥0.3
B－843 各色丙烯酸建筑面漆	广州制漆厂（电视塔牌）	—	—	表干 0.5 实干 8	5%盐水一个月无变化	—	硬度≥0.5；耐候性一年无变化
各色乳胶调合漆	武汉制漆总厂（双虎牌）	—	≯170	表干 0.5 实干 24	24h 无变化	—	粘度 15～45S（涂－4）；固体含量>45%
丙烯酸有光乳胶漆	天津油漆厂（灯塔牌）	≥70	白色、浅色≤120	表干 0.5 实干 24	—	—	柔韧性 1mm；固体含量≥44%

表 2-42 所列常见品种施工与应用性能见表 2-43 所列。

（2）苯丙乳胶漆　苯丙系列乳胶漆是以苯乙烯和丙烯酸酯共聚乳液为基料的乳胶漆。一般分为用作底漆的乳液清漆及加入颜料的乳胶色漆。部分常见的商品牌号与技术指标如表 2-44 所列；其应用性能如表 2-45 所列。

表 2-43　常见丙烯酸乳胶漆施工性能

品　种	用途与特性	施工要求	涂饰量，kg/m²
经建牌各色丙烯酸有光乳胶漆	用途：用于木制构件面漆 特性：耐久性好、色泽鲜艳柔和，施工方便，干燥快。具较好的抗污染性，可代替油性漆作保护涂层	（1）基材清净，宜用水性腻子填补缺陷；（2）可喷、刷、辊涂；（3）用水稀释，忌混入有机溶剂及油类物质；（4）贮存温度大于 0℃，施工温度大于 5℃，冻结后不可加热，宜用室温缓冻	0.25～0.30
灯塔牌建筑外用乳胶漆	用途：木质材料 特性：具良好的耐水性和耐大气污染，干燥好	（1）适宜喷、刷、涂，加填料可调配腻子；（2）施工温度不低于 9℃；（3）第一道刷后 1h 可刷第二道	0.2
电视塔牌 B－843 各色丙烯酸建筑面漆	用途：涂于 B－841 浮雕漆上作装饰保护涂层或涂于其它底漆上。B－841 浮雕漆用于纤维板上 性能：涂膜耐久、耐水、耐碱、多色彩	（1）按双组分甲：乙为 4：1 配漆，混合后 4h 用完；（2）用 X－10 稀释剂（同厂产品）稀释调整粘度；（3）避免混入其它溶剂、漆类，避免高温、降雨、雪环境下施工	—
双虎牌各色乳胶调合漆	用途：适于室内外木质材料涂饰，可制成有光、半光、无光的品种 性能：涂刷方便、干燥快、保光、保色	（1）适宜刷涂，一般涂刷两道为宜；（2）施工温度应在 12℃以上	0.12～0.17
灯塔牌丙烯酸有光乳胶漆	用途：直接用于室内外木制构件表面涂饰，在各种底漆上做面漆 特性：干燥迅速，施工方便，漆膜光泽柔和、耐候性、保光保色性好	（1）适于喷、刷、辊、淋涂；（2）施工温度宜在 4℃以上；（3）涂饰第一道干燥时间 2～6h，第二道需干燥 24h	0.20～0.25

表 2-44 部分常见品种技术性能指标

品种	生产厂	粘度	pH值	固体份含量,%	干燥时间,h	光泽,%	耐水,d	备注
各色苯丙有光乳胶漆	西北油漆厂(永新牌)	≥30s(涂-4)	—	≥45	表干0.3 实干4	≥70	7	遮盖力≤170g/m²;硬度≥0.3;最低成膜温度10℃
LB—各色有光乳胶漆	常州光辉造漆厂	30～90s(涂-4)	8.0～9.5	—	表干0.5 实干1.5	≥75	合格	遮盖力g/m²;白120;黑40;中灰80;中黄100
LT-1有光乳胶涂料	化工部涂料工业研究所	1 000 mPa·s	8.8～8.9	50±2	表干0.5 实干1.5	75～85	—	遮盖力<100;硬度>0.35
LT-2有光乳胶涂料	化工部涂料工业研究所	500～1 000 mPa·s	8.5～9.5	51±2	实干<2	70～80	良	硬度>0.35;柔韧性1mm

上表品种的应用见表 2-45。

表 2-45 部分常见品种施工应用

品种	用途与特性	施工要点	涂饰量,m²/kg
各色苯丙有光乳胶漆	用于木材、纤维板,具有良好的附着力、保光保色性和户外耐久性。与油基、硝基、过氯乙烯、乳液等底漆配套性好	(1)在气温10℃以上条件下可喷、刷与辊涂;(2)贮存于5～35℃的环境中	—
LB-各色有光乳胶漆	适用于木质构件的着色装饰,涂层遮盖力强	—	—
LT-1有光乳胶涂料	适用于木材与建筑门窗,色泽鲜艳,施工性能好,漆膜干燥快;保光性与户外耐久性好	可用水稀释与清洗容器工具与设备。在不低于8℃条件下可刷涂与喷涂,可直接涂饰此漆2或3道	4～6
LT-2有光乳胶涂料	一般性能同LT-1,保光性、抗粉化、抗开裂及户外耐久性优于调合漆	可用水稀释与清洗容器工具与设备。在不低于8℃条件下可刷涂与喷涂,可直接涂饰此漆2或3道	4～6

2.12 亚光漆

不考虑化学组成仅按所成涂膜的光学性质，可将涂料分为亮光漆与亚光漆两大类。前者所成涂膜具高光泽；后者则仅有较低的光泽或无光泽，而用于亚光装饰的漆类。

2.12.1 组成与性能

由于作为成膜物质的树脂或油脂，在制成液体涂料时都是均匀的溶液或乳液。能够形成平整光滑的涂膜，使入射光线形成均匀集中的正反射现象，故大多数涂料都属于亮光漆。只有当加入专门的消光剂时才可以制得不同消光程度的亚光漆。可以说大多数亮光漆均有相应的亚光漆品种，在涂料组成上与亮光漆的主要区别是含有消光剂。

漆膜光泽的高低决定于表面反光的程度。当平整的表面正反射（入射光线大量集中向一个方向反射）光的量越多，便给人高光泽的感觉；反之粗糙的表面漫反射（入射光线向各个方向乱反射）光的量越多，便给人低光泽的感觉。亚光漆膜的较低光泽正是由于消光剂的颗粒均匀地分布在漆膜表面，造成表面微观的凹凸不平，使入射光线强烈散射的结果。

能作消光剂的材料很多。例如滑石粉、碳酸钙、硅藻土、碳酸镁、云母粉、二氧化硅等。此外，涂料中加入硬脂酸锌、硬脂酸铝以及铅、锌、锶、镁、钙的有机酸皂、石蜡、蜂蜡、地蜡等都可以使漆膜消光。同类漆中因色漆品种中含有颜料与同类清漆漆膜相比则光泽下降。

当制造亚光漆时，消光剂的品种与粒径的选择将影响所成涂膜的消光效果。尤其消光剂的粒径必须控制在一定范围，粒径过大会使漆膜造成明显的肉眼可见的粗糙不平，并出现白点；粒径过小则不能使入射光形成散射造成亚光效果。由于入射光线角度不同，即当人们从不同角度观察漆膜时，粒径可能发生变化，故消光程度可能不同。

当制造亚光漆时，对所选消光剂的折光率、抗沉降性均有要求。当配制亚光清漆时，要求折光率应尽可能地接近成膜物质，才能保证涂层的透明度，清晰地显现木材花纹与颜色。对于亚光色漆消光剂的折光率不那么重要。选用的消光剂还应具有极好的抗沉降性能，以使消光剂在亚光漆中均匀的悬浮。

总之在涂料组成上，同类（如醇酸、硝基等）亮光漆与亚光漆基本相同。只是后者含有消光剂成分，因而在一般性能上也基本相同，区别在漆膜光泽的高低。亚光漆膜具有不同程度的亚光装饰效果。

由于配方与制造工艺的差别，可以制得不同消光程度的亚光漆。当用光电光泽计检测漆膜光泽时，习惯上将光泽作如下分类：光泽在70%以上属高光泽；在70%～30%称半光或中等光泽；30%～6%称蛋壳光；6%～2%为蛋壳光至平光；2%或2%以下称平光。

按使用涂料品种的不同，木器表面装饰方法可分为亮光装饰与亚光装饰，即分别使用亮光漆与亚光漆涂饰的结果。两种方法的装饰效果同具美感、风格不同，各有特色。长期以来人们较多采用亮光装饰方法，对木制品表面涂饰追求高光泽。但是随着近代经济的繁荣，人们生活环境的改善，国内外兴起亚光装饰。用亚光漆涂饰获得的漆膜表面光泽柔和，质朴秀丽。亚光装饰的室内环境令人感到舒适安定，宁静柔和，独具风格。亚光漆除具有上述装饰性能特点外，还具备同类漆的其它性能。

2.12.2　品种与应用

我国涂料工业生产的酚醛类、醇酸类与硝基类亚光色漆已应用多年。近年又陆续出现木器家具专用的硝基类、聚氨酯类与丙烯酸类的亚光清漆。尤其广东亚光PU漆品种极多，应用广泛。

2.12.2.1　亚光色漆　亚光色漆品种与性能如表2-46所列。

表2-46　亚光色漆品种与性能表

型　号	品　名	主要组成	性能和用途
F04－60	各色酚醛半光磁漆	松香改性酚醛树脂、聚合干性油与季戊四醇松香酯熬炼制得长油度漆料，加颜料、体质颜料、催干剂与200号油漆溶剂油（或松节油）	可常温干燥或烘干。具有良好的附着力，但耐候性不及醇酸半光磁漆。用于需要亚光装饰的金属与木制品表面的涂饰。涂饰量为60～70g/m^2

（续）

型 号	品 名	主要组成	性能和用途
F04－89	各色酚醛无光磁漆	松香改性酚醛树脂、聚合干性油与季戊四醇松香酯熬炼制得的长油度漆料，加着色颜料、体质颜料（颜料体积浓度略高）、催干剂、松香水或松节油	常温干燥，也可烘干。具良好的附着力，但耐候性比醇酸无光磁漆差。用于涂饰要求无光的金属和木质表面。涂饰量为 50～70g/m²
C04－67	草绿醇酸半光磁漆	由季戊四醇醇酸树脂和着色颜料、体质颜料经碾磨后再加入催干剂及有机溶剂。属长油度醇酸漆	具有良好的机械性能，附着力和户外耐久性。适用于户外不需反光的各种金属与木质表面的保护涂层。涂饰量为 70g/m²
C04－86	各色醇酸无光磁漆	以中油度甘油醇酸树脂与着色颜料、体质颜料混合碾磨，加入催干剂，并以 200 号油漆溶剂油和二甲苯调配而成	漆膜平整无光，常温或 100℃以下干燥时，其耐久性比酚醛无光磁漆好，但比有光醇酸磁漆差。耐水性优于有光醇酸磁漆，烘干则性能更好些。适于涂饰车船内外金属与木材表面。涂饰量为 60～90g/m²
Q04－62	各色硝基半光磁漆	由硝化棉、醇酸树脂、各色颜料、增塑剂、体质颜料与酯、酮、醇、苯类有机溶剂组成	漆膜平整、光泽柔和，阳光下无强烈刺激性反光。因含体质颜料较多，漆膜易粉化，耐久性不及硝基外用磁漆。用于车船内金属和木材表面涂饰。使用量 180～270g/m²
Q04－82	各色硝基无光磁漆	由硝化棉溶于有机溶剂中，并加有颜料、体质颜料和增塑剂配制而成	漆膜平整无光，用于航空以及车船内部金属木材表面涂饰。涂饰量 200～250g/m²

2.12.2.2 亚光清漆 木器家具早年应用较多的是硝基类亚光清漆。使用者可自行调配，也有厂家生产成品。近年，聚氨酯类与丙烯酸类木器家具专用亚光清漆品种很多。

硝基亚光清漆：早年使用厂家自行调配的硝基亚光清漆配方如表 2-47 所列。

表 2-47 硝基亚光清漆配方

材料	重量比，%		
	一	二	三
硝基木器清漆	46.86	65	48
聚氨酯清漆甲组分	4.69	—	8
滑石粉（325 目）	1.59	—	—
硬脂酸锌	—	2	—
醋酸丁酯	46.86	—	43
信那水	—	33	—
201 硅油	0.001	—	0.01
二氧化硅	—	—	0.50

南京市西善合成剂厂生产的硝基类 PG－I 型亚光漆曾在国内受到欢迎。该漆有清漆与色漆品种，主要由硝基基料、消光剂、有机溶剂组成，色漆中含有颜料。主要用于高级家具、木制品、塑料、金属制品以及室内装饰。涂饰该漆的制品表面光泽柔和，视觉舒适，色调宜人，装饰美观。其它性能和施工要求与硝基漆基本相同。使用方便，喷、刷、淋与擦涂等均可适用，一般涂饰 2～4 道即可达到亚光装饰要求。涂层干燥快，能适应机械化涂饰流水线作业要求。该漆具体性能技术指标如表 2-48 所列。

表 2-48 PG－1型亚光漆技术指标

项　目	指　标	项　目	指　标
原漆外观和透明度	米黄色混浊液体	实　干	≤50
漆膜外观	平整光滑	硬度（摆杆法）	≥0.4
粘度（涂－4），s	30～100	柔韧性，mm	≤3
固体含量，%	≥18	耐水性，24h	变白，2h 内恢复
干燥时间，min		光泽，%	≤35
表　干	≤10		

90 年代以来木家具用亚光漆有了很大发展，诸如华润牌、玉莲牌等多种牌号的聚氨酯类的各种亚光漆广泛用于各类家具的涂饰。每一具体品种的亚光漆都有产品使用说明书，可供参考选用。

2.12.2.3 华润亚艺漆 广东顺德华润涂料厂亚光系列品种丰富，应用广泛，部分品种如表 2-49 所列。

表 2-49 华润牌亚光品种型号表

类别	品种型号	类别	品种型号
PU 类亚光实色面漆系列	亚光清（1200A）	PU 类亚光透明有色面漆系列	透明亚光酸枝色（6094B）
	半光清（1200B）		透明亚光深花梨色（6074B）
	无光清（1200C）		透明亚光浅花梨色（6033B）
	亚光白（1210A）		透明亚光红木色（6030B）
	半光白（1210B）		透明亚光琥珀蓝色（6035B）
	无光白（1210C）		透明亚光红棕色（6054B）
	亚光黑（1270A）		透明亚光棕色（6057B）
	半光黑（1270B）		透明亚光啡色（6055B）
	无光黑（1270C）		透明亚光橙啡色（6053B）
	亚光灰（1220A）		透明亚光醉红色（6043B）
	半光灰（1220B）		透明亚光宝蓝色（6067B）
	无光灰（1220C）		透明亚光墨绿色（6087B）
	半光乳白（1211B）		透明亚光浅酸枝色（6091B）
	半光啡（1250B）		透明亚光黑红棕色（6075B）

2.12.2.4 玉莲亚光漆 裕北化工有限公司玉莲牌亚光漆品种也很多，常用部分品种性能如表 2-50 所列。

表 2-50 玉莲牌部分亚光漆品种性能表

品种型号	主 要 特 性	主要技术指标	施 工 应 用
PU801F 全亚速干清面漆	漆膜丰厚饱满，光泽柔和自然，手感平滑细腻，干燥特快，具优异综合理化性能	固体含量 54%，细度＜20μm 出厂粘度 2000cPs（B 型），表干＜7.5min，实干＜2.5h，使用时限 4～8h，光泽 12%，硬度 0.69（摆杆硬度）	配用硬化剂 UH801，配用稀释剂 TH451（夏）、TH452（冬）。配漆：主剂：硬化剂：稀释剂＝2：1：1～2。用于高档木器家具上涂罩面，喷涂粘度（涂－4）16s，涂布量 100～120g/m²
PU1510F 全亚特硬白面漆	漆膜丰厚饱满，高硬度，高固含光泽柔和自然，手感光滑细腻，遮盖力着色力优异，配用专用耐黄变硬化剂，色泽稳定不变黄	固体含量 73%，出厂粘度 30000cPs（B 型）表干＜10min，实干＜2.5h，使用时限 4～8h，光泽 6%，硬度 0.78（摆杆硬度）	配用硬化剂 UH307 或专用耐黄色变硬化剂 UH308，稀释剂同上。配漆：主剂：硬化剂：稀释剂＝3：1：2～2.5。用于高档木器家上涂罩面，喷涂粘度 16s（涂－4）

（续）

品种型号	主 要 特 性	主要技术指标	施 工 应 用
PU1590S 半亚特硬黑面漆	漆膜丰厚饱满坚硬耐磨，遮盖力强，光泽柔和自然，手感平滑柔顺，具优异综合理化性能	固体含量59%，细度<20μm，出厂粘度1800cPs（B型），表干<10min，实干<4h，使用时限4～8h，光泽46%，硬度0.74（摆杆硬度）	配用硬化剂UH307，稀释剂同上。配漆：主剂：硬化剂：稀释剂＝3：1：1.5～2。用于高档木器家具上涂罩面，喷涂粘度（涂－4）16s，涂布量100～120g/m^2
TU01 亚光地板漆	漆膜丰满坚硬耐磨，附着力、填充性佳，防水、耐污，抗各种化学物质腐蚀，具优异综合理化性能	固体含量44%，细度<15μm，表干<10min，实干<4h，使用时限4～8h，光泽58%，硬度0.79（摆杆硬度）	配用硬化剂UH901，稀释剂同上。配漆：主剂：硬化剂＝1：1，稀释剂适量。用于木质地板，刷涂或辊涂，施工粘度20s（涂－4）

3 表面处理

为了获得优质的涂膜，在涂饰前对基材表面进行的一切准备工作，均称为表面处理。表面处理是涂饰的基础，不可忽视。涂饰质量的好坏，最终效果如何，不仅决定于涂料本身质量，而各道工序加工质量也非常关键。基材表面状况直接影响表面漆膜的装饰质量、附着力、耐久性以及涂饰施工的生产周期、效率与成本。因此，涂饰前必须对基材表面进行各种必要的处理，以满足工艺的要求。

表面处理的主要目的是为了得到洁净、平整、光滑的基材表面。透明装饰还要达到颜色宜人、色彩协调、花纹清晰、美观漂亮。

表面处理主要包括去污、去脂、脱色、腻平、填平、白坯砂磨、去木毛、填孔、着色等。

3.1 基材性质

在木材工业中，涂料涂于其上的基材有实木板方材、实木拼板、旋制单板（胶合板、细木工板表板）、刨切薄木、刨花板、纤维板等。板方材、拼板、单板与薄木均属实体木材；刨花板与纤维板属破碎木材压合材料。这些材料的性质均由木材基本属性决定。

3.1.1 基材性质的影响

木材涂饰与金属、塑料、水泥等材料有很大不同。有其特殊性，其原因就是木材结构的复杂与性质的特殊。木材的多孔结构中含有空气和水分，易受环境温湿度变化的影响，常发生反复湿胀干缩。木材结构不均匀，其纵向、径向、弦向收缩率不同，早材与晚材，边材与心材的材质各异。为显示木材特有的质感，采用透明涂饰较多。因此，为获得理想的涂饰效果，需对木材的结构、组成与性质等有充分的了解，使涂饰具有针对性。

3.1.1.1 木材结构 木材是一种天然有机物，是由无数微小的细胞组成，结构比较复杂。它的结构特点直接影响涂饰施工效果。

（1）管孔 管孔即阔叶树材的导管。导管形体较大，在横切面呈小孔状，故称管孔。导管是阔叶树材区别于针叶树材的主要特征。因此，称阔叶树材为有孔材，针叶树材为无孔材。导管占木材体积的 7%～43%，其大小和数目随树种和年轮宽度而异。

管孔在木材涂饰过程中应加以处理和利用。一般亮光与填孔亚光装饰都应用填孔剂将管孔填满填实。否则管孔容易造成涂层渗陷，产生收缩、皱纹与龟裂，既消耗涂料又影响涂膜表面的平整与光泽。

管孔的大小决定着涂饰时的施工工序、材料的用量和质量。管孔大的，木材表面沟槽深，涂饰时增加填孔工序和涂饰遍数。管孔小的木材，涂饰时省工、省料、成本低。

（2）生长轮（年轮） 树木每一个生长周期形成一层木材，在横切面绕髓心呈环状，故称生长轮。在温带或寒带，一年只有一个生长周期，故生长轮也称年轮。

生长轮在横切面呈同心圆状，在径切面呈轴向平行条状，在弦切面呈倒抛物线或“V”字形。

温带和寒带的树木，生长季节早期形成的木材颜色浅、质地松软，称为早材，位于年轮内侧；生长季节后期形成的木材颜色较深、质地较致密，称为晚材，位于年轮的外侧。这种由年轮内早、晚材所形成的木材致密色深与疏松色浅的两部分，延伸到径切面与弦切面上更为明显，形成木材特有的美观质感。

年轮可表现木材的美观，但也容易造成龟裂。早、晚材对填孔剂、着色剂及涂料的吸收有差异（早材吸收多），容易造成涂层附着力不均匀。

（3）木射线 在横切面，垂直于年轮方向的浅色条纹称为木射线。木射线在针叶树材中占木材体积的5%～10%，在阔叶树材中占9%～38%。木射线在径切面呈点状或纺锤状。木射线有宽窄之分。木射线是构成木材花纹的重要因素之一，木射线越宽，构成花纹越美观。木射线在涂饰中，容易造成涂料吸收差异与漆膜龟裂。

（4）边材与心材 从树干端部看，木质部的外围称为边材，其余部分称为心材。有些树种，边材颜色浅，心材颜色深，区分明显，称为显心材树种，如红松；有些树种，边、心材颜色一致，称为隐心材树种，如桦木。心材与边材材色不同，将干扰透明涂饰的着色，也易产生龟裂。

（5）木材花纹 木材花纹是指木材表面上因纹理、结构、生长轮（早、晚材）、木射线、轴向薄壁组织、导管、木纤维，及色素物质、木节或锯切方向等因素所产生的自然图案。木材花纹在各个切面上的状态不同，这种特有的木材表面形态自然、无规律，使木材有一种难得的天然美。这种美丽的自然花纹在涂饰过程中应加以处理和利用。凡木材花纹美观的材质，均应采用透明涂饰方法，并作好填孔、着色等。使木材花纹得到渲染，更为清晰显现，并得到加强，富于立体感。

3.1.1.2 **木材抽提物**（浸提物、萃取物） 木材抽提物即木材中除纤维素、半纤维素和木素以外，经中性溶剂如水、酒精、苯、乙醚，或氯仿、水蒸汽，或用稀酸稀碱溶液抽提出来的物质的总称。木材抽提物的含量少者约1%，多者高达40%以上。一般心材含量高于边材，而心材外层又高于心材内层。

木材的抽提物的种类很多，影响涂饰效果的抽提物有树脂、单宁、色素、酚类与醌类物质及树胶、挥发性油类与矿物质等。

（1）树脂 木材中的树脂含量，因树种不同而有显著差异。一般针叶树材都比阔叶树材的树脂含量高。针叶树材的树脂含量变化在0.8%～25.0%之间；阔叶树材的树脂含量则变化在0.7%～3.0%之间。树脂中最常见的是松脂，大多数针叶材（如红松、马尾松、云杉等）都含有松脂，尤其节疤处的松脂常常不断渗出。木材含松脂部位将无法着色与涂漆。将油性漆涂在松脂上面将会被松脂中的松节油溶解，影响涂层干燥。某些基材表面有节子部位的漆膜经常先被破坏，浅色的色漆涂膜将变成没有光泽的黄斑，因此，涂饰前应去除树脂。

（2）单宁 某些木材（如栗木、柞木、楸木等）的细胞腔和胞间隙内含有单宁。单宁是一种有机鞣酸，易溶于水。遇铬、锰、铁、铅等金属盐类，能发生化学反应而变成带色的有机盐类。木材内含有单宁时，用高锰酸钾溶液（3%～4%）能将木材染成红棕色；重铬酸钾溶液能染成黄色；绿矾溶液能染成灰色等。这就是用媒染染色法，为木材着色的一种方法。但是木材内单宁含量不均匀，用上述药剂染色时，得不到均匀颜色，如木材需染成浅色，单宁就是不利的因素而应该去除。

(3) 色素　某些木材由于含有色素使木材呈现颜色。如果均匀纯正可以原样保留。但多数木材含有的色素造成木材表面颜色不均匀，在涂饰中应予脱色处理，再另外着色。

(4) 酚类或醌类　在含有酚类或醌类物质的木材（如红木、柚木、落叶松等）表面涂饰某些聚合型漆（如聚酯漆）会影响涂层固化，并有可能引起变色、附着力下降等。

此外，在含树胶和树脂的木材表面涂浅色漆时，可能促使涂层褪色。当在含挥发性油类和单宁的木材表面涂油性漆时，可能妨碍涂层的固化。

3.1.1.3　**木材含水率**　木材含水率是指木材中水分的重量所占木材重量的百分比。木材含水率分为相对含水率和绝对含水率。前者以木材初始重为基数；后者以木材绝干重为基数。木材工业中常用的是绝对含水率或简称含水率。木材含水率是保证涂饰质量的重要因素之一。

有关研究指出，对涂饰较为适宜的木材含水率是5%～15%。当含水率高于15%时，涂膜的附着力降低，耐久性变差，并给涂饰施工带来显著不良影响。例如，聚氨酯漆可能产生气泡、针孔；挥发性漆要变白；许多涂膜光泽降低，可能开裂变色并影响涂层的固化速度。

当木材的含水率与大气的温度和相对湿度趋于平衡时，该含水率称为平衡含水率。显然，木材的平衡含水率是相对湿度和温度的函数，因为地区不同，平衡含水率也各不一样。木材在使用前都需经过干燥。为了使用方便，减少变形，木材都要干至平衡含水率。被涂饰木材的含水率最好能比使用环境的木材平衡含水率低1%～2%。尤其出口产品更需明确其使用地点年平均温、湿度等有关的平衡含水率。

涂饰前的木材都应经过适当的干燥，在过分潮湿的木材表面不要勉强涂饰。只有当采用静电喷涂时，含水率低于8%，导电性差，才能影响涂饰效果。

3.1.1.4　**木材缺陷**　凡呈现在木材上能降低其质量，影响其使用的各种缺陷，均为木材缺陷。通常木材缺陷分为天然缺陷，生物危害缺陷，干燥及机械加工缺陷三大类。对涂饰质量有不同影响的木材天然缺陷有节子、夹皮等；生物危害缺陷有变色、虫眼及腐朽等；干燥及机械加工缺陷有干裂、翘曲、皱缩及凹凸纹、毛状纹（毛刺）、削裂纹等。

(1) 节子　节子是指由于树木自然生长，被包在木质部中的树枝部分。节子破坏了木材构造的均匀性。它不仅影响木材表面美观，降低木材使用价值，而且对加工和涂饰带来许多困难。但是，有节材给人以更加自然、素雅的印象。在欧美，人们重视保持木材的自然印象，喜欢用有节材作壁面板及家具。

按节子断面形状，可分为圆形节、条状节、掌状节三种。按节子与周围木材连生的程度，可分为活节和死节两种。按节子分布位置，可分为散生节、轮生节、岔节三种。圆形节多表现在圆材的表面和锯材的弦切面上；条状节多出现于锯材径切面；掌状节多见于径切面，呈对称形。圆形节和活节的材质都很坚硬，加工后材面不光滑，周围易起毛刺、劈楂等。涂饰时不仅影响美观，而且给腻平、着色、砂磨及涂漆等增添一系列麻烦。条状节和掌状节的部位较大，严重影响涂饰美观，所以有这种节子的材面不适宜作透明涂饰。死节的材质有硬有软，易松动、脱落，严重影响强度及涂饰质量。

(2) 夹皮　系树木受伤后，由于树木继续生长，将受伤部分全部或局部包入树干中而形成。夹皮破坏了木材的均匀性，降低了木材的强度，影响了木纹的美观，同时对着色均匀等都有不良影响。

(3) 变色 凡木材正常颜色发生改变的，即叫做变色。变色可分为化学变色和真菌性变色两种。

变色主要影响着色的均匀度，降低着色质量。变色轻者，在着色时可加大染料的用量；变色重者，可用几种染料或颜料来调整。变色过重的要用深色颜（染）料来调整，或用漂白剂漂白后，再用浅色染料着色。

(4) 虫眼（孔）及腐朽 虫眼是各种昆虫所蛀蚀的孔道。基材上的虫眼需要填补，遇到深虫眼需填几遍腻子才能填平。

腐朽在大多数情况下是由真菌的寄生而引起的。腐朽对涂饰表面处理影响很大。如腐朽部位小，需填几遍腻子；而腐朽部位较大的，还需先用木料补平。

(5) 干裂 干裂或开裂是指木材在干燥过程中或干燥后出现的一种裂纹。干裂破坏了木材的完整性，影响木纹的美观，也给打腻子、着色等工序带来困难。

(6) 加工缺陷 主要指木材在锯、刨和砂光等机械加工过程中出现的缺陷。例如，平刨切削刀痕，尤其是缺刃刀痕；进料机构的压痕；钝的刨刀刨削的刀痕；导管壁木纤维毛卷入导管沟内；不明显的逆纹；使用刮削力已衰减或已成为研磨粉屑堵塞的砂纸进行不合理砂光时，其磨屑填充于导管沟内；由砂光造成的起毛等，都会妨碍涂饰的顺利进行，影响涂饰质量和效果。

3.1.2 对基材的要求

在涂饰施工中，通常将需要进行涂饰处理的材料叫做基材。我们这里所说的基材，如前所述是指被涂饰的白坯木材或木质材料表面。例如，刨制薄木、旋制单板（胶合板、细木工板、空心板表面）、实木拼板、纤维板、刨花板表面。生产实践表明，若基材质量不符合要求，即使采用先进的涂饰工艺和设备，也难以保证涂饰的质量及效果。对基材提出的各项要求是由涂饰质量和涂饰工艺决定的。为了保证涂饰质量及效果，基材都应进行严格挑选，并对基材提出一定要求。这里指的是对基材的共同要求。

3.1.2.1 基材表面必须平整光洁 在涂饰施工中，衡量基材表面质量的主要指标是表面粗糙度（或光洁度）。我国尚没有木材表面光洁度标准，借鉴原苏联标准如表 3-1 所列。

表 3-1 不同涂饰方法对基材表面光洁度的要求

涂饰方法	光洁度不低于	
	级　别	H max，μm
不透明涂饰	8	60
透明涂饰	10	16

注：Hmax——最大不平度。

提高基材表面光洁度的方法，一是在制造人造板时从工艺上着手，提高板面光洁度；二是涂饰前用砂光机砂光基材。辊筒砂光机可达8级，宽带砂光机可达9～10级。

3.1.2.2 基材表层应有足够强度 若基材表层强度不够，在涂层内聚力作用下，基材表层可能破坏而脱落，或涂层与基材结合强度低而降低其使用寿命。在一定范围内，基材的强度与密度成正比。实践表明，中密度纤维板和刨花板表层密度达到0.8～0.9g/cm³时，涂层与基材结合牢固。而生产这两种板，都会因表层胶提前固化产生不同程度的表层强度下降区。因而，必须把密度低于0.8g/cm³的部分砂掉，以保证饰面强度。胶合板基材应符合国家一、二类胶合板的标准。

3.1.2.3 基材厚度要均匀 人造板的厚度偏差比较大，故一定要经过砂光，调整厚度，使其偏差不大于0.2mm。各国多采用宽带砂光机校准厚度公差，该机可达±0.2mm。

3.1.2.4 基材含水率 基材必须具有一定的含水率，且在基材内分布均匀。湿法生产的纤维板要经过等湿处理，一般基材含水率调整到8%～10%。

3.1.2.5 基材结构合理 胶合板基材要求结构对称。表层单板至少厚0.8mm，芯板最好整张化，没有叠芯离缝等缺陷；刨花板最好为三层结构或渐变结构；纤维板最好使用两面光的对称结构。

3.1.2.6 基材平整 要求基材平整不翘曲，以免影响机械化、连续化的生产。

3.2 表面清净

涂饰前的基材表面必须十分干净。其表面的所有脏物（诸如油脂、胶迹、灰尘、磨屑等），以及部分木材抽提物（如树脂、浸填体、沉积物等）都应彻底清除。

3.2.1 去 污

木质零部件在加工过程中，其表面难免要留下油脂、胶迹。特别是榫接合的胶接处；表面胶贴装饰薄木的拼缝处；单板封边的边部，时常含有挤出而没有刮净或擦净的胶。这些油脂与胶将严重影响着色的均匀和涂层的固化与附着力。

白坯木制品或零部件在生产、运输、贮存过程中，其表面会落上灰尘。用砂纸或砂带研磨时，也会积存大量磨屑。这些灰尘与粉屑将会影响着色与涂饰。

所有这些脏物，如不清除，将会隔在漆膜与基材之间，对漆膜的附着力影响很大。透明涂饰时影响木纹的清晰显现。藏在管孔、裂缝及洞眼处的灰尘、磨屑，将会影响填孔剂与腻子的牢固附着。

去污方法主要有如下几种。

3.2.1.1 除 尘 表面或管孔内的灰尘磨屑可用压缩空气吹，用鸡毛掸子、动物尾巴作的掸子来掸，也可用条帚、棕刷等来扫。最好不要先用湿布去擦，以免灰尘腻在木纹之间，表面将变得灰暗无光泽，木纹不清晰。

3.2.1.2 擦 表面的油脂与胶迹可用温水、热肥皂水、碱水等擦洗，也可用酒精、汽油或其它溶剂擦拭溶掉。用碱水或肥皂水擦洗后，还应用清水洗刷一次，干后用砂纸打磨。

3.2.1.3 刮 用玻璃、刨刀、刮刀、碎碗片等刮除表面粘附物。然后，再用细砂纸顺木纹方向磨平。

3.2.2 去 脂

在含树脂的木材表面，如直接涂饰含有油料的涂料，则因树脂中所含有的松节油等成分会引起涂层固化不良，染色不匀及降低漆膜附着力。因此，在涂饰涂料之前，常预先把树脂除掉（如松树的松脂）。

去除树脂可以采取溶剂溶解、碱液洗涤、漆膜封闭以及加热铲除等方法。

3.2.2.1 溶剂擦除法 根据树脂溶于有机溶剂的原理，常用丙酮、酒精、苯类、正己烷、三氯乙烯、四氯化碳等溶剂，除去表面层的松脂，局部松脂较多的部位，可用布、棉纱等蘸上述一种溶剂擦拭。如松脂面积较大时，可将溶剂浸在锯屑中，然后再放在板面上反复搓拭。如果在擦或搓拭的同时，提高室温或用暖风机加热零部件或板面，则去脂效果更好。

采用溶剂擦除法的缺点是成本较高，溶剂有毒，容易着火。

3.2.2.2 **碱液处理法** 树脂与碱可以皂化生成可溶性的皂，再用清水洗涤，就很容易除掉松脂。常用5%～6%的碳酸钠或4%～5%氢氧化钠（火碱）水溶液。如能将氢氧化钠等碱溶液（80g）与丙酮水溶液（20g）混合使用，效果更好。配制丙酮溶液与碱溶液时，应使用60～80℃的热水，并应将丙酮与碱分别倒入水中稀释。将配好的溶液用草刷（不要用鬃、板刷等）涂于含松脂部位。待作用2～3h后，以海绵、旧布或刷子用热水或2%的碳酸钠溶液，将已皂化的松脂洗掉即可。

采用碱液处理去脂与溶剂去脂比较，一般碱液处理去脂后材面颜色会不同程度变深，如清洗不完全还会出现碱污染。因此，作浅色或本色装饰时最好用溶剂处理。

3.2.2.3 **漆膜封闭法** 采用上述两种方法只能将木材表面的松脂除掉，没能从根本上将松脂完全除掉。时间长了或环境温度升高，木材深处的松脂仍会渗出。因此，在表层去脂后为避免内部松脂继续向表面渗出，常用松脂不能溶解的漆马上将材面封闭。常用的封闭底漆有虫胶漆、聚氨酯底漆等。如果材面松脂较少，可以直接用封闭法隔断。

3.2.2.4 **加热去脂法** 尚未制成制品的板材，可用高温干燥的方法（100～150℃）除掉松脂中可蒸馏的成分（主要是精油等低沸点成分）。已制成制品的材面，可以用烧红的铁铲、烙铁或电烙铁，反复铲、熨有松脂的部位。待松脂受热渗出后，用铲刀马上铲除。操作时注意观察材面，不要烧焦木材表面。

3.2.3 脱 色

对于透明装饰制品而言，木材颜色与花纹是人们极为关注的问题。有些优质木材，纹理美观，但是颜色不正或过暗，不能获得更佳的装饰效果。有些木材容易产生材面污染、变色等，影响装饰质量，降低使用价值。

木材脱色亦称木材漂白，漂白是人们的习惯叫法。木材脱色是以颜色变浅、颜色均一、消除污染为目的，不像制浆造纸的漂白，要求达到一定的白度。因此，木材漂白称之为木材脱色更为确切。

木制品用材的脱色，具有悠久的历史，现在仍是涂饰前的一项重要工序。脱色不但用于浅色与本色装饰，对于深色装饰也能增加着色效果。

经过脱色的木材可以增强木材表面特有的雅观，或者显示出着色填孔的色彩效果，减少材面各部分颜色深浅的差异。这虽然增加了工时与材料消耗，但却会大大提高装饰质量。因此，对中、高级木制品多数需要进行脱色。

3.2.3.1 **漂白剂及助剂** 木材用漂白剂可分为氧化剂和还原剂两大类。漂白的基本原理是通过氧化剂或还原剂来破坏木材中能吸收可见光的发色团（如C=0、C=C等）和助色团（如—OH等）的化学结构。

（1）氧化性漂白剂 氧化性漂白剂包括无机氯类、有机氯类、无机过氧化物及有机过氧化物类。各类所包括的常用化学药剂如表3-2所示。

表3-2 常用氧化性漂白剂

种 类	化学药剂名称
无机氯类	氯气、次亚氯酸钠、次亚氯酸钙、二氧化氯、亚氯酸钠
有机氯类	氯胺T、氯胺B
无机过氧化物	过氧化氢、过氧化钠、过硼酸钠、过碳酸钠
有机过氧化物	过醋酸、过甲酸、过氧化甲乙酮、过氧化苯甲酰

常用氧化剂的漂白能力，可用表3-3所示的有效氯及有效氧的含量表示。其数值越大其氧化能力越强，也就是漂白能力越强。非氯类化合物的有效氯是通过折合的方法求得的。

表3-3 氧化性漂白剂及其有效氯、有效氧的含量

氧化性漂白剂	有效氯，%	有效氧，%
次氯酸钠	0.93	0.21
次亚氯酸钠	1.57	0.35
二氧化氯	2.63	0.59
过氧化钠	0.91	0.20
过氧化氢	2.09	0.47
高锰酸钾	1.11	0.25

（2）还原性漂白剂　这类漂白剂较少用于漂白木材。主要有含氮类化合物、含有机硫类化合物、含无机硫类化合物和酸类等。各类所包括的常用化学药剂如表3-4所示。

表3-4 常用还原性漂白剂

种　类	化学药剂名称
含氮类化合物	肼、氨基脲
含无机硫类化合物	次亚硫酸钠、亚硫酸氢钠、雕白粉、二氧化硫
含有机硫类化合物	甲苯亚磺酸、甲硫氨酸、半胱氨酸
酸类	甲酸、次亚磷酸、抗坏血酸

（3）助剂　为了促进漂白剂尽快地发挥其作用和提高漂白效果，常在漂白剂配方中加入漂白助剂。不同的漂白剂，所用的活性助剂也不相同，见表3-5所示。

表3-5 漂白剂及其助剂

漂白剂种类	助剂及使用说明
过氧化氢	①可用氨水、氢氧化钠、碳酸钠、碳酸氢钠、水溶性有机胺等碱性物质，调整pH值为9.5～11.0。同时还可加入乙醇、甲醇等作为渗透剂 ②用醋酸酐、草酸调整pH值为酸性 ③用顺丁烯二酸酐、柠檬酸等调整溶液为酸性
亚氯酸钠	①用醋酸、柠檬酸等有机酸，调整pH为3～5 ②加入乙撑脲或尿素与乙撑脲 ③适当加入尿素及过氧化氢、过碳酸钠、过硼酸钠等 ④加入乙烯碳酸酯、丙撑碳酸酯、二恶烷
次亚氯酸钙（漂白粉）	加入硫酸镁，生成稳定的次亚氯酸镁水溶液
氯胺B、氯胺T	加入适量的无机酸或有机酸
次亚氯酸钠	适当加入苯甲酸水溶液和邻苯二甲酸酐
亚硫酸氢钠及其它亚硫酸类	用醋酸、甲酸、草酸、柠檬酸等有机酸或次亚磷酸、盐酸等少量的无机酸来调整pH值至弱酸性

3.2.3.2 常用漂白方法　目前，用于木材漂白最多的是氧化性漂白剂。常用漂白方法见表3-6所示。

表3-6　常用漂白方法

序号	漂白剂	配制和处理方法	适应树种
1	过氧化氢 (H_2O_2)	①35%的过氧化氢与28%氨水在使用前等量混合。用植物性刷子涂于木材表面，陈放时间约为40～50min	
		②先按下述比例配制两种液体。A液：无水碳酸钠10g与60ml的50℃温水混合；B液：80ml浓度为35%的过氧化氢与20ml水混合。处理时，先将A液涂在木材表面，待均匀浸透后，用木粉或布擦去表面渗出物，然后再涂B液。干燥3h以上，酌情延长干燥时间18～24h，漂白后充分水洗。A、B两种液体预先不能混合，每一种液体专用一把刷子 ③35%的过氧化氢加入有机胺或乙醇，涂于木材表面 ④35%的过氧化氢与冰醋酸以1:1的比例混合，涂于木材表面 ⑤35%的过氧化氢中加入无水顺丁烯二酸，待完全溶解后，涂于木材表面 ⑥配制甲液：过氧化氢5.9%～30.0%，胶态二氧化硅2%，过硫酸氨2%，磷酸少量；乙液：碳酸氨饱和溶液，肼5%。上述配方为重量比，使用前混合。碳酸氨用量根据树种由实验决定	漂白效果(由好到次)柳桉→柞木→水曲柳→桦木→刺楸→山毛榉)
2	亚氯酸钠 ($NaClO_2$)	①亚氯酸钠3g与水100g混合。使用前加入用冰醋酸0.5g加水100g配成的溶液，然后涂于木材表面。在60～70℃下干燥5～10min即可漂白 ②亚氯酸钠200g，过氧化氢20g，尿素100g，三者均匀混合后涂于木材表面即可	泡桐、山毛榉、柞木、白蜡木、椴木等
3	次亚氯酸钠 (NaClO)	次亚氯酸钠5g加水95g，均匀混合。加热后迅速涂布木材表面，或加入少量草酸或硫酸后再涂布	柳桉
4	亚硫酸氢钠	先配制如下两种溶液：①把亚硫酸氢钠配成饱和溶液；②在1000ml水中加入一定量高锰酸钾。使用时，先涂高锰酸钾溶液，稍干后，再涂亚硫酸氢钠溶液。这样重复操作，直至材面变白为止	
5	草酸	先配成三种溶液：①在1000ml水中溶解75g结晶草酸；②在1000ml水中溶解75g结晶硫代硫酸钠；③在1000ml水中溶解25g结晶硼砂。配制时，蒸馏水加热至70℃左右，在不断搅拌下将药品放入水中，直至完全溶解，冷却后再用。使用时，先涂草酸溶液，稍干后(4～5min)，再涂第二种溶液。可反复涂几遍，直到满意为止。此后再涂第三种溶液，使表面润湿即可。接着用水冲洗、擦干表面并彻底干燥	对桦木、色木、柞木漂白效果好，胡桃楸、水曲柳材色可变浅

3.2.3.3　漂白操作注意事项　木材工业所用树种很多，每一次木材所含色素及其分布情况很不相同。所以，同一配方的漂白剂，具体使用效果有所不同。因此，对具体的木材表面、漂白剂浓度、涂饰遍数与漂白时间等因素都需摸索。

木材漂白操作时尚应注意如下事项：

①漂白剂多属强氧化剂，贮存与使用要多加注意。不同的漂白剂不能随便直接混合使用，否则可能燃烧或爆炸。

②配好的漂白剂溶液只能贮存在玻璃或陶瓷容器里，不能放入金属容器内，否则可能和金属发生反应，不但不能漂白木材，还可能使木材染色。

③配好的漂白剂溶液要避光，放置不可过久，否则易变质。

④有些漂白剂有毒，多数漂白剂对人体与皮肤有腐蚀作用。因此，操作时应注意保护皮肤和衣服，千万不能弄到眼里或嘴里。如已溅到皮肤上，要用大量清水冲洗，并涂擦硼酸软膏。

⑤漂白胶合板部件时，应注意勿使漂白液流到胶合板的端头，以防胶合板开胶。

⑥用过剩余的漂白剂不应倒回未用的漂白液中，以防影响漂白效果。

⑦漂白液易引起木毛，故在漂白完毕后，待木材完全干燥，要用细砂纸轻轻砂光木材表面，除去木毛，使材面平滑。

⑧漂白液的漂白作用仅在湿润期间有效，干燥后失效。因此，漂白操作可选在高湿或下雨

时进行较为有利。一般不宜加热干燥，以免降低漂白效果。

⑨不同树种漂白难易程度不同。有些树种容易漂白，如水曲柳、麻栗、楸木；有些比较容易漂白，如桦木、冬青、木兰、柞木；有些则比较难漂白的，如椴木、樱桃、黑檀、白杨、花梨木；有些树种是无法漂白的，如红杉、红木、云杉等。

3.2.3.4 材面污染及消除方法 木材在生长、贮存、加工过程中，因各种各样的原因，会使木材的表面或内部产生局部或大面积的变色。即出现了木材本身不应有的，而且影响使用的颜色改变。这些统称材面污染。

（1）材面污染种类 材面污染种类很多，按产生材面污染阶段不同可分为三种（表3-7）。

表3-7 材面污染种类

污染名称	说明
先天性污染	在恶劣的生长条件或某种环境中，树木产生生理性变化，使木材变色，如椴木褐变
后天性污染	树木伐倒后，在贮存和加工过程中，因微生物或化学物质的作用而使木材产生的变色
次后天性污染	因光、氧气、热量或水蒸汽等因子的作用而产生变色

（2）常见材面污染及消除方法：见表3-8所示。

表3-8 常见材面污染及消除方法

污染种类	污染原因	消除方法
铁污染	铁离子与木材中酚类物质反应将产生一种黑色化合物。每一种木材都可能产生铁污染，含单宁多的木材更容易出现。铁污染多产生于刨切或旋切单板表面与热压机压板接触的部位。从铁管上流下的水滴等都可能形成铁污染	①先涂一遍4%草酸水溶液，然后再涂一遍磷酸二氢钠水溶液。涂布量约为$50g/m^2$ ②50%次亚磷酸20g；50%次亚磷酸钠0.1g，共溶于90ml水中，涂于木材表面 ③2%～5%的草酸水溶液，涂于木材表面 ④2%～5%的过氧化氢水溶液，涂于木材表面 ⑤2.5%的次亚磷酸水溶液（pH=3），涂于木材表面，干后水洗 ⑥在3%的草酸中，加入0.5%的乙二胺四乙酸，涂于木材表面
酸污染	木材中的木质素和缩聚单宁，在光辐射作用下很容易发生光化降解反应而生成双键，羰基和醌类化合物，使材面颜色逐渐变深、变红。当木材表面pH值很低时，其变化速度加快。这种因pH值呈酸性而使木材表面出现的颜色变化，称酸污染。胶粘剂的酸类固化剂；酸固化氨基醇酸树脂涂料；用于漂白或消除污染物的酸性化合物等，容易使材面产生酸污染	①2%～10%的过氧化氢溶液中，加入氨水，调pH值为7.0～8.0，涂于污染面 ②0.2～2.0%的亚氯酸钠水溶液，调至弱碱性，涂于污染面 ③0.1%～1.0%硼氢酸钠水溶液，调至弱碱性，涂于污染面
碱污染	木材表面与碱接触，产生黄色到暗褐色的变色。其颜色变化因材种而异。当木材pH值在11以上时，木材中酚类物质容易生成苯酚盐离子，发生氧化和聚合反应，而使木材表面变色。酚醛树脂胶合板表面；经常与水泥接触的木材表面；强碱性漂白剂处理后的木材表面，均容易出现碱污染	①初期碱污染，可用草酸水溶液除去，浓度视污染程度而定 ②污染时间较长，可用浓度2%的过氧化氢
微生物污染	菌类所致，主要有变色菌和霉菌两类。变色菌丝侵入木材内部后，菌丝分泌的氧化酶，可促进木材中的酚类成分氧化变色。菌丝自身的颜色及菌丝分泌的色素，都可以改变木材颜色。霉菌引起的污染只存在于木材表面，呈黑、黄、灰多种颜色，因霉的种类而异	①变色菌污染的材面，用次亚氯酸类较有效，如次亚氯酸钠、漂白粉、二氯异氰酸钠等 ②霉变色可用亚氯酸钠消除，也可刨掉一层
斑 点	某些热带树木在生长期间于导管中沉积有二氧化硅、钙盐等无机物以及黄酮等有机物质。这些沉积物在材面显现白到黄色斑点	①柚木的白色斑点，用电熨斗加热到200℃以上即可除掉 ②美国铁杉斑点，可用5%的氢氧化钍涂刷 ③钙盐形成的斑点可用稀盐酸溶解掉

（续）

污染种类	污染原因	消除方法
热变色	有些木材经热压机高温加热后，半纤维素及酚类物质产生聚合反应，形成茶褐色、红褐色污染。如色木、山毛榉、椴木等阔叶树，都易出现热变色	可用碱性过氧化氢或亚氯酸钠溶液反复涂刷消除材面热变色
光变色	在光的辐射下，木材表面常常发生颜色变化。木材光变色的程度，决定于木材的化学组成和抽提成分	①用含有紫外线吸收剂的涂料处理木材表面 ②用氨基脲、聚乙烯醇、抗坏血酸、硼氢酸钠等化学药剂处理

3.3 腻 平

白坯木材表面，常因木材本身的结构与机械加工等原因，会有许多缺陷。例如，节子、虫眼、裂纹、缝隙以及局部凹陷、钉眼、榫孔、钝棱等。这些缺陷如不加以处理，会消耗许多涂料而造成浪费，还会使涂层的基础不平整，处理的方法是用腻子腻平局部缺陷，或用稀的填平漆全面填平，使表面平整。腻平后涂饰，省工、省料，有利于提高表面涂饰质量。

透明或不透明涂饰时，木材局部缺陷常用腻子腻平，通常这是不可少的工序。不透明装饰，除局部腻平外，生产中还常用较稀薄的填平漆全面填平。

不透明涂饰的腻平与填平，不可忽略。认为不透明涂料中所含的颜料，足以填平小的缺陷及表面管孔，是不符合客观实际的。实践表明，不透明涂料是填不平木材表面的缺陷及管孔。因此，即使是不透明涂饰的基材表面，特别是刨花板表面，木材的端面，也必须认真地腻平与填平。

3.3.1 腻子调配

过去木材工业涂饰施工中，腻子与填平漆大多根据生产情况自行调配，目前已逐渐使用油漆厂生产的成品腻子。

腻子一般是用颜料与粘结剂调配。颜料主要使用体质颜料，透明涂饰用的腻子为了与着色色调一致，放入少量相应的着色颜料。少数腻子中放入部分木粉或细锯屑。

腻子中的体质颜料多用碳酸钙（大白粉、老粉）、硫酸钙（石膏粉）、硅酸镁（滑石粉）、硫酸钡（重晶石粉）等；着色颜料多用氧化铁红或红土子、铁黄、碳黑等。腻子中所用着色颜料应与填孔着色的色调相同或略浅一点，最好能与填孔着色用的着色剂相同。

腻子中的粘结剂可以使用水、胶液以及所有的成膜物质。因此，可以根据粘结剂将腻子分为水性、胶性、猪血、虫胶、油性、醇酸、硝基、聚氨酯、聚酯与光敏腻子等。

木材涂饰所用的腻子应调配简单、施工方便、干燥快、收缩小、附着力好、成本低。

调配腻子时，在一块平整的木板或玻璃上，用刮刀先将体质颜料与着色颜料拌合均匀，再放入粘结剂，调匀即可。

常用腻子与填平漆的调配方法如下。

3.3.1.1 水性腻子 用水将碳酸钙与着色颜料调配成稠厚膏状物。其优点是调配简单，使用方便。但是，干燥较慢，附着力很差，干燥后收缩较大，因此只适于一般要求的产品。这种腻子最简便的调配方法是采用已配好的水性填孔着色剂，再加一定量的碳酸钙即可调成。

3.3.1.2 胶性腻子 是用浓度6%的胶水，将碳酸钙、少量着色颜料调成稠厚膏状物。它的性能略好于水性腻子，可以用于中级产品，有时也用于高级产品的初次腻平。另外，也可以用已配好的水粉子加适量体质颜料与胶液调配制成。

几种胶性腻子配方见表3-9所列。

表3-9 胶性腻子配方

原料	浅黄色填孔腻子	浅黄色填鬃眼腻子	浅棕色填孔腻子	浅棕色填鬃眼腻子	橙黄色腻子	无色腻子
	重量份					
石膏粉	94	93	90	—	—	—
地板黄	6	7	—	—	—	—
皮胶或骨胶	70	40	70	38	70	70
老粉	—	—	—	90	—	—
铁红	—	—	10	10	—	—
滑石粉	—	—	—	—	94	100
红土	—	—	—	—	6	—

3.3.1.3 **虫胶腻子** 它曾是木材涂饰应用最多的一种。具有干燥快、附着力好、干后坚硬、易于着色、不渗陷、操作方便等优点。木材表面在着色前后都可以使用。

虫胶腻子配方如表3-10所列。

表3-10 虫胶腻子配方

原　　料	重量比,%	备　　注
虫胶清漆	24	浓度为15%～20%
碳酸钙	75	即老粉、大白粉
着色颜料	1	铁红、铁黄等

调配虫胶腻子时，由于酒精挥发较快，所以不要一次调制过多，需要多少调多少。使用时随酒精挥发腻子可能变稠变干，可适当加些酒精调匀后再用。

3.3.1.4 **油性腻子** 油性腻子的粘结剂可用清油（熟油、光油）或各种油性清漆（酯胶漆钙脂漆、酚醛漆等）与厚漆。体质颜料用石膏，稀释剂用松香水。油性腻子中常放入少量水，使石膏吸水、发胀、变硬。

油性腻子配方较多，表3-11列举了部分配方。

表3-11 油性腻子配方

原　料	重　量　比,%			
	一	二	三	四
石　　膏	50	75	54	60
清　　油	15	—	12	22
油性清漆	—	6	—	—
厚　　漆	25	—	22	—
着色颜料	—	4	—	—
松香水	10	14	11	9
水	适量	1	适量	9

调油性腻子时，应先将清油、松香水与石膏调匀，然后再放入水。如将石膏先与水接触，可能变成硬块，不便调配。另外，水不宜加入过多，可视气温高低略加调节。

油性腻子附着力好，但干燥慢。在木材涂饰中曾比较广泛使用，既可用于局部缺陷腻平，又可用于透明涂饰填孔，还可用于不透明涂饰的全面填平。当然，不同用途的腻子粘度、配方与用法均有区别。

3.3.1.5 **硝基腻子** 硝基腻子也称喷漆腻子、蜡克腻子、快干腻子。可由硝基清漆、体质颜料、着色颜料调配而成。硝基清漆可按1：(2～3) 对入稀料 (信那水)，体质颜料约占75%。这种腻子干燥快、干后坚硬、不易打磨。

硝基腻子多用于涂过硝基漆的表面需进一步填补的地方，如透明涂饰时，涂过硝基漆以后的局部缺陷；不透明涂饰时，涂过第一道色漆以后嵌补洞眼、缝隙。硝基腻子干燥后宜用水砂纸湿磨。

硝基腻子价格较贵。一般配套使用，油漆厂有成品生产，施工中也可以自行调配。其配方见表3-12。

表3-12 硝基腻子配方

材 料	重 量 比,%
硝基清漆	10
硝基稀料	15
填料 (大白粉或滑石粉)	75
着色颜料	适量

3.3.1.6 填平漆 填平漆是专门用于不透明涂饰的全面填平的材料，主要用于大管孔木材及刨花板表面的填平。其组成与腻子类似，也可分为油性、胶性、硝基填平漆等。其中油性填平漆用的较多，组成与油性腻子类似，但比较稀薄。部分油性填平漆配方见表3-13所列。

表3-13 填平漆配方

原 料	重 量 比,%	
	一	二
石 膏	33	30.2
清 油	8	40.2
酚醛底漆	18	—
松 香 水	14	20.0
水	27	9.6

3.3.1.7 成品腻子 成品腻子是有关生产厂家采用各种漆料与体质颜料及着色颜料等混合制成的产品。特点是：原料种类多；配方科学；制造工艺严格；并且使用性能、贮存性能等都较稳定。成品腻子的种类见表3-14所列。

表3-14 成品腻子种类

序号	型 号 (标准号)	品 名	原 料 及 配 比	性 能 及 用 途
1	T07-1 HG2-571-67	铁红油性腻子	重晶石粉120份；重体老粉100份；铁红粉30份；酯胶清漆料40份；催干剂与稀释剂20份	刮涂性好，可烘烤。适用于钢家具或作色漆面的木家具底腻
2	T07-2 企 标	灰油性腻子	重晶石粉240份；重体老粉100份；氧化锌50份；地板黄12份；松烟0.6份；酯胶漆料50份；溶剂和催干剂40份	除易打磨外，其余同 T07-1
3	C07-5	醇酸腻子	重晶石粉240份；重体老粉120份；氧化锌40份；立德粉15份；地板黄10份；松烟0.3份；醇酸漆料55份；溶剂和催干剂30份	刮涂性稍次于油性腻子。但干燥比油性腻子快且干后坚硬，附着力好，耐候。钢木家具都可使用
4	Q07-5 HG2-615-67	硝基腻子	重体老粉80份；炭黑0.02份；硝基漆料30份	干燥快，附着力好，易打磨。但刮涂性差，多用于涂过底漆的钢木家具表面填平
5	G07-3 HG2-624-67	铁红过氯乙烯腻子	滑石粉100份；铁红粉40份；过氯乙烯漆料100份	防潮、耐气候，但刮涂性差。可用于钢木家具底腻

3.3.2 腻子刮涂

在木材涂饰施工中，常将用腻子腻平局部缺陷称为嵌补或填腻子，绝大多数是手工操作的，也有少量机械操作。手工操作所用工具有嵌刀及各种刮刀。嵌补前要清除缺陷处的灰尘与木屑。嵌补时，先将腻子压入有缺陷处，然后顺木纹方向先压后刮平，使腻子填满填实缺陷并略高出表面，待干缩下陷后能与表面高度一致。填腻子接触的范围应尽量缩小在缺陷处，缺陷周围与腻子的接触面积应尽量小些。否则会留下较大的刮痕，增加打磨量，并影响着色的质量。

填腻子要在光线明亮处操作，将表面所有有缺陷的地方都填到，不要遗漏，尤其边角处，更应注意。缺陷面积较大的虫眼、脱落节、裂纹等，不要勉强地用腻子填平。而应进行木工修补，即补上纤维方向一致的同树种木块。

木材表面的缺陷很难一次完全腻平。当涂过底漆发现腻子干后收缩或漏填处，还要再补填一次，称复填腻子。可能需腻平2或3次，直到完全腻平。

每遍腻子干后都要单独用砂纸仔细打磨。一直打磨到表面平整，缺陷的边缘清楚显现为止。

局部缺陷腻平过程对透明与不透明涂饰都是一样的。

不透明涂饰时，在涂过底漆，局部缺陷填补过腻子之后，为清除微小的不平，并增加表面硬度，可用填平漆全面填平1或2次。填平漆可用喷枪喷涂，或用辊涂机辊涂。当用手工涂饰时，常用钢刮刀或牛角刮刀刮涂。填平漆要尽量涂得薄些。如涂层太厚，干后会发脆，涂层容易损坏。

3.4 白坯砂磨

用砂纸或砂光机的砂带研磨木材表面，称白坯砂磨，也称白坯砂光或基材研磨。白坯砂磨目的是为了除去基材表面的不平、污迹与木毛，造成一个涂饰的平滑基础。白坯砂磨是涂饰过程中的一个重要工序。

白坯砂磨是决定涂饰质量的重要因素。经过对白坯基材表面的砂磨，可改善木材表面的状态。消除机械或手工加工时在表面留下的各种加工痕迹，使木材纹理清晰可见，表面平整光滑，提高光洁度。同时也改善了木材表面的界面化学性质，提高涂层附着力。

白坯砂磨质量，直接关系到涂饰效率。生产实践证明，欲涂饰的白坯木材表面越平整、光洁、清净，越能保证获得良好的涂饰质量，而且省工省料。

3.4.1 砂光机

砂光机是现代木材工业广泛应用的设备之一。砂光机用于各种人造板、木制品零部件的精加工。以提高其尺寸精度、表面平直度和光洁度，为基材涂饰或二次加工获得良好的基面。

根据使用磨具的结构形式不同，砂光机分为带式、宽带式、辊式、盘式和刷式等多种类型。

3.4.1.1 带式砂光机 带式砂光机的磨削机构是将无端的砂带套装在2～4个带轮上，其中一个为主动轮，其余为张紧轮、导向轮等。

(1) 类型与用途 图3-1所示为带式砂光机示意图。

①固定工作台式（图3-1中a、b)。固定工作台式砂带可以成水平配置，也可成垂直配置。固定式工作台式砂光机用于砂光小平面的板材。

②移动工作台式(图3-1中c)通常用于砂光大平面的板材。工作时用手压紧压板（又称压带器）并沿着砂带工作边作往复运动，与此同时工作台携带板材作进给运动，借此砂光大幅面板材。

③悬臂式。砂带成悬臂式安装的砂光机，如图3-1中d，可以砂光圆弧形零件。

④具有浮动工作台式。此种砂光机具有浮动工作台，砂带张紧在小轴杆上，可以砂光凸凹不平的曲面零件（图3-1中e）。

(2) 技术性能：见表3-15所列。

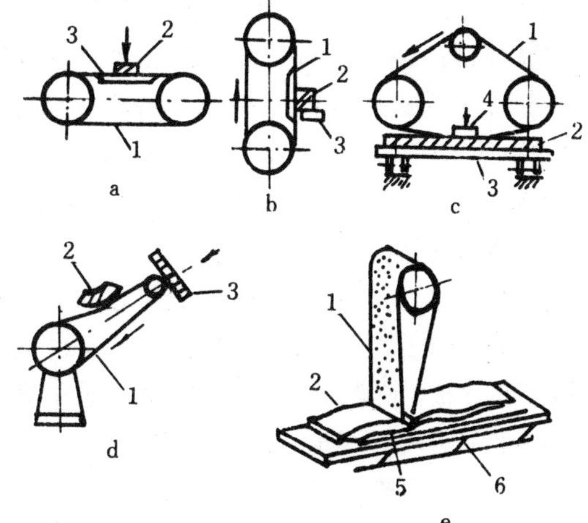

图3-1　带式砂光机示意图

a.固定工作台式砂带水平配置　b.固定工作台式砂带垂直配置　c.移动工作台式砂带水平配置　d.砂带成悬臂式安装　e.具有浮动工作台，砂带张紧在小轴上

1.砂带　2.工件　3.工作台　4.压带器　5.仿型样板　6.浮动装置

3.4.1.2　宽带式砂光机　宽带式砂光机的砂带宽度大于工件宽度，一般砂带宽度为650～1 130mm。因此对板材的平面砂磨，只需工件作进给运动即可，且允许有较高的进给速度，一般为18～60m/min，磨削深度最大可达1.27mm。宽带式砂光机砂带使用寿命长，砂带更换方便、省时。由于上述种种优点，宽带式砂光机几乎代替了其它类型的砂光机用于大幅面板材的砂光，尤其是作为基材的刨花板砂光。目前已成为木材工业普遍采用的砂光设备。

表3-15　带式砂光机技术性能

指标名称	MM2017	MM2215	MM2330	MM2000
砂带宽度，mm	175	150	300	180
砂带长度，mm	6 800	7 082	3 310	—
砂带速度，m/s	22.0	20.0	20.4	23.0
砂光工件，mm				
最大长度	1 900	—	—	—
最大宽度	800	—	—	—
最大高度	450	—	—	—
工作台长，mm	2 260	—	—	2 000
工作台宽，mm	800	—	—	800
电机功率，kW	3.0	3.75	3.0	4.0
机床外形尺寸，mm	3 500×1 433×1 400	3 500×1 700×1 220	2 140×970×1 175	—
重量，kg	835	—	—	—
制造厂家	牡丹江木工机械厂	盘石木工机械厂	盘石木工机械厂	上海中亚木工机械厂

(1) 工作原理　图3-2为宽带式砂光机的工作原理简图。图3-2中a所示的为直接利用接触辊2压紧砂带于工件6的表面进行砂光工作，这种方式的砂光称为接触辊式砂光。一般用于粗砂

作定厚磨削。这种磨削头(也称辊式砂架)的特点是磨削面积小，磨削压力大，适宜于大的磨削深度。图3-2中b所示的为利用压带器（压板）5将砂带压紧在工件6的表面进行砂光，这种方式的砂光称为压板式砂光。一般用于精砂，提高表面光洁度。这种磨削头（也称压带式砂架）的特点是磨削面积大，磨削压力小，磨削深度不大。辊式砂架和压板式砂架可按加工对象的不同要求组合成各种类型砂光机。

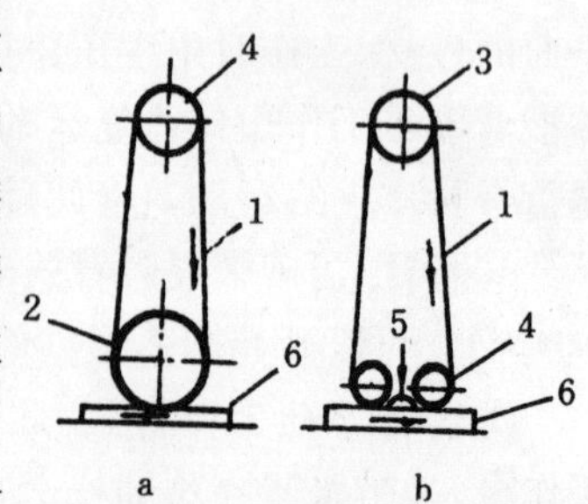

图3-2　宽带砂光机工作原理简图
a.接触辊式砂光　b.压板式砂光
1.砂带　2.接触辊　3.主动辊
4.张紧辊　5.压板　6.工件

(2)类型与用途　宽带砂光机根据其进给机构的类型，可分为履带进给的宽带砂光机和滚筒进给的宽带砂光机。前者主要用于胶合板、硬质纤维板、细木工拼板和窗框等的砂光；后者主要用于中密度纤维板和刨花板等。

(3) 技术性能　见表3-16、3-17、3-18、3-19、3-20所列。

表3-16　国产宽带砂光机技术性能（Ⅰ）

参　数	型　号			
	ALFA型 CTV-1350	ALFA型 CK-970	ALFA型 CCK-1120	ALFA型 C-720
砂带宽度，mm	1 350	970	1 120	720
可砂削部件，mm				
最短长度	250	130	130	130
最小厚度	2	2	2	2
最大厚度	160	160	160	160
砂带周长，mm	2 450	2 450	2 450	2 450
砂带线速度，m/s	20	20	20	20
进给速度，m/min	5～20	5～20	5～20	5～20
重量，kg	2 500	1 800	2 200	1 500
处形尺寸，mm	2 180×2 670×2 150	1 800×2 270×2 150	2 180×2 420×2 150	1 800×2 020×2 150
压缩空气用量，m^3/h	61	5	10	5
电机总容量，kW	32.85	12.5	31.35	20
制造厂家	牡丹江第二轻工机械厂			

表3-17　国产宽带砂光机技术性能（Ⅱ）

技术规格	型　号		
	BSG2112 单砂架砂光机	BSG2312 三砂架砂光机	BSG2316 三砂架砂光机
最大加工宽度，mm	1 270	1 270	1 600
最小加工长度，mm	700	750	1 600
最大加工厚度，mm	120	120	50
砂带尺寸，mm	1 310×2 615	1 310×2 615	1 650×2 620
砂带速度，m/s			
砂光辊（一）	24.6	24.6	18.0
砂光辊（二）	—	22.1	21.3
砂光辊（三）	—	—	21.3
抛光辊，m/s	—	16.7	—
进料速度，m/min	20～60（无级）	16～70（无级）	18～60
工作台升降速度，mm/min	—	XWD0.8-2-1/11减速电机	40.6
压缩空气需要量，m^3/min	0.2	0.8	—
电机总功率，kW	41.8	95.25	—
机床外形尺寸，mm	2 352×2 684×2 220	3 495×3 140×2 220	2 737×4 476×3 221
机床重量，kg	5 000	11 800	15 000
制造厂家	牡丹江木工机械厂		

表3-18 日本宽带砂光机技术性能

技术参数	日本名南制作所		
	WS-B	WS-D（标准型）	WS-D（重型）
最大工作宽度，mm	1 220	1 200	1 200
加工厚度，mm	2.5～30	2.5～25	2.5～25
进料速度，m/min	18～60	25～92	18～60
砂带速度，m/min	1 100	1 100	1 300
砂带尺寸（宽×长），mm	1 310×2 620	1 310×2 500	1 310×2 500
气压压力，$\times 10^5$Pa	6～7	6～7	6～7
砂带电动机功率，kW			
（1）	30	30	37
（2）	—	22	30
（3）	—	22	22
进料电动机功率，kW	2.2	3.7	5.5
工作台升降电机功率，kW	0.75	0.75	0.75
占地面积，mm	2 500×1 200	2 800×2 400	2 800×2 400

表3-19 荷兰宽带砂光机技术性能

技术特性	CSB_2-1300型宽带砂光机（范德林顿工厂）
工件最大尺寸（宽×厚），mm	1 300×170
砂带尺寸（宽×长），mm	1 330×2 620
接触辊直径，mm	340
压板宽度，mm	70
砂带速度和电机功率，kW	
1号砂架	25m/s，30
2号砂架	18m/s，18.5
进料履带速度和功率，kW	6～40m/min，2.2
工作台升降电机功率，kW	0.22
压缩空气系统压力，MPa	0.6
机床外形尺寸，mm	1 730×2 870×2 440

表3-20 意大利宽带砂光机技术性能

指标名称	DMC 公司	DMC 公司
	TBL135/RC 型	TBL135/2TC 型
最大加工宽度，mm	1 350	1 350
最大加工厚度，mm	160	160
砂带速度，m/s	25	12
砂带长度，mm	2 000	2 200
砂带宽度，mm	1 400	1 400
进给速度，m/min	6～30	6～30
最小工作压力，MPa	0.5	0.5
压缩空气消耗量，L/min	900	900
每个砂架电机功率，kW	37.3	18.7
进给电机功率，kW	1.3	1.3
工作台升降电机功率，kW	1.1	1.1
喷气驱尘装置电机功率，kW	0.2	0.2
机床重量，kg	5 720	5 500
机床外形尺寸，mm	3 340×1 760×2 254	3 340×1 788×2 254

3.4.1.3 **辊式砂光机** 辊式砂光机是在辊筒的圆周面上包覆或卷绕砂布，辊筒的长度决定了被加工件的最大宽度。辊式砂光机有单辊和多辊之分，多辊砂光机又有单面和双面之分。

(1) 类型及用途

①单辊砂光机（图3-3中a）是其中最简单的型式，有手工进给和机械进给两种。前者用于小平面、木框架的砂磨；后者常用于三聚氰氨装饰板的拉毛。

②多辊砂光机大多是机械进给。适用于大量或成批生产，磨削各种人造板、拼板和框架等。单面多辊砂光机通常具有2～3个砂辊，如果采用履带进料，则砂辊布置在工作台的上面（图3-3d）。若采用辊筒进料，则砂辊布置在工作台下面（图3-3b），也可布置在工作台的上面。双面多辊砂光机通常具有6～8个砂辊，砂辊被布置在工作台的上、下两面，因此采用辊筒进料（图3-3c）。

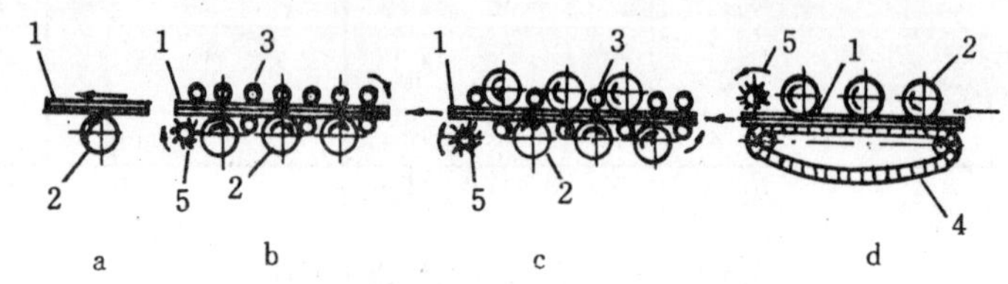

图3-3 辊式砂光机类型

a. 单辊砂光机 b. 砂辊布置在工作台下面的多辊单面砂光机
c. 砂辊布置在工作台上、下两面多辊砂光机
d. 砂辊布置在工作台上面的多辊砂光机
1. 工件 2. 砂辊 3. 进料辊 4. 进给履带 5. 刷辊

(2) 技术性能 见表3-21所列。

表3-21 国产辊式砂光机技术性能

指 标 名 称	5821型三辊砂光机
最大工作宽度，mm	1 580
机台最大升降距离，mm	400
机台升降速度，m/min	0.28
砂辊数量，只	3
砂辊直径，mm	288
第一、二辊筒转速，r/min	1 485
第三辊筒转速，r/min	1 650
砂辊轴向往复行程，次/min	100
砂辊轴向往复行程，mm	10
送料辊送料速度，m/min	（六级）3.31，4.85，5.64，7.14，8.77，12.84
逆速度，m/min	（二级）2.43，4.36
刷辊转速，r/min	（六级）2.73，40.17，49.20，59.10，72.50，106.50
逆速，r/min	（二级）20.1，36.1
砂辊筒驱动电机	7.5kW，1 450r/min，三台
送料辊驱动电机	3kW，950r/min，一台
外形尺寸，mm	3 105×2 490×1 717
总重量，kg	5 873
制造厂家	山东平度人造板机械厂

3.4.1.4 **盘式砂光机** 盘式砂光机的切削机构是一个回转的圆盘，圆盘端面粘贴砂纸。盘式砂光机有单盘和双盘之分。单盘砂光机又有立式和卧式之分（图3-4a、b）。双盘砂光机的磨盘通常垂直配置，其中一个用作粗砂，另一个作精砂用。盘式砂光机主要用于小平面的砂光，也可磨削棱边成弧形。

盘式砂光机也可与带式、卷轴式组成联合式砂光机。通常砂盘用于平面磨削，卷轴用于曲面或弧形表面的磨削。

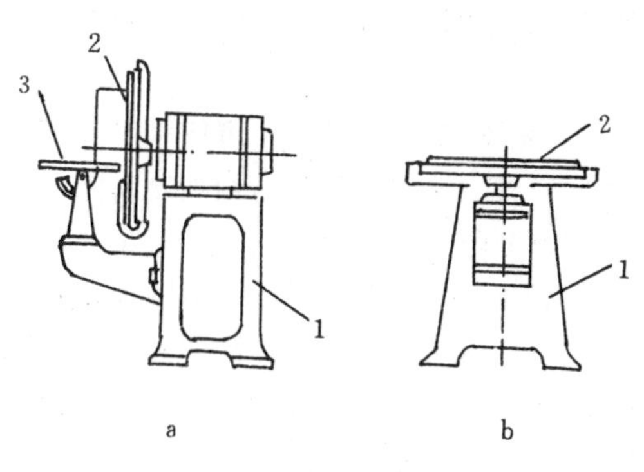

图3-4 单盘砂光机

a. 立式单盘砂光机 b. 卧式单盘砂光机

1. 床身 2. 砂盘 3. 工作台

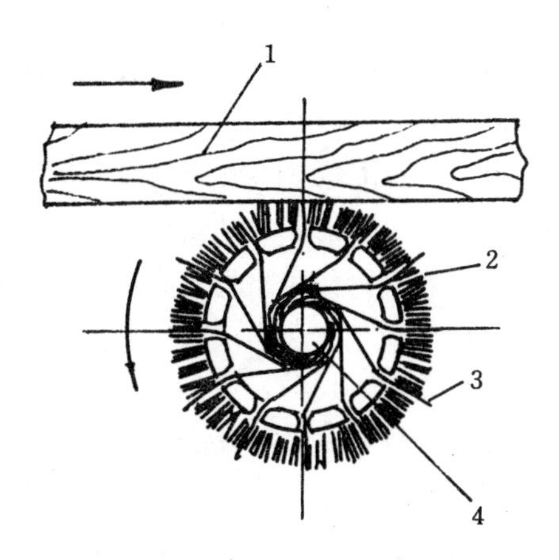

图3-5 刷式砂光机示意图

1. 工件 2. 刷子 3. 砂纸 4. 套筒

3.4.1.5 **刷式砂光机** 刷式砂光机是将若干刷子和砂纸交错地分布在圆筒的圆周上，砂纸的另一端卷绕在套筒上。当圆筒高速回转时，砂纸利用本身的离心力和刷子的弹力压向工件表面进行砂光。

图3-5所示系刷式砂光机刷辊示意图。这种砂光机适用于磨削成型表面。

除上述几种主要型式砂光机外，根据被加工零件的形状和要求不同，还有其它型式的砂光机。如成型砂光机；仿型砂光机；万能式砂光机；棒料砂光机等，适用于加工复杂形状和特殊形状的零件。此外，还有带式砂光机和辊式砂光机组合而成的砂光机等。

3.4.2 去木毛与砂光

没有全部脱离木材表面的木纤维统称木毛。当装饰质量要求很高时，砂光应与去木毛结合进行，表面处理应有去木毛这道工序。

3.4.2.1 **木毛的影响** 木毛常由下列几种情况产生：一是已被切削但尚未脱离木材表面的一些微细木纤维，在刮光或砂磨时，压入管孔里或纤维之间躲藏起来；其次就是细微裂缝的边缘；还有粗孔材被刨削开的大导管边缘。这些木纤维平时多是倒伏在木材表面或管沟中，其对木材涂饰是一种隐患，产生以下不良影响。

①表面粗糙不平 由于木毛的存在，一旦木材表面被水润湿（漂白剂、去脂剂、染料水溶液、水性填孔着色剂等），这些木毛便吸湿膨胀竖起。使本来看上去或触摸已感到很平滑的表面，变得粗糙起来，降低了表面光洁度。

②着色不均匀。木毛周围极易大量聚集染料溶液，使整个木材表面着色不均匀，木毛内部未被着色。当磨掉木毛时，折断的木毛根部露出木材白坯的颜色，使漆膜出现小白点（称“芝麻白”）。

③填孔不实。木毛现象不仅使表面粗糙不平，造成着色不均，还会使填孔不实，木纹不鲜明，涂层渗陷等不良影响。因此，必须采取措施去除木毛，消除隐患。

3.4.2.2 **去木毛方法** 去木毛的原理是依据木毛吸湿便会膨胀竖起，干后便于研磨除掉。所以可用水、胶水与漆等液体材料润湿木材表面，干燥后再研磨。

具体方法如下：

（1）水磨 用温水（40～50℃）润湿木材表面，使木毛吸湿后膨胀竖起，干燥后用砂纸轻轻打磨。打磨时用力一定要轻，避免产生新的木毛。

（2）胶磨 即用稀胶水（3%～5%的皮胶或骨胶溶液）润湿木材表面，当木毛竖起干后，再用砂纸轻轻打磨。由于木毛含胶而变脆，很容易除掉。

（3）漆磨 即用稀薄的漆液润湿木材表面，干燥后再研磨。此法优点是，可使木质纤维组织被涂料胶固，可制成坚牢的涂饰基面；所有的木毛、逆纹、管沟内的木粉均被涂料固化并硬脆而便于研磨，再使用水性填孔剂也不致引起木粉的膨润隆起造成涂膜缺陷；使某些木材的抽提物（树脂或其它化学成分）被固化封闭，而不致影响某些涂层的固化；可防止填孔时的材面污染、着色不均匀，有利于清晰显现木纹，加强着色效果，防止上层涂料被吸收，涂料溶剂渗透，有利于涂层附着性等。这项操作也称漆固涂饰技术，经生产实践证明，对提高涂饰质量极为有利。被用于润湿的涂料也称材面漆固剂，稀薄的油性漆、虫胶漆、硝基漆、聚氨酯漆以及稀薄的皮胶、骨胶与明胶溶液均可作为材面漆固剂。

（4）火燎法 是用排笔在木材表面刷涂一道酒精，迅即用火点着，火苗熄灭后会使木毛经火燎而变硬发脆，易于砂磨除去。但此法不安全，如果采用此法则应加强防火措施。

3.5 填管孔

在涂饰涂料之前，用专门的填孔材料将木材的全部管孔填塞起来，称为填管孔或填孔。这是所有亮光装饰及填孔亚光装饰都需要进行的工序，在整个涂饰过程中具有重要作用。

3.5.1 填孔剂

填孔剂也称为填孔漆、填孔料等。过去大多为自行调配，其组成与腻子类似，但其粘度要比腻子稀薄。近年许多油漆厂已能供配套成品选用、较为方便。

3.5.1.1 填孔剂成分 填孔剂常由填料、粘结剂、着色材料与稀释剂组成。填孔剂成分及其作用见表3-22所列。

表3-22 填孔剂成分及其作用

成份	常用材料	作用
填料	碳酸钙、滑石粉、石膏、重晶石粉 石英粉、硅藻土、高岭土、松香等	填充管孔、管沟与纤维间隙，使表面平整
粘结剂	水、胶、清油、油性漆、各种树脂漆等	粘结填料、牢固填满、填实管孔、管沟，不致开裂、脱落
着色材料	着色颜料、染料、各种着色剂与色漆等	填孔同时着色或作底色
稀释剂	稀释剂应与粘结剂配合。清油与油性漆多用松香水，胶用水；合成树脂用各自稀料	调解填孔剂粘度，使之达到施工要求

3.5.1.2 填孔剂种类 根据粘结剂种类，可将填孔剂分为水性、油性、胶性与合成树脂填孔剂四类。填孔剂种类及特点见表3-23所列。

表3-23 填孔剂种类及特点

种类		水性填孔剂（水老粉）	胶性填孔剂	油性填孔剂（油粉子、油老粉）	树脂填孔剂
成分	填料	碳酸钙、滑石粉等	碳酸钙、滑石粉等	碳酸钙、滑石粉、石膏等	碳酸钙、滑石粉等
	粘结剂	水	动物胶、明胶、酪素胶、乳白胶等	清油、各种油性漆（酯胶漆、酚醛漆等）	合成树脂漆
	着色材料	氧化铁红、氧化铁黄、碳黑等或水溶性染料	着色颜料或水溶性染料	着色颜料、油溶性染料、油性色漆等	染料、着色颜料、合成树脂磁漆
	稀释剂	水	水	松香水、松节油等	与树脂相应的稀释剂
特点	优点	调配简单；施工方便、成本低；可自由选择着色剂；作业性好；任何底漆都可使用	与水性填孔剂相同，但附着性提高，填充较坚牢	不弄湿木材表面；木材表面不膨胀；不会引起木毛；材面不粗糙；收缩开裂小；干后坚牢；填充效果好；着色美观	含水率不变动、材面不变粗糙、填塞坚牢、不易渗漆、不产生收缩皱纹
	缺点	易使木材湿润膨胀；材面起毛粗糙；木纹不鲜明；收缩大易开裂；附着性差	与水性填孔剂相同	干燥慢、价格高；操作不够方便；上面不宜直接用硝基、聚氨酯等涂饰	干燥较慢；所用着色材料有限；手工擦磨易粘着；调配麻烦；价高

3.5.2 填孔剂应用

3.5.2.1 填孔作用 填实管孔可起到下列作用。

(1) 填平表面　木材是一种多孔性材料。虽经过精细的砂光并除去木毛，但由于大量孔隙的存在，其表面仍然是不平整的，尤其是阔叶材表面更为明显。当经过填孔工序填孔之后，木材表面才能比较平整。在此基础上涂饰涂料，才能形成丰满厚实、平整光滑的漆膜。

(2) 防止渗漆　将管孔填实之后，可防止涂料渗入木材孔隙中。其不但可以节省涂料，而且可以防止漆膜沉陷。

(3) 木材着色　在实际生产中，常将着色颜料放在填孔材料中，使填孔与着色两道工序合并在一起进行。此种方法广泛用于普级家具的透明涂饰。

(4) 显现木纹　实验表明，当用折光率与木材相近的材料填孔时，由填充剂代替管孔中的空气，可提高木纹的显现能力。这是因为木材孔隙中所含空气与木材的折光率相差很大。当光线照射到材面上时，只能反射，不能透射。当木材与填孔剂的折光率相近时，就有一部分光线透射，从而在一定程度上提高了表层透明度。因此，可以在填孔剂中加入折光率与木材相近的材料，如松香、玻璃粉等，可提高透明度。部分材料折光率列于表3-24所列。

表3-24 部分材料折光率

材料	折光率	材料	折光率	材料	折光率
木材	1.52～1.55	钛白	2.55	二氧化硅	1.54
空气	1.00	碳酸钙	1.58	松　香	1.53
油	1.48	滑石粉	1.49	玻璃粉	1.52
树脂	1.55	石膏	1.52	碳酸镁	1.57

3.5.2.2 填孔方法 在木材涂饰过程中，填孔效果至关重要。保证填孔剂质量，合理选

择填孔方法，将木材表面的孔隙填满、填实、填牢，才能发挥填孔作用。这将有利于后期涂饰的顺利进行，能使木材花纹鲜明美观；漆膜平整光滑；亮光装饰获得高光泽，并长期保光。

填管孔工序，国内目前仍以手工为主，只有少量的采用机械的方法填孔。在填孔作业中，以擦和刮为主要方法。辊涂法适于大的平表面板件，各种填孔剂均可使用辊涂机进行填孔。

（1）擦涂法　擦涂法是手工填孔的基本方法。适于小型、弯曲材面或细长、形状复杂的不宜刮涂的表面。擦涂时，可先将填孔剂刷涂在基材表面上，然后用适当材料进行擦涂。可横纤维或圈擦，设法使填孔剂进入表面孔隙中去。刷涂与擦涂的填孔剂粘度比刮涂的低，用弹性较强的扁鬃刷蘸填孔剂横纤维方向刷涂，刷后需稍停放一会再进行擦磨与拭清。一般水性填孔剂需停放5min左右；油性填孔剂需停放8～10min。擦磨材料一般采用棉纱、软布、细刨花、竹花等。当将填孔剂均匀擦入孔隙后，应趁湿换清洁材料顺纤维方向擦清表面，不留浮粉，擦出木纹，否则影响涂漆后木纹的清晰。

(2)刮涂法　刮涂法是利用刮刀将填孔剂压入管孔内。大的平表面以较稠的填孔剂手工刮涂其填充效果较好。国内粗孔材（如水曲柳）表面的油性石膏填孔剂刮涂效果最好。

刮刀可用金属与非金属制造（钢，木材、竹、牛角与橡皮等制）。含单宁木材不宜使用铁质刮刀。刮刀材质应较材面硬度稍软为宜。否则可能刮伤材面，使材面变粗；刮涂不够柔顺，操作不便。刮刀的弹性与硬度应由材面软、硬；填孔剂粘度高、低，以及刮刀的规格而定。

刮涂填孔时，刮刀刀刃对管沟方向保持30°角，刮刀对材面保持50～60°角，刀身与管沟成直角方向移动，则可获得最好的填充效果。

(3)辊涂法　是用各种辊涂机对平表面的板件进行填充。辊涂机上的涂漆辊将填孔剂涂于表面；另有刮刀或辊筒将填孔剂压入管孔；最后由擦清机构（辊筒或擦头）将表面拭清。这种方法填孔效果好、效率高。

3.5.2.3　填孔剂应用　填孔剂种类不同，其性质也不同，调配与使用也有所不同。

（1）水性与胶性填孔剂　水性填孔剂与胶性填孔剂的配方举例如表3-25。按配方1配制时，先用80℃以上热水溶解染料；再加入碳酸钙搅拌均匀。按配方2配制时，先混合碳酸钙与着色颜料，再放入热水与胶的混合溶液内搅拌均匀。

表3-25　水性与胶性填孔剂配方

原　料	重　量　比,%	
	配方　1	配方　2
碳酸钙	65.0	60.0
酸性染料	0.5	—
热　水	34.5	35.0
着色颜料	—	1.0
胶	—	4.0

使用水性与胶性填孔剂之前，材面应彻底去木毛（填孔前用水或稀胶、稀漆润湿，干后砂磨）。如能做到漆固材面，可使材面有一层极薄的漆膜，可固化木毛。并能防止材面吸收填孔剂内的水分，材面干燥也快，容易擦清。当使用水性与胶性填孔剂时，可以采用虫胶漆对材面实行漆固。但虫胶漆遇水易变白，宜用合成树脂木材底漆。材面漆固干燥后用细砂纸研磨，除去木毛，再涂填孔剂。

填孔剂擦入管孔、管沟后，应将木材表面的填孔剂擦净，这对显现木纹至关重要。最终的擦拭用拭清材料顺木纹方向轻轻擦拭，以防带出管孔、管沟中的填孔剂。对于积存在制品表面角落的填孔剂，可用细软纱布包上刮刀尖、木棒、竹棒将其完全清除干净。

当填孔剂充分干燥后再进行下道工序。如果干燥不充分，填孔剂就容易浮出或产生缩孔，将会使后续涂层发生缺陷。填孔剂干燥时间决定于管孔、管沟的大小、深浅，空气的温、湿度与风速等。如作到漆固材面，则水分渗透少，干燥快。

(2) 油性填孔剂　油性填孔材料的组成基本与油腻子相同。在生产中常因其粘度、用法及配方的差别分为两种，即油粉子（油老粉）与填孔油腻子。前者的粘度比后者稀薄，可用手工擦涂或辊涂机辊涂；后者较稠厚，多用于粗纹孔材表面手工刮涂。油性填孔材料配方举例如表3-26所列。

表3-26　油性填孔料配方

原　料	重　量　比,%			
	油粉子（一）	油粉子（二）	油粉子（三）	油腻子
石　　膏	53	—	—	62.5
大 白 粉	—	50	55	—
清　　油	—	10	8	15.6
油性清漆	3	—	—	—
松 香 水	44	40	25	18.8
松　　香	—	—	12	—
水	—	—	—	3.1
着色颜料	适量	适量	—	适量

油性填孔剂手工涂擦与水性填孔剂相同，但操作不及水性填孔剂方便。

手工刮涂油性填孔材料时，先将填孔材料涂于木材表面上，刮刀与木材表面约成75°角，顺木纹方向用力刮涂，将填孔材料刮入木材管孔，同时将木材表面上的填孔材料刮掉，不得留在表面上。可以顺木纹方向，左右来回反复刮涂，使填孔材料填满填实管孔。但不可往返次数过多，否则会把其中油分挤出，出现条痕，使表面不平。

油性填孔剂不会润湿木材引起木毛。并能获得清晰显现木纹和坚牢的填孔效果，唯干燥缓慢，材料略贵。油性填孔剂涂后需稍停5～10min 再行擦磨与拭清，一般需干燥24h。

(3)树脂填孔剂　用合成树脂漆调配的填孔剂可获得优于水性与油性填孔剂的填充效果。所用清漆宜用慢干清漆而不宜用快干漆，多用酸固化氨基醇酸树脂、聚酯树脂与聚氨酯等。配方举例见表3-27。

表3-27　树脂填孔剂配方

原　料	重　量　份	原　料	重　量　份
填　　料	60	聚氨酯清漆	7
着 色 颜 料	1	稀　释　剂	32～40

树脂填孔剂擦磨拭清与油性填孔剂类似。唯用纱布等材料可能粘着，宜用人造丝等材料。干燥时间依所用树脂为准。干后可用细砂纸轻磨并除尘。

在实际生产中，由于填孔工序一般都与着色同步进行，其具体操作方法可参阅涂饰着色部分。

4 涂饰着色

着色是整个木制品涂饰过程中十分重要的工序，因为木制品的外观色彩是其装饰效果的首要因素。而影响着色（尤其透明涂饰着色）的因素很多，没有相应的着色材料与熟练的着色技术便难以达到理想的着色效果。

4.1 着色概述

只有领悟着色在涂饰过程中的意义作用，并掌握一定的有关色的知识才有可能将着色做好。

4.1.1 着色意义

着色目的在于使木制品外观呈现某种色调。木制品外观色彩可能是木材天然本色的加强，也可能是模拟自然界、模拟动植物或模拟珍贵树种的颜色。透明涂饰的木制品外观颜色有时能起到掩盖木材缺陷与色斑的作用。

木制品外观色调名称常以色相相似的自然界物体称呼。例如不透明涂饰的木制品常涂成奶油色、乳白色、蛋青色、墨绿色、天蓝色、银灰色等。透明涂饰的木制品可能涂成栗壳色、红木色、咖啡色、茶色、橘黄色、荔枝色、蟹青色、水曲柳本色，等等。

着色工序在木制品涂饰过程中非常重要。制品外观的色彩与涂膜状态几乎等量地决定着木制品的装饰效果与装饰质量。由于人们首先看到的是木制品的外观色调，因此色彩是木制品表面装饰效果的首要因素。

在木家具生产过程中，色彩设计适宜，施工操作合理，对家具的艺术造型起着决定性的作用。一套完美的家具，必须有相应的色彩与之配合。一套款式新颖，用料名贵，制作精细的家具，色彩装饰成功，能增强家具造型之美感，起到锦上添花的效果；反之则会破坏家具的艺术性，造成前功尽弃的局面，降低家具的价值。可见着色在木制品装饰中所具有的重要作用。

色彩除对木制品起到装饰作用外，还对人们的视觉、心理与生理等产生一定的影响。当人们接触某种颜色时，便会产生喜爱或厌烦的感觉，还可能出现冷暖、软硬、轻重、明暗、远近等感受。室内装饰设计常常运用色彩的这些效果而创造和改善工作或生活环境。木制品与室内环境色彩适宜，可使人们生活与工作的环境变得舒适敞亮；减少人们身体与眼睛的疲劳；可增强人们生活与工作的乐趣与信心。从而提高人们工作与生活的质量、效率，减少事故的发生，会使人们更加热爱生活与工作。

4.1.2 色的知识

为使涂料施工过程中颜色调配准确，简述如下有关颜色的知识。

4.1.2.1 色与光的关系 人们对物体（制品、涂料等）有色的感觉是因为光的存在，是由于物体对落于其上的光线有选择性吸收、反射和折射的结果。例如，某物体吸收了绿光而反射出红光，此物体则呈现红色；吸收了蓝光而反射出黄光，则显现黄色。

光的实质是电磁波。有色光线的颜色是由波长决定的，因其折光率不同，当天然光通过玻璃三棱镜时便被分解成红、橙、黄、绿、青、蓝、紫七种颜色的可见光波。其中红光光波最长；紫光光波最短。长于红光的光波叫红外线（红外光）；短于紫光的光波叫紫外线（紫外光）。红外线与紫外线均为人的肉眼不能看到的不可见光。光波波长与颜色的关系如表4-1所列。

表4-1 色与波长

颜　色	波长，nm	颜　色	波长，nm
红	760～647	紫	424～400
橙	647～585	黑	照于其上的天然光全被吸收
黄	585～565	白	照于其上的天然光全被反射
绿	565～492	灰	对各种光波的吸收程度相差不多
青	492～455	无色透明	将各种光波全部透过
蓝	455～424		

红、橙、黄、绿、青、蓝、紫等颜色称为彩色，黑、白、灰色被称为消色。

4.1.2.2 色彩三要素 颜色种类极多，通常根据颜色的色相、明度与纯度来比较和识别，也称为色彩的三属性或三要素。

色相（或称色调）是指色彩的相貌，也称色泽。是各种颜色之间的差别，例如红、橙、黄、绿、青、紫六个色即为不同的色相。白、黑、灰色是没有色相的颜色，故称之为消色或无彩色。

明度（或称亮度、辉度）是指色彩的明暗程度。每一种颜色都有其自身的明暗差别，例如绿色可分为明绿、暗绿。不同的颜色其明度也不相同，例如，白比黄的明度高，看上去感到明亮；而紫色明度低，看起来比较暗。物体颜色的明暗取决于物体对光的吸收程度。所有颜色中最明亮的是白色几乎全反射，明度最小的色（即最暗的）是黑色，几乎全吸收。所以在其它颜料中混入白色，就可以提高混合色的明度；反之颜料中当混入黑色则降低混合色的明度。因此配色时要注意色彩的层次。当制品表面用色明度接近时，尽管用色很多，色彩也不会感到丰富、鲜艳，而是平淡无味。

纯度是指颜色的饱和程度也称彩度、饱和度或鲜艳度，表示了有彩色的纯粹度。所以，最接近光谱颜色的色是最纯粹的色，最鲜明，是标准色。

4.1.2.3 颜色分类 颜色可以分为原色、间色、复色与补色等，其定义与内容如表4-2所示。

表4-2 颜色色调分类

类 别	定 义 及 内 容
原色	红、黄、蓝称三原色，是最基本的色彩。也称第一次色，本身不能再分解，其它颜色不能调配出这三种颜色。三原色互相调配能产生各种颜色。三原色等量相加则为黑色。三原色纯度高，比较鲜明
间色 （二次色）	将三原色的任何两色等量混合所得到的橙色、紫色和绿色叫间色，也称作第二次色。其中：红＋黄＝橙；红＋蓝＝紫；黄＋蓝＝绿
复色 （三次色）	由原色和间色相互调配而成的颜色称复色。复色种类繁多，千变万化，纯度较低，色相不够鲜明，但在工艺装饰上应用广泛，也称三次色
补色	又称为互补色。三原色中的一原色与其它两原色混合成的间色，即为互补色。例如，红与其它两原色（黄、蓝）所混合成的间色绿，即为互补关系，即红与绿为互补色。补色在色彩中最富于明快对比作用

4.1.2.4 色的联想 色彩作用于人的视觉会产生种种不同的感觉与联想，在涂饰施工中加以利用会获得良好的着色效果。

（1）温度感觉 许多颜色会使人们有温度的感觉。当人们看到红色时，便会联想到燃烧的火焰；看到黄色会联想到温暖的太阳；当看到青、绿、蓝色等会自然想到晴空、海洋和树荫，产生凉意。故在色彩系统中常称红、橙、黄等为暖色系，而称青、蓝、绿等为冷色系。相对的黑比白色感觉温暖，白属冷色。明度低的比明度高的具温暖感。在质地方面有光泽而表面质地精细的颜色具冷感，表面质地粗糙的颜色具温暖感。因此，阴冷房间的木制品可选用暖色，冷饮店、热加工车间等处的家具可选用冷色。

（2）距离感觉 色彩会使人有远近的感觉。一般说，暖色易产生近距离感，有前进性，色彩学上称前进色；冷色有远距离感，有后退性，色彩学上称作后退色。距离感还与色彩的明度有关，明色显得前进，暗色显得后退，彩度越大，产生的距离感越强。这种距离感会使房间或制品有膨胀或收缩的感觉，也称胀缩感。利用色彩的这种特点，当四壁涂暗色、冷色时看起来房间变大，反之涂明色暖色的房间感到变小；当天花板涂冷色就会变高，涂暖色则会变低。适当运用色彩的距离感可使小的房间感到大一些。

（3）重量感觉 生活中人们接触到的物体对其感觉轻或重常与色彩有关。空气、棉花、雪花、纱巾给人轻感，浅蓝、雪白、粉紫、浅黄等一类明度高、色相冷的色彩使人联想到轻；钢铁、岩石、体大而重的物体易给人重感，色彩中的黑色、深色、明度低的色，易使人有重感。有关资料介绍，工厂中的产品当涂成白色时工人搬运感到轻快，能提高劳动效率。

（4）疲劳感觉 彩度不同的颜色对人们会引起不同的疲劳感。一般说，大面积过分鲜艳的颜色，如红色、黄色等，易使人们感到疲劳。而大面积的如淡绿色、淡天蓝色等则可减少疲劳，易给人淡雅和安静的感受。故在室内布置中，木墙裙等大面积饰面，尽量涂成淡绿色或淡青色等；大面积的组合柜等表面可涂成淡粉色或象牙色。这样会使人感到颜色谐调，令人感到舒适、雅致，减少疲劳。

关于色的感觉与联想确实存在，适当加以利用便会获得良好的着色效果。但是并不准确，会因人而异，并受地区、民族、时间、文化层次等影响。

4.1.3 涂饰着色分类

涂饰着色可根据基材花纹是否显现，具体着色方法与着色过程等进行分类。

4.1.3.1 按基材花纹是否显现分类 根据真实木质基材的花纹是否显现，当全部涂饰操作完毕之后，人们看到的木制品外观色调可分为两类，即透明与不透明的颜色。前者，制品外观呈现某种色调的同时并清晰显现真实木质基材的花纹，显现木材结构不均匀的特殊质感。由于透明涂饰打底与罩面都使用清漆，因此人们看到的制品外观颜色就是对基材与涂层进行着色的结果。由于受木材颜色的影响以及不可能使木材既保留花纹又着染成多种色彩鲜明的色调。因此，透明涂饰的色调不够丰富，基本上是褐色体系，多由黄、红、黑等着色材料调配而成。

透明涂饰的色调不够丰富，制作工艺比较复杂，其影响因素又很多，因而使透明涂饰的着色工艺显得灵活多变。透明涂饰的外观色调可能用多种材料与多道工序完成，由于受着色剂、木材、涂料以及具体涂饰工艺的影响。因此，透明涂饰的制品外观色调可以说是由多种因素相互作用、相互影响的综合结果。

相对比较，不透明涂饰的外观色调，在着色工艺上比较简单，它仅仅是制品最外层涂饰的色漆的颜色。例如，红的或白的色调，仅仅是涂了红的或白的色漆的结果。因此着色操作也就是外层色漆的涂饰操作，只是要选好符合要求的色漆，或调配好色漆的颜色。由于色漆的品种多，并能调配多种色调。因此不透明涂饰制品的外观颜色便显得丰富多彩，有很大的选择余地，对制品也能起到很好的装饰作用。

4.1.3.2 按所用着色材料与着色方法分类 根据透明涂饰时对木材与涂层着色使用的各种着色剂可以分为用颜料着色、染料着色以及色浆着色等方法。

着色剂是指透明涂饰时用于木材与涂层着色的已调配好的拿来可用的着色材料。过去国内市售的成品品种很少，多由使用者自行调配。一般由着色材料与调配材料两大部分组成。前者为能使木材与涂层着染成某种色调的材料，在实际生产中应用较多的主要是颜料与染料。由于颜料与染料均系固体粉末状有色材料。为了使用方便，必须调配成糊膏状混合物或溶液，因此需用调配材料将颜料或染料调配成着色剂。实际使用的调配材料有水、有机溶剂、油与各种树脂等。

根据调配材料可简单划分为水性与油性着色剂两大类。前者为用水调配颜料或染料，此类着色剂成本低，调配与使用方便，用后的工具与容器便于清洗。但是，当用水性着色剂直接涂在木材表面时，由于水润湿木材，可能使木材表面起木毛。

油性着色剂系指除水以外的调配材料，如各种有机溶剂、干性油与各种树脂溶液。此类着色剂不致引起木毛，某些不宜用水调配者（如非水溶性染料）必须用相应的溶剂调配。其中用油尤其含树脂的着色剂常称作色浆。

根据着色材料可分为颜料着色剂、染料着色剂与混合着色剂三类。第一类是用水、溶剂、油与树脂溶液等将颜料调配成糊膏状的混合物；第二类是用同样的调配材料将染料调配成染料溶液；第三类则同时含有颜料与染料。

颜料与染料虽同为粉末状的着色材料，但其性质不同。单纯用颜料与染料配成的着色剂其性状、功用、使用方法、装饰效果以及成本都不一样。

如前所述颜料一般不能溶于水、油与溶剂中，因此用水、溶剂与油只能将颜料调配成较稠厚的糊膏状的混合物。由于颜料未被溶解分散，其颗粒的实体还存在，因此颜料着色剂具有遮盖性与填孔能力。含有体质颜料与着色颜料的着色剂当直接涂于木材表面时，实际上可同时对木材进行着色与填孔，因此可称作颜料填孔着色剂。此时颜料的着色作用在于细微的颜料粒子均匀的散布于材面，并渗入木材的孔隙内。与染料溶液着染木材相比，则木纹不够清晰。如有较多颜料粉末留于材面之上，当涂饰清漆时便会遮盖木纹。如材质甚差、缺陷较多可利用此现象造成半透明状。

染料一般能溶于水、溶剂和油中，因此能配成均匀的染料溶液。由于染料颗粒已被溶解分散，所以染料溶液一般应是有颜色的均匀透明液体。当用染料溶液为木材着色时，没有遮盖性却有渗透性，不会模糊木纹。所以，染料溶液能用于木材的深层染色（薄的木材可浸于染料溶液中染透）。染料溶液对木材也没有填孔能力。

由于上述差别，颜料着色剂只能为木材进行填孔着色。而染料着色剂则既能为木材着色又能为涂层着色。即在涂过底漆的涂层上仍可涂饰染料溶液，或者将染料放入适宜的清漆中，在涂清漆的同时继续着色。

一般来说染料着色鲜艳漂亮，其装饰效果好于颜料着色，但染料成本高于颜料。我国一般普级家具涂饰多用颜料着色，中、高级家具和缝纫机台板、钢琴等木制品在涂饰过程中在用颜料着色之后还要用染料着色，以便提高着色质量。

由于染料能配成均匀的溶液。因此，涂饰染料着色剂可采用刷涂、擦涂、喷涂、淋涂、辊涂与浸涂等方法。而颜料着色剂一般仅用擦涂、刮涂与辊涂等方法涂饰。

同时含有颜料与染料的混合着色剂，其调配材料中常有胶粘剂。其性能与功用基本与颜料着色剂相同，多用于涂饰底色同时填孔。而其填孔着色的效果优于单纯的颜料填孔着色剂。

4.1.3.3 按着色过程 透明涂饰着色的全过程可分为3个阶段，即涂底色（基材着色）、涂面色（涂层着色）与拼色（调整色差）。此外，在涂底色后有时采用剥色方法使透明涂饰的木纹更清晰。

①涂底色（基材着色）即为白坯木材着色，是将着色剂直接涂在木材上。这是着色的基础，底色作好将为整个制品的外观色泽定了基调。底色作好已达到具体色调要求可以不再进行其它着色操作，简化涂饰工艺。然后，便可涂饰底漆与面漆。

前述三类着色剂（即染料着色剂、颜料着色剂、颜料染料混合着色剂）均可用于基材着色。在国外喷涂各种染料溶液应用较多，而目前国内实际生产中应用颜料着色剂较多。尤其与填孔工序合并进行时，大多应用颜料着色剂或颜料染料混合着色剂。染料着色剂仅能用于基材着色而不能用于填孔。

②涂面色（涂层着色）是在底色基础上涂过底漆，并在干透的底漆涂层上涂饰各种染料溶液。或者在每层底漆或面漆中间涂层的漆中放入相应染料。即用有色清漆涂饰着色。

如前所述，由于颜料的遮盖性，涂层着色只能使用染料着色剂。颜料与染料的着色效果是不同的，染料着色鲜明艳丽。用染料着色可进一步加强色调，完善着色过程，提高装饰质量，提高产品档次。因此，使用染料着色常成为提高装饰质量的一种措施。

由于在涂饰的底漆中可以放入相应染料，用含染料的漆液涂饰既做到涂层着色，又加厚了涂层。因此在实际生产中，涂层着色与涂饰底漆或面漆常常是合并进行的。

③拼色即调整色差，是指一件木制品当经过涂底色与涂面色之后，涂层表面可能还会出现局部色调深浅不均匀的现象。或一批板件中有个别颜色不均匀的现象。此时，需经过拼色操作使色调均匀一致。拼色也包括对未经漂白的颜色不均匀的木材进行调整。

涂层表面颜色不均常由下面两种原因造成。一是未经漂白的木材本身会有色斑、色点、青皮、深色条痕以及材质的不均匀等缺点。或者一件木制品是由不同树种木材制做，其颜色不一样，而这些色差在涂底色与面色时也未掩盖住。再一种原因是着色技术不熟练，涂擦颜料着色剂或喷涂的染料水溶液（水色）、醇溶液（酒色）不均匀。

拼色操作则主要应用染料着色剂（也少量使用颜料着色剂）将颜色不均匀的局部调整均

匀，详见后面叙述。

4.1.4 着色效果影响因素

如前所述，不透明涂饰时，用色漆涂饰制品掩盖了基材。因此，制品外观色调主要决定于色漆品种色调的选择与调配，并要涂饰均匀。透明涂饰着色效果的影响因素则较多，其中主要是具体着色剂品种与色调的选择。它决定了木材表面被着成何种色调与具有何种着色效果。但是在选择、调配与使用着色剂时，绝不可忽视由于木质基材颜色与结构的影响，以及着色之后还要注意到涂饰几层清漆的问题。因此可以说，透明涂饰着色效果的影响因素有着色剂品种与色调、木材的颜色与结构、清漆颜色与性能以及具体的涂饰工艺。

木材原是生物，结构不均匀。除少数树种有美观的颜色外，大部分木材的颜色不够均匀纯正美观，装饰性差，干扰了透明涂饰的着色效果。各树种间颜色有差异，同一树种的边心材颜色也不同，早晚材也有差异。由于结构不均匀，使吸收着色剂（吸色）的情况也不同。当涂饰同一浓度的着色剂时，对于不同树种其着色效果会不一样。因此，当设计着色工艺时应将木材颜色考虑在内。

透明涂饰时，当基材着色后，要涂饰多遍清漆。清漆理应是水白透明的，但实际生产中使用的大多数清漆都带有不同程度的黄色。有些清漆的颜色比黄色还深，例如有些未漂白的虫胶是暗红色，配成的虫胶漆颜色深重，这就给透明涂饰的着色效果带来影响。用某些清漆涂饰的木制品在使用多年后干漆膜还要逐渐变黄。因此，清漆的颜色影响应在着色工艺中估计到。

具体的涂饰工艺也会影响着色效果。例如，涂饰未漂白的虫胶漆固体份含量高、涂饰遍数多、每遍涂饰量多时，与固体份含量少、涂饰遍数少、涂饰量少的涂层相比较，前者颜色必然会加深。手工刷涂虫胶漆时，返刷过多也会加深涂层的颜色。

对着色效果起决定性作用的是选用的着色剂品种与性能。但实际的着色结果却是上述各种因素互相作用、互相影响而形成的。当设计制品外观色泽与调配使用具体着色剂时，必须针对具体情况进行工艺实验，制作样板，最后选择与确定着色剂品种与着色工艺。

4.2 颜料着色

颜料着色主要是指透明涂饰时使用颜料着色剂对木质基材着色。由于色漆主要是用颜料与成膜物质溶液组成。因此不透明涂饰时，涂饰色漆也可以看作是对制品外观进行颜料着色。

4.2.1 颜料着色剂调配

如前所述根据所用调配材料可分为水性颜料着色剂与油性颜料着色剂。

4.2.1.1 水性颜料着色剂 也称水粉浆、水老粉。由于同时对木质基材填孔，因此也称作水性颜料填孔着色剂。它主要由无机着色颜料（如铁红、铁黄、哈巴粉等）、体质颜料（老粉、滑石粉等）和水调配而成。有时加少量胶粘剂（如乳白胶、皮胶、骨胶等）；有时不加胶粘剂。由于木材吸水后易膨胀，使表面粗糙，故水粉浆多用于普、中级木制品透明涂饰时的基材着色。在调配水粉浆时，着色颜料与粘结剂的用量不宜过多，如着色颜料调加过多时，由于其遮盖力强，涂擦在木材表面上时不易擦净（即木材表面不留浮粉）。因而易于掩盖木纹，使木纹不清晰。当粘结剂用量多时，涂于木材表面的粉浆干燥过快，也不易擦净擦匀，影响着色质量（掩盖木纹与出现色花）。故在调配水性颜料填孔着色剂时，应控制好着色颜料与粘结剂的用量。水性颜料填孔着色剂中水与颜料比例大约为1:1左右。其中水少利于填孔，当涂擦细孔材（松木、椴木等），水可酌增。

表4-3所列为部分色泽水性颜料填孔着色剂（水老粉）的参考配方。由于各地生产的名称相同的颜料，色调可能有出入。以及前述透明涂饰影响着色效果的因素还有木材、清漆和具体涂饰工艺。因此，在具体生产条件下使用表4-3的配方需经试验与修正。

表4-3 水性颜料填孔着色剂配方

材料	色泽					
	本色	淡黄色	淡柚木色	栗壳色	蟹青色	红木色
	重量份					
碳酸钙（老粉）	60	58	59	55	56	56
立德粉	0.5～1.0	0.5～1.0	—	—	—	—
铁红	0.01	—	1.0～1.5	1	0.5～1.0	1
铁黄	0.1～0.3	1～2	0.5～1.0	—	1.0～1.5	—
铁黑	—	—	—	0.5～1.0	1.5～2.0	1～2
哈巴粉	—	—	0.1～0.5	4～6	1.0～1.5	1.0～1.5

注：1）如需增加附着力可酌加0.5～1.0份胶粘剂（乳白胶等）； 2）水加入量约为颜料的1.0～1.5倍，或按重量百分比为表内颜料量的余量。

调配水粉浆时，可按表中比例先将老粉（大白粉）放入水中调成粥状，搅拌均匀，随后再陆续加入铁红、铁黄等着色颜料。也可以先将着色颜料与体质颜料混合均匀拌成色粉，再逐渐加水搅拌。如用铁黑、碳黑，应先用酒精溶解之后再放入水中，调好的水粉浆最好经过滤再用。

4.2.1.2 油性颜料着色剂 也称油老粉、油粉子。油性颜料填孔着色剂，是用体质颜料、着色颜料、清油或油性漆以及相应稀释剂调配而成。其特点如前所述，填孔性好、附着力强、透明度高、木纹清晰，尤其不会引起材面膨胀起毛，便于涂擦。但其干性差，表干可能快于水粉浆，而实干则比水粉浆慢许多（一般常温约需干燥8～12h）。使用时有溶剂的气味，成本比水粉浆高。部分色泽油性填孔着色剂参考配方如表4-4所列。

表4-4 油性颜料填孔着色剂配方

材料	色泽					
	本色	淡黄色	柚木色	浅棕色	咖啡色	红木色
	重量比，%					
碳酸钙（老粉）	74	71.30	68.1	55	57	57
立德粉	1.3	—	—	—	—	—
哈巴粉	—	0.41	—	2	2	—
铬黄	0.05	—	—	—	—	—
铁黄	—	0.10	1.8	2	—	—
铁红	—	0.21	1.8	1	1	1
铁黑	—	—	1.3	1	1	3
清油	4.55	5.30	4.5	10	10	10
煤油	7.60	10.34	10.0	—	—	—
松香水	12.50	12.34	12.5	29	29	29

调配油性颜料填孔着色剂时，清油也可以用酯胶清漆、酚醛清漆或醇酸清漆代替。加煤油可使表干慢些便于操作。老粉也可以用滑石粉代替，尤其用石膏代老粉其填孔效果更好，但调配时需适量加一点水。调配时，一般先用清油或油性漆与老粉调合，并用松香水与煤油稀释之后再加入着色颜料调匀即可。调好的油老粉宜适当加盖密封，否则易挥发结块。故一次不宜配多，最好现用现配。

4.2.2 颜料着色剂使用

颜料填孔着色剂多为手工擦涂或刮涂。

4.2.2.1 水性颜料着色剂使用 使用颜料填孔着色剂之前木材应经过处理（即经过清净、腻平、砂光等表面准备），调好的水粉应在样板上经过试验后再使用。生产中一般使用细刨花、细竹花、棉纱或软布等直接蘸水粉在木材表面涂擦着色与填孔，较稀的水粉可先刷后擦，刨花硬可用热水喷软再用。

涂擦时先要搅拌水粉使颜色均匀。用棉纱等蘸粉子将整个需着色部位涂擦一遍，已涂上的水粉趁其未干快速涂擦。即先横纹或转圈，适当用力将粉子擦入管孔、管沟，填满、填实所有孔隙，并使表面均匀着色。制品表面凡需着色部位不应遗漏，均应擦到擦匀，擦出木纹，颜色均匀，不留横丝。当已基本擦均匀而粉子尚未干燥之前，换用干净的软刨花或棉纱（浅色粉子必须用干净的棉纱或软布）顺木纹方向将表面上多余的粉浆揩擦干净。即除管孔、管沟外，整个木材表面不留浮粉，使表面达到颜色均匀，鬃眼平整，木纹清晰。

对于大件木器和批量木器，为了提高工效可两人配合操作。即一人先用宽毛刷蘸水粉浆将表面刷满；另一人立即用棉纱、刨花等擦涂。

在水粉浆使用过程中，如发现沉淀时，应立即搅拌均匀。如水粉浆变稠时，应加适量温水搅拌调稀后，再进行使用。对于所用棉纱或软布，如在擦粉过程中沾污粉浆过多不宜擦净底层时，也应及时更换，确保着色质量。

涂擦水粉时还需注意，如果制品表面在不同部位有深浅色调之分（如正面色浅、侧面色深、门芯色浅、门边色深等）时，可先涂浅色后涂深色。这样既使浅色粉子溅至深色部位也无妨，反之则无法处理。

涂擦时还需注意木材对着色剂的吸收（吃色）情况以及材质本身的情况。为使颜色均匀，整个表面应区别具体情况，使用不同的力度擦涂。材质疏松与木材本身颜色较深处要擦得重些；反之应擦轻些。擦涂时当用力过重与反复擦得过多就有可能把已擦入管孔内的粉子又带出来。在粉子全部干透之前，如前述将不易擦掉的边角积存的浮粉，用细软的布包着小刀修整干净。

水粉子干燥较快，在大面积表面上涂擦时，最好分段进行。以保证填孔着色的质量。

在涂擦过程中或涂擦完了，如发现有色泽不均匀处，可以再局部甚至全面重涂重擦。制品表面凡需着色部位，水粉均应全部擦到。而对制品不需着色的内部或背部应保持清洁，不应留下粉迹与指印等。

如吸湿膨胀起毛严重的树种（如涂擦水曲柳胶合板有俗称“崩筋”现象），在涂擦水粉子之前可先用松香水等溶剂将白坯表面擦一遍，趁湿再擦水粉子。

水性颜料填孔着色剂干透之后，一般涂饰一遍封固底漆（虫胶、硝基、聚氨酯等）封闭保护。

4.2.2.2 油性颜料着色剂使用 油粉浆的使用方法与水粉浆基本相同。由于油粉浆的显纹效果与附着力比水粉浆好，而且不引起木材的膨胀起毛，故多用于中、高级木器。因其表干比水粉浆快，故操作速度要快。此外，需注意当涂过油粉浆干燥之后，必须涂饰几道封固底漆封闭保护。否则在油粉浆涂层上直接涂饰硝基漆或聚氨酯漆则有可能“咬起”下层，而造成色花。

4.3 染料着色

染料着色即用染料着色剂（各种染料溶液）对木材或涂层进行着色。可加强颜料着色的效果，使透明涂饰的制品外观色泽更鲜艳漂亮。

4.3.1 染料着色剂调配

染料着色剂即各种染料溶液，根据所用溶剂可将染料配成水溶液（水性染料着色剂）、染料醇溶液（醇性染料着色剂）、染料有机溶剂溶液（例如油性染料着色剂）、染料漆液（清漆中放入相应染料）。国内外实际生产中应用较多的有下列各种染料着色剂。

4.3.1.1 水性染料着色剂 水性染料着色剂是将能溶于水的染料（主要是酸性染料、碱性染料与直接染料等），按百分比例（譬如100g 水中放入2～3g 染料，有时放点胶液，有时不放），用热水冲泡溶解配成的染料水溶液。生产中也称为“水色”。

调配水色应用最多的是酸性染料。按制品色泽要求选择酸性原染料（如酸性红、酸性橙等），也可以使用成品酸性混合染料（如黄纳粉、黑纳粉等）。最好使用同类染料调配。例如，同是酸性染料，而不宜用直接染料（或酸性染料）与碱性染料调配，否则可能产生不易溶解的沉淀色料。而某些酸性染料品种与直接染料有可能混用，需要具体试验。

调配水色的水温一般为60～80℃，有些品种水温适宜高些。例如，生产实际中常用开水冲泡黄纳粉、黑纳粉等。而有的品种（如槐黄）遇高温可能分解褪色，而以50～60℃热水溶解较适宜。

调配染料溶液宜用清洁的软水。无软水时，可将硬水煮沸或添加少量（约1%）纯碱或氨水。氨水不仅可使硬水软化，而且还能促使染料溶液渗入木材。

每种染料在水中都有一定的溶解度（1l 温水一般只能溶解15～35g 染料）。超过溶解度即达饱和，加再多的染料也不能溶解，颜色也不会变浓。因此，使用水色欲着染较浓色调时，需多次重涂。

用碱性染料调配水色的参考配方列于表4-5中。用酸性染料调配水色的参考配方列于表4-6中。

表4-5 碱性染料水溶液配方

染料	重量比,%															
	浅木色	深木色	浅黄色	橘黄色	橘红色	金黄色	浅棕色	深棕色	紫红色	紫棕色	咖啡色	栗壳色	蟹青色	柚木色	红木色	古铜色
碱性嫩黄	0.5	—	1	—	—	0.5	—	—	—	—	—	—	—	4	—	—
碱性金黄（块子金黄）	—	0.3	—	0.8	0.2	0.5	—	—	—	—	0.3	0.2	—	—	—	—
碱性金红（块子金红）	—	—	—	0.2	0.8	—	—	—	—	—	—	—	—	—	2	2
碱性棕	—	0.5	—	—	—	—	1	5	—	4	2.0	4.0	2.0	1	3	1
碱性紫	—	—	—	—	—	—	—	—	0.2	2	—	—	—	—	—	—
碱性品红	—	—	—	—	—	—	—	—	1.0	—	—	—	—	—	—	—
碱性桃红	—	—	—	—	—	—	—	—	0.5	—	—	—	—	—	—	—
碱性品绿	—	—	—	—	—	—	—	—	—	—	—	—	0.2	—	—	—
墨汁	—	—	—	—	—	—	—	1	—	—	—	2.0	3.0	2	5	8
热水	99.0	98.7	98.5	98.5	98.5	98.5	98.5	93.5	97.8	93.5	97.2	93.3	94.3	92.5	89.5	88.5
乳白胶	0.5	0.5	0.5	0.5	0.5	0.5	0.5	0.5	0.5	0.5	0.5	0.5	0.5	0.5	0.5	0.5

表4-6 酸性染料水溶液配方

染料	重量比,%															
	浅木色	深木色	浅黄色	橘黄色	橘红色	金黄色	浅棕色	深棕色	紫红色	紫棕色	咖啡色	栗壳色	蟹青色	柚木色	红木色	古铜色
酸性嫩黄	0.4	0.8	0.5	—	—	—	—	—	—	—	—	—	—	—	—	—
酸性金黄	—	—	0.1	0.7	0.2	0.5	—	—	—	—	—	—	—	—	—	—
酸性橙 I	—	—	—	0.3	1.0	—	—	—	—	—	0.1	—	—	—	—	—
酸性棕黄	—	0.2	—	—	—	—	0.8	4.0	—	3.0	1.0	—	—	1.5	—	—
酸性大红（酸性红 G）	—	—	—	—	—	—	—	—	0.2	—	—	—	—	—	—	—
酸性桃红	—	—	—	—	—	—	—	—	0.5	0.4	—	—	—	—	—	—
酸性紫红（酸性红 B）	—	—	—	—	—	—	—	—	1.0	2.0	—	—	—	—	—	—
酸性黑	—	—	—	—	—	—	—	0.5	0.5	0.2	—	0.5	5.0	0.5	2.0	1.0
酸性蓝	—	—	—	—	—	—	—	0.1	0.1	—	—	—	—	—	—	—
黑纳粉	—	—	—	—	—	—	0.1	—	—	—	0.3	2.0	—	—	8.0	—
黄纳粉	—	—	—	—	—	0.5	0.1	—	—	—	0.2	8.0	2.0	2.0	—	5.0
热水	99.0	98.5	99.0	98.5	98.5	98.5	98.5	95.0	97.0	94.0	98.0	89.0	92.5	95.5	89.5	93.5
乳白胶	0.6	0.5	0.4	0.5	0.3	0.5	0.5	0.4	0.7	0.4	0.4	0.5	0.5	0.5	0.5	0.5

和颜料一样，名称相同的不同厂家与不同时期出厂的染料色调可能有变化，故使用上述配方需要经过试验与修正。此外需注意块状染料使用前需捣碎再溶解。加沸水冲泡尚不能迅速溶解的染料应放入沸水中煮数分钟至溶解。

4.3.1.2 醇性染料着色剂 醇性染料着色剂是将能溶于醇类（主要是酒精）的染料（碱性染料、醇溶性染料与酸性染料等）用酒精或虫胶清漆调配而成。生产中也称作酒色。

调配酒色时，放入酒精或虫胶漆中的着色材料应用较多的是碱性染料（如品红、品绿、品紫、杏黄等）、醇溶性染料（如醇溶耐晒黄、醇溶耐晒火红 B、醇溶黑等）。此外酸性原染料、黄纳粉与黑纳粉以及诸如铁红、铁黄、立德粉、哈巴粉等着色颜料也少量使用。

当使用碱性染料时，可预先放在瓶内用酒精浸溶，当用虫胶漆调配酒色时再适量移入漆中。当使用黄纳粉、黑纳粉等混合酸性染料时，因其含有胶粘剂不溶于虫胶漆，因此调配时，可把它包在细纱布里，用手握住浸入漆液中。然后滚捏纱布包，使其中的染料边润湿边溶解到漆中去。

部分色泽的酒色配方如表4-7所列。

表4-7 醇性染料着色剂配方

染料	重量比,%															
	浅黄色	橘黄色	橘红色	浅黄纳色	深黄纳色	浅黑纳色	深黑纳色	浅紫红色	深紫红色	浅红木色	深红木色	浅柚木色	深柚木色	浅栗壳色	深栗壳色	乌木色
黄纳粉	—	0.2	—	5.0	12.0	—	—	—	—	—	—	2.0	8.0	3.0	10.0	—
黑纳粉	—	—	—	—	—	5.0	15.0	—	—	10.0	15.0	0.5	—	—	2.0	10.0
碱性金黄（块子金黄）	—	0.8	—	—	—	—	—	—	—	—	—	—	—	—	—	—
碱性金红（块子金红）	—	—	0.2	—	—	—	—	—	—	—	—	—	—	—	—	—
酸性嫩黄 G	1.0	—	—	—	—	—	—	—	—	—	—	—	—	—	—	—

（续）

染料	重量比,%															
	浅黄色	橘黄色	橘红色	浅黄纳色	深黄纳色	浅黑纳色	深黑纳色	浅紫红色	深紫红色	浅红木色	深红木色	浅柚木色	深柚木色	浅栗壳色	深栗壳色	乌木色
酸性橙Ⅱ	—	—	0.8	—	—	—	—	—	—	—	—	—	—	—	—	—
碱性品红	—	—	—	—	—	—	—	0.8	2.0	—	—	—	—	—	—	—
碱性紫	—	—	—	—	—	—	—	0.2	1.0	—	—	—	—	—	—	—
炭黑	—	—	—	0.5	1.0	0.2	0.5	—	0.3	—	0.5	0.1	0.5	0.3	0.5	1.0
碱性桃红	—	—	—	—	—	—	—	0.5	1.0	0.5	—	—	—	—	—	—
虫胶片	10.0	10.0	10.0	10.0	7.5	9.0	8.5	10.5	9.7	9.5	7.5	9.4	8.5	9.7	8.5	9.0
酒精	89.0	89.0	89.0	84.5	79.5	85.8	76.0	88.0	86.0	80.0	77.0	88.0	83.0	87.0	79.0	80.0

4.3.1.3 **不起毛着色剂** 这是一种国外应用较多的醇性染料着色剂。因其不引起木材膨胀的特性而习惯常常单列一类，并称作不起毛着色剂。此类着色剂可用部分酸性染料、碱性染料或醇溶性染料等溶于乙二醇、乙二醇乙醚（溶纤剂）、乙醇、甲醇与甲苯等混合溶剂而成。其中的一种配方举例如下：

醇溶性染料	1～4份	乙二醇	15～30份
甲醇	100份	乙二醇乙醚	2～3份

将上述材料适当混合搅匀后贮于玻璃或陶瓷器皿中，备用。

4.3.2 染料着色剂使用

由于不同的染料着色剂其性质与用途的差异，故其使用方法有区别。

4.3.2.1 **水性染料着色剂使用** 调配好的染料水溶液（即水性染料着色剂、水色）可以直接涂在木材表面为木材表面着色（底色）。也可以涂在中间涂层中（例如在涂过水性颜料填孔着色剂干燥后并涂过虫胶清漆干燥后的涂层上）为涂层着色。还可用于木材的深层染色，例如几毫米厚的木块或单板，浸在酸性染料水溶液中，高压或常压蒸煮染色以用于将普通木材模拟成贵重树种木材。或制造合成薄木与镶嵌装饰用材等。

涂饰水色可用刷子、海绵、软布、棉球等手工涂擦。也可以用喷枪喷涂、用机械进料的辊涂机涂擦。小的零部件（尤其圆形的腿、脚、拉手等）可在染料水溶液中浸染。

用染料水溶液在木材表面直接着色的技术比较复杂，影响着色效果的因素很多，很容易造成着色不均匀（色花）。如前所述木材的复杂成分，不均匀的构造，内含物质以及固有的天然颜色等，都对着色产生影响。

由于木材密度不同，材面粗细不同。涂饰同一水色，木材端头要比平面颜色深，春材比秋材颜色深。这种不均匀性有时有助于木材表面天然纹理更为明晰美观，加强木材表面的装饰效果。但也容易使木材表面产生斑点和条痕，影响装饰质量。

采取如下措施有可能改善着色的不均匀性。即在染料溶液中适当加入一些苛性钠、碳酸钠、氨水、或15%～20%的甲醇，有利于着色剂的扩散，避免色花。在着色前用25℃的温水润湿木材表面（端头与半端头需多润湿），或先在木材表面涂饰稀薄的虫胶清漆等。

涂饰水色应用较多的仍是手工刷涂。由于水溶液粘度很低，因此选用的毛刷毛质宜柔软（兔毛或羊毛刷，也可用毛薄的猪鬃刷），毛刷尖端整齐，能吸含多量着色剂溶液。手工刷涂时，可先使毛刷充分吸含水色后，在容器边缘轻靠几下挤出多余的水色，使其不致到处滴洒，然后以毛刷中央部分充分刷涂材面。刷涂往返次数不宜多，否则可能起泡。刷涂水色宜于一次涂完，否则涂次多会造成色花（不均匀）。应迅速进行，以不使毛刷干燥为宜。

具体刷法还需注意材质与零部件形状规格。如果刷制品大的平面（如桌面等），材质硬鬃眼浅，木面平整光滑，则可选用较宽的鬃刷蘸水色，先顺木纹方向将表面满刷一次，然后迅速横刷一次（顺木纹横向），最后再顺木纹纵行（后刷压前刷约1/3面积）轻轻涂刷一次。如此刷则可保证颜色的均匀一致，并注意将周围边缘的积色收刷干净。如果制品表面用材较软（如桐木等），木纤维较粗，可用宽毛刷顺木纹纵行一次性刷均匀，尽量减少染料水溶液对木材的渗透，使刷后的色面尽快干燥，以减少木材的吸湿膨胀。对于制品形状复杂、面积又小的零部件，可用宽窄适宜的毛刷，蘸水色顺结构方向纵行迅速将色面一次性涂刷均匀，并注意随时将制品的边缘棱角等处的积色轻轻收刷干净。此外，涂刷水色还需注意以下各点。

涂饰水色应在室温下进行，施工环境的温度过高过低都容易使着色不均匀，产生斑痕，造成色花。水色本身的温度也不宜过高，尤其沸水冲泡的水色一定降温后再用。如果底层有水粉浆与水性腻子，当涂饰的水色温度高则有可能将底色浆刷起，造成颜色不均。如果基材是胶拼板材，则有可能使拼缝中的胶粘剂溶胀，造成胶缝鼓起甚至开胶，故应控制水色温度。

如前所述，木材材质致密者对染料水溶液吸收少，而对材质疏松者则吸收多。而后者颜色深，因而需注意同一件制品上可能不同零部件树种与材质不同，此时应在质硬处多刷一道或二道水色以保证着色的均匀。

由于水色的水分蒸发干燥受环境温度影响较大。因此，应因季节掌握干燥时间，一般夏季室内需1h 左右干燥；而春秋则需1～2h；而冬季可能需要2～3h。故冬季施工需注意设法提高室温，水色尽量刷的薄些，特别要注意制品上一些边角的积色一定要仔细收刷干净。因为水色必须彻底干透才能进行下道工序（涂漆等），否则可能造成涂饰缺陷。

调配水色时是否要加点胶粘剂，这与水色层干后的打磨有关。一般水色干后可能起木毛或落上灰尘颗粒，一般情况下，需经打磨光滑，但很容易磨花。此时，如水色中含胶粘剂，则可用废旧细砂布轻磨需磨处（有粗糙颗粒处），磨后用干净软布（禁用潮湿布）擦净磨屑。对于未加胶粘剂（或加量过少者）的水色层只能用细砂纸的背面顺木纹轻磨平滑即可。此外在罩一遍虫胶漆或其它底漆，在涂层上打磨则可减少出现色花的现象。

用水色着染涂层比直接着染木材方便些，因此在实际生产中应用较多。一般是在经过水性或油性材料填孔着色并涂过虫胶清漆干燥砂光的表面上，用排笔蘸适量水色满涂一遍。接着用较大的干燥漆刷（硬鬃刷或大排笔）横斜反复涂匀。最后顺木纹方向轻轻刷直，不要留下刷痕，造成流挂或过楞与小水泡等缺陷。小面积或边角处可用纱布或棉纱揩擦均匀。

在涂层上涂刷水色时如遇到“发笑”现象，即水色不能均匀涂布，刷过水色后局部有不沾水色处。这时可将排笔在肥皂上擦抹几下，再刷水色就会好些。

涂过水色的表面在干燥过程中，注意不要使水或其它液体溅在上面。也不要用手摸，以免留下痕迹。

涂刷水色的毛刷在一次用完之后应及时清洗干净。否则含染料水溶液的毛刷干燥后再用时便会造成色花。

在实际生产中，涂刷的水色干后一般要涂刷清底漆封罩保护。涂漆前水色应彻底干透，否则可能出现涂层发白，木纹模糊等缺陷。在水色层上刷漆不可多回刷子，以免刷掉、刷花水色，造成颜色不均匀。

当刷过水色、干燥，并罩过清漆之后，如果发现表面有色花的地方，可以增加“揩水色”工序。即用纱布包棉纱蘸水色揩擦表面色花的地方，由淡到浓逐渐加深。凡揩擦水色处干后都要刷涂稀薄的虫胶清漆封罩。在没有严重色花的情况下，不一定都要进行揩色。

使用水性染料着色剂（水色）其特点是调节浓度简便，但干燥缓慢使施工周期加长。为便于将水色涂饰均匀，多余的色液或色深处可用纱布擦去一部分。水色色调鲜艳透明，便于显现木纹，耐光性好。配好的水色未用完的部分便于保存。但是用水色直接涂在木材上有可能引起膨胀产生木毛，将影响涂膜产生缺陷，造成着色不均匀。因此采用水性染料着色剂直接在木材表面着色之前，木材表面处理阶段一定要彻底去除木毛。

4.3.2.2 **醇性染料着色剂使用** 醇性染料着色剂（酒色）常用于如下几种情况：一是直接着染木材表面，这时多用染料的酒精溶液，此时机械辊涂较多，手工刷涂较少；其次用于颜料着色或涂饰水色之后，色调尚未达到要求时，涂饰含染料的虫胶清漆（也称酒色），这时的酒色不仅是着色剂加强色调（属涂层着色），同时又是底漆，可起到着色、封闭、打底增厚涂层的作用，此种情况应用较多；再就是用作拼色剂调整涂层色差（拼色）。用作拼色剂的酒色中，除放入染料外有时还放入少量着色颜料。由于颜料的遮盖性会使木纹模糊不清，因此虫胶漆中不宜放入过多的颜料。

由于酒精与木材相容性大，对木材的渗透性良好，干燥快。故醇性着色剂适于机械淋涂、辊涂与喷涂，也可以用排笔、板刷手工刷涂。手工刷涂酒色需要相当熟练的技术，主要是因为酒色干燥快、流展性差，故决定了刷涂酒色时需选用较宽的软毛排笔或板刷等，动作快速的顺木纹方向刷涂，且不宜多回刷子，因为每一刷都会加深色调。如果刷涂1.0～1.5m 长的物面，每蘸一次酒色，应迅速顺木纹纵行涂刷1或2个来回。刷后刷道要直，刷道与刷道的边缘重叠面积要少，重叠多则颜色深造成颜色不均匀。刷时需从表面一头一次性直刷到另一头，而中间不要停留，以免产生搭接，则颜色重叠。每蘸一次酒色刷到边缘时，应随手或用软布将边角与过楞的色液及时收理干净。对于高约1.5m 左右的垂直表面，应从上边缘一次性直刷到下边沿。这样一刷紧接一刷地迅速将表面刷满、刷匀，再将边沿棱角等处流淌的色液快速收理干净，以免干后成为积色。对于小于0.3m^{2}的表面，可选用尽量宽的排笔，满蘸一次酒色一次性将整个表面刷满、刷匀。避免酒色干后显现搭接处颜色深。对于木制品边缘的花线、雕刻与镶嵌的装饰部位，尽量选窄小的排笔或板刷。顺结构方向快速细致地涂刷均匀，确保与大面的颜色一致。

酒色刷涂过程中如因酒精挥发溶液变稠时，应立即加适量酒精进行调稀。以免溶液过稠粘度过大，使涂刷困难，颜色不均匀而影响质量。

每道酒色刷完后，一般干燥几分钟达表干便可接着刷涂下道。这样可连续刷涂2或3道甚至3～5道，直至使整个表面颜色均匀达到要求为止。

如果在较潮湿的环境条件（如夏天阴雨天）下涂饰酒色，可能出现因酒精吸湿而使涂层发白的现象。此时，可在酒色中加入少量（约为虫胶片重量的1%）研碎的松香粉末，搅拌均匀，溶解后再涂刷，可避免涂层变白的现象。对于已经出现了变白的表面，可在干燥的环境下或太阳下薄刷一次酒精，变白现象可能消除。

酒色干燥后可用废旧细砂纸（布），顺木纹轻轻细致地打磨光滑。注意可能稍一用力便将色面（尤其边沿棱角）打磨露白造成色花。酒色表面干后一般刷涂几道虫胶清漆封罩保护。

醇性染料着色剂色调鲜明，但不及水色艳丽和耐光。其干燥快，对木材渗透性好，比水色可较少引起木材膨胀与起毛。但是由于干燥快、渗透性好，流展性差，要求较高的涂饰技巧，容易着色不匀。

属于醇性染料着色剂的不起毛着色剂，主要特点是对木材着色时不致造成膨胀起毛、木肌粗糙。由于其组成中含高沸点溶剂，故其干燥速度比水快，而比一般醇性染料着色剂（用乙醇作溶剂）慢。如木材渗透性好，则不宜采用刷涂而多采用喷涂，因刷涂易于造成着色不均匀。

4.4 色浆着色

色浆系指含粘结剂的着色剂。其着色材料中经常颜料与染料混用，而粘结剂则采用胶粘剂、油类、树脂，有时直接用各种清漆调配。故可以分为水性色浆、油性色浆以及树脂色浆等。由于色浆中一般含有成膜物质（胶、油与树脂等），故使用色浆常常可以达到填孔、着色与打底的多重目的。而且填孔着色效果好，颜色鲜艳，木纹清晰，附着力好。有时可以省去涂面色工序，故可简化工艺。

4.4.1 水性色浆

水性色浆是由水溶性粘结剂将颜料、染料、填料以及部分助剂调配而成，并用水作稀释剂。有一些可自行调配，有一些是油墨厂、染化厂用于织物印花着色的产品，也可用于木器的着色。其具体配方与使用见表4-8、4-9、4-10、4-11。

表4-8 水性色浆配方之一

材 料	色泽			
	白色	黄色	红色	咖啡色
	重 量 比,%			
钛白粉	50	—	—	—
铬黄（或涂料黄）	—	45	—	—
大红粉	—	—	30	—
哈巴粉	—	—	—	40
乳白胶	30	35	40	35
温 水	20	20	30	25

注：表内数字为重量比（%）。

上表中将着色颜料先用温水浸湿混合均匀后再加适量乳白胶等胶粘剂充分搅拌均匀即成。但是这样调好的色浆粘度较大，色调也较单一，不便直接使用，也易于覆盖木纹。故需根据产品色泽要求进一步将几种单色混合调出所需颜色后，再加3～5倍重的温水调稀后再使用。此种色浆颜色鲜艳，附着力好，成本低廉，使用方便。涂后干燥比油性材料快，常温约需2～4h干燥。

表4-9 水性色浆配方之二

成 分	材 料	重量比,%	规 格
胶粘剂	4%羧甲基纤维素 聚醋酸乙烯乳液	24.5 8.0 } 32.5	 505型
着色材料	酸性染料 氧化铁颜料	6.5 1.5 } 8.0	工业 工业
填充材料	滑石粉 石膏粉	33.5 7.0 } 40.5	工业 工业
稀释剂	水	19.0	自来水

上表中所用羧甲基纤维素是纤维醚的一种，是一种白色粉末状材料，易吸湿，溶于水可制成粘性溶液，常用作胶粘剂，在这里作胶粘剂可提高填孔着色层的附着力。

着色材料多用酸性原染料与氧化铁颜料，一般不宜用成品混合酸性染料（如黄纳粉、黑纳粉等）。染料与颜料品种与用量可根据具体产品色泽要求试验确定。部分色泽的参考配方如表4-10所列。

表4-10　部分色泽配方

成分	材　料	色　泽			
		红木色	中黄纳色	淡柚木色	蟹青色
		重　量　份			
胶粘剂	4%羧甲基纤维素	110	110	110	110
	聚醋酸乙烯乳液	36	36	36	36
着色材料	酸性媒介棕	5.1	10.0	0.5	4.0
	弱酸性黑	1.1	2.5	—	—
	酸性大红	0.4	1.0	—	—
	酸性红	0.05	1.0	—	—
	酸性嫩黄	2.1	4.0	—	—
	酸性橙	4.5	10.0	—	—
	墨汁	—	2.0	—	3.0
	氧化铁红	1.8	4.0	0.5	1.0
	氧化铁黄	1.5	4.0	—	1.0
	氧化铁棕	—	—	1.5	—
填充料	滑石粉	150	150	140	150
	石膏	30	30	30	30
稀释剂	水	84	84	84	84

注：表4-9与4-10引自上海家具研究所报告。

调配时按表4-10选定某种色泽配方。先称取羧甲基纤维素隔夜用水浸渍溶解，呈透明糊状，搅拌均匀（不可调成块状）。然后将按配方量称取的各种染料混合后再放入着色颜料，均匀混合在一起，用沸水冲泡混合的染料与颜料，使其均匀溶解与分散。再加入聚醋酸乙烯乳液和已溶解好的羧甲基纤维素。最后加入填充料，搅拌均匀即成。

上述水性色浆可用带刮刀的辊涂机涂饰表面平的板式部件，也可以手工刮涂。因其干燥较快，故手工刮涂需快速操作，一次刮净。

手工刮涂时，先用漆刷蘸色浆满涂于零件表面，随即快速用牛角或钢刮刀顺木纹方向一次刮净，显露清晰的木纹。在室温20～25℃下，隔20min，用同法复刮一次。施工剩余的色浆，可加入少量的水封面以防干结，在下次使用前将水倒掉即可使用。

此种色浆主要用于木材表面的填孔着色。在经过清净砂光的白坯木材表面上刮涂一度色浆，干后再刮一遍，然后干燥砂光即可涂饰底漆与面漆。

手工刮涂时，每遍在室温20℃时，需15～20min 干燥便可砂光涂漆。如果在机械化连续涂饰流水线上使用上述水性色浆和被辊涂的板件通过80℃的远红外辐射热烘道时，则经7min 便可达实干。当涂饰二度水性色浆经烘道约需14min 后便可涂底漆。

此种色浆干燥较快，无毒、无味，成本低，操作方便。利于手工与机械施工，简化了涂饰工艺，可提高涂饰效率。由于含胶粘剂填孔效果好附着牢固。又因含染料着色效果好、色泽鲜明纯正。

此种色浆因在干燥过程中水分挥发，填实的管孔有收缩现象，封闭性略差。

如前所述一些油墨厂与染化厂等纤维织物着色用的水性涂料色浆也可用于木材表面的填

孔着色。这些水性涂料色浆是由着色颜料、染料、甘油与平平加、乳化剂等助剂调合后，再经磨细轧制，用水稀释而成。其特点是色彩鲜艳、附着力好。部分色泽的色浆品种，其主要组成与性能列于表4-11中。

表4-11 水性涂料色浆品种与组成

品　种	主要组成	性能与用途	产　地
涂料色浆白 FTW	钛白粉、平平加、甘油与水等	色彩鲜艳、细腻均匀、着色力好、耐酸碱、耐一般有机溶剂。可用于纤维织物着色印花，也可用于木器着色	上海油墨厂等
涂料色浆金黄 FGR	坚固深红、联苯胺黄G、坚固金黄GR、乙二醇、平平加、甘油与水	色鲜艳、耐酸、碱、耐磨、耐热、耐候。可拼混使用，主要用于纤维着色也可用于木材表面	上海油墨厂等
涂料色浆枣红 FG	涂料宝红、永固橙G与平平加、甘油、水等	色鲜而质细，耐酸碱、耐一般有机溶剂。用于混纺织物印花及木纤维着色	上海油墨厂等
涂料色浆棕 FGN	坚固深红、坚固金黄GR、坚固橙G、碳黑与平平加、甘油、水等	色鲜质细，可拼混使用。具优异的耐日晒、耐候、耐磨、耐热等性能。可用于纤维的着色以及在塑料薄膜上印木纹等	上海油墨厂等
涂料色浆红紫 FR	坚固红紫、平平加、甘油、尼凡丁、水	色鲜美、遮盖力好、附着力强、耐酸碱、耐一般有机溶剂。用于合成纤维印花以及木器着色等	天津染料化工八厂等
涂料色浆深红 FITRG	坚固深红、桃红F3R与平平加、甘油、尼凡丁、水等	色鲜美，可拼混使用。耐日晒、耐气候、耐磨、耐热等性能优异。可用于纤维包括木纤维的印花与着色	天津染料化工八厂等
涂料色浆黑 FBRN	碳黑、6401、蓝FFG与甘油、乳化剂、水等	色质细腻均匀、遮盖力强、耐酸碱、耐一般有机溶剂。可用于各种纤维印花与着色，也可用于塑料薄膜的印刷木纹	上海油墨厂等

表4-11中的涂料色浆，一般原始粘度较大，着色力与遮盖力很强，主要用于纤维印花等。当在木材表面使用时，需先用温水调稀再用，否则可能覆盖木纹。但是稀释的浓度需视具体情况，应以色泽要求、着色均匀、清晰显现木纹为准。刷涂方法与水色相同。如果需要几种色浆拼混使用时，应先进行小样配制，确定能否相互混配。而且混配后的颜色纯正能达到预期要求再进行大样配制，反之应停止混配，以免造成浪费。

4.4.2 油性色浆

油性色浆的组成与前述油性颜料着色剂类似，但也有区别。即其中的着色材料既包括颜料也包括染料。粘结剂可用油类以及油性漆。即用油类或油性漆与颜料、染料以及相应稀释剂调配的着色剂称作油性色浆。当使用酚醛漆或醇酸漆调配时，生产中也习惯称作树脂色浆。

例如，当调配浅色的油性色浆时，可用立德粉、铁黄、涂料黄等与清油（或醇酸清漆）以及相应的松香水（或汽油）、二甲苯等混合调配。如调配中等色调，可用铁红、铁黄、哈巴粉等与清油（或酚醛清漆）以及汽油等混合即可。当调配深色时，可用铁黑、哈巴粉等与油性漆及汽油等混合。这些着色剂使用时，如需同时填孔（用于粗孔材表面）则可放入碳酸钙（老粉）与滑石粉等体质颜料。

此类油性色浆着色力好，附着力强，但是干燥较慢，室温条件下至少需要干燥8～12h。使用方法可手工刷涂、擦涂，也可机械辊涂。其色层上面配套封罩的底面漆（清漆）需注意选用不含强溶剂的一般油性漆（如酯胶清漆、酚醛清漆、醇酸清漆以及虫胶清漆等）。故硝基漆、聚氨酯漆等不可直接罩在涂过油性色浆的色层上。但是可以用虫胶清漆作隔离层，即先涂过虫胶漆后再涂硝基漆等。

有一种用蓖麻油作粘结剂专与聚氨酯漆配套使用的油性色浆，其配方如表4-12所列。

表4-12 油性色浆配方

成 分	材 料	重量比，%
填充材料	老 粉 滑石粉	34.48 17.24
着色材料	油溶性染料 着色颜料	适量 适量
粘结剂	蓖麻油	13.29
稀释剂	松节油	34.48

注：此表引自武汉家具研究所报告。

上表中调配时，油溶性染料可视产品色泽要求而选择油溶黄、油溶红等。着色颜料则可使用铁红、铁黄等。油溶性染料需先用松节油加热溶解，再与其它材料加入一起搅拌均匀。着色材料品种数量可根据具体色泽要求试验确定。

蓖麻油是一种不干性油，其分子结构中含有羟基（—OH），能与双组分聚氨酯漆中的甲组分（含异氰酸基—NCO 组分）反应成膜。所以，用上述油性色浆涂擦木材表面填孔着色后，一般不会干燥，可接涂聚氨酯底漆（粘度稍低，可在用作面漆的聚氨酯漆中加入10%～15%的聚氨酯稀释剂），则色浆可随底漆一起干燥。涂底漆时需注意，顺木纹涂刷，少回刷子，否则可能出现翻底刷花现象。

使用此种色浆时，在白坯木材表面清净砂光，并在涂水色（浅色不必涂，深色需要涂）干燥的基础上，涂擦油性色浆，不必干燥便可涂饰聚氨酯底漆与面漆。并只能与聚氨酯漆配套使用。

此种油性色浆也可以手工刷涂或机械辊涂，其流动性好，清洗方便。此外填孔着色效果好，色泽鲜艳，木纹清晰，填孔坚牢，装饰质量较高。

4.4.3 树脂色浆

树脂色浆着色剂主要用合成树脂（如聚氨酯、醇酸树脂等）作粘结剂，着色材料用染料与颜料，此外还有填料以及粘结剂与染料的相应稀释剂。按调配材料有，用聚氨酯树脂、醇酸树脂以及硝基漆等调配的；按着色材料有，单纯用染料或颜料调配的；也有用染料与颜料混合调配的。

作为着色剂，树脂色浆是新型材料，性能较为完善。用其填孔与着色，木纹清晰透明，富立体感，填孔坚牢，色泽鲜艳漂亮，可提高装饰质量。但成本略高，干燥较慢。

下面介绍几种常用树脂色浆的配方与应用。

4.4.3.1 颜料树脂色浆 这是单用颜料调配的，主要用于木材表面的填孔着色，其组成配方如表4-13所列。

表4-13 颜料树脂色浆配方

材料	色泽							
	本色	浅黄色	柚木色	红木色	栗壳色	咖啡色	蟹青色	古铜色
	重量比,%							
滑石粉	40	40	40	40	40	40	40	40
铁红	—	—	0.2	0.5	0.2	—	—	0.5
铁黄	0.05	0.9	0.2	0.3	—	—	—	—
群青	—	—	—	—	—	—	1.5	0.1
哈巴粉	—	—	0.6	0.2	0.8	1.0	0.5	0.4
聚氨酯乙组	20	20	20	20	20	20	20	20
二甲基甲酰胺	1.55	2.1	2.0	2.0	4.0	4.0	4.0	4.0
二甲苯	38.4	37	37	37	35	35	34	35

此种色浆由于用有机溶剂稀释，故干燥较快，一般涂饰一遍数分钟就干。使用时宜用较宽的排笔或宽羊毛画笔进行涂刷，尽量缩短涂刷时间，以防溶剂挥发色层干燥，影响着色均匀。手工操作时先将色浆充分搅拌均匀，而后用宽排笔蘸色浆迅速顺木纹涂刷1或2个来回，每面刷完应及时收理边角积色。如涂刷一道颜色不够均匀时，可连续涂刷2或3道（每道间隔8～10min）至整个颜色均匀为止。

此种着色剂涂于管孔较深的木材表面必须及时用干净棉纱或软布顺木纹将管孔(鬃眼)擦满、擦平、擦净。以保证填满管孔、着色均匀，木纹清晰、平整光滑，无残渣与积色。

4.4.3.2 染料树脂色浆 此种着色剂是由分散性染料、硝基清漆和硝基稀料（信那水）混合调制而成。几种单色的染料树脂色浆配方如表4-14所列。

表4-14 染料树脂色浆配方

用料	色泽		
	红色	黄色	黑色
	重量比,%		
分散红3B	5.0	—	1.0
分散黄 RGFL	—	5.5	0.7
分散蓝2BLN	—	—	0.5
硝基清漆	15.0	15.0	15.0
信那水	80.0	79.5	82.8

上表中色浆调制时,先将染料与信那水混合并充分搅拌均匀至染料全部溶解。再加入硝基清漆充分搅拌均匀，经过滤即可使用。但此种色浆仅是单色，多用作面色，类似酒色的作用。因此，使用时需根据底色情况将三种单色进行混合调配，其比例需经试验确定。此种色浆调配好之后应尽快使用，不宜存放过久，否则分散性染料易于沉淀。对于用后剩余的色浆，一定要加盖密封，以免溶剂挥发造成环境污染并易引起火灾。

此种色浆干燥很快，涂一遍常温表干仅需几分钟，而实干也仅用20～30min。由于色浆中仅含染料不含颜料，故无填孔能力。所以，多用作涂层着色，而不用于基材的填孔着色。

此种色浆使用方法类似酒色，操作要快，可以连续涂刷多道，达到要求的色泽。干后，可用聚氨酯清漆、丙烯酸清漆或一般油性清漆（酚醛清漆或醇酸清漆等）进行罩光。而不宜用硝基漆罩光，否则易将色层重新溶解，造成颜色不均匀。如需涂饰硝基漆，则可先涂2或3道虫胶漆，隔离涂层亦可。

4.4.3.3 混合树脂色浆 这种色浆的着色材料既包括染料也包括颜料，树脂则主要使用聚氨酯。不同色泽的混合树脂色浆的配方如表4-15所列。此种色浆只适于木材表面填孔着色，色泽纯正鲜艳，填孔效果好。

表4-15 混合树脂色浆配方

材料	重量份							
	本色	茶色	古铜色	蟹青色	咖啡色	板栗色	红木色	国漆色
酸性金黄Ⅱ	—	0.03	0.01	—	—	0.01	—	—
油溶黄	0.01	0.01	0.02	—	0.02	—	0.01	—
油溶红	—	—	—	0.02	—	0.01	—	0.03
油溶黑	—	微量	0.01	微量	0.01	0.01	0.01	微量
分散红3B	—	—	—	—	—	0.01	0.02	0.03
分散黄棕H2R	—	微量	0.01	—	0.01	微量	—	—
分散蓝2BLN	—	—	—	微量	—	—	—	微量
铁红	—	0.02	0.20	—	0.50	0.10	0.30	0.20
铁黄	0.04	0.10	—	—	—	—	0.05	—
铬黄	0.02	—	—	—	—	—	—	—
群青	—	—	—	2	—	—	—	—
滑石粉	100	100	100	100	100	100	100	100
聚氨酯乙组	50	50	50	50	50	50	50	50
二甲基甲酰胺	—	4	5	5	5	5	5	5
二甲苯	100	100	100	100	100	100	100	100

4.5 拼色与剥色

拼色，也称修色（或补色），是木器透明涂饰工艺中不可缺少的一道工序。剥色则是高档木器着色过程中的一个特定工序。拼色的作用是，在木器底层经过底色（水粉或油粉色）和面色（水色、酒色、油色等）着色后，其颜色的均匀度还达不到技术要求；或因木器材色的色差过大而造成的颜色不均；或因底色与面色的色差过大而造成的颜色不均；或因打磨底色和面色时用力不当所造成的颜色不均，等等。都可采用拼色方法来解决，进一步提高颜色的均匀度。但是，拼色是一道十分细致的工作，需具有丰富的调色经验和熟练的操作技巧，才能作好这项工作，反之，达不到预期的效果。

在拼色之前，首先应根据颜色不均匀的具体情况进行细致地分析。如果是因腻子、粉浆（底色）、面色（水色或酒色）的颜色色差过大而造成的颜色不均，应用适量着色颜料和染料，与相应的粘结剂和配套的溶剂配制拼色，才易将整个颜色调整均匀；如果是因面色调配不当或操作不当所造成的颜色不均，可用淡色染料与酒精和漆片配制酒色，来进行调整。对于因打磨不慎而造成的露白或颜色不均，应用窄排笔（3管、5管）或小羊毛画笔，蘸酒色或水色进行局部拼色。对于用颜料树脂色浆或染料树脂色浆所造成的颜色不均，则必须用树脂色浆或酒色进行拼色。而不能用水色或油色进行拼色，否则不能均匀。总之，对产生的原因要细致分析，正确选用色料和配方，确保拼色效果。

4.5.1 拼色剂调配

对于拼色剂调配，没有什么严格的规定比例，主要是根据木器底色的实际情况和丰富的调色经验而灵活掌握的。如水色底层颜色不均匀，可配制比原底色略深的水色或酒色，进行拼色，使其拼后的颜色能将整个原底色调整均匀为准。如油色的颜色不均匀，应用铁红、铁黄、哈巴粉等着色颜料（色种视原色颜色而定）。与汽油和酚醛清漆等混合调配相应的油色进行拼色，也可用着色颜料及适量染料与酒精和漆片混合调配酒色进行拼色。但是，对于中、高档木器的底层拼色调配，除根据基层颜色的深浅程度正确使用相应的颜料或染料外，还要考虑调配时所用粘结剂（指树脂）的种类与罩光清漆的配套性。如罩光要求使用硝基木器清漆，应用颜（染）料与酒精和漆片调配酒色，或聚氨酯颜料色浆调配拼色。不能用染料硝基色浆调配拼色，以免面漆溶解拼色剂而达不到拼色效果。如罩光要求用聚氨酯清漆，除用聚氨酯色浆调配拼色外，也可用硝基清漆染料色浆调配拼色，但不宜用漆片（酒色）调配拼色。因为酒色干后（指漆片）坚硬光滑，与聚氨酯清漆配套后易造成附着力差甚至脱层等缺陷。

对于调配拼色用的颜料或染料的比例，主要是根据木器基层的颜色情况，凭操作者的配色经验酌量加入。不可操之过急，以免出现差错，造成浪费。一般来说，对普通木器，拼色剂的调配，可在原基层颜色的基础上，适量加大该色染料或颜料的用量。以使调配的拼色剂能一次性（即涂刷一道）将原色调整均匀。对于中、高档木器拼色剂的调配，则必须遵循少加而多次、先浅而后深的配色原则。即每加一次色料（颜料或染料），调配后应与标准色卡或要求的颜色样板对比一下，以免色调过深，影响使用，或浪费材料。

另一点应注意的是，调配后拼色的颜色，应浅于样板的颜色。这样待用清漆罩光后，涂饰的色泽就会与样板一致或近似样板。这是因为各种清漆本身都带有不同的颜色。如酚醛清漆的颜色深于醇酸清漆；硝基清漆的颜色深于聚氨酯清漆，等等。尤其调配高档木器用拼色剂，更要考虑到罩光清漆的颜色。如涂聚氨酯清漆，需涂5～8道；涂硝基清漆，仅刷涂（指手工操作）就需十多道，擦涂则需几十道乃至上百道。而每涂一道清漆，颜色就会加深一点，故应注意。

但应说明，拼色主要针对中、高档木器。对于普通木器来说，只要经过涂底色和面色后，颜色能够达到均匀一致，一般不需再进行拼色。

4.5.2 拼色剂使用

拼色剂使用，是整个木器着色的最后一道工序，也是最关键的一道工序。需具有耐心细致的态度和熟练的操作技巧，才能作好这项工作。反之，即使颜色调配的与样板一致，也会因缺少操作技巧而达不到预期的拼色效果。

根据木器拼色的实际情况，大致可分为全面拼色、局部拼色和边棱等露白的补色。全面拼色（指某一面），可视颜色的实际情况，用宽排笔或宽画笔，每次蘸少量的拼色溶液，顺木纹轻轻地将物面薄薄地涂刷1道或2道，以使拼后的颜色与整个颜色一致为止。局部拼色（指一面上某部位的颜色不均）一般是用小排笔、画笔或毛笔稍蘸一点色液，照拼色部位的中心，轻轻向四周涂刷，必要时可重复2～5次，直至将拼色部位的颜色拼至与大面颜色一致。但这种拼色操作需具有很熟练的涂刷技巧，操作时要精心细致，尤其对酒色的局部拼色，更要精心操作。否则，不仅达不到拼色的效果，而且易弄巧成拙，造成全面返工的严重后果。因此，对于涂刷技术不太熟练或初学者，最好不要进行局部拼色，以免影响质量或造成返工。

对于因打磨不慎造成露白的边棱等处的补色，应用毛笔等小工具。根据底色的性能（水色、酒色或树脂色浆），使用适宜的拼色剂进行补色。如酒色底层，可用酒色或树脂色浆补色；水色底层，可用水色或酒色补色；树脂色浆底层，最好用同性能的树脂色浆进行补色。方法是用毛笔的头部每次蘸少许色液，照露白部位轻轻进行修饰。如一次不能补均匀，可待色层干燥后，再进行1次或2次，以使该部位的颜色与大面颜色一致为止。遇到木器因碰撞等造成的露白，也可参考上述方法进行补色。

拼色工作做好待拼色层干燥后，用旧150～180号细砂布，轻轻将色面打磨光滑，擦净浮末，立即用该清漆进行罩光保护。

4.5.3 剥 色

剥色也称剥底子。是在着色过程中不常采用的一种操作工序，目的是提高着色质量，加强着色效果，尤其使透明涂饰的木纹清晰鲜明。

剥色主要用于使用水性颜料填孔着色剂（水老粉）擦涂木材表面之后，并刷过一遍虫胶清漆封罩的漆膜表面上，涂刷酒精水溶液。并趁湿用砂纸打磨，以除去木材表面由于涂水老粉而留下的污色、污斑等。从而除掉了掩盖木材纹理的各种脏污，使透明度大为提高。当在其上罩以高级透明清漆，并经修饰抛光之后，在平整光亮的透明漆膜的衬托下，木材天然纹理就特别清晰鲜明。从而大大加强了因突出木材质感的自然美的装饰效果。

剥色在手工操作时，要求较高的技术熟练程度，并要花费很多的工时。因而只有在装饰质量要求很高的高级木器油漆时才有必要，而一般中、低级产品多数不进行这道工序。采用油性颜料填孔着色剂对木材表面填孔着色之后，也不必进行剥色操作。剥色都是在涂擦过水性颜料填孔着色剂干后涂过虫胶漆的涂层上进行。

剥色时，先要配成酒精水溶液，即在酒精内掺入约10%～20%的水。用排笔蘸酒精水溶液，在用水性颜料填孔着色剂对木材表面填孔着色后罩过虫胶清漆并干后的表面上，一次涂刷约300mm 长、200mm 宽的面积。然后，趁湿用150～180号木砂纸轻轻打磨，以打磨出成条的泥垢为止。当表面上的酒精挥发干燥时，要停止打磨，以防止干磨磨破底层漆膜，造成剥伤、剥穿的结果。打磨时应按一定的顺序，耐心均匀地扩展，否则容易出现剥花的现象。即某一处剥得清楚，而另一处尚未剥透，使表面颜色有深有淡。当一件产品全部剥色完毕，要进行检查，对剥花处进行修补挽救。

经剥色之后的表面，即可涂饰底漆与面漆。经过剥色的涂层其表面着色与显现木纹的效果极佳。此等操作属古老的传统工艺，近年应用甚少，但其精细操作特显木纹的效果仍会给我们启发。

4.6 透明涂饰着色

用清漆涂饰形成透明的涂膜以显示真实木材原有的花纹与结构，这种透明涂饰是木材表面装饰独有的形式。因为其它材料（金属、玻璃、塑料、水泥等）表面均无用清漆的透明涂膜显示的必要。所以在制作木制品时，凡属用材优良、花纹美观、制作精细、无天然与加工缺陷者，都适于采用透明涂饰。使木材的自然花纹与天然结构清晰的显现出来，同时还便于人们一目了然的看清该木器的材种材质、加工制作方法（榫接合、钉接合或胶接合，以及金属件连接等）、加工制作质量，等等。借此可鉴别木制品的质量与档次。因此，透明涂饰在木材装饰方法中具有重要意义。

如前所述，透明涂饰的制品外观颜色是对基材与涂层进行着色的结果，其具体色泽的确定应依据木制品的材色与木纹的天然色等。例如，材色较为纯净均匀浅淡的木器，最好选择本色涂饰，以显示基材的价值与美观。反之材色较深的木器可选用深色着色剂涂饰。当然，具体制品外观色泽的设计还应考虑到制品种类，使用场合以及室内整体设计的色调等。下面举例介绍几种较常用色泽的着色工艺要点。

4.6.1 本 色

本色也称白木色、净木色、木材色等。是以木制品基材的天然颜色为基础，选用与基材颜色一致或近似的腻子与填孔着色剂，将基材缺陷腻平与管孔填平。最后用清漆罩光。

此种色泽对制品基材与加工质量都要求较高，制品表面不允许有一般洞眼（小钉眼除外）、裂缝、刨痕等缺陷。整件制品的材色应均匀一致、木纹美观、作工精细、榫眼接合严密，否则不宜涂饰本色。国内常用椴木、水曲柳、桦木等实木、单板或刨切薄木为基材制作的木器家具等选用本色。如色泽奇特，整件制品的颜色均匀一致的其它材种，也可以选用本色。

本色涂饰一般的着色工艺要点如表4-16所列。

表4-16 本色着色工艺要点

类别	主要工序	材料与操作	质量要求
普级制品	基材清净	清除胶迹、树脂、油污等。用砂纸研磨，除尘	清洁、光滑、无脏污
	缺陷腻平	将洞眼、缝隙等缺陷用胶腻子分2或3次腻平，干燥、砂光、除尘	腻层平整，颜色与材色一致或近似
	填孔着色	可选用（如表4-3）本色水性颜料填孔着色剂涂擦，干燥，轻磨或不磨	管孔填满、填实，色泽均匀，木纹清晰，表面无浮粉
	涂饰面漆	可选用醇酸清漆或酚醛清漆。涂刷两道，头道干后轻磨光滑、除尘，再涂第二道	本色均匀、木纹清晰，涂膜均匀、平整、光亮，无流挂等缺陷
中级制品	基材清净	同普级制品，操作较细致	同普级制品
	缺陷腻平	同普级制品	同普级制品
	填孔着色	用水性颜料填孔着色剂，操作较普级制品细致	同普级制品
	涂饰面漆	涂饰聚氨酯清漆多道，干后抛光	本色均匀，木纹清晰富立体感，漆膜光亮
高级制品	基材清净	清除胶迹、树脂、油污等，漂白、干燥、反复砂光，除尘	平整、光滑、白净，无任何脏污
	缺陷腻平	先刷涂1或2道白虫胶清漆（含漂白虫胶），干后用白虫胶腻子（含老粉、适量钛白与铁黄等）腻平缺陷，干后砂光	腻平处打磨平滑与材色一致，整个物面平整、光滑
	擦涂底漆	擦涂白虫胶清漆2或3次，或3～5次，干后细磨光滑	涂层平整光滑
	填孔着色	选用与材色一致的油性颜料填孔着色剂擦涂木材表面，干后轻磨光滑	管孔填满、填实，表面平整，材色一致，木纹清晰，无色差
	涂饰底漆	涂饰白虫胶清漆3或4道，干后精细打磨光滑	涂层均匀、平滑
	涂饰面漆	涂饰多道聚氨酯清漆，使漆膜略厚，干后抛光	本色均匀，木纹清晰，富立体感，漆膜丰满，如镜面般平滑、光亮

4.6.2 淡黄色

涂饰淡黄色的木制品，其用材与制作质量等要求和本色涂饰相同。其着色工艺要点如表4-

17所列。

表4-17　淡黄色着色工艺要点

类别	主要工序	材料与操作	质量要求
普级制品	基材清净	同本色	同本色
	缺陷腻平	用胶腻子刮平缺陷，干后砂光，除尘	腻层平整，与材色一致或接近，无色差
	填孔着色	选用淡黄色水性颜料填孔着色剂擦涂木材表面，干后轻擦光滑	管孔平实，着色均匀，无浮粉
	涂层着色	参考前表可用嫩黄等染料配制水色或酒色，均匀涂刷，干后轻磨光滑	色泽均匀鲜艳，无明显色差
	涂饰面漆	用醇酸清漆或酚醛清漆均匀涂刷两道	色泽均匀，木纹清晰，漆膜平滑、光亮
中级制品	基材清净	同本色中级木制品	同本色中级木制品
	缺陷腻平	用胶腻子腻平缺陷，干后砂光	同本色中级木制品
	填孔着色	用水性颜料填孔着色剂擦涂木材表面，干后轻砂平滑	管孔平实，颜色均匀，木纹清晰，无浮粉
	涂层着色	参考前表选用嫩黄或黄纳粉等调配水色，均匀涂刷，干后轻磨光滑，再涂饰浅黄色虫胶清漆3～5道，干后细磨光滑	面色与底色颜色一致，不允许有明显色差
	涂饰面漆	涂饰醇酸清漆2或3道，或涂聚氨酯清漆6～8道	漆膜丰满，平滑、光亮。聚氨酯漆可抛光
高级制品	基材清净	同本色高级木制品	同本色高级木制品
	缺陷腻平	先用浅黄虫胶清漆刷涂1或2道，干后用虫胶腻子将缺陷腻平，干后砂光，除尘	腻层平整，无腻疤或色疤
	填孔着色	用相应色泽的水性或油性颜料填孔着色剂，擦涂木材，表面干后砂光，并刷涂相应酒色2或3道，干后砂光	着色色泽应与腻子颜色一致，木纹清晰，管孔填实、填牢，表面平整
	涂层着色	用与底色一致的聚氨酯树脂色浆先刷后擦，干后砂光	颜色鲜艳、均匀，与底色一致，木纹清晰
	调整色差	用配套色浆拼色，干后轻砂平滑	颜色均一，无任何色差
	涂饰面漆	用聚氨酯清漆罩光，涂饰多道，干后抛光	色泽鲜艳、均匀，木纹清晰，漆膜丰满、光亮

4.6.3　淡柚木色

淡柚木色着色工艺要点如表4-18所列。

表4-18　淡柚木色着色工艺要点

类别	主要工序	材料与操作	质量要求
普级制品	基材清净	同本色普级制品	同本色普级制品
	缺陷腻平	用胶腻子腻平缺陷，干后砂光	腻层平整
	填孔着色	用水性颜料填孔着色剂，擦涂木材表面，干后砂光	管孔填实，色泽均匀
	涂层着色	参考前表用相应色泽的水色或酒色，刷涂均匀，干后砂光	颜色均匀鲜艳，木纹清晰
	涂饰面漆	用醇酸或酚醛清漆涂饰两道	漆膜均匀、平滑、光亮

（续）

类别	主要工序	材料与操作	质量要求
中级制品	基材清净	同本色中级制品	同本色中级制品
	缺陷腻平	用胶性或油性腻子将缺陷腻平，干后砂光	腻层平整，颜色一致
	填孔着色	选用与腻子配套的水性或油性颜料填孔着色剂，擦涂，干后砂光	管孔填实，色泽均匀，木纹清晰，无浮粉
	涂层着色	选用与底色配套的色泽一致的水色或酒色，刷匀，干后轻砂	颜色鲜艳均匀，木纹清晰
	涂饰面漆	可选用聚氨酯清漆、硝基木器清漆或丙烯酸木器清漆涂饰多道，干后制品正面与台面抛光	色泽均匀，木纹清晰，富立体感。主要饰面漆膜达镜面光泽
高级制品	基材清净	同本色高级制品	同本色高级制品
	缺陷腻平	用相应色泽虫胶腻子腻平缺陷，干后砂光	腻层平整
	填孔着色	选用相应色泽的油性颜料填孔着色剂或树脂色浆，擦涂木材表面，干后砂光，并涂刷数道虫胶清漆，干后细致轻砂光滑	管孔平实，颜色均匀一致，木纹清晰
	涂层着色	选用与底色一致的酒色或树脂色浆，仔细涂刷均匀，干后精细轻砂光滑	颜色均匀鲜艳，木纹清晰，表面平整、光滑
	调整色差	选用相应酒色，精心将整个表面颜色拼至极为均匀，干后细致轻砂光滑	颜色非常均匀，木纹清晰，表面平滑
	涂饰面漆	选用与底层性能配套的高级清漆，罩光，干后抛光	漆膜丰满、光亮，全面抛光

4.6.4 栗壳色

栗壳色适于涂饰深色制品。其着色工艺要点如表4-19所列。

表4-19 栗壳色着色工艺要点

类别	主要工序	材料与操作	质量要求
普级制品	基材清净	同本色普级制品	同本色普级制品
	缺陷腻平	用胶性腻子腻平缺陷，干后砂光	腻层平整
	填孔着色	选用表4-3。栗壳色水性颜料填孔着色剂，擦涂表面，干后砂光	管孔平实，色泽均匀，无浮粉，木纹清晰
	涂层着色	选用表4-5。栗壳色染料水溶液（水色），均匀刷涂两道，干后轻磨	颜色均匀，木纹清晰
	涂饰面漆	用醇酸或酚醛清漆涂饰	漆膜均匀光亮
中级制品	基材清净	同本色中级制品	同本色中级制品
	缺陷腻平	用油性腻子将缺陷仔细腻平，干后砂光	腻层平整
	填孔着色	选用前表栗壳色油性颜料填孔着色剂，擦涂表面，干后细致砂光，除尘	管孔平实，颜色均匀，无浮粉
	涂层着色	选用与底色相应的酒色，涂刷数道至整个颜色均匀，干后细致磨光，除尘	颜色均匀，木纹清晰
	调整色差	用相应色泽的酒色或硝基树脂色浆，将整个颜色拼至与样板一致，干后细磨平滑，除尘	拼色后颜色与样板一致，木纹清晰，白棱补色一致
	涂饰面漆	用聚氨酯清漆或丙烯酸清漆罩光，主饰面抛光	漆膜均匀，平滑光亮，主饰面达镜面效果

（续）

类别	主要工序	材料与操作	质量要求
高级制品	基材清净	同本色高级制品	同本色高级制品
	缺陷腻平	用虫胶腻子仔细将缺陷腻平，干后细磨光滑	腻层极平整
	填孔着色	选用表4-4栗壳色油性颜料填孔着色剂，擦涂表面，干后轻砂	颜色非常均匀，木纹特别清晰，管孔平实，无浮粉
	涂层着色	先涂刷几道相应酒色；再涂饰相应树脂色浆，使整个颜色达到均匀	颜色极为均匀，木纹特别清晰
	调整色差	用相应酒色调整局部颜色不均匀处	清除局部颜色不均匀
	涂饰面漆	用硝基木器清漆或丙烯酸木器清漆罩光，干后全面抛光	漆膜均匀，整个制品饰面达镜面效果

4.6.5 蟹青色

蟹青色着色工艺要点如表4-20所列。

表4-20 蟹青色着色工艺要点

类别	主要工序	材料与操作	质量要求
普级制品	基材清净	同本色普级制品	同本色普级制品
	缺陷腻平	用胶性腻子腻平缺陷，干后砂光、除尘	腻层平整
	填孔着色	选用表4-3蟹青色水性颜料填孔着色剂，擦涂，干后轻砂	管孔平实，色泽均匀，无浮粉
	涂层着色	刷涂蟹青色染料水溶液（水色），干后轻砂光滑，用干布擦净	颜色均匀
	涂饰面漆	用醇酸或酚醛清漆均匀刷涂两道	漆膜平整光亮
中级制品	基材清净	同本色中级制品	同本色中级制品
	缺陷腻平	用油腻子将缺陷腻平，干后砂光	腻层平整
	填孔着色	选用蟹青色油性颜料填孔着色剂，擦涂表面，干后轻砂光滑	管孔平实，颜色均匀一致，木纹清晰
	涂层着色	用相应酒色涂刷数道，干后砂光，并罩以3～5道虫胶清漆，干后细磨光滑	颜色均匀鲜艳，木纹清晰，无露白
	涂饰面漆	用硝基木器清漆，先刷涂，后擦涂，干后主要饰面进行抛光	漆膜平整光滑，主饰面达镜面效果
高级制品	基材清净	同本色高级制品，打底可用深色虫胶漆	基材材色一致，平整、光滑，无任何缺陷
	缺陷腻平	用虫胶腻子将缺陷腻平，干后砂光	腻层极平整
	填孔着色	选用蟹青色树脂色浆或油性颜料填孔着色剂，擦涂，干后细磨光	底色均匀，管孔平实，木纹清晰，表面平滑光洁
	涂层着色	用相应酒色涂刷至颜色均匀一致，再涂刷数道虫胶清漆，封罩保护	颜色均匀鲜艳，木纹清晰
	调整色差	用相应酒色拼至均匀，干后细磨光滑	消除局部颜色不均匀
	涂饰面漆	用硝基木器清漆等高级清漆罩光、干后抛光	饰面全部抛光，木纹极清晰，富立体感

4.6.6 红木色

红木是制作木器家具的珍贵树种，品种很多，材色各异。木器涂饰红木色则常常是模仿红木的天然色泽。其着色工艺要点如表4-21所列。

表4-21 红木色着色工艺要点

类别	主要工序	材料与操作	质量要求
普级制品	基材清净	同本色普级制品	同本色普级制品
	缺陷腻平	用胶腻子或油腻子将缺陷腻平，干后砂光	腻层平整，无塌陷
	填孔着色	参考前述选用红木色水性或油性颜料填孔着色剂，擦涂表面，干后轻砂平滑	管孔平实，色泽均匀，木纹清晰
	涂层着色	选用红木色水色或酒色，均匀涂刷1或2道，干燥	颜色鲜艳均匀，木纹清晰
	涂饰面漆	用酚醛或醇酸清漆涂刷两道	漆膜均匀光亮
中级制品	基材清净	同其它中级制品	同其它中级制品
	缺陷腻平	用油腻子将缺陷腻平，干后砂光	腻层平整，无塌陷
	填孔着色	用红木色油性颜料填孔着色剂，擦涂木材表面，干后细致轻砂光滑	管孔平实，颜色均匀，木纹清晰
	涂层着色	用红木色染料醇溶液（酒色）涂刷至呈红木色，干后轻砂光滑，再刷涂虫胶清漆数道，干后砂光	颜色鲜艳均匀，木纹清晰
	调整色差	用酒色将颜色不均匀的局部拼至均匀，干后轻砂光滑，并刷涂虫胶清漆	消除颜色不均匀的局部，使整个颜色均匀一致
	涂饰面漆	用硝基木器清漆等高级木器清漆罩光，干后主要面抛光	同其它中级制品
高级制品	基材清净	同其它高级制品	同其它高级制品
	基材着色	选用红木色染料水溶液（水色），在木材表面均匀涂刷一次，干后涂深色虫胶清漆（可加入少量黑纳粉），干后砂光	着色均匀
	缺陷腻平	用虫胶腻子仔细将缺陷腻平，干后砂光	腻层平整
	填孔着色	用红木色油性颜料填孔着色剂，涂擦表面，干后轻砂	管孔平实，表面平整，木纹清晰
	涂层着色	用含黑纳粉的红木色酒色，刷涂数道至颜色均匀，呈红木色效果，干后轻磨光滑，并涂虫胶清漆保护	颜色均匀鲜艳，达到红木色效果，木纹清晰
	调整色差	用含黑纳粉的酒色，细致拼色至整个颜色均匀，干后刷涂虫胶清漆保护	消除局部色差
	涂饰面漆	用硝基木器清漆等高档清漆罩光，干后全面抛光	红木色逼真，木纹清晰，漆膜丰满，全面抛光

4.7 不透明涂饰着色

不透明涂饰主要指色漆涂饰,即用调合漆或磁漆进行涂装。其特点是色漆中所用颜料大多有较优良的性能。如可使漆膜呈现美观的色彩、提高漆膜的致密度、耐水性、耐磨性、耐光性,等等。因此，目前不少木器如门窗、家具等，都采用了色漆涂装。这样即可提高漆膜的使用性能，同时可遮盖底层如洞缝、材色不一致、纹理不美观、刨痕、刨戗以及无木纹的纤维板制品、刨花板制品等的缺陷。另外，还可用该种色漆在这些基材的表面仿制逼真的天然木纹、石纹、花纹等来提高外观的装饰性，增强美观。

4.7.1 色漆调配

对于色漆的调配，一般是以红、黄、蓝、白、黑五种原色漆（也称五原色）为主色，然后按标准色卡（样板）或根据要求的色彩按不同的比例调配而成。在调配色漆时应根据以下几个方面进行。

（1）涂料性能　指同性能的色漆（涂料）应与同性能的色漆相互调配，如调合漆与调合漆相互调配；磁漆与磁漆相互调配。磁漆还应根据所用基料（油或树脂）的种类进行调配。如醇酸磁漆，可与醇酸磁漆相互调配；也可与酚醛或酯胶磁漆混合调配。而不能与硝基磁漆、聚氨酯磁漆等快干磁漆混合调配，以免漆料变质造成浪费。

(2)涂料色彩　指调配时应根据色漆样板或涂饰设计要求色彩进行调配。如先分析出色漆样板（或要求色彩）中那种色漆为主色（用量最多的），那种色漆为次色，那种色漆为副色。而后根据主色、次色、副色等，估算出该色漆在调配中所占的比例。在主色中逐渐加次色、副色，同时边加边搅拌，并与样板比较，直到调至成功为止。各种原色漆混合后色相变化见表4-22。

表4-22　各种原色漆混合后色相变化

原　色	与其它色漆混合后而呈现的色彩
红　漆	红＋蓝＝紫、紫蓝、紫红等　红＋黄＝橙红、橙黄、橘黄等　红＋白＝粉红和一系列的红白色　红＋绿＝黑
黄　漆	黄＋白＝乳黄、蛋黄、米黄等　黄＋红＝杏红、橘红、柿红等　黄＋蓝＝绿
蓝　漆	蓝＋白＝淡蓝、浅蓝、天蓝等一系列蓝白色　蓝＋黄＋红＋白＋黑＝一系列如国防绿、湖绿等　蓝＋黄＋白＝青、淡青、青绿、豆绿等　蓝＋橙＝黑　翠蓝＋柠檬黄＝翠绿
黑　漆	黑＋红＝紫棕、枣红、栗色等　黑＋白＝淡灰、浅灰、中灰、深灰等　黑＋黄＝黑绿、墨绿等　黑＋蓝＝黑蓝

（3）涂料遮盖力　各种色漆由于所用的颜料种类不同而使遮盖力各异。如白色、浅黄色等浅色漆的遮盖力较低，涂漆量大约120～180g/m^2。而黑色、绿色、蓝色等深色漆的遮盖力较高，涂漆量约40～60g/m^2；磁漆如硝基磁漆仅30～40g/m^2。故在调配时，对深色漆一定要少加而多次，避免色头过重，影响色彩美观。常用色漆的遮盖力见表4-23，常用色漆的色彩调配比例见表4-24。

表4-23 常用色漆的遮盖力

类　别	颜　色	遮　盖　力　(g/m²)
酯胶、酚醛调合漆及磁漆（不包括无光和半光磁漆）	红　漆	160～180
	白　漆	180～200
	黄　漆	160～180
	蓝　漆	90～110
	绿　漆	70～90
	铁红漆	60～70
	灰　漆	80～100
	黑　漆	40～50
醇酸调合漆和磁漆	红　漆	120～140
	蓝　漆	70～90
	白　漆	100～120
	米黄漆	110～130
	灰　漆	50～60
	绿　漆	60～70
	军绿、军黄漆	70～80
	黄　漆	130～150
	铁红漆	55～60（调合漆）
	黑　漆	35～40
	果绿漆	140～150（调合漆）
聚氨酯磁漆	红　漆	130～150
	黄　漆	140～160
	白　漆	100～120
	蓝　漆	70～90
	灰　漆	50～60
	绿　漆	45～55
	黑　漆	35～45
硝基磁漆	红　漆	75～85
	黄　漆	65～75
	紫红、深蓝漆	90～100
	正蓝、白漆	60～70
	铝色漆	25～35
	深复色漆	35～45
	浅复色漆	50～60
	柠檬黄漆	110～130
	黑　漆	20～25

表4-24 常用色漆色彩配比

色　彩	原　色　漆				
	红　漆	白　漆	黄　漆	蓝　漆	黑　漆
	重　量　比,%				
紫红色	94.5	—	—	3.7	1.8
枣红色	71.75	—	23.57	—	4.68
橘红色	8.0	—	92.0	—	—
铁红色	72.0	—	16.8	—	11.2
粉红色	2.5	97.5	—	—	—
淡棕色	18.5	—	71.3	—	10.2
淡紫色	2.3	96.5	—	1.2	—
蛋青色	—	94.5	4.5	0.5	0.5
赭石色	7.5	69.5	21.8	—	1.2
栗壳色	71.5	—	11.5	14.0	3.0

（续）

色　彩	原　色　漆				
	红　漆	白　漆	黄　漆	蓝　漆	黑　漆
	重　量　比，%				
深棕色	65.5	—	—	—	34.5
深紫色	91.5	—	—	8.5	—
乳黄色	—	92.5	—	7.5	—
乳白色	—	98.3	1.7	—	—
奶油色	0.7	95.5	3.8	—	—
淡天蓝色	—	98.2	—	1.8	—
淡果绿色	—	98.5	0.75	0.75	—
天蓝色	—	94.5	—	5.5	—
淡豆绿色	—	92.5	6.0	1.5	—
国防绿色	7.2	13.5	62.5	7.3	9.5
解放绿色	26.5	23.8	3.6	38.5	7.6
湖绿色	—	88.5	7.3	4.2	—
葱绿色	—	—	91.5	8.5	—
淡灰色	—	97.5	—	1.8	0.7
浅灰色	—	93.5	—	0.7	5.8
中灰色	—	89.5	—	1.2	9.3

在调配色漆过程中，除根据上述几种情况和表4-24中的该种数据作为参考外，还应注意催干剂、稀释剂以及调配环境等因素对色彩的影响。

如调合漆或油基磁漆（指酯胶、酚醛、醇酸类），在冬季调配浅色漆，应先将钴、锰深色催干剂按产品规定的比例加入该漆中。而不能待色彩调配好后再加入，以免深色催干剂影响色彩的鲜艳度。需加稀释剂时，也应根据施工方法及色漆种类的不同而调配适宜的粘度。不能将粘度调得过稀，以免颜料沉淀造成色差。另外，调配色彩时，应注意比样板的色彩或要求的色彩浅一些。如水彩的颜色是湿时色深，干时色发浅，而色漆的色彩恰恰与水彩相反，湿时色浅，干后色深。对整桶漆与整桶漆相互调配时，一定要先将该桶色漆充分搅拌均匀后，再按比例进行调配。因为色漆都有不同程度的沉淀现象，易造成上部色浅，下部色深等不良现象。如果未彻底搅拌均匀，就进行调配，不仅不出色，而且用量大，易造成浪费。有时因室内与室外的光线不同，也会影响色彩的视差，故要注意。

4.7.2 色漆使用

色漆的使用，主要是根据色漆的性能及涂饰对象等，而采用适宜的使用方法，以使涂饰的质量达到最佳效果。

根据色漆的性能及价格，大致可分为低档色漆、中档色漆和高档色漆三个种类。低档色漆主要指油性调合漆、酯胶、酚醛调合漆和磁漆，醇酸调合漆等。这些色漆的刷涂性较好，而且价格便宜，很适于涂饰木门窗、木家具等普通木器和一般的制品。中档色漆，主要指醇酸磁漆。这种色漆不仅色彩鲜艳，而且比低档色漆干燥快，漆膜坚韧。可喷涂或刷涂施工，不论涂饰中档木器或交通工具等，都有较好的涂装效果。价格也比高档色漆便宜的多，所以目前有许多普级木器制品，使用醇酸磁漆涂装，来提高外观的装饰性。高档色漆主要指硝基磁漆、丙烯酸磁漆、聚氨酯磁漆等。这些色漆的色彩比醇酸磁漆更加鲜艳，而且漆膜坚硬，可抛光擦蜡。但由于干燥较快，使用时需有较熟练的操作技巧，同时价贵，故仅适于中、高档木器的外观不透明涂饰。现将色漆的使用工艺要点分别介绍如下。

4.7.2.1 **低档色漆** 现以涂饰普通木门窗和木家具为例来说明使用工艺要点（见表4-25）。

表4-25 低档色漆使用工艺要点

类别	主要工序	操作内容	备注
木家具	基材清净	将胶迹、松脂等污物清除干净，磨光、扫净。缝隙应进行嵌缝，露头钉隐入木质部。刨纵较多的木器应用木工细刨进行刨光	刨花板、纤维板家具直接磨光扫净即可
	基材填平	用该色调合漆或磁漆，与石膏粉及适量水调制腻子；将洞缝、榫茬等缺陷填实刮平；干后磨光，用湿布擦净。有木纹鬃眼的木器，应再全面满刮1或2道稀腻子至平整；干后磨光，用潮布擦净	满刮腻子可用老粉或滑石粉调制
	涂色漆	用酯胶、酚醛调合漆，按样板或要求先配出色彩，均匀涂刷两道即可	要求罩光时，可涂一道配套清漆
木门窗	基材清净	将灰砂、残钉、松脂等依次清除干净。裂纹及离缝要进行嵌缝。涂刷一道清油或稀酚醛清漆（清漆与稀料按重量1:0.4～0.6封闭木面	封闭漆也可用该色漆稀释代替
	基材填平	用酚醛、酯胶色漆或醇酸调合漆与石膏粉及适量水调制该色腻子。将缺陷填实刮平，干后磨光，潮布擦净	腻子颜色与样板接近
	涂色漆	用醇酸调合漆或酚醛、酯胶色漆（色彩根据样板或要求），均匀涂刷2或3道。每道色彩应均匀一致，厚度20～30μm 为宜	分色涂饰应注意色彩谐调

4.7.2.2 **中档色漆** 其使用工艺要点如表4-26所列。

表4-26 中档色漆使用工艺要点

主要工序	操作内容	备注
基材清净	将胶迹、松脂等污物彻底清除。用砂纸或砂布反复磨光，扫光擦净。涂刷一道稀醇酸清漆或酚醛清漆	也可用虫胶漆代替稀清漆
基材填平	用醇酸磁漆或调合漆与石膏粉及少量水调制腻子。先将钉眼等缺陷刮平，干后磨光、擦净；再用老粉或滑石粉调制稀腻子，全面刮2或3道；干后细磨平滑，反复擦净	腻子色应与样板颜色一致
涂色漆	用醇酸磁漆先刷2或3道；干后水磨平滑，仔细顺光线擦净；再薄刷一道该色醇酸磁漆	末道漆可加适量清漆

注：以木家具为例。

4.7.2.3 **高档色漆** 其涂饰工艺要点如表4-27所列。

表4-27 高档色漆使用工艺要点

主要工序	操作内容	备注
基材清净	将表面污物彻底清净。反复磨至平整光滑，仔细扫光擦净。刷1或2道虫胶漆或稀醇酸清漆	或先涂一道 Y00－7清油打底
基材填平	用醇酸腻子或原子灰（日本进口腻子），将涂饰面全部满刮2或3道至非常平整。反复磨光，仔细擦净	或用该色聚氨酯腻子填平
涂色漆	用该色聚氨酯磁漆，按规定比例将两组分充分混匀（色彩按样板配制）。涂刷4～8道，末道彻底干透后，进行全面抛光	色彩鲜艳与样板一致，饰面平滑如镜

注：以聚氨酯磁漆为例。

5 涂饰涂料

木制品当经过表面处理与着色（透明涂饰）之后便开始涂饰涂料。一般先选择对木材封闭性好、与木材以及表面涂层附着良好的底漆材料打底，进而在平整的底漆层上再涂饰面漆。面漆是一些主要决定涂膜性能的优质涂料。涂饰底漆、面漆以及其它涂饰材料（腻子、填孔剂、着色剂等）的方法很多，但基本上可以分为手工与机械涂饰两类。前者包括刷涂、擦涂与刮涂；后者包括空气喷涂、高压无气喷涂、静电喷涂、淋涂、辊涂、浸涂等。

手工涂饰是使用手工具（刷子、棉球与刮刀等）将涂饰材料涂布到木制品或木质零部件的表面上。此方法虽然古老，但在我国至今仍是主要的涂饰方法。其所用工具比较简单，方法灵活方便，能获得较好的涂饰质量。但是操作者劳动强度大，生产效率低，施工环境与卫生条件差。因此，随着生产的发展必将扩大采用机械化的涂饰方法。

当设计涂饰工艺时，正确地选择涂饰方法是十分重要的，它将直接影响着涂饰质量与效率。选择涂饰方法一般依据所采用的涂饰材料特性；被涂饰表面的形状；生产的组织方式和所要求的涂饰质量。此外，还应比较所选用方法的涂饰质量；涂饰效率；涂料利用率；设备的复杂程度及投资；操作维护是否方便；涂饰方法对涂料及被涂饰表面的适应性和安全卫生条件等等。

5.1 手工涂饰

目前我国最常用的手工涂饰方法是刷涂、擦涂与刮涂。

5.1.1 刷 涂

刷涂法是用各种刷具蘸漆，在制品或零部件表面涂刷，形成均匀涂层的一种方法。

5.1.1.1 刷涂特点 刷涂是应用最早、最简便而至今仍十分普遍的涂饰方法。此法工具简单、操作方便，不受场地与环境条件限制，可以涂饰任何形状和不同尺寸规格的制品或零部件。除极少数流平性差的快干漆不宜刷涂外，绝大部分液体涂料都可以刷涂。故此法适应性强，应用方便。此外刷涂法施工过程中对涂料的浪费极少。当刷涂木制品时，能使涂料在木材表面上更好地渗透，因而能增加漆膜对木材的附着力。

刷涂法的缺点是涂饰效率低，消耗工时多，操作者体力劳动强度大，施工卫生条件差。涂饰质量决定于操作者的技术、经验和工作态度。如技术不熟练操作不认真，易出现涂层厚薄不匀、流挂和刷痕等缺陷。

5.1.1.2 刷具种类 刷具种类很多，按形状有扁形、圆形、歪脖形等多种；按制作材料可分为硬毛刷和软毛刷，前者常用猪鬃、马毛制成，后者常用狼毛、羊毛、獾毛等制成。市售有扁鬃刷、圆刷、板刷、歪脖刷、羊毛排笔、底纹笔和天然漆刷等。木制品表面应用最多的是扁鬃刷、羊毛排笔和羊毛板刷等。各类刷具如图 5-1 所示。

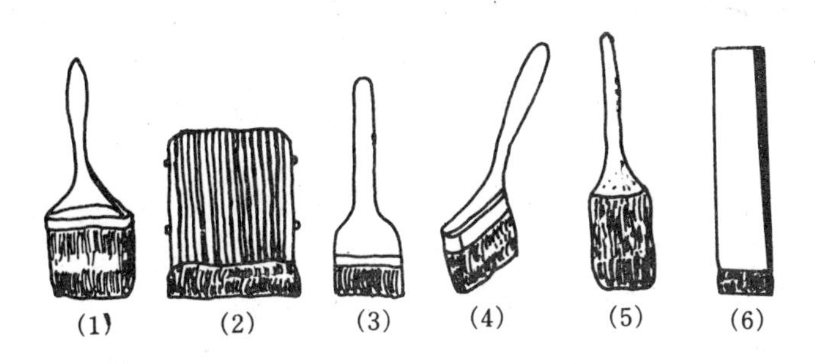

图 5-1　各类刷具

（1）扁鬃刷　（2）排笔　（3）板刷　（4）歪脖刷　（5）圆刷　（6）大漆刷

扁鬃刷也称油漆刷，是用铁皮将长毛猪鬃扎在木柄上制成的。其刷毛宽度有 1.27cm、2.54cm、7.62cm、10.16cm 等多种规格。根据被涂饰制品或零部件形状与尺寸选用不同规格的鬃刷。规格小的用于刷小件或不易刷到的部位，大规格的用于刷大表面。选用时以鬃厚、口齐、根硬、毛软并富有弹性、毛具光泽而不易脱落者为上品。扁鬃刷刷毛弹性大，适于刷涂粘度较高的涂料。如刷涂酯胶漆、钙脂漆、酚醛漆、醇酸漆以及清油、调合漆与厚漆等油性清漆和色漆。但是一把刷子不能通用，如刷色漆的刷子不再刷清漆，刷深色漆的刷子也不宜再刷浅色漆。

排笔是用羊毛和多根细竹管并排制成的。相当于单管毛笔穿排起来，按竹管根数有 3～40 管等多种。选用时根据被涂饰表面的宽度来决定，管数越多，涂刷面积越大，效率越高。但是使用比较笨重，实际应用中以 8～16 管居多。羊毛板刷则由羊毛和较薄的木柄（4～5mm 厚）加马口铁皮制成。规格有 2.54cm 至 12.7cm 等多种。

羊毛柔软并具弹性，适于刷涂粘度较低的稀薄材料。如染料水溶液、虫胶漆、硝基漆、聚氨酯漆、聚酯漆、丙烯酸漆、水性漆等。选用排笔与板刷时以羊毛具弹性、长短适度、不易脱落并有笔锋的为好。

5.1.1.3　**刷涂方法**　刷涂的具体操作方法决定于涂料品种、性能以及被涂饰表面形状、规格和结构。涂料性能中决定刷涂方法和工具的主要是涂料的干燥速度和粘度。一般干燥很慢、粘度较高的油性漆多用扁鬃刷刷涂，其它漆类则多用排笔或板刷刷涂。

（1）用扁鬃刷刷涂　通常使用扁鬃刷刷涂清油、酯胶漆、钙脂漆、酚醛漆、醇酸漆的相应清漆、调合漆与磁漆。这些油性漆正是干燥很慢原始粘度较高。

使用扁鬃刷时，要用三个手指自然握住鬃刷木把（拇指在里面，食指和中指在另一面），不要超过铁皮。蘸漆时一般不要超过刷毛全长的 2/3，刷毛根部要避免含漆。蘸漆后刷子应在容器边缘轻擦，以调整吸含的漆量，除去多余的漆，不致到处滴洒。刷涂时用手握紧漆刷靠手腕和手臂的转动，有时也需要移动身躯来配合操作。

油性漆出厂的原始粘度一般适于手工刷涂，不必调节粘度。适宜的施工粘度应是使蘸起的漆不致从刷子上迅速流下。将刷子在被涂饰表面按压时，漆能从刷子中顺畅流出，刷起来涂饰自如。如粘度不适于刷涂则需事先调好。

蘸漆量和蘸漆次数则根据涂刷产品的部位决定。平表面多些（蘸次多，刷毛入漆多些），立面少些，狭窄部位（边条、撑档等）更少。刷漆量影响涂饰质量和材料消耗。刷涂平表面时，刷漆量过少，刷涂后漆膜薄且刷纹明显，光泽和平滑度都很差；刷漆量过多，涂层过厚长期不干，易出现皱纹。刷立面时，涂刷漆量过少涂层易出现遗漏、露底或粗糙无光，而涂刷漆量过多可能出现流挂、流淌或起皱。刷平表面时，刷毛不可入漆太少，而尽量蘸漆饱些，否则需要多次蘸漆而消耗工时；刷立面和边条撑档时，每次刷子蘸漆太多，刷涂时漆液易滴洒而浪费材料。

具体用鬃刷刷涂油性漆时，可先粗刷后细刷，一般按涂敷、刷匀、理顺三步进行。涂敷是将较大表面需要的涂漆量先涂在表面上，可顺纤维先刷出几个长条，长条间有一定空隙。就是把一定面积需要涂刷的漆，在表面上摊成几条（也称摊油、开油）；然后刷子不再蘸漆，将直条的漆向横的方向和斜的方向反复在整个表面上涂刷均匀（也称横油、斜油）；最后将刷子上的漆在漆桶边上擦干净，再将已刷匀的漆顺木纹方向反复直刷均匀，刷除流淌与刷痕等，形成平整均匀的涂层（也称理油、顺油），这时才刷完了一个表面。如以涂刷衣柜侧壁（旁山）为例，先用扁鬃刷陆续蘸漆在侧壁立面纵向刷出几个长条（每条间隔 5～6cm），即把需要涂刷量的漆全部涂敷在侧壁表面上；然后刷子不再蘸漆，将已涂敷的漆向横、斜方向反复刷开刷匀；最后顺木纹方向按顺序反复涂刷理顺，并及时消除流淌、刷痕以及积漆等，使整个涂层均匀。

在每件产品上，一个面刷完再接刷下一个表面。其顺序应是先难后易、先里后外、先左后右、先上后下、先线角后平面，围绕产品从左向右转，一面一面地刷，避免遗漏。刷柜类产品应先用小木块将柜脚垫起，以免刷柜脚时刷子沾上尘土。一件产品全部刷完后再检查一遍有无遗漏和不均匀处，以及流淌、皱皮、边角积漆等，以便及时消除。由于油性漆干燥慢，允许同一处反复回刷以便刷匀。但醇酸漆稍有例外，因其涂层表面凝固较快，刷涂性不及酚醛漆等。故需提高刷涂速度，刷匀理顺应赶在醇酸漆涂层凝固之前。否则会留下刷痕、造成厚薄不匀、粗糙、流挂等。

（2）用排笔刷涂　使用排笔时一般用右手握牢排笔右上角（一面用拇指，另一面用四个手指），刷涂时主要用手腕转动运笔。在容器内蘸漆时，可将拇指略松开些，蘸漆后把排笔在桶边刮一下，使漆能集中在笔毛头部，除掉过多的漆，避免滴洒，再行涂刷。如前所述可用排笔刷涂染料溶液、虫胶漆、硝基漆与聚氨酯等，其中由于虫胶漆干燥最快粘度较低最为难刷。下面以刷涂虫胶漆为例介绍用排笔刷涂的方法。

虫胶漆属挥发型漆干燥快，固体份含量低，漆液稀薄，流平性差。这些特点决定刷涂虫胶漆时，动作要快，与刷油性漆不同，要始终顺木纹刷涂。选择排笔或板刷的规格视被涂饰表面的大小而定。蘸漆的深度以刷毛 1/3 或 1/2 为宜，蘸漆后在桶边刮除刷毛中部分漆液，以笔毛中漆液不能自然流滴为宜。

当刷涂平表面时（如桌面），从左向右刷，从距操作者站的位置远处的左端开始。蘸漆后落笔从左端内侧（距左端头几厘米处）开始刷（如从端头开始刷可能刮边流淌），顺纤维方向以直线移动，提笔可倾斜一定角度，轻轻地一刷到头，中途不要停顿，刷出一个长条（宽度相当于排笔长度）。当一笔刷至右侧端头时应注意及时轻轻提笔，不使排笔毛超出端头而下沉挤出漆液流淌在平面上。随即迅速沿原路返回刷涂至左端，刷至端头时也要注意及时轻轻提笔，不致挤漆。当从右端向左返刷时也是从边缘里侧轻轻落笔起刷以免刮边流淌。这样沿原路返刷只可 1 或 2 次，不可过多，否则可能咬底刷花。这时完成了第一笔路的刷漆，也就是在表面上覆盖了一长条面积的漆液。接着以同样方法刷第二笔（即顺木纹方向从左到右的第二个长条），第二个长条可以与第一个长条搭接约1/4，如此一条条刷下去至整个表面刷完。

5.1.2 擦　涂

擦涂又称揩涂。是用棉球作工具，蘸取较稀的挥发型漆，多次擦涂制品或零部件表面，以形成涂层的一种方法。

5.1.2.1　擦涂特点　擦涂法使用的工具简单，棉球一般可用纱布包棉花制做。既可擦涂大的平表面，也可擦涂外形不规则而又较小的物件。擦涂法只能用于擦涂快干的挥发型漆，每个涂层达表干即可接着擦涂下一道漆。

擦涂法可以获得很高的装饰质量。尤其在花纹美观的优质硬阔叶材（如水曲柳）表面擦涂硝基清漆，漆膜经过修饰抛光可以获得镜样光泽的表面，并能经久保持。其次，能表现和渲染木材特有的质感，其结构的不均匀性，木材表面的所有阴影、色调变化、年轮早晚材以及纤维的错综交织等都可清晰显现，可使整个表面的花纹图案富立体感。这是因为将清漆擦入木材表层一部分，使木材表层具有一定的透明度所致，但同时也使木材表面的部分缺陷（如斑点、条痕、不平甚至极其微小的擦伤等）给以暴露。因此，采用擦涂的木材应该是材质很好、完美无缺。所以，擦涂法主要用于中、高级木制品。

擦涂法是一种较繁琐的手工操作。由于只用于较稀的挥发型漆，固体份含量低，为达一定漆膜厚度，常需擦涂多遍（至少几十遍）。因此，擦涂操作体力劳动繁重，施工周期长，涂饰效率低。

挥发型漆溶剂含量高，其涂层达表干便接着擦涂，多采用自然干燥，大量溶剂蒸气充满在操作者周围，故擦涂操作的施工环境卫生条件很差，不利于操作者的健康。

5.1.2.2　擦涂工具　擦涂工具是自制的棉球。棉球里面被包裹的材料应是一些在涂料溶剂作用下不致失去弹性的细纤维。可用普通棉花、脱脂棉、羊毛、旧绒线、尼龙丝等，以后两种为好。外面的包布则要牢固，并应能很好地被涂料溶剂润湿和软化。可用细棉布、绦棉布、洗过的亚麻布、细麻布等（但棉布有时会在涂层上留下细纤毛）。用布将棉花等包起来就可以做成棉球。

棉球的大小视被擦涂的面积而定，以便于抓握与擦涂方便为原则。一般直径约为3～5cm。包扎的过程为：先拿一块细布，再拿一团尼龙丝用手捏紧，放在细布中间，拉起细布四个角并对折起来，然后折叠旋拧细布角成为松软的棉球。使用时的棉球可以握捏成近似圆形或圆锥形，擦涂小面积的棉球可以捏成带尖端的扁形。为此，在旋拧棉球时可浸入漆液中2/3左右，使棉球吸收了部分漆液而润滑，随后拿出进一步旋拧则可便于定形。

做好的棉球可用漆液浸透并挤干，使用时便可拿湿润柔软的棉球再蘸漆擦涂制品表面。蘸漆量要适宜，不可过多，只要轻轻挤压棉球，有适量漆液从内渗出就可以，以保持湿润为度。如蘸漆太多，可能使每次擦涂的漆膜过厚而影响擦涂质量。生产中主要擦涂硝基漆与虫胶漆。

5.1.2.3　擦涂方法　擦涂的过程就是用棉球蘸稀的挥发型漆在被涂饰的表面上作连续的曲线或直线运动，同时轻轻地均匀地挤捏出漆液擦涂在表面上。蘸漆的棉球不可在表面上停留。每一遍擦出很薄的涂层，待表干后即可接着擦涂。擦涂时棉球的运动方式可归纳为圈涂、横涂、直涂和直角涂四种。

圈涂就是转圈擦涂，也就是用棉球蘸取漆液在表面上作一定规则的圆圈形运动。可作等圆或椭圆形转绕，连续转绕擦涂留下的每个圆圈，其直径大小应基本相等。为了擦遍整个表面，棉球在表面上一边转圈一边顺木纹方向以均匀的速度移动（例如擦涂一个桌面从左端转着圈擦到右端，擦出一个长条）。这时要使一个转圈叠着一个转圈，并以匀速移动，从表面一头按顺序擦涂到另一头。如果平面较长，当擦涂了一段面积，棉球内漆液难以流出时，可轻提棉球重新蘸漆后再继续擦涂到头。

圈涂旋转方向有顺时针和逆时针两种，后者采用较多。因为逆时针擦涂时，大拇指能起推压作用，中指和食指等起拉压作用。当擦涂时，拇指向前拉压而使球内漆液流淌在表面，可由中指和食指向后拉压时顺便涂平，所以擦涂效果较前者要好。擦涂时棉球运动情况如图5-2所示。

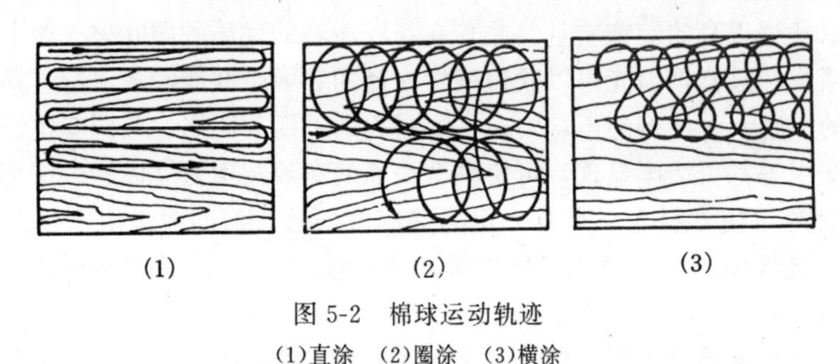

图 5-2　棉球运动轨迹

(1)直涂　(2)圈涂　(3)横涂

圈涂时用力要均匀，动作要轻快。手握棉球不宜过紧，棉球在既旋转又移动的擦涂过程中，随时轻轻地均匀地挤捏出漆液。初蘸漆液的棉球挤捏压力可小，随着漆液的消耗逐渐加大压力。棉球中浸蘸的漆液耗尽的时刻，最好赶在擦到制品或零部件的端头或一个表面擦完一遍之时。

圈涂的过程是棉球在表面上既旋转又移动的连续过程。棉球要平缓连续移动，有规律有顺序地从表面的一端擦到另一端。速度要均匀适宜，不可太缓慢或中途停顿，也不能固定在一小块地方来回擦。否则会溶解下层漆膜（咬起），或使棉球与原来的涂层粘结起来。所以，在棉球离开涂层要蘸漆时及重蘸漆后再接触表面时都应呈滑动姿式，而不是生硬地直上直下垂直动作。

采用圈涂法将一个表面全部擦涂一遍，待涂层表干（如硝基漆常温需10min左右）后，再擦涂第二遍，如此圈涂约需十几遍可改横涂。

横涂即棉球蘸漆在表面上以8字形运动，擦涂规则与圈涂相同，即把前述转圈运动换成8字形运动。当作第一个8字形曲线运转后，紧接的第二个8字形应有一半面积重叠在第一个8字形涂层上，上下的连接以此类推。当圈涂后紧接着采用横涂方式可以消除部分圈涂的痕迹，增厚漆膜并能增加漆膜的平整度。紧接圈涂之后的横涂一般也需要10遍左右。横涂后可接着进行直涂。

直涂就是棉球蘸漆在表面上顺木纹方向直擦。直涂可以消除圈涂和横涂留下的擦痕，并可进一步增厚漆膜，达到平整光滑坚实的目的。直涂时，在一个表面上顺纤维方向从左端擦至右端擦出一个长条后，棉球绕转顺纤维再从右端擦至左端，擦出第二个长条，此时第二个长条面积要有1/3重迭在第一条上；从左端绕转棉球再顺纤维擦至右端，此时擦出的面积与第二条再重叠1/3，以此类推至整个表面擦完一遍，待涂层表干后再直涂第二遍。在圈涂与横涂之后采取直涂方法亦需10遍左右，以基本消除横涂的痕迹为好。

直角涂是指蘸漆棉球在被涂表面的垂直角或曲线形边角处擦涂，这些部位无法采取圈涂、横涂与直涂等方法。直角涂是在同一被涂面上与圈涂、横涂或直涂同时进行。即在表面上每遍圈涂或横涂完毕紧接着对边角处进行直角擦涂，以使整个表面均匀受漆，而边角不致被遗漏。

我国长期以来主要在中、高级木制品表面擦涂硝基漆与虫胶漆，近年主要擦涂硝基漆。由于硝基漆固体份含量低，每遍擦涂都使用一定力量将漆擦入木材内一部分，因此每遍的涂层极薄。为获得一定厚度并具有一定装饰保护性能的涂膜，采用擦涂法常需擦涂 2 或 3 次（生产中称 2 或 3 操），每次包括擦涂几十遍，每次之间需经彻底干燥并对漆膜进行研磨修饰。

第一次擦涂之前也可以先刷涂几遍，待完全干透并经研磨平滑后再进行擦涂。擦涂遍数应视涂层有了一定厚度，看上去比较平整，管孔均已填平，涂痕消失便可结束第一次擦涂。

由于第一次擦涂的几十遍漆中每遍都是在表干后接着擦涂的。因此，在擦涂几十遍的硝基漆涂层中已积累了相当数量的溶剂。这时在第一次擦涂之后要有一段静置时间，使涂层在常温条件下彻底干燥。此段时间以长些为好（最好能在 2～3 天，至少应在 12h 以上）。擦涂的硝基漆涂层随着溶剂的挥发，涂层慢慢收缩，并向管孔内渗陷，可能会使管孔重新显现，表面也显得不如刚擦涂完时平整。

第一次擦涂的漆膜干后要进行砂光平滑后再进行第二次擦涂。方法一样，漆的粘度比第一次略低，擦的遍数可少。棉球蘸漆量可减少，用力比第一次稍重，擦涂时间可短些。具体做法应视第一次擦涂干后漆膜的平滑程度、收缩渗陷程度以及漆膜厚度而定。

第二次擦涂（也需几十遍）后，涂层也应经过较长时间的静置干燥。并经修饰（水砂与抛光），就能获得平整光滑具有很高光泽的漆膜。

一般中级产品擦涂两次即可。高级产品常擦涂三次，最后水砂抛光，便可获得很高的装饰质量。

5.1.3 刮　涂

刮涂法是用刮具（各种刮刀）将厚浆涂料（腻子、填孔剂、颜料着色剂与填平漆等）刮涂到表面上的一种手工涂饰方法。

5.1.3.1 各种刮具 刮涂用的刮具有嵌刀、铲刀、牛角刮刀、橡皮刮刀与钢刮刀等多种，一般根据被刮涂的材料与部位选择。

嵌刀也称脚刀，是一种两端有刀刃的钢刀，一端为斜口，另一端为平口。嵌刀用于把腻子嵌补到木材表面的钉眼、虫眼、榫头缝隙等处，也可以用它剔除线角等处的腻子、填孔剂和积漆等。

铲刀也称油灰刀、腻子刀，由钢刀板镶在木柄内构成。规格有 2.54cm、5.08cm 以至 7.62cm、10.16cm 等多种，可用于刮小件家具或大表面。

牛角刮刀又称牛角翘，是由牛角或羊角制成。其特点是韧性好，刮腻子时不会在木材表面留下刮痕。规格有大（刀口宽在 10cm 以上）、中（4～10cm）、小（4cm 以下）三种。选择时以有一定透明度、纹理清晰、板面平、刃口齐，上厚下薄的为好。

橡皮刮刀为采用耐油、耐溶剂性能好，而且胶质细、含胶量大的橡皮，夹在较硬的木板内。这种刮刀多为自制。先用锯在木板的端面开出一条与橡皮厚度相适应的槽，然后再用生漆或硝基清漆将橡皮粘结在槽内。刮刀的形状与尺寸可根据被刮涂表面的大小来决定。为使用方便，一般应准备不同规格的几种刮刀。

钢板刮刀是将弹性好的薄钢刀（或轻质铝合金板）镶嵌在木柄内而制成。其刀口圆钝，常用于刮涂腻子。

5.1.3.2 刮涂方法 刮涂方法基本上有两种，即局部嵌刮与全面满刮。前者用于木材表面局部缺陷腻平，即局部的虫眼、钉眼、裂缝等用腻子堵起来，也称填补腻子、嵌刮（填）腻子、腻平缺陷等；后者多为将填孔着色剂（油性的、胶性的）、填平漆等全面刮涂在整个表面上。

刮具的选择主要针对被刮涂表面的大小与形状结构。例如，当用大号刮刀刮涂局部缺陷便不方便，反之用小刮刀满批大件家具就难于刮涂平整，效率也低。

局部嵌刮的主要目的是将表面的局部洞眼嵌平，不需要嵌刮到局部缺陷以外的地方去，因此要注意嵌刮部位周围不能有多余腻子。例如嵌填一个钉眼时，可用小号刮刀一角挑少许腻子先嵌入钉眼中，随即再顺钉眼回刮一次，使钉眼平整，周围又不会残留腻子。

全面满刮也称满批或全面批。多用于粗管孔材刮涂填孔剂或填平漆。填孔剂与填平漆在生产中也称腻子，将其全面刮涂在木材表面上。刮涂时一般从表面的一头搭刀刮至另一头的边缘收刀。然后将刀上的余腻刮在第二刀搭刀的部位，再继续满刮、两刀刮完，要随即将两刀之间的聚棱刮净。这时每刮两刀，收刮一次，使刮后表面始终保持光洁。一面刮完后，要将周围边缘的余腻收净，再按此顺序一面一面批刮。

刮涂时需注意腻子的稠度要合适。腻子过稠刮涂困难并影响腻子的附着力；腻子过稀填嵌效果差，刮立面可能掉落。刮涂时应用力按压刮刀，压力要均匀。刮刀与被刮涂面的角度最初约保持45°角，随着不断移动逐渐倾斜，最后约为15°角，此时腻子已刮平。

5.2 空气喷涂

空气喷涂是靠压缩空气的气流使涂料雾化。在气流带动下雾状的涂料（漆雾）被喷到制品表面上，形成连续完整的涂层的一种涂饰方法。

5.2.1 空气喷涂特点

采用空气喷涂时，将压缩空气机产生的压缩空气送入喷枪。当压缩空气以很高的速度（接近音速）从喷枪的喷嘴中喷射出来时，喷嘴周围形成真空，将涂料从储罐（吸入式喷枪）中抽吸出来，在气流带动下被喷散形成很细的雾状并被喷到制品表面上。因此，单位时间内喷到制品表面的涂料量大，生产效率高，每小时可喷涂150～200m^2的表面，约为手工刷涂的8～10倍。效率高是其主要特点。

由于压缩空气的喷射速度高，因此液体涂料被分散雾化成很细的微粒。使喷到表面上所成漆膜细致均匀，平整光滑，因而喷涂的漆膜质量很好。

空气喷涂法几乎可以喷所有的涂料。诸如各种油性漆、挥发型漆、聚合型漆、水性漆、清漆、色漆、稀薄腻子以及染料溶液，等等。即使是刷涂性较差的快干漆（如硝基漆），则喷涂更适宜。但是喷涂时要求将涂料调成较低的粘度。

空气喷涂法既能喷涂未组装的零部件，也能喷涂组装好的整体制品。对于制品表面上的缝隙与小孔以及呈倾斜、曲线与凹凸不平的部位，采用空气喷涂法都能获得满意而均匀的涂层。在同一表面要着染成深浅渐变的色调（如小提琴板）时，用喷涂染料溶液（也称干染）很容易做到。尤其喷涂大表面制品更显得快速而有效。

由于上述优点，即使在机械化、自动化涂饰方法不断发展的今天。空气喷涂法以对各种涂料、各种被涂饰的制品与零部件都能适应的特点，使它成为机械化涂饰方法中适应性强、应用广泛的一种方法。

空气喷涂法也有以下缺点：被空气雾化的涂料漆雾，在喷涂时并未全部落到制品表面，而是跑到空气中，一部分损失掉了。一般涂料利用率只有50%～60%，故此法喷涂大表面比较合适（涂料利用率可达70%～80%），而不宜喷涂撑档较多的框架类制品（如椅子等）。飞散到空气中的漆雾对人有害，如未及时排走，易引起火灾甚至爆炸，需要专门的装置排走。

空气喷涂法只能喷涂粘度较低的涂料，才能雾化得很细，故需用溶剂稀释涂料，使涂料固体份含量降低。喷涂一次的漆膜厚度很薄，需经多次喷涂才能达到一定厚度。此外，空气喷涂法需要一系列机械设备才能进行。

5.2.2 空气喷涂设备

喷涂设备主要包括喷枪、压缩空气机（泵）与涂料供给系统以及残余涂料的清除装置等。其主要设备和工具如表5-1所列。

表5-1 空气喷涂主要设备及工具

序号	设备名称	主要用途
1	喷枪	利用压缩空气，将涂料吹散、雾化并喷到被涂饰工件的表面
2	空气压缩机	产生压缩空气，供喷枪及压力漆桶使用
3	贮气筒	贮存压缩空气，稳定输出压力
4	油水分离器	清除压缩空气中的油分和水分
5	压力漆桶	贮存并供给喷枪喷涂涂料的容器
6	连管	连接各装置，输送压缩空气或涂料
7	喷涂室	实施喷涂作业与过滤漆雾

5.2.2.1 喷　枪 喷枪是使涂料与压缩空气混和后，喷出呈雾化状态涂料的工具。现代喷枪多为流线型，具有重量轻、平衡好、枪柄握着舒适、便于操作等优点。

(1)喷枪的结构与工作原理　普通喷枪如图5-3所示，主要由喷头、调节部件、枪机等组成。涂料在喷头处雾化并可通过旋转喷头改变射流的断面形状。调节部件包括涂料和压缩空气调节两部分，由空气调节旋钮和涂料调节旋钮，分别调节压缩空气量和涂料喷出量。另外，枪身内还装有密封件，用以防止压缩空气和涂料的泄漏。

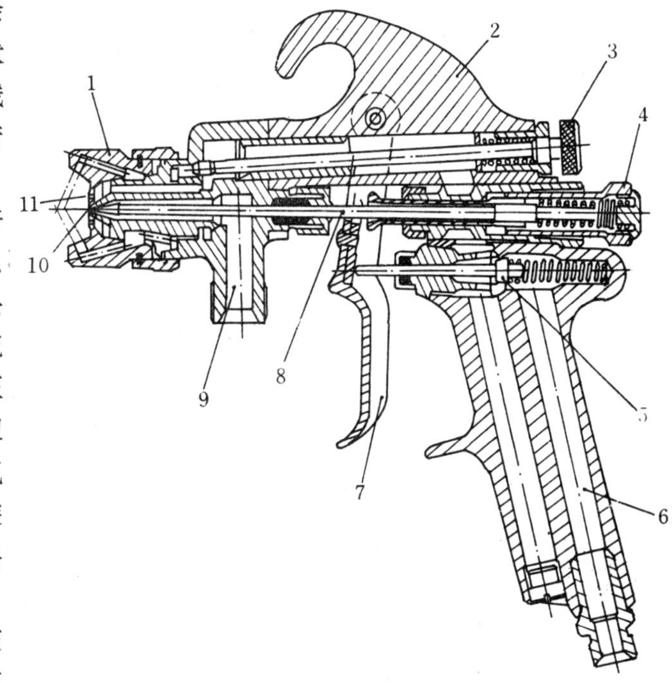

图5-3 喷枪结构图

1. 喷头 2. 枪身 3. 空气调节旋钮 4. 涂料调节旋钮 5. 空气阀 6. 空气通道 7. 枪机 8. 涂料针阀 9. 涂料入口 10. 涂料喷嘴 11. 压缩空气喷嘴

其工作原理是扳动枪机7时，空气阀5开启，压缩空气从枪柄内的空气通道6进入，经枪身内部在涂料喷嘴10的外围环形间隙压缩空气喷嘴中喷出，在涂料喷嘴前形成真空。继续扳动枪机，涂料针阀8向后移动，前端开启，经过涂料进入口9的涂料，便在真空力、压力、重力等作用下喷出。

（2）喷枪的分类　喷枪的种类繁多，分类方法也很多。按涂料与压缩空气的混合方式可分为内部混合式和外部混合式两种；按涂料的供给方式可分为吸入式、自流式和压入式三种；另外也可以按涂料喷嘴的口径和空气用量分类。

按涂料与压缩空气的混合方式分类如表 5-2 所列。

表 5-2　喷枪按混合方式分类

型式	结构示意图	特　点
内混合式	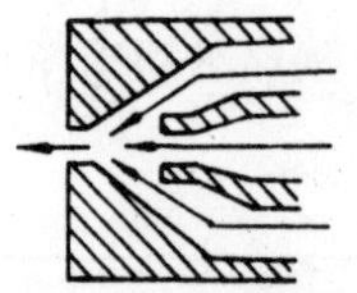	此种方式的涂料和压缩空气在喷头内混合后喷出。该型式用于涂料受压力喷涂的喷枪，射流断面呈圆形；也适用狭长缝隙形涂料喷嘴的喷枪。为防止过量涂料喷出，涂料所受压力不宜过高
外混合式		此种方式的涂料和压缩空气在喷头外混合后喷出。该型式用于涂料受压力或真空力喷涂的喷枪，射流的断面形状可以调整，使之呈扁平形（水平或垂直椭圆形）

按涂料供给方式分类的喷枪如表 5-3 所列。

表 5-3　喷枪按供料方式分类

型式	结构示意图	特　点
吸入式	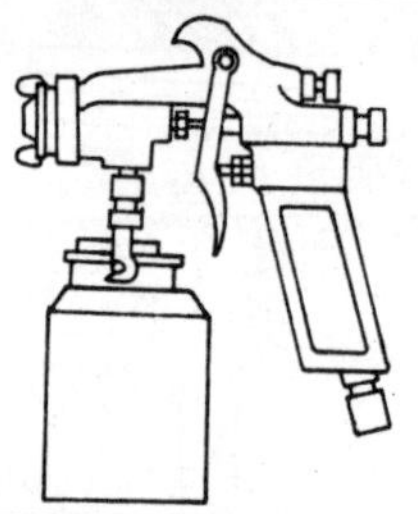	①贮漆罐安装在枪身下方涂料添加和更换容易 ②喷出量受涂料粘度影响 ③贮漆罐容量小，仅适于小面积喷涂 ④喷枪重，不适于长时间喷涂作业 ⑤过度倾斜贮漆罐，涂料易溢出
自流式	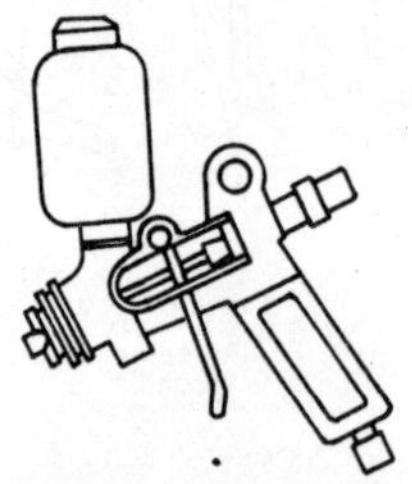	①贮漆罐安装在枪身上方 ②少量涂料也可喷涂 ③如贮漆罐换成吊桶，则适于大面积喷涂 ④喷出量受涂料液面高度影响 ⑤多种涂料要备多个贮漆罐或吊桶 ⑥涂料吊桶输料管长，清洗困难
压入式	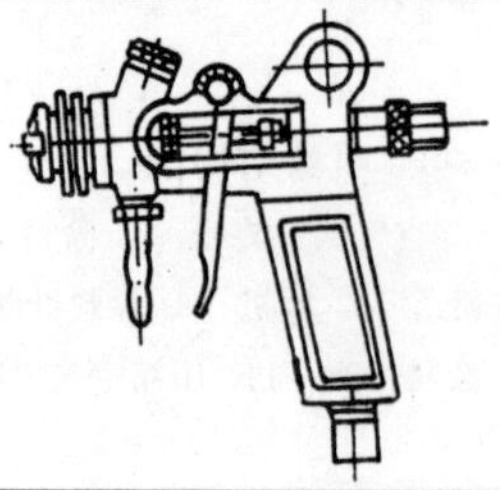	①适于大面积大批量喷涂 ②喷涂量可调 ③喷枪方向不受限制 ④无贮漆罐，喷枪重量轻 ⑤多种涂料要备多个压力漆桶及输料连管 ⑥需配空气压缩机，费用高 ⑦清洗困难

按喷枪涂料喷嘴的口径和空气用量分类，以日本工业标准为例（供参考），如表 5-4 所列。

表 5-4　喷枪按口径和空气用量分类

涂料供给方式	射流断面形状	涂料喷嘴口径[1]，mm	空气用量，l/min	涂料喷出量，ml/min	喷涂幅度，mm	试验条件[2]
自流式	圆形	(0.5)	<40	>10	>15	P=0.29MPa
		0.6	45	15	15	S=200mm
		(0.7)	50	20	20	V>0.05m/s
		0.8	60	30	25	
		1.0	70	50	30	
吸入式	圆形	0.8	160	45	60	
		1.0	170	50	80	
		1.2	175	80	100	
		1.3	180	90	110	
		1.5	190	100	130	
		1.6	200	120	140	
自流式	椭圆形	1.3	280	120	150	
		1.5	300	140	160	P=0.34MPa
		1.6	310	160	170	S=250mm
		1.8	320	180	180	V>0.10m/s
		2.0	330	200	200	
		(2.2)	330	210	210	
		2.5	340	230	230	
吸入式	椭圆形	0.7	180	140	140	P=0.34MPa
		0.8	200	150	150	S=200mm
		1.0	290	200	170	V>0.1m/s
压入式	椭圆形	1.0	350	250	200	
		1.2	450	350	240	P=0.34MPa
		1.3	480	400	260	S=250mm
		1.5	500	520	300	V>0.15m/s
		1.6	520	600	320	

注：1）（　）内的口径一般不使用；2）试验条件中，P 代表喷涂空气压力，S 代表喷距，V 代表喷枪移动速度。

(3) 国产 PQ-2、PQ-1 型喷枪　上海液压件三厂（原上海喷具厂）生产的 PQ-2 型喷枪为吸入式喷枪，其结构如图 5-4 所示。技术指标如表 5-5 所列。

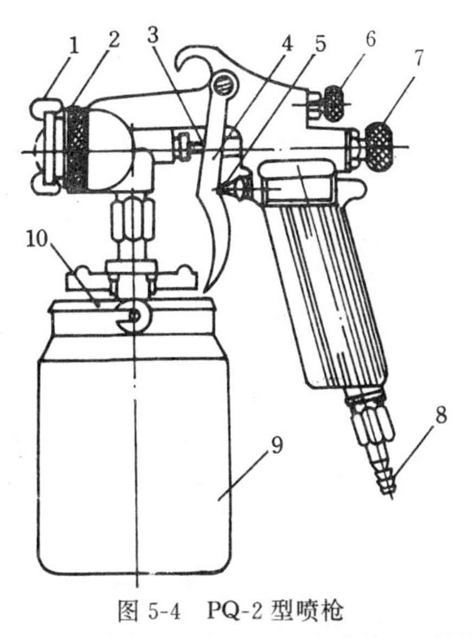

图 5-4　PQ-2 型喷枪

1. 空气喷嘴旋钮　2. 喷头　3. 涂料针阀　4. 枪机　5. 空气阀杆　6. 空气调节旋钮　7. 涂料调节旋钮　8. 空气接头　9. 贮漆罐　10. 盖板

表 5-5　PQ-2 型主要技术指标

项　　目	指　　标
喷嘴口径，mm	2.1
工作时空气指示压力，MPa	0.45～0.50
喷出量，ml/min	≥260
喷涂有效距离，mm	260
椭圆形长径，mm	≥140
圆形直径，mm	35
净重，kg	1.2

使用方法：

①旋下喷头，清洗喷嘴上的防锈油；

②装涂料，用稀释剂将涂料调均匀，测定达到适当的粘度，然后将涂料倒入贮漆罐内，压紧盖板；

③将枪柄上的空气接头接上 0.45～0.50MPa 的压缩空气。然后略微扳动枪机使空气阀杆后退，气阀阀门开启，空气从空气喷嘴喷出，用以吹去被涂饰工件表面的灰尘。待吹净后，再向后扳动枪机，喷头即喷出漆雾；

④射流断面形状调整，旋紧空气调节旋钮可得圆形断面。如旋松 2～3 圈，可再转动空气喷嘴旋钮，则调整射流断面形状；

⑤喷涂喷出量的调节，可转动涂料调节旋钮，涂料针阀开口的大小，决定了涂料喷出量。

喷枪维护：

喷枪使用后，用所喷涂的涂料稀释剂进行喷射清洗，直至喷枪涂料通道洗净为止。否则枪内涂料干固堵塞，会影响喷枪的正常使用。具体清洗方法如下。

①关闭压缩空气，拆下贮漆罐，将枪内涂料倒回贮漆罐中，将罐中的涂料倒入容器中；

②向贮漆罐内倒入约 1/4 体积的溶剂进行冲洗，装上贮漆罐，接通压缩空气，反复喷洗几次；

③拆开喷头，用溶剂刷洗，涂上防锈油，然后装上；

④擦除枪身上的涂料。

维护注意事项：

①刷洗时要用软刷子，禁止使用金属刷子，防止磨损喷嘴，使射流形状发生变化；

②避免喷枪直接泡在溶剂中，以防残余涂料附在机件上以及溶掉枪上的润滑油，可使用沾溶剂的软布擦；

③枪上的滚花部件均应用手调节，避免使用钳子等工具；

④每日应在针阀及枪机销轴处滴润滑油；

⑤每半年左右，应用轻油脂或凡士林润滑针阀及针阀弹簧，不得使用含硅的油；

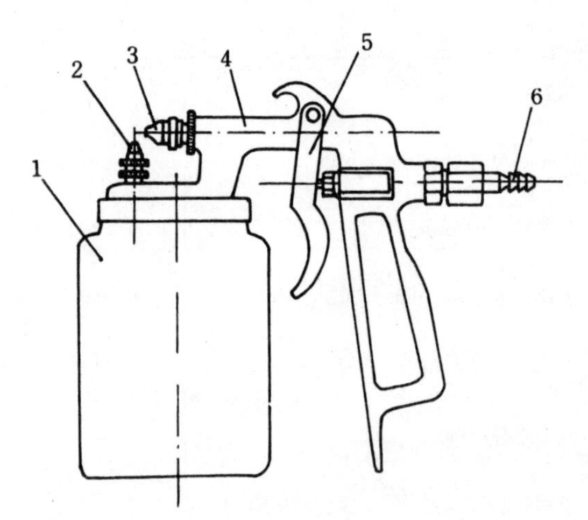

图 5-5 PQ-1 型喷枪

1. 贮漆罐 2. 涂料喷嘴 3. 空气喷嘴 4. 枪身 5. 枪机 6. 空气接头

表 5-6 PQ-1 型喷枪主要技术参数

项 目	参 数 值
工作时空气压力，MPa	0.28～0.35
喷涂有效距离，mm	250
喷涂幅度，mm	38
贮漆罐贮漆量，kg	0.6
枪净重，kg	0.40～0.46

表 5-7　日制岩田牌各种喷枪的性能

名称	型式	喷嘴口径，mm	涂料供给方式	涂料压，MPa	标准喷枪空气压，MPa	喷枪空气用量，l/min	压缩机功率，kW	最大涂料喷出量，ml/min	喷距，mm	喷涂幅度，mm	平均粒径，μm	用途
宽式-61 型喷枪	W-61-0(S)	0.7	压入式	0.10	0.34	160	0.75～1.5	240	200	200		大批量喷涂中、小型木工成品
	W-61-1(GS)	1.0				53		126	150	115		小型成品，一般喷涂
	W-61-2(GS)	1.3	自流式		0.27	65	0.4～0.75	168		135	150	一般喷涂
	W-61-3(GS)	1.5	吸入式			110		198	200	170		中型成品，一般喷涂
	W-61-3S(GS)	1.5			0.34	128	0.75	258		150		中型成品，高粘度涂料
宽式-60 型喷枪	W-60-0	1.2	压入式	0.15	0.39	300	2.2～3.7	720	250	370		大批量喷涂大、中型成品
	W-60-1	1.5	自流式			125	0.75	300		210	180	大型成品，一般喷涂
	W-60-2	2.0	吸入式		0.34	180	0.7～1.5	450	200	240	190	
	W-60-3	2.5				250	2.2～3.7	500		260		底漆、高粘度涂料
宽式-59 型喷枪	W-59-0	0.7	压入式	0.10	0.34	160	0.75～1.5	240	200	200		小型成品，大批量喷涂
	W-59-1	1.0	自流式			41		120	150	115		小型成品，一般喷涂
	W-59-2	1.3	吸入式		0.27	61	0.4～0.75	170		135	150	
	W-59-3	1.5				100		200	200	165		
圆形喷涂喷枪	S-1	0.5	自流式					37		40	65	
		0.7	吸入式		0.21	27	0.2	63	150	45	110	小型成品，一般喷涂
		1.0						120		48	175	
聚酯喷枪	—	1.5	吸入(压入)		0.34		1.5	—	250	200		喷涂聚酯树脂漆
同心喷嘴喷枪	—	1.5	吸入(压入)		0.34		0.75	—	200	200		
蛛丝纹喷枪	S-17C	0.7	压入式	依纹形而定	0.20	75	0.4	80	依花纹形状而定	蛛丝纹		喷涂花纹
多色喷枪	B-10	1.9	压入式	0.34	0.34	110	0.75	600	250	300		多色喷涂
底漆喷涂	B-22	6.0	压入式	依粘度而定	0.34	300	2.2	—	—	100～150		喷涂底漆
袖珍喷枪	HP-A.B.C.D	0.2～0.5	自流式		0.10	少量	0.2	少量	—			工艺美术喷涂

⑥多个喷枪同时维护时，应防止拆开的部件混装，使喷枪产生不应有的效能下降；

⑦应保持针阀和涂料喷嘴的密封，防止涂料泄漏；

⑧针阀的调节应能保证枪机的正常工作，即扳动枪机时，应先开启空气阀，然后涂料阀开启。关闭枪机时，顺序相反。

上海黄渡五金机械厂生产的 PQ-1 型喷枪主要由喷头和空气阀两个主要部件组成。如图 5-5 所示。

这种喷枪的喷头分有两个铜质制成的喷嘴，涂料喷嘴置于贮漆罐上，与空气喷嘴互为垂直。空气阀由弹簧、活门组成，用枪身操纵。其主要技术参数见表 5-6。

使用方法：

①装涂料，用稀释剂将涂料调均匀，倒入贮漆罐中，然后将贮漆罐盖盖好，用螺丝旋紧。

②将枪上空气接头接上输气连管，空气压力达到工作压力时，即可使用。

(4) 国外喷枪　国外喷枪种类很多，除普通式喷枪外，还有为特殊喷涂而设计的特种喷枪。如适于聚酯漆喷涂的双头及同心喷嘴喷枪；适于交错丝纹喷涂的蛛丝纹喷枪；适于高粘度涂料或浆状流体喷涂的多色喷枪；适于高粘度底漆喷涂的底漆喷枪；适于染色、图案喷涂的类似钢笔形的小型袖珍喷枪；适于胶合板、纤维板等喷涂的大面积喷枪；适于天花板或较深不易喷到处的长管喷枪；适于无电地区的自带手压压缩器的手压式喷枪以及适于修补用的修补专用喷枪等。这些特种喷枪，从各自不同的角度，满足了实际生产生活中的多种需要。表 5-7 列出了日本制造的岩田牌各种喷枪的性能，供参考。

(5) 喷枪的选择原则　选择喷枪，除考虑作业现场、工件的大小和形状外，主要从喷枪的自身特性等因素来考虑。

①喷枪的性能：同口径的喷枪，以漆形大，涂料喷出量多，空气耗量低为优；所喷漆形不变形，漆粒雾化细并分布均匀；涂料喷出量和空气使用量调节范围大；针阀和喷嘴密封好，硬度适宜；可更换不同口径的喷嘴。

②喷嘴口径：喷嘴口径是喷枪的重要参数，受喷涂效率、涂料粘度、用途的影响。喷嘴口径越大，效率越高。涂料粘度越大，需喷嘴口径越大。喷涂质量要求高的，应采用小口径喷嘴喷枪，如喷面漆。而像喷底漆质量要求低的，则选用大口径喷枪。

③涂料供给方式：吸入式适用于喷涂量小，涂料经常更换，喷涂时间短（因有贮漆罐，会增加劳动强度）；自流式适用于涂料量小的平面被涂物；压入式适用于大批量、大面积、长时间喷涂。由于不带贮漆罐，喷枪重量轻、劳动强度低。

5.2.2.2　空气压缩机　空气压缩机的作用是产生供喷涂使用的压缩空气。喷涂都采用小型往复式空气压缩机。其结构是由气缸、压缩空气储罐、空气净化器、压力安全保护装置以及电动机等组成。其工作原理是通过电动机的转动使活塞往复运动产生压缩空气，送入储罐中储存备用。

(1) 压缩机与喷枪支数的关系　为了合理地使用空气压缩机，必须根据使用的喷枪空气消耗量确定压缩机的容量，并始终保证压力维持在一定的范围内。日制岩田牌压缩机与喷枪支数关系如表 5-8 所列，可供参考。

表 5-8 压缩机与喷枪支数的关系

喷枪口径,mm	0.7	1.0		1.2	1.3		1.5			2.0	2.5
喷枪空气耗量 l/min / 压缩机排气量,l/min	160	41	53	300	61	65	100	110	128	180	250
85	×	——	——	×	——	——	——	——	——	×	×
161	——	1	1	×	1	1	1	1	1	——	×
302	1	3	2	——	2	2	1	1	1	1	——
451	1	4	3	——	3	3	2	2	2	1	——
765	2	6	6	1	6	6	3	3	3	2	1

注：1）×代表不能喷涂； 2）——代表可进行间断喷涂，不能连续喷涂； 3）本表所列压缩机功率小于5.5kW；
4）单位：支。

（2）部分压缩机型号及生产厂家 我国生产压缩机的厂家很多，分布在全国各地，部分生产厂家如表5-9所列。

表 5-9 国内部分空气压缩机生产厂家

产品型号	排气量，m^3/min	排气压力，MPa	电机功率，kW	生产厂家
2V-0.06/7	0.06	0.69	0.8	福建省建阳县压缩机厂
2ZF-1	0.09	0.69	1.1	沈阳空气压缩机制造厂
2V-0.184/7	0.184	0.69	2.2	沈阳市小型压缩机厂
2V-0.2/7	0.20	0.69	2.2	鞍山市空压机厂
2V-0.3/7	0.30	0.69	3.0	湖北省麻城县压缩机厂
2V-0.3/7	0.30	0.69	3.0	武汉市压缩机制造厂 长春市空气压缩机厂
2V-0.3/15	0.30	1.47	4.0	北京小型压缩机厂 烟台空气压缩机厂
2V-0.4/10	0.40	0.98	4.0	广州空气压缩机厂
2V-0.4/12	0.425	1.18	4.0	上海第二压缩机厂
2Z-0.45/10	0.45	0.98	4.0	株州市空气压缩机厂
2V-0.5/7	0.50	0.69	5.5	青岛空气压缩机厂
3W-0.9/7	0.89	0.69	7.5	西安第二压缩机厂 自贡空压机厂 昆明风动机厂
2ZA-1/8-G	1.00	0.78	10.0	南京压缩机厂

5.2.2.3 **喷涂室** 喷涂室的主要作用是排除空气中的漆雾和溶剂蒸气，创造良好的喷涂环境。喷涂时，从射流脱离的涂料粒子、从工件反弹的涂料粒子以及从工件边缘飞逸的涂料

粒子，形成漆雾悬浮在空气中；从高速射流蒸发的溶剂蒸气，也充满于空气中。这些漆雾与溶剂蒸气，如不及时排除，不仅危害人体健康，还可能引起火灾及爆炸的危险。另外，合理的喷涂环境对提高涂层质量也是很重要的。因此，采用通风的喷涂室，将喷涂限制在一定的空间内，排除有害气体、控制喷涂的温度、湿度、照明等条件。

喷涂室的主要结构包括室体、工件的放置和装卸设备、通风设备以及过滤设备等。室体一般由金属板制作，防止火灾。

(1) 喷涂室分类　根据不同的需要，喷涂室的种类很多，通常有以下几种分类法。

①按被涂饰工件的装卸及作业方式分为通过式和间歇式两种。

通过式喷涂室常用悬吊式运输机、地面式运输机等运输工件通过喷涂室时进行喷涂。此种方式适用于大规模连续生产。间歇式喷涂室是工件放在室内回转的圆台上或用小车等推入进行喷涂，喷好后的工件从同一门取出。此种方式适于小规模的生产。

②按抽风的气流流向分为横向抽风、纵向抽风和底部抽风三种。

横向抽风是将漆雾气流在水平方向垂直于工件移动方向抽走。纵向抽风是将漆雾气流在水平方向沿工件移动方向抽走，主要用于通过式喷涂室。底部抽风是将漆雾气流从工件下方抽走。为了改善气流的方向，有时还伴以上送风。

③按漆雾的过滤方式分为干式和湿式两种。

干式主要采用折流板或垫网进行过滤。而湿式则利用水进行过滤。这种分类方式是喷涂室的主要分类方式，其型式、结构、工作原理及特点如表 5-10 所列。

表 5-10　喷涂室的分类

分类型式		结构示意图	工作原理、特点
干式	折流板式	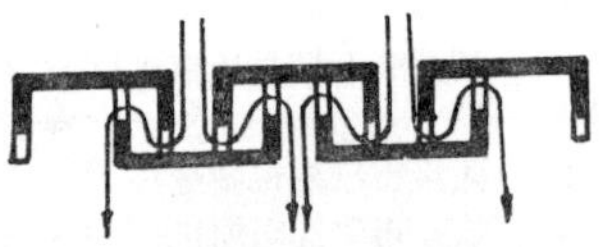	由数块梳状边缘的槽型板交错排列组成。含漆雾及溶剂的气流经两次折流后，涂料质点粘附在板上 这种型式结构简单，成本低，不产生堵塞现象。但过滤效果差，需定期清扫，适于小量喷涂
	垫网式	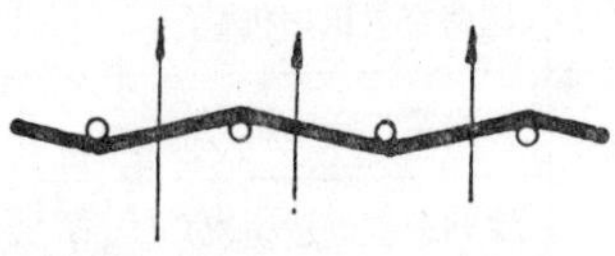	由玻璃纤维或其它材质构成过滤垫网。气流经过时，涂料质点粘附在网上 这种型式结构简单，较折流板式过滤效果好。但垫网易堵塞，需经常更换，适于小量喷涂
	组合式		由上两种型式组合而成。折流板作为粗过滤，垫网作为精过滤 这种型式结构简单，结合两种过滤的特点，过滤效果好，更换次数少，适于小量喷涂

（续）

分类型式			结构示意图	工作原理、特点
湿式	喷水式	普通式	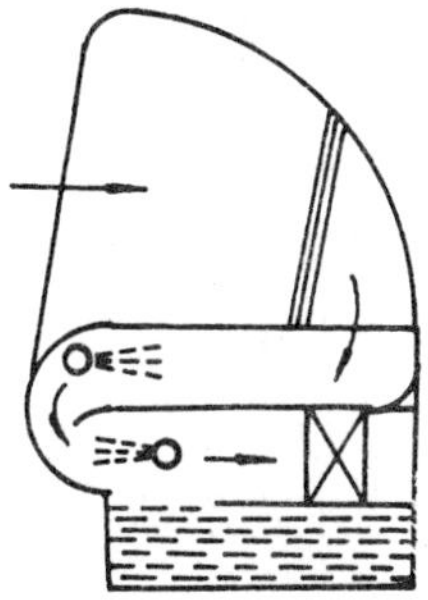	普通型式的室体为一面敞开的。在风机的作用下，气流首先经过折流板或垫网过滤，再经过两次逆气流喷水过滤。气流经两喷水头之间圆弧面时，由于离心力的作用，涂料质点附于其上，用水冲下，流入水槽中，气流经气水分离器排出 这种型式结构紧凑，过滤效果好，占地面积小。但喷嘴易堵塞，适于小量喷涂
		上侧吸入式	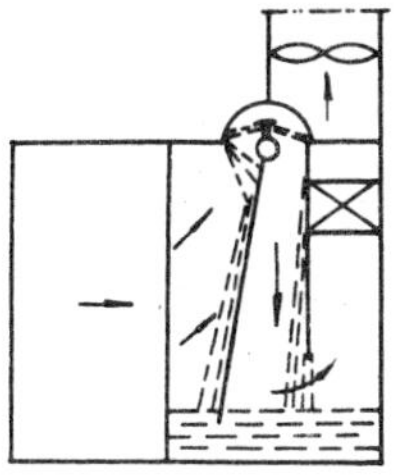	上侧吸入式是气流从过滤设备的上方进入。从喷水管喷出的水流，经其上方的凸板凹面折射向两侧，然后从淌水板流下来。在风机的作用下，气流绕喷水头经四层水层后经气水分离器排出 这种型式过滤效果好。但需要水循环系统，设备费用高，喷嘴易堵塞。适于通过式大批量工件的喷涂，漆雾多处于上方时的情况
		下侧吸入式	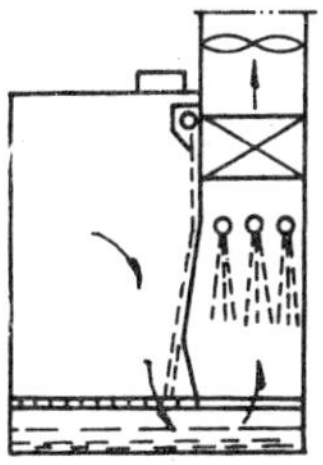	下侧吸入式是气流从下方进入。因喷大型制品时，喷枪常向下，工件的移动多为地面运输机 这种型式适于较大工件的喷涂。常伴有上送风系统，改善气流流向
		上下吸入式	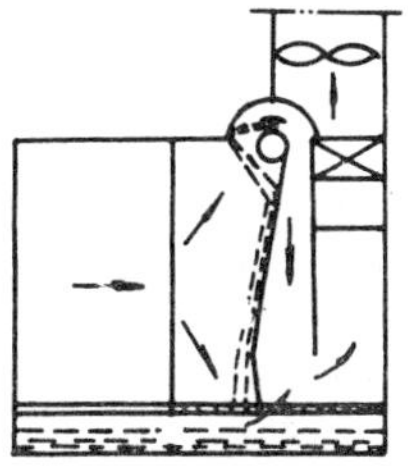	上下吸入式是气流从上下两个方向进入。从喷水管喷出的水，经折射后从淌水板流下 这种型式适于漆雾多处于中部时的情况
	溢流式		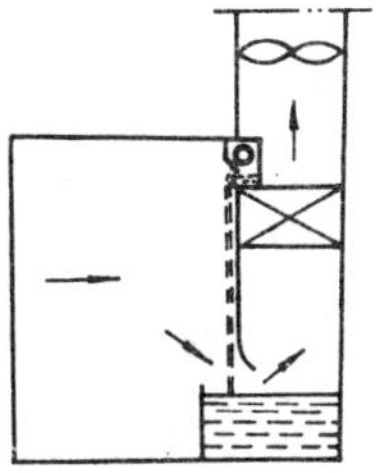	溢流式是溢流槽中的水在淌水板上溢流而下。从水管流出的水，经侧边的隔板稳流后从边部溢出，气流经底部水膜时被吸附 这种型式淌水板下部呈圆弧状向内弯曲，可以减小气流的阻力。其水膜厚度应适宜，既不产生飞溅，也不产生断流 溢流式与喷水式可以组合使用

干式和湿式喷涂室各有其特点，干式因不使用供水系统，结构简单，制造费用少，成本低，但过滤装置需经常清洗。而湿式过滤效果好，火灾危险性小，但需供水及废水处理装置，设备费用高。

（2）喷涂室选择原则

①生产规模：大量连续喷涂宜采用湿式喷涂室，小量或零散喷涂宜采用干式喷涂室。

②涂料的种类：使用各种涂料时，漆雾与溶剂蒸气排出室外，无危险时，宜采用干式喷涂室。若喷涂快干性涂料，漆雾与溶剂蒸气排出室外有危险时，宜采用湿式喷涂室。

③工件的形状、尺寸：工件的形状不同（如回转件和平面件）占有的空间也不一样。尺寸小的或回转件可考虑采用干式喷涂室，尺寸大的可考虑采用湿式喷涂室。

（3）喷涂室的设计原则

①喷涂作业应限制在密封或半密封的喷涂室内进行。避免漆雾与溶剂蒸气扩散到其它地方。

②应及时直接排走喷涂时产生的漆雾与溶剂蒸气。

③排除的漆雾及溶剂蒸气应进行有效的过滤，以免污染空气及设备本身。

④喷涂操作人员应在喷涂区之外的，有新鲜空气流的地方作业。

⑤喷涂室内的照明应便于喷涂操作人员的观察，室内的通电设备，均应防爆。

⑥室内的结构尺寸应设计合理。

（4）喷涂室的设计　喷涂室的设计包括室体的各部分尺寸、通风量、水过滤装置、风机的选择及供水等的计算。其主要依据是：喷涂室的类型、生产能力、制品的外形尺寸等。设计计算方法和步骤如表 5-11、5-12、5-13、5-14、5-15 所列。

表 5-11　喷涂室的设计

序号	计算项目			代号	单位	公式和参数选择	说　明
1	室体尺寸	长度	通过式	L_t	mm	$L_t=1\,000\,(Ftv+2l_1)$	F　工件最大喷涂面积（m^2） t　单位喷涂面积所需时间（min/m^2） v　运输机移动速度（m/min） l_1　工件距出入口距离（m），一般取 $l_1=0.6\sim0.8m$
			间歇式	L_j	mm	$L_j=l+2l_2$	l　工件最大长度或回转直径（mm） l_2　工件距两侧壁距离（mm），一般取 $l_2=400\sim600$
		宽　度		B	mm	$B=b+b_1+b_2+b_3$	b　工件最大宽度或回转直径（mm） b_1　工件距操作口距离（mm）对小型转台喷涂室 $b_1=300\sim400$ 横向抽风通过式 $b_1=500\sim650$ b_2　工件距过滤装置距离（mm）一般取 $b_2=500\sim850$ 干式喷涂室取小值，湿式取大值 b_3　过滤装置宽度（mm），$b_3=1\,000$
		高　度		H	mm	$H=h+h_1+h_2$	h　工件的最大高度（mm） h_1　工件底部距地面距离或放置工件的转台高度（mm）。工件底部不需喷涂时，一般取 $h_1=300\sim800$ 工件底部需喷涂时，一般取 $h_1=1\,300\sim1\,600$ h_2　工件距喷涂室顶部距离（mm），一般取 $h_2=700\sim1\,500$

（续）

序号	计算项目		代号	单位	公式和参数选择	说明
2	进出口尺寸	宽度	b_0	mm	$b_0=b+2b_4$	b_4 工件与进出口侧边距离（mm），一般取 $b_4=100\sim200$
		高度	h_0	mm	$h_0=h+h_3+h_4$	h_3 工件底部距进出口底边距离（mm），一般取 $h_3=100\sim150$ h_4 工件上部距进出口上部距离（mm），一般取 $h_4=80\sim120$
	操作口尺寸	长度		mm	推荐值为 1 200 或 16 00	操作口尺寸大，通风量大，能量消耗也大。在选择时，保证操作方便的条件下，尽量取小值
		高度		mm	推荐值为 1 800～2 200	
3	通风量	横向抽风	Q	m^3/h	$Q=3\ 600F_0V$	F_0 进出口面积与操作口面积之和（m^2），考虑到工件进出时堵塞进出口，计算时，其面积应减少 20%～30% V 进出口或操作口处空气流速（m/s），按表 5-12 取
		上部送风底部抽风通过式	Q	m^3/h	$Q=3\ 600\ (F_1V_1+F_2V_2)$	F_1 喷涂室操作间的地坪面积（m^2） V_1 垂直于地面的空气流速（m/s），一般取 $V_1=0.5\sim0.6$ F_2 进出口面积之和，考虑工件堵塞进出口，计算时面积应减少 20%～30% V_2 进出口处的空气流速（m/s），按表 5-12 取
4	喷水过滤装置	面积	S	m^2	$S=\dfrac{1.2Q_0}{3\ 600V_0}$	Q_0 通过过滤装置的空气流量（m^3/h） V_0 气水分离器有效截面流速（m/s），一般取 2.5～3.0 1.2 为气水分离器有效截面系数
		长度	L'	m	$L'=\dfrac{S}{nb'}$	n 喷水管排数 b' 喷水管之间距离（m），$b'\leqslant0.35$
		宽度	B'	m	$B'=nb'$ 或 $B'=\dfrac{s}{L}$	L 喷涂室长（m）。如果过滤装置长度等于喷涂室长，可用后式计算
5	风机	通风管径	D	m	$D=0.0188\sqrt{\dfrac{Q}{V_3}}$	Q 喷涂室通风量（m^3/h） V_3 管道内空气流速（m/s），一般取 $V_3=6\sim14$
		管道阻力 总阻力	ΔP	Pa	$\Delta p=\Delta P_l+\Delta P_r$	ΔP_l 沿程摩擦阻力，管道短时不计 ΔP_r 局部阻力
		管道阻力 沿程阻力	ΔP_l	Pa	$\Delta P_l=Cl_3$	C 单位等断面管道阻力（Pa/m），可按表 5-13 取 l_3 管道长度（m）
		管道阻力 局部阻力	ΔP_r	Pa	$\Delta P_r=\sum\zeta\dfrac{\rho V^2}{2}$	ζ 局部阻力系数，可按表 5-14 取 ρ 气流密度（kg/m^3），可参照干空气选取 V 流速（m/s）
		风机的选择				根据所计算的通风量和系统的阻力，确定通风机的类型。再由通风机产品样本的性能曲线或给定的性能表，确定风机的转速和效率
		风机电机功率	N	kW	$N=\dfrac{KQP}{3.6\times10^5\eta_1\eta_2}$	Q 实际选用的风机通风量（m^3/h） P 实际选用的风机全压（Pa） K 电机容量安全系数，按表 5-15 取 η_1 风机效率，一般取 $\eta_1=0.6\sim0.8$ η_2 机械传动效率 三角带 $\eta_2=0.95$，联轴器 $\eta_2=0.98$

（续）

序号	计算项目		代号	单位	公式和参数选择	说　明
6	供水	总供水量	W	m^3/h	$W=Qe$	Q 风机通风量（m^3/h） e 水空比（水与所处理空气重量比），对于喷水式，小型喷涂室 e=1.0～1.2，中型 e=0.8～0.9，大型 e=0.7～0.8
		溢流水量	W_y	m^3/h	$W_y=3\ 600L\delta V$	L 淌水板长（m） δ 水层平均厚度（m），δ=0.003～0.004 V 水流速度（m/s），一般取 V=1
		喷水量	W_p	m^3/h	$W_p=nq$	n 喷水孔数量 q 每个喷水孔平均耗水量（m^3/h）
		水泵扬程	P_h	Pa	$P_h=\Delta P+\Delta P_s+\Delta P_v$	ΔP 管道总阻力（Pa） ΔP_s 喷嘴出口压力（Pa） ΔP_v 水泵出口至管道终端高度差所产生的压力（Pa）
		水泵选择				根据扬程，从泵特性曲线或性能表，求得流量，能满足使用要求

表 5-12　空气流速表

操作者位置	空气流速，m/s	说　明
室外	≥0.8	指操作口空气流速
室内	≥0.9	操作区任何一点流速均应大于或等于此值
接近工件	1.0～1.5	指操作口空气流速

表 5-13　管道直径的流量、单位阻力与动压、风速的关系

动压，Pa	风速，m/s	管道直径，m									
		0.7		0.8		0.9		1.0		1.12	
		流量，m^3/s	单位阻力，Pa/m	流量，m^3/s	单位阻力，Pa/m	流量，m^3/s	单位阻力，Pa/m	流量，m^3/s	单位阻力，Pa/m	流量，m^3/s	单位阻力，Pa/m
21.68	6.0	2.296	0.510	3.000	0.432	3.800	0.373	4.694	0.334	5.881	0.294
25.41	6.5	2.487	0.598	3.250	0.510	4.117	0.441	5.083	0.392	6.369	0.334
29.43	7.0	2.679	0.687	3.500	0.579	4.433	0.500	5.475	0.441	6.858	0.392
33.84	7.5	2.869	0.775	3.750	0.667	4.750	0.579	5.867	0.510	7.350	0.441
38.46	8.0	3.061	0.883	4.000	0.746	5.067	0.647	6.258	0.569	7.839	0.500
43.46	8.5	3.253	0.981	4.250	0.844	5.383	0.726	6.525	0.647	8.331	0.559
48.66	9.0	3.444	1.099	4.500	0.942	5.700	0.814	7.042	0.716	8.819	0.628
54.25	9.5	3.636	1.226	4.750	1.040	6.017	0.903	7.431	0.795	9.308	0.697
60.14	10.0	3.828	1.344	5.003	1.148	6.333	0.991	7.822	0.873	9.800	0.765
66.22	10.5	4.017	1.481	5.253	1.256	6.650	1.089	8.214	0.961	10.289	0.844
72.69	11.0	4.208	1.619	5.503	1.373	6.967	1.197	8.606	1.050	10.781	0.922
79.46	11.5	4.400	1.766	5.753	1.501	7.283	1.305	8.997	1.148	11.269	1.001
86.52	12.0	4.589	1.913	6.003	1.628	7.600	1.413	9.386	1.246	11.758	1.089
93.88	12.5	4.783	2.070	6.253	1.756	7.917	1.530	9.778	1.344	12.250	1.177
101.53	13.0	4.975	2.227	6.503	1.893	8.233	1.599	10.169	1.452	12.739	1.265
109.48	13.5	5.167	2.394	6.753	2.040	8.550	1.776	10.561	1.560	13.228	1.364
117.82	14.0	5.358	2.570	7.003	2.188	8.867	1.903	10.953	1.678	13.719	1.462

表 5-14 喷涂室的局部阻力系数

名称	局部阻力系数	说明
进出口及操作口	0.3	
过滤装置入口转角	3.5	
90°折板气水分离器	24.0	弯曲 5 次，板间距 25mm
120°折板气水分离器	10.4	弯曲 3 次，板间距 25mm
抽风罩	0.25	锥角 120°
调节阀	0.3～7.0	单叶片，转角 10°～40°
圆形弯头	0.25	弯曲半径等于管径，转角 90°

表 5-15 电机容量安全系数

功率，kW	安全系数 K	功率，kW	安全系数 K
≤0.5	1.5	2.1～5.0	1.2
0.6～1.0	1.4	>5.0	1.15

(5) 喷涂室的维护　为保证喷涂室的正常工作，充分发挥其效能，应对喷涂室做细致的日常维护工作。主要检查项目如下。

①检查折流板和垫网是否粘附过多的涂料；

②喷水嘴是否堵塞；

③溢流水层是否正常，是否有水飞溅或断流现象；

④气水分离器工作是否正常；

⑤排气通风机和排气管是否粘附涂料和水；

⑥喷涂室内风速是否正常；

⑦风机和水泵电机电流是否超出规定。

5.2.3 喷涂工艺条件

欲获得平滑均匀的喷涂涂层，并使涂料损耗（雾化损失）减少到最低限度，避免喷涂缺陷的出现，需认识喷涂效果的影响因素。以便制定正确的喷涂作业规程。

喷涂效果的影响因素很多，诸如所喷涂料条件（品种、粘度、干燥速度）、喷枪种类与性能（喷嘴口径、涂料与空气喷出量、空气压力、喷涂射流图形与宽度）、喷涂操作技术（喷涂距离、角度、喷枪移速）等。其中影响较大者有如下几项。

(1) 涂料粘度　除特殊喷枪（国内尚无产品）外，大部分喷枪喷涂的涂料粘度都要求比手工刷涂低。如涂料粘度过高则雾化不好，粘度越高则漆雾越粗，喷涂的涂层表面粗糙。或者造成涂料从喷枪中喷出时断时续（时有时无），涂饰面上中部浓厚而两端过薄，喷涂困难，并需要较高的空气压力。反之涂料粘度过低，当喷涂垂直表面（制品立面）时易产生流挂。粘度低则固体份含量低，致使每喷涂一次涂层薄，需要喷涂的遍数多。粘度低也会增加涂料雾化损失。最适宜的涂料粘度应针对具体条件（涂料品种、喷枪种类等）经试验确定。经常采用的是 15～30s，例如喷涂硝基漆为 16～18s、氨基漆 18～25s、醇酸漆 25～30s 等。在不影响喷涂质量的情况下涂料粘度可以尽量选高些。

(2) 空气压力　空气压力需与涂料粘度相适应。一般来说喷涂的涂料粘度高，空气压力需大些。否则喷涂困难，雾化不均匀，喷涂的漆膜粗糙，呈“橘皮”状不平。反之涂料粘度低，空气压力不应过高，否则也会造成强烈雾化，喷涂时会产生流挂，并增加涂料的雾化损失。

在喷涂过程中，空气压力实际上决定了空气流速与空气量。在涂料喷涂量一定的条件下，空气量决定了喷涂的空气比消耗。空气比消耗是指喷涂单位容积的涂料所消耗压缩空气的数量（m^3/l），它除与空气量有关外也受空气喷嘴断面积影响。因此说，喷涂时空气比消耗是影响喷涂漆雾粗细的最主要因素。一般说空气比消耗越高涂料雾化越细，有利于提高喷涂质量，但是也会增加涂料的雾化损失。

总之，空气压力大，涂料雾化细，喷涂质量好，也相应增加涂料损耗；空气压力小，涂料雾化粗，喷涂质量差。生产中通常选用 0.2～0.5MPa 的空气压力。常用涂料喷涂工艺条件如表 5-16 所列。

表 5-16　常用漆类喷涂工艺条件

工　艺　条　件	硝基漆	酸固化漆	聚氨酯漆	聚酯漆
空气压力，MPa	0.22～0.40	0.25～0.40	0.35～0.40	0.15～0.20
喷嘴直径，mm	1.5～1.8	1.5～1.8	1.2～1.9	0.8～1.2
涂料温度，℃	20～24	20～24	20～24	20～24
涂料粘度，涂-4，s	18～28	25～45	14～18	26～30

除上述送入喷枪的空气压力的大小选择合适而外，一般输往压力漆桶的空气压力也应调节适宜。压力不足可能造成输漆中断或停止，影响喷涂的均匀；压力过大，涂料的输送过于猛烈，雾化不完全也影响喷涂的质量。

压力漆桶中所需空气压力的大小，决定于涂料品种、粘度以及输漆软管长度和断面积等。涂料粘度低，软管长为 2～3m，空气压力 0.12～0.13MPa 已够；粘度大并含有重颜料的涂料，需较大压力（0.15 或 0.15MPa 以上）。

（3）喷涂距离　喷涂距离是指喷枪的喷嘴到被喷涂表面的垂直距离。它对喷涂漆膜的质量与涂料损耗都有明显影响。当距离过远喷涂快干漆时，将涂料喷到表面上，在喷涂过程中溶剂便挥发了许多，涂料粘度增稠，湿涂层流平性变差，造成表面桔皮与颗粒状。由于漆雾而引起的涂料雾化损失也随喷涂距离的增加而增大。当距离过远时，被雾化的涂料微粒便有更多的机会跑到空气中去，增加了涂料损失。涂料粘度越低这种情况越严重，并使喷涂的漆膜变薄，甚至漆膜会变成无光。反之当喷涂距离过近时，喷涂射流宽度（即喷涂一条面积的覆盖宽度）减小，影响喷涂效率。同时距离太近极易引起流挂起皱、表面不均匀、涂饰质量差。生产实践中经常采用的距离：当使用大型喷枪时为 20～30cm，小型喷枪为 15～25cm。

在具体生产条件下，针对产品形状、尺寸、涂料粘度与喷枪类型，应经试验确定最适宜的喷涂距离。最适宜的距离应能保证涂层的均匀，流平性好，无流挂、起皱与橘皮等缺陷，并使涂料的雾化损失最少。

（4）喷枪运行方式　喷枪运行方式包括喷枪对被喷涂表面的角度、喷枪运行速度与喷涂搭接等。在确定正确的喷枪运行方式之前，应将送入喷枪的空气压力、涂料喷涂量与喷涂射流形状（通过喷枪喷头侧方上孔的位置变换可使喷出的射流呈圆形或垂直与水平方向的椭圆形）调节好。

喷涂时喷枪应对被喷涂表面始终垂直并平行运行。在喷枪运行过程中，如果时而垂直时而倾斜，都会造成喷涂漆膜厚薄不均匀。当喷涂距离确定之后，在喷涂过程中应严格保持使喷枪对表面保持平行移动。如果出现喷枪对表面呈圆弧状运行而不是平行的，也会影响漆膜的均匀。

喷涂时喷枪始终垂直于表面并应以均匀的速度平行运行。当运行速度多变与未能保持垂直平行运行时，都得不到厚度均匀的漆膜，并易产生条纹和斑痕。喷枪运行速度决定于枪型与喷涂量，运行速度一般在0.3～1.0m/s范围内调整。确定的速度在每次喷涂过程中应始终保持不变。喷枪运行速度过低（0.3m/s以下），喷涂中可能产生流挂；过快不易得到平滑的漆膜与必要的厚度，也会增加喷涂遍数。

当喷涂距离一定，并把喷嘴调至某种固定的射流断面（圆形或椭圆形）时，则喷到表面上的一条纵向漆痕宽度也一定。当第一条纵向漆痕喷涂完毕，喷枪应作横向移动以便喷涂第二条纵向漆痕。此时，喷枪横向移动的距离应保证两条纵向漆痕之间有一定的搭接（即两条喷涂覆盖面积的边缘有一部分重叠），如图5-6所示。

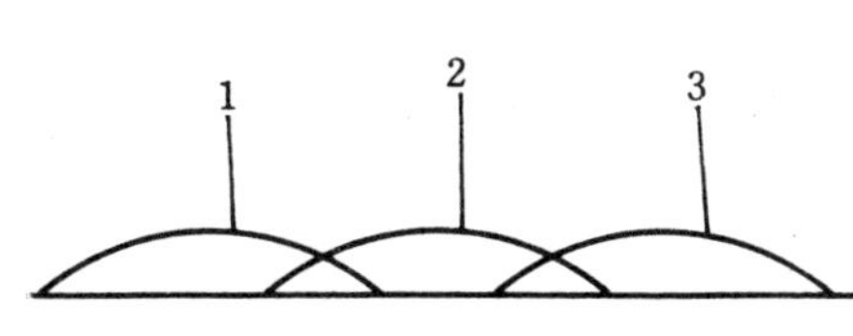

图5-6 漆痕断面搭接示意图
1. 第一条漆痕 2、3. 第二、三条漆痕

由于空气喷涂射流是一圆锥体，中间速度高，两边速度低，故喷到表面上的每条纵向漆痕其断面上漆膜厚度是不均匀的。当喷枪正常工作时（垂直并平行表面运行），喷涂涂层最厚的部分在中央，厚度逐渐向两边减小，到边缘为零（如图5-6所示）。因此，喷枪的横向移距将影响涂层的均匀，一般两条纵向漆痕之间搭接的断面宽度（或面积）约为1/4～1/3。在喷涂距离与喷枪运行速度固定不变的情况下，每次喷涂搭接宽度应该固定不变，否则漆膜就不均匀，也可能产生条纹和斑痕。

为获得均匀的涂层，在一个表面上喷涂第二遍时，应与前遍喷涂的涂层纵横交叉。即对某个表面来说第一遍是横向喷涂，则第二遍应纵向喷涂。

5.2.4 热喷涂

将涂料与压缩空气加热后再行喷涂称之为热喷涂。而喷涂未加热的常温涂料称为冷喷涂。

一般情况下采用空气喷涂法时，要求涂料粘度低，通常采用加稀释剂稀释的方法降低涂料粘度。但也使涂料的固体份含量降低，为达一定涂层厚度，则需增加喷涂遍数。用稀释的方法也消耗了大量有机溶剂。热喷涂法则是用加热的方法代替用稀释剂稀释的方法降低涂料粘度，以便于空气喷涂操作。因此，热喷涂法有下列优点。

①减少了稀释剂用量（一般可节省2/3左右），节省了有机溶剂的消耗。喷涂时挥发的有害气体少，环境污染轻。

②由于稀释剂用量少，相对的固体份含量提高，因此每次喷涂的漆膜厚度增加，喷涂次数减少，简化了工艺。相应地提高了劳动生产率。

③由于喷出的涂料本身温度高，使落在表面上的液体涂层的流平性得到改善，有利于提高干燥后漆膜的平整光滑与光泽。

④挥发型漆加热喷涂时，即使在湿度较大的条件下施工，也不易泛白（而冷喷涂则易泛白）。

⑤加热喷涂每次喷得厚些也不易产生流挂等施工缺陷。

因此，热喷涂有许多优于冷喷涂的优点。但是能用于热喷涂的涂料品种有限，并非所有涂料都适于热喷涂。用于加热喷涂的涂料，要求其配方组成中含较多的中、高沸点溶剂。如果漆中低沸点溶剂含量较多，则一加热会很快挥发跑掉，更不利于降低粘度。热喷涂主要适用于稀释剂用量多的漆类，如硝基漆常需大量溶剂稀释，宜采用热喷涂法。但常用的硝基漆如改为热喷涂时，需改变其配方，增加中、高沸点溶剂比例。水性涂料的粘度较溶剂型涂料随温度的变化大（低温下粘度极高，喷涂困难），适于热喷涂。一般油性漆一次能喷涂较厚漆膜，干燥慢，容易起皱，则不宜于热喷涂。当使用热固性涂料进行热喷涂时必须慎重。有可能在加热输送或加热循环时引起化学反应，使涂料增稠和胶化。所以加热温度应控制在不产生反应的温度以下。

冷喷涂与热喷涂硝基漆的性能比较如表 5-17 所列。

表 5-17　硝基漆冷热喷涂比较

项　目	冷　喷　涂	热　喷　涂
原漆固体份含量，%	25～30	40～45
稀释率（涂料与稀释剂之比）	1∶1	1∶（0～0.2）
稀释后的固体份含量，%	12.5～15.0	33～45
常温下的粘度（涂-4），s	20～25	85～105
喷涂时的漆温，℃	常温	70～75
干燥：表干，min	5～10	15～20
实干，min	60～80	120～180
喷涂一次漆膜厚度，μm	10～12	30～40
漆膜光泽	较高	很高

采用热喷涂法需在输漆与输气系统中增设加热器，热源多用电和热水。采用电加热时，有的加热器设置在喷枪上。各种加热器应能准确调控温度，操作安全，装卸简便。

5.3　无气喷涂

无气喷涂也称高压无气喷涂。是靠密闭容器内的高压泵压送涂料，使涂料本身增至高压（10.0～30.0MPa），经软管送入喷枪。当高压涂料经喷枪喷嘴喷出时，速度极高（约 100m/s）。随着涂料射流冲击空气和高压的急速下降，涂料内溶剂急剧挥发，体积骤然膨胀而分散雾化成很细的涂料微粒喷到制品表面上形成涂层。由于涂料雾化未用压缩空气而涂料本身压力很高，故称为高压无气喷涂。

5.3.1　无气喷涂装置

无气喷涂主要有常温无气喷涂、加热无气喷涂和静电无气喷涂三种。静电无气喷涂将在下一节静电喷涂中介绍，本节主要介绍前两种装置。其结构原理如图 5-7 所示。

图 5-7（1）为常温无气喷涂，它主要由泵、涂料箱、喷枪等组成。其工作原理是压缩空气（或其它动力源）驱动柱塞泵 5，吸上涂料，在贮漆筒 4 中贮存，使用时，经压力表 7 送至喷枪 1。由于这种类型的无气喷涂是在常温下进行的，所以适于低粘度涂料的喷涂。图 5-7（2）为加热无气喷涂，主要由泵、喷枪、加热器等组成。其工作原理是涂料箱 3 里的涂料在漆泵 8 的作用下，在加热器 9 中加热后经温度计送至喷枪，多余的涂料经压力调整阀回到泵中。排料阀 12 用来排除系统内的涂料以便清洗。由于这种类型的无气喷涂是在加热下进行的，因此涂料粘度下降，表面张力下降，内含溶剂气化，遇到空气迅速雾化。这种类型适于高粘度的涂料。

在以上两类无气喷涂装置中，泵和喷枪是其两个重要组成部分。

5.3.1.1　喷　枪　喷枪是高压无气喷涂装置的重要部件。它与空气喷涂的喷枪区别在于只通过涂料而不输送空气。如图 5-8 所示，手提式高压无气喷枪由枪身、喷嘴、过滤网与接头等组成。喷枪应密封好，不泄漏高压涂料，枪机灵活，涂料的喷出或切断能瞬时完成，重量

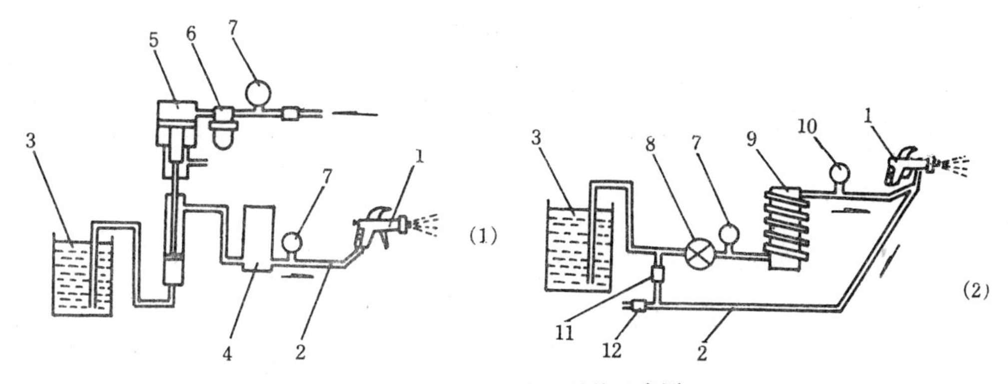

图 5-7　无气喷涂装置结构示意图

（1）常温无气喷涂　　（2）加热无气喷涂

1. 喷枪　2. 回漆管　3. 涂料箱　4. 贮漆筒　5. 柱塞泵　6. 空气过滤器　7. 压力表　8. 漆泵　9. 加热器　10. 温度计　11. 压力调整阀　12. 排料阀

轻。枪身一般由钢制枪芯和铝合金铸成。

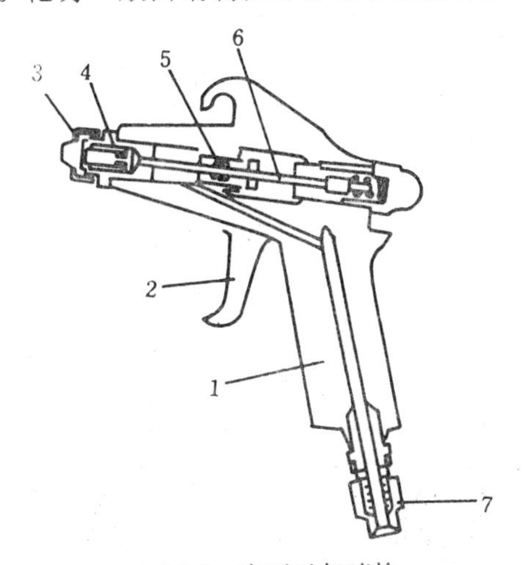

图 5-8　高压无气喷枪

1. 枪身　2. 扳机　3. 喷嘴　4. 过滤网　5. 衬垫　6. 顶针　7. 自由接头

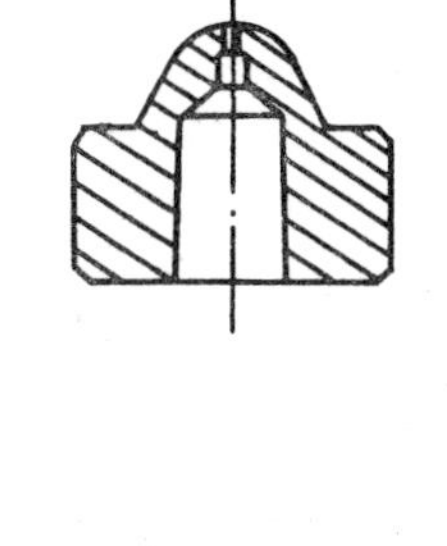

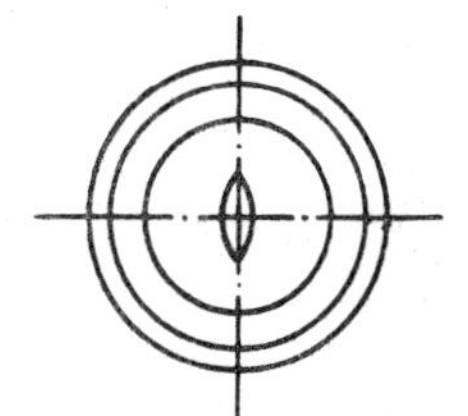

图 5-9　无气喷枪喷嘴

（1）喷枪的分类　目前使用的喷枪主要有三种：①普通喷枪，以手提式为主；②自动喷枪，适用于流水线生产；③长杆喷枪，适于高处，工人作业不便的地方。

（2）喷嘴　喷嘴是无气喷枪的最重要的部件之一。其使用特性将直接影响喷涂质量。涂料雾化效果、喷涂射流幅度与喷出量都取决于它。喷嘴如图 5-9 所示，多为橄榄形。由于受高速射流的影响，容易磨损，故采用兰宝石、碳化钨等耐磨材料制造。并要求喷嘴孔的光洁度高、几何形状精确。

喷嘴的射流角度一般在 30°～80°范围内，射流幅度一般为 30～1000mm 宽，常用幅度为 200～450mm。射流幅度大，是无气喷涂的一个特点，因而喷涂效率高。

喷嘴的形式很多，主要用三种：

①标准型，使用较广。

②90°双喷嘴，喷嘴上有两个口径不同的喷嘴。转动 90°时，可以选择使用。

③180°自清理喷嘴，使用时，如喷嘴堵塞，可以转动 180°，将堵塞物清除后复位继续使用。

喷嘴口径是喷嘴的一个重要参数，不同规格的喷嘴将适应不同的涂料性能。喷嘴口径与应用性能列于表5-18。

表5-18 喷嘴口径与应用性能

口径，mm	涂料流动特性	实　例
0.17～0.25	非常稀薄	水、溶剂
0.27～0.33	较稀薄	硝基清漆
0.33～0.45	中等粘度	底漆、油性清漆
0.37～0.77	较粘稠	油性色漆、乳胶漆
0.65～1.80	非常粘稠	沥青漆、厚浆涂料

（3）国内外常用喷嘴　国内外常用喷嘴的型号及性能如表5-19所列。

表5-19 常用喷嘴的型号及性能

中国6801厂			美国craco			日本旭大限			日本岩田		
型号	流量，l/min	幅度，mm	型号	流量，l/min	口径，mm	型号	流量，l/min	幅度，mm	型号	流量，l/min	幅度，mm
008-30	0.8	300	163-615	0.80	0.38	14C13	0.90	330	2507	0.90～1.02	230～280
011-35	1.1	350	163-617	1.02	0.48	18C15	1.16	380	3003	<0.54	280～350
014-35	1.4	350	163-619	1.29	0.48	25C15	1.42	380	3004	0.54～0.72	280～350
017-35	1.7	350	163-621	1.59	0.53				3005	0.72～0.90	280～350
017-40	1.7	400	163-721	1.59	0.53	25C17	1.42	430	3006	0.90～1.08	280～350
020-35	2.0	350	163-623	1.89	0.59	10C15	1.93	380	3007	1.08～1.26	280～350
020-40	2.0	400	163-723	1.89	0.59	0C17	1.93	430	4003	<0.72	350～450

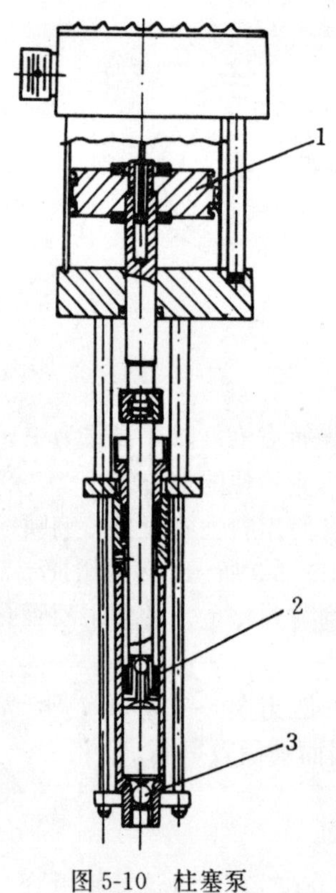

图5-10 柱塞泵

1. 压缩空气活塞　2、3. 单向阀

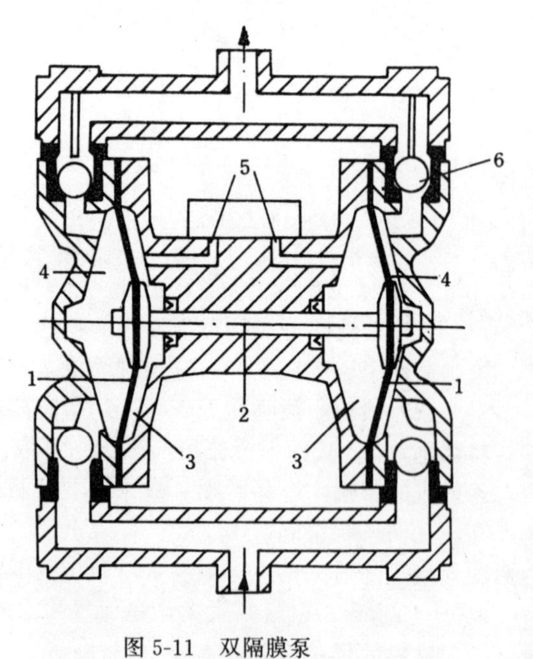

图5-11 双隔膜泵

1. 隔膜　2. 轴　3. 压缩空气腔　4. 涂料腔　5. 压缩空气入口　6. 单向阀

5.3.1.2 **高压泵** 无气喷涂的压力是借助于高压泵产生的压力实现的。

(1) 高压泵的分类 高压泵通常有两种分类方法。一种是按动力源分三种：气动泵、油压泵、电动泵；另一种是按结构分两种：柱塞泵和双隔膜泵。

气动泵是国内外应用较广的一种泵。无论是柱塞泵还是双隔膜泵，均可采用气力作为原动力。油压泵的工作原理和气动泵相同，只是将空气换成了油，它的优点是体积的变化受压力影响甚小。电动泵是利用电机直接驱动泵。

柱塞泵如图 5-10 所示。实际上是一增压泵，上部的压缩空气作用于面积较大的活塞上，涂料压力作用于下部柱塞上。涂料的输出压力是通过调整压缩空气压力实现的。如设涂料的压力为 P_1，空气的压力为 P_2，则 $R=\frac{P_1}{P_2}$称为压力比。

这种泵也称为复动泵或双作用泵。即在空气活塞上下行程时，泵均能排料。其特点是比较安全，在易燃的溶剂蒸气中使用无任何危险，结构简单紧凑，操作方便。缺点是动力消耗大，使用时有噪音存在。

双隔膜泵结构如图 5-11 所示。两个耐腐蚀的隔膜 1 固定在轴 2 的两端，与泵体形成了四个腔，即两个内腔 3 和两个外腔 4。两个内腔为压缩空气驱动腔，两个外腔为涂料腔，四个球 6 为单向阀。当轴左右移动时，两个涂料腔完成吸料和排料。

这种泵与柱塞泵比，无活动密封件，因此维修费用低。

采用泵压涂料，取代了涂料压力漆桶，安装方便，容易更换不同的涂料。

(2) 国外柱塞泵 表 5-20 为意大利生产的柱塞泵的性能。

表 5-20 柱塞泵性能

型号	最大工作压力，MPa	压力比	最大排料量，l/min	外形尺寸，mm			重量，kg
				宽度	深度	高度	
T21	1.5	2∶1	14.0	200	150	770	12
T31	2.4	3∶1	9.0	200	150	770	11
T41	3.2	4∶1	27.5	220	280	940	47
T51	4.0	5∶1	14.0	200	150	770	12
T61	6.0	7.5∶1	3.0	200	150	620	8
T71	6.4	8∶1	9.0	200	150	750	11
T81	6.4	8∶1	14.0	220	280	890	19
T91	6.0	7.5∶1	27.5	250	350	1000	51
T121	9.6	12∶1	9.0	220	280	865	17
T151	12.0	15∶1	14.0	250	350	1000	39
T161	12.8	16∶1	27.5	350	425	1130	59
T201	16.0	20∶1	3.0	200	150	620	8
T251	19.0	24∶1	9.0	250	350	950	38
T261	20.0	25∶1	27.5	400	500	1130	65
T291	24.0	31∶1	14.0	350	425	1070	51
T301	24.0	31∶1	3.4	220	280	850	19
T371	29.0	37∶1	5.5	250	350	900	37
T401	30.0	38∶1	1.5	200	150	600	9

（续）

型号	最大工作压力，MPa	压力比	最大排料量，l/min	外形尺寸，mm			重量，kg
				宽度	深度	高度	
T451	38.0	48∶1	9.0	350	425	1075	48
T481	38.0	48∶1	14.0	400	500	1070	56
T601	48.0	60∶1	3.4	250	350	900	30
T741	44.0	74∶1	14.0	400	500	1075	54
T751	59.0	75∶1	5.5	350	425	905	45
T1231	73.0	123∶1	3.4	350	425	870	38
T1171	93.0	117∶1	1.3	700	350	450	45

德国 Wagner（瓦格纳尔）公司是极负盛名的喷涂机工业制造商。其长期的经验和对产品研究开发上大量投资，使其产品处于世界领先地位。它的柱塞泵型号和参数如表 5-21 所列。

表 5-21　瓦格纳尔柱塞泵性能

型号	压力比	排料量，l/min	空气压力，MPa	涂料压力，MPa	双冲程供料量，ml	双冲程空气耗量，l/min
W28-14	28∶1	2.5	0.8	22.4	14	3.0
W28-40	28∶1	7.2	0.8	22.4	40	6.8
W48-90	48∶1	16.5	0.8	38.4	90	25.3
W48-200	48∶1	36.0	0.8	38.4	200	50.0

（3）国外生产的双隔膜泵　德国 Kopperschmidt-Mveller（克普斯密特-慕乐）简称 K.M 公司，是创立于 1930 年的企业。该公司的涂装设备在世界上享有声誉。

K·M 公司生产的双隔膜泵型号和技术参数如表 5-22 所列。

表 5-22　K.M 公司双隔膜泵

型号	排料压力，MPa	排料量，l/min	空气压力，MPa	空气耗量，l/min
1.80	0.8	8	0.65	50
1.160	0.8	16	0.65	50

意大利 Colorateca1 双隔膜泵型号及主要技术参数如表 5-23 所列。

表 5-23　意大利产双隔膜泵

型号	最大排料压力，MPa	周期排量，ml	排料量，l/min	许可空气压，MPa	外形尺寸，mm	重量，kg
PM120	0.9	120	30	0.2～1.0	200×265×200	5.0
PM500	0.9	500	75	0.2～1.0	370×360×250	13.8
PM2000	0.9	2000	300	0.2～1.0	550×550×410	45.0

5.3.1.3　国内外无气喷涂设备型号及性能　德国 K.M 公司生产的无气喷涂设备型号及性能如表 5-24 所列。

表 5-24 德国 K. M 喷涂设备型号性能

型　号	压力比	双行程输料量，ml	最大输料量，l/min	推荐喷出量，l/min	涂料压力，MPa	空气压力，MPa	安装方式
DC-25. 08	25∶1	16	8	2. 4	20	0. 8	W,T,S
DC-30. 20	30∶1	40	12	3. 6	24	0. 8	W,T,S
DC-60. 20	60∶1	40	10	4	36	0. 6	W,T,S
DC-20. 35	20∶1	70	18	5	16	0. 8	W,S
DC-40. 35	40∶1	70	15	5	32	0. 8	W,S
DC-15. 50	15∶1	100	27	8	12	0. 8	W,S
DC-30. 50	30∶1	100	20	6	24	0. 8	W,S
DA-42. 50	42∶1	100	27	6	25	0. 6	W,S
C-15. 90	15∶1	180	36	9	12	0. 8	W,S
DB-38. 220	38∶1	440	44	22	22. 8	0. 6	W,F
DB-55. 150	55∶1	300	30	15	33	0. 6	W,F
DB-75. 110	75∶1	220	22	11	45	0. 6	W,F

注：安装方式中，W 代表壁上型，T 为桶型，S 是推车型。

选择 K. M 公司喷涂设备时，压力比一般涂料以 25∶1～42∶1 为佳。如果涂料粘度低时，可选用 25∶1 以下的压力比；如果涂料粘度较高时，可选用 42∶1 以上高压力比；如果涂料的输送距离超过 50m 以上时，也应考虑较高压力比。

选择涂料输出量时，应考虑日工作量及喷涂面积，通常可选用 8～20l/min。如供多支喷枪时，则应选择较大输出量或较高的压力比。

国内外其它型号喷涂设备及性能如表 5-25 所列。

表 5-25 喷涂设备型号及性能

型号	压力比或功率	空气压力，MPa	涂料压力，MPa	最大输料量，l/min	生产厂	动力
DGP-1	0. 4kW/220V	—	18. 0	1. 8	上海液压件三厂	电动
$GP2A_1$	36∶1	0. 4～0. 6	18. 0	10	上海液压件三厂	气动
GPQ2C	64∶1	0. 4～0. 6	31. 4	10	中国 6801 厂	气动
GPQ3C	44∶1	0. 4～0. 6	21. 6	14	中国 6801 厂	气动
GPD-08	0. 8kW/380V	—	21. 6	1. 7	中国 6801 厂	电动
Bulldog	30∶1	0. 4～0. 7	20. 6	11	美国 Craco	气动
King	45∶1	0. 4～0. 6	27. 5	13	美国 Craco	气动
AP1224	25∶1	0. 4～0. 6	14. 7	6. 0	日本旭大隈	气动
AP1844	30∶1	0. 5	14. 7	14. 0	日本旭大隈	气动
AP2544	65∶1	0. 5	31. 9	14. 0	日本旭大隈	气动
AP2554	45∶1	0. 5	22. 1	14. 0	日本旭大隈	气动
AP3354	70∶1	0. 5	34. 3	6. 0	日本旭大隈	气动
AM-600	0. 6kW/200V	—	17. 7	1. 8	日本旭大隈	电动
AM-750	0. 75kW/100V	—	17. 7	3. 0	日本旭大隈	电动

（续）

型号	压力比或功率	空气压力，MPa	涂料压力，MPa	最大输料量，l/min	生产厂家	动力
ALS-533	32∶1	0.4～0.7	22.0	13.4	日本岩田	气动
ALS-31-C	14∶1	0.4～0.7	9.8	11.4	日本岩田	气动
ALS-453	53∶1	0.4～0.7	36.3	4.0	日本岩田	气动
ALS-543	45∶1	0.4～0.7	30.9	9.6	日本岩田	气动
DAE-07	0.7kW/100V	—	20.6	3.3	日本岩田	电动
Finish104	0.45kW	—	25.0	1.1	德国 Wagner	电动
Finish106	0.85kW	—	25.0	1.6	德国 Wagner	电动
Finish205	1.2kW	—	25.0	2.4	德国 Wagner	电动
Finish207	2.2kW	—	25.0	3.6	德国 Wagner	电动

5.3.1.4 涂料对无气喷涂设备的选择 选择无气喷涂设备时，应考虑所喷涂的涂料性能，设备的选配如表 5-26 所列。

表 5-26 涂料与喷涂设备、喷嘴的选配

涂 料 名 称	压 力 比	喷嘴型号（6801 厂）
合成树脂调合漆	25∶1，30∶1	014-35，017-40
醇酸树脂漆	30∶1，44∶1	008-30，011-35，014-35
有机硅树脂漆	30∶1，44∶1	008-30，011-35
氯化橡胶漆	44∶1，64∶1	014-35，017-40，020-40
乙烯树脂漆	44∶1	017-44
环氧树脂漆	44∶1，64∶1	014-35，017-35，017-40，020-40
环氧沥青漆	64∶1	017-35，020-35
聚氨酯漆	64∶1	017-35，020-35

5.3.2 无气喷涂工艺

高压无气喷涂与空气喷涂的情况基本类似，但也有区别。

5.3.2.1 喷涂过程 应按制品与涂料特性选择适应的喷涂机与喷嘴，并按操作要求将设备联接好。将吸入管放入粘度适宜经过调配的漆桶内，开动风阀（气动泵）和涂料阀，设备便已开始工作。扣动喷枪扳机便可喷出涂料。喷枪的运行速度决定了涂料的喷涂量和膜厚。根据被喷涂表面的特点适当变换喷涂角度与运行速度，以获得均匀一致的漆膜。喷涂结束时将稀释剂打入高压泵内，再从喷枪回到稀释剂桶内，经几次循环，一直到喷涂系统内无残留涂料为止。最后将系统内残留的稀释剂放出，再将系统各部分开，分别保管。

5.3.2.2 工艺条件

（1）涂料粘度 应与涂料压力相适应，涂料粘度低应使用较低的涂料压力，反之要用高的涂料压力喷涂高粘度涂料。部分品种的涂料常用粘度与涂料压力如表 5-27 所列。

表 5-27　无气喷涂使用条件

涂　料　种　类	粘度（涂-4），S	涂料压力，MPa	涂　料　种　类	粘度（涂-4，s）	涂料压力，MPa
硝基漆	25～35	8.0～10.0	热固性氨基醇酸漆	25～35	9.0～11.0
挥发型丙烯酸漆	25～35	8.0～10.0	热固性丙烯酸漆	25～35	10.0～12.0
醇酸磁漆	30～40	9.0～11.0	乳胶漆	35～40	12.0～13.0
合成树脂调合漆	40～50	10.0～11.0	油性底漆	25～35	12.0 以上

（2）涂料压力　一般涂料压力与涂料喷涂量成比例，并对喷涂漆形影响较大。当压力过低有可能出现不正常漆形（例如有尾漆形），但是使用涂料压力过高时，喷涂可能产生流淌或流挂。若提高喷涂量需更换喷嘴，而不应单纯提高压力。

（3）喷枪移动速度　喷枪移动速度决定涂层厚度与均匀性。其选择应依据喷嘴与具体喷涂条件（喷嘴口径、涂料粘度与压力、喷涂距离与涂料喷涂量等）而定，一般以 50～80cm/s 为宜。例如以下实验资料：用漆形宽 30cm 之喷嘴，涂料粘度 20s、涂料压力 8.0MPa、喷涂距离 40cm、涂料喷出量 11ml/s 等条件下，以 50～60cm/s 之喷枪移动速度为佳。

（4）喷涂距离　喷枪喷嘴与被喷涂表面之间的距离可比空气喷涂稍远，一般为 300～500mm。太远可能使漆面粗糙，损耗涂料；太近可能产生流挂和使涂层不均匀。喷枪喷涂的角度一般以与表面垂直为原则。喷涂搭接的幅度可小，仅搭接上即可。

喷涂室风速过大或有风处会改变漆形，风速一般以 30cm/s 为宜。

5.3.2.3　**喷涂注意事项**　由于无气喷涂时涂料压力很高，当从喷嘴或输漆管损坏处的小孔中喷出时，速度非常高，有穿破皮肤的危险。而且涂料组成中含有对人体有害的物质，因此喷枪绝对不能朝向人体，枪头和喷嘴不应直接接触皮肤。

当涂料从喷枪高速喷出时，会自然产生静电，积聚在喷枪和被喷涂表面上。放电会伤害操作人员，有时还会造成火灾和引起爆炸，为此输漆与涂料泵应接地。

当长期不使用时，涂料管路应完全用溶剂洗净，此时不可开动扳机喷射溶剂。否则大量雾化极细的溶剂蒸气充满空间，而不容易排走，很危险，这不仅能引起火灾与爆炸，而且对人体也有害。

喷枪喷嘴孔易堵塞，不宜用针捅，以免孔形受损。

输漆管的弯曲半径应大于 50mm，否则容易损坏内侧胶管，缩短使用寿命。此外还应注意不被踩踏和被重物压住。

5.3.3　无气喷涂特点

高压无气喷涂有下列优点。

（1）喷涂效率高。此法涂料喷出量大，涂料粒子的喷射速度快，所以喷涂效率高。一支喷枪每分钟可喷涂 3.5～5.5m^2 的面积，比空气喷涂效率高。尤其喷涂大面积制品，如车辆、船舶、桥梁、建筑物等，更显示其高的涂饰效率。

（2）涂料利用率高。与空气喷涂相比，由于没有空气参与雾化，喷雾飞散少，雾化损失小，对环境污染相对减轻。

（3）应用适应性强。被喷涂表面形状不受限制。平表面的板件以及组装好的整体制品或者倾斜的有缝隙的凸凹的表面都能喷涂，甚至拐角与凹处都能喷涂得很好，射流反跳甚少。因漆雾中不混杂空气，涂料易达到这些部位。

（4）可喷涂高粘度涂料。由于喷涂压力高，即使粘度很高的涂料（如 100S）也易于雾化，而且一次喷涂可以获得较厚的涂层。甚至可以喷涂厚浆涂料。

高压无气喷涂的缺点是：操作时喷雾幅度与喷出量不能随时调节，只有更换喷嘴才能改变。对装饰质量要求极高的精细喷涂（如高档家具），其效果不及空气喷涂。

相对比较，高压无气喷涂有许多综合应用性能优于空气喷涂，二者性能比较列于表5-28。

表5-28 空气喷涂与无气喷涂比较

项目	空气喷涂	无气喷涂
漆雾喷射动力	压缩空气运送漆滴	涂料压力，漆滴自行喷射
粘度	仅适于喷涂低粘度涂料，涂层薄，喷涂效率低	可喷高与低粘度涂料，涂层厚，喷涂效率高
涂料喷出量	最大喷出量约为15ml/s，一般喷出量为4～7ml/s。涂层薄，喷枪移动慢，效率低	最大喷出量约为40ml/s，一般喷出量为10～15ml/s。涂层厚，喷枪移动快，效率高
漆形最大宽度	约50cm，喷涂往返次数多，喷涂效率低	约100cm，喷涂往返次数少，喷涂效率高
漆形断面与搭接	漆形横断面中央高，往返喷涂搭接宽1/4～1/3	漆形横断面形状均匀，往返喷涂搭接可极小
涂料平均粒径	约200μm	约150μm
制品内面，拐角凹处的喷涂	较难，漆雾反跳多	较易，漆雾反跳少
涂料损耗	40%～50%	约10%
压缩空气中的水分、油分与灰尘	需完全除净，否则引起涂膜缺陷	无压缩空气，不受影响
喷涂距离	因空气影响，漆雾中溶剂蒸发，距离需短，故漆形小，否则影响质量	因无空气，漆雾中溶剂不易蒸发，故距离可大，漆形大
喷枪移动速度	30～60cm/s	60～80cm/s
喷涂室	必须有	简便排气设备亦可

5.4 静电喷涂

静电喷涂是利用涂料与被涂饰表面带不同的正负电荷互相吸引的原理，在制品的表面上涂饰涂料的方法。

5.4.1 静电喷涂原理

静电喷涂现象需在高压静电场中发生。利用电晕放电现象，设法使涂料微粒带负电荷，使被涂饰的木材表面带正电荷。涂料微粒在高压静电场中借静电斥力、机械力（转杯、转盘的离心力）或压缩空气的压力达到雾化。由于正负电荷互相吸引，涂料微粒便能够被吸附到木材表面上形成涂层。

在生产实践中，常把用高频高压静电发生器产生的高压直流电加到作为负极的金属喷具上。使喷具附近的被涂饰木制品接地作为正极（通过载送木制品的运输装置），通常高压静电发生器的正极也接地。这时当喷具与被涂饰木制品之间距离调节适宜，即在喷具与木制品之间形成一个不均匀的高压静电场。在某种电场强度条件下便产生电晕放电现象。即首先在负电极（金属喷具）附近空气电离，激发游离出大量电子。此时送入高压静电场内并经过喷具的涂料微料便与电子结合而成带负电的漆滴。在电场力的作用下，沿电力线方向（由负极到正极）移动，带电漆滴靠静电斥力在高速移动过程中进一步雾化。并靠静电引力被吸往带正电的木制品表面，并均匀吸附在表面上形成涂层。

静电喷涂方式很多，下面就目前国内外应用较多的转杯式静电喷涂为例进一步说明其原理。

转杯式静电喷涂法的主要设备是转杯喷具、高压静电发生器、定量供漆装置与运输装置等。其工作情况如图 5-12 所示。

转杯是喷具的一种，是一个由电机带动高速旋转的中空金属杯（也称旋杯）。杯口边缘制成尖削状，以便于形成电晕放电。如图 5-12 所示，转杯 1 安装在绝缘支座 2 上，转杯由电机 3 带动高速旋转，并用导线与高压静电发生器 4 的负极相接，高压静电发生器的正极接地。悬式运输机 8 接地。这时将转杯与被涂饰工件 7 之间调至适当距离，在转杯与被涂饰工件之间的空间即形成一个高压静电场。沿转杯轴向即自转杯边缘至工件表面是电场电力线的方向，在高压静电场作用下，转杯边缘对工件产生电晕放电。

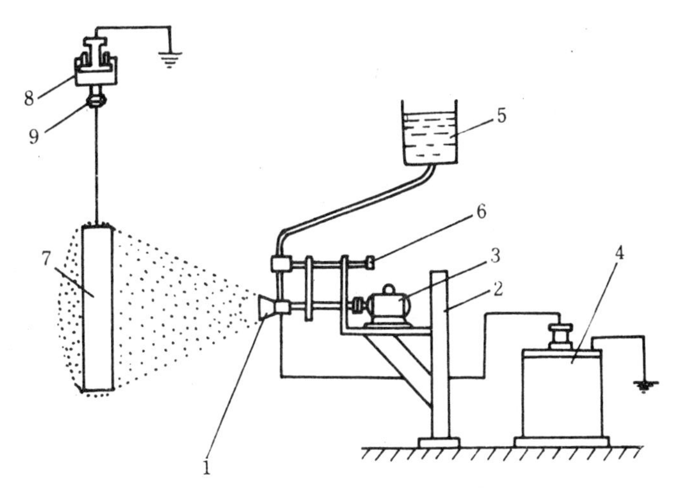

图 5-12 转杯静电喷涂装置示意图

1. 转杯 2. 支座 3. 电机 4. 高压静电发生器 5. 漆桶 6. 定量供漆装置 7. 工件 8. 悬式运输机 9. 链轮

涂料由漆桶 5 经定量供漆装置 6 被送到转杯内。由于转杯回转的离心力作用，使涂料自杯的内壁向四周扩散成均匀薄层，并向杯口流甩。当涂料被甩出时便已获得了电荷，成为负离子漆滴。由于漆滴带同性电荷相互排斥，在移动过程中便被进一步分散雾化。

被涂饰的工件 7 吊挂在悬式运输机 8 上（回转链轮 9 能使工件转动），由于运输机接地工件 7 表面成为正极带正电荷。带电雾化的涂料微粒离开转杯沿电力线方向被正极吸引，最后涂料微粒是沿电场力与转杯离心力的合力方向（与转杯轴向成一定夹角）被吸引并沉降到工件表面形成涂层。

5.4.2 静电喷涂设备

静电喷涂主要设备如表 5-29 所列。

表 5-29 静电喷涂主要设备

序号	设备名称	主 要 用 途
1	喷涂机	利用静电引力、斥力、离心力、压缩空气等将涂料雾化，实施喷涂
2	静电发生器	提供静电喷涂所需用的、输出稳定的高压直流电
3	供漆装置	贮存并供给喷涂机喷具涂料
4	运输装置	运送被涂制品
5	喷涂室	排走喷涂时产生的漆雾与溶剂蒸气。将喷涂限制在一定的区间内

5.4.2.1 **喷涂机分类** 静电喷涂机种类很多。按其工作方式分类如表 5-30 所列。

表 5-30 静电喷涂机分类

型式	特　点	涂料雾化方式	用途
手提式	主要是喷枪式，可以持于手中，制品悬吊或放置喷涂	空气雾化 无空气雾化	多品种 少量喷涂
固定式	喷涂机可以固定安装在制品前面，制品由运输机运输喷涂	空气雾化 静电雾化	少品种 大量喷涂
自动式	喷涂机安装在自动移动的装置上，制品由运输机运输喷涂	空气雾化 静电雾化 无空气雾化	少品种 大量喷涂

5.4.2.2 **喷具分类** 喷具是静电喷涂机的主要部件之一，喷涂效果与喷具有很大的关系。喷具的种类和型式很多，按涂料的雾化动力可将喷具分成如表 5-31 所列的几种类型。

表 5-31 喷具分类

型　式		结构示意图	工作原理、特点
空气静电雾化	喷枪式	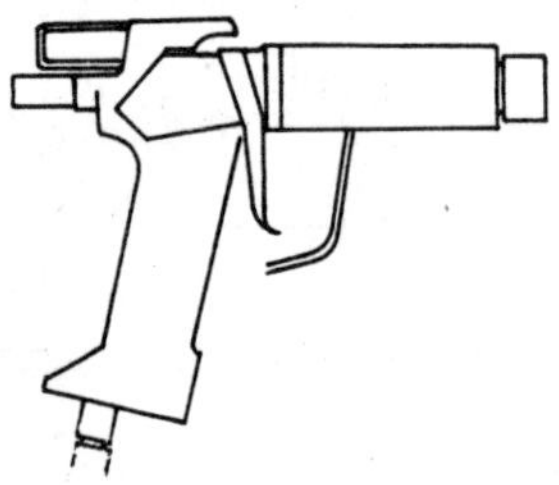	其结构主要由枪身、喷头、空气通道、涂料通道、电路等组成。压缩空气和涂料均由枪机控制，负高电压接通针阀和喷嘴。扳动枪机时，空气阀首先开启，从空气喷嘴喷出，继续扳动枪机，针阀开启，涂料经喷嘴时带电雾化喷出 这种型式的喷枪为手提式喷枪，使用灵活。适于中、小批量，外形复杂制品的喷涂
	旋风式		其结构是在喷头上有三个弯曲的空气雾化喷嘴。其原理与普通喷枪的喷嘴相同 这种型式的喷具，喷嘴在喷头外缘，可获得较大的漆形。喷嘴可调节，容易改变漆形直径。喷头的转向与喷嘴的弯曲方向相反，可以防止喷头沾染杂物。适于形状复杂工件的喷涂
机械静电雾化	转杯式	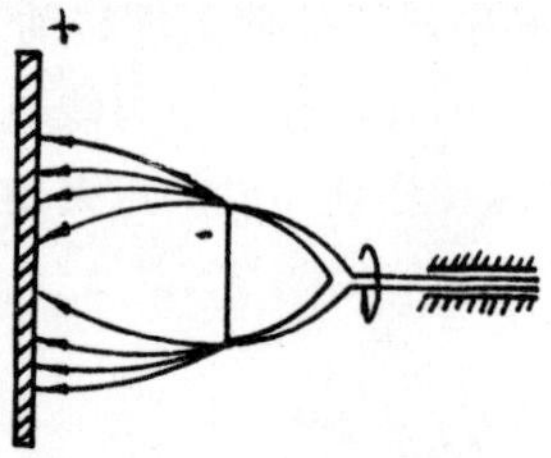	其结构类似杯形。转杯由电动机带动高速转动(3 000r/min)。涂料在静电力和离心力的作用下，沿杯的内表面向外移动，从尖削状的杯口边缘喷出 这种型式的离心力方向和电场力方向不一致，涂料在这两个合力作用下喷向制品。另外，由于杯呈中空型，其射流断面作形状为环形，因此适于平面制品的喷涂
	圆盘式	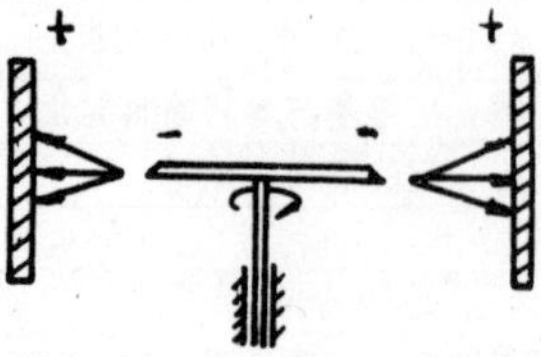	其结构为圆盘，转速通常 3 000r/min。圆盘边缘是尖削状，涂料在圆盘的高速旋转带动下沿边缘雾化喷出 这种型式的涂料离心力方向和电场力方向一致。工作时，圆盘能摆动或上下往复移动。为了减少涂料的消耗，制品需按“Ω”型路线运行，绕圆盘被喷涂

（续）

型式		结构示意图	工作原理、特点
无空气静电雾化	喷枪式		其结构与普通喷枪类似，不同的是它借助泵直接对涂料加压实现喷涂。雾化效果较空气雾化差，但因无空气，喷涂量大，涂料的飞散和反弹少 这种型式较适于涂膜较厚，高速涂装
静电雾化式	管状式		结构为长管状。其雾化原理只是靠涂料的带电电场力、无辅助的机械力等雾化涂料。上下金属板夹着略伸出的尖削刀状板，两板间有间断孔，负极接在喷具上。当涂料从右侧进入时，从间断孔流出至尖削板边缘喷出。多余的涂料从左侧管流回 这种型式的喷具适于板式制品的喷涂
	楔板式		其结构形如楔形板。板上接负电源，涂料由泵直接输送至楔形板上。在静电引力下，涂料沿尖削端喷出，多余的涂料从楔形板上管道流回 这种型式喷具适合于喷平面制品

5.4.2.3 转杯式喷涂机

（1）结构及工作原理　转杯式喷涂属机械静电雾化式，其喷涂机如图 5-13 所示，主要由转杯、电机、电路、涂料通道等组成。电机通过转轴带动转杯旋转，从漆嘴进入的漆，经漆阀和输漆管进入转杯中。在离心力和静电力的作用下雾化喷出，进漆量由旋钮调节。

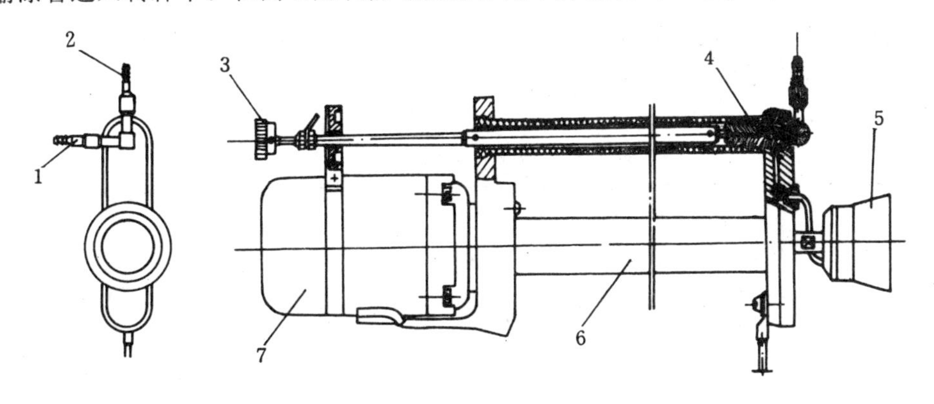

图 5-13　转杯式喷涂机

1. 涂料管接头　2. 涂料回料管接头　3. 涂料量调节手轮

4. 针阀　5. 转杯　6. 转轴　7. 电机

转杯式喷具在实际生产中应用较多，转杯的性能好坏直接影响着喷涂质量。

（2）转杯尺寸

①转杯口径：转杯的口径是设计、选用的主要技术参数。转速不变时，转杯的口径越大，

线速度越大，雾化效果越好，射流的断面尺寸越大，但中空也越大。如电场强度不变，转杯口径与喷涂射流图形直径的关系如图 5-14 所示。

选用转杯时，其口径大小与涂层的质量及制品的大小有关，推荐数值如表 5-32 所列。

表 5-32　转杯口径推荐值

制品宽度尺寸，mm	转杯口径，mm
<500	50～70
≤1 000	150

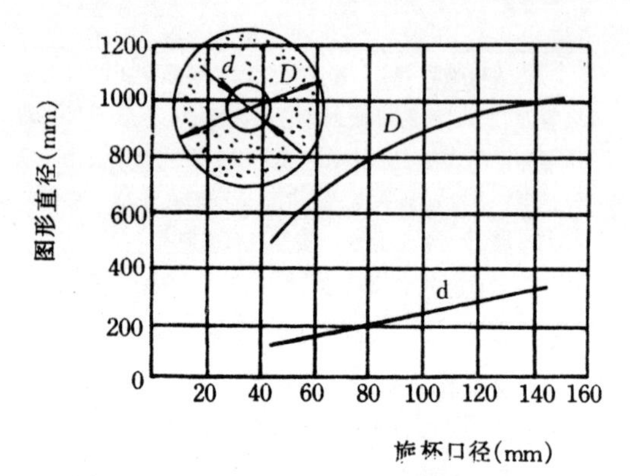

图 5-14　转杯口径与图形直径的关系

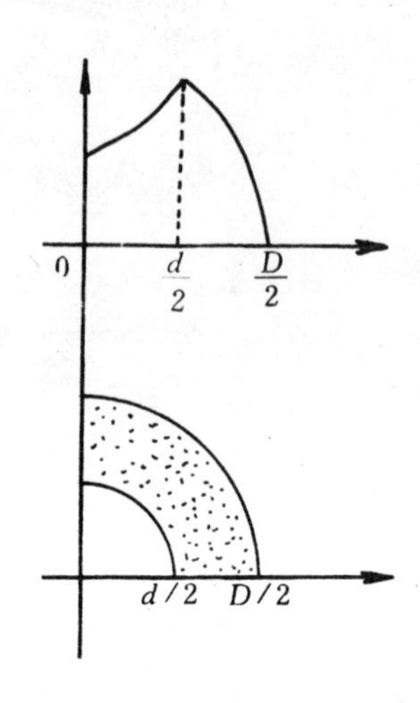

图 5-15　涂层厚度与图形各位置关系

②转杯长度：转杯的长度也影响涂料的雾化效果及涂层质量。转杯过长，喷具外形尺寸增大，涂料在其内运动时间长；转杯过短，涂料不能在其内均匀分布。设计时，一般长度为转杯口径的 0.5～1.0 倍。

③转杯角度：转杯角度也是结构的主要参数。角度大时，转杯的内表面涂料膜的厚度梯度大，雾化效果差；角度小时，射流断面小，影响喷涂效率。设计时，一般取 20°～30°。

另外，转杯口部应制成锐角，内表面光滑，加工无波纹状，以防涂膜不均匀。

(3) 转杯中空消除方法　转杯由于使涂料射流产生中空现象，使各部分的涂层厚度不均。如设图形各点的喷涂量相同，则各位置的涂层厚度如图 5-15 所示。

消除射流图形中空的方法很多，如表 5-33 所列。

表 5-33　射流图形中空消除方法

序号	型式	消　除　方　法
1	加放电针	在转杯四周加数个负高压放电针，通过静电排斥，缩小中空
2	加套环	采用直径相异的两个转杯套装在一个轴上，改善中空
3	加压缩空气喷嘴	在转杯附近加空气喷嘴，通过气压改变喷嘴断面形状，缩小中空
4	加风扇	在转杯外加风扇叶片，随转杯转动形成气流，缩小中空
5	改变喷具角度	使喷涂图形呈椭圆形，缩小中空

(4) 国产转杯喷具的参数　北京静电设备制造厂生产的 GDD-100 型喷具技术参数见表 5-34。

表 5-34 GDD-100 型喷具技术参数

项 目	参 数	项 目	参 数
规格，mm	660×130×240	工作电压，kV	80～85
重量，kg	6.5	电流消耗，μA（1只）	70～120
转速，r/min	2 790	涂料粘度，（涂－4，20℃），s	13～35
输漆量，ml/min（1只）	20～180	涂料电阻率，MΩ·cm	5～150
正常	30～50	电动机型号.	YLF-01/2

5.4.2.4 旋风式喷涂机

（1）结构及工作原理 旋风式属于空气雾化的一种，其结构如图 5-16 所示。由支承杆 10

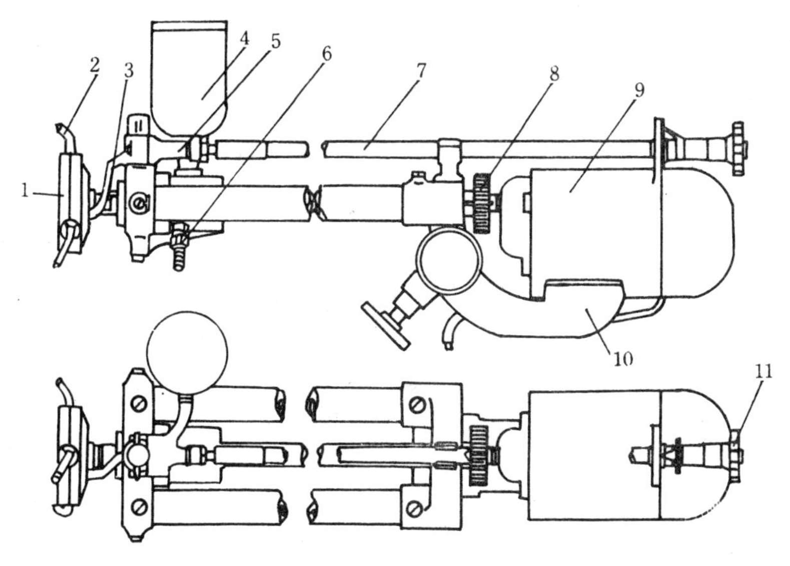

图 5-16 旋风式喷涂机

1. 喷头 2. 喷嘴 3. 转轴 4. 贮漆罐 5. 涂料阀 6. 进气口
7. 涂料调整杆 8. 联轴器 9. 电机 10. 支承杆 11. 手轮

支承的电机 9 通过联轴器 8 与转轴 3 带动喷头 1 旋转。贮漆罐 4 内的涂料经涂料阀 5 进入喷头。涂料量可通过手轮 11 转动涂料调整杆 7 调节。压缩空气经进气孔 6 进入，从空气喷嘴喷出后雾化涂料。

（2）喷涂射流图形 喷涂时，由于喷嘴安装在喷头的边缘，喷出的图形为环形，即产生中空现象。图形的尺寸主要由内外径两个参数来表示的。

（3）中空的消除 中空现象会使喷具喷涂时，各部分涂层厚度不均。单支喷具喷涂时，设图形各点涂料量相同，则涂层厚度如图 5-17 所示，以内径切点处涂层最厚。如多支喷具在一个平面上同时喷涂，可采用图 5-17 所示的形式进行弥补。中空 2 由 1、3 图形密的地方弥补。

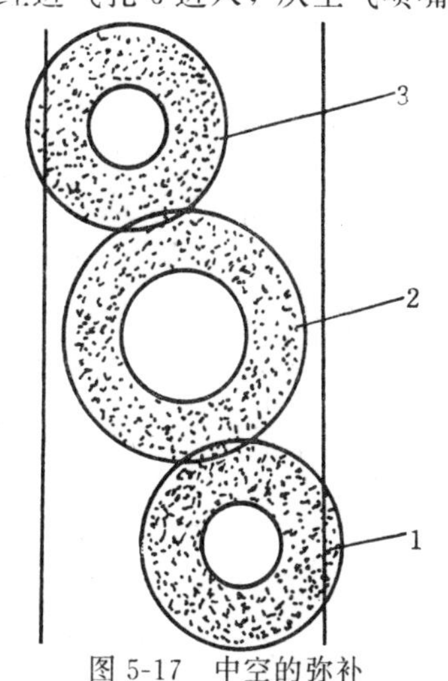

图 5-17 中空的弥补

5.4.2.5 静电发生器 静电发生器是静电喷涂的主要设备。一般小型喷涂设备要求电压为 60～90kV，功率消耗约为 200W，电流 300μA；大型设备要求电压为 80～160kV，功率消耗也相应提高。

(1) 静电发生器类型　生产中常用的静电发生器主要有两种类型，如表 5-35 所列。

表 5-35　静电发生器的类型

类　型	工 作 原 理	特　点
工频高压静电发生器	利用工频变压器升压后，再用高压整流管整流	功率大、成本高、体积大、重量大，不适于手提式喷枪
高频高压静电发生器	利用高频电源，再用多级倍压整流	成本低、体积小、重量轻，适于手提式喷枪

(2)国产静电发生器的参数　北京静电设备厂生产的 GGJ-100 型静电发生器技术参数见表 5-36 所列。

表 5-36　GGJ-100 型静电发生器技术参数

项　目	参　数	项　目	参　数
输入电压，V	220	高频振荡频率，kHz	20
输入频率，Hz	50	高频整流倍压级数（级）	8
消耗功率，W	200	总体外形尺寸，mm	400×360×570
输出电压（连续可调），V	60～100	重量，kg	52
输出电流，μA	300		

5.4.2.6　供漆装置　供漆装置的作用是向静电喷具提供均匀、连续、稳定的漆流，其三种型式如表 5-37 所列。

表 5-37　供漆装置分类

类型	结 构 示 意 图	工 作 原 理、特 点
自流式	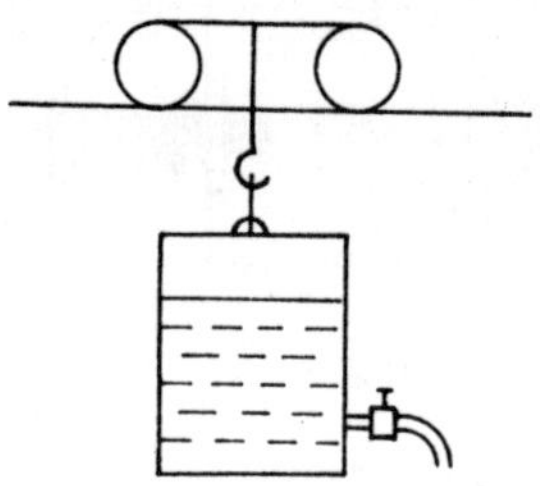	将涂料注入一吊桶内，借助涂料自身的重力供漆 设备简单，能适合于大量喷涂。供漆不稳，随涂料面高度改变，喷枪必须低于吊桶。不同涂料必须更换不同吊桶，且清洗困难
气压式	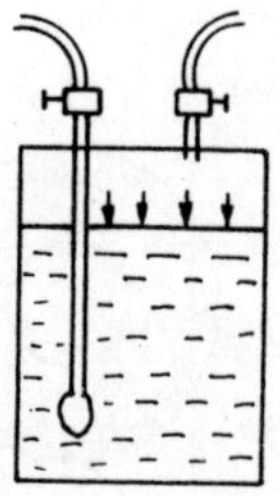	将涂料注入一密封的漆桶内，通以压缩空气，利用空气对涂料上面的压力，将涂料送入喷枪喷涂 设备简单、压力可调、供漆稳定、有沉淀，适合轻质涂料
泵压式	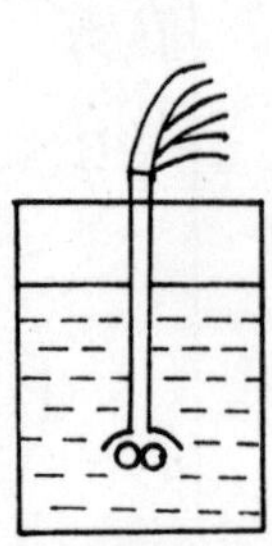	利用泵输漆 设备造价高，维修困难，适于多支喷枪的共同供漆

5.4.2.7 **静电喷涂室** 静电喷涂室的作用和空气喷涂室一样，是将多余的漆雾及溶剂蒸气排走。

结构上，室体以砖结构为多，也有用金属板焊制的。为了便于清理，喷涂室内壁要求平整，可贴瓷砖、塑料板等，还可以在内壁涂上脱漆剂或贴上蜡纸。室体应设有观察窗，便于观看喷涂情况。

为适应于旋转喷具如圆盘喷涂设备，室体多为圆柱形，内设“Ω”型轨道运送制品。如为手提式静电喷涂，则一般可采用间歇式喷涂室。

在抽风量上，由于静电作用，涂料浪费较空气喷涂少。无需复杂的过滤设备，风量也较小。

在安全上，静电喷涂室的所有电气元件均应采用严格的防爆措施，保证通风装置及时排走室内的漆雾与溶剂蒸气。安装安全的电源开关，当开门时，保证全部断电以防危及人体及场所安全。

静电喷涂室主要有两类：通过式和间歇式。

(1) 通过式喷涂室 两种常见的通过式如图 5-18 所示。

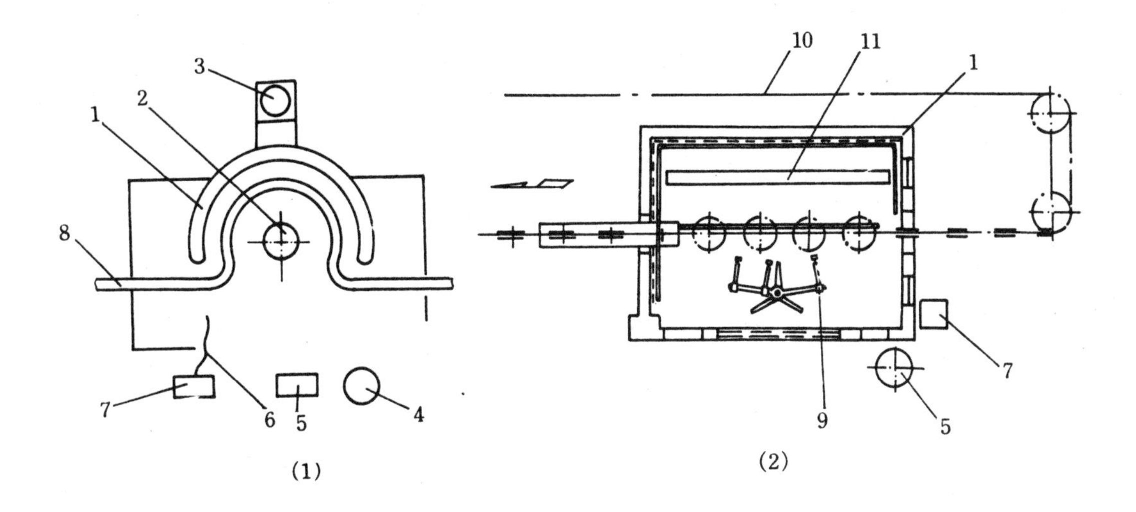

图 5-18 通过式静电喷涂室

(1)“Ω”形 (2) 直式

1. 室体 2. 圆盘式喷枪 3. 排气管 4. 贮漆筒 5. 供漆装置 6. 高压电缆
7. 高压静电发生器 8. 轨道 9. 喷涂机 10. 运输机 11. 过滤装置

在图 5-18 中 (1)，喷涂室主体结构为一圆形，内悬吊式运输机轨道为“Ω”形，以适应圆盘形喷具的需要。

在图 5-18 中 (2)，喷涂室主体结构为一长方形，运输机运输制品从喷涂机 9 及过滤器 11 中间穿过，对制品进行喷涂。适用于旋风式或转杯式等喷具。

(2) 喷涂室的设计计算 静电喷涂与空气喷涂如前所述有不同之处，其计算也略有不同。手提式喷枪所用喷涂室可按间歇式空气喷涂室计算，通过式为提高其工作效率，采用多支喷枪同时喷涂。其计算如表 5-38 所示。

表 5-38 静电喷涂室的设计计算

计算项目		代号	单位	公式及参数选择	说明
室体尺寸	长度	L	mm	$L=L_1(n-1)+2L_2$	L_1 各喷枪距离 mm，可由实际情况确定。一般取 $L_1=500$mm L_2 喷枪与室体两端距离，一般取 $L_2=$ 1 500～2 000mm n 喷枪在长度方向上的安装数量
	宽度	B	mm	$B=b+2b_1+2b_2+2b_3$	b 制品最大宽度 mm b_1 制品与喷枪距离。一般取 $b_1=200$～300mm b_2 喷枪长度 b_3 喷枪距室边在宽度方向上的距离。一般取 $b_3=800$～1 300mm视有无操作人员而定
	高度	H	mm	$H=h+h_1+h_2$	h 制品高度 mm h_1 制品距室顶距离。一般取 $h_1=1\ 000$～1 200mm h_2 制品距地面距离。一般取 $h_2=700$～1 000mm
制品入口尺寸	宽度	b_0	mm	$b_0=b+2b_4$	b_4 制品与入口水平距离。一般取 $b_4=$ 100～200mm
	高度	h_0	mm	$h_0=h+h_3+h_4$	h_3 制品距入口下边距离。一般取 $h_3=$ 100～150mm h_4 制品距入口上边距离。一般取 $h_4=80$～120mm
通风量		Q	m^3/h	$Q=3\ 600FV$	F 喷涂室面积之和（m^2） V 入口流速。一般取 $V=0.3$～0.4m/s 对“Ω”形室取 $V=0.1$～0.2m/s

（3）喷涂室的安全措施

①喷涂室内的所有物件，除高电压系统外，均应接地。但喷涂导电性涂料时，涂料输送系统不接地。

②喷涂机的高电压部位、高压电缆等高压系统离地面距离应大于规定距离。

③操作人员进入室内时必须穿导电鞋，使人处于接地状态。

④应保持喷涂室内清洁。

⑤停止作业后，应立即切断高压电源，接地放电。

5.4.2.8 喷涂设备的维护

①经常清洗喷涂机放电电极、喷嘴和内部，严禁将内部装有保护电阻的静电喷具浸于溶剂中。

②经常清扫设备的绝缘部件，防止产生漏电而引起电火，如有损坏，应立即更换。

③经常保持高压静电发生器的清洁。使环境温度和湿度低于所要求的温度和湿度，其外壳接地应良好。经常检查其电流和电压表，保持工作在正常值。

④保持制品接地良好。通常制品的接地途径：制品——运输机——室体钢架——接地。由于运输机带电，涂料部分也将沉积到运输机上，其运动部分可能接触不良。

5.4.3 静电喷涂工艺

木材表面采用静电喷涂法时，影响涂饰质量的工艺因素很多，其主要者有如下几项。

5.4.3.1 电场强度 有关研究与生产实践证明，决定涂料微粒在高压静电场中运动状况的最基本因素，是作用在漆滴质点上的电场力。它与一系列因素有关，而最主要受电场强度影响。因此，电场强度实际上是静电喷涂的动力。它的强弱直接影响静电喷涂的效果（静电效应、涂着效率与漆膜的均匀性等）。在一定的电场强度范围内，高压静电场中电场强度越大，涂料静电雾化与静电吸引的效果越好，涂着效率越高；反之电场强度小，电场中电晕放电现象变弱（甚至无法产生），漆滴荷电量变小，静电雾化和涂着效率就变差。

高压静电场中电场强度的大小决定于加在电晕电极（喷具）上的电压（U）与电极（喷具）和被涂饰表面之间的距离（称为极距）两个因素。它与电压高低成正比，与极距大小成反比。静电场的电场强度一般用平均电场强度来表示，其计算式如下：

$$E_{平}=\frac{U}{L}$$

式中：$E_{平}$——静电场的平均电场强度（V/cm）；

U——喷具上所加的直流电压（V）；

L——电极与被涂饰表面之间的距离（cm）。

生产实践经验与有关实验研究指出，喷涂金属制品时，适宜的平均电场强度为 2 400～4 000V/cm；而喷涂木材与其它导电性差的材料时，电场强度以 4 000～6 000V/cm 较为适宜。当电场强度过大时，可能出现火花放电；当喷涂室内通风不足时，溶剂蒸气容易引起火灾和爆炸。电场强度过大，还可能造成反电晕。也就是在正极附近的空气强烈电离，空气中负离子浓度增大，有可能聚集在被涂饰表面凸出部位，将会排斥带有负电荷的涂料微粒，反而使这些地方的表面涂不上涂料。电压过高，对设备的绝缘性能要求也高。

一般情况下，木材表面静电喷涂常用的电压为 60～130kV；电极到被涂饰表面之间的距离为 20～30cm。当极距小于 20cm 就有产生火花放电的危险，而当极距大于 40cm 以上时涂着效率可能非常差。

最适宜的电场强度数值应在具体条件下通过试验确定。由电场强度与电压确定的极距，应在喷涂过程中始终得到保持。当电压不变时，应注意悬式运输机吊挂的工件可能摆动与回转造成极距的改变。从而改变了电场强度，引起火花放电。

5.4.3.2 涂料与溶剂 静电喷涂法对所用涂料与溶剂较其它涂饰方法有些具体要求，主要是导电性。即适于静电喷涂用的涂料，应能在高压静电场中容易获得电荷，易于带电，因而能很好的静电雾化。被喷散雾化的涂料能均匀地沉降到工件表面上，并能在表面上均匀流布。这些性能多与涂料电阻率、介电系数、表面张力以及粘度有关。其中，因介电系数、表面张力等难于测定与控制，因而影响较明显的，是涂料的电阻率与粘度。

电阻率（或称体积电阻，Ω·cm）一般表示涂料的介电性能。涂料的介电性能直接影响涂料在静电喷涂时的荷电性能、静电雾化性能与涂着效率。为达到最佳静电喷涂效果，需将涂料电阻率控制在一定范围内。涂料电阻率过高，涂料微粒荷电困难，不易带电，静电雾化与涂着效率变差。但电阻率过小，在高压静电场中易产生漏电现象，使喷具上放电极电压下降，可能送不上高压。适宜的电阻率范围应通过工艺试验或测定涂料的静电雾化性能来确定。有关资料认为适宜的电阻率为 5～50MΩ·cm。

调整涂料电阻率有两种方法。一是用溶剂调节，涂料电阻率高可添加电阻率低的极性溶剂（如二丙酮醇、乙二醇乙醚等），电阻率低的涂料中添加非极性溶剂（甲苯、二甲苯等）；另一种是在设计涂料配方时添加有关助剂。涂料电阻率可用电阻率测定仪测定。

静电喷涂所用涂料粘度较一般空气喷涂的粘度要低些。涂料粘度高雾化效果差，粘度降低，涂料的表面张力减小，雾化效果好。静电喷涂常采用沸点高、挥发慢、闪点高、溶解力强的溶剂调节粘度。静电喷涂适宜的粘度为18～30s（涂－4）。

在木材涂饰中，酸固化氨基醇酸漆、硝基漆、醇酸漆、聚氨酯漆、丙烯酸漆等均可用于静电喷涂。其中尤以酸固化氨基醇酸漆应用最多，效果很好。

静电喷涂宜用高沸点、高极性与高的闪点温度的溶剂。静电喷涂与空气喷涂相比，在雾化过程中静电喷涂的涂料微粒的扩散效果好，射流断面一般要比空气喷涂大，因而涂料粒子群的密度小，溶剂蒸发较快。又因为电场内的雾化漆粒，其运动速度要比普通空气喷涂为慢，漆粒停留在空气中的时间就延长。所以，涂料中如含低沸点溶剂多，则蒸发更快、更多。有可能在涂料沉降到工件表面时，大量溶剂已经跑掉，所剩溶剂已不能以维持使涂料在工件表面流平。造成漆膜表面出现桔皮等缺陷，因此静电喷涂应多使用挥发慢的高沸点溶剂。

极性溶剂能降低涂料电阻，使其容易带电。因而，在涂料中添加高极性溶剂（酮、醇、酯类溶剂）能有效的调整涂料电阻，有利于涂料的带电和雾化。

由于高压静电场中有可能发生火花放电，因此使用闪点温度低的溶剂易引起火灾。所用溶剂的最低闪点宜在20℃以上。

综上所述，溶剂是静电喷涂的重要调整剂，对静电喷涂效果影响较大。静电喷涂常用溶剂特性列于表5-39中。

表5-39 静电喷涂常用溶剂特性

溶剂品种			电阻率，Ω·cm	介电常数，ε	沸点，℃	闪点，℃	表面张力，N/m
极性溶剂	醇类	甲醇	6.2×10^{5}	32.1	64.5	12	22.6×10^{-3}
		乙醇	1.9×10^{6}	24.3	78.2	12	22.3×10^{-3}
		异丙醇	2.0×10^{7}	20.4	82.3	12	23.8×10^{-3}
		正丁醇	1.4×10^{6}	17.4	108.0	28	24.8×10^{-3}
		苯甲醇	3.2×10^{6}	14.5	205.0	96	—
	酮类	甲乙酮	7.7×10^{6}	19.5	79.6	−5	—
		甲基异丁基酮	2.1×10^{7}	14.1	116.0	16	24.2×10^{-3}
		双丙酮醇	2.8×10^{6}	27.5	169.2	60	31.4×10^{-3}
		异佛尔酮	1.8×10^{7}	20.5	215.2	92	—
		环己酮	3.9×10^{7}	—	156.7	40	35.2×10^{-3}
	酯类	醋酸丁酯	1.7×10^{9}	5.1	126.1	27	25.2×10^{-3}
		溶纤剂、乙二醇乙醚	8.5×10^{7}	14.7	135.1	43	—
		乙二醇乙醚醋酸酯	7.0×10^{7}	8.0	156.3	52	—
		丁基溶纤剂	1.4×10^{7}	9.5	171.2	61	—
非极性溶剂	石油系	白醇	3.5×10^{10}	2.1	150.0～205.0	40	—
		正乙烷	9.1×10^{8}	1.9	66.1～69.4	−22	18.9×10^{-3}
	芳香族系	甲苯	2.8×10^{9}	2.4	110.7	6	28.5×10^{-3}
		二甲苯	1.8×10^{10}	2.4	139.2	29	23.8×10^{-3}

5.4.3.3 木材性质 木材是电的不良导体。干燥木材中的自由离子数很少，绝干木材的电阻率极大（随树种的不同约为几十至几百万MΩ·cm），因此木材的导电性很差。与金属制品相比木制品静电喷涂是比较困难的，但是经过处理的木材也能正常进行静电喷涂。

木材的表面湿度对于木材的导电性影响较大。根据实验，当木材表层含水率低于8%时，涂料微粒在其表面的沉降效果很差。但是当木材表面含水率在8%以上时，其导电性已能适应静电喷涂的需要。据有关工厂的实验资料，含水率为10%以上的木材，电压为80kV，能喷得很好；含水率在 15%以上的木材最适宜。10%以下的木材，当电压为 80kV 时，就不能喷得很均匀，有些地方几乎喷不上。

当在木材表面直接进行静电喷涂时，如含水率较低则需适当提高木材表层含水率。使木材表层增湿的方法很多，可以在涂漆前将被涂饰制品或零部件在空气比较潮湿（相对湿度高于 70%以上）的房间放置 24h；或用水蒸汽处理，房间内设置水雾、蒸汽喷雾或用增湿器喷水等。但是不宜把木材搞得过湿，否则喷后的涂膜将会模糊混浊，并降低漆膜对木材的附着力。

经过调湿处理的木制品在喷涂时，静电喷涂室内的温度不宜过高，否则不利于木材表层吸附水膜的保持。一般相对湿度在 60%～70%，温度在（20±5）℃较为适宜。

在木材涂饰过程中的许多工序实际上也能不同程度地提高木材的导电性。一般用酸类、盐类化学药品处理过的木材都有益于木材导电。例如，漂白木材时用的过氧化氢（双氧水）、草酸、次氯酸盐等药品，以及用酸性染料溶液染色等都可以提高木材的导电性。

经过处理的木材表面提高了导电性。当喷涂几遍漆后再喷时，喷涂质量可能下降，这是因为干后的漆膜导电性变差的缘故。因此，要在底漆中添加能提高导电性的材料（如磷酸、石墨或金属填料等）。或使用专门的导电底漆，如以聚醋酸乙烯乳液为基料的底漆等。

木材表面静电喷涂的质量与基材的表面处理有关，对白坯木材表面的光洁度要求极高。白坯砂光时必须完全除去木毛，否则有木毛处很容易产生反电晕（在木材表面木毛尖端带上与涂料同名电荷），使该处涂不上漆。

5.4.4 静电喷涂特点

静电喷涂法有下列特点。

1. 改善涂饰条件。由于广泛应用的固定式静电喷涂法（如转杯式）是将喷具（手提式静电喷枪除外）安装在与车间隔离的静电喷涂室内，并自动工作。被涂饰制品或零部件用机械化运输装置（如悬式运输机）送入室内，因此使体力劳动繁重、卫生条件差的涂漆工序实现了自动化，减轻了操作者的体力劳动强度以及与涂料和溶剂的接触机会，节省了人力，使涂漆施工环境条件大为改善。空气喷涂与无气喷涂都有相当数量的漆雾飞散在空间，静电喷涂几乎没有到处飞散的漆雾，大大减少环境污染。当采用静电喷涂法并组织机械化自动化的连续涂饰流水线时，人的作用仅仅限于对涂漆零件的准备与处理；对整个设备的维护与照管。当大量生产时，对静电喷涂设备的调整与改造只在使用新涂料或涂饰新制品时才进行，与前述各种涂饰方法比较，这都是很大的优越性。

2. 提高涂料利用率。静电喷涂法是由于带负电荷的涂料微粒被带正电荷的制品表面吸引而沉积在其表面上。所以在电场中，已获得电荷的涂料微粒，一般只能按一定轨迹跑向工件表面。因此，基本上没有空气喷涂与无气喷涂的喷雾回弹和喷逸现象而造成的漆雾飞散损失。还由于静电喷涂表面与涂料的互相吸引，因而具有环绕效果。即被涂制品的侧面与背面也能涂上漆，因而涂料损耗极少而涂料利用率比前述喷涂方法大为提高。空气喷涂法的涂料利用率一般在 30%～70%；当喷涂框架类制品（如椅子）仅为 10%～30%；而静电喷涂的涂料利用率可达 85%～90%以上。

3. 涂饰质量好。由于雾化的涂料微粒带同性电，因而涂料质点间产生排斥力（$F=\frac{Q_1Q_2}{R^2}$）。其大小与带电量乘积成正比，与质点间的距离平方成反比。如果各漆滴大小相同，带电量也相同时，在喷涂过程中，漆滴间的距离能靠相互间的斥力进行调整（如距离近了斥力增大而推开），使漆滴分布均匀；如果漆滴大小不等时，质量大的带电量大，在喷涂过程中所占的横向空间比质量小的所占横向空间也大，结果使单位面积上的喷漆趋向均匀。这两种现象的总结果都使漆雾被喷出后，各漆滴在横向间产生排斥力，在前进中逐渐扩散并调整其相互间的距离，使漆雾趋向比较均匀地喷涂于工件表面上。因此，所形成的涂层均匀、完整、排列严密，干后漆膜平整光滑，有利于增加漆膜的光泽。由于正负电荷互相吸引，电场力能够缩短涂料分子的极性基与木材表面之间的距离，这都有利于提高涂层的附着力。同时涂层的厚度可以任意控制，一般可以避免前述喷涂所产生的一些缺陷，如针孔、露底等。所以，静电喷涂涂层的装饰质量很高。

4. 涂饰效率高。采用固定式静电喷涂法一般都要配合人工强制干燥设备与机械化运输装置，组织机械化、自动化涂饰流水线，实现涂饰工艺的连续化作业。因而，可提高生产效率，适用于大批量流水线生产。有关生产经验指出，当空气喷涂（手工端枪喷涂）时，制品运输装置速度高于 4m/min，劳动强度就很大，尤其在喷涂外形复杂的大型工件时，手工喷涂更跟不上。而静电喷涂当增加喷具时，传送装置的速度可以大为提高，可高达 24m/min，因而涂饰效率高。

5. 设备装置简化。由于没有大量飞散的漆雾，因此与空气喷涂相比，所需通风装置简化。电能消耗少，也不需要电能与水消耗很大的水幕装置。静电发生器通过的电流极小，因此电能消耗也少。全部静电喷涂装置都不复杂，占地不多，安装也较简单。

6. 经济效益显著。此法对某些制品的涂饰，经济效益十分显著。国内外生产经验指出，木制品采用静电喷涂法，效益较为显著的是喷涂框架类制品（如各种椅子、沙发扶手、窗扇、窗框、门、桌子、电视机和收音机的木壳，提琴与建筑零件等）。尤其椅子用静电喷涂最为适宜，如果采用空气喷涂，因椅类撑档多涂料雾化损失很大，椅子又不便拆开，使零部件先涂饰后组装，装配好的椅子又不可能采用淋涂、辊涂，手工刷涂效率太低，而采用静电喷涂最为适宜。因此国内外椅子生产应用静电喷涂较多。

静电喷涂法也存在一些缺点。例如，使用高压电，静电场中可能产生火花放电，火灾危险性大，必须有可靠的安全措施严格遵守高压设备的安全操作规程。如果被涂饰制品或零部件装挂不当，或移动中左右摇摆，使极距缩短，电场强度增大产生火花放电，或因操作失误，均能引起火灾。此法在形状复杂的制品上涂漆较难获得均匀的涂层（一般凸出、尖端处厚、凹陷处薄）。另外，此法对所用涂料与溶剂都有一定的要求。

5.5 淋 涂

淋涂法是使用专门的淋漆机，涂料从淋漆机上方的淋头流出落下，形成一连续完整的漆幕，被涂饰的零部件由传送带载送，从漆幕下通过，其表面就被淋上涂层。此法在国内外木制品表面装饰上应用广泛。

5.5.1 淋涂设备

淋涂设备即各种类型的淋漆机。按功用可分为板面淋漆机、方材淋漆机与板边淋漆机；按淋头数目可分为单头与双头淋漆机，后者用于淋双组分漆；按漆幕形成方式可分为底缝成幕、斜板成幕、溢流成幕与挤压成幕等淋漆机。

5.5.1.1 结构工作原理 在各类淋漆机中，底缝成幕的单头板面淋漆机在国内外应用最广泛，图 5-19 为这类淋漆机的结构示意图。其工作原理：用泵 1 将贮漆箱 2 中的涂料经过滤器 3 送入淋头 4 的箱内，经淋头底缝流出形成连续完整的漆幕 5；板件 6 由传送带 7 载送从漆幕下通过便被淋上涂层，未淋到板件上的涂料落入受漆槽 8，流入贮漆箱 2 中，再经泵送入淋头形成涂料循环系统。

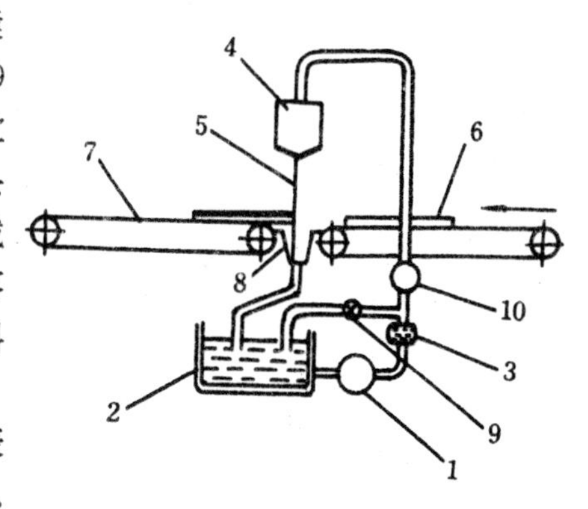

图 5-19 淋漆机结构示意图

1. 泵 2. 贮漆箱 3. 过滤器 4. 淋头 5. 漆幕 6. 板件 7. 传送带 8. 受漆槽 9. 调压阀 10. 压力表

5.5.1.2 板面淋漆机 板面淋漆机主要用于平表面的板式部件，如家具板件、缝纫机台板等板面的淋涂。其主要结构由淋头、涂料循环系统与传送装置等组成。

(1) 淋头 淋头是一盛装涂料的密封或不密封的箱体。其作用为形成连续完整的漆幕，而形成的漆幕则有不同的方式。

①成幕类型：不同成幕方式的淋头如表 5-40 所列。

表 5-40 成幕型式

名称	结构简图	说明
底缝成幕	1底缝	涂料从淋头箱体底缝中流出成幕 这种型式的淋头性能比较完善，是目前应用最广的一种。缺点是很难在底缝全长上保证涂料厚度均匀，维护难
溢流成幕	2溢流	涂料从淋头箱体侧方的溢流边溢出成幕 这种型式的淋头结构紧凑，维护容易。用于聚酯漆淋涂，能获得较好质量的漆膜。由于其单位时间内的淋涂量低，可采用较低的工件传送速度。这种型式的淋头难于获得较薄的涂层
斜板成幕	3斜板	涂料从淋头的倾斜面上流下成幕 这种型式的淋头能保证得到较好的淋涂质量，结构简单。缺点是涂料要经过斜面，溶剂蒸发量大，会使淋涂过程中涂料粘度增加

（续）

名　称	结构简图	说　　明
溢流斜板成幕	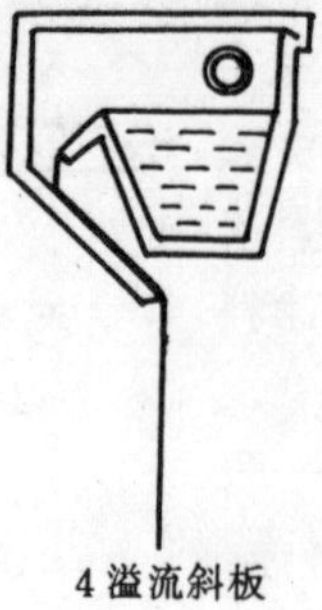 4 溢流斜板	涂料从溢流边流出，从斜板流下成幕 这种型式综合了斜板和溢流成幕的特点，适用性较广
挤压成幕	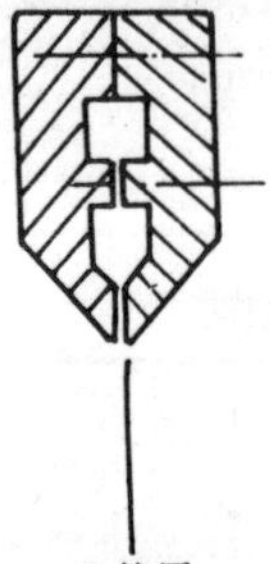 5 挤压	涂料借助压力从底缝流出成幕 这种型式能形成薄而均匀的幕，能够采用较低的传送速度

②底缝成幕淋头：应用较多的底缝成幕的淋头，其箱体底部有一条长缝，涂料从缝中流出形成漆幕。底缝由两把刀片（精密的金属薄板）构成，一把固定；另一把可靠调整手柄的转动自由开启，使底缝宽度在 0～4mm 范围内调整。底缝金属刀的加工精度对形成均匀的漆幕至关重要，要求有较高的平直度。

图 5-20 所示为一种底缝成幕淋头结构示意图。它主要由不锈钢的固定刀 35、与活动角钢 26 为一体的活动刀、左右侧板 11 和 6 及刀缝调节装置等组成。贮漆腔 30 存有涂料，涂料是从侧板上的螺孔输入的。

手柄 25 用于清洗贮漆腔。当向上扳动手柄时，活动角钢及固定架 24 一起以转轴 21 为轴心向上翻转，使贮漆腔完全开启。

刀缝微调是转动手柄 7 实现的。图 5-20B-B 为其剖视图，轴的两端各装有一个偏心块 39，通过偏心块将轴安装到左右侧板上。扳动手柄时，轴心线移动，而固定架是套装在槽形环 38 上的，轴便在固定架内移动，使与活动角钢一体的活动刀改变位置，获得刀缝调整，以改变淋涂量。

导杆 28 起导流作用。由于漆幕在长度方向上两端受自身内聚力的作用有向内收缩的趋势，影响幕膜的厚度均匀性。增加导杆，利用涂料的附着力，保证幕厚均匀。

（2）涂料循环系统　涂料循环系统主要由贮漆箱、输漆泵、过滤器、输漆管以及受漆槽、压力表与调压阀等组成。

①贮漆箱：涂料装于贮漆箱中，如图 5-21 所示。贮漆箱是钢板件，主要由内箱 4 和外箱 5 两部分组成。内箱装涂料，外箱装水，改变水温，可以调整涂料粘度。箱底有两个阀，一个

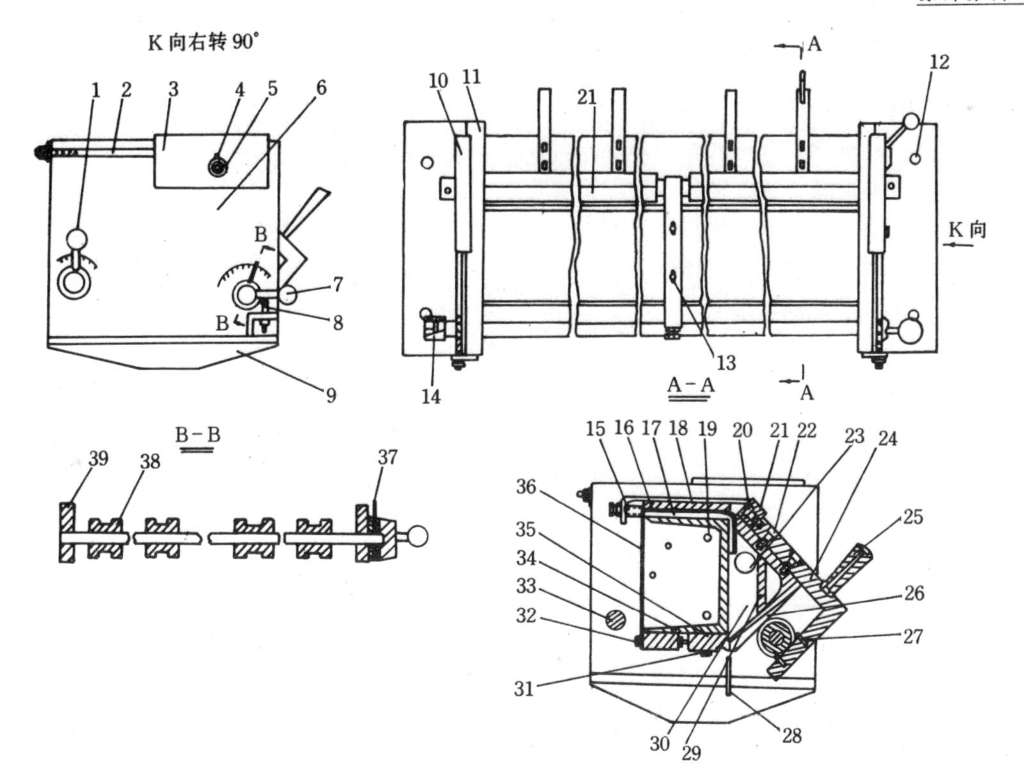

图 5-20　底缝成幕淋头结构示意图

1. 漆量调节手柄　2、13、15、19、20、22、32. 螺栓　3. 右拖板　4. 润滑　5. 转轴轴承　6. 右侧板　7. 刀口缝隙调整手柄　8. 限位螺钉　9. 导流片　10. 左拖板　11. 左侧板　12. 螺栓孔　14. 接头　16. 铁条　17. 软质垫　18. 支架　21. 转轴　23. 回漆孔　24. 固定架　25. 手柄　26. 活动角钢　27. 限位螺钉　28. 导杆　29. 焊板　30. 贮漆腔　31. 螺栓　33. 漆流量调节轴　34. 槽钢　35. 固定刀　36. 防护罩　37. 指针　38. 槽形环　39. 偏心块

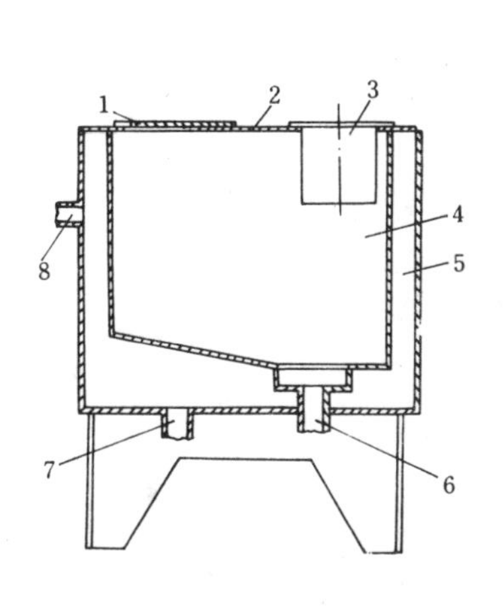

图 5-21　贮漆箱

1. 盖　2. 泵支撑板　3. 过滤网　4. 涂料箱　5. 水箱　6. 排漆阀　7. 排水阀　8. 水入口

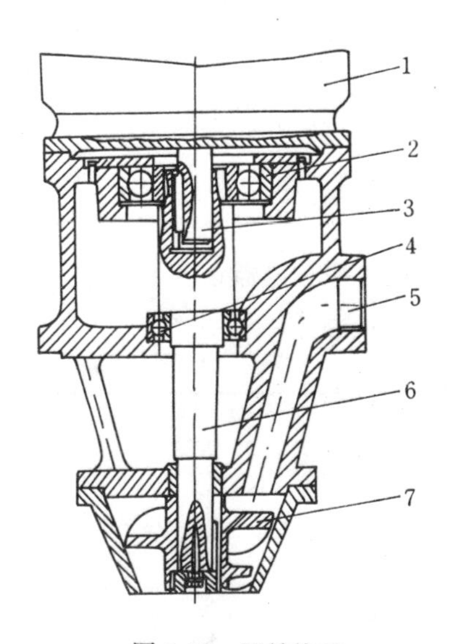

图 5-22　泵结构图

1. 电机　2、4. 轴承　3. 电机轴　5. 排漆口　6. 泵轴　7. 螺旋叶片

用来排水；一个用来排涂料。箱的左侧阀口为热水进口。过滤网 3 的作用是滤掉回收涂料中的杂质和空气泡，供再循环使用。

②输漆泵：涂料送入淋头是由输漆泵完成的，其结构如图 5-22 所示。它主要由电机 1 和螺旋叶片 7 等结构组成。泵是浸入式的，安装在贮漆箱上端，叶片浸入涂料中。在电机轴 3 的带动下，泵轴 6 转动，螺旋叶片 7 将涂料抽上来，从排漆口 5 排出，经输漆管送入过滤器中。

③过滤器：由于涂料中可能含有杂质，这些杂质会影响漆幕质量。另外，涂料循环时也会含有空气泡，如这些气泡在压力的作用下与涂料一起送入淋头，遇到大气时，便会破裂，影响漆幕质量。如未破裂便淋在板件表面成为涂层中的气泡，最终却影响涂层质量，因此涂料必须过滤。过滤器如图 5-23 所示。主要由圆形上下盖 2 和 6 与两层金属过滤网构成。上下盖用螺栓连接，涂料通过时，便进行过滤。

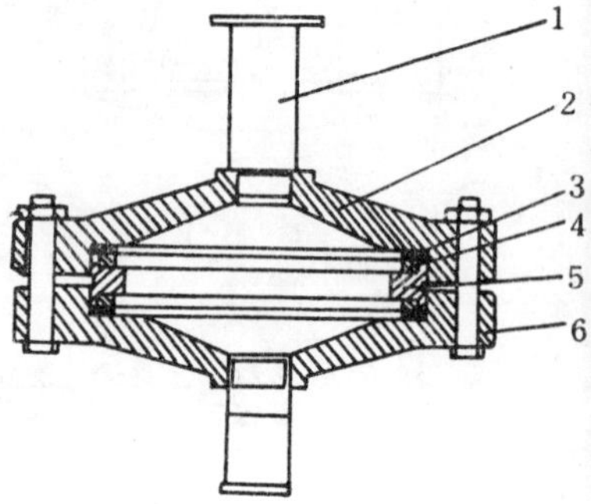

图 5-23 过滤器

1. 连管 2. 上盖 3. 垫圈 4. 过滤网 5. 过滤网架 6. 下盖

(3) 工件的传送系统 工件由传送带带动进给，传送带由单独的电机带动。传动系统比较简单，电动机带动带式无级变速器，无级变速器由机外手轮调节，实现传送带的无级变速。

(4) 淋头高度调节装置 为适应不同工件的高度，需有淋头高度调节装置。它是通过蜗轮蜗杆带动丝杆螺母装置实现的，可由机外手轮进行调节。

5.2.1.3 方料淋漆机和封边淋漆机

方料淋漆机主要用于门框、窗框等方形直料的淋涂。它的结构和平面淋漆机基本相似，只是其传送装置是“V”型辊筒。这样，方料在通过淋头时，一次可淋相邻两面，干燥后，可再淋另外两面，以提高效率。方料淋漆机一般淋涂工件的长度为 450～3 000mm；宽度为 10～150mm；厚度为 10～150mm；工件传动速度为 30～120m/min。

封边淋漆机主要用于淋涂板件的侧边，板件立着在夹紧装置夹持下垂直通过漆幕进行淋涂。

5.5.1.4 国产淋漆机 信阳木工机械厂生产的 BTQ2110 型平面淋漆机结构与普通平面淋漆机相似。其淋头刀缝的调整是采用偏心机构实现的，其涂料供给是由无级调速电机带动齿轮泵再经过滤器送入淋头，涂料流量可以通过调整电机转速调节，其主要技术参数见表 5-41。

表 5-41 BTQ2110 型淋漆机技术参数

项目	参数	项目	参数
淋涂宽度，mm	1 000	泵	
刀缝宽度，mm	0.1～4.0	流量，l/min	32
传送带速度，m/min	50～80	压力，MPa	2.45
传送带电机功率，kW	2.2	电机功率，kW	1.5
淋头升降行程，mm	200	外形尺寸（长×宽×高）(mm)	4 030×2 500×1 950
升降电机功率，kW	0.4		

为了保证漆幕的厚度均匀，要注意刀缝的清洁，不应用硬物触碰刀缝，用完后清洗。运输机传送带的轴承应按期润滑，长期不用时，应将传送带放松。淋头高度调节丝杆要经常注

润滑油，防止升降时干摩擦。

5.5.1.5 国外淋漆机 德国贝高公司(BÜRKLE)是一个较大的淋漆机生产厂家。其生产的LZU、LZE、LZKL、LZA等系列产品行销世界各地，LZU为普通式淋漆机；LZE机上留有能再装一个淋头的位置；LZKL淋涂宽度较小，一般为400mm左右；LZA型系列较普通式有自己的特点，其淋头、漆箱、泵等涂料循环装置都在一个车架上，可以从前后传送带中间移动出来，换上另一个不同涂料的系统，缩短更换涂料的时间。

LZA系列淋漆机主要性能参数如表5-42所列。

表5-42 LZA系列淋漆机性能

淋涂宽度，mm	单段传送带长度，mm	传送带宽度，mm	传送电机功率，kW	泵电机功率，kW	传送速度，m/min	长度×近似宽度，mm	淋头机重，kg
700	1 500	650	1.5	1.1	30～150	4 000×1 750	1 150
900	1 500	850	1.5	1.1	30～150	4 000×1 950	1 285
1 300	1 500	1 250	1.5	1.1	30～150	4 000×2 350	1 335
1 500	1 500	1 450	1.5	1.1	5～150	4 000×2 550	1 440
1 700	2 500	1 650	3.0	1.1	5～150	6 000×2 750	1 530
2 100	2 500	2 050	3.0	1.1	5～150	6 000×3 150	1 750
2 500	2 500	2×1 250	4.0	1.1	3～150	6 000×3 550	1 850
2 900	2 500	2×1 350	4.0	1.1	3～150	6 000×3 950	2 000
3 200	2 500	2×1 500	4.0	1.1	3～150	6 000×4 300	5 600

日本岩田涂装机工业株式会社的淋漆机性能参数如表5-43所列。

表5-43 日本岩田淋漆机性能

项　目	FL-S12C（单淋头）	FL-W12C（双淋头）	FL-S6C（单淋头）	FL-W6C（双淋头）	FL-S3D（单淋头）	FL-W3D（双淋头）
淋涂有效宽度，mm	1200	1200	600	600	300	300
漆幕全宽，mm	1400	1400	800	800	450	450
底缝间隙，mm	0～1.0～全开	0～1.0～全开	0～1.0～全开	0～1.0～全开	0～1.0	0～1.0
输送带速度，m/min	50～150	50～150	50～150	50～150	25～150	25～150
最少淋涂量，g/m²	约30	约30	约30	约30	约30	约30
贮漆桶容积，l	50	50（2个）	40	40（2个）	10	10（2个）
淋头上下移距，mm	100～250	100～250	100～250	100～250	100～200	100～200
输送台全长，mm	3 610	3 900	3 610	3 900	2 480	2 660
输送带高度，mm	850	850	850	850	800	800
淋头活动刀开角，°	180	180	180	180	180	180
输送带电机功率，kW	1.5	1.5	0.75	0.75	—	—
输漆泵电机功率，kW	0.75	0.75	0.4	0.4	—	—
输漆泵口径，mm	25	25	19	19	19	19
长×宽×高，m	3.61×3.00×1.45	3.90×3.00×1.45	3.61×2.00×1.45	3.90×2.00×1.45	2.48×1.40×1.20	2.66×1.40×1.20

5.5.2 淋涂工艺

淋涂法将依据所用涂料性质、粘度、淋头底缝宽度、传送带速度与淋涂量等因素综合确定适宜的工艺条件，其要点叙述如下：

5.5.2.1 使用涂料 大部分木器漆（虫胶漆、醇酸漆、硝基漆、聚氨酯漆、聚酯漆与光敏漆等）均可用于淋涂。因有双头淋漆机，故对涂饰不甚方便的多组分漆也可用于淋涂。只有当淋涂各色磁漆时，则要求磁漆不浮色、颜料不易沉淀与空气接触不易马上氧化结皮。

5.5.2.2 涂料粘度 淋涂法可使用的涂料粘度范围较大，在15～130s（涂－4）之间的粘度的涂料都可淋涂。粘度高可节省稀释剂的消耗，并可减少涂层数。但是，高粘度涂料被淋到零部件表面后，流平性不好，影响涂饰质量。反之，粘度太低时，往往难以形成良好的漆幕。较常应用的粘度为25～55s（涂－4）。可针对具体涂料品种实验确定质量允许的较高的粘度。国外木制品生产中有采用零部件先预热后淋涂的方法，可改善涂层的流平性，并能应用较高粘度的涂料。

5.5.2.3 传送带速度 零部件的传送速度越快，涂饰效率越高，但是涂料淋涂量越少。速度过快有可能会使漆膜不连续，故传送带速度应有一定限制，一般以70～90m/min较为合适。淋涂量与传送速度的关系如表5-44所示。

表5-44 传送带速度与淋涂量的关系

传送带速度，m/min	淋涂量，g/m^2
30～50	200以上
50～70	200～100
70～90	100～70
90～130	70～50

注：涂料为硝基清漆；底缝宽为0.6mm；粘度为25s（涂－4）。

5.5.2.4 底缝宽度 底缝越宽自然淋涂量增多，但也不宜过宽。敞开式淋头，当底缝过大时，淋头内的压力变低，涂料的流下速度太慢。当传送速度快时，淋到涂漆部件表面的涂层可能有断漆现象。一般使用宽度为0.2～1.0mm，在此范围之外较难形成理想漆幕（封闭式淋头底缝宽为0.12mm左右）。

各类涂料在具体条件下的主要淋涂工艺参数可参考表5-45所列。

表5-45 常用漆类主要淋涂工艺参数

项　　目	硝基漆	酸固化漆	聚氨酯漆	聚酯漆
涂料粘度（涂－4），s	30～50	35～80	15～20	40～50
底缝宽度，mm	0.8～1.0	1.0～1.2	1.0～1.2	0.6～0.9
进料速度，m/min	40～90	50～90	50～80	50～65
涂料水平高度，mm	80～160	120～180	120～ 180	120～160

注：表内数据系指敞开式淋头底缝成幕的淋漆机。

除上述因素外在淋涂施工中应注意保证所成漆幕的连续均匀完整，不可因风吹与杂质颗粒堵塞等因素使漆幕破裂。要注意清除涂料循环过程中夹带空气而形成的气泡与灰尘杂质。淋头到被涂饰表面之间的距离不宜过大，一般采用100mm左右。

5.5.3 淋涂方法

针对具体涂料品种经实验确定涂料粘度、底缝宽度、传送带速度等工艺条件，便可按下述顺序进行淋涂操作。

①先用配套稀释剂把涂料调至施工粘度和施工温度；再送入淋漆机的贮漆箱。调整淋头底缝宽度；打开排风送风装置。

②开动输漆泵和淋漆机试运转，涂料开始循环。检查运转是否正常；漆幕是否均匀；有无气泡。待其正常后，开动传送装置，调整好传送速度。

③先用一试件进行试淋涂，如试件表面淋涂的涂层有针孔、缩空等缺陷，应停止淋涂查找原因。待试淋涂正常后再进行正常板件淋涂。

④淋漆机前如无除尘装置（刷辊等），则淋涂前每个板件表面要经过除尘后再淋涂。

⑤淋涂结束或中间停机时间较长时，淋漆机和输漆泵等需及时用稀释剂清洗干净。

5.5.4 淋涂特点

淋涂法有下列优点。

1. 涂饰效率高。由于漆幕下被涂饰零部件只能以较高的速度通过，一通过便已涂完漆。如前述传送带速度通常为70～90m/min，因此淋涂是各类涂饰方法中效率最高的。

2. 涂料损耗少。因为没有喷涂的漆雾，未淋到零部件表面上的涂料可循环再用。因此，除了涂料循环过程中有少量溶剂蒸发外，没有其它损失。与喷涂法相比，可节省涂料30%～40%。

3. 涂饰质量好。由于连续完整的漆幕厚度均匀，因此淋涂能获得漆膜厚度均匀平滑的表面，没有如刷痕或喷涂不均等现象。涂料条件与涂饰条件容易管理，在大平面上淋涂漆膜厚度差可控制在1～2μm内。

此外，淋涂法设备简单，操作维护方便，不需要很高的技术。作业性好，施工卫生条件也好，可淋涂较高粘度的涂料。既能淋涂单组分漆，也能淋涂多组分漆（使用双头淋漆机）。用运输装置与烘干设备连接可组织机械化连续涂饰流水线，可提高劳动生产率。

淋涂法也有其局限性。被涂饰表面形状受到限制，最适于淋涂平表面的板件（国外有可以淋涂板边与方材的两个面的淋漆机），形状复杂的零部件与组装好的整体制品都不能淋涂。只有成批量生产，并组织机械化连续涂饰流水线方可显示其优越性与高效率。不适于多品种小批量生产的状况。涂料品种需稳定，同一种涂料反复使用则效率高，在同一台淋漆机上经常更换涂料品种需要多次清洗，既费时也不经济。

5.6 辊　涂

辊涂法是先在辊筒上形成一定厚度的湿涂层，部分或全部转涂到被涂饰的零部件表面上的一种涂饰方法。它可分为手工与机械辊涂两种，前者使用手工具（带柄的辊筒）进行手工操作，多用于涂墙面；后者使用专门的辊涂机。平表面的零部件（如家具板件），当从辊涂机上一对转动着的辊筒之间通过时，其表面就被带有涂料的辊筒涂上涂层。

5.6.1 辊涂设备

辊涂法所用的设备是各种辊涂机。

5.6.1.1 辊涂机结构原理 辊涂机的型式很多，其主要结构由辊筒、板件的传送系统、涂料辊的清理装置和涂料贮槽等组成，如图5-24所列。

辊筒是辊涂机的最基本部分，各辊筒的作用如表5-46所列。

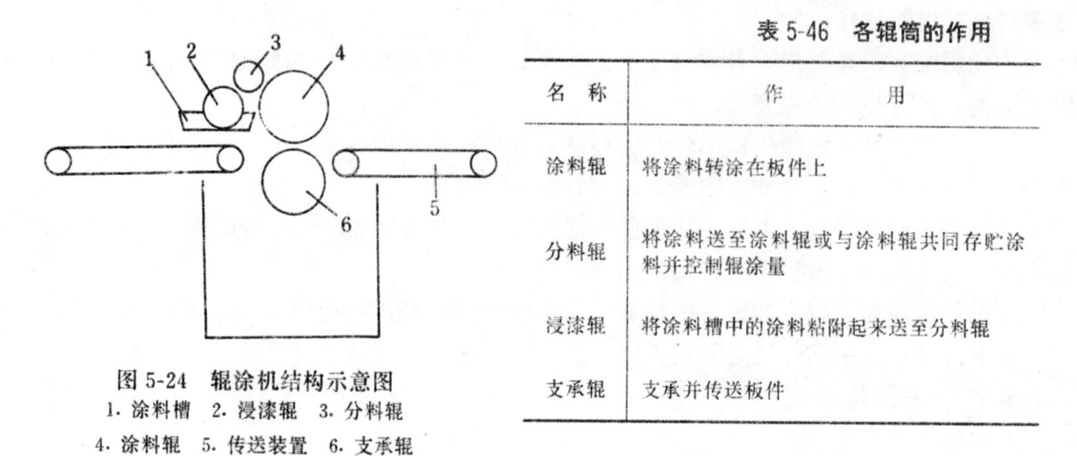

图 5-24　辊涂机结构示意图
1. 涂料槽　2. 浸漆辊　3. 分料辊
4. 涂料辊　5. 传送装置　6. 支承辊

表 5-46　各辊筒的作用

名　称	作　　用
涂料辊	将涂料转涂在板件上
分料辊	将涂料送至涂料辊或与涂料辊共同存贮涂料并控制辊涂量
浸漆辊	将涂料槽中的涂料粘附起来送至分料辊
支承辊	支承并传送板件

板件的传送装置一般均由单独电机驱动，经无级变速器传动传送板件部分可以是辊筒，也可以是履带。涂料辊可以安装在板件的上方辊涂板件的上表面，也可以布置在板件的下方，辊涂板件的下表面。涂料辊和支承辊之间距离，决定于板件的厚度，是可调的。

5.6.1.2　辊涂机分类　辊涂机按涂料辊与板件的运动方向，可分为顺向辊涂机和逆向辊涂机两种。按功用可分为填腻机、着色机、底涂机等。

（1）按运动方向分类　辊涂机按涂料辊与板件的运动方向分类及特点如表 5-47 所列。

表 5-47　两种型式的辊涂机

类型	结构示意图	特　点
顺向辊涂机		其涂料辊转向和板件运行方向相同 这种型式由于涂料辊的压力加在板件上表面，使涂料处于挤压状态，故辊涂量小。又因涂料辊转向与板件运动方向相同，故辊筒磨损小。涂层厚度决定于辊筒的圆周速度
逆向辊涂机		其涂料辊的转向和板件的运行方向相反 这种型式因涂料辊的压力不加于板件表面上，使得涂料呈自流状态，辊涂量大。因为逆向，涂料辊磨损较大。涂层厚度也可以通过改变辊筒的圆周速度进行调节

（2）按功用分类　图 5-25 为填腻机结构示意图，图 5-25（1）、（2）均可用于板件下表面的填管孔。图 5-25（1）为辊筒式填腻机，其结构主要由一对进料辊 1、两个压紧辊 2、涂料辊 6、分料辊 7、刮板 4、涂料槽 5 及辊筒的驱动和调节装置等组成。其工作原理是板件由进料辊进给，通过涂料辊时，将填孔料辊涂在板件底面上，然后通过三个刮板。第一个刮板的作用是将填孔料压入板件管孔中；第二、三个刮板的作用是刮掉板件上多余的填孔料。第

三个刮板对板件表面的压力是借助气垫 3 实现的。

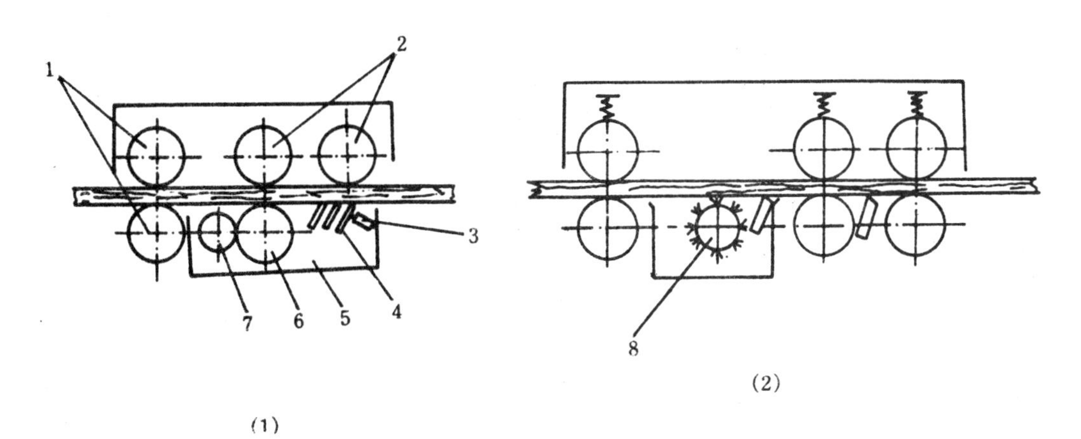

图 5-25　填腻机结构示意图

(1) 辊筒填腻机　(2) 辊刷填腻机

1. 进料辊　2. 压紧辊　3. 气垫　4. 刮板　5. 涂料槽　6. 涂料辊　7. 分料辊　8. 辊刷

图 5-25 (2) 为辊刷式填腻机，其结构与辊筒式基本相同，填孔料是由辊刷直接涂到板件的下表面。两个橡胶刮板，分别用来刮掉浮在板件表面上的填孔料。

以上辊涂机还可以设置翻板机，使板件转动 180°，辊涂另一表面。

图 5-26 为着色辊涂机，其结构主要由进料辊 7、涂料辊 2、分料辊 1、前后逆向辊 3、4 和托辊 8 等组成。进料辊的第一个辊是光辊，起支承辊的作用，后两个辊为胶辊，三个辊均由一个电机通过变速机构驱动，辊筒的速度相同。涂料辊包覆材料为软质聚氨酯泡沫塑料。两个逆向辊结构完全相同，均由压紧辊和刮板组成。其转动方向与进料方向相反，逆向辗压板件上已涂的涂料，使之均匀、平整、光滑。这种辊涂机也可用于板件表面的填平。

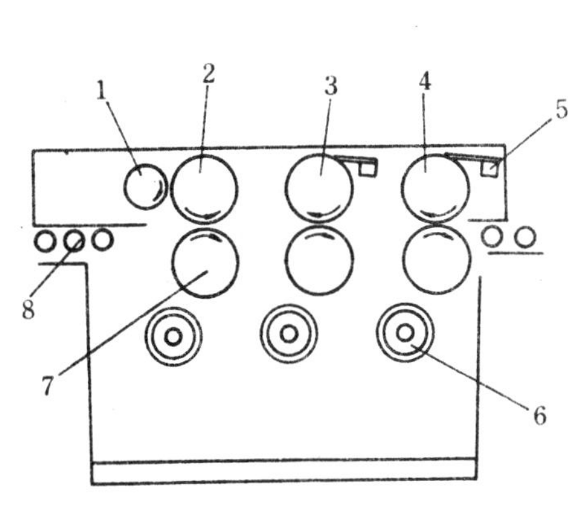

图 5-26　着色辊涂机

1. 分料辊　2. 涂料辊　3. 前逆向辊　4. 后逆向辊　5. 刮板　6. 辊筒升降调节手轮　7. 进料辊　8. 托辊

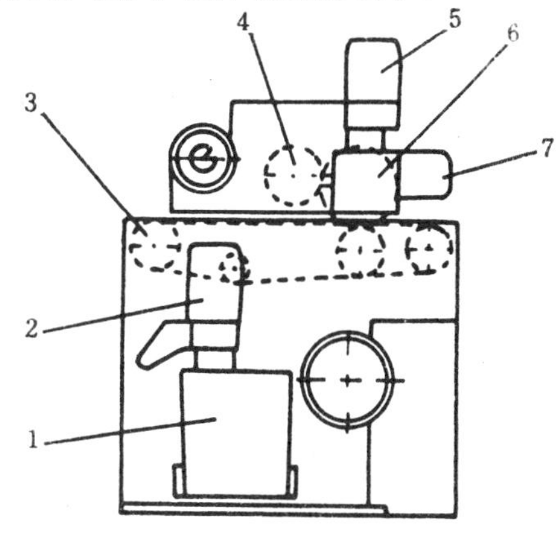

图 5-27　底漆辊涂机

1. 漆箱　2. 泵电机　3. 传送带　4. 分料辊　5. 高度调整电机　6. 涂料辊　7. 辊距离调整电机

图 5-27 所示为底漆辊涂机，其结构主要由传送带 3、涂料辊 6、分料辊 4 等组成。其刮板是可以摆动的，增加均匀性。涂料辊上包覆的橡胶层应具有抗溶剂与涂料等的腐蚀能力。涂料是由泵抽至涂料辊和分料辊之间，多余涂料的回收是用两个刮板将涂料赶到辊筒两端流回

到贮漆箱中，这样就可以避免辊涂和清洗时涂料弄脏机床。

5.6.1.3 **国产辊涂机** 信阳木工机械厂生产的5BN1113型逆向辊涂机可用于板件表面的填平和着色，适用于各种家具和木制品。该机的主要技术参数如表5-48所列。

表5-48 BN1113型辊涂机技术参数

项目	参数	项目	参数
最大工作宽度，mm	1 250	压紧辊直径，mm	220
最大工作厚度，mm	60	压紧辊速度，m/min	11～46
涂料辊直径，mm	220	主电机功率，kW	4
涂料辊速度，m/min	2.8～7.3	外形尺寸（长×宽×高），mm	3 190×1 830×1 400
进料速度，m/min	7.0～26.7	重量，kg	3 253

5.6.1.4 **国外辊涂机** 德国与意大利产辊涂机性能如表5-49所列。

表5-49 辊涂机性能

型号	工作宽度，mm	传送带或辊筒宽度，mm	工作台高度，mm	机身长度，mm	进料速度，m/min	涂料辊径，mm	功率，kW	厂商
DAL1	1 300	1 270	870	1 020	6～30	238	3.0	德国 BURKLE
DAL2	1 300	1 270	870	2 100	6～30	238	5.0	德国 BURKLE
SORBINAT/10	1 400	1 400	880	940	6～32	250	2.4	意大利

日本望月机工制作所生产的辊涂机如表5-50所列。

表5-50 望月辊涂机型号及参数

型号	生产能力*	板件尺寸			进料速度，m/min	总功率，kW	机床尺寸（长×宽），mm	重量，kg
		长，mm	宽，mm	厚，mm				
RC-4	6 000	600～2 500	50～1 250	2.5～20.0	15～60	8.0	1 200×2 500	2 000
CFW-4	1 600	600～2 500	50～1 250	2.5～15.0	10～40	10.5	2 000×2 700	2 600
NSR-4	—	450～2 500	50～1 250	2.5～30.0	15～60	1.9	800×2 000	950

注：*号代表辊涂915mm×1830mm规格板，7h的张数。

5.6.2 辊涂工艺

采用辊涂法时，一般根据基材性质、涂料粘度以及所要求的湿涂层厚度、进料速度、漆膜外观装饰质量等来决定辊筒的材质、形状、配置、转动方向、涂料供给方式等。当使用具体型号的辊涂机时，针对具体涂料品种调整进料速度、控制涂层厚度时，将对辊涂效果带来影响。

5.6.2.1 **适用涂料** 辊涂法适用的涂料性质与种类广泛。即各种清漆、色漆、填孔漆、填平漆、着色剂、底漆与乳胶漆等均可用于辊涂。并且，粘度高低均可辊涂，但是最好是用在辊筒间运转过程中不干燥、且流平性好的涂料。

5.6.2.2 **辊涂压力** 一般涂漆辊与进料辊之间的距离需调至等于或略小于被涂饰板件的厚度。这样能使涂漆辊对板件表面保持一定的压力，有利于涂料在板件表面上均匀地展开，可以得到平整均匀的涂层。一般顺转辊涂机适用于粘度低、流平性好的涂料涂饰薄的涂层。如果顺转辊涂机涂漆辊对板件的压力不够，涂漆辊就会打滑，板件表面就会出现漏空甚至完全涂不上漆的现象。压力过高也不好，部分涂料会从板件端头两侧被挤压出来。一般应视涂料粘度的状况进行调节，涂料粘度越高则压力应越大。

5.6.2.3 **涂层厚度** 辊涂涂层的厚度决定于涂漆辊与分料辊的间距、涂漆辊与分料辊的转速。可分别调整涂漆辊与分料辊的间距（决定了涂漆辊上湿涂层的厚度）以及涂漆辊与分料辊的转速。进料辊的转速决定了板件的进给速度，涂漆辊的转速影响到涂层的厚度，经以上调节便可控制辊涂涂层的厚度。

5.6.3 辊涂特点

辊涂法有下列优点。

1. 辊涂效率高。辊涂机属通过式机床，辊涂法是通过式涂漆（板件在辊涂机上通过，进行涂饰)，进料速度可以调节（一般在 5～60m/min)。因而使得辊涂机便于组装在机械化连续涂饰流水线上，生产效率高。因此，国内外板式家具板件机械化、自动化涂饰流水线上经常装备多台辊涂机。同时此法还可以进行板件单面或双面辊涂。

2. 涂料损耗少。与淋涂类似没有漆雾产生。淋涂时，涂料循环还有少量溶剂蒸发，而辊涂时这种损耗也很少。因此，涂饰效率几乎接近 100%，涂料利用率高。

3. 可使用高粘度涂料。此法可使用的涂料粘度可从 20s 到高达 250s（涂－4）的范围。高粘度涂料往往不便用其它方法涂饰。尤其辊涂粘度较高的填孔漆、填平漆、着色剂等涂饰效果良好。因此，在国内外的木材加工与家具生产中，常常采用辊涂法为板件打底、填孔、填平与着色等，使用广泛。

辊涂法也有其局限性，即只能辊涂平表面的板件，而形状复杂以及组装好的整体制品均不能辊涂。此外，辊涂对打底填孔等底处理效果很好，而辊涂面漆则应用较少。这是因为辊涂法要求被涂饰的板件表面要有很高的尺寸精度与标准的几何形状，厚度偏差要求很低，否则无法获得高质量的漆膜。

6 涂层干燥

涂饰在基材表面上的液态涂层逐渐转化为固态漆膜的过程称为涂层干燥（或涂层固化）。

涂层干燥在什么条件下进行，对最终产品质量影响很大。没有合理的涂层干燥，不可能获得优质的装饰保护漆膜。

涂层干燥在涂饰整个过程中是不可缺少的工序。涂层自然干燥所需时间很长，干燥效率很低。加速涂层干燥需要耗费大量的能量，因此，研究先进的涂层干燥工艺和设计合理的干燥设备，以及采用低温快速干燥的涂料是节省能源，提高干燥效率的重要途径。

6.1 干燥概述

6.1.1 干燥意义

6.1.1.1 保证涂饰质量 涂层只有经过干燥之后，与基材表面紧密粘结，具有一定硬度、强度、弹性等物理性能，才能发挥其保护装饰作用。涂层干燥不合理，可能造成严重不良后果，无法保证涂饰质量。

为了保证涂饰质量，涂层的干燥需要多次重复地进行。全部涂层不论是中间涂饰或者是最后涂饰，包括腻平、填孔、着色、打底、罩面以及去脂、漂白和对木材的润湿等都须经过适当的干燥，才能进行下道工序。否则由于溶剂的挥发或者在成膜时物理化学变化的影响，常会在成膜时出现一些毛病或引起漆膜的破坏，因而不能获得优质的装饰保护涂膜。例如腻子、填平漆、填孔漆、底漆层尚未干燥便涂饰上面的涂层时，会由于底漆中残留溶剂的作用和不断干缩的影响，使漆膜出现发白、起皱、开裂以及鼓泡、针孔等。

涂层干燥对漆膜性能有很大的影响。涂层干燥不合理，漆膜会产生光泽差、桔皮、皱皮，针孔等缺陷。严重的在漆膜内存在内部应力，使漆膜附着力降低。在使用中产生裂缝，失去其保护装饰作用，难以保证漆膜性能稳定与获得良好的装饰质量。

6.1.1.2 提高涂饰工效 涂层干燥是一项经常重复而又最费时的工序。一般涂层自然干燥的时间，远比涂饰涂料的时间长，少则几十分钟，多则几十小时。因此，缩短涂层干燥时间是提高涂饰施工效率的重要措施，也是发展生产的重要问题。

6.1.1.3 实现涂饰连续化的技术关键 在涂饰施工全过程中，涂层干燥所需时间最长，有时要占涂饰过程所用时间的95%。涂层自然干燥时间远远超过涂饰涂料以及漆膜修饰等工序所需的时间。各工序所用时间比例极不均衡。因此，在现代化生产中，如何加速涂层干燥，不仅关系到缩短生产周期和节约生产面积，而且也是实现涂饰施工连续化和自动化必须解决的技术关键问题。

6.1.2 干燥阶段

在涂层的实际干燥过程中，按其干燥程度可分为表面干燥、实际干燥与完全干燥三个阶段。

6.1.2.1 表面干燥 是指涂层表面已干燥到不沾尘土，或手指轻触不留痕迹。表面干燥的特点是，液体涂层刚刚形成一层微薄的漆膜，灰尘质点落于其上已经不再被粘住而能够吹走。因此，这个干燥阶段也常称作防尘干燥，或指触干燥。但是涂层并未实际干燥，当在其表面按压时还会留下痕迹。在这个干燥阶段，被涂饰的制品或零件可以小心移动，可以不必水平放置。但是不能挨的很紧，也不能垛起来。有些漆达表干便可接涂下一道，称作“湿碰湿工艺”可提高涂饰效率。

6.1.2.2 实际干燥 是指手指揿压不留指痕。涂层达到实际干燥阶段，有的漆膜可以经受进一步的加工——打磨和抛光。这个阶段的漆膜硬度，硝基漆约为 0.30～0.35（摆杆硬度计）；聚酯约为 0.35～0.55。这时的零部件完全可以垛起来，但是漆膜尚未全部干透，涂膜性能尚不具备，涂漆制品不应该使用。实际上，漆膜还在继续干燥，漆膜硬度也在继续增加。大管孔木材（如水曲柳等）如果管孔未填实，涂于其表面处于实际干燥阶段的涂层还会有下陷的现象。

6.1.2.3 完全干燥 涂层达到完全干燥阶段，才是真正完成了全部干燥过程。这时漆膜硬度基本稳定，漆膜下陷的现象完全停止，漆膜所应达到的保护装饰性能指标已完全具备，制品可以投入使用。

为了缩短生产周期，通常在木材加工企业的油漆车间，制品只干燥到第二阶段。而干燥的最后阶段往往在工厂的成品库中或用户手中完成。所以，有的涂料产品说明书上规定，漆膜硬度、附着力等项指标须待产品涂饰 72h 后测定。用聚氨酯漆涂饰的制品，应在干燥（常温）7 天之后使用。

6.1.3 固化机理

6.1.3.1 涂层固化机理 涂层从液态变为固态过程中，有溶剂的挥发、溶融冷却等物理变化；也有涂料组成成分分子间的交联反应等化学变化。形成漆膜的机理因涂料种类及性质的不同而异，一般可分为下面几种类型。

（1）溶剂挥发型　溶剂挥发型涂料是由涂层中溶剂的挥发而干燥成漆膜的。其干燥过程如下：涂层中的溶剂分子从涂层中向外扩散，扩散的速度随着涂层固化，阻力逐渐加大而慢慢减小。已挥发出的溶剂分子在涂层面上形成一层气体层，最后溶剂分子冲出气体层向外扩散逸出。溶剂挥发型的涂料在常温下能自然蒸发，达到干燥状态，但升温能加快干燥速度。

（2）乳液型　乳液型涂料当作为分散剂的水分蒸发或渗入基材中去后，涂层的容积显著缩小，乳化粒子互相靠近而接触。此时，乳化粒子表面的保护胶膜，因粒子的表面张力而破坏，聚合物粒子流展，形成均匀的连续的膜。以后的干燥机理与溶剂蒸发型相同。

（3）交联固化型　交联固化型涂料是靠与空气中氧气发生反应或涂料组分发生化学反应而交联固化。在交联反应中，分子量不断变大，最后形成不溶不熔的三维网状体型结构的漆膜。

目前国内常用的交联固化型涂料，按应用习惯可分为氧化聚合、逐步聚合、游离基聚合与缩合聚合反应成膜等四类。其成膜机理与相应涂料类型如表 6-1 所列。

表 6-1　交联固化涂料成膜机理

反应类型	涂 料 类 型	成 膜 机 理
氧化聚合反应	油脂漆、油基漆、酚醛漆、醇酸漆、单组分聚氨酯漆	涂层中溶剂挥发，吸收氧气发生氧化聚合反应交联固化成膜
逐步聚合反应	双组分羟基固化型聚氨酯漆	涂层中溶剂挥发，含异氰酸基组分与含羟基组分之间发生加成（逐步）聚合反应成膜
游离基聚合反应	不饱合聚酯漆	多组分混合后，过氧化物引发剂分解游离基，引发不饱和聚酯与活性稀释剂的聚合反应成膜
	光敏漆	涂层用紫外线照射使光敏剂分解游离基，引发光敏树脂与活性稀释剂的聚合反应成膜
	电子束固化涂料	涂层照射电子束后，产生游离基引发聚合成膜
缩合聚合反应	酸固化氨基醇酸漆	涂层溶剂挥发，在酸作用下氨基树酯与醇酸树脂交联反应成膜

6.1.3.2　**常用涂料固化类型**　根据涂料的成膜机理，可将目前常用涂料分为 3 组 10 种类型（表 6-2）。

表 6-2　涂料的固化类型

机理	类型	溶剂挥发	微粒融接	聚合反应	固　化　方　式	涂　料
物理性	1	○			溶剂从高聚合度的聚合物中挥发	虫胶漆、硝基漆
	2	○	○		分散介质挥发与高聚合度聚合物微粒的融接	有机溶胶体、乳胶涂料
	3		○		聚合物微粒加热融接	热塑性粉末涂料
物理性与化学性	4	○		○	溶剂挥发与氧化聚合等常温聚合	醇酸树脂涂料、油性漆
	5	○		○	溶剂挥发和加热、放射线等固化(单组分)	丙烯酸-三聚氰胺等热固化性涂料
	6	○		○	溶剂挥发和加热、放射线等固化，但在使用前混合(双组分)	双组分聚氨酯树脂漆
	7		○	○	低分子量聚合物的微粒加热融接与聚合	热固性粉末涂料
化学性	8			○	无溶剂挥发，靠氧化聚合物等固化	清油
	9			○	无溶剂挥发，靠热、放射线等使低分子量聚合物或高聚物聚合(单组分)	无溶剂型烤漆
	10			○	无溶剂挥发、靠热、放射线等使低分子量聚合物或高聚合物聚合，但在使用前混合	不饱和聚酯漆、光敏漆

6.1.4　影响干燥因素

影响涂层干燥速度与成膜质量的因素有涂料类型、涂层厚度、干燥条件、干燥方法与设备以及具体干燥规程等。

6.1.4.1　**涂料类型**　在同样的干燥条件下，不同类型涂料干燥速度差别很大，而同类涂料中差别很小。一般来说挥发性漆干燥快，油性漆干燥慢，聚合型漆的情况很不相同。聚合型漆中光敏漆干燥最快，而其它聚合型漆则多介于挥发性漆与油性漆之间。当组织机械化油漆流水线时，挥发性漆、酸固化氨基醇酸漆比较常用，光敏漆最为适宜，油性漆最不足取。

6.1.4.2　**涂层厚度**　基材表面的漆膜只有达到一定厚度（一般为 100～200μm）才能具有装饰保护性能。而一定厚度的漆膜常需涂饰多遍涂料才能形成。

任何厚度的涂层如能一次涂饰形成将会节省劳力、工时和涂料。但实际涂饰施工中，由于涂层干燥等条件的限制，不宜一次厚涂。通常采用薄涂多次的方法（例如油性漆一次涂 35μm 左右，硝基漆 15μm 左右等）。研究表明，薄的涂层干燥时，在同样干燥条件下，内应力要小些。而涂层太厚时，不仅内部应力很大，而且易于起皱和发生其它病态。由于溶剂挥发涂层收缩（收缩率与厚度成正比）导致光泽不均匀、内部不干燥等。实践证明，除聚酯漆外，其它漆类通过多次涂饰形成的漆膜，与一次涂饰所形成的同样厚度的漆膜相比，其物理性能好些。

每次涂饰较薄的涂层比厚涂层好些，无论对干燥速度或成膜质量都比较适宜，但对总的施工周期不利（聚酯漆除外）。

6.1.4.3 干燥条件

(1) 干燥温度　干燥温度的高低对绝大多数涂层干燥速度起决定性的影响。当干燥温度过低时，溶剂挥发及化学反应迟缓、涂层难以干燥。提高干燥温度，能加速溶剂挥发和水分蒸发，加速涂层氧化反应和热化学反应，干燥速度加快。但是温度和干燥速度不是成正比关系，干燥温度过高时，干燥速度没有明显增大，反而会使漆膜容易发黄或变色发暗。

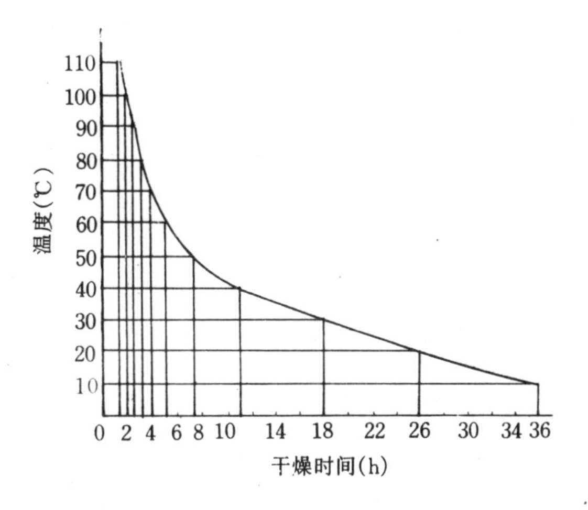

图 6-1　油性漆干燥时间与温度关系

图 6-1、6-2、6-3、6-4 分别为气温对油性漆、硝基漆、染料水溶液与酸固化氨基醇酸树脂漆涂层干燥时间的影响：从图 6-1 中可以看出，当气温由 20℃提高到 80℃时，油性涂层的干燥时间可以缩短 10 倍，水分的干燥时间约可缩短 4～5 倍。

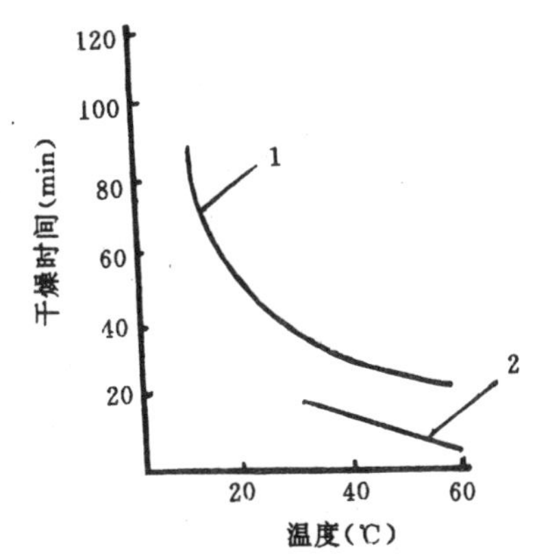

图 6-2　硝基漆干燥时间与温度关系

1. 空气干燥　2. 辐射干燥

但是，木材表面涂层的加热温度是有限的。温度在涂层干燥过程中，不仅对涂层起作用，还对基材产生影响。基材受热，引起含水率变化，产生收缩变形，甚至翘曲、开裂。挥发性漆的涂层，干燥温度超过 60℃时，溶剂激烈挥发，表层迅速干固，内部溶剂蒸气到达表层时容易形成气泡。所以木材表面涂层采用人工干燥方法时，表面温度一般不宜超过 60℃。

(2) 空气湿度　空气湿度应适中。湿度过大时，涂层中的水分蒸发速度降低，溶剂挥发速度变慢，因而会减慢涂层的干燥速度。大部分涂料能在相对湿度为 45%～60%的空气中干燥最为合适。如果干燥场所空气过分潮湿，就不仅使干燥过程缓慢，而且所成漆膜朦胧不清和出现其它缺陷。这对挥发性涂料尤其重要。相对湿度对挥发性漆的干燥速度影响不明显，但对成膜质量关系很大。尤其当气温低，相对湿度高时，涂层极易产生“发白”的现象。

对于油性漆，当相对湿度超过 70%时，对涂层干燥速度的影响要比温度对其影响显著。

涂层在干燥固化过程中，产生的内部应力与相对湿度有关。表 6-3 所列的各种涂料在不同相对湿度下干燥后产生的收缩应力。

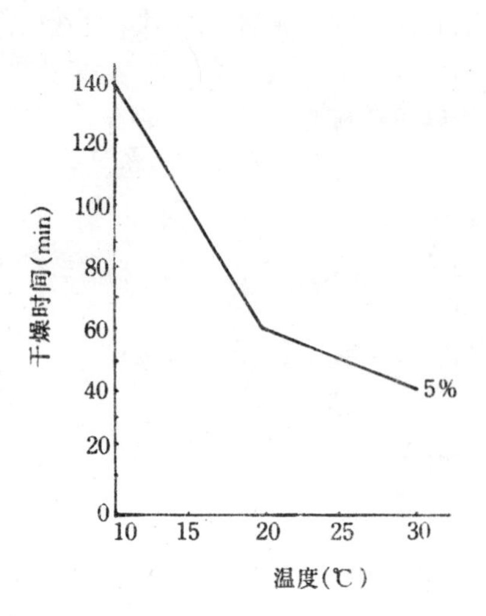

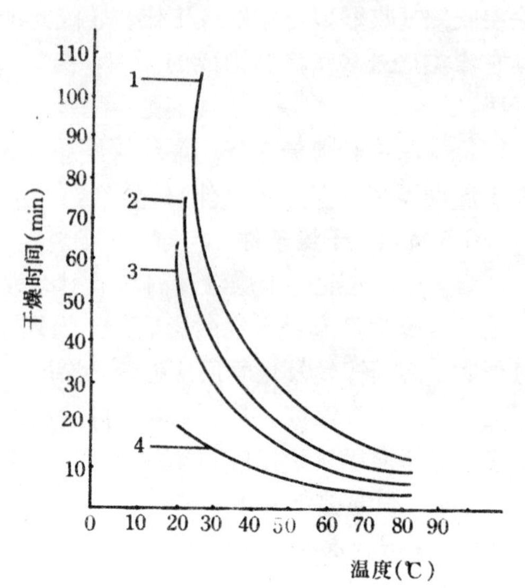

图 6-3 染料水溶液干燥时间与温度的关系

1、2、3. 栎木、桦木、松木染色表面对流干燥

4. 该几种木材染色表面辐射干燥

图 6-4 氨基醇酸树脂漆（固化剂用量为 5%）温度与固化时间的关系

表 6-3 相对湿度与漆膜收缩应力

涂 料	漆膜厚度，mm	相对湿度，%	收缩应力（$\times 10^5$ Pa）
不饱和聚酯漆	0.02	5	4.40
	0.02	30	4.28
	0.01	50	1.93
聚 氨 酯 漆	0.03	5	4.82
	0.02	30	2.22
	0.04	50	3.12
酸固化氨基醇酸漆	0.04	5	7.19
	0.03	30	80.85
	0.04	50	5.83
硝 基 漆	0.02	5	27.64
	0.02	30	12.62
	0.02	50	5.98

（3）通风条件　涂层干燥时要有相应的通风措施，使涂层表面有适宜的空气流通，及时排走溶剂蒸气。增加空气流通可以减少干燥时间，提高干燥效率。新鲜空气供应量以及涂层表面风速应经过计算与试验确定，才能提高干燥效率，保证干燥质量。

①气流速度：空气流通对漆膜自然干燥有利。因在密闭的，溶剂蒸气浓度高的环境下，漆膜

干燥缓慢，甚至不干。通风有利漆膜溶剂的挥发和溶剂蒸气排除（见图 6-5），并能确保自然干燥场所的安全。

强制热空气干燥室是靠通风造成循环热空气，其干燥效果在很大程度上取决于空气流动速度。空气流动速度越大，热量传递效果越好，热空气干燥通常采用低气流速度为0.5～5.0m/s；温度为 30～150℃；高气流速度为 5～25m/s。

②气流方向：空气流动方向即风向也是至关重要的。风向与涂层平行时，基材的长度是个不可忽视的因素。在风速不变的条件下，空气传递温度、与基材长度之间关系如图 6-6 所示。

风向与涂层垂直时，风速可进一步提高，传热条件因而大为改善。以酸固化漆为例，平行和垂直送风的涂层干燥时间见表 6-4 所列。

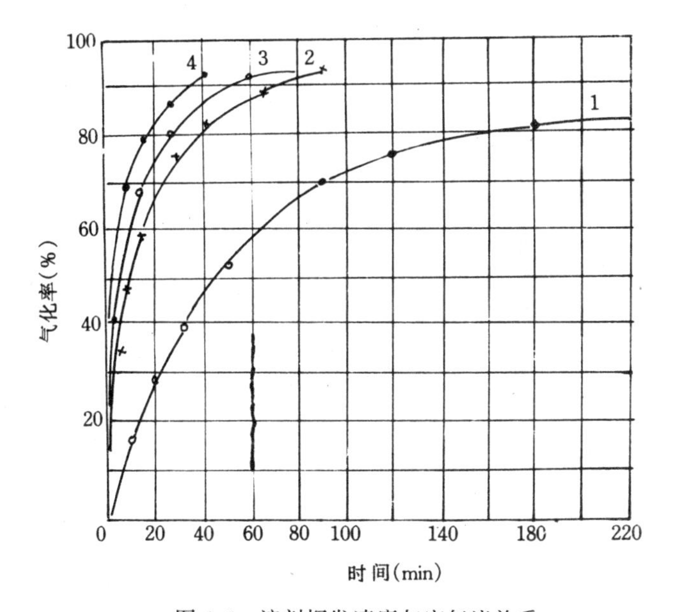

图 6-5 溶剂挥发速度与空气流关系

1. v=0m/s（在此条件下，220min 挥发 82%）

2. v=0.3m/s 3. v=0.6m/s 4. v=1.2m/s

表 6-4 两种送风方向的热空气干燥时间对比

涂层干燥工序	平行送风	垂直送风
晾置时间，min	1	1
预热干燥时间，min	5	2
固化时间，min	3	1
冷却时间，min	5	1
整个干燥时间，min	14	5

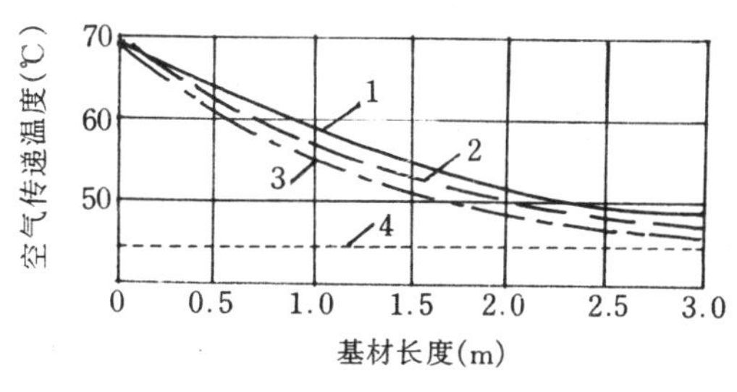

图 6-6 空气传递温度与基材长度关系

1. 风速 15m/s 2. 风速 9m/s

3. 风速 3m/s 4. 基材温度

刨花板基材的涂层热空气干燥时加热曲线如图 6-7 所示。

表 6-4、图 6-7 数据表明，其它条件相同时，垂直送风热空气干燥优于平行送风。

无论自然干燥或人工干燥，空气流通有利于干燥场所的温度均匀。此外，空气流通能及时供应氧气，有利于油性涂层的氧化聚合反应。但过大的气流速度易使油性涂料激烈地接触新鲜空气，使表层固化而内部仍存在溶剂，从而使漆膜产生皱纹、失光等缺陷。

6.1.4.4 外界条件 对于靠化学反应成膜的涂料，其涂层干燥为复杂的化学反应过程。干燥速度与所含树脂的性质、固化剂和催化剂的加入量密切相关，而外界条件如温度、红外线、紫外线、电子束等，往往能加速这种反应的进行。外界条件作用的大小，又取决于外界条件与涂料性质相适应的程度。如光固化涂料在强紫外线的照射下，只需几秒钟就能固化成

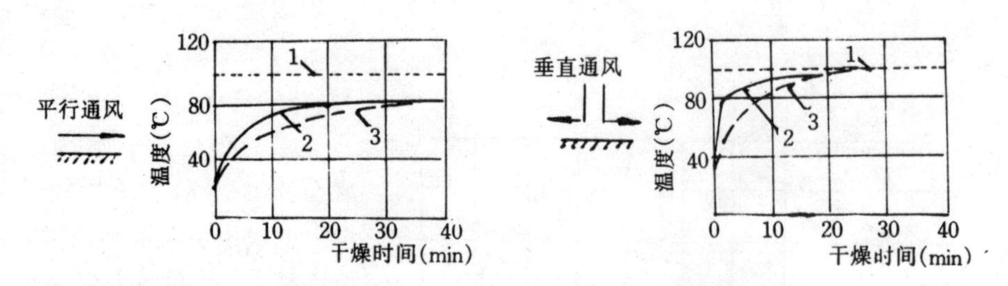

图 6-7 送风风向不同时的涂层热空气干燥加热曲线

1. 空气湿度 2. 基材表面温度 3. 基材芯层温度

膜。若采用红外线或其它加热方法干燥，则很难固化，甚至不会固化。又如电子束固化涂料，其涂层在电子加速器所发射的电子束照射下，比光敏漆更快固化。而其它涂料对电子束反应就不强，甚至还会遭到破坏。所以，涂层干燥方法要根据所用涂料的性质而合理选择。

6.1.4.5 常用涂料干燥时间 见表 6-5。

表 6-5 常用涂料干燥时间

类别	产品名称	型 号	自然干燥时间，h		热空气干燥时间，℃/min
			表 干	实 干	
油脂漆	清 油	Y00—1	4	≤24	45/6h
		Y00—2	4	≤20	—
		Y00—3	4	≤24	—
	油性厚漆	Y02—1	—	≤24	—
	油性调合漆	Y03—1	4	≤24	—
天然漆	酯胶清漆	T01—1	3	≤18	—
	各色酯胶调合漆	T03—1	6	≤24	60/2.5h
	虫胶漆		10～15min	50min	—
酚醛树脂漆	酚醛清漆	F01—1	5	≤15	—
		F01—2	4	≤15	—
		F01—14	3	≤12	—
	各色酚醛磁漆	F04—1	6	≤18	—
醇酸树脂漆	醇酸清漆	C01—1	≤6	≤15	—
		C01—7	≤5	≤15	—
	各色醇酸磁漆	C04—2	<5	≤15	60～70/1.6～1.7h
硝基漆	硝基木器清漆	Q22—1	≤10min	≤50min	45/20
	硝基外用清漆	Q01—1	≤10min	≤50min	—
	硝基木器底漆	Q06-6	≤15min	≤60min	45/24
	各色硝基内用磁漆	Q04—3	≤10min	≤50min	60/12
丙烯酸漆	丙烯酸木器清漆	B22—1	≤6	≤24	—
		B22—2	10～15min	1	—
		B22—4	≤6	≤24	—
聚酯漆	不饱和聚酯漆	196	—	40min	60～80/20～30
	聚酯清漆	Z22—1	1	6～16	—

（续）

类别	产品名称	型　号	自然干燥时间，h		热空气干燥时间，℃/min
			表　干	实　干	
聚氨酯漆	聚氨酯木器清漆	S01—1	<0.5	2	40～60/45
	聚氨酯清漆	S01—3	2～4	20	—
	685聚氨酯木器清漆	685	1	10～20	—
	半亚聚氨酯清面漆	玉莲牌PU801S	<8min	<2.5h	—
	聚氨酯清底漆	玉莲牌PU208	<10min	可打磨<2h	—
氨基漆	乙基化脲醛树脂漆		10min	30～60min	—
	酸固化氨基醇酸漆		30min	3	60/15

6.2 自然干燥

自然干燥就是不使用任何干燥装置，不采取任何人工措施，利用自然的温湿度条件进行涂层的干燥。此种方法是长期以来自然沿用的方法，多数是在涂饰场所，在将制品涂饰一遍涂料后，就地放置等待干燥。少数情况将涂漆制品放入专门的自然干燥室或通风遮棚下的多层架子上干燥。

6.2.1 特　点

1. 方法简便。自然干燥既不需要任何干燥设备，又不要复杂的控制技术，基本上不消耗能源。当工厂的油漆车间采用一班作业时，如果涂饰慢干的油性漆，在下午临下班前涂饰一遍，可充分利用下班后的时间，也不必计算工时消耗。

2. 应用广泛。自然干燥比较适用于干燥快，并在干燥时不挥发有害气体的涂料。例如，染料水溶液、醇溶性漆等，可直接放在施工场所干燥。目前，我国大多数木材加工与家具企业限于设备条件，几乎所有类型的涂层，诸如油性漆、硝基漆、聚氨酯漆等都采用自然干燥法。

3. 干燥缓慢。自然干燥涂层时间很长，生产效率低，占用很大场地。所以在大量生产的企业要求较高的生产效率的条件下，是不能采用自然干燥的。

4. 需要控制温湿度及通风。在自然干燥条件下，涂层自干速度与气温、湿度和风速等有关。一般是气温越高，湿度越低，自干条件就越好。此外，还要保持空气清洁，进行适度的换气。反之，温度低，湿度大，通风差和黑暗的场所，干燥变慢，漆膜容易出各种毛病。因此，自然干燥也应对干燥场地的温湿度与通风情况加以控制，温度不得低于10℃，相对湿度不宜高于80%。在北方冬季的车间内应有采暖设备，在南方没有采暖设备宜在中午气温高时涂漆。干燥油性漆时要适当通风，氧气的充分供给也很重要。

6.2.2 干燥方式

6.2.2.1 直接在涂饰现场干燥　即将制品涂饰一遍之后，就地放置在涂饰现场自然干燥。制品之间应该留出适当的距离（至少0.5m）；小型物品、零件和部件干燥可以放在架子上。放置时应使涂饰后的表面能与空气充分接触，即干燥物体间的距离不要小于25mm。

此法适用于干燥快速，并在干燥时不会挥发有害工人健康及有火灾危险的气体的涂料。例如，染料水溶液、醇溶性漆等。

6.2.2.2 专门自然干燥室干燥　硝基漆、醇溶性酚醛漆等，在涂层干燥时，由于产生大量有害气体，对操作者不利，并容易引起火灾。如采用自然干燥，宜放入专门的自然干燥室干燥，而不应在油漆施工场地直接干燥。此种干燥室应能采暖，以便冬季也能保证达到常温条件（20～25℃）。同时应有通风装置，以便及时排走挥发的有害气体，防止火灾。

6.2.2.3 **通风遮棚下干燥** 制品或零部件涂漆后放在车间通风遮棚下的多层架子上进行干燥。通风遮棚是在车间的固定位置安装遮棚，其上安置抽风机或连接通风风管。当将涂漆板件装在可移动多层架子上之后，推至通风遮棚下放置自然干燥。此法适于干燥时挥发大量有害气体的涂料，如硝基漆、聚氨酯漆等。

6.3 热空气干燥

热空气干燥也称对流（或热风）干燥，即先将空气加热到40～80℃，然后用热空气加热涂层使之干燥。

6.3.1 原理与特点

6.3.1.1 **原　理** 热空气干燥是应用对流传热的原理对涂层进行加热干燥的方法。它利用热空气为载热体，通过对流的方式将热量传递给涂层，使涂层得到干燥。热空气干燥也称对流（或热风）干燥。

采用热空气干燥时，涂层周围的空气是加热介质。因为涂层具有一定的厚度，热量不能瞬间地从涂层表面传到其下边界，而是需要经过一定的时间。这一时间的长短，取决于涂层的厚度和它的导热能力。因此，涂层表面最先被加热，其溶剂也先挥发。故涂层的干燥是从表面开始的，而后逐渐的扩及到下层，致使底层最后干燥。对流干燥涂层的原理如图6-8所示。图6-8中带圆圈的箭头表示溶剂蒸气移动的方向，带十字箭头表示热量传递的方向。即涂层干燥时，溶剂蒸气从内向外逸出，与热量由外向内传递的方向正相反。

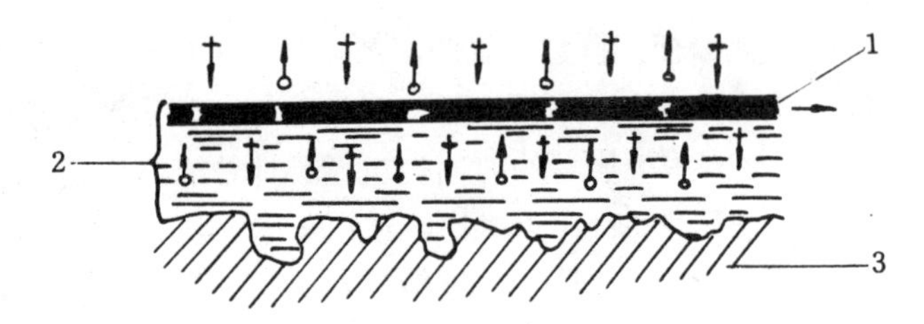

图6-8　涂层热空气干燥原理

1. 漆膜　2. 涂层　3. 基材

涂于木质基材表面的涂层干燥时，一般将空气加热到40～80℃。如果是挥发型漆是在40～60℃条件下干燥；非挥发型漆可在60～80℃条件下干燥。金属表面的涂层干燥时温度可以高一些，如烘漆要在100℃以上。

用热空气干燥木材涂层时，木材同时也被加热，因此温度控制要得当。随着温度的过分提高，木材中水分蒸发，木材将产生收缩、变形，甚至开裂；木材导管中的空气受热膨胀而逸出可能造成漆膜中产生气泡、针孔等缺陷；有时还会因为加热而使材色变深。所以，木材涂层的加热温度不宜过高。

6.3.1.2 **特　点**

（1）适应性强，应用广泛：在涂层干燥中，热空气干燥是应用较为广泛的一种形式。它适用于各种尺寸、不同形式的工件表面涂层的干燥，既能干燥组装好的整体木制品，也能干燥可拆卸的零部件，特别适于形状复杂的工件。当使用蒸汽作为热源时，适合干燥温度在100℃以下的涂层干燥；当使用煤气、天然气或电能作为热源时，适合各种干燥温度的涂料干燥。基本上能满足一般类型涂料干燥温度的要求。

（2）干燥涂层速度较快：热空气干燥涂层的速度，比自然干燥能快许多倍。例如，油性涂层干燥时，当温度由 20℃提高 80℃，干燥时间几乎可为 1/10。因此，在国内外家具与木材加工企业等生产中得到广泛应用。

（3）设备使用管理和维护较为方便，运行费用较低。

（4）热效率低，升温时间长：热空气干燥热能传递是间接的，需空气为中间介质。热源通过空气传递到涂层，产生中间介质引起的热损失，增加了额外的能量消耗，热效率较低。由于空气为中间介质，其热惰性大，升温时间长。

（5）温升不能过高过快：热空气干燥涂层时，其热量的传递方向与溶剂蒸气的跑出方向正相反。干燥初期，如果升温过快、过高，涂层表层结膜就越快。这样就会阻碍涂层下层溶剂的自由排除，延缓涂层干燥过程，甚至影响成膜质量。因为，当涂层内部急骤蒸发的溶剂继续排除时，冲击表面硬膜，其结果使漆膜表面出现针孔或气泡。为避免上述缺点，可预先陈放静止一段时间，以使涂层大部分溶剂挥发掉，并让涂层得到充分流平。然后，再在较高温度条件下使涂层进一步固化。因此，必须根据涂料的性质合理确定干燥规程，才能保证涂层干燥质量。

（6）设备庞大，占地面积大。

6.3.2 热空气干燥室

热空气干燥室是采用对流原理，以空气为载热体，将热能传递给工件表面的涂层，涂层吸收能量后固化成膜。

6.3.2.1 干燥室类型 热空气干燥室类型很多。按作业方式分，有周期式和通过式两种；按所用热源可分为热水、蒸汽、电及天然气等多种；按热空气在室内的对流方式可分为强制对流循环和自然对流循环。木材工业涂层固化常用周期式或通过式强制循环的对流式干燥室。

（1）周期式　周期式干燥室也称尽头式或死端式。一般为室式，可以作成单室式或多室式。周期式干燥室周围三面封闭，只在一端开门，被干燥的制品或零部件定期从门送入，关起门来干燥，干燥后再从同一门取出。此类干燥室装卸时间较长，利用率低，主要用于单件或小批量生产企业。

周期式干燥室按热空气对流方式可分两种。

①周期式自然循环干燥室。图 6-9 为周期式自然循环干燥室，冷空气从进气孔 8 经加热器 5 进入室内，靠冷热空气的自然对流向上流动，在分流器处转向穿过多层小车。这种类型干燥室的优点是结构简单，缺点是干燥速度慢，很难控制工艺条件。

②周期式强制循环热空气干燥室。图 6-10 为周期式强制循环热空气干燥室，冷空气在轴流风机的作用下，从进气孔 9 经空气过滤器 10 进入室内，加热器 3 将空气加热后，在室内横向循环。气阀 1 和 8 可分别调节进出气量。

（2）通过式干燥室　这种干燥室，工件装载在室一头，而卸载在室另一头。干燥室两端开门，被涂饰的工件由运输机带动，从一端进入并向另一端移动，涂层在移动中干燥。移动方式可分为连续和间歇两种，后者每间隔一定时间移动一段距离。通过式干燥室内通常形成温度、风速、换气量不同的几个区段，可按交变的干燥规程来干燥涂层。

将涂饰后的工件送到干燥室内的运输装置，有移动式多层小车，带式、板式、悬式和辊筒式运输机等。

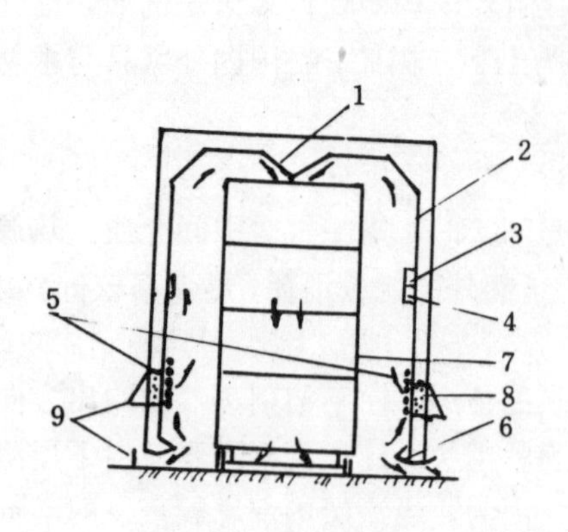

图 6-9 周期式热空气自然循环干燥室

1. 空气分流器 2. 空心保温墙 3. 温湿度计 4. 湿度调节器 5. 加热器 6. 排气孔 7. 多层装载车 8. 进气孔 9. 气阀

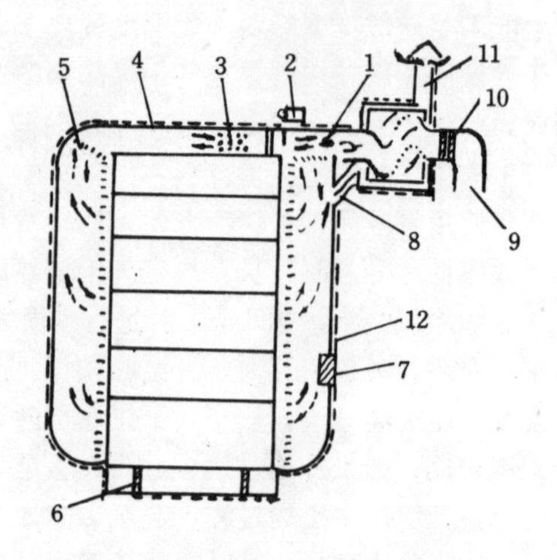

图 6-10 周期式强制循环热空气干燥室

1. 气阀 2. 正反转电动机 3. 加热器 4. 保温层 5. 气流导向板 6. 载料台 7. 湿度调节器 8. 气阀 9. 进气孔 10. 空气过滤器 11. 排气孔 12. 温湿度计

图 6-11 是一种专门干燥板式部件的通过式强制循环热空气干燥室。装载板式部件小车吊在高架单轨上，由传动装置牵引，沿导轨间歇动作向前移动。工件从干燥室的一端装到小车上，在室的另一端卸下，空的小车沿另一侧导轨返回。干燥室共分三个区段，第一区段为流平区；第二区段为固化区；第三区段为冷却区。

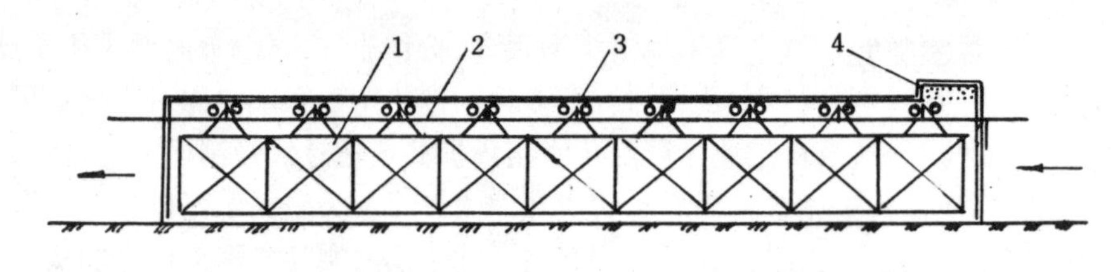

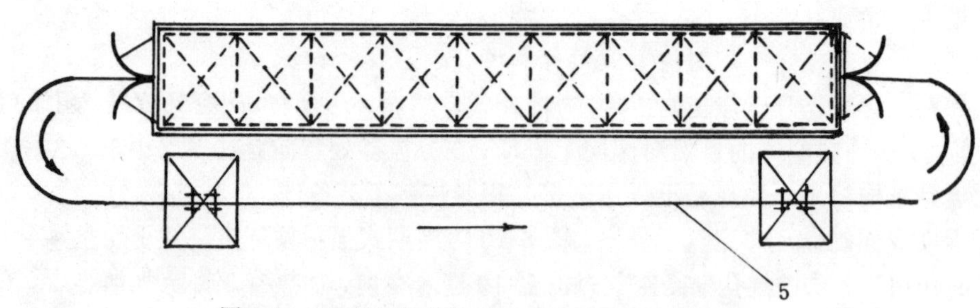

图 6-11 通过式强制循环热空气干燥室示意图

1. 小车 2. 单轨 3. 支架 4. 推车机 5. 回车轨

6.3.2.2 干燥室设计原则 由于木制品以及零部件的形状规格不一，采用的涂料品种较多，故热空气干燥室没有标准的设计。在进行热空气干燥室设计时，应考虑如下原则。

①干燥室内温度应尽量均匀，对蒸汽加热干燥室来说，室内温度波动范围应控制在 7～11℃。

②应尽量缩短干燥室的升温时间。通常要求 45～60min，室内温度应达到要求的干燥温

度。

③应尽量减少干燥室的不必要的热量损失。

④干燥室内循环热空气必须清洁，以免影响涂层的表面质量。

⑤干燥室的设计必须考虑防火、防爆，减少噪音和环境污染等措施。

6.3.2.3 **热空气干燥室的主要结构** 各种类型的热空气干燥室，一般由室体、加热系统、温度调节系统、运输装置等部分组成。图 6-12 为热空气干燥室结构组成示意图。

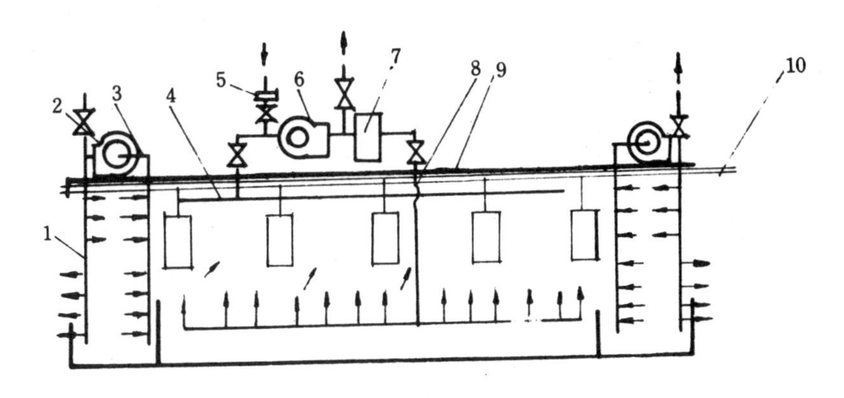

图 6-12 热空气干燥室结构组成示意图

1. 空气幕送风管 2. 风幕风机 3. 风幕吸风管 4. 吸风管道 5. 空气过滤器 6. 循环风机 7. 空气加热器 8. 压力风道 9. 室体 10. 悬链输送机

（1）室体 干燥室的室体作用是使循环的热空气不向外流出，维持干燥室内的热量，使室内温度保持在一定的范围之内；室体也是安装干燥室其它部件的基础。

由于热空气干燥设备的类型不同，干燥室室体的形式也多种多样。各种干燥室室体的形式见图 6-13。

全钢结构的室体由骨架和护板构成箱型封闭空间结构。骨架是由型钢组成封闭矩型刚架系统。骨架应具有足够的强度和刚度，使室体具有较高的承载能力。骨架的周围铺设护板，护板的作用是使室体保温和密封。护板与骨架之间常用螺栓固定。护板内敷设保温层，保温层的作用是使室体密封和保温，减少干燥室的热量损失，提高热效率。常用的保温材料有蛭石、矿渣棉、玻璃纤维棉、硅酸铝纤维和膨胀珍珠岩等。

除了金属结构的室体外，还有砖石结构和钢骨砖石混合结构的室体。砖石结构的围壁可以用红砖砌成，砖壁厚度在 12.5cm 以上。围壁内可以使用静止空气层作为保温层，也能得到良好的保温效果。

室体的地板要求导热性小，保温能力强，一般采用红砖上加水泥抹面或混凝土地面。为了减少室内热量损失，可以在地面铺设保温层以提高地面的保温能力。

（2）加热系统 热空气干燥室的加热系统是加热空气的装置，它能把进入干燥室内的空气加热到一定温度范围。通过加热系统的风机将热空气引进干燥室内，并形成环流在室内流动，连续地加热，使涂层得以干燥。为了保证干燥室内的溶剂蒸发浓度处于安全范围之内，加热系统需要排出一部分带有溶剂蒸气的热空气。同时，需从室外吸入一部分新鲜空气予以补充。

热空气干燥室的加热系统一般由风管、空气过滤器、空气加热器和风机等部件组成。

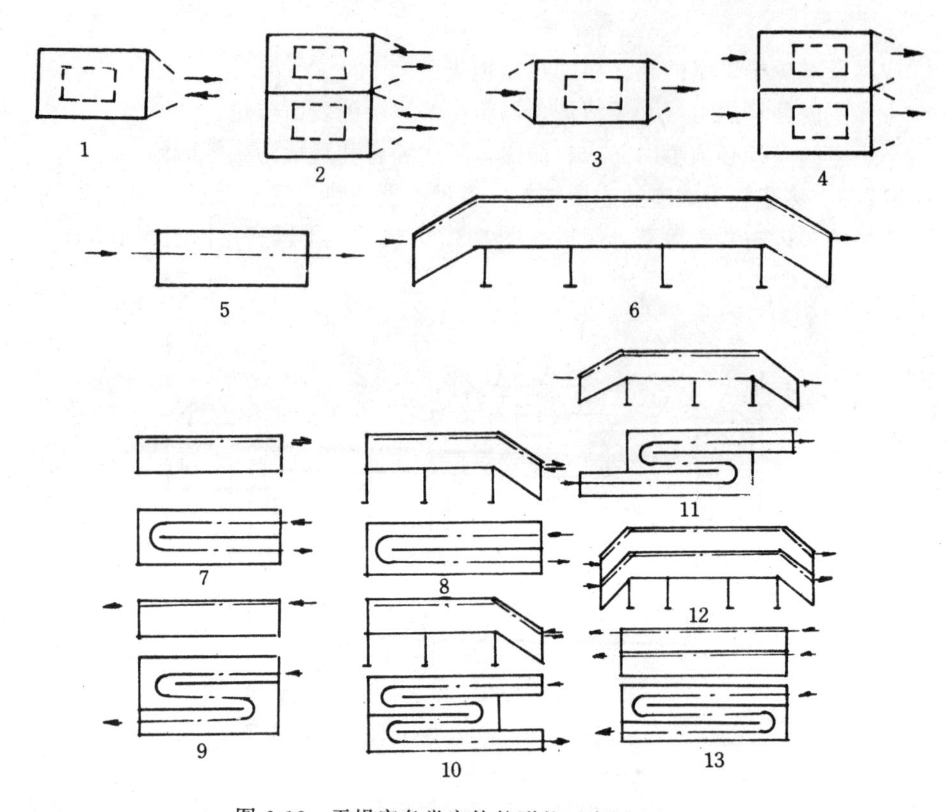

图 6-13　干燥室各类室体的形状示意图

1. 死端单室式　2. 死端多室式　3. 单行程间歇通过单室式　4. 单行程间歇通过多室式
5. 单行程连续通过普通式　6. 单行程连续通过桥式　7. 双行程连续通过普通式　8. 双行程连续通过半桥式
9. 多行程连续通过普通式　10. 多行程连续通过半桥式　11. 多行程连续通过桥式　12. 单行程双层连续通过式
13. 多行程双层连续通过式

(3) 空气幕装置　对于连续通过式干燥室，由于工件连续通过，工件进出口门洞始终是敞开的。为了防止热空气从干燥室流出和冷空气流入，减少干燥室的热量损失，提高热效率，通常在干燥室进出口门洞处设置空气幕装置。空气幕装置是在干燥室的进出口门洞处，用风机喷射高速气流而形成的。

(4) 温度控制系统　温度控制系统的作用是调节干燥室内温度高低和使温度均匀。热空气干燥室温度的调节有两种方法，即调节循环热空气量和调节循环热空气的温度。

调节循环热空气量主要通过调整风机风量和进排风管上阀门开启大小来实现。

通过调节加热器的加热热源来调整循环热空气的温度也得到广泛应用。

目前用可控硅调控器来控制干燥室的温度是一种较新的温度控制装置。

6.3.2.4　热空气干燥室技术性能　涂层固化设备中，热空气干燥室用得比较普遍。这种干燥室一般都是自行设计、自行制造的。木材工业中使用的涂层热空气干燥设备有隧道式干燥室、垂直烘道及各种涂层干燥室，其技术性能如下。

(1) 隧道式干燥室　它是一种用于干燥家具板式部件涂层的干燥室。隧道式干燥室技术性能如表 6-6 所列。

表 6-6 隧道式干燥室技术性能

指 标 名 称	原 苏 联	
	环形隧道式干燥室	A—300 隧道式干燥室
被干燥板件规格，mm		
长	1 000～1 900	500～1 600
宽	50～600	50～600
厚	40	—
生产率	350 件/h	2 200 块/班
干燥区段温度，℃		
Ⅰ	20～25	25～30
Ⅱ	25～35	50～60
Ⅲ	35～45	50～60
Ⅳ	20～25	20～25
格架层数，层	13	13
干燥室内工件容量，件	440	520
装机容量，kW	20.8	14.7
板件装卸方式	手工	手工
外形尺寸，m	14 400×4 900×3 400	15 100×4 900×3 400
重 量，kg	1 500	18 200

(2) 垂直烘道 垂直烘道是一种竖井式干燥装置（见图 6-14）。它是用热空气干燥板件涂层，特点是节省设备占地面积。

垂直烘道技术特性见表 6-7。

表 6-7 垂直烘道技术特性

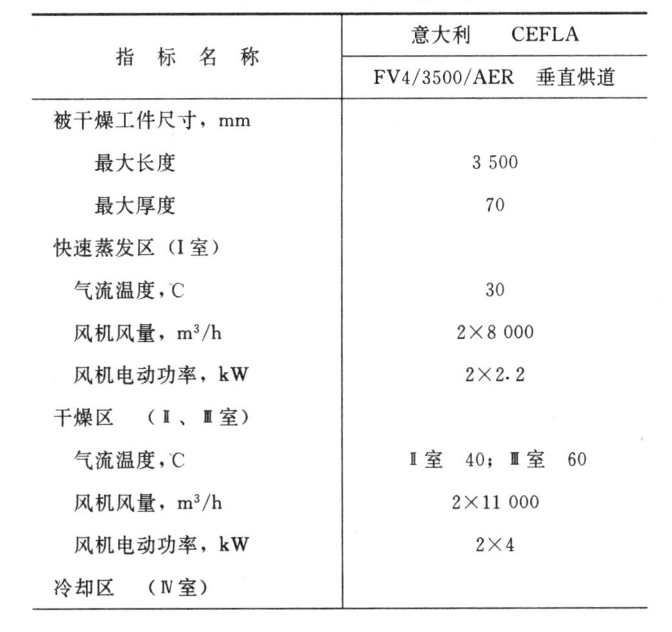

指 标 名 称	意大利 CEFLA
	FV4/3500/AER 垂直烘道
被干燥工件尺寸，mm	
最大长度	3 500
最大厚度	70
快速蒸发区（Ⅰ室）	
气流温度，℃	30
风机风量，m^3/h	2×8 000
风机电动功率，kW	2×2.2
干燥区 （Ⅱ、Ⅲ室）	
气流温度，℃	Ⅱ室 40；Ⅲ室 60
风机风量，m^3/h	2×11 000
风机电动功率，kW	2×4
冷却区 （Ⅳ室）	

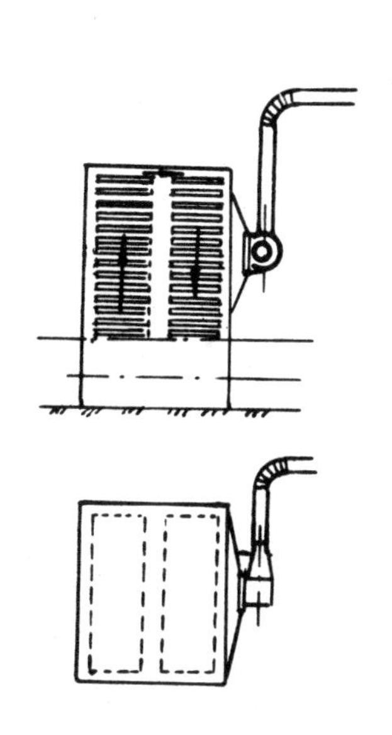

图 6-14 垂直烘道示意图

（续）

指 标 名 称	意大利 CEFLA FV4/3500/AER 垂直烘道	指 标 名 称	意大利 CEFLA FV4/3500/AER 垂直烘道
风机风量，m^3/h	2×12 000	总功率，kW	26
风机电动功率，kW	2×4	托盘数量，个	90
滚筒速度，m/min	44	托盘尺寸，mm	3 500×1 300
热 能，kJ/h	1 256 040	净重，kg	1 500
压缩空气，l/min	120	外形尺寸，mm	7 250×5 780×5 618

（3）各种涂层干燥室

①着色与底漆干燥室：技术性能见表 6-8 所列。

表 6-8 着色与底漆干燥室

指 标 名 称	原西德（希尔布朗公司）	原西德（希尔布朗公司）
	着 色 干 燥 室	底 漆 干 燥 室
干燥室长，m	5.00	10.08
气道宽，m	1.4	1.4
进气量，m^3/s	0.22	0.22（新鲜空气补充量）
循环空气量，m^3/s	1.95	1.25
空气温度，℃	40～80	80
所需功率，kW	17.2	17.5
干燥室重量，kg	1 400	1 900
用 途	干燥平板工件着色表面	在木纹印刷线上干燥单色底涂层

②硝基涂层干燥室：技术\性能见表 6-9。

表 6-9 硝基涂层干燥室

指 标 名 称	原 苏 联	原 苏 联
	MΛH1.04 隧道式干燥室	MΛH1.06 干燥室
加工工件最大尺寸，mm	2 000×800×40	2 000×800×40
进给速度，m/s	0.083	0.083～0.250
热源	散热器	散热器
加热温度，℃	30～70	65～75
空气速度，m/s	1.0～1.5	1.0～1.5
装机容量，kW	8.7	1.7
干燥室外形尺寸，m	44.75×3.2×2.765	4.0×0.52×2.345
干燥室重量，kg	17 000	—
用 途	可装入 MΛH.1 流水线	可装入 MΛN.1 流水线

③印刷图案上清漆涂层干燥室技术性能见表 6-10。

6.3.3 干燥工艺因素

涂层干燥工艺规程是指合理地确定涂层干燥的各种技术参数，并编制成指导生产的技术文件。制定涂层干燥工艺规程考虑的主要工艺因素是涂料性能、涂层厚度及干燥方法。

6.3.3.1 水 色 对涂饰过染料水溶液的木材表面，最好放在60℃的气温下进行干燥。图6-15表示热空气干燥时空气的温度与染料涂层的干燥时间关系。

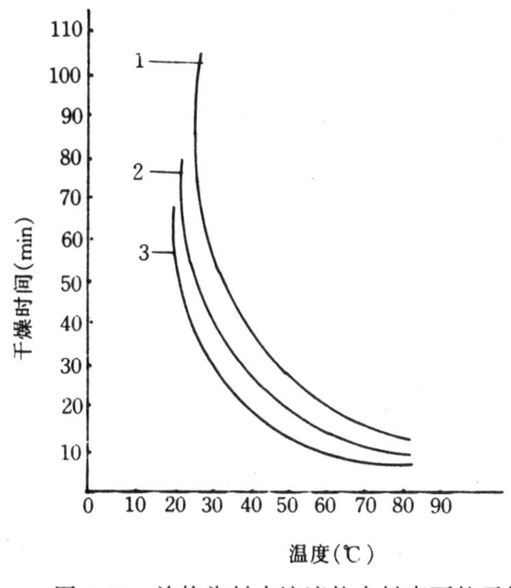

图6-15 涂饰染料水溶液的木材表面的干燥时间与温度的关系
1、2、3. 栎木、桦木、松木染色表面对流干燥

表6-10 印刷图案上清漆涂层干燥室

指标名称	原德国 （希尔布朗公司）
	清漆涂层干燥室
干燥室总长，m	5.04
工作宽度，m	1.4
所需功率，kW	
进气风机	0.37
循环风机	1.35
进气量，m^3/s	0.22
循环风量，m^3/s	1.92
蒸气压力，MPa	0.25
空气最高温度，℃	80
干燥室重量，kg	1 400
用 途	在木纹印刷线上干燥印刷图案上的清漆层

图6-15中曲线1、2、3分别为栎木、桦木、松木染色表面对流干燥的情况。从图6-15中可以看到，如果将干燥温度提高到60℃以上，对缩短干燥时间并无明显效果，而对某些染料的颜色可能有破坏作用。

6.3.3.2 油性漆涂层 油性漆涂层干燥时，温度宜在80℃以下。这类涂层的厚度，对其干燥时间有很大的影响。随着涂层厚度增大，干燥时间也将大为延长。因为涂层越厚，其下层就越难获得油类氧化聚合时必需的氧。所以，油性漆涂层不宜涂得很厚。

6.3.3.3 挥发型漆涂层 对于挥发型漆的涂层干燥，主要是提高加热温度和降低空气湿度及增加空气的流速来加快溶剂的挥发，使之迅速干燥成膜。但温度过高，空气流速过大，则会导致涂膜起泡或皱皮，涂层越厚，起泡和皱皮现象越严重。因此，随着涂层的增厚，加热的温度和空气的流速就得适当减小。热空气加热干燥硝基漆涂层，一般不超过50℃，特别是干燥初始阶段不宜超过35℃，最好在30℃的气温中干燥5～10min。以使涂层得以充分流平并让大部分溶剂挥发掉，然后再进行高温干燥。待涂层干后，再缓慢降温，以减少涂膜的内应力，防止皱皮现象发生。

硝基漆涂层的干燥时间，与它的溶剂的组成及含量、涂层厚度、干燥介质状况等因素有关。在通常情况下，采用热空气干燥，高温区的气温保持在40～45℃的范围内，涂层干燥约15～20min。

挥发性漆涂层常采用分段干燥的方法，随着干燥时间的增加，按温度划分为三个阶段。例如硝基漆，开始时温度低些（约为20～25℃），此时溶剂激烈蒸发；然后加热温度提高（约40～45℃），此时溶剂已不大量蒸发，涂层基本固化；最后阶段再降低温度（约20～25℃），使漆膜稳定。至于每段时间长短，需根据涂料种类与涂层厚度和下一步加工特点来确定。

6.3.3.4 酸固化氨基醇酸漆涂层 酸固化氨基醇酸漆中，固化剂的加入量为涂料重量的5%～10%，应根据气温而定。在15℃时约为10%，20℃时为8%；25～30℃时约为5%。需快干时，最好提高温度。因为加大固化剂用量，在加速涂层固化同时，也将使硬度增高，活性期缩短，易引起漆膜发白或开裂。酸固化氨基醇酸树脂漆的干燥时间、温度和固化剂用量的关系如图6-16所示。

6.3.3.5 不饱和聚酯漆涂层 不饱和聚酯漆涂层的干燥，要求有不同的规程。对于用蜡封闭固化的不饱和聚酯漆，最初阶段应在15～20℃的温度下进行。要是温度低于15℃，石蜡会在涂层内结晶，引起漆膜模糊；当温度高于25℃时，涂层胶凝过快，致使石蜡来不及全部浮于涂层表面，也会造成漆膜模糊不清，并会发粘。对于用薄膜封闭固化的不饱和聚酯漆，则可在较高温度条件下进行固化。

6.3.3.6 天然薄木贴面刨花板的涂层热空气干燥工艺条件 见表6-11所列。

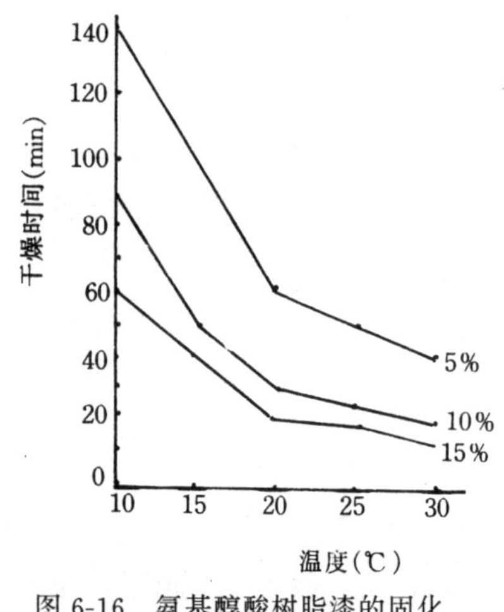

图6-16 氨基醇酸树脂漆的固化剂用量和温度与干燥时间的关系

表6-11 天然薄木贴面刨花板的涂层热空气干燥工艺条件

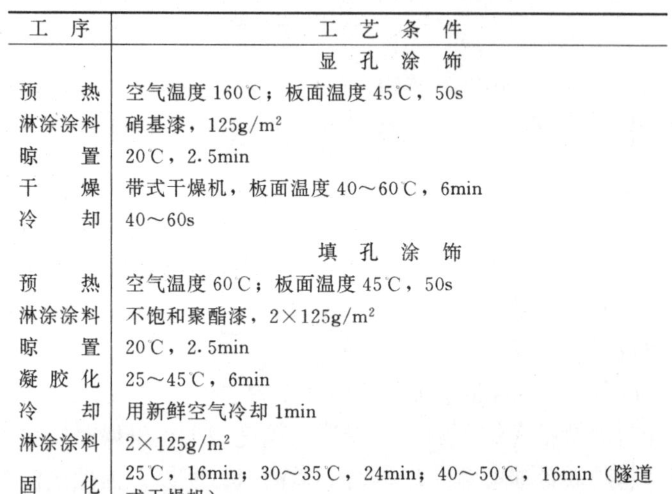

工 序	工 艺 条 件
	显 孔 涂 饰
预 热	空气温度160℃；板面温度45℃，50s
淋涂涂料	硝基漆，125g/m²
晾 置	20℃，2.5min
干 燥	带式干燥机，板面温度40～60℃，6min
冷 却	40～60s
	填 孔 涂 饰
预 热	空气温度60℃；板面温度45℃，50s
淋涂涂料	不饱和聚酯漆，2×125g/m²
晾 置	20℃，2.5min
凝 胶 化	25～45℃，6min
冷 却	用新鲜空气冷却1min
淋涂涂料	2×125g/m²
固 化	25℃，16min；30～35℃，24min；40～50℃，16min（隧道式干燥机）

6.4 红外线干燥

红外线干燥是利用红外线辐射器发出的红外线照射涂层，加速涂层干燥的方法。由于采用红外线干燥，具有较多的优点，特别是远红外线干燥对涂层能发挥更好的效果，因而得到广泛的应用。

6.4.1 原理与特点

6.4.1.1 原 理 红外线是电磁波的一种，由图6-17所知，红外线的波长范围在0.72～1 000μm，介于可见光与无线电波之间。波长为2μm以下并与可见光的红色波相邻的称近红外线；波长为2～25μm的称为中红外线；波长为25～1 000μm的称为远红外线。

红外线的产生与温度有着密切关系。自然界里所有物体，当其温度高于绝对零度（即－273.15℃）时，都会辐射红外线。其辐射能量大小和按波长的分布情况是由物体的表面温度决定的。物体表面辐射能量与物体表面温度的四次方成正比；另一方面，物体辐射能量最大的波长区间（称为峰值波长）随着温度的升高向波长短的方向移动，温度较低时的峰值波长比温度较高时长。即一个物体温度越高，越能辐射波长较短的近红外线，而温度较低时能辐射波长较长的红外线。

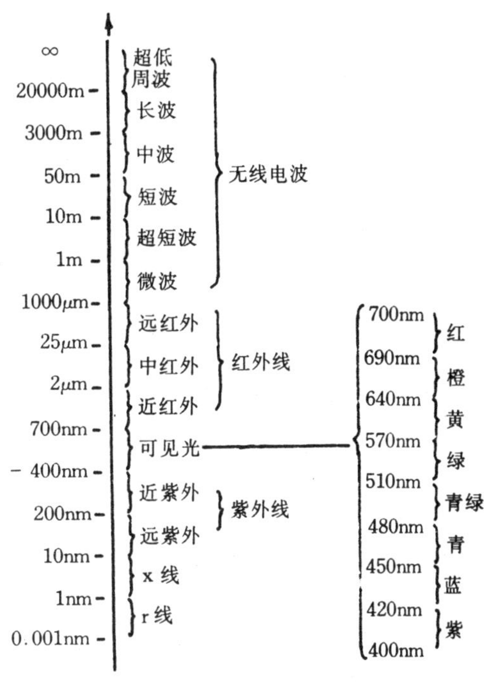

图 6-17　电磁波长的分类

红外线是以光速直线传播。它能穿过物体，也能被物体反射或吸收。红外线一旦被物体吸收，红外线辐射能量就转化为热能，加热物体使其温度升高。当红外线辐射器产生的电磁波（即红外线）以光速直接传播到某物体表面，其发射频率与物体分子运动的固有频率相匹配时，就引起该物体分子的强烈振动，在物体内部发生激烈摩擦产生热量。所以常称红外线为热辐射线，称红外辐射为热辐射或温度辐射。根据红外线的这种性质，当利用红外线辐射涂层时，能够加热涂层而使其加速干燥。经研究表明，一般有机涂料对红外线，尤其是远红外线的吸收能力最强。这样，不仅使涂层受热快，而且使涂层分子产生强烈振动，从而加速涂层干燥。在远红外线干燥中，由于涂层表面溶剂的不断蒸发吸热，使涂层表面温度降低。造成内部温度比表面温度高，更有利于溶剂的挥发，从而可提高漆膜质量。

6.4.1.2　特　点

（1）干燥速度快　生产效率高。与热空气干燥相比，干燥时间可缩短 3～5 倍。特别适用于大面积表层的加热干燥。

（2）干燥质量好　在红外辐射过程中，一部分红外线被涂层吸收；另一部分透过涂层至基材表面，在基材表面与涂层底部产生热能交换，使热传导的方向与溶剂蒸发方向一致。这样，不仅加热速度快，而且避免了干燥过程中产生针孔、气泡、桔皮等缺陷。另外，红外线干燥不需要大量循环空气流动，因此飞扬尘埃少，涂层表面清洁，干燥质量好。

（3）升温迅速，热效率高　辐射干燥不需中间媒介，可直接由热源传递到涂层，故升温迅速。它没有因中间介质引起的热消耗，减少部分热空气带走的热量，因此热效率高。

（4）设备紧凑，使用灵活　由于红外辐射干燥时间短，故设备长度短、占地面积小。结构上比热空气干燥设备简单、紧凑，便于施工安装。使用灵活、操作简单、启动开关即可，用变压器调节温度很方便。

（5）对工件形状有一定要求　由于红外线直线传播，某些照射不到的地方，涂层难以干燥。对于几何形状复杂的工件，照射阴影较严重，也难以控制照射距离大致相等。可能造成辐射距离近的工件表面漆膜变色，而较远或阴影部分不完全干燥的现象。复杂工件干燥质量难以保证。

6.4.2 干燥室

生产中采用红外线干燥涂层时，常用一定数量的红外线辐射器组装成通过式干燥室。涂饰零、部件或制品，用传送装置载送，在干燥室中通过，使涂层固化。

远红外线辐射干燥，是应用较早的一种辐射干燥法。它在很多方面优于热空气干燥，但也有不足之处。因此，现在已有将两者合为一体的远红外辐射热空气干燥室。

目前国内尚未有定型的干燥室，要根据生产具体条件进行设计。在设计干燥室时，要选择合适的辐射器并合理布置。确定最佳的辐射温度与距离；确定干燥室尺寸与结构，并需考虑干燥室的保温与通风等因素。

6.4.2.1 干燥室结构

红外线干燥室与热空气干燥室一样，可以是周期式或通过式。图 6-18 为远红外线干燥室结构示意图。

远红外辐射干燥室主要由室体、辐射加热器、通风系统、温度控制系统等组成。

(1) 室体　远红外干燥室的室体类型、结构要求等，可参照一般的热空气干燥室。但其尺寸要小，且很少有砖结构。

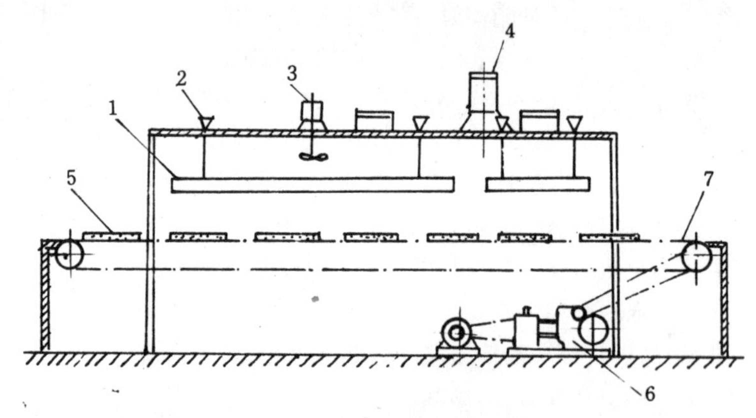

图 6-18　远红外辐射干燥室结构示意图

1. 板状远红外辐射器　2. 调整装置　3. 通风机　4. 排气孔
5. 涂漆零件　6. 传动装置　7. 运输链

作为辐射干燥室主体的室体，其作用是保持干燥室内一定温度，减少热量损失，提高干燥效果。

室体断面大小和形状的设计及辐射器的配置，是根据被加热工件的性质、形状和大小以及所选用的辐射器类型、温度和距离等因素确定的。室体的长度与体积，则根据工件大小、加热时间、运输速度或产量来决定。

远红外线加热干燥是利用辐射加热，但实际上不可能是纯的辐射加热。当远红外辐射器工作时，也在一定程度上加热了室内空气，因此热空气加热也起一定作用。所以干燥室还要有适当的保温措施，在室体墙壁与天棚上覆盖绝热材料，以减少热损失和改善操作条件。

(2) 辐射加热器　辐射加热器又称辐射元件，是指能发射远红外线的元件。辐射加热器由远红外涂层、发热体、基体及附件组成。

①常用辐射涂层。位于化学元素周期表 2、3、4、5 周期的大多数元素的氧化物、碳化物、氮化物、硫化物、硼化物等，在一定的温度下都会不同程度地辐射出不同波长的红外线。可按需要选择一种或多种物质混合，以不同工艺方法涂于辐射器表面。选择远红外元件时，要根据不同涂层的要求选择波长与涂层相匹配的远红外涂层。表 6-12 为各种远红外线辐射涂料的组成及波长范围。

表 6-12 常用远红外辐射涂料的组成及波长范围

涂料种类	主要成分	温度,C	辐射波长,μm
钛—锆类	二氧化钛、二氧化锆等	450	5～25
氧化锆类	锆英砂等	500	>5
铝类	三氧化铝等	—	5～40
氟化镁类	氟化镁等	450	2～25
氧化钴类	三氧化二钴等	450	1～30
氧化硅类	二氧化硅等	450	3～50
铁类	三氧化二铁单体	450	3～9
碳化硅类	碳化硅等	450	1～25

②热源：热源作用是给辐射涂层提供足够的热量，使其辐射出远红外线。理论研究表明，辐射涂层所辐射远红外线的能量，与辐射器表面绝对温度的四次方成正比。因此，提高温度可以增加远红外线的辐射量。通常采用电、煤、蒸汽等作为热源，但应用最多的是电阻丝加热，即电热远红外线。

③电热远红外辐射器：电热远红外辐射器可分为灯式、管式、板式三种，其中板式用得最多。

a. 灯式辐射器。灯式远红外辐射器由辐射元件和反射罩组成（图 6-19）。这种灯式辐射器发射出的远红外线大部分经反射罩汇聚后，以平行线方向发射出去，无方向性。因此，在不同照射距离上造成温差不大，照射距离为 20cm 和 50cm 处温差小于 20℃。适于处理大型和形状复杂工件，装配简单、维修容易。

灯式辐射器规格：功率有 175、250、350W；灯泡表面温度600～700℃。

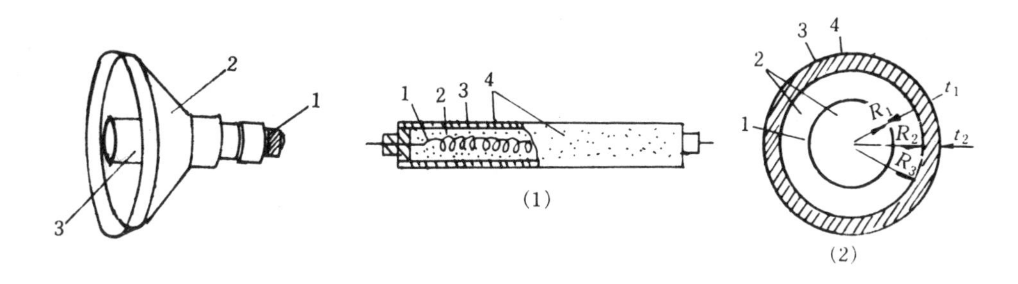

图 6-19 灯式辐射器结构图
1. 灯头 2. 反射罩 3. 辐射元件

图 6-20 氧化镁辐射器结构图
(1) 剖面图 (2) 侧视剖面放大图
1. 电阻丝 2. 氧化镁粉 3. 不锈钢管 4. 辐射层

b. 管式辐射器。氧化镁管式远红外辐射器的结构如图 6-20 所示。辐射器内部有一条旋绕的电阻丝，外面是一根无缝钢管，在电阻丝与管壁间的空隙中，紧密地填满结晶态的氧化镁，使具有良好的导热性和绝缘性。管壁外面涂覆一层远红外线辐射材料，在管子背面装有铝质反射板。当电阻丝通电加热时，管子表面温度可达 600～700℃，放射出几乎不可见的远红外线，其辐射强度为 2.5～3.0W/cm²。当使用反射板时，反射板宽度为 W (cm)，管的直径 d (cm)，实际辐射强度为

$$Z = (2.5 \sim 3.0) \times d\pi / w \quad (W/cm^2)$$

反射板的形状，根据光学设计（如图 6-21），使远红外线能平行反射出来。由于涂料的挥发物凝结，使反射板污染，反射强度将大大减少，因此，要经常加以清理。

各种管式加热器性能见表 6-13 所示。

表 6-13 管式加热器的性能

全长 L，mm	加热长度，mm	电气容量，W	
		∅ 12，mm	∅ 16，mm
500	440	500	700
800	740	800	1 100
1 100	940	1 000	1 400
1 200	1 140	1 300	1 700
1 500	1 440	1 600	2 200
2 000	1 940	2 200	3 000

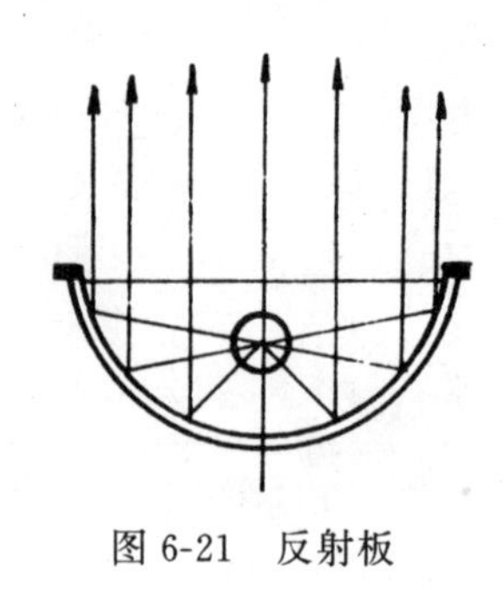

图 6-21 反射板

管式辐射器所发射红外线波长在 3～50μm。辐射器管面温度分布，不同辐射距离上的温度分布，分别见图 6-22 和 6-23。管式辐射器具有体积小、坚固、耐冲击、防火防爆、使用寿命长等优点，广泛用于干燥小型零件和形状不复杂的平表面涂层。

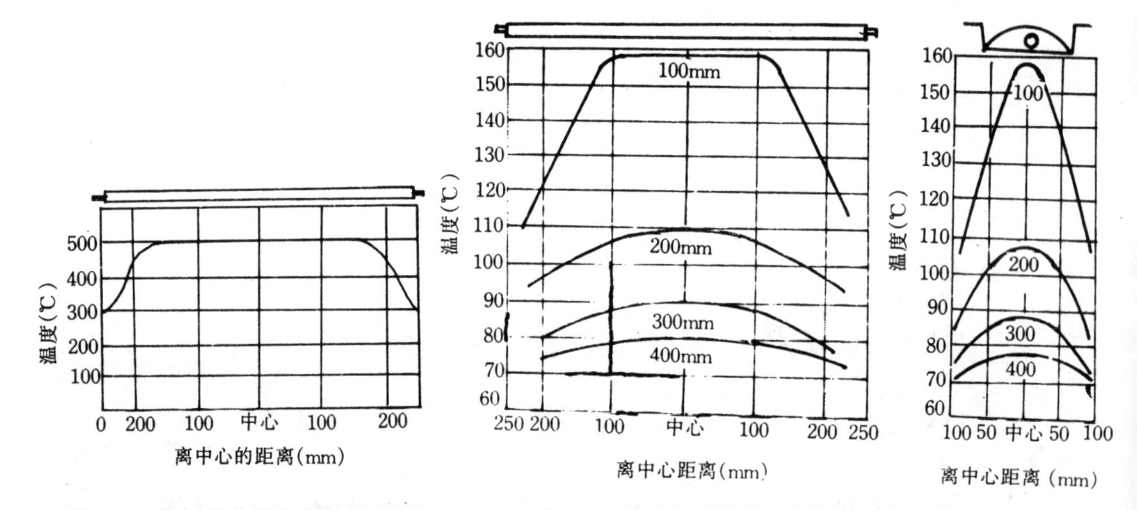

图 6-22 管式辐射器的表面温度分布（辐射器长 500mm，直径 16mm，功率 1kW）

图 6-23 管式辐射器在不同辐射距离上的温度分布（条件同图 6-22）

c. 板式辐射器。板式远红外辐射器结构如图 6-24 所示。电阻丝夹在碳化硅板或石英砂板沟槽中间，在其后设有保温盒，内填辐射率低、绝热性好的填料。在碳化硅或石英砂板的外表面，涂覆一层远红外涂料。

标准板式辐射器的规格如表 6-14 所列。

该种辐射器温度分布如图 6-25 所示。板式远红外线辐射器的特点是：热传导性好，省电；温度分布均匀，适于加热板式部件涂层；不用反射板，维修方便；结构简单，能耐高温。

表 6-14　标准板式辐射器规格

功　率，W	电　压，V	尺　寸，mm		
		长	宽	厚
500	200～220	400	300	40
750	200～220	400	300	40
1 000	200～220	400	300	40
1 500	200～220	400	300	40
2 000	200～220	400	300	40

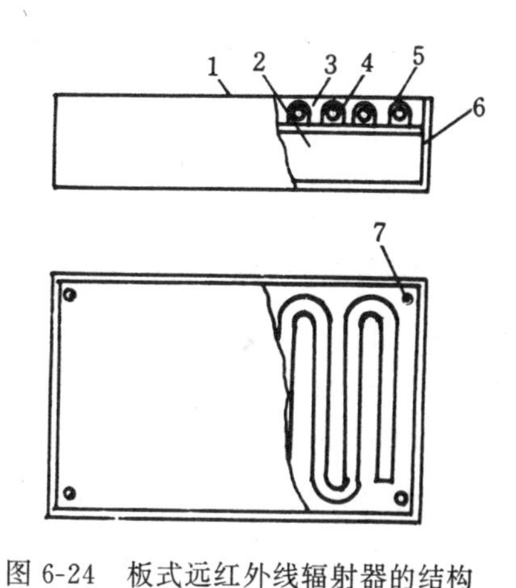

图 6-24　板式远红外线辐射器的结构

1. 远红外涂层　2. 绝热填充料　3. 碳化硅板　4. 电阻丝　5. 石棉板　6. 外壳　7. 安装孔

d. 异型辐射器。为了提高热效率和适应不同的加热方式，远红外辐射器还可以作成各种特殊形状。如筒形、半圆形、圆弧形、方形、T 形、网状等，大小也各不等，通称异形辐射器。在使用过程中，还可以根据不同干燥对象而制成各种特殊的规格尺寸。

e. 辐射器性能比较。三种电热远红外线辐射器的性能见表 6-15。

表 6-15　三种辐射器性能比较

项　　目	灯　　式	管　　式	板　　式
辐射线前进方向	经反射罩汇聚成平行光向前传播	大部分被反射罩汇成平行光，但在两侧有散射	远红外线由平面漫射
照射距离引起的温差	温差随照射距离变化不大	距离增大，温差变化较大	仍有较显著温差，性能介于前两者之间
反射罩（板）	有反射罩，需定期清扫	有反射罩，需清扫。反射罩尺寸过大时，应有防变形措施	无反射板，或虽有但不需清扫
辐射平面上的温度（强度）分布	较均匀	不均匀	均　匀
元件布置	易于布置，各向加热不均匀性较小	需慎重布置，否则横竖两个方向都会出现加热不均匀现象	易于布置，需注意各向加热不均匀性
适用范围	适用加热大型工件和非平面状工件。可固定加热，也可有相对位移	适合小型工件和平面状工件。加热效果以有相对位移者好	适用于灯式、管式两者之间

f. 辐射器选择和工艺布置。辐射器表面温度不应低于 400℃，但也不要超过 500℃。因为温度太高会减少总辐射量中远红外部分的比例。

辐射器与涂层之间距离，对涂层固化速度影响很大，过近过远效果都不太好。选择辐射器与涂层的最佳距离时，最好先通过模拟实验来确定。根据一般的经验，当工件相对于辐射器静止时，可取 150～500mm；相对运动时，视速度不同可取 10～150mm。

辐射器适当组合与合理布置，能使干燥室内的辐照度均匀，从而保证干燥质量。管式辐射器的间距可取 150～250mm；板式辐射器的间距应在 150～250mm 为好。

辐射器配置方式，大致有在工件的上部、下部和侧面配置三种基本形式。根据具体情况可用一种或两种混合配置。

(3) 通风系统　辐射干燥室通风系统主要有三个作用。第一，保证室内溶剂蒸发的浓度在爆炸下限以下；第二，加速水分和溶剂蒸气的排出，保证室内有一定相对湿度，有利于涂层固化；第三，应使室内气体在通过式干燥室的两端开口处不外逸，若有少量外逸，也应使溶剂蒸气浓度符合劳动卫生要求。

通风系统可分为两类。一类为自然排气，此类系统不用机械强制通风，而是利用干燥室的较高的废气压经烟囱排出；另一类为机械强制通风系统。有机溶剂型涂料均用此类系统。

强制通风系统主要由风机、主风管、主风道、支风管及蝶阀等组成。从进入干燥室一端计起，支风管的布置由密到疏。风口的风速取0.8～1.2m/s，空气循环速度不宜过快，特别是最初阶段。

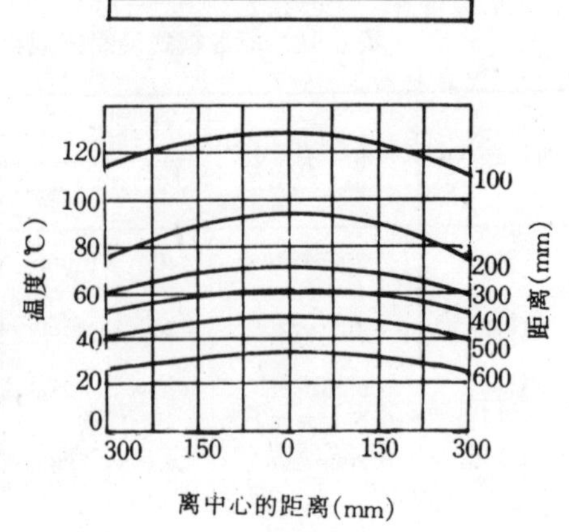

图 6-25　板式辐射器的温度分布
(碳化硅板尺寸 300mm×240mm×15mm，功率 1.5kW)

(4) 温度控制系统　辐射干燥室温度控制系统，是保证室内各段温度达到工艺要求的重要装置。温度控制系统由测量仪表、显示仪表及控制仪表等组成。测量仪表一般采用热电偶感温元件。温度检测点的布置可根据工艺要求来布置，对于横断面较小的干燥室，可在每段的中部设一检测点。温度控制可采用电路通断法、电压调整法及可控硅调压控制法。

(5) 传送装置　远红外干燥室的工件输送装置，常用带式、辊筒式及链式运输机，传送速度一般为1～2m/min，且为连续传送式。带式运输机要注意选取耐红外性能好的运输带，以防过早老化。

6.4.2.2　涂层固化设备　远红外干燥室一般没有定型设计，多由生产单位自行设计，购置远红外线辐射器，组装成远红外干燥室。此种干燥室多为通过式，用运输装置载送涂漆零部件等，在辐射元件下或旁边通过，使涂层固化。国内外木材工业中使用的远红外线干燥设备介绍如下。

(1) 国内远红外干燥设备　北京木材厂板式家具涂饰线，国内配套远红外干燥机，用于干燥染色后的板材。型号为BG4214，生产厂为苏州林业机械厂，其技术性能见表6-16。

表 6-16　BG4214 远红外干燥机技术性能

项　目	指　标	项　目	指　标
工件最大宽度，mm	1 200	进给速度，m/min	2～20
工件最大厚度，mm	40	送风风量，m^3/h	2 500
干燥室总长，mm	7 500	抽风风量，m^3/h	4 800
远红外发生器功率，kW/支	1.2	冷却风量，m^3/h	7 000
远红外发生器总数，支	48	生产能力，m^2/班	975～9 750
总功率，kW	57.6		

(2) 意大利远红外干燥设备　见表6-17。

表 6-17 意大利远红外干燥机技术性能

项目	CEFLA（意大利）	项目	CEFLA（意大利）
	EF60/22.5TR		EF60/22.5TR
最小工件长度，mm	350	红外灯功率，kW	22.5
最大工件宽度，mm	1 300	功率，kW	25.05
最大工件厚度，mm	80	外形尺寸，mm	1 200×2 000×1 500
可调进给速度，m/min	2.5～14.0	重量，kg	500

（3）原苏联远红外干燥设备　见表 6-18。

表 6-18 原苏联远红外干燥机技术性能

项目	МГП 干燥室	МΛН 加热装置
加工工件，mm		
最大长度	2 000	2 000
最大宽度	900	800
最大厚度	40	40
进给速度，m/s	0.083～0.250	0.083～0.250
热源	管式辐射加热器	管式辐射加热器
加热器表面温度，℃	200～400	200～400
装机容量，kW	30.6	18.6
干燥室外形尺寸，m	4.0×1.4×1.84	4.0×1.195×1.22
干燥室重量，kg	1 750	1 600
用途	对单色底漆进行辐射干燥，装入 МГП1 流水线	以辐射方式加热板件表面，可装入 МΛН1 流水线

6.4.3 干燥规程

6.4.3.1 辐射干燥影响因素　在进行辐射干燥过程中，辐射器表面温度、辐射波长、辐射距离、辐射器的布置、挥发介质蒸气等因素对辐射干燥产生影响。

（1）辐射器表面温度　辐射器表面温度，对辐射干燥有很大影响。首先，辐射器的辐射能量与其表面温度的四次方成正比，即表面温度增加很小，其辐射能量却增加很大。为获得高辐射强度，就应提高辐射表面的温度。其次，任何辐射干燥都不可能是单纯的辐射传热。在实际使用中，为了提高效率，减少对流传热损失，使对流热损失比例在 50%以下。应使辐射器在较高的表面温度下工作，其温度不应低于 400℃。但是，辐射器表面的温度不宜过高。因为物体辐射能量最大波长区间（称为峰值波长）随温度升高向波长短的方向移动。辐射器表面温度过高会减少总辐射能量中远红外部分的比例，这对涂层的干燥是不利的。

综上所述，辐射器表面温度与主辐射波长的相互制约关系由维恩定律所决定。确定它们的主要依据是全辐射能量的大小和被加热物质的吸收特性。因此，辐射器表面温度选择的原则是既要使其发射足够的辐射强度，又要考虑其波长范围尽可能在远红外区域内。根据这一原则，涂料的辐射干燥，其辐射器表面温度以 350～550℃为宜。

（2）辐射波长　辐射器发射的波长长短对被干燥涂层影响很大。对于涂料，尤其是高分子树脂型涂料，他们在红外及远红外波长范围内有很宽的吸收带，在不同的波长上有很多强烈的吸收峰。木材工业常用树脂涂料红外吸收光谱如图 6-26 所示。辐射器的辐射波长与涂料的吸收波长完全匹配，就能够提高辐射干燥的效率与速度。但实际上要做到波长的完全匹配是不可能的，只能做到相符或相近。对于涂层干燥，辐射器的辐射波长应处于远红外辐射范围内。

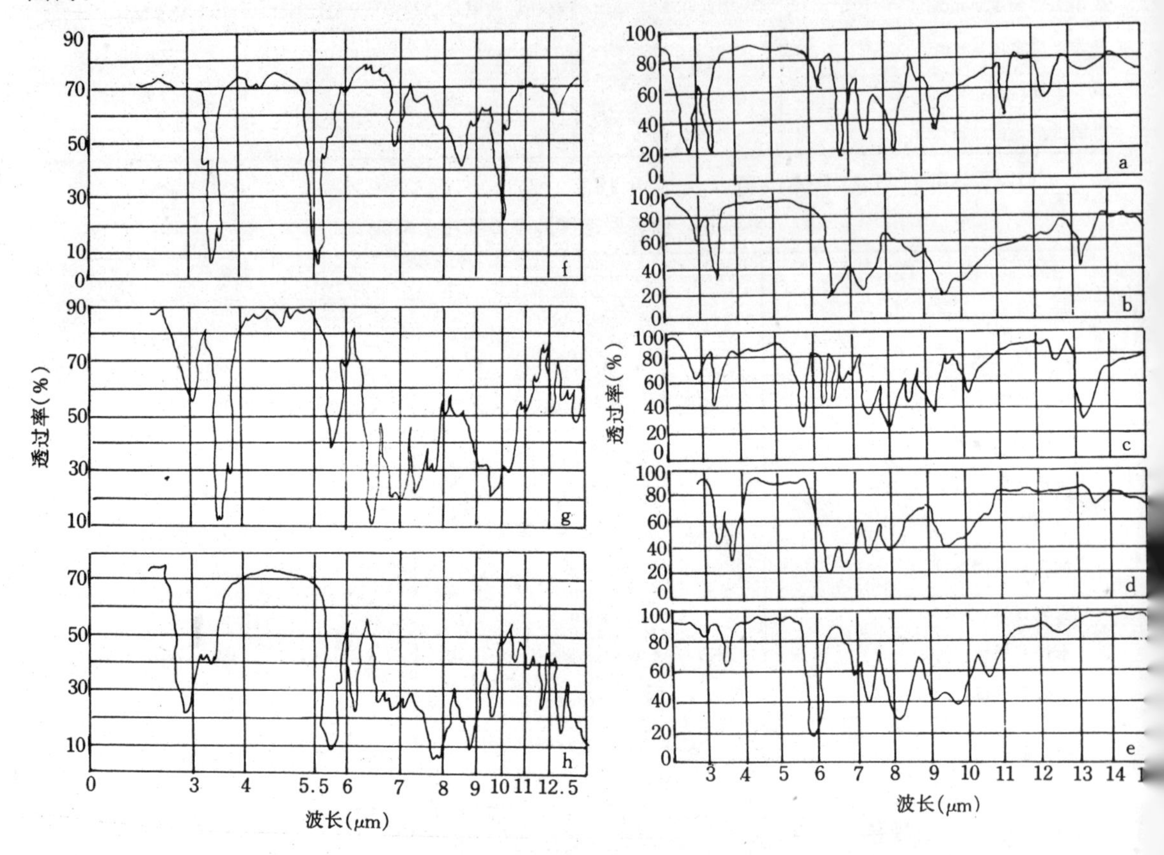

图 6-26 常用树脂的吸收光波

a. 酚醛树脂 b. 三聚氰氨树脂 c. 聚氨酯树脂 d. 脲醛树脂

e. 聚醋酸乙烯酯树脂 f. 桐油 g. 氨基醇酸树脂 h. 聚酯树脂

(3) 辐射距离 通常不能将辐射干燥室的辐射器视为点光源。所以，被加热物体接受辐射器表面辐射出来的能量与它们之间的距离关系不符合“与距离的平方成反比”定理（一般认为非点光源的辐射距离对辐射换热的影响不大）。但许多干燥实验及实践证明，辐射距离的大小，直接影响红外线辐射强度。辐射距离越近，强度越大，干燥效率也高，但干燥不均匀性也增加了。当辐射距离小到一定范围，辐射强度也会显著减缓。距离越大则辐射强度越小，温度也低，干燥均匀性也显著。但距离达到一定程度后，辐射强度的下降会急骤增大，干燥效果也大大下降。

选择辐射器与涂层最佳距离，最好通过模拟试验来确定。根据实践经验得知，当工件相对于辐射器静止时可采取 150～500mm；相对运动时视速度不同可取 10～150mm。

(4)辐射器的组合与布置 辐射器的适当组合与合理工艺布置能使工件表面辐射度均匀，从而保证干燥质量。辐射线是直线传播的，工件的表面应置于辐射器表面的法线方向上（指板状辐射器）。对于形状较复杂的工件使辐射器的布置尽量减小其辐射阴影面积。

辐射器的组合，可以是同种（灯式、管式、板式），也可是不同种的组合，应视需要而定。两个或三个灯式辐射器组合后的温度分布如图 6-27。

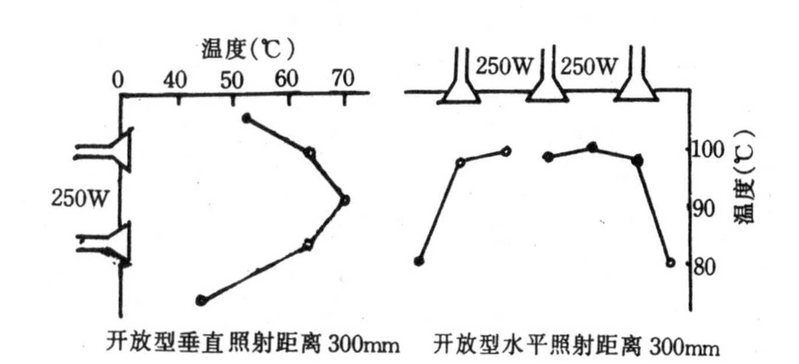

图 6-27　组合灯式辐射器温度分布

红外线具有被反射、折射、吸收等性质。因此，为使其能集中于加热工件的方向，防止辐射能损失，必须安装反射率高的反射板。抛物线形的反射罩比平面形反射效率要高30%。对于采用球面式旋转抛物面反射器的灯式辐射器，直辐射范围在各方向上的辐射强度基本上是相同的，所以组合起来没有方向性。辐射器之间距离一般为 150～250mm。

(5)挥发介质　干燥过程挥发的水分及绝大多数溶剂的分子结构均为非对称的极性分子。它们固有的振动频率或转动频率大都位于红外波段内，能强烈吸收与其频率相一致的红外辐射能量。这样，不仅一部分辐射能量被水分及溶剂蒸气吸收，而且这些水分及溶剂的蒸气在干燥室内散射。使辐射器辐射强度减弱，溶剂蒸气浓度大，将阻碍红外线通过，从而减弱了涂层得到的能量。由于这些挥发介质蒸气对辐射干燥不利，为此，干燥室内应有适当通风，使空气流通，加速水分和溶剂蒸气的排除。但必须注意，空气的流速不宜过大，否则将影响辐射器的工作效率。

6.4.3.2　干燥规程

(1) 蜡型不饱和聚酯清漆涂层固化工艺条件　见表 6-19 所列。

表 6-19　蜡型不饱和聚酯清漆涂层固化工艺条件

工　　序	工　艺　条　件	工　　序	工　艺　条　件
涂腻子	不饱和聚酯腻子，30～40g/m²	晾　置	60～90s
晾　置	50～60s	固　化	红外线辐射器，20～30s
固　化	红外线辐射器，20～30s	冷　却	100～120s
淋涂涂料	蜡型不饱和聚酯清漆，60～80g/m²		

注：1）基材：贴面刨花板；2）辐射器：远红外辐射器。

(2) 聚酯色漆涂层固化工艺条件　见表 6-20 所列。

表 6-20　聚酯色漆涂层固化工艺条件

工　　序	工　艺　条　件	工　　序	工　艺　条　件
淋涂涂料	不饱和聚酯色漆，200～250g/m²	固　　化	红外线辐射器，50～60s
晾　　置	210～240s	冷　　却	100～120s

注：1）基材：贴面刨花板；2）辐射器：远红外辐射器。

6.5　紫外线干燥

紫外线干燥即光固化，是利用紫外线照射光敏漆涂层使其迅速固化的一种方法。是近年发展较快的一种新型快速固化涂层的方法。

6.5.1 原理与特点

6.5.1.1 原　理　紫外线干燥亦属辐射干燥，紫外线是电磁波的一种，波长范围约为10～400nm。光敏涂料中含有一种光敏剂，是以近紫外光区（300～400nm）的光激发而能产生游离基的物质。当用紫外线照射光敏漆涂层时，光敏剂吸收特定波长的紫外线，其化学键被打断，解离成活性游离基，起引发作用。使树脂与活性稀释剂中的活性基团产生连锁反应，迅速交联成网状体型结构的光敏漆膜，致使涂层在很短时间内固化。当紫外线照射停止，这种反应也随即中断，涂层难以固化。

涂层固化的速度与紫外线的强度成正比，强度越大，固化速度越快。涂层厚度在一定范围内对固化速度影响不大，不论涂层多薄，都需要一定的能量和时间才能固化。

6.5.1.2 特　点

（1）涂层固化快，干燥效率高　紫外线照射时间十分短促，涂层约在几秒钟内就可固化干燥。由于干燥快，干燥装置长度短，被涂饰部件一经照射即可收集堆垛。可节约车间面积，缩短施工周期，为组织机械化连续油漆流水线创造了优越条件，大幅度提高涂层干燥效率。

（2）适于不宜高温加热的基材表面涂层干燥　光固化时，当涂层已固化而基材未被加热，基材含水率可保持稳定，避免或减小因含水率变化而引起变形、翘曲等。

（3）涂料转化率高，漆膜质量好　光敏漆属无溶剂型漆，涂料转化率接近100%，固化后的漆膜收缩极少，漆膜平整光滑。

（4）装置简单，投资少，维修费用低。

（5）只能干燥平表面　光固化法目前只能干燥平表面的零部件，或平直的板边。某些照射不到的地方，涂层就难于固化。不透明着色涂层内部，不易使光透过。复杂构件等有时难于控制。

（6）需要采取防护措施　紫外线对人的眼睛和皮肤有危害，能造成眼炎和红斑，设计和操作时都必须引起足够重视。辐射装置的结构应保证紫外线的遮蔽，防止泄漏。操作时不得直接用肉眼向高压汞灯照射区内窥望。

6.5.2 紫外线辐射装置

生产中应用光敏漆经常组装一条油漆流水线，这种光固化流水线一般由涂漆设备与紫外线辐射装置两个主要部分组成，用运输装置连接起来，并安装在一密闭隔离室内。紫外线辐射装置也称紫外线照射炉，是根据具体工艺条件设计的。

6.5.2.1 紫外线辐射装置结构　紫外线辐射装置包括照射装置、冷却系统、传送装置、空气净化及排风系统、操作控制台等。

（1）照射装置　照射装置主要由光源、反光罩、冷却系统、照射器、漏磁变压器等部分组成。

①光源：光敏涂料的感光特性是以波长为360nm的近紫外线为主，而对波长为200～400nm的紫外线也有相当的感光效果。因此，光固化设备中所配置的光源，必须能发射出与涂料相应的紫外线，只有这样才能产生用于固化的游离基。

早年国内光固化设备用光源，主要有低压汞灯和高压汞灯。先用低压汞灯预固化（也称低曝或初曝），然后再用高压汞灯进行主固化（也称高曝）。近几年多采用高曝的。这里所说的低压、高压，是指汞蒸气在灯内的压强。低压汞灯压强在60kPa以内，高压汞灯可达一个到几十个大气压。

a. 低压汞灯。用于涂层固化的低压汞灯，全称为热阴极弧光放电低压水银紫外荧光灯，也就是农业上用于捕杀昆虫的黑光灯。这种灯的外形结构尺寸与普通日光灯基本相同，所不同的只是灯管内壁所涂荧光粉。黑光灯用的是紫外荧光粉（重硅酸钡），而日光灯多用卤磷酸钙粉。紫外荧光粉受激后辐射的光谱波长位于 300～400nm；峰值在 365nm；紫外线输出率（输入电能与辐射紫外线能之比）为 18%左右；平均寿命为 1 000～5 000h；功率为 0.35～1.0W/cm。此类灯我国曾大量使用，因固化慢用量多，近年已很少应用。

b. 高压汞灯。目前用于涂层主固化的高压汞灯主要有高密度长弧紫外线高压汞灯（简称高压汞灯）、紫外线金属卤化物灯、长弧氙灯三种。

(a) 紫外线高压汞灯。紫外线高压汞灯的功率密度一般在 80W/cm 以上，主要辐射波长为 365nm。此外，还大量辐射可见光和红外线。这种灯紫外线输出功率较低，一般为 7%～10%左右；功率为 3～6kW/支，平均寿命为几千小时。

紫外线高压汞灯的弧光放电也有负的伏—安特性，一般用漏磁变压器作限流装置，同时用它代替启辉器。漏磁变压器的接线方式如图 6-28 所示。漏磁变压器的无功功率很大，一般要用电容器加以补偿。此外，漏磁变压器应安装在 40℃以下并有良好通风条件的地方；相互间应有 100mm 以上间距；固定要牢固，防止产生噪音。

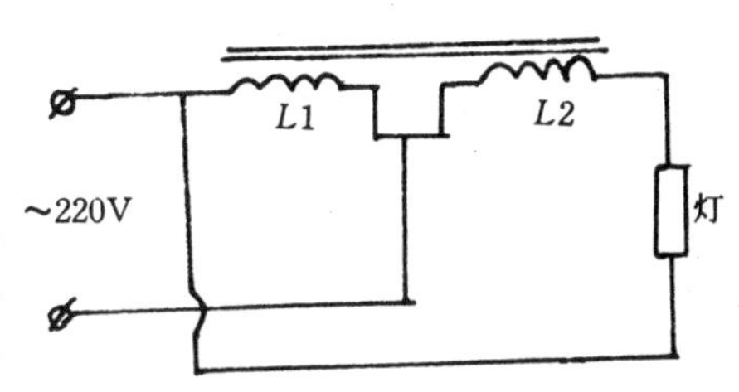

图 6-28 紫外线高压汞灯接线图

(b) 紫外线金属卤化物灯。紫外线金属卤化物灯的内部充有金属卤化物。它在灯内向电弧提供金属原子，使放电空间发生金属原子的激发辐射，产生所需要的光谱。这种灯的优点是灯内气压一般为 1～5 个大气压，比高压汞灯低；紫外线输出功率可达 30%～40%；波长范围可根据充入金属卤化物种类加以调整。涂层固化常用镁—汞灯；锌—铅—镉灯；铁—汞灯等。

(c) 长弧氙灯。长弧氙灯可以用于固化涂层，但由于紫外线输出功率太低，目前很少使用。

②反光罩：反光罩的作用是使辐射能量得到充分利用，高效率地照射到涂层上。其材料采用高纯铝（含铝 99.85%），经电解，阳极氧化，抛光而制成。也可以采用黄铜板表面镀铬抛光。

反光罩的形状成抛物线形，适用于平面固化。若固化边线或曲面零部件，则可采用椭圆集光型。

低压汞灯反光罩曲线形状，可按 $y^2=100x$，焦点坐标（0，25）绘制。反光罩有效照射宽度 110mm，其顶部开孔，以作通风排气用，如图 6-29 所示。

高压汞灯反光罩的形状曲线，按 $y^2=240x$，焦点坐标（0，60）绘制。反光罩的有效照射宽度为 400mm。

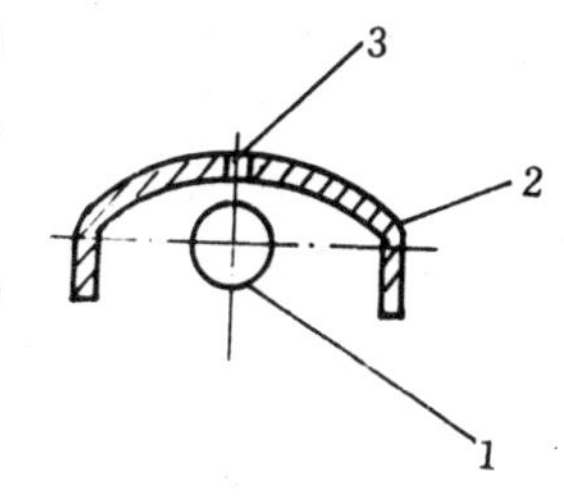

图 6-29 低压汞灯反光罩

1. 低压汞灯 2. 反光罩

3. 排气通风孔

(2) 排气通风及空气净化

①排气通风：排气通风的目的是排除预固化区的热量，排除部分溶剂所挥发的有害气体以及高压汞灯所产生的臭氧（O_3）。

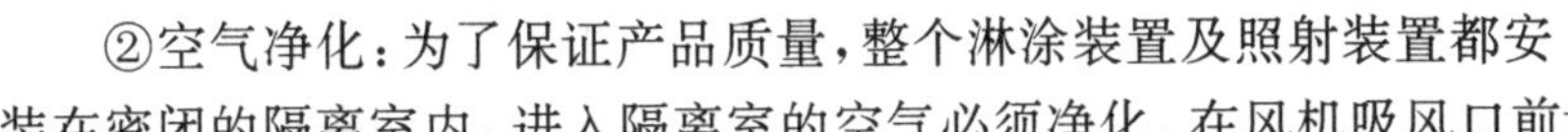

②空气净化：为了保证产品质量，整个淋涂装置及照射装置都安装在密闭的隔离室内，进入隔离室的空气必须净化。在风机吸风口前设置布袋式粗过滤器，出

风口后设置MVD型泡沫塑料中效过滤器以达到净化要求。另外，净化装置亦有采用棕丝及铜丝二重过滤。第一道棕丝层厚度为5cm；第二道放置6～8层200目的铜丝网，其净化效果较好。

为了避免外界灰尘进入，须使隔离室内维持微量正压，这就要求进风量大于排风量。

各节预固化照射器中、排风机所排出的气体，应先排入总管，再由总排风机排出室外，这样易于控制各单元的通风量。

(3) 传动装置：紫外线照射部分的传动，要防止传送带老化，宜采用链条传送。由于涂料感光速度不同，环境温度对紫外线输出有影响，光源会逐渐老化等因素，使固化时间有所变动，故要求输送速度可以调节。可采用直流电机作无级变速拖动。

6.5.2.2 紫外线固化设备 国内光固化设备研制和使用曾引起有关部门重视。80年代初上海家具研究所、上海家具机械厂、北京木工机械厂、信阳木工机械厂、苏州林机厂等都曾提供成套设备。限于当时工艺条件与国产光敏漆的性能等，当时光固化设备体积庞大（开始一台固化设备长约20余米）、低压汞灯数量多（曾达百支以上），固化时间长，一般需几分钟达实干。80年代末我国光敏漆光固化工艺应用处于低潮，许多厂家拆除设备停止使用。90年代以来，随着实木地板与板式家具的发展光敏漆光固化工艺重又兴起，并且引进意大利、德国、日本与台湾设备较多。但是近年国产紫外固化设备又开始出现，一些基本性能（如固化速度与占地面积等）已接近国外水平，其中牡丹江新华木工机械厂的MH916紫外线烘干机已能适应国内需要，其技术特性如表6-21所列。

表6-21 国产MH916紫外线烘干机技术性能

项　目	指　标	项　目	指　标
紫外线功率，kW	9	工件最大宽度，mm	600
固化速度，s	3～5	机器总功率，kW	10.85
进料速度，m/min	5～10	总重量，kg	380
工件最大高度，mm	50	外形尺寸（长×宽×高），mm	1800×1200×1800

6.5.3 干燥工艺条件

6.5.3.1 紫外线干燥影响因素 影响紫外线干燥的因素有紫外线波长、紫外线强度、涂层厚度及涂层温度等。

(1) 紫外线波长　紫外线是电磁波的一种，波长范围约为10～400nm。适合于光敏涂料干燥的波长为300～400nm。采用光固化法，使用不同光敏树脂与光敏剂则需要不同波长范围的紫外线。如果采用波长小于200nm紫外线，则其辐射能量过剩，因而光敏漆配方中所有组分易被分解，所生成的聚合物（即漆膜）的机械强度降低。如采用波长过大的紫外线，则辐射能量太小，光固化所必需的交联反应不能发生。因此，针对具体配方的光敏漆，经过试验选择最适宜的波长。

(2) 紫外线强度　紫外线干燥过程中，照射的紫外线强度越强，或照射距离越近，干燥得越快，干燥时间越短。水银灯的光照度和光固化不饱和聚酯涂料干燥所需时间见表6-22所列。

表 6-22　光照度和干燥时间的关系

光照度，lx	波长，nm	膜厚，μm	完全干燥时间，min
28	300～400	20	3.0
35	300～400	20	2.0
41	300～400	20	1.5
47	300～400	20	1.0
69	300～400	20	30s
80	300～400	20	20s

注：用光电管照度计以及特定的过滤设备，以 300nm 做顶峰，将 300～400nm 波长范围内的吸收值取出，求其 lx（照度单位）。

（3）漆膜厚度　漆膜固化速度与漆膜厚度有一种特殊关系。漆膜厚度在一定范围内对固化速度影响不大，如厚度 10μm 和 50μm 的涂层固化时间大致相等；厚度为 100μm 和 300μm 的涂层，固化时间基本相近。只有当涂层超过 300μm 时，其固化时间才随涂层的增厚而有所增加。但是不论涂层多么薄，都需要一定的能量和时间才能固化。

（4）涂层温度　光固化速度与涂层本身温度有较大关系。对非蜡型涂料来说，必须考虑涂层温度。

6.5.3.2　干燥工艺条件　光敏涂料的固化工艺条件，因涂料种类不同，有很大差别。

光敏不饱和聚酯漆干燥工艺因素

①不饱和聚酯漆干燥时间：表 6-23 列出了光敏不饱和聚酯漆（清漆）照射条件与干燥时间的关系可供参考。

表 6-23　不饱和聚酯涂料的干燥时间

照射条件	膜厚，μm	干燥时间		
		触指干燥，s	固化干燥，min	完全干燥，min
直射阳光（室外气温 30℃）	100 以下	30	4	5
	250	30	4	5
	500～1 000	60	5	6
黑光灯（40W）照射距离 150mm（25℃）	100	50	4	4
	250	60	5	5～6
	500～1 000	60	6	7
高压水银灯（400W）照射距离 200mm（25℃）	100	30	40s	1.0
	250	30	40s	1.5
	500～1 000	60	1.5	2.0
高压水银灯（2 000W）照射距离 250mm	100	—	—	1.0s
	250	—	—	1.5s
	500～1 000	—	—	2.0s

②不饱和聚酯漆紫外线干燥工艺条件：见表 6-24 所列。

表 6-24　紫外线固化不饱和聚酯涂料工艺条件

工艺条件		底漆(填孔)			第二道底浆			面　漆	
		不透明腻　子	透明腻子	填孔剂	清　漆	砂、磨光第二道浆	第二道底　浆	清　漆	平光漆
涂料类型		蜡　型	非蜡型	非蜡型	蜡　型	非蜡型	蜡　型	非蜡型	非蜡型
被涂材料		刨花板 胶合板	镶木板 贴木板 胶合板	镶木板 贴木板 胶合板	镶木板 贴木板 胶合板	镶木板 贴木板 胶合板	镶木板 贴木板 胶合板	镶木板 木纹板 胶合板	镶木板 木纹板 胶合板
涂　饰	方　法	辊　涂	辊　涂	辊　涂	淋涂、喷涂	流涂、喷涂	流涂、喷涂	淋涂、喷涂	淋涂、喷涂
	涂饰量，g/m^2	15～60	15～30	10～15	60～90	45～60	45～75	45～60	45～60
紫外线照射固化时间(s)	蜡凝固	—	—	—	120	—	—	—	—
	低压水银灯	—	30	60	60	90～120	90	90	90
	高压水银灯	30	30	30	30	30	30	30	30
应用范围		建筑材料	建筑材料	建筑材料、家具	家　具	家　具	家具、建筑材料	家　具	建筑材料

7 涂膜修饰

涂膜修饰就是对中间涂层与表面漆膜，采用砂磨、抛光等方法作进一步加工，最终得到平整光亮或平滑细腻漆膜的加工过程。漆膜修饰对装饰质量影响较大，是涂饰工艺中十分重要的工序。

7.1 修饰意义

7.1.1 对涂饰质量的影响

涂层在干燥过程中会发生体积收缩现象，涂层越厚，收缩越大。因收缩不均，使得涂膜表面变得不太光滑平整，甚至会出现细微的波纹。特别是挥发型涂料，这种收缩现象非常严重。此外，底层不平整；涂层流平性差；涂饰不均匀；干燥的缺陷；涂料中含有杂质以及涂层中含有气泡、落入灰尘等，都会造成涂膜不平、光泽欠佳，影响漆膜的平整度和质量。

为了获得装饰性能较高的平整光滑的漆膜，当涂层干燥后，必须及时对涂膜表面进行修饰加工。即在每涂饰一层涂料，干燥之后就需用砂纸打磨光滑，经过逐层的研磨，最终的表面漆膜才是比较平整的。如果上一个涂层干燥后未经砂磨就涂饰下道涂料（湿碰湿工艺除外），就会把漆膜上缺陷留下来。中间各涂层未及时打磨，等待最终涂膜一起打磨，整个表面难以达到均匀平整。

普级装饰只进行中间涂层打磨，最后一道面漆的漆膜不再进行打磨。高级装饰不仅要对中间涂层仔细研磨，而且要对最后一道面漆漆膜，进行精细的修饰加工。即对表面漆膜进一步砂磨，最终进行抛光，才能获得装饰质量很高的漆膜表面。

7.1.2 方法与材料

涂膜修饰普遍采用的方法是砂磨和抛光，最后再敷上油蜡除去污迹，便可获得光亮似镜的漆膜。

7.1.2.1 方　法

（1）砂磨　漆膜砂磨是指已干燥的中间涂层与表面漆膜，经研磨修饰后，能使其平整光滑的一种操作方法。

砂磨可分为干砂磨和湿砂磨。干砂磨是指采用木砂纸、砂布、浮石、细石粉等进行表面研磨。湿砂磨是指用水砂纸或浮石蘸上润滑剂进行表面研磨。砂磨时，要根据不同工序的砂磨质量要求，选用不同性能与型号的砂纸，并正确掌握砂磨方法。

在整个涂饰过程中，按砂磨的不同要求及作用，可分为中间涂层砂磨、表面漆膜砂磨。

手工砂磨时手持砂纸或砂布直接进行，而机械砂磨则是使用各种砂光机。

(2) 抛光　漆膜抛光是指用抛光膏（砂蜡）擦磨漆膜表面，以及用溶剂或成膜物质溶液，溶平漆膜表面的一种操作方法。常用的有手工和机械两种抛光方法。

7.1.2.2 材　料

(1) 砂磨材料

①木砂纸：木砂纸也叫砂纸或木砂皮。是由骨胶或皮胶等水性粘结材料，将研磨一定规格粗细的砂粒与未漂硫酸盐木浆纸制成。这种纸质强韧、耐折耐磨，但不耐水。主要用于砂磨白坯木材表面，也用于中间涂层砂磨。国内常用木砂纸规格见表 7-1、7-2、7-3 所列。

表 7-1　木砂纸型号规格（中国第二砂轮厂产品）

型　号	基　材	磨　料	粒　度，目	植砂密度	形　状				尺寸
					卷　状	页　状	窄砂带	宽砂带	
动物胶砂纸 (G/G・ZG)									见表 7-2
PAW10	A	WA	150～W40	OP	·	·			
PBW10	B	WA	80～120	OP	·	·			
PCW10	C	WA	40、60	OP	·	·			
PCK11	C	A	60～W50	CL	·	·			
PBC10	B	C	100～W28	OP	·	·			
PBG11	B	GL	60～150	CL		·			
PDK10	D	A	46～80	OP	·	·	·		
PEW11	E	WA	46～W40	CL	·	·	·	·	
PEC11	E	C	80～W20	CL	·	·	·	·	
PBC15	B	C	100～W28	CL	·	·			
树脂砂纸 (R/G・ZG)									
PBK20	B	A	100～W40	OP	·	·			
PDK20	D	A	60、80	OP	·	·	·		
PBK25	B	A	100～W40	CL	·	·			
PDK41	D	A	60、80	CL	·	·	·		
PEK41	E	A	60～W50	CL	·	·	·	·	
PEW40	E	WA	60～220	CP				·	
PEW41	E	WA	36～W40	CL	·	·	·	·	
PEC41	E	C	36～120	CL	·		·	·	

表 7-2　木砂纸规格尺寸（中国第二砂轮厂产品）

卷状(J)	标准宽度	12.5　25　40　50　100　200　230　300　600　920　1 150　1 350　(mm)
	标准长度	25　50　(m)
页状(Y)	标准(宽×长)	230×280(mm)

	标准长＼标准宽	10(mm)	15	20	25	30	40	50	60	75	100	125	150	200	250	300	350	400	450	500	600	800	1 000	1 120	1 250	1 400	1 600	1 800	2 000	2 200
带状(D)	400(mm)	*	*	*	*	*	*	*	*	*																				
	500	*	*	*	*	*	*	*	*	*	*																			
	630	*	*	*	*	*	*	*	*	*	*	*																		
	800	*	*	*	*	*	*	*	*	*	*	*	*																	
	1 000	*	*	*	*	*	*	*	*	*	*	*	*																	
	1 250	*	*	*	*	*	*	*	*	*	*	*	*																	
	1 600		*	*	*	*	*	*	*	*	*	*	*																	
	2 000		*	*	*	*	*	*	*	*	*	*	*																	
	2 500			*	*	*	*	*	*	*	*	*	*	*	*	*	*	*	*	*	*	*	*	*	*	*	*	*	*	*
	3 150					*	*	*	*	*	*	*	*	*	*	*	*	*	*	*	*	*	*	*	*	*	*	*	*	*
	4 000					*	*	*	*	*	*	*	*																	
	5 000						*	*	*	*	*	*	*																	
	6 300								*	*	*	*	*																	
	8 000									*	*	*	*																	
	10 000									*	*	*	*																	
	12 500										*	*	*																	

注:“×”为生产规格。

表 7-3　木砂纸型号规格（天津砂纸厂产品）

砂　纸　号	粒　　度，目	细　　度，μm	规　　格，mm
00	164	74～90	页状：
0	140	90～105	228×280
1/2	120	104～125	
1	100	125～150	卷状：
$1_{1/2}$	80	180～210	228×5 000
2	60	—	

②耐水砂纸：是用氧化铝粉作磨料，用C01—8 醇酸水砂纸清漆将磨料粘于纸上。由于醇酸漆耐水，故水砂纸可以用于蘸水湿磨。水砂纸一般呈绿色或灰色，磨料较细，主要用于磨平腻子与漆膜，也可用于白坯表面的精细砂磨。常用耐水砂纸规格如表 7-4、7-5。

③砂布：砂布是由骨胶等胶粘剂将磨料粘于布上制成。砂布有较大的强度和柔软性，它的特点是质坚韧耐磨，耐折，耐用，不耐火，价贵。一般呈棕褐色，多用于钢铁表面除锈，也用于硬度较高的漆膜（如聚酯漆）的研磨。砂布规格见表 7-6、7-7。

④水磨石：是由比较松软的天然岩石（如浮石等），或人造石按粗细粒度制成。产品分 1、2、3 号（1 号最细），规格有长 200mm 等；宽 70mm 等；厚 50mm 等多种。可用于打磨较坚硬的生漆、硝基腻子及底漆等。打磨性能同水砂纸，比木砂纸耐用。

⑤浮石粉及滑石粉：可用少许煤油或汽油配合打磨较平整的硝基漆面等。

表 7-4　耐水砂纸型号规格（中国第二砂轮厂产品）

型　号	基　材	磨　料	粒度，目	植砂密度	规　　格，mm
耐水砂纸					
（WP・Z・N）					
PBC71	B	C	220	CL	页状（Y）：宽×长
PBC73	B	C	220	CL	230×280
PCC71	C	C	60	CL	卷状（J）：
PCC73	C	C	60	CL	标准宽度：12.5　25　40　50
PBK71	B	A	220	CL	100 200 230 300 600 920 1 150 1 350
PBK73	B	A	220	CL	标准长度：25　50（m）

表 7-5　水砂纸规格（天津砂纸厂产品）

砂　纸　号	粒　　度，目	细　　度，μm	规　　格，mm
240	160	71～99	
280	180	63～85	页状：
320	220	53～75	228×280
360	240	42～63	
400	260	35～68	卷状：
500	320	—	228×5 000
600	400	—	648×5 000

表 7-6　砂布型号规格（中国第二砂轮厂产品）

型　　号	基　材	磨　料	粒　度，目	植砂密度	形　　状				尺寸
					卷　状	页　状	窄砂带	宽砂带	
动物胶砂布									
G/G・BG									
GLK11	L	A	36～W40	CL	•	•			
GFK11	F	A	46～W50	CL	•	•			
GXK11	X	A	24～240	CL	•	•	•		
树脂砂布									见表 7-2
R/G・BG									
GJW41	J	WA	60～220	CL	•		•		
GXW41	X	WA	36～120	CL	•		•		
GFK41	F	A	60～W40	CL	•	•			
全树脂砂布									
R/R・BG									
GJK51	J	A	60～W40	CL	•	•	•		
GXK51	X	A	24～W50	CL	•		•	•	
GXK52	X	A	80～220	CL			•		
GXC51	X	C	36～180	CL			•	•	
耐水砂布									
WP・BN									
GXK61	X	A	46～W40	CL			•	•	
GXC61	X	C	40～W40	CL	•		•	•	

表 7-7 砂布规格

代号	粒度，目	号数	规格，mm	
			长	宽
0000	200	200	290	290
000	180	180	290	290
00	150	160	290	290
0	120	140	290	290
1	100	100	280	230
$1\frac{1}{2}$	80	80	280	230
2	70	70	280	230
$2\frac{1}{2}$	60	60	280	230
3	46	46	290	210
$3\frac{1}{2}$	36	36	290	210
4	30	30	290	210
5	24	24	290	216

（2）抛光材料

①抛光膏（砂蜡）：它是由细磨料粉与液态或固态（在摩擦发热时会被熔化的）粘合材料混合而成。砂蜡中磨料颗粒细小，硬度较低，大多用硅藻土、煅制白云石、氧化铝、氧化铬、氧化铁等材料。粘合材料则用凡士林、蓖麻油或矿物油、蜡、溶剂和水等。砂蜡配方组成见表 7-8 所示。抛光膏多制成固体条块状（类似肥皂），国内产品有棕红色、白色与绿色等，有的粗些，有的较细。

表 7-8 砂蜡配方组成

组成	重量比,%		
	配方 1	配方 2	配方 3
硬蜡（棕榈蜡）	—	10.0	—
液体石蜡	—	—	20
白蜡	10.5	—	—
皂片	—	—	2
硬脂酸锌	9.5	10.0	—
铝红	—	—	60
硅藻土（322 目）	16.0	16.0	—
蓖麻油	—	—	10
煤油	40.0	40.0	—
水	—	—	8
松节油	24.0	—	—
松香水	—	24.0	—

②光蜡；是由蜂蜡、石蜡、硬脂酸铝等，加热熔化加入200号溶剂汽油，冷凝后制成胶冻状，形似白色油脂。光蜡是一种无磨料的抛光膏。上光蜡的质量主要取决于蜡的性能。此外，有一种光蜡，系一种含蜡质的乳浊液。由于其分散粒子较细，并且其中还存有乳化剂（见表7-9），所以在抛光时可以帮助分散、去污，因此可得到较光亮的效果。光蜡又称油蜡，外观为乳白色和黄褐色两种，生产中常用的大多是白色汽车油蜡。

表7-9 光蜡的配方组成

组 成	重 量 比		组 成	重 量 比	
	配方1	配方2		配方1	配方2
硬蜡（棕榈蜡）	3.0	20.0	平平加O乳化剂	3.0	—
白蜡	—	5.0	有机硅油	0.005	少量
合成蜡	—	5.0	水	83.993	—
羊毛脂锰皂液（10%）	—	5.0	松香水	—	25.0
松节油	10.0	40.0			

7.2 涂层砂磨

7.2.1 中间涂层砂磨

7.2.1.1 目 的 在整个涂饰过程中，原则上每个中间涂层实干后，都应及时打磨。根据工艺要求少则2或3次，多则4～6次。这个阶段的砂磨一般不应研磨涂层本身，只是轻度砂磨。其目的是为了消除漆膜粗糙不平的凸起部分，如凸起的颗粒、竖起的木毛与鼓起的气泡等。使漆膜表面既平滑，又能增加涂层间的附着力。

7.2.1.2 方 法 中间涂层砂磨以手工干磨居多，也可以用湿磨。

干磨时，局部填嵌的腻子层常用1号或$1\frac{1}{2}$号木砂纸手工研磨；满刮的腻子层常用0号木砂纸；中间的几层漆膜，一般多用较细的00号木砂纸，或者用使过的0号旧砂纸。

中间涂层也有层次之分，头几遍涂饰的涂层很薄，因此中间涂层只能轻轻打磨。后几遍漆膜略厚，如硝基漆的中间涂层，可以采用干磨也可以采用湿磨。

用砂纸打磨涂层时，一般是顺木纹方向直磨。遇有镶嵌或凹凸线条处，要格外注意，轻轻的进行砂磨，切忌砂损和出现砂痕。在这个阶段中，不能用粗砂纸或太锋利的砂纸进行砂磨，否则容易砂损漆膜。

打磨腻子时，透明涂饰的腻子注意将嵌刮腻子部位周围的多余腻子彻底磨净，直至手感平滑，使木纹全部显露。一般胶性腻子打磨次数少，而油性腻子或各种漆基腻子可适当多打磨。

色漆如无严重粗糙状一般不宜打磨或极精细的轻轻擦磨，防止研磨色花。

一般油性漆可少磨，醇酸漆膜可适当多磨，并可湿磨。头几遍虫胶漆与硝基漆膜，一般用细砂纸干磨、轻磨、少磨；后期硝基漆可湿磨；其它较硬的漆膜可湿磨。研磨之后的磨屑应及时去除。

7.2.1.3 特 点

①主要磨去粗糙不平的凸起部分，可以留下凹下的不平。

②中间涂层要适量研磨，研磨量不大。

③干磨应用较多，湿磨应用较少。

7.2.2 表面漆膜砂磨

7.2.2.1 目 的 表面漆膜研磨的目的与中间涂层不同，是要比较彻底地解决漆膜表面的粗糙不平，为抛光打下基础。表面漆膜的粗糙不平主要靠砂光研磨解决，以提高漆膜平整度，然后再进行抛光。这样才能使漆膜平整和具有极高光泽的表面。因此，在研磨表面漆膜时，需要把漆膜上凸起的，以及凹陷的不平都清除。当漆膜表面凹陷较多时，必须磨掉部分涂层，才能达到整个漆膜表面的平整。

7.2.2.2 方 法 表面漆膜的研磨可以干磨也可以湿磨，常视漆种而定。一般热固性材料（如聚氨酯漆等）干磨湿磨均可，而热塑性材料（如硝基漆）遇热变软，当研磨量大时则必须湿磨。

（1）干磨　指不加任何液体，以干的状态进行研磨。手工干磨操作比较简单，没有蘸水的麻烦，但磨屑很快弥漫砂纸，影响继续打磨。表面漆膜研磨量比中间涂层大，因此手工干磨比较困难，效率很低。

采用砂光机干磨时，磨屑乱飞，没有吸尘装置则工作环境卫生条件很差。当研磨量较大时，挥发性漆膜不能采用干磨法。

（2）湿磨　也称磨水砂，即用水砂纸蘸液体研磨。一般先用较粗水砂纸（280～360 号）研磨表面漆膜，后用较细水砂纸（400、500、600、700、800、900、1000）研磨。所用水砂纸越细（号越大），磨痕越少，研磨效果越好，但也最费力，效率低。在实际生产中，多用水砂纸蘸肥皂水研磨，磨起来比较滑畅，也可将肥皂水洒在漆膜上研磨。

手工湿磨时，新的水砂纸在使用前应在温水中浸泡片刻，使其柔软避免脆硬破裂，可延长砂纸使用时间。但浸泡时间不能过长，否则容易损坏。湿磨手工操作方法是用水砂纸包住一块 120mm×70mm×30mm 的平整光滑的木块，用手指捏住，蘸取肥皂水，在漆膜表面上进行研磨。一般要将漆膜表面耀眼光泽层磨掉，漆膜方能平整。手工湿磨劳动强度大，生产效率低，故应力求采用机器操作。

7.2.2.3 特 点

（1）消除凹陷，提高平整度　表面漆膜砂磨要把所有凹陷不平都消除，达到漆膜表面的平整。

（2）湿磨应用较多。

（3）漆膜研磨量大，多采用机械。

7.2.3 漆膜砂光机

砂光机又称砂磨机、磨光机。它是对漆膜进行砂光的一种设备，即通过砂纸上的磨料细粒对漆膜产生一种快速切削的作用，使漆膜表面平整、光滑。

涂饰施工中常用设备有手持砂光机、带式砂光机、宽带式砂光机、往复式水砂机、多用水砂机及连续进给水砂机等。

7.2.3.1 手持砂光机 手持砂光机有气动和电动两种类型。但以前者用得最多，有 F_{66}、F_{322}、N_3、N_2 等多种型号。现以 F_{322}型为例加以介绍。

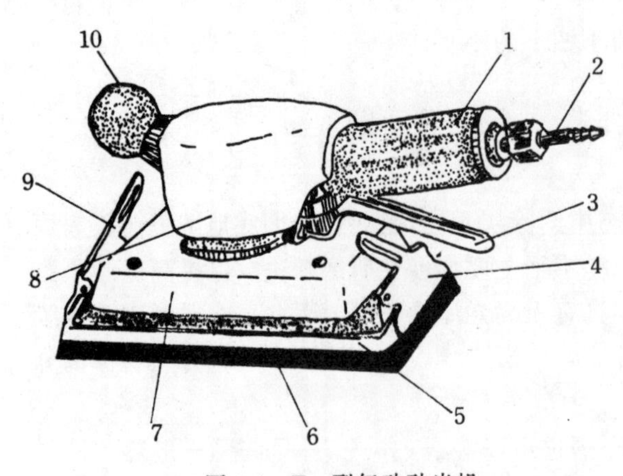

图 7-1 F_{322}型气动砂光机

1. 手柄 2. 气嘴 3. 开关手柄 4、9. 夹子 5. 底座 6. 座垫 7. 中座 8. 气缸 10. 手球

(1) 用途 广泛用于各种形状的家具表面漆膜的砂磨，适于砂磨较大面积的工件表面。

(2) 构件与使用 该机主要由气缸、中座、底座、座垫、手柄、手球等组成（图 7-1）。

F_{322}型气动砂光机在使用时，首先把木砂纸或砂布用夹子 4 和 9 夹紧压在座垫底部，砂磨面向外。再将气门嘴子 2 接上输气软管，然后用右手握住手柄 1，左手握住手球 10，用手指向上捏紧开关手柄 3，开通进气孔道。压缩空气就经气门嘴子中的气道，通过气门手柄的纵向孔，进入气缸体 8。此时压缩空气便作用在凸出部分的叶片上迫使转子旋转，并由转子传至偏心轴，开始砂磨。偏心轴下端有底座 5，在底座上粘有 75mm×150mm 的橡皮座垫 6。

气动砂光机使用时，首先检查木砂纸或砂布是否夹得牢固。并启动气动砂光机，检查各活动部位是否灵活，运行是否平稳。操作时，双手轻微向前方移动气动砂光机，不应向下重压。

气动砂光机工作时风压为 0.5～0.7MPa。

7.2.3.2 带式砂光机 带式砂光机是应用很普遍的一种砂光设备，主要用于木材表面的砂磨。虽然有的工厂应用带式砂光机砂磨漆膜，但用量不多。主要原因是普通带式砂光机多为干磨，很难将各处的厚度砂磨一致。

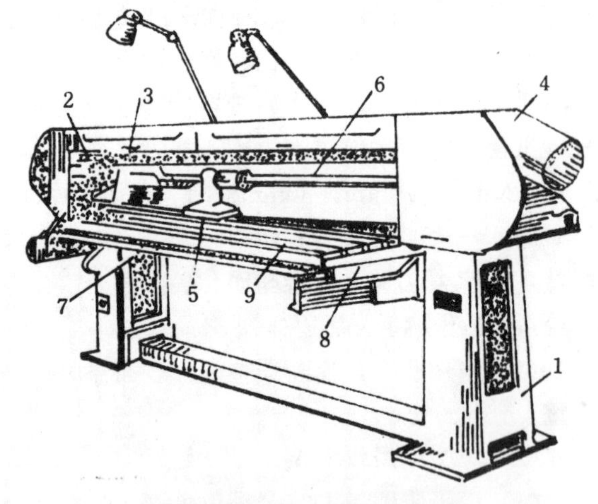

图 7-2 带式砂光机结构示意图

1. 基座 2. 皮带轮 3. 研磨带 4. 吸尘装置 5. 压块 6. 滑杆 7. 支架 8. 导轨 9. 工作台

(1) 用途 研磨平表面零部件漆膜。

(2) 结构 带式砂光机主要由机架、工作台与升降机构、两个带轮、磨头和张紧机构等组成（见图 7-2）。

图 7-2 中基座 1 为两个空心柱子。在柱子上面安装两个皮带轮 2，其中一个是主动轮，直接固定在电机轴上；另一个是被动轮，其上装有研磨带 3 的导向机构与张紧机构。磨屑用吸尘装置 4 排除。研磨带用压块 5 使其紧贴到被研磨件表面上。压块沿滑杆 6 可以用手工移动。机座的圆柱上安装两个支架 7，在其上装有导轨 8，工作台 9 可以用手拉在导轨上横向移动。支架用螺旋机构固定，可沿高度方向调节。

(3) 技术性能 见表 7-10。

表 7-10 带式砂光机技术性能

指 标 名 称	一般带式砂光机	指 标 名 称	一般带式砂光机
加工工件最大尺寸，mm		工作台尺寸，mm	2 000×800
长	1 900	工作台移动距离，mm	
宽	800	沿横向	1 120
厚	400	沿高度	400
砂带数量，条	1	电机功率，kW	2.8
砂带宽度，mm	150	机床重量，kg	630
砂带速度，m/s	26.5	机床尺寸，mm	3 225×1 800×1 267

7.2.3.3 宽带式砂光机 近几年引进国外家具涂饰设备中，专门用于砂磨漆膜的砂光机主要是宽带式砂光机。

根据意大利 DMC 公司分类标准（非国际标准分类），砂光机类型中的宽带式柔光机、宽带式组合砂光机适用于漆膜砂磨。

(1) CL110 型双砂架宽带式砂光机 这种型式的砂光机主要用两个砂架和进给系统组成，如图 7-3 所示。第一砂架系辊式砂架，用于定厚磨削；第二砂架系带有缓冲压带器的纵向砂架，用于精砂。可用于木板、刨花板、纤维板和单板饰面等的磨光，以及聚酯漆涂饰表面的柔光等。接触辊覆有螺旋槽橡胶，改善了砂带的冷却条件，提高砂带使用寿命。为了满足各种不同材料的加工要求，CL110 型双砂架宽带砂光机使用了适应性最好的软硬缓冲压带器。利用压带器自动控制装置，解决了进出料可能产生的堵塞问题。

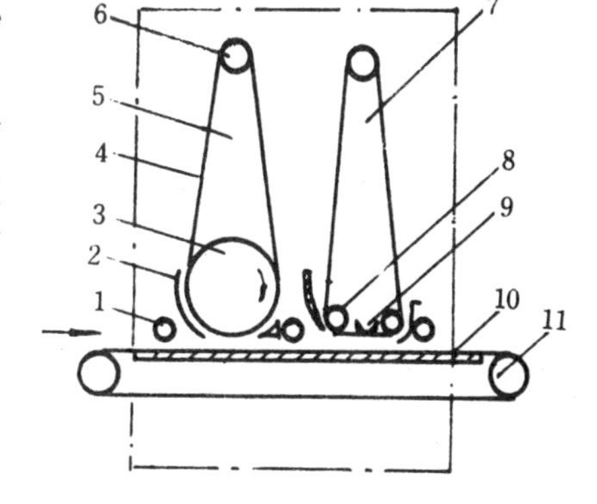

图 7-3 CL110 型带刚性压带器的双砂架宽带式磨光机示意图

1. 压紧辊 2. 吸尘装置 3. 接触辊 4. 砂带 5. 辊式砂架 6. 张紧辊 7. 带刚性压带器的纵向砂架 8. 导承辊 9. 刚性压带器 10. 进给履带 11. 工作台

进给履带可以自动地保持在中间位置，不需要操作者控制或增加辅助装置。

工作台由电控调整，微调用手轮，调节量可以由数字指示器显示，调整方便、精确。

机床装有迅速控制工作压力的压力计，由压力计指示工作压力和砂带张紧力。此外，机床有中断装置，当过载或操作错误时，可以自动切断电源。操作非常安全，装有安全装置，万一砂带破裂或气压失灵，不会伤人。滚筒和缓冲压带器利用分度尺可以正确调整。

该机床操作方便，控制板上的操纵和调整装置，采用不同颜色组成，可以迅速识别。该机通用性好，根据不同的加工要求，可以换上相应的附件。

当该机床应用于柔光聚酯漆等涂饰表面时，采用双速砂架，弹性气控压带器和确保弹性气控压带器处于最精确位置时的电子程序装置。压辊采用动力驱动，以确保工件良好接触和恒定进给。在工作台出料端装有柔光辊，以确保柔光质量。其示意图如图 7-4 所示。

CL110 型双砂架宽带式砂光机主要技术性能见表 7-11 所列。

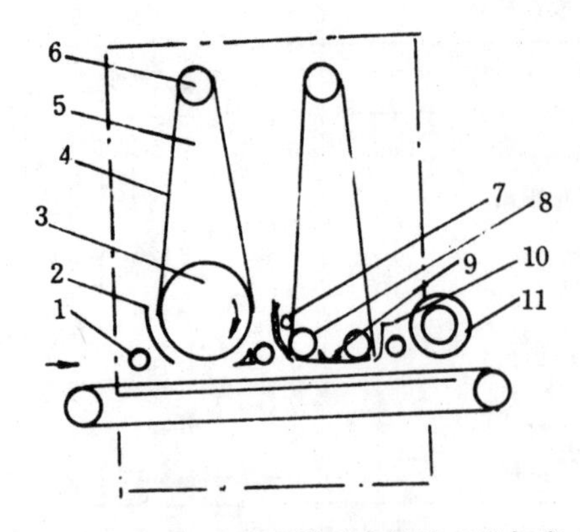

图 7-4　CL110 型带柔光辊的双砂架宽带式砂光机示意图

1. 动力驱动压紧辊　2. 吸尘装置　3. 接触辊　4. 砂带　5. 辊式砂架　6. 张紧器　7. 喷气驱尘和砂带冷却装置　8. 导承辊　9. 刚性压带器　10. 弹性气控压紧器　11. 柔光辊

表 7-11　CL110 型双砂架宽带式砂光机技术性能

指　标　名　称	意大利 SCM 公司
	CL110 型双砂架宽带式砂光机
最大加工宽度，mm	1 100
最大加工厚度，mm	160
砂带规格，mm	2 150×1115
定厚磨削的砂带速度，m/s	22
精砂砂带速度，m/s	20
定厚磨削的电动机功率，kW	15
精砂的电动机功率，kW	11
工作台升降　电动机功率，kW	0.4
进给电动机功率，kW	1.1
进给速度，m/min	4.5～23
工作压力，MPa	0.6
机床净重，kg	2 800
机床外形尺寸，mm	1 740×2 050×2 050

(2) SL130RR 型宽带式柔光机　见图 7-5 所示。

该机是单辊式柔光机，属于上砂式。接触辊覆有橡胶，表面硬度值为肖氏硬度 18，特别适用于聚酯漆类涂饰表面的柔光。其主要技术性能见表 7-12。

表 7-12　SL130RR 型宽带式柔光机技术性能

指　标　名　称	意大利 DMC 公司
	SL130RR 型宽带式柔光机
最大加工宽度，mm	1 300
最大加工厚度，mm	110
砂带速度，m/s	5～10
柔光辊速度，m/s	14
进给速度，m/min	6～18
砂带长度，mm	2 620
砂带宽度，mm	1350
最小工作压力，MPa	0.5
压缩空气消耗量，L/min	400
辊式砂架电动机功率，kW	0.84
进给电动机功率，kW	1.47
柔光辊电动机功率，kW	2.94
机床净重，kg	2 950
机床外形尺寸，mm	2 110×1 768×2 310

图 7-5　SL130RR 型宽带式柔光机

(3) SL130PR 型宽带式柔光机　见图 7-6。

该机是带缓冲压带器的柔光机，属于上砂式，由带缓冲压带器的纵向砂架和柔光辊组成。特别适用于聚酯漆类涂饰表面的精加工。

SL130PR 型宽带式柔光机主要技术性能见表 7-13。

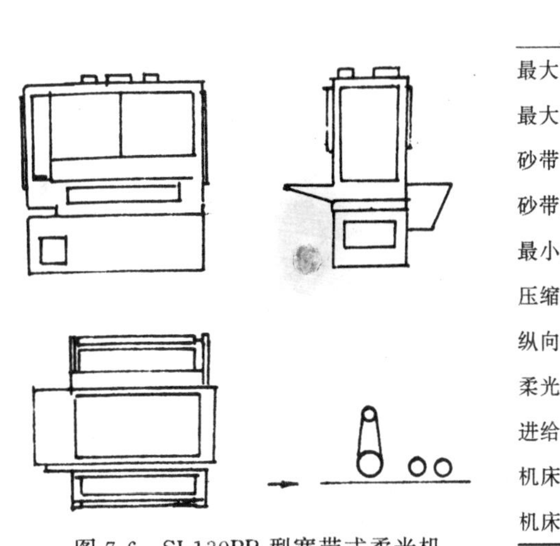

图 7-6 SL130PR 型宽带式柔光机

表 7-13 SL130PR 型宽带式柔光机技术性能

指 标 名 称	意大利 DMC 公司
	SL130PR 型宽带式柔光机
最大加工宽度，mm	1 300
最大加工厚度，mm	110
砂带长度，mm	2 620
砂带宽度，mm	1 350
最小工作压力，MPa	0.5
压缩空气消耗量，L/min	400
纵向砂架的电动机功率，kW	0.84
柔光辊电动机功率，kW	2.94
进给电动机功率，kW	1.47
机床净重，kg	2 700
机床外形尺寸，mm	2 110×1 768×2 310

7.2.3.4 往复式水砂机 往复式水砂机在我国家具生产中应用较多。以前基本都是自行设计和制造，现在已有工厂专门生产。如牡丹江木工机械厂生产的 MM501 型水砂机、上海平安木工机械厂生产的 SSG-8 型自动水砂机均属此种类型。

往复式水砂机有平面往复式水砂机、多用水砂机、有冷却系统的水砂机和连续进给水砂机等多种。

（1）平面往复式水砂机

①用途：主要用于大衣柜、小衣柜、床头柜等的门板和旁板部件的平面砂光。

②结构：图 7-7 为平面往复式水砂机结构示意图。

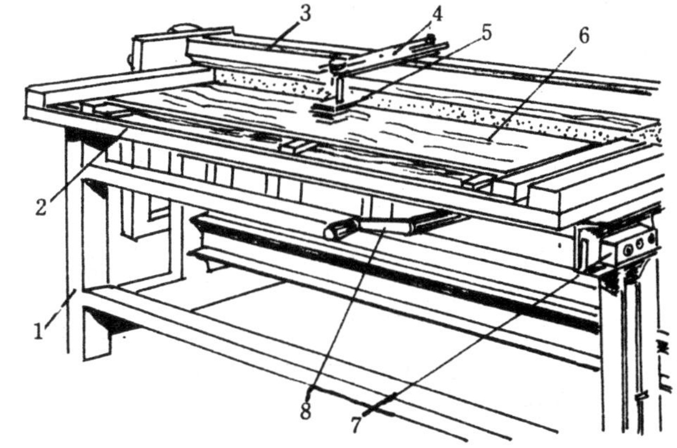

图 7-7 平面往复式水砂机结构示意图

1. 机座 2. 工作台 3. 钢丝绳 4. 夹架 5. 砂磨头 6. 板件 7. 开关 8. 手摇柄

往复式水砂机主要由机座、工作台、砂磨头、偏心连杆和钢丝绳等组成。砂头 5 的面积为 110mm×130mm，水砂纸夹在上面，随时可以更换。其最大往复行程可达 2m，每分钟往复次数为 60～80 次，它可以同时加工二块板件。操作前，先在砂磨头上夹紧水砂纸，然后调节砂磨头行程距离，以适应板件 6 的长度。为避免砂损两端楞角，一般控制砂磨头运行到板件两端应分别小于 2～3mm。当点动开关 7 时，板件上应先洒放肥皂水溶液，作为冷却润滑剂。然后摇动手摇柄 8 旋转 180°以提高工作台，使板件与砂磨头接触，进入正常砂磨。砂磨完毕，拭清板件表面。

（2）多用水砂机

①用途：用于大衣柜门板、旁板、写字桌、小衣柜、床头柜等壳体的面板或旁板，以及双人床部件平面进行水砂磨加工。

②构造：它主要由砂头纵向往复机构、砂头架升降机构、物品夹紧机构、夹紧升降机构和工作台横向移动机构等组成，见图 7-8。

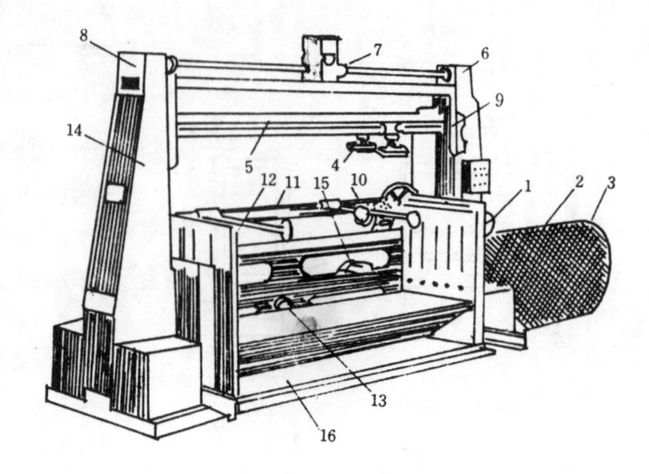

图 7-8　多用水砂机结构示意图

1、6、10、13、15. 电动机　2. 齿轮减速箱　3. 偏心连杆　4. 砂磨头　5. 导轨　7. 蜗轮减速箱　8. 圆锥齿轮箱　9. 溜板　11. 长丝杆　12. 夹紧器　14. 机架立柱　16. 工作台

当启动电动机 1 时，经齿轮减速箱 2 带动飞轮和偏心连杆机构 3 运转。再由钢丝绳轮溜板使砂磨头 4 沿砂磨头架导轨 5 作纵向往复运动。调节偏心滑块距离即可按加工件面长度调整砂头往复行程。调节砂磨头高度时，应启动电动机 6，通过三角皮带传动，经蜗轮减速箱 7，沿两根长轴传至两端圆锥齿轮箱 8，带动安装在机架立柱 14 中的丝杆螺母，使砂磨头溜板垂直升降至工件表面与砂磨头接触。当夹紧和松开加工件时，启动电动机 10，通过齿轮减速使长丝杆 11 回转，使夹紧器 12 作相同或相反方向移动。根据加工件规格不同，要使夹紧器夹紧在适当位置，需调节垂直方向的高度时，要启动电动机 13。通过三角皮带轮经蜗轮减速箱，再经二边长轴至一对圆锥齿轮带动丝杆螺母，使安装在二端机架立柱 14 上的溜板直接升降。工作台横向移动速度为 2m/min，它由电动机 15，通过三角皮带轮经蜗轮减速箱，再经长轴带动一对圆锥齿轮使工作台下的丝杆螺母回转而实现工作台 16 的横向进给。

当砂磨头工作时，冷却润滑仍需人工洒肥皂水溶液。砂磨完毕，应擦净工件上的肥皂水迹。

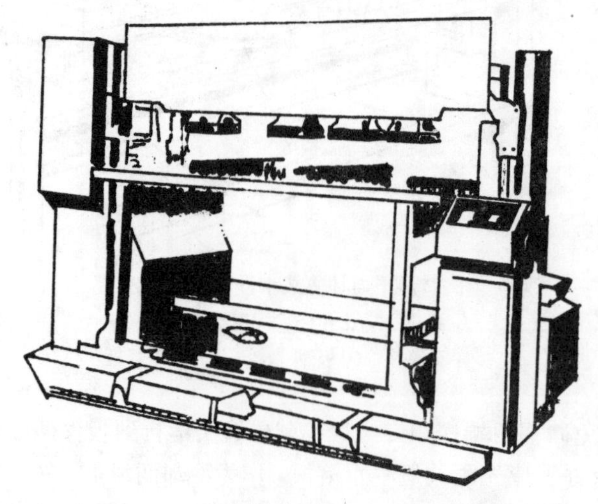

图 7-9　有冷却润滑系统水砂机外观图

（3）有冷却润滑系统水砂机

①用途：适合水磨五斗柜产品及大衣柜门板表面等。

②结构：由砂头纵向往复机构、砂头架升降机构、制品夹紧机构、夹紧器升降机构、工作台横向移动机构及冷却润滑系统等组成（见图 7-9）。

图 7-10 为其传动装置，冷却润滑系统由水泵 1 不断供应肥皂水。

其它机构如砂头纵向运动机构 I 是通过减速箱 2 带动飞轮和偏心连杆机构 3 而实现。夹紧机构 Ⅲ 是由蜗轮蜗杆 4 减速，由链轮 5 带动一对被动链轮 6，从

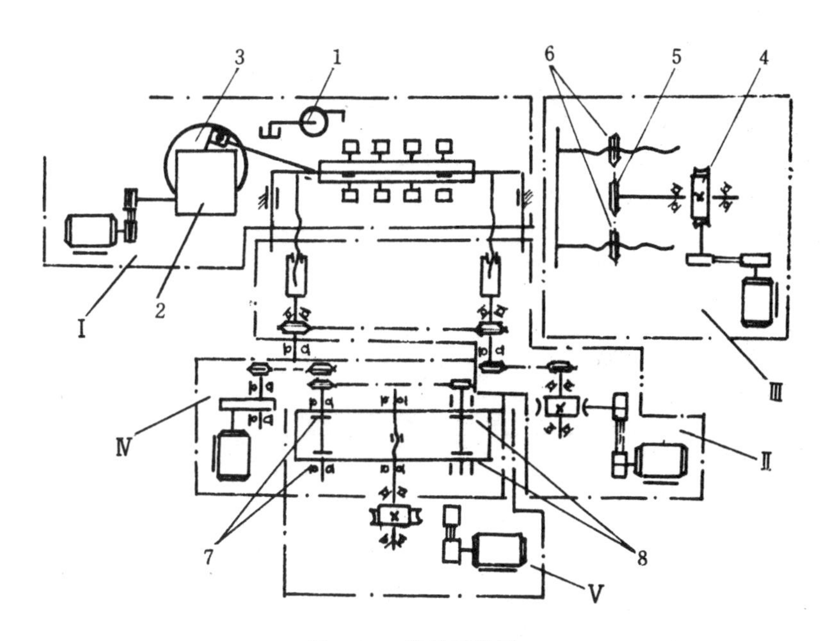

图 7-10 传动示意图

Ⅰ. 砂头纵向运动机构 Ⅱ. 砂头横梁升降机构 Ⅲ. 夹紧机构 Ⅳ. 凸轮升降机构 Ⅴ. 横向移动机构
1. 水泵 2. 减速箱 3. 连杆机构 4. 蜗轮蜗杆 5、6. 链轮 7、8. 凸轮

而使丝杆螺母运动。凸轮升降机构Ⅳ是通过链轮传动，可使凸轮 7 回转，能产生 20mm 范围内的垂直升降。

(4) 连续进给水砂机 图 7-11 为连续进给水砂机工作原理图。如图 7-11 所示，水砂头作往复运动，被砂磨的工件用输送机构传动作连续进给。这种水砂机工作头有很多水砂头交错排列，使工件上的涂膜在运行的过程中一次性砂磨平整，故生产效率高。水砂机工作时所用的肥皂水由肥皂水泵连续供给，以免漆膜发热起泡。

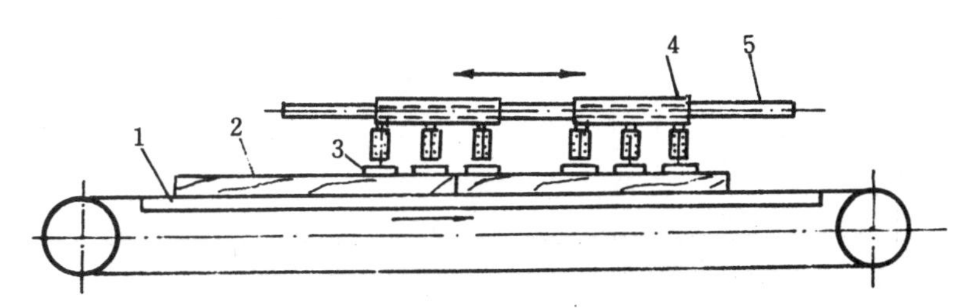

图 7-11 连续进给水砂机工作原理图

1. 输送机构 2. 工件 3. 水砂头 4. 滑块 5. 导轨

往复式水砂机技术性能见表 7-14。

表 7-14 往复式水砂机技术性能

指 标 名 称	MM501 型	MM501A 型
加工工件外形最大尺寸，mm	1 800×950×1 250	1 730×870×60
加工工件最小尺寸，mm	560×200×22	—
磨头最大行程，mm	1 800	1 730

（续）

指　标　名　称	MM501 型	MM501A 型
工作台横向移动，mm	950	500
工作台升降范围，mm	1 230	—
磨头往复次数，次/min	50	60
工作台横向移动速度，m/min	1.2	2.3
牵引磨头电动机功率，kW	2.8	x<D1.5-4-1/25
工作台进给电动机功率，kW	1.94	xWED0.55-42-1/87
重量，kg	2 500	1 000
制造厂家	牡丹江木工机械厂	牡丹江木工机械厂

7.3 漆膜抛光

漆膜抛光是指用抛光材料擦磨漆膜表面以及用溶剂或成膜物质溶液溶平漆膜表面的一种操作方法。漆膜抛光是提高装饰质量的重要环节之一。

7.3.1 抛光要求

7.3.1.1 漆膜表面平整要求　装饰质量要求较高的表面漆膜需经抛光处理。而在用抛光膏研磨之前，需用砂纸或砂带精细研磨至一定程度。但是，表面漆膜即使用很细的水砂纸（600～800 号或 1000 号以上），经过精细的研磨，其表面还会留下细微的不平，这种细微不平约为几个微米。当用抛光膏进一步研磨之后，消除这些细微的不平，漆膜表面才能达到很高的光洁度。并磨出柔和、舒适、稳定的光泽，其装饰效果可以远远超过同类的原光漆膜。

7.3.1.2 漆膜硬度要求　抛光处理只适用于漆膜较硬的漆类，如硝基漆、聚氨酯漆、聚酯漆、丙烯酸漆等。漆膜硬度较低的油性漆包括醇酸漆等一般不能抛光，至少不能在短时间内抛光。

7.3.1.3 漆膜干燥要求　抛光与涂层的干燥程度有关。干燥不够极易磨破，而某些漆干燥过分可能硬度很高，手工抛光就比较困难。某些漆只能抛至一定的光泽，当继续擦磨时光泽可能下降。这些情况需视具体漆种经实验确定掌握。

7.3.1.4 保证砂蜡质量　砂蜡内不可有大的砂粒和硬的杂质，否则会在漆膜上磨出深沟，影响表面漆膜质量。

7.3.2 手工抛光

7.3.2.1 溶平抛光　对于挥发性漆膜，可以采用溶平填补的方法消除不平、抛光漆膜、提高光洁度。例如，在硝基漆膜表面擦涂部分溶剂，把漆膜的凸出部分溶解填充到低凹处，或者擦涂成膜物质溶液，填平低凹处等，提高光洁度。

（1）刷涂溶平　在基材砂光腻平填孔着色之后，刷涂硝基清漆（漆与信那水比例 1：1）5 或 6 遍，常温每遍间隔 7～8min，全部刷完干透（约一天左右），用 320 号水砂纸蘸肥皂水打磨平滑，除去磨屑擦净晾干；再刷涂两遍较稀的硝基清漆（漆与信那水比例 1.0：1.5），干透，用 360～400 号水砂纸蘸肥皂水打磨，至刷痕消失，表面平滑，除去磨屑擦净晾干；最后仔细刷一遍更稀的硝基清漆（漆与信那水比例 1：3），便可起到溶平抛光的作用。干后漆膜平整光滑透亮，可以不再用抛光膏抛光。

（2）溶剂溶平　在表面处理后表面刷涂5或6遍硝基清漆（漆与信那水比例为1∶1），干后用320号水砂纸打磨；再刷较稀的硝基清漆（漆与信那水比例1∶2）4或5遍，干后用360号水砂纸研磨，除去磨屑擦净晾干，此时可以擦涂混合溶剂以溶平表面。

用细白软布包脱脂棉将底部压平，蘸信那水与酒精（1∶1）混合溶剂，擦涂涂膜表面。先横刷痕方向再顺刷痕方向，每处往返用力擦涂数次，至刷痕与砂痕消失，达到表面平滑为止。此时干燥24～36h，如再用抛光膏擦磨与上光蜡则可获得镜样光泽。

（3）聚氨酯漆膜溶剂溶平　对于非挥发性的聚氨酯漆膜也可以采用溶剂溶平的方法。但需要在聚氨酯漆干燥到一定程度，尚未彻底固化之前，经细水砂纸湿磨，除去磨屑，擦净晾干，用棉球蘸聚氨酯漆溶剂与酒精的混合溶液（约含30%酒精）擦涂。可以使表面平整而不必用抛光膏研磨抛光。

溶平法操作要求有较高的技巧。对小面积效果好，装饰效果不及用砂蜡抛光，因此应用不够广泛。

7.3.2.2　擦磨抛光　在现代木材涂饰生产实践中，国内外普遍采用抛光膏擦磨漆膜。此法可手工进行，也便于机械化，能获得很好的效果。

（1）准备工作　手工抛光时，应先将固体块状的砂蜡捣碎用煤油溶解成浆糊状。同时准备好用洁净软质材料捏成的纱布球或棉纱球（俗称砂蜡团）。

（2）抛光步骤　手工抛光一般分三个步骤，即擦砂蜡、擦煤油、上光蜡。

①擦砂蜡：先取少些砂蜡放到工件表面，用棉纱团蘸取少量煤油，然后在漆膜表面摩擦。开始时先轻轻地直擦，使砂蜡随纱团上的煤油，在整个工件上展开。这时可稍加重压力横擦，斜擦或转圈擦，大约擦5或6遍后，改为顺木纹方向直擦，用力要大，且均匀、快速。但不必过猛，如感粘滞程度大、擦不动，可以加少量煤油继续直擦。直擦面积可由小到大，由局部到全部地轮擦，不可在一个局部过度摩擦，以防受热过高而鼓泡。楞角线条不可擦损而露白。这样擦至10多遍，漆膜表面的光泽便逐渐显示出来。

②擦煤油：当漆膜表面经砂蜡擦至出现光泽时，再用一团清洁柔软的棉纱头将漆面上残余的砂蜡擦净。但此时光泽还不透亮，还需用另一个棉纱团，蘸适量煤油在工件表面继续用力快速地依次直擦。即从一头擦到另一头，依次顺木纹擦，直至透亮为止。最后用清洁棉纱头将残余的煤油擦净。

③上光蜡：为了提高抛光面的光滑和光泽清晰度，漆面经上述两次揩擦后，再用清洁的棉纱头蘸取上光蜡涂抹薄薄一层，不可漏涂，随即用清洁的棉纱头揩擦，漆膜就会光亮如镜。光蜡中没有磨料，但它是靠光蜡和棉花等柔软材料同漆膜摩擦而提高光泽的。经光蜡摩擦的漆膜表面，比砂蜡研磨的漆膜表面质量提高，光泽增加。由于漆膜表面多了一层极薄的蜡质，能起到一定的防水、防尘的保护作用，可延长漆膜使用寿命。

7.3.3　抛光机

抛光机又称为擦蜡机，用于进一步消除砂光后在漆膜表面所留下的细微的不平度。抛光机的类型有多种，根据工作头的运动方式不同，可分为辊筒式和盘式两种。其中辊筒式抛光机应用最广，生产效率最高。国内涂饰施工中使用的机械抛光设备，大多是工厂自行设计制造的，所以这些机械设备的构造、性能及使用特点各有不同。

7.3.3.1 单辊平面抛光机

(1) 用途　用于家具板式部件平表面漆膜的抛光。

(2) 构造与使用　由机座、工作台、升降机构，悬臂支架，控制盘等组成（图 7-12）。

这种抛光机工作台由液压系统控制，可以移动。工作台上面装有夹紧被抛光零件的可移动的卡尺。悬臂支架下安装抛光软辊，由机床后面的电机经三角皮带带动。在悬臂支架内装有抛光辊的振动机构。

抛光时，先将零部件放在工作台上卡紧。开动工作台进料机构，工作台作往返运动。开动抛光辊使之旋转，把抛光膏擦到抛光辊上，当零部件漆膜表面与旋转的抛光软辊接触摩擦，漆膜被抛光。抛光辊对零件表面压紧的程度用电流表控制，抛光辊的振动作用可改善抛光的质量。

(3) 技术性能　参见表 7-15。

表 7-15　单辊平面抛光机技术性能

指　标　名　称	单辊平面抛光机	指　标　名　称	单辊平面抛光机
加工工件尺寸，mm		振幅，mm	25
长	400～1 800	工作台移动速度，m/min	1.6～8.0（无级变速调节）
宽	200～800	抛光辊传动电机	
厚	10～50	功率，kW	5.5
抛光辊直径，mm		转数，r/min	1 450
最小	300	工作台进料传动电机	
最大	400	功率，kW	1.0
抛光辊最大圆周速度，m/s	20（辊径最小时）	转数，r/min	930
抛光辊的振动		抛光机尺寸，mm	3 900×1 900×1 450
振动次数，次/min	100	重量，kg	2 000

7.3.3.2 卧式单辊筒抛光机

(1) 用途　适于抛光拆装家具的大型板件、某些柜类壳体面板和旁板的抛光。

(2)构造与使用　主要由抛光辊筒回转机构、悬臂横梁升降机构、钢丝绳牵引机构及工作小车升降机构等组成（图 7-13)。

抛光机立柱 1 上装置悬臂横梁 2，横梁上装有电动机 3，通过三角皮带 4 减速，直接带动抛光辊筒 5 运转。

悬臂横梁 2 的升降是由电动机 6 直接带动蜗轮蜗杆减速，蜗轮中间为螺母，从而使丝杆 7 回转，实现横梁的垂直升降，并可由手柄 8 锁紧在所需位置。

工作小车 9 下面装有半圆弧形槽滚轮，由钢丝绳 10 牵引，可沿圆形导轨 11

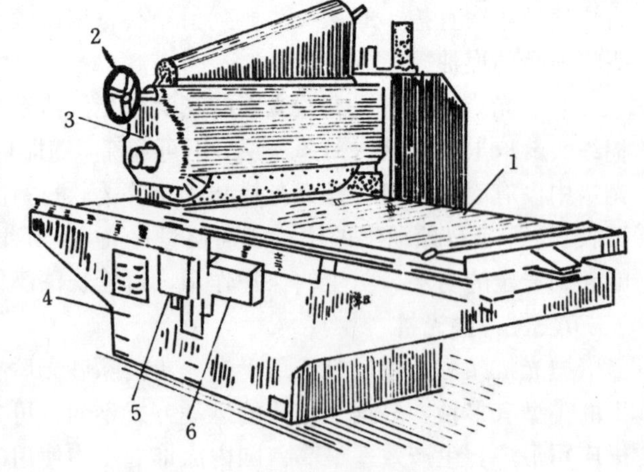

图 7-12　单辊平面抛光机结构示意图

1. 工作台　2. 升降机构　3. 悬臂支架　4. 机座　5、6. 控制盘

作纵向往复移动。钢丝绳轮是由电动机12通过三角皮带传动，经蜗轮减速箱而直接带动。加工产品长度可由安装在导轨旁的限位开关调节。电动机出轴还联接有JWZ—100制动器，以作制动之用。

在小车侧面装有电动机13，由三角皮带传动至蜗轮减速箱。减速箱出轴为链轮，带动小车四根无缝钢管立柱14下面的链轮，传动了钢管内的丝杆螺母，而实现工作小车台面的垂直升降。

使用时，板件与抛光辊的接触程度可由装在支柱上悬臂横梁加以调节。当点动开关，电动机3启动使抛光辊筒5转动，此时操作者手握块状抛光膏在辊布上来往摩擦2或3次。然后，启动另一台电动机，使钢丝绳牵引小车9沿着导轨来回移动，此时小车载的板件表面上的漆膜，与转动的抛光辊摩擦，即逐渐产生光泽。被研磨下来的粉尘由吸尘管道排除。

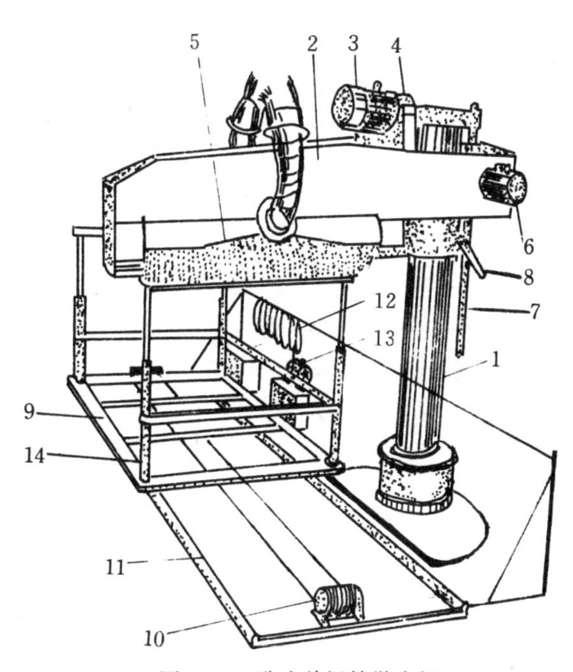

图7-13 卧式单辊筒抛光机

1、14. 立柱 2. 横梁 3、12、13. 电动机 4. 三角皮带 5. 抛光辊筒 7. 丝杆 8. 手柄 9. 小车 10. 钢丝绳 11. 导轨

(3) 技术性能 参见表7-16。

表7-16 卧式单辊抛光机技术性能

指标名称	国产	
	MM7140	MM7135
布轮最大直径，mm	400	350
布轮最小直径，mm	300	200
布轮有效长度，mm	1 050	1 000
布轮转速，r/min	720	960
工作台进给速度，mm/s	70	100、150、200
工作台进给行程，mm	1 800	1 800
工作台升降，mm	1 230	—
可加工工件规格，mm		
最大（长×宽×高）	1 800×1 050×1 250	1 800×1 000
最小（长×宽×高）	300×100×22	—
布轮电机功率，kW	4.0	电动机总功率：
进给电机功率，kW	1.5	5.3
制造厂家	牡丹江木工机械厂	

7.3.3.3 立式抛光机

(1) 用途 用于零、部件周边（平面、型面或曲面）漆膜的抛光。

(2) 构造及使用 由抛光辊、电机、小车等组成（图7-14）。

如图所示，立式抛光机辊筒 4 在电机 5 的带动下旋转，载有工件 3 的小车 2 沿铁轨 1 作往复运动。抛光时，使被抛光的周边紧靠抛光辊的织物。若周边是成型面，则织物随之发生形变跟周边型面相吻合，而使型面得到彻底抛光。对于弯曲的工件表面，可由人拿着被抛光件在抛光辊上进行抛光。

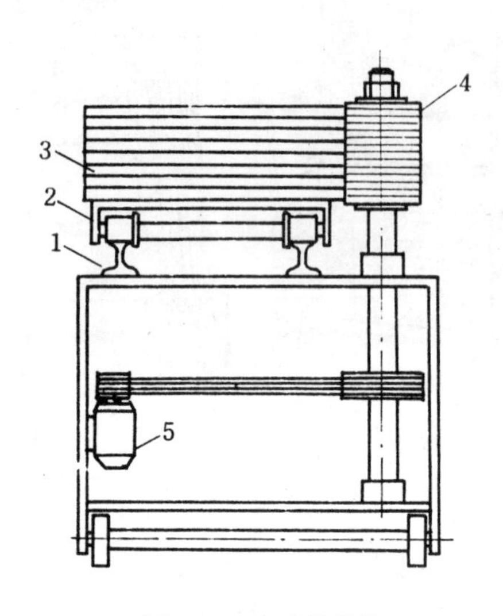

图 7-14　立式抛光机

1. 铁轨　2. 小车　3. 工件

4. 抛光辊　5. 电动机

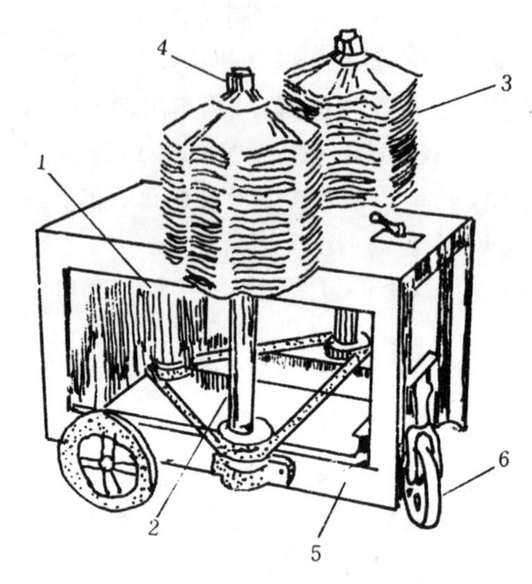

图 7-15　立式双辊筒抛光机

1. 电动机　2. 转轴　3. 抛光辊

4. 螺母　5. 机架　6. 滚轮

7.3.3.4　立式双辊筒抛光机

(1) 用途　立式双辊筒抛光机可进行具有型面或曲线的零件表面的抛光。

(2)结构与使用　图 7-15 为其外观图。功率为 2.2kW 的电动机 1 经三角皮带轮直接带动二根转轴 2，其转速约为 750r/min，转轴上部安装一叠绒布即成抛光辊，两端盖以夹盘并由螺母 4 固定在转轴上。当布盘随转轴转动时，在离心力作用下，就会形成规则的圆筒形。加工中，当零件紧靠涂有抛光膏的辊筒时，圆辊外形能适应零件表面的各种形状。

该机机架 5 是用型钢焊接而成，并装有三个滚轮 6，可移动至不同场所加工。

7.3.3.5　多辊式抛光机　多辊式抛光机工作原理见图 7-16。这种抛光机便于流水线作

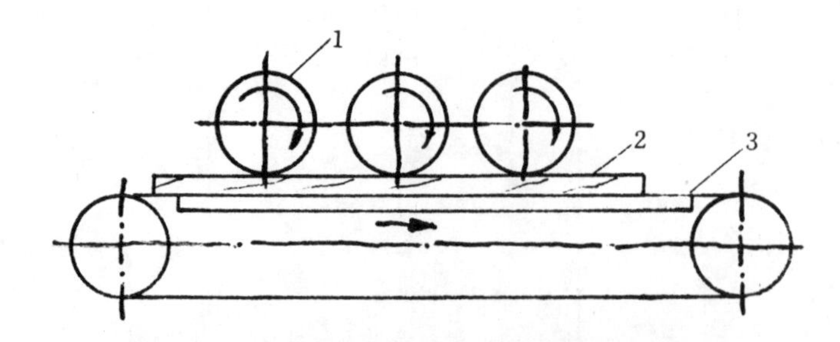

图 7-16　多辊式抛光机工作原理图

1. 抛光辊　2. 被抛光件　3. 输送机构

业生产。工作时，被抛光件由输送机构带动从抛光辊下面通过而被抛光。抛光辊的个数与输送机构速度有关，输送机构速度快生产效率高，但相应地要增加抛光辊的数量，以达到漆膜抛

光要求为原则。

多辊式抛光机技术性能见表 7-17。

表 7-17 多辊式抛光机技术性能

指 标 名 称	原 苏 联	原 苏 联	国 产
	П6A 六鼓式平面抛光机	八鼓抛光机	三辊式抛光机
被加工工件尺寸，mm			
长	500～2 000	400（最小）	—
宽	200～800	800（最大）	600
厚	10～50	10～50	—
抛光辊直径，mm	400	400	300
抛光辊数量，个	6	8 （抛光鼓轴与进料方向夹角：前 4 个 25°，后 4 个 85°）	—
抛光速度，m/s	27	20	20
抛光辊振幅，mm	25	—	—
频 率，Hz	2.67	—	—
进料速度，m/s	0.033～0.276	8（最大）	6
装机容量，kW	46.5	50	—
机床外形尺寸，m	5×1.97×1.765	5.9×1.9×1.8	3.7×1.2×0.8
重量，kg	7 650	3 700	—
用 途	抛光平面工件涂膜	抛光平面板件上聚酯涂膜	

7.3.3.6 手提气动抛光机

(1) 用途 手提气动抛光机小巧轻便，适用于小型零部件或曲线边角部位的抛光。

(2) 构造与使用 这种抛光机构造见图 7-17 所示。操作时，是由双手分别握住手柄 4，以右手旋转开关 7。此时压缩空气即经送气软管 6 通过进气孔 5 吹动风叶 9 带动主轴 2 转动，主轴 2 带动抛光辊 1 转动，然后压缩空气由出气孔 10 放出。

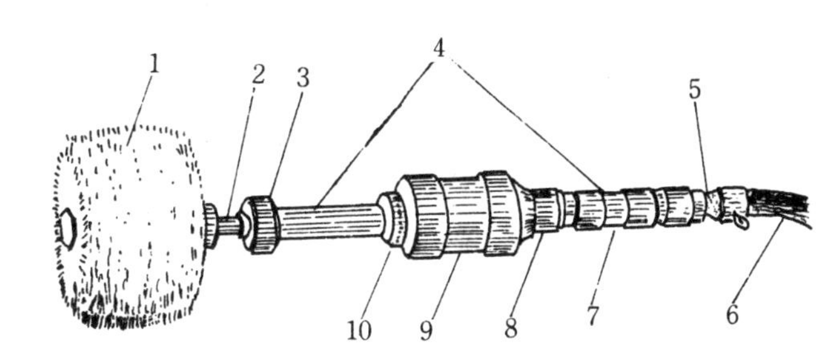

图 7-17 手提气动抛光机

1. 抛光辊 2. 主轴 3、8. 轴承 4. 手柄 5. 进气孔 6. 输送空气软管 7. 开关 9. 风叶 10. 出气孔

使用时，手拿块状抛光膏在抛光辊布上摩擦。抛光时，应注意它的转动方向，以免抛光膏被弹出而发生意外事故。同时要求在使用前应检查一下抛光辊与主轴是否紧固，抛光时要牢握手柄，稳妥地在抛光制品或部件表面进行抛光。

7.3.4 机械抛光

机械抛光主要是靠抛光辊的摩擦作用（磨料为抛光膏），清除漆膜表面的磨痕，使其呈现镜面光泽。手工抛光是十分繁重的体力劳动，生产效率很低，近些年在我国木器生产中，逐渐以机械抛光所代替。机械抛光不仅减轻了操作者的体力劳动，而且大大提高了劳动生产效率，并能保证抛光质量。许多抛光机都可由企业自行设计制造，部分木工机床厂也能提供专门制造的抛光机，因此，机械抛光将是发展方向。

机械抛光的设备有：辊筒式、带式、手提式等多种，其中以辊筒式应用最多。上述几种类型抛光机可分别用于零部件平表面，零部件周边（平面、型面或曲面）及柜、桌等制品表面漆膜的抛光。

7.3.4.1 辊筒式机械抛光

（1）抛光辊构造及工作原理　辊筒式抛光机的抛光辊，是一个软辊。软辊中心是一根钢管制成的转轴，将许多层绒布或化纤等织物剪成同样直径的圆环（外径为400～600mm）套在轴上。为了增加织物的刚性，并防止织物粘在一起，需在两织物圆环之间再隔一层硬纸圆环片（外径为150～200mm），两端用压紧螺母固定在转轴上。当这种布轮随着轴转动时，在离心力作用下，就会形成圆形辊筒式抛光辊。由于漆膜多属热塑性的，经粘有抛光膏的抛光辊摩擦而发热软化，并在辊筒的压力作用下被“烫平”，从而获得较高的平整度。

抛光辊筒的直径一般为300～400mm。抛光辊筒的线速度越大，生产效率就越高。但抛光辊筒线速度太大，机器的刚性要加强，否则，会产生振动，影响抛光质量。抛光辊筒的线速度一般为400m/min左右，漆膜硬度较大的可相应加大。被抛光件的进给速度为15m/min为宜。

抛光辊可以在抛光机上安装成卧式或立式。即构成前述几种抛光机：单辊平面抛光机、卧式单辊抛光机、立式抛光机、多辊式抛光机等。

（2）辊筒式机械抛光　大型平整部件或整体制品上表面抛光可在卧式抛光机上进行。在此种抛光机的卧式抛光辊下安装能移动小车，小车移动速度为15m/min左右，被抛光件放在车上抛光。当抛光辊转动时，被抛光件来回移动，工件表面上漆膜就被抛光。抛光辊工作过程中，定时擦上抛光膏。

对于零、部件周边（平面、型面或曲面）的漆膜可用立式辊筒抛光机来抛光。抛光时，被抛光件周边紧靠抛光辊织物。若周边是成型面，则织物随之发生形变与周边型面吻合，而使型面得到彻底抛光。对于弯曲的工件表面，可由人拿着工件在抛光辊上进行抛光。

在大量抛光大型板件表面上的漆膜时，可以采用多辊筒的自动抛光机。如六辊抛光机等，这种抛光机便于流水作业生产。工作时，被抛光件由输送机构带动，从抛光辊下面通过而被抛光。

7.3.4.2 带式砂光机抛光　可用厚3mm左右的毛毡作成环状，代替砂带装在带式磨光机上，进行漆膜抛光。操作时也使用压块，并在毛毡上刷涂稀释过的抛光膏。如压力过高，在漆膜上易产生烧伤。当毛毡带面上粘附很多抛光膏和磨屑时，又会划伤漆膜，所以需要准备好几根毛毡带，注意及时更换。

7.3.4.3 手提式抛光机抛光　手提式抛光机有软轴传动和气动的，适用灵活，适用于抛光小型制品。如电视机壳或装配好的桌椅等制品中的曲线形零件表面，但生产效率低。抛光时，要注意抛光辊与主轴必须拧紧，同时要注意它的转动方向，还要注意用力力度。一旦用力过大，很容易出现磨漏现象。

机械抛光的漆膜表面常粘有残余的抛光膏，影响漆膜表面的光亮度及漆膜的透明性。为此，需用清洁纱头蘸取油蜡擦拭，方可使漆膜充分显现出自身的光泽度和透明度。

8 涂饰工艺过程

木器用涂料涂饰的历史悠久，应用极其广泛，并且有不同的涂饰分类方法。

木器的涂饰按其是否遮盖木材纹理可分为透明涂饰与不透明涂饰两类。前者选用透明涂料，在木器表面形成一层透明漆膜，保存了木材的天然纹理，并显得格外透畅，装饰性强。后者选用不透明涂料（即各种色漆），在木器表面形成一层不透明漆膜，遮盖了木材的纹理和颜色。使木器表面充分表现了色漆涂层的装饰作用，但是失去了木材质感，令人感到不够透畅。

木器涂饰还可根据漆膜表面光泽分为亮光涂饰与亚光涂饰。前者选用亮光漆涂饰木器表面，以获得高光泽表面（用光电光泽仪测定的漆膜光泽在60%以上者均属亮光涂饰）。后者选用亚光漆涂饰木器表面，得到的漆膜具有较低的光泽。

亮光涂饰按对光泽的处理可分为原光涂饰与抛光涂饰。原光涂饰的漆膜表面不进行研磨和抛光处理，当最后一遍面漆涂完干透，产品便可使用。原光漆膜表面质量差，比较粗糙。但是原光漆膜省工省料，施工周期短。一般普级产品多为原光漆膜。抛光涂饰的漆膜是指在原光基础上，对漆膜进行强力修饰、研磨、抛光，使漆膜表面平整光滑，达到镜样光泽，但是费工、费料。一般高级木器都要进行抛光涂饰，以获得抛光漆膜。抛光漆膜与原光漆膜相比，光泽柔和，装饰性很强。

亚光涂饰还可根据是否填孔，而分为填孔亚光与显孔亚光两种。前者在涂饰过程中用填孔剂将管孔填满填实，并对漆膜进行一定的修饰、研磨，使漆膜表面平整。后者则不进行填孔或部分填孔，涂饰后表面不平整，管孔显现。

经亚光漆涂饰的漆膜表面光泽柔和幽雅，令人感到舒适安定。特别适用于书房等室内环境装饰。

根据轻工部部颁标准，木家具按材质和加工工艺的不同，常分为普、中、高三级，其涂饰方面的主要区别在于面漆用料和漆膜状态。具体涂饰标准见标准《SG279—83 木家具涂饰》。

考虑最终应用的面漆对涂饰工艺的影响较大，所以以下具体工艺过程将按所用面漆种类来分，如醇酸清漆涂饰工艺、硝基磁漆涂饰工艺等。

8.1 透明涂饰工艺

透明涂饰工艺（又称清漆涂饰工艺）是指木器表面通过透明涂料的涂饰。不仅保留木材的原有特征，而且还应用某些特定的方法使木材纹理更加清晰，色泽更加鲜艳。

透明涂饰工艺，按其漆膜表面光泽的高低，可分为亮光透明涂饰与亚光透明涂饰。

8.1.1 亮光透明涂饰

亮光透明涂饰工艺过程，一般分为表面处理、腻平、着色、涂饰涂料与漆膜修饰几个主要阶段。表面处理包括表面清净、嵌补与砂磨等；着色包括颜料着色、染料着色、色浆着色与拼色等；涂饰涂料包括涂饰底漆与面漆；漆膜修饰包括涂层的砂磨与漆膜的抛光。

透明涂饰由于保留了木质的真实花纹，凡属花纹美观的硬阔叶材多用透明涂饰。并且由于透明涂饰的漆膜很容易显现基材的缺陷，因此对基材质量要求较高。特别是涂饰部位的表面应平整、光滑、无刨痕和砂痕；线条、棱角等部位，应完整无缺。高级产品应除去木毛。

8.1.1.1 醇酸清漆涂饰工艺 木器表面选用醇酸清漆做面漆，其漆膜较软，只能原光涂饰而不能进行抛光。因此，原光漆膜表面比较粗糙，有微小颗粒，漆膜实干后有木孔沉陷等不明显缺陷。只用于普级产品、建筑门窗等。

醇酸清漆涂饰的工艺过程比较简单，材料与工时消耗较少，多用手工涂饰。

醇酸清漆涂饰工艺也适用于酚醛清漆，酯胶清漆的涂饰。

本书选择了三种醇酸清漆涂饰工艺，其应用性能的对比见表 8-1，供选用参考。

表 8-1 醇酸清漆各涂饰工艺对比

工艺编号	着色剂	涂饰方法	质量	基 材	特 点
之一	水性填孔着色剂	手工	普级	环孔材 散孔材	施工方法简单。木毛易竖起，管孔沉陷明显，木纹轻微模糊
之二	油性填孔着色剂	手工	普级	环孔材 散孔材	木纹清晰。不易使木毛竖起，着色剂干燥慢，成本稍高。管孔沉陷较轻
之三	油性填孔着色剂与水性填孔着色剂兼用	手工	普级	水曲柳等环孔材	颜色较鲜明，木纹清晰。不易起木毛，着色繁琐，成本高。无明显管孔沉陷

各工艺具体涂饰过程如下。

（1）醇酸清漆涂饰工艺之一 醇酸清漆涂饰工艺之一的具体涂饰工艺过程见表 8-2 所列。

表 8-2 醇酸清漆涂饰工艺过程之一

序号	工序名称	材 料	方法	工具设备	工艺条件	备 注
1	表面清净	—	手工	—		除污迹、胶质、灰尘等
2	腻 平	虫胶腻子	手工	嵌刀	—	局部缺陷腻平
3	干 燥	—	自然干燥	—	20～25℃，20～30min	
4	砂 磨	0 号或 1 号木砂纸	手工干砂	砂纸板	—	全面砂磨，砂后除磨屑
5	填孔着色	水性填孔着色剂	手工擦涂	鬃刷、纱布	—	积粉剔清，着色均匀，不留擦痕
6	干燥	—	自然干燥	—	20～25℃，2～4h	

（续）

序号	工序名称	材　料	方法	工具设备	工艺条件	备　注
7	涂饰底漆	虫胶清漆	刷涂	排笔	20～25℃，粘度14～15s（涂－4），涂漆量50～60g/m²	以样板为准，在漆中适当加入着色材料[1]
8	干燥	—	自然干燥	—	20～25℃，20～30min	
9	腻平	虫胶腻子	手工	嵌刀	—	嵌补遗漏洞眼
10	干燥	—	自然干燥	—	20～25℃，20～30min	
11	砂磨	0号木砂纸	手工干砂	—		砂后除磨屑
12	涂层着色	染料水溶液	刷涂	排笔、鬃刷	4%～12%染料水溶液	边角处揩擦
13	干燥	—	自然干燥	—	20～25℃，1～2h	
14	涂饰底漆	虫胶清漆	刷涂	排笔	粘度14～15s（涂－4），涂漆量50～60g/m²	
15	干燥	—	自然干燥	—	20～25℃，20～30min	
16	拼色	醇性拼色剂[2]	手工	排笔、小毛笔	粘度12～13s（涂－4），涂漆量40～50g/m²	拼色剂内颜料用细布袋过滤
17	干燥	—	自然干燥	—	20～25℃，20～30min	
18	砂磨	0号旧木砂纸	手工干砂	—		轻砂，砂后除磨屑
19	涂饰面漆	醇酸清漆	刷涂	鬃刷	粘度40～60s（涂－4），涂漆量80～100g/m²	立面处不要流淌，可用C01－1、C01－5、C01－7等醇酸清漆
20	干燥	—	自然干燥	—	20～25℃，12h以上[3]	
21	砂磨	0号木砂纸	手工干砂	—		砂后除磨屑
22	涂饰面漆	醇酸清漆	刷涂	鬃刷	粘度40～60s（涂－4），涂漆量70～80g/m²	
23	干燥	—	自然干燥	—	20～25℃，36h以上	
24	整修	各种涂饰材料	—	—	—	对缺陷处，及内部整修

注：1）主要指铁红、铁黄、铁黑、铬黄等。染料主要是用醇溶性染料，一般是先将醇溶性染料用酒精溶解，配成染料的酒精溶液后，再适量加入虫胶漆中。其溶液调配比例为：醇溶性染料1份、酒精100份；2）醇性拼色剂是染料与颜料的酒精溶液或虫胶溶液；3）如果只涂一遍清漆，则必须在干燥36h以后才可使用。

（2）醇酸清漆涂饰工艺之二　醇酸清漆涂饰工艺之二的具体工艺过程如下：表面清净→腻平→干燥→砂磨→填孔着色（油性填孔着色剂）→干燥→涂饰底漆→干燥→腻平→干燥→砂磨→涂层着色→干燥→涂饰底漆→干燥→拼色→干燥→砂磨→涂饰面漆→干燥→整修。其涂饰所用材料及工艺条件参见表8-2。

（3）醇酸清漆涂饰工艺之三　具体涂饰工艺过程如表8-3所示。

表 8-3　醇酸清漆涂饰工艺过程之三

序号	工序名称	材　料	方法	工具设备	工艺条件	备　注
1	表面清净		手工	毛刷、砂纸等	—	除污迹、胶质、灰尘等
2	填孔着色	油性填孔着色剂[1]	手工刮涂	刮刀	—	
3	干燥	—	自然干燥	—	20～25℃，18h 以上	
4	腻平	虫胶腻子	手工	嵌刀		
5	干燥	—	自然干燥	—	20～25℃，20～30min	
6	砂磨	1号木砂纸	手工干砂	砂纸板	—	全面砂磨，砂后清除磨屑
7	涂饰底漆	虫胶清漆[2]	刷涂	排笔	20～25℃，粘度 14～15s（涂－4），涂漆量 45g/m^2	
8	干燥	—	自然干燥	—	20～25℃，20～30min	
9	砂磨	0号或1号旧木砂纸	手工干砂	—		轻砂，砂后除磨屑
10	填孔着色	水性填孔着色剂	手工擦涂	鬃刷、棉钞	—	竹花亦可
11	干燥	—	自然干燥	—	20～25℃，2～4h	
12	涂饰底漆	虫胶清漆	刷涂	排笔	粘度 14～15s（涂－4），涂漆量 40g/m^2	以样板为准，适当加醇溶性染料
13	干燥	—	自然干燥	—	20～25℃，20～30min	
14	拼色	醇性拼色剂	手工	排笔、毛笔	粘度 12～13s（涂－4），涂漆量 40～50g/m^2	—
15	干燥	—	自然干燥	—	20～25℃，20～30min	—
16	砂磨	0号旧木砂纸	手工干砂	—		轻砂，砂后除磨屑
17	涂饰底漆	虫胶清漆	刷涂	排笔	粘度 14～15s（涂－4），涂漆量 40g/m^2	—
18	干燥	—	自然干燥	—	20～25℃，30～40min	
19	涂饰面漆	醇酸清漆	刷涂	鬃刷	粘度 40～60s（涂－4），涂漆量 80～100g/m^2	—
20	干燥	—	自然干燥	—	20～25℃，36h 以上	—
21	整修	各种涂饰材料	—		—	对加工或运输中产生的缺陷给予修补

注：1）油性填孔着色剂可选用第4章中油性颜料着色剂，也可按下列重量比调配。滑石粉 10、铁红 0.025、铁黄 0.05、铁黑 0.02、醇酸清漆 1.25、200号溶剂汽油适量；2）本色木器也可使用硝基清漆。

8.1.1.2　硝基清漆涂饰工艺　用水曲柳、柚木等薄木贴面的中、高级木器，材质优良，花纹美丽，经硝基漆涂饰，其外观装饰性强，透明度高，木纹清晰。

硝基漆属挥发型漆，干燥快，在短时间内可连续涂饰多遍。但是由于溶剂挥发需要较长时间，涂层完全干透一般在 24h 以上。

硝基漆的漆膜经砂磨，抛光后可以获得很高的光泽。而且漆膜可修复性好，如有局部损伤，可以修复到与整个漆膜基本一致的程度。

硝基漆属快干性涂料，施工环境的温湿度对它的影响较明显。室温较高时（如高于 30℃），由于溶剂、稀释剂的快速挥发，降低了湿涂层流平性，致使干后漆膜粗糙。并且由于温度过高，易产生针孔、气泡等缺陷。室温过低时，不易获得透明干净漆膜。湿度过高时，涂层易发白。因此使用硝基漆应特别注意温湿度影响。

由于硝基漆中含有强溶剂，故选用它的配套底漆时，应以不被咬起底漆为原则。如虫胶漆、水性涂料等。而油脂漆、酚醛漆等不宜做硝基漆的底漆。

硝基漆可采用擦涂、刷涂、喷、淋、浸等方式涂饰。目前我国仍以手工刷涂、擦涂为多。

硝基漆固体份含量低，并且原漆粘度高，使用时需用较多稀释剂调配至施工粘度。为使漆膜达到一定厚度，需涂饰多遍，使总的施工周期长。

用硝基漆涂饰木器历史较长，至今仍是国内外涂饰木器的主要涂料之一。因此，具体涂饰工艺较多，表 8-4 列出了几种典型的硝基清漆涂饰工艺应用性能及特点。

表 8-4 硝基清漆各涂饰工艺对比

工艺编号	着色剂	涂饰方法	质量	基材	特点
之一	水性填孔着色剂，水溶性染料	手工刷涂、擦涂	高级	水曲柳、柚木等环孔材	用稀虫胶漆润湿去木毛。基础着色后用染料水溶液涂层着色，并进行剥色处理，使天然纹理更加清晰
之二	油性填孔着色剂，水溶性染料	以手工为主，部件可机械抛光	高级	水曲柳等环孔材	用水润湿去木毛。基础着色后，用染料水溶液涂层着色，颜色鲜艳均匀，木纹清晰
之三	油性填孔着色剂，着色虫胶清漆	手工刷涂，擦涂、抛光等	中级	柚木、水曲柳、椴木等	无去除木毛工序。色泽均匀鲜明，施工周期缩短，不易起木毛和引起木材膨胀
之四	本色油性填孔着色剂[1]	手工刷涂、擦涂、抛光等	高级	水曲柳等环孔材	稀硝基漆润湿去木毛。硝基打磨漆做底漆，保持木质的天然美和颜色，填孔效果好，缩短施工周期
之五	油性填孔着色剂，着色虫胶清漆	以机械为主	出面处高级，非出面处为普级	椴木细木工板和胶合板	颜色近似栗壳色，木纹清晰透明，具较高光泽。先涂饰后组装，主要用于台板涂饰
之六	油性填孔着色剂	喷涂	普级	柚木、柞木等环孔材	硝基打磨漆做底漆，填孔效果好。木纹清晰，施工周期缩短
之七	油性填孔剂	刷涂、擦涂	中、高级	水曲柳、黄波罗等环孔材	突出管孔色调

注：1）本色填孔着色剂的调配应视基材颜色，适当调整铁黄、铁红、铁黑用量。

（1）硝基清漆涂饰工艺之一　本工艺由于在水性填孔着色剂并刷过一遍虫胶清漆的表面

上，进行剥色。从而除掉了由于用水性填孔着色剂而造成的掩盖木材天然纹理的各种脏污，使透明度大大提高。具体工艺过程见表 8-5。

表 8-5　硝基清漆涂饰工艺过程之一

序号	工序名称	材　料	方法	工具设备	工艺条件	备　注
1	表面清净	—	手工	毛刷等	—	除净胶质、污迹、灰尘等
2	润湿	稀虫胶清漆	刷涂	排笔	粘度 12～13s(涂－4)，涂漆量 40～50g/m²	浅色用白虫胶，便于去木毛
3	干燥	—	自然干燥	—	20～25℃，20～30min	
4	腻平	虫胶腻子	手工	嵌刀		
5	干燥	—	自然干燥	—	20～25℃，20～30min	
6	砂磨	0 号或 1 号木砂纸	手工干砂	砂纸板	—	全面砂磨，磨除木毛，砂清多余腻子，砂后清除磨屑
7	涂饰底漆	虫胶清漆	手工擦涂	棉球	虫胶浓度 15%，涂漆量 50～60g/m²	直涂 3 或 4 遍，不宜多涂
8	干燥	—	自然干燥	—	20～25℃，20～30min	
9	填孔着色	水性填孔着色剂	手工擦涂	细刨花、棉纱	由基材管孔大小，决定着色剂浓度	
10	干燥	—	自然干燥	—	20～25℃，2～4h	
11	涂饰底漆	虫胶清漆	刷涂	排笔	粘度 15～16s(涂－4)，涂漆量 43～45g/m²	涂漆前应除尘
12	干燥	—	自然干燥	—	20～25℃，20～30min	
13	剥　色	酒精、水、400 号水砂纸	刷涂、湿磨	排笔	30%～40%水的酒精溶液	少蘸溶液，一次面积 300mm×200mm，轻磨
14	干燥	—	自然干燥	—	20～25℃，30～50min	
15	涂饰底漆	虫胶清漆	刷涂	排笔	粘度 15～16s(涂－4)，涂漆量 45g/m²	
16	干燥	—	自然干燥	—	20～25℃，30～40min	
17	砂磨	0 号木砂纸	手工干砂	—		轻砂，砂后除磨屑
18	涂层着色	染料水溶液	刷涂	排笔、鬃刷	4%～12%染料水溶液	边角处擦涂
19	干燥	—	自然干燥	—	20～25℃，1～2h	
20	涂饰底漆	虫胶清漆	刷涂	排笔	粘度 15～16s(涂－4)，涂漆量 45～55g/m²	
21	干燥	—	自然干燥	—	20～25℃，20～30min	
22	涂饰底漆	虫胶清漆	刷涂	排笔	粘度 15～16s(涂－4)，涂漆量 40～45g/m²	
23	干燥	—	自然干燥	—	20～25℃，20～30min	
24	拼色	染料水溶液	手工擦涂	毛巾、纱巾	—	局部调整色差，由浅入深

（续）

序号	工序名称	材　料	方法	工具设备	工艺条件	备　注
25	干燥	—	自然干燥	—	20～25℃，50min	
26	涂饰底漆	虫胶清漆	刷涂	排笔	粘度12～13s(涂－4)，涂漆量40～45g/m^2	
27	干燥	—	自然干燥	—	20～25℃，20～30min	
28	复拼色	醇性拼色剂	手工	小排笔	粘度12～13s(涂－4)，涂漆量10～15g/m^2	拼色剂用布袋过滤
29	干燥	—	自然干燥	—	20～25℃，30～40min	
30	砂磨	0号木砂纸	手工干砂	—		轻砂，砂后清除磨屑
31	涂饰面漆	硝基清漆	手工擦涂[1)]	棉球	粘度50～80s(涂－4)，涂漆量180～200g/m^2	第一次擦涂
32	干燥	—	自然干燥	—	20～25℃，12h以上	
33	腻平	虫胶腻子	手工	嵌刀	—	补漏嵌处
34	干燥	—	自然干燥	—	20～25℃，20～30min	
35	砂磨	400号水砂纸、肥皂水	手工湿砂	砂纸板	—	砂后清除磨屑
36	干燥	—	自然干燥	—	20～25℃，40～50min	
37	涂饰面漆	硝基清漆	手工擦涂	棉球	粘度50～60s(涂－4)，涂漆量235～250g/m^2	第二次擦涂
38	干燥	—	自然干燥	—	20～25℃，24h	
39	砂磨	400号水砂纸、肥皂水	手工湿砂	砂纸板	—	砂后除磨屑
40	干燥	—	自然干燥	—	20～25℃，40～50min	
41	涂饰面漆	硝基清漆	手工擦涂[2)]	棉球	粘度25～35s(涂－4)，涂漆量235～260g/m^2	第三次擦涂
42	干燥	—	自然干燥	—	20～25℃，36h以上	
43	砂磨	500号水砂纸、肥皂水	手工湿砂	砂纸板	—	砂后清除磨屑
44	干燥	—	自然干燥	—	20～25℃，50min以上	—
45	抛光	101号抛光膏、煤油	手工擦磨	棉纱	光泽达80%以上	磨后擦拭干净
46	涂煤油	煤油	手工擦涂	棉纱	—	—
47	上光蜡	汽车上光蜡	手工擦涂	棉纱	—	—
48	整修	各种涂饰材料	手工	排笔、小毛笔、棉球等	—	对加工和运输中产生的缺陷给予修补

注：1）以擦涂至当时目测无明显管孔沉陷及擦涂痕迹为准。经干燥后出现管孔沉陷，再用较稀的清漆擦涂，仍采取直涂、圈涂、横涂相结合法。最后直涂至无圈涂与横涂痕迹、无管孔沉陷；2）第三次擦涂用更稀的清漆，以直涂为主，擦至漆膜表面平整光滑为止。

(2) 硝基清漆涂饰工艺之二　具体工艺过程见表8-6。

表8-6　硝基清漆涂饰工艺过程之二

序号	工序名称	材　料	方法	工具设备	工艺条件	备　注
1	表面清净	—	手工	毛刷等	—	除胶质、污迹、灰尘等
2	润湿	清水	刷涂	排笔	水温30～35℃	微薄木贴面忌用
3	干燥	—	自然干燥	—	20～25℃，1～2h	保持白坯清洁，避免磕碰
4	砂磨	0号或1号木砂纸	手工干砂	砂纸板	—	全面砂滑，砂后除磨屑
5	腻平	虫胶腻子	手工	嵌刀	—	腻平局部缺陷
6	干燥	—	自然干燥	—	20～25℃，20～30min	
7	砂磨	1号木砂纸	手工干砂	—		补腻处砂平，砂清多余腻子
8	填孔着色	油性填孔着色剂	手工刮涂	刮刀	着色剂的浓度以便于刮涂和填塞管孔为合适	刮至显露木纹
9	干燥	—	自然干燥	—	20～25℃，8～12h	
10	涂饰底漆	着色虫胶清漆[1)]	刷涂	排笔	粘度15～16s(涂－4)，涂漆量43～45g/m²	以样板为准，配制着色清漆
11	干燥	—	自然干燥	—	20～25℃，20～30min	
12	砂磨	0号木砂纸	手工干砂	—		轻砂，砂后除磨屑
13	涂层着色	染料水溶液	刷涂	排笔、髹刷	4%～12%染料水溶液	浅色不涂
14	干燥	—	自然干燥	—	20～25℃，1～2h	
15	涂饰底漆	着色虫胶清漆	刷涂	排笔	粘度15～16s(涂－4)，涂漆量37～40g/m²	
16	干燥	—	自然干燥	—	20～25℃，20～30min	
17	拼色	醇性拼色剂	手工	排笔、小毛笔	粘度12～13s(涂－4)，涂漆量20～30g/m²	拼色剂内颜料用布袋过滤
18	干燥	—	自然干燥	—	20～25℃，20～30min	
19	涂饰底漆	虫胶清漆	刷涂	排笔	粘度13～14s(涂－4)，涂漆量35～40g/m²	
20	干燥	—	自然干燥	—	20～25℃，20～30min	
21	砂磨	0号木砂纸	手工干砂	—		轻砂，砂后除磨屑
22	涂饰面漆	硝基清漆	刷涂	排笔	粘度40～45s(涂－4)，涂漆量130～135g/m²	Q22－1硝基木器清漆更好
23	干燥	—	自然干燥	—	20～25℃，20～30min	
24	砂磨	0号木砂纸	手工干砂	—		砂后除磨屑
25	涂饰面漆	硝基清漆	刷涂	排笔	粘度40～45s(涂－4)，涂漆量125～132g/m²	

（续）

序号	工序名称	材　料	方法	工具设备	工艺条件	备　注
26	干燥	—	自然干燥	—	20～25℃，20～30min	
27	涂饰面漆	硝基清漆	刷涂	排笔	粘度 35～40s(涂－4)，涂漆量 132～143g/m^2	横茬处应多刷一遍
28	干燥	—	自然干燥	—	20～25℃，40～45min	—
29	砂磨	0 号木砂纸	手工干砂	—	—	同时修整不平处
30	涂饰面漆	硝基清漆	手工擦涂	棉球	粘度 35～45s(涂－4)，涂漆量 180～200g/m^2	擦至无明显管孔塌陷
31	干燥	—	自然干燥	—	20～25℃，8～12h	—
32	砂磨	0 号木砂纸	手工干砂	—	—	砂后除磨屑
33	涂饰面漆	硝基清漆	手工擦涂	棉球	粘度 30～35s(涂－4)，涂漆量 180～200g/m^2	擦至漆膜表面平整光滑
34	干燥	—	自然干燥	—	20～25℃，8h 以上	—
35	涂饰面漆	硝基清漆	手工擦涂	棉球	粘度 20～25s(涂－4)，涂漆量 240～270g/m^2	顺木纹方向擦至目测出现乌光，无擦涂痕迹
36	干燥	—	自然干燥	—	20～25℃，24h 以上	—
37	砂磨	400 号水砂纸、肥皂水	手工湿磨	砂纸板	—	楞角不得砂白
38	干燥	—	自然干燥	—	20～25℃，50min	—
39	抛光	101 号红色抛光膏、煤油[2)]	手工擦磨	棉纱	光泽达 80%以上	—
40	上光蜡	汽车上光蜡	手工擦磨	—	—	—
41	整修	各种涂饰材料	—	—	—	对加工和运输中产生的缺陷给予修补

注：1）着色虫胶清漆即在虫胶清漆中适量加入染料、着色颜料调配而成；2）抛光膏需提前用煤油调成浆糊状，机械抛光时，可将抛光膏直接涂在软辊上。

（3）硝基清漆涂饰工艺之三　具体涂饰工艺过程见表 8-7。

表 8-7　硝基清漆涂饰工艺过程之三

序号	工序名称	材　料	方法	工具设备	工艺条件	备　注
1	表面清净	—	手工	毛刷等	—	除净胶质、污迹、灰尘等
2	腻平	虫胶腻子	手工	嵌刀		
3	干燥	—	自然干燥	—	20～25℃，20～30min	
4	砂磨	0 号或 1 号木砂纸	手工干砂	—		全面砂磨，补腻处砂平，砂清除多余腻子
5	填孔着色	油性填孔着色剂	手工刮涂	刮刀、棉纱		

（续）

序号	工序名称	材　料	方法	工具设备	工艺条件	备　注
6	干燥	—	自然干燥	—	20～25℃，8～12h	
7	砂磨	1号木砂纸	手工干砂	砂纸板	—	横茬处仔细砂好，砂后除磨屑
8	涂饰底漆	着色虫胶清漆	刷涂	排笔	粘度14～16s(涂－4)，涂漆量40～45g/m²	以样板为准，调配着色清漆
9	干燥	—	自然干燥	—	20～25℃，20～30min	
10	砂磨	0号旧木砂纸	手工干砂	—		轻砂，砂后除磨屑
11	涂饰底漆	虫胶清漆	刷涂	排笔	粘度14～16s(涂－4)，涂漆量37～40g/m²	横茬处，多涂一遍
12	干燥	—	自然干燥	—	20～25℃，20～30min	
13	涂饰底漆	着色虫胶清漆	刷涂	排笔	粘度14～15s(涂－4)，涂漆量35～37g/m²	
14	干燥	—	自然干燥	—	20～25℃，20～30min	
15	拼色	醇性拼色剂	手工	排笔	粘度12～13s(涂－4)，涂漆量20～30g/m²	操作比普级家具仔细
16	干燥	—	自然干燥	—	20～25℃，20～30min	
17	涂饰底漆	虫胶清漆	刷涂	排笔	粘度14～16s(涂－4)，涂漆量30～35g/m²	
18	干燥	—	自然干燥	—	20～25℃，20～30min	
19	腻平	虫胶腻子	手工	嵌刀	—	补填收缩渗陷处
20	干燥	—	自然干燥	—	20～25℃，20～30min	
21	砂磨	0号旧木砂纸	—		—	轻砂，砂后除磨屑，砂白处补色
22	涂饰面漆	硝基清漆	刷涂	排笔	粘度40～50s(涂－4)，涂漆量120～130g/m²	横茬处多涂一遍
23	干燥	—	自然干燥	—	20～25℃，20～30min	
24	涂饰面漆	硝基清漆	刷涂	排笔	粘度35～45s(涂－4)，涂漆量120～128g/m²	
25	干燥	—	自然干燥	—	20～25℃，30～40min	
26	砂磨	0号或1号木砂纸	手工干砂	—		砂后除磨屑
27	涂饰面漆	硝基清漆	手工擦涂	棉球	粘度50～60s(涂－4)，涂漆量180～200g/m²	
28	干燥	—	自然干燥	—	20～25℃，12h以上	
29	砂磨	320号水砂纸、肥皂水	手工湿砂	砂纸板	—	砂后清除磨屑
30	干燥	—	自然干燥	—	20～25℃，50min	

（续）

序号	工序名称	材　料	方法	工具设备	工艺条件	备　注
31	涂饰面漆	硝基清漆	手工擦涂	棉球	粘度30～40s（涂－4），涂漆量225～250g/m²	
32	干燥	—	自然干燥	—	20～25℃，36h以上	
33	砂磨	400或500号水砂纸、肥皂水	手工湿磨	砂纸板	—	砂后清除磨屑
34	干燥	—	自然干燥	—	20～25℃，50min	
35	抛光	101或201号抛光膏、煤油	手工擦磨	棉纱	光泽达70%～80%	
36	上光蜡	汽车上光蜡	手工擦磨	棉纱	—	
37	整修	各种涂饰材料	手工	—		对加工和运输过程中产生的缺陷给予修补

（4）硝基清漆涂饰工艺之四　水曲柳等本色硝基清漆涂饰工艺过程见表8-8。

表8-8　硝基清漆涂饰工艺过程之四

序号	工序名称	材　料	方法	工具设备	工艺条件	备　注
1	表面清净	—	手工	毛刷等	—	清除胶质、污迹、灰尘等
2	润湿	稀硝基清漆	刷涂	排笔	粘度12～13s（涂－4），涂漆量30～40g/m²	
3	干燥	—	自然干燥	—	20～25℃，15～20min	
4	砂磨	0号或1号木砂纸	手工干砂	—		去木毛，砂后清除磨屑
5	填孔着色	本色油性填孔着色剂1)	手工刮涂	刮刀	着色剂的浓度，以便于刮涂为适宜	见注2)
6	干燥	—	自然干燥	—	20～25℃，8～12h	
7	砂磨	0号或1号木砂纸	手工干砂	砂纸板	—	全面砂磨，砂后清除磨屑
8	涂饰底漆	硝基打磨漆	刷涂	排笔	打磨漆与稀释剂比例为3∶1，涂漆量90～100g/m²	打磨漆为哈尔滨油漆厂生产
9	干燥	—	自然干燥	—	20～25℃，20～30min	
10	砂磨	0号或1号木砂纸	手工干砂	—		轻砂，砂后清除磨屑
11	涂饰底漆	硝基打磨漆	刷涂	排笔	打磨漆与稀释剂比例为3∶1，涂漆量80～90g/m²	横茬处多涂一遍
12	干燥	—	自然干燥	—	20～25℃，20～30min	
13	涂饰面漆	硝基清漆	刷涂	排笔	粘度35～40s（涂－4），涂漆量100～110g/m²	—
14	干燥	—	自然干燥	—	20～25℃，20～30min	—
15	砂磨	0号木砂纸	手工干砂	—	—	砂后清除磨屑

（续）

序号	工序名称	材　料	方法	工具设备	工艺条件	备　注
16	涂饰面漆	硝基清漆	手工擦涂	棉球	粘度40～45s（涂－4），涂漆量180～200g/m²	—
17	干燥	—	自然干燥	—	20～25℃，12h以上	—
18	砂磨	0号木砂纸	手工干砂	—	—	砂后清除磨屑
19	涂饰面漆	硝基清漆	手工擦涂	棉球	粘度30～35s（涂－4），涂漆量225～250g/m²	—
20	干燥	—	自然干燥	—	20～25℃，8～12h	
21	砂磨	360号水砂纸、肥皂水	手工湿砂	砂纸板	—	砂至平滑，砂后除磨屑
22	涂饰面漆	硝基清漆	手工擦涂	棉球	粘度25～30s（涂－4），涂漆量234～260g/m²	
23	干燥	—	自然干燥	—	20～25℃，24h以上	—
24	砂磨	400号水砂纸、肥皂水	手工湿砂	砂纸板	—	砂后清除磨屑
25	干燥	—	自然干燥	—	20～25℃，50min以上	
26	抛光	101或201号抛光膏、煤油	手工擦磨	棉纱	光泽达70%以上	
27	上光蜡	汽车上光蜡	手工擦磨	棉纱		
28	整修	各种涂饰材料	手工	小排笔、棉球等	—	对加工和运输中产生的缺陷给予修补

注：1）水曲柳贴面的木器，其本色油性填孔着色剂配方（重量份）如下：双飞粉205、铁红0.6、铁黄1.0、铁黑0.3、酚醛清漆（或醇酸清漆）30、200号溶剂汽油180～200、煤油100～200；2）填孔着色同时，对局部洞眼等进行嵌补。

（5）硝基清漆涂饰工艺之五（缝纫机台板涂饰工艺）　缝纫机台板的板式部件采用椴木为表板的细木工板和椴木胶合板。涂饰质量要求出面处与高级家具接近；非出面处与普级家具相似。

缝纫机台板在我国家庭中应用广泛，它不仅要求实用，而且还要求有较高的装饰性。如要求外观颜色近似栗壳色，木纹清晰透明，漆膜表面平整光滑并具较高的光泽。

台板涂饰采用辊、喷、淋等方式。经干燥室干燥、水砂机湿磨，抛光机抛光后进行装配。组成半机械化涂饰流水线。

台板涂饰工艺过程如表8-9所列。

表8-9　硝基清漆涂饰工艺过程之五

序号	工序名称	材　料	方法	工具设备	工艺条件	备　注
1	表面清净	—	手工	毛刷等	—	除灰尘、磨屑、胶质等
2	腻平	虫胶腻子	手工	嵌刀		
3	干燥	—	自然干燥	—	20～25℃，20～30min	

（续）

序号	工序名称	材　料	方法	工具设备	工艺条件	备　注
4	砂磨	0号木砂纸	手工干砂	—		只砂补腻处。因基材全面砂磨在机加工时已完成
5	面板填孔着色	油性填孔着色剂[1)	辊涂	辊涂机	粘度呈稀粥状，传送速度5～25m/min	周边先用手工擦涂
6	下装填孔着色	稀油性填孔着色剂	手工擦涂	棉纱	原油性着色剂加20%200号溶剂汽油	
7	屉面着色	油性填孔着色剂	手工擦涂	棉纱	着色剂呈厚粥状	
8	干燥	—	自然干燥	—	20～25℃，36h以上	
9	质量检验打号	橡皮批号图章、腻子稀释剂、0号木砂纸	手工	—		在各层面板背面打上批号，小面打在固定位置
10	面板涂层着色	着色虫胶清漆2)	淋涂	淋漆机	涂漆量90～100g/m²，粘度15～16s(涂－4)，传送速度25～30m/min3)	流至板边漆液及时擦掉
11	旁板等涂层着色	着色虫胶清漆	刷涂	排笔	粘度15～16s(涂－4)，总涂漆量210g/m²	刷三遍，第一遍干后经干砂后再刷涂
12	屉面涂层着色	着色虫胶清漆4)	喷涂	GPD－2无气喷涂机	粘度15～16s(涂－4)，总涂漆量200g/m²	连续喷涂两遍5)
13	干燥	—	自然干燥	—	20～25℃，50min以上	
14	拼色	醇性拼色剂	手工	排笔	粘度12～13s(涂－4)，涂漆量80～90g/m²	见注6)
15	干燥	—	自然干燥	—	20～25℃，50min	
16	腻平	虫胶腻子	手工	嵌刀	—	嵌补遗漏处，及塌陷处
17	干燥	—	自然干燥	—	20～25℃，20～30min	
18	砂磨	0号木砂纸	手工干砂	—		轻砂，砂后除磨屑
19	面板涂饰面漆	硝基清漆	淋涂	淋漆机	粘度35～40s(涂－4)，涂漆量130～150g/m²	先除尘后淋涂，流至周边漆液及时擦掉
20	干燥	—	热空气干燥	自然干燥室	30～35℃，50min以上	
21	砂磨	0号木砂纸	手工干砂	—		轻砂，砂后除磨屑
22	面板涂饰面漆	硝基清漆	淋涂	淋漆机	粘度35～40s(涂－4)，涂漆量130～150g/m²	流至周边漆液及时擦掉
23	干燥	—	热空气干燥	自然干燥室	30～35℃，50min以上	

（续）

序号	工序名称	材　料	方法	工具设备	工艺条件	备　注
24	面板涂饰面漆	硝基清漆	淋涂	淋漆机	粘度45～50s（涂－4），涂漆量150g/m²	连续淋涂两遍，间隔50min以上
25	干燥	—	热空气干燥、自然干燥	自然干燥室	热空气干燥12h后，自然干燥24h以上	
26	涂饰面漆（周边，屉面）	硝基清漆	喷涂	GPD－2无气喷涂机	粘度30～35s（涂－4），涂漆量100～120g/m²	共喷涂6或7遍，第一遍干后，砂磨并去磨屑[7]
27	干燥	—	自然干燥	—	20～25℃，12h以上	—
28	屉面涂饰面漆	硝基清漆	手工擦涂	棉球	粘度30～35s（涂－4），涂漆量200～250g/m²	擦至无管孔沉陷
29	干燥	—	自然干燥	—	20～25℃，36h以上	
30	大斗底等涂饰面漆	硝基清漆	刷涂	排笔	粘度40～45s（涂－4），涂漆量100～150g/m²	
31	检查修补	各种涂饰材料	手工	—		对部件全面检查
32	砂磨	320、400号水砂纸；洗衣粉、橡胶块等	手工与机械	水砂机、砂纸板	—	第一遍粗砂；第二遍细砂，砂后除磨屑
33	干燥	—	自然干燥	—	20～25℃，50min以上	
34	抛光	101号抛光膏	机械	软辊抛光机	光泽达80%以上	见注[8]
35	整理	各种涂饰材料	—		—	装配后整理

注：1）台板面用强油性填孔着色剂配方（重量份）如下：铁红28、铁黄54、铁黑12.5、F01－1酚醛清漆50～55、200号溶剂汽油80、F06－8铁红酚醛底漆30、墨汁适量；2）着色虫胶清漆参考配方如下：虫胶清漆100、醇溶耐晒黄GR0.05、醇溶红B0.07、醇溶苯胺黑0.09；3）室温20～25℃粘度为15～16s（涂－4）、室温超过30℃时，为保证清漆的流平性，可在清漆中适量加入乙基纤维素液，即在160kg虫胶清漆中加入7kg5%的乙基纤维素酒精溶液；4）屉面着色虫胶清漆配方为：（木材为水曲柳、桦木等）虫胶清漆100、酒精适量、醇溶耐晒黄GR0.02、醇溶红B0.04、醇溶苯胺黑0.06；5）第一遍喷涂后，手工刷屉面上口，干燥后全面砂磨，再喷第二遍；6）以实样为样板，并随时核对六个主要部件颜色，要求基本一致；7）台板周边喷涂，是将台板面板成落叠放涂饰，每遍间隔约20～30min；8）高温季节抛光后的台板面板，必须冷却后敷一薄层滑石粉后堆放，以防面与面粘住。

（6）硝基清漆涂饰工艺之六　本涂饰工艺全部以喷涂操作为主，所喷涂后的漆膜平整光滑。若采用硝基出口家具专用漆为面漆，其漆膜手感滑腻。具体涂饰工艺过程见表8-10。

表8-10　硝基清漆涂饰工艺过程之六

序号	工序名称	材　料	方法	工具设备	工艺条件	备　注
1	表面清净	—	手工	毛刷等	—	除胶质、污迹、灰尘、树脂等
2	腻平	虫胶腻子	手工	嵌刀		
3	干燥	—	自然干燥	—	20～25℃，20～30min	
4	砂磨	0号或1号木砂纸	手工干砂	—		全面砂磨，砂后除磨屑

（续）

序号	工序名称	材　料	方法	工具设备	工艺条件	备　注
5	填孔着色	油性填孔着色剂[1]	喷涂	PQ－2 喷枪	粘度 28～30s（涂－4），涂漆量 100～150g/m^2	喷涂后，手工用棉纱擦涂，使其颜色均匀
6	干燥	—	自然干燥	—	20～25℃，2～4h	
7	涂饰底漆	硝基打磨漆	喷涂	PQ－2 喷枪	粘度 28～30s（涂－4），涂漆量 150g/m^2	打磨漆由哈尔滨油漆厂生产
8	干燥	—	自然干燥	—	20～25℃，20～30min	
9	砂磨	0 号木砂纸	手工干砂	—		砂后除磨屑
10	涂饰底漆	硝基打磨漆	喷涂	PQ－2 喷枪	粘度 28～30s（涂－4），涂漆量 150g/m^2	
11	干燥	—	自然干燥	—	20～25℃，30～40min	
12	涂饰面漆	硝基清漆	喷涂	PQ－2 喷枪	粘度 28～30s（涂－4），涂漆量 150g/m^2	由哈尔滨油漆厂生产的硝基出口家具专用漆为好
13	干　燥	—	自然干燥	—	20～25℃，50min	
14	涂饰面漆	硝基清漆	喷涂	PQ－2 喷枪	粘度 28～30s（涂－4），涂饰量 150g/m^2	
15	干燥	—	自然干燥	—	20～25℃，30～50min	
16	砂磨	0 号木砂纸	手工干砂	—		砂后除磨屑
17	涂饰面漆	硝基清漆	喷涂	PQ－2 喷枪	粘度 28～30s（涂－4），涂饰量 150g/m^2	
18	干燥	—	自然干燥	—	20～25℃，12h 以上	
19	整修	各种涂饰材料	手工	—		对加工和运输中产生的缺陷给予修补

（7）硝基清漆涂饰工艺之七　玉眼色是指单独对木管孔着一种特殊颜色，而突出木管孔的色调。玉眼色着色分油老粉（油性填孔剂）淡眼深色和深眼淡色两种。前种是木管孔着淡色，整个木材表面着深色，这首先就要用水溶性染料对木材表面进行染色；后一种则木材表面不需染色（木材本色），本工艺过程是与玉眼色配套的硝基清漆涂饰工艺过程。

需做玉眼色的基材，要求同一材种。具体涂饰工艺过程见表 8-11。

表 8-11　硝基清漆涂饰工艺（玉眼色）过程之七

序号	工序名称	材　料	方法	工具设备	工艺条件	备　注
1	表面清净	—	手工	毛刷等	—	除胶迹、污迹、灰尘等
2	润湿	清水	刷涂	排笔	水温 30～35℃	微薄木贴面改用稀虫胶清漆

（续）

序号	工序名称	材　料	方法	工具设备	工艺条件	备　注
3	干燥	—	自然干燥	—	20～25℃，1～2h	保持白坯清洁
4	砂磨	0号或1号木砂纸	手工干砂	砂纸板	—	全面砂滑，砂后除磨屑
5	腻平	虫胶腻子	手工	嵌刀		
6	干燥	—	自然干燥	—	20～25℃，20～30min	
7	砂磨	1号木砂纸	手工干砂	—		补腻处砂平，砂除多余腻子，砂后除磨屑
8	涂饰底漆[1]	含立德粉的虫胶漆	刷涂	排笔	漆液粘度19～20s（涂－4），涂漆量43～45g/m²	刷三遍，间隔约30min。用木砂纸轻轻砂光滑，清除灰尘
9	干燥	—	自然干燥	—	20～25℃，30～50min	
10	砂磨	0号木砂纸	手工干砂	—		轻砂，砂后清除孔内灰尘
11	涂饰面漆	硝基清漆	手工擦涂	棉球	粘度35～45s(涂－4)，涂漆量90～110g/m²	薄涂层
12	干燥	—	自然干燥	—	20～25℃，50min	
13	玉眼着色	深色油性填孔剂	手工擦涂	—	擦涂到木纹孔内	见注[2]
14	干燥	—	自然干燥	—	20～25℃，8～12h	
15	砂磨	0号旧木砂纸	手工干砂	—		轻砂漆膜，砂后除磨屑
16	涂饰面漆	硝基清漆	手工刷涂	排笔	粘度40～45s(涂－4)，涂漆量130～135g/m²	
17	干燥	—	自然干燥	—	20～25℃，50min	
18	砂磨	0号旧木砂纸	手工干砂	—		轻砂，砂后除磨屑
19	涂饰面漆	硝基清漆	手工刷涂	排笔	粘度40s(涂－4)，涂漆量120～130g/m²	
20	干燥	—	自然干燥	—	20～25℃，50min	
21	砂磨	0号旧木砂纸	手工干砂	—		砂后除磨屑
22	涂饰面漆	硝基清漆	手工擦涂	棉球	粘度35～45s(涂－4)，涂漆量180～200g/m²	
23	干燥	—	自然干燥	—	20～25℃，8～12h	
24	砂磨	0号旧木砂纸	手工干砂	—		砂后除磨屑
25	涂饰面漆	硝基清漆	手工擦涂	棉球	粘度25～35s(涂－4)，涂漆量150～200g/m²	擦至漆膜表面平整、光滑
26	干燥	—	自然干燥	—	24h以上	
27	砂磨	500号水砂纸、肥皂水	手工湿砂	砂纸板	—	楞角不得砂白，砂后干燥40～50min，除磨屑

（续）

序号	工序名称	材　料	方法	工具设备	工艺条件	备　注
28	抛光	抛光膏、煤油	手工擦磨	棉纱	光泽达 80%以上	
29	上光蜡	汽车上光蜡	手工擦磨			
30	整修	各种涂饰材料	—			对加工和运输中产生的缺陷给予修补

注：1）对淡眼深色产品，用水溶性染料染色后，刷两遍粘度 18～20s（涂－4）的虫胶清漆，第一遍刷好干燥后，用旧木砂纸轻砂，再刷第二遍，并对表面色泽不均匀处，可用醇性拼色剂进行拼色；2）把深色油性填孔剂（油老粉）反复擦涂到木纹管孔内，擦清表面浮粉，必要时可用湿布擦清浮粉，以确保木纹清晰。

8.1.1.3　聚氨酯清漆涂饰工艺　我国木器涂饰应用聚氨酯漆已有 30 多年的历史。实践证明，其涂膜的装饰保护性优于硝基漆，该漆的固体份含量高于硝基漆，与手工擦涂硝基漆比较，施工简便，劳动强度低。目前，我国中、高级木器涂饰，应用聚氨酯漆越来越普遍。

如前所述，聚氨酯漆对水分、潮气和醇类都很敏感。因此，对施工条件要求高，稍不慎易出现针孔、气泡等缺陷。操作时，除控制水分等浸入外，漆液粘度不能过高，一次不宜涂厚。此外，聚氨酯漆在存放时也要避免与水接触。

聚氨酯清漆涂饰工艺有多种，现将曾长期应用的几种涂饰工艺对比列于表 8-12。

表 8-12　聚氨酯清漆各涂饰工艺对比

工艺编号	着色剂	涂饰方法	质量	基材	特　点
之一	水性填孔着色剂	手工或机械	中、高级	柚木	用白虫胶清漆做底漆。适宜柚木色等浅色涂饰，柚木表面管孔细腻，填孔效果好
之二	水性填孔着色剂，染料水溶液，金粉漆	手工	高级	水曲柳、柞木等环孔材	色调介于深红木与浅红木之间，且有金色附件点缀。适宜雕刻木器涂饰
之三	水性涂料色浆	手工	普级、中级	柚木、水曲柳等	简化做色工序，成本低。减少环境污染，易使木毛竖起
之四	聚氨酯树脂色浆	手工、机械砂磨抛光	中、高级	柚木、水曲柳等	色泽鲜艳，木纹清晰，富立体感。有极好的附着力，耐热性好，简化做色工序，成本稍高
之五	油性填孔色浆	手工	中级	柚木、水曲柳、椴木等	颜色鲜艳，木纹清晰，附着力好，耐热性好
之六	油性填孔着色剂，染料水溶液	手工、机械砂磨抛光	中、高级	柚木、水曲柳等	用稀酚醛清漆和虫胶清漆为底漆。木纹清晰
之七	水性填孔着色剂	手工	中级	柚木、水曲柳等	虫胶清漆为底漆，湿碰湿方式涂饰，当日涂饰完面漆，缩短施工周期

（续）

工艺编号	着色剂	涂饰方法	质量	基材	特　　点
之八	JS－1色浆	机械	中、高级	刨切薄木贴面的人造板	先涂饰后组装，机械流水线，省工，减轻劳动强度，生产周期短，节省厂房面积，板件可远途运输
之九	聚氨酯填孔着色剂	手工或喷涂	中、高级	各种木材	采用聚氨酯系列木器漆涂饰，附着力特好，不易龟裂
之十	水性填孔着色剂	手工	普级	各种木材	用单组分聚氨酯漆涂饰

（1）聚氨酯清漆涂饰工艺之一　具体工艺过程见表8-13。

表8-13　聚氨酯清漆涂饰工艺过程之一

序号	工序名称	材　料	方法	工具设备	工艺条件	备　注
1	表面清净	—	手工	毛刷等	—	除胶质、污迹、灰尘等
2	腻平	白虫胶腻子[1)]	手工	嵌刀	—	局部缺陷腻平
3	干燥	—	自然干燥	—	20～25℃，20～30min	
4	砂磨	1号木砂纸	手工干砂	—		全面砂磨，砂后除磨屑
5	填孔着色	水性填孔着色剂[2)]	手工擦涂	棉纱等		
6	干燥	—	自然干燥	—	20～25℃，1～2h	
7	涂饰底漆	白虫胶清漆	刷涂	排笔	粘度16s(涂－4)，涂漆量52～70g/m²	
8	干燥	—	—	自然干燥	20～25℃，20～30min	
9	腻平	白虫胶腻子	手工	嵌刀	—	嵌补遗漏处，及塌陷处
10	干燥	—	自然干燥	—	20～25℃，20～30min	
11	砂磨	0号或1号旧木砂纸	—		—	补腻处重砂，其他轻砂，砂后清除磨屑
12	涂饰底漆	白虫胶清漆	刷涂	排笔	粘度16s(涂－4)，涂漆量45～55g/m²	
13	干燥	—	自然干燥	—	20～25℃，20～30min	
14	砂磨	0号旧木砂纸	手工干砂	—	—	轻砂，砂后除磨屑
15	拼色	白虫胶拼色剂[3)]	手工	排笔、小毛笔	粘度12～13s(涂－4)，涂漆量30～35g/m²	
16	干燥	—	自然干燥	—	20～25℃，20～30min	
17	涂饰面漆	聚氨酯清漆	刷涂	排笔	粘度15～16s(涂－4)，涂漆量65g/m²	纱布过滤，中级木器只涂正视面
18	干燥	—	自然干燥	—	20～25℃，50～60min	—

（续）

序号	工序名称	材　料	方法	工具设备	工艺条件	备　注
19	涂饰面漆	聚氨酯清漆	刷涂	排笔	粘度15～16s(涂－4)，涂漆量93～112g/m²	—
20	干燥	—	自然干燥	—	20～25℃，8～12h	
21	砂磨	1号木砂纸	手工干砂	—	—	砂后除磨屑
22	涂饰面漆	聚氨酯清漆	刷涂	排笔	粘度15～16s(涂－4)，涂漆量120～133g/m²	—
23	干燥	—	自然干燥	—	20～25℃，50～60min	—
24	涂饰面漆	聚氨酯清漆	刷涂	排笔	粘度15～16s(涂－4)，涂漆量124～130g/m²	中级产品只涂正视面
25	干燥	—	自然干燥	—	20～25℃，50～60min	—
26	涂饰面漆	聚氨酯清漆	刷涂	排笔	粘度15s(涂－4)，涂漆量150～165g/m²	中级产品只涂正视面
27	干燥	—	自然干燥	—	20～25℃，36h以上	—
28	砂磨	400号水砂纸、肥皂水	手工或机械湿磨	砂纸板、MM501型水砂机	—	砂后清除磨屑
29	干燥	—	自然干燥	—	20～25℃，50min以上	—
30	抛光	201号抛光膏	手工或机械	MM7440型抛光机	布轮转数720r/min，光泽达80%以上	
31	整修	各种涂饰材料	手工	—	—	对加工和运输中产生的缺陷给予修补

注：1）白虫胶腻子配方（重量比）：碳酸钙75、白虫胶漆12.0～12.5、酒精11、铁黄0.5～0.7、铁红适量；2）如用微薄木贴面的木制品，白坯忌与水接触，应用稀聚氨酯封闭底漆封闭白坯表面后，方可用水性填孔着色剂着色；3）对照样板将适量醇溶性染料与着色颜料放入白虫胶漆中即配成白虫胶拼色剂，拼色剂中约加入40%稀释剂。

（2）聚氨酯清漆涂饰工艺之二　具有古典宫殿式风格的木器可用此工艺涂饰。具体涂饰工艺过程见表8-14。

表8-14　聚氨酯清漆涂饰工艺过程之二

序号	工序名称	材　料	方法	工具设备	工艺条件	备　注
1	表面清净	—	手工	毛刷等	—	除净污迹、胶质、灰尘等
2	润湿	虫胶清漆	刷涂	排笔	粘度11～13s(涂－4)，涂漆量30～40g/m²	—
3	干燥	—	自然干燥	—	20～25℃，20～30min	—
4	腻平	虫胶腻子	手工	嵌刀	—	—
5	干燥	—	自然干燥	—	20～25℃，20～30min	—
6	砂磨	1号木砂纸	手工干砂	—	—	全面砂磨，砂后清除磨屑
7	填孔着色	水性填孔着色剂	手工擦涂	刨花、棉纱	—	—

（续）

序号	工序名称	材 料	方法	工具设备	工艺条件	备 注
8	干燥	—	自然干燥	—	20～25℃，1～2h	—
9	涂饰底漆	虫胶清漆	刷涂	排笔	粘度15～16s（涂－4），涂漆量60g/m²	—
10	干燥	—	自然干燥	—	20～25℃，20～30min	—
11	涂层着色	染料水溶液	刷涂	排笔、鬃刷	4%～12%染料水溶液	—
12	干燥	—	自然干燥	—	20～25℃，1h	—
13	涂饰底漆	虫胶清漆	刷涂	排笔	粘度15～16s（涂－4），涂漆量45g/m²	—
14	干燥	—	自然干燥	—	20～25℃，20～30min	—
15	涂饰底漆	虫胶清漆	刷涂	排笔	粘度15～16s（涂－4），涂漆量45～55g/m²	—
16	干燥	—	自然干燥	—	20～25℃，20～30min	—
17	拼色	醇性拼色剂	手工	小排笔、毛笔	粘度13～14s（涂－4），涂漆量20～30g/m²	—
18	干燥	—	自然干燥		20～25℃，15～20min	—
19	砂磨	0号木砂纸	手工干砂	—	—	轻砂，砂后清除磨屑
20	雕刻件等着色	金粉漆	擦涂	棉布、棉纱	金粉用15%～20%虫胶清漆调配	仅线条处、雕刻件部分进行此工序
21	干燥	—	自然干燥	—	20～25℃，20～30min	
22	涂饰面漆	聚氨酯清漆	刷涂	排笔	粘度15～20s（涂－4），涂漆量45g/m²	—
23	干燥	—	自然干燥	—	20～25℃，约1h	—
24	金粉件着色	黄纳粉、水、墨汁	擦涂	棉纱	—	—
25	干燥	—	自然干燥	—	20～25℃，50min以上	—
26	金粉件涂饰底漆	虫胶清漆	刷涂	小排笔	粘度15～16s（涂－4），涂漆量60～63g/m²	—
27	干燥	—	自然干燥	—	20～25℃，20min	—
28	涂饰面漆	聚氨酯清漆	刷涂	排笔	粘度15～20s（涂－4），涂漆量100～110g/m²	—
29	干燥	—	自然干燥	—	20～25℃，约4h以上	—
30	腻平	虫胶腻子	手工	嵌刀	—	嵌补遗漏与渗陷处
31	干燥	—	自然干燥	—	20～25℃，20min	—
32	砂磨	0号木砂纸	手工砂磨	—	—	轻砂，砂后除磨屑
33	涂饰面漆	聚氨酯清漆	刷涂	排笔	粘度15～20s（涂－4），涂漆量111g/m²	—
34	干燥	—	自然干燥	—	20～25℃，24h	—

（续）

序号	工序名称	材　料	方法	工具设备	工艺条件	备　注
35	砂磨	320号或400号水砂纸	手工湿砂	砂纸板	—	—
36	干燥	—	自然干燥	—	20～25℃，50min以上	—
37	涂饰面漆	聚氨酯清漆	刷涂	排笔	粘度15～20s(涂－4)，涂漆量140g/m²	—
38	干燥	—	自然干燥	—	20～25℃，1～2h	—
39	涂饰面漆	聚氨酯清漆	刷涂	排笔	粘度15～20s(涂－4)，涂漆量165g/m²	—
40	干燥	—	自然干燥	—	20～25℃，36h以上	—
41	砂磨	400号水砂纸	手工湿砂	砂纸板	—	—
42	干燥	—	自然干燥	—	20～25℃，50min	—
43	抛光	101或201号抛光膏	手工擦磨	棉纱	光泽达80%以上	—
44	擦煤油	煤油	手工擦磨	棉纱	—	—
45	上光蜡	地板上光蜡	手工擦磨	棉纱	—	—
46	整修	各种涂饰材料	手工	—	—	对加工和运输中产生的缺陷给予修补

（3）聚氨酯工艺之三　用水性涂料（丙烯酸木器乳胶漆）色浆着色涂聚氨酯漆，是近几年兴起的一种涂饰工艺。

本工艺一次完成填孔着色，简化了做色工艺。由于用水为稀释剂，降低了成本，减少环境污染。但有时易引起木材表面起毛，多用于普、中级木器的原光涂饰。具体工艺过程见表8-15。

表8-15　聚氨酯清漆涂饰工艺过程之三

序号	工序名称	材　料	方法	工具设备	工艺条件	备　注
1	表面清净	—	手工	毛刷等	—	除净灰尘、胶质、污迹等
2	腻平	虫胶腻子	手工	嵌刀	—	—
3	干燥	—	自然干燥	—	20～25℃，20～30min	—
4	砂磨	1号木砂纸	手工干砂	—	—	砂后除磨屑
5	涂饰底漆	SH－87水性涂料[1]	刷涂	排笔	粘度18～22s(涂－4)，涂漆量70～80g/m² [2]	深色加染料，浅色不加
6	干燥	—	自然干燥	—	20～25℃，40～50min	—
7	砂磨	0号木砂纸	手工干砂	—	—	砂后清除磨屑
8	填孔着色	水性涂料色浆[3]	手工擦涂	鬃刷、棉纱	涂饰量130g/m²	—
9	干燥	—	自然干燥	—	20～25℃，50min以上	—
10	砂磨	1号木砂纸	手工干砂	—	—	砂后清除磨屑

（续）

序号	工序名称	材　料	方法	工具设备	工艺条件	备　注
11	涂饰底漆	SH－87 水性涂料等	刷涂	排笔	粘度 18～22s（涂－4），涂漆量 43～45g/m^2	—
12	干燥	—	自然干燥	—	20～25℃，30min	—
13	涂饰底漆	SH－87 水性涂料、水	刷涂	排笔	粘度 18～22s（涂－4），涂漆量 32～35g/m^2	—
14	干燥	—	自然干燥	—	20～25℃，30min	—
15	拼色	SH－87 水性涂料拼色剂[4]	手工	小排笔、毛笔	粘度 12～13s（涂－4）	—
16	干燥	—	自然干燥	—	20～25℃，50min	—
17	砂磨	0 号木砂纸	手工干砂	—	—	轻砂，砂后清除磨屑
18	涂饰底漆	SH－87 水性涂料	刷涂	排笔	粘度 22s 以上（涂－4），涂漆量 100～150g/m^2	原漆涂刷
19	干燥	—	自然干燥	—	20～25℃，1h 以上	—
20	砂磨	0 号木砂纸	手工干砂	—	—	轻砂，砂后清除磨屑
21	涂饰面漆	聚氨酯清漆	刷涂	排笔	粘度 15～20s（涂－4），涂漆量 65g/m^2	—
22	干燥	—	自然干燥	—	20～25℃，1h	—
23	涂饰面漆	聚氨酯清漆	刷涂	排笔	粘度 15～20s（涂－4），涂漆量 93～111g/m^2	只涂正视面
24	干燥	—	自然干燥	—	20～25℃，12h	—
25	砂磨	0 号木砂纸	手工干砂	—	—	砂后清除磨屑
26	涂饰面漆	聚氨酯清漆	刷涂	排笔	粘度 20s（涂－4），涂漆量 140g/m^2	旁板涂两遍
27	干燥	—	自然干燥	—	20～25℃，36h 以上	—
28	整修	各种涂饰材料	—	—	—	对加工中产生的缺陷给予修补

注：1）按产品色泽要求，调入适量酸性染料或印染染料；2）SH－87 水性涂料与水重量之比为 1∶1；3）水性涂料色浆配方为：SH－87 水性涂料 26～30 份、水 26～30 份、滑石粉 20～25 份、碳酸钙 5 份、着色颜料适量、水溶性染料适量（酸性染料或印染染料）；4）水性涂料拼色剂配方为：SH－87 水性涂料 1 份、水 1 份、酒精 1 份、着色颜料和水溶性染料适量。

（4）聚氨酯清漆涂饰工艺之四　用树脂色浆着色涂饰聚氨酯清漆，色泽鲜艳，富立体感。与用虫胶底漆比较有极好的附着力，耐热性提高。以刷涂为主，板件可机械砂磨、抛光。具体工艺过程见表 8-16。

表 8-16　聚氨酯清漆涂饰工艺过程之四

序号	工序名称	材　料	方法	工具设备	工艺条件	备　注
1	表面清净	—	手工	毛刷等	—	除灰尘、胶质、污迹等
2	腻平	虫胶腻子	手工	嵌刀	—	腻平局部缺陷

（续）

序号	工序名称	材　料	方法	工具设备	工艺条件	备　注
3	干燥	—	自然干燥	—	20～25℃，20～30min	—
4	砂磨	1号木砂纸	手工干砂	—	—	全面砂磨，砂后除磨屑
5	填孔着色	聚氨酯色浆	手工擦涂	排笔、棉纱	粘度14～15s(涂－4)，涂漆量56～70g/m^2	要擦均匀
6	干燥	—	自然干燥	—	20～25℃，30min	—
7	涂层着色	着色聚氨酯清漆1)	刷涂	排笔	粘度12～13s(涂－4)，涂漆量40～65g/m^2	—
8	干燥	—	自然干燥	—	20～25℃，50min	—
9	腻平	虫胶腻子	手工	嵌刀	—	嵌补遗漏与渗陷处
10	干燥	—	自然干燥	—	20～25℃，20～30min	—
11	砂磨	1号木砂纸	手工干砂	—	—	砂平、砂清嵌补处
12	涂饰底漆	聚氨酯封闭底漆2)	刷涂	排笔	粘度12～13s(涂－4)，涂漆量93～110g/m^2	—
13	干燥	—	自然干燥	—	20～25℃，20～30min	—
14	拼色	聚氨酯拼色剂3)	手工	排笔、小毛笔	粘度11～12s（涂－4）	—
15	干燥	—	自然干燥	—	20～25℃，30～40min	—
16	砂磨	0号木砂纸	手工干砂	—	—	轻砂，砂后除磨屑
17	涂饰底漆	聚氨酯封闭底漆	刷涂	排笔	粘度12～13s(涂－4)，涂漆量50～60g/m^2	—
18	干燥	—	自然干燥	—	20～25℃，8～12h	—
19	砂磨	0号或1号木砂纸	手工干砂	砂纸板	—	砂后清除磨屑
20	涂饰面漆	聚氨酯清漆	刷涂	排笔	粘度15～20s(涂－4)，涂漆量40g/m^2	立面不要流淌
21	干燥	—	自然干燥	—	20～25℃，30min	—
22	涂饰面漆	聚氨酯清漆	刷涂	排笔	粘度15～20s(涂－4)，涂漆量90～110g/m^2	—
23	干燥	—	自然干燥	—	20～25℃，8～12h	—
24	砂磨	0号或1号木砂纸	手工干砂	砂纸板	—	全面轻砂，砂后清除磨屑
25	涂饰面漆	聚氨酯清漆	刷涂	排笔	粘度15～20s(涂－4)，涂漆量120～135g/m^2	—
26	干燥	—	自然干燥	—	20～25℃，30～50min	—
27	涂饰面漆	聚氨酯清漆	刷涂	排笔	粘度15～20s(涂－4)，涂漆量120～140g/m^2	—
28	干燥	—	自然干燥	—	20～25℃，30～50min	—

（续）

序号	工序名称	材 料	方法	工具设备	工艺条件	备 注
29	涂饰面漆	聚氨酯清漆	刷涂	排笔	粘度15～20s(涂－4)，涂漆量150～165g/m²	立面不要流淌
30	干燥	—	自然干燥	—	20～25℃，36h以上	—
31	砂磨	400或500号水砂纸、肥皂水	手工或机械湿砂	砂纸板	—	部件用水砂机
32	干燥	—	自然干燥	—	20～25℃，50min	—
33	抛光	101或201号抛光膏、煤油	手工擦磨	棉纱	光泽达80%以上	部件可机械抛光
34	上光蜡	汽车上光蜡	手工擦磨	棉纱	—	—
35	整修	各种涂饰材料	—	—	—	对加工和运输中产生的缺陷给予修补

注：1）着色聚氨酯清漆是指将分散性染料溶液按比例掺入到聚氨酯清漆中，用聚氨酯稀释剂调至施工粘度；2）聚氨酯封闭底漆的调配如下：在清漆中加入5%～10%的滑石粉，并加入5%聚氨酯稀释剂以起到填塞管孔作用；3）即在清漆中适量加入着色颜料和染料溶液配成聚氨酯拼色剂。

（5）聚氨酯清漆涂饰工艺之五　油性填孔色浆是使用蓖麻油与油溶性染料，着色颜料，并加入松节油调配而成。其工艺过程如下。

表面清净→腻平→干燥→砂磨→着色（用染料水溶液）→干燥→填孔着色（油性填孔色浆）→干燥→涂聚氨酯清漆→干燥→涂聚氨酯清漆→干燥→正视面涂聚氨酯清漆两遍→干燥（36h）→砂磨（湿砂）→干燥→抛光→上光蜡→整理。

在工艺施工中注意：涂第一遍底漆时，顺木纹涂刷，少回刷子，否则可能出现咬底刷花现象。其他各工序施工条件参见表8-16。

（6）聚氨酯清漆涂饰工艺之六　具体涂饰工艺过程见表8-17。

表8-17　聚氨酯清漆涂饰工艺过程之六

序号	工序名称	材 料	方法	工具设备	工艺条件	备 注
1	表面清净	溶剂等	手工	毛刷等	—	除净污迹、胶质、灰尘等
2	腻平	虫胶腻子	手工	嵌刀	—	腻平局部缺陷
3	干燥	—	自然干燥	—	20～25℃，15～20min	—
4	砂磨	1号木砂纸	手工干砂	—	—	全面砂磨，砂后清除磨屑
5	填孔着色	油性填孔着色剂	手工擦涂	棉纱	—	深色也可先在白坯表面涂染料水溶液
6	干燥	—	自然干燥	—	20～25℃，8～12h以上	—
7	涂饰底漆	酚醛稀释底漆[1]	刷涂	排笔	粘度30～35s(涂－4)，涂漆量45～55g/m²	—
8	干燥	—	自然干燥	—	20～25℃，18h	—
9	腻平	虫胶腻子	手工	嵌刀	—	嵌补遗漏与渗陷处
10	干燥	—	自然干燥	—	20～25℃，20～30min	—

（续）

序号	工序名称	材　料	方法	工具设备	工艺条件	备　注
11	砂磨	0号木砂纸	手工干砂	—	—	全面砂磨，砂后清除磨屑
12	涂饰底漆	虫胶清漆	刷涂	排笔	粘度14～15s(涂－4)，涂漆量45g/m^2	—
13	干燥	—	自然干燥	—	20～25℃，20～30min	—
14	拼色	醇性拼色剂	手工	排笔	粘度12～13s(涂－4)，涂漆量30～35g/m^2	—
15	干燥	—	自然干燥	—	20～25℃，20～30min	—
16	砂磨	0号旧木砂纸	手工干砂	—	—	轻砂，砂后清除磨屑
17	涂饰面漆	聚氨酯清漆	刷涂	排笔	粘度15～20s(涂－4)，涂漆量40～65g/m^2	—
18	干燥	—	自然干燥	—	20～25℃，1～2h	—
19	涂饰面漆	聚氨酯清漆	刷涂	排笔	粘度15～20s(涂－4)，涂漆量90～120g/m^2	—
20	干燥	—	自然干燥	—	20～25℃，8～12h	—
21	砂磨	1号木砂纸	手工干砂	—	—	砂后清除磨屑
22	涂饰面漆	聚氨酯清漆	刷涂	排笔	粘度15～20s(涂－4)，涂漆量120～135g/m^2	—
23	干燥	—	自然干燥	—	20～25℃，1～2h	—
24	涂饰面漆	聚氨酯清漆	刷涂	排笔	粘度15～20s(涂－4)，涂漆量120～140g/m^2	—
25	干燥	—	自然干燥	—	20～25℃，1～2h	—
26	涂饰面漆	聚氨酯清漆	刷涂	排笔	粘度15～20s(涂－4)，涂漆量120～165g/m^2	—
27	干燥	—	自然干燥	—	20～25℃，36h以上	—
28	砂磨	400号水砂纸、肥皂水	手工湿砂	砂纸板	—	砂后清除磨屑
29	干燥	—	自然干燥	—	20～25℃，50min	—
30	抛光	101号或201号抛光膏、煤油	手工擦磨	棉纱	光泽达80%	—
31	上光蜡	汽车上光蜡	手工擦磨	棉纱	—	—
32	整理	各种涂饰材料	手工	—	—	对加工和运输中产生的缺陷给予修补

注：1）酚醛稀释底漆配比（重量比）：酚醛清漆40，200号溶剂汽油55，二甲苯5，染料适量。

（7）聚氨酯清漆涂饰工艺之七　本工艺的涂饰，是采取湿碰湿涂饰方式。具体涂饰工艺过程见表8-18。

表 8-18　聚氨酯清漆涂饰工艺过程之七

序号	工序名称	材　料	方法	工具设备	工艺条件	备　注
1	表面清净	—	手工	毛刷等	—	除净胶质、灰尘、污迹等
2	腻平	虫胶腻子	手工	嵌刀	—	腻平局部缺陷
3	干燥	—	自然干燥	—	20～25℃，20～30min	—
4	砂磨	0 号或 1 号木砂纸	手工干砂	—	—	全面砂磨，砂后清除磨屑
5	填孔着色	水性填孔着色剂[1]	手工擦涂	棉纱等	—	—
6	干燥	—	自然干燥	—	20～25℃，1～2h	—
7	涂饰底漆	虫胶清漆	刷涂	排笔	粘度 15～16s(涂－4)，涂漆量 50～60g/m²	涂漆前除尘
8	干燥	—	自然干燥	—	20～25℃，20～30min	—
9	腻平	虫胶腻子	手工	嵌刀	—	嵌补遗漏与渗陷处
10	干燥	—	—	自然干燥	20～25℃，20～30min	—
11	砂磨	0 号木砂纸	手工干砂	—	—	砂后清除磨屑
12	涂饰底漆	虫胶清漆[2]	刷涂	排笔	粘度 15～16s(涂－4)，涂漆量 45～55g/m²	—
13	干燥	—	自然干燥	—	20～25℃，20～30min	—
14	涂饰底漆	虫胶清漆	刷涂	排笔	粘度 15～16s(涂－4)，涂漆量 45～55g/m²	—
15	干燥	—	自然干燥	—	20～25℃，20～30min	—
16	拼色	醇性拼色剂	手工	排笔等	粘度 12～13s(涂－4)，涂漆量 30～40g/m²	—
17	干燥	—	自然干燥	—	20～25℃，20～30min	—
18	砂磨	0 号旧木砂纸	手工干砂	—	—	轻砂，砂后除磨屑
19	涂饰面漆	聚氨酯清漆	刷涂	排笔	粘度 15～20s(涂－4)，涂漆量 40～65g/m²	—
20	干燥	—	自然干燥	—	20～25℃，40～50min	—
21	涂饰面漆	聚氨酯清漆	刷涂	排笔	粘度 15～20s(涂－4)，涂漆量 90～100g/m²	注意立面不要流淌
22	干燥	—	自然干燥	—	20～25℃，50～60min	—
23	涂饰面漆	聚氨酯清漆	刷涂	排笔	粘度 15～16s(涂－4)，涂漆量 100～135g/m²	—
24	干燥	—	自然干燥	—	20～25℃，1.0～1.5h	—
25	涂饰面漆	聚氨酯清漆	刷涂	排笔	粘度 15～16s(涂－4)，涂漆量 120～140g/m²	—
26	干燥	—	自然干燥	—	20～25℃，48h 以上	—

（续）

序号	工序名称	材　料	方法	工具设备	工艺条件	备　注
27	砂磨	400号水砂纸、肥皂水	手工湿磨	砂纸板	—	—
28	干燥	—	自然干燥	—	20～25℃，50min以上	—
29	抛光	101号抛光膏、煤油	手工擦磨	棉纱	光泽达80%	—
30	整修	各种涂饰材料	—	—	—	对加工和运输中产生的缺陷给予修补

注：1）或用油性填孔着色剂；2）以样板为准，调入适量着色材料。

（8）聚氨酯清漆涂饰工艺之八　本工艺过程全部采用机械化流水作业，生产周期短，劳动效率高，劳动强度轻。经涂饰的板件可堆积存放，节省厂房面积。具体工艺过程见表8-19。

表8-19　聚氨酯清漆涂饰工艺过程之八

序号	工序名称	材　料	方法	工具设备	工艺条件
1	砂磨	150号、180号砂带	机械干砂	LSL135RP砂光机	—
2	涂饰底色	JS－1色浆	辊涂	$T/10_R$辊涂机	涂饰量30～50g/m^2
3	干燥	—	远红外线干燥	EF60/22.5/TR远红外线烘道	20～25℃，约40s
4	涂饰底漆	光敏底漆	辊涂	$T/10_R$辊涂机	涂饰量50～60g/m^2
5	干燥	—	紫外光固化	紫外烘道（TLF60/1/25）	固化时间22s
6	涂饰底漆	光敏底漆	辊涂	T/10R辊涂机	涂饰量75～90g/m^2
7	干燥	—	紫外光固化	TLF60/1/25紫外烘道	固化时间22s
8	砂磨	220号砂带	机械干砂	S－130/RP精磨砂光机	砂后清除磨屑
9	涂饰面漆	聚氨酯清漆	淋涂	V/N双头淋漆机	粘度15～20s（涂－4），涂漆量150～180g/m^2
10	干燥	—	热空气干燥	FV4/1500/AER垂直烘道	40℃、60℃，45min
11	砂磨	280号砂带	机械干砂	S－130/RP精磨砂光机	—
12	涂饰面漆	聚氨酯清漆	淋涂	V/N双头淋漆机	粘度15～20s（涂－4），涂漆量150～180g/m^2
13	干燥	—	热空气干燥	FV4/1500/AER垂直烘道	40℃、60℃，45min后室温陈放36h以上

（续）

序号	工序名称	材 料	方法	工具设备	工艺条件
14	砂磨	360号砂带	机械干砂	S－130/RP精磨砂光机	砂后清除磨屑
15	抛光	抛光膏	机械	抛光机	—
16	上光蜡	汽车上光蜡	手工或机械	抛光机	光泽达80%以上

（9）聚氨酯清漆涂饰工艺之九　采用齐齐哈尔油漆厂北方牌聚氨酯系列木器漆，涂饰的工艺过程，见表8-20。

表8-20　聚氨酯清漆涂饰工艺过程之九

序号	工序名称	材 料	方法	工具设备	工艺条件	备 注
1	表面清净	—	手工	毛刷等	—	除净胶质、灰尘、污迹等
2	腻平	虫胶腻子	手工	嵌刀	—	—
3	干燥	—	自然干燥	—	20～25℃，20～30min	—
4	砂磨	0号或1号木砂纸	手工干砂	砂纸板	—	全面砂滑，砂后清除磨屑
5	填孔着色	聚氨酯填孔着色剂[1]	手工刮涂	刮刀	着色剂呈厚粥状，涂饰量55～60g/m²	—
6	干燥	—	自然干燥	—	20～25℃，2～3h	—
7	砂磨	0号木砂纸	手工干砂	—	—	砂磨平整，砂后清除磨屑
8	涂层着色	醇溶性染料溶液[2]	刷涂	排笔	5%的染料溶液	涂饰均匀
9	干燥	—	自然干燥	—	20～25℃，约2h	干后用砂布擦去浮色
10	涂饰底漆	PU－10聚氨酯封闭漆[3]	刷涂	排笔	粘度30～50s（涂－4），总涂饰量50g/m²	涂饰两遍，间隔10～20min
11	干燥	—	—	自然干燥	20～25℃，2h以上	—
12	砂磨	400或500号水砂纸	手工干砂	—	—	砂后除磨屑
13	涂饰中涂漆	PU－20聚氨酯打磨漆	刷涂	排笔	甲组分与乙组分之比为1∶3，每遍涂漆量为100～120g/m²	涂两遍时，间隔10～20min
14	干燥	—	自然干燥	—	20～25℃，2h以上	—
15	砂磨	00号木砂纸、500号水砂纸	手工干砂	砂纸板	先用00号，后用500号	砂后清除磨屑
16	拼色	聚氨酯拼色剂[4]	手工	排笔、毛笔	粘度15～20s（涂－4），涂漆量60～70g/m²	加强着色效果，对着色不足给以修补
17	干燥	—	自然干燥	—	20～25℃，1h以上	—
18	涂饰面漆	PU－30聚氨酯清漆	刷涂	排笔	粘度20～30s（涂－4），每遍涂漆量60～80g/m²	甲组分∶乙组分为2∶1，涂2或3遍，每遍间隔1～2h
19	干燥	—	自然干燥	—	20～25℃，36h以上	—

（续）

序号	工序名称	材　料	方法	工具设备	工艺条件	备　注
20	砂磨	400或500号水砂纸、肥皂水	手工湿砂	砂纸板	—	砂后清除磨屑
21	干燥	—	自然干燥	—	20～25℃，50min以上	—
22	抛光	101或201抛光膏	手工擦磨	棉纱	光泽达80%以上	部件可机械抛光
23	整修	各种涂饰材料	手工	—	—	对加工和运输中产生的缺陷给予修补

注：1）用PU－20聚氨酯打磨漆，加入体质颜料与着色颜料调配成填孔着色剂；2）用酒精将醇溶性染料与颜料调成浓度5%的溶液；3）封闭漆甲、乙组分按1∶4调配，并加适量专用稀释剂调成施工粘度，放置20min后使用；4）在PU－10封闭漆中，加入适量分散性染料溶液或着色颜料，并用稀释剂调至粘度为15～20s（涂－4），涂饰前按比例加入甲组分（硬化剂）中配成拼色剂。

（10）聚氨酯清漆涂饰工艺之十　本工艺用单组分聚氨酯清漆涂饰，具体工艺见表8-21。此前九种聚氨酯漆涂饰工艺均用双组分聚氨酯漆。

表8-21　聚氨酯清漆涂饰工艺过程之十

序号	工序名称	材　料	方法	工具设备	工艺条件	备　注
1	表面清净	—	手工	毛刷等	—	除净胶质、污迹、灰尘等
2	腻平	虫胶腻子	手工	嵌刀	—	—
3	干燥	—	自然干燥		20～25℃，20～30min	—
4	砂磨	0号木砂纸	手工干砂	砂纸板	—	全面砂滑，砂后清除磨屑
5	填孔着色	水性填孔着色剂	手工擦涂	棉纱等	—	—
6	干燥	—	自然干燥	—	20～25℃，2h以上	—
7	涂饰底漆	硝基清漆	刷涂	排笔	粘度25～30s（涂－4），涂漆量70～80g/m²	或用硝基打磨漆
8	干燥	—	自然干燥	—	20～25℃，20～30min	—
9	涂层着色	着色硝基清漆[1]	刷涂	排笔	粘度20～25s（涂－4），涂漆量60～70g/m²	以样板为准调配着色清漆
10	干燥	—	自然干燥	—	20～25℃，20～30min	—
11	砂磨	0号旧木砂纸	手工干砂	—	—	砂后清除磨屑
12	涂饰底漆	硝基清漆	刷涂	排笔	粘度30～40s（涂－4），涂漆量80～90g/m²	—
13	干燥	—	自然干燥	—	20～25℃，20～30min	—
14	涂饰底漆	硝基清漆	刷涂	排笔	粘度30～40s（涂－4），涂漆量90～100g/m²	—
15	干燥	—	自然干燥	—	20～25℃，20～30min	—
16	砂磨	0号旧木砂纸	手工干砂	—	—	砂后清除磨屑

（续）

序号	工序名称	材　料	方法	工具设备	工艺条件	备　注
17	涂饰底漆	硝基清漆	刷涂	排笔	粘度30～40s（涂－4），涂漆量90～100g/m^2	—
18	干燥	—	自然干燥	—	20～25℃，20～30min	—
19	砂磨	0号旧木砂纸	手工干砂	—	—	砂后清除磨屑
20	涂饰面漆	单组分聚氨酯清漆	刷涂	排笔	粘度13～30s（涂－4），涂漆量80～90g/m^2	连涂四遍，间隔1.0～1.5h
21	干燥	—	自然干燥	—	20～25℃，36h以上	—

注：1）着色硝基清漆是指在清漆中加入适量着色颜料和醇溶性染料而配成。

8.1.1.4　聚酯清漆涂饰工艺　如前所述目前国内应用的聚酯漆可分避氧型与气干型（不避氧型）两种。避氧型又可按其隔氧方式分为蜡型与非蜡型两类。蜡型聚酯漆靠浮蜡隔氧，非蜡型漆中不含石蜡，施工时用涤纶薄膜覆盖法隔氧。气干聚酯漆则不必采取任何隔氧措施，便可自行固化成膜。

与其它木器漆比较，聚酯漆膜丰满厚实，具有极高的光泽与透明度，保光保色经久耐用。聚酯漆属无溶剂型漆，固体份含量高，涂饰一或二遍漆膜便可涂厚，简化了施工工艺，缩短了生产周期。因此，广泛用于钢琴及高级木器的涂饰。本书介绍的几种避氧型不饱和聚酯漆涂饰工艺的比较列于表8-22。

表8-22　不饱和聚酯清漆各涂饰工艺对比

工艺编号	着色剂	方法	质量	基材	特　点
之一	染料水溶液	机械	高级	水曲柳等贴面的人造板	用石蜡隔氧。先涂饰后组装，着色方法简便
之二	染料水溶液、聚氨酯拼色液	手工与机械结合	高级	水曲柳等环孔材	用石蜡隔氧。用聚氨酯底漆封闭后涂饰面漆；用立面专用聚酯漆喷涂立面，以防止流淌
之三	猪血填孔着色剂、染料水溶液	手工扣涂	中级	水曲柳、柚木等	用薄膜隔氧。不需砂磨、抛光，但必须有玻璃纸木框

（1）不饱和聚酯清漆涂饰工艺之一　本工艺是板件经水溶性染料染色干燥后，板面经双头淋漆机淋涂两遍聚酯漆，送至喷涂柜喷涂四周小边。干燥后的漆膜经带式砂光机干砂，抛光机抛光后获得镜样光泽。具体工艺过程见表8-23。

表8-23　聚酯清漆涂饰工艺过程之一

序号	工序名称	材　料	方法	工具设备	工艺条件	备　注
1	表面清净	—	手工	—	—	除胶质、油迹等
2	着色	染料水溶液	刷、浸	刷具、染槽多层架车	1%～4%染料水溶液	薄木贴面人造板应经过热压工艺胶贴
3	干燥	—	自然干燥	多层架车	20～25℃，8～12h干至含水率为8%～10%	未达含水率应继续干燥

（续）

序号	工序名称	材　料	方法	工具设备	工艺条件	备　注
4	质量检查	—	手工	—	—	对缺陷处给予补色修补
5	板件外表面涂漆	PE－20聚酯漆的施工漆液[1]	淋涂	双头淋漆机、多层架车	每个淋头涂漆量125～130g/m², 粘度50～55s（涂－4）	流至板边漆液应及时擦掉
6	干燥	—	自然干燥	暖风机	25～30℃，25～35min[2]	—
7	板件外表面涂漆	PE－20聚酯漆的施工漆液	淋涂	双头淋漆机、多层架车	每个淋头涂漆量125～130g/m², 粘度50～55s（涂－4）	流至板边漆液应及时擦掉
8	干燥	—	自然干燥	暖风机	25～30℃，4h以上	—
9	板件内表面涂漆	PE－20聚酯漆的施工漆液	淋涂	双头淋漆机、多层架车	每个淋头涂漆量125～130g/m², 粘度50～55s（涂－4）	指门板内面及外露搁板
10	干燥	—	自然干燥	暖风机	25～30℃，25～35min	—
11	板件内表面涂漆	PE－20聚酯漆的施工漆液	淋涂	双头淋漆机、多层架车	每个淋头涂漆量110～120g/m², 粘度50～55s（涂－4）	—
12	干燥	—	自然干燥	暖风机	25～30℃，4h	—
13	板边涂漆	PE－20聚酯漆的施工漆液[3]	喷涂	喷涂室、PQ－2喷枪	粘度25～30s（涂－4），每遍喷漆量150g/m²[4]	连续喷涂三遍，每遍间隔15～20min
14	干燥	—	自然干燥	台车	20～25℃，12h以上	喷涂最后一遍漆后的干燥时间
15	板边砂磨	粒度代号为280～320的砂带[5]	机械干砂	砂光机	—	局部未砂到处，手工干砂
16	板面砂磨	粒度为280～320的砂带[5]	机械干砂	水平带式砂光机	外表面漆膜干燥24h以上，内表面干燥12h以上进行砂磨	砂后清除磨屑
17	板面砂磨	粒度为400的砂带[5]	机械干砂	水平带式砂光机	—	砂后清除磨屑
18	板面砂磨	粒度为500的砂带[5]	机械干砂	水平带式砂光机	—	高精磨加工此工序，砂后清除磨屑
19	质量检查及修补	各种涂饰材料	手工或机械		—	修补
20	板面抛光	粒度500的抛光膏[6]	机械	水平带式抛光机	除去灰尘磨屑之后	漆膜温度应在50℃以下，不要太热

（续）

序号	工序名称	材　料	方法	工具设备	工艺条件	备　注
21	板面抛光	粒度1000抛光膏	机械	水平带式抛光机	—	漆膜温度应在50℃以下
22	板面抛光	粒度1700抛光膏	机械	水平带式抛光机	—	漆膜温度应在50℃以下
23	板边抛光	粒度1000抛光膏	机械	边线抛光机	除去灰尘、磨屑后	—
24	检查修理	各种涂饰材料	手工或机械	工作台	—	—
25	装配后整理	各种涂饰材料	手工或机械	—	—	对加工和装配过程中产生的缺陷给予修补

注：1）PE－20聚酯清漆为齐齐哈尔油漆厂生产，施工漆液配方为：Ⅰ：PE－20聚酯清漆10kg、苯乙烯约1.0kg、5%石蜡溶液0.1kg、环烷酸钴液0.4kg，Ⅱ：PE－20聚酯清漆10kg、苯乙烯约1.0kg、5%石蜡溶液0.1kg、过氧化环己酮浆0.8～1.0kg，施工漆液Ⅰ注入板件进料方向第一淋头漆箱中，施工漆液Ⅱ注入板件进料方向第二淋头漆箱中。配制施工漆液时可适量加入苯乙烯调节粘度：2）每两遍淋涂的间隔时间以石蜡移至表面并刚开始凝胶为准，如已超过凝胶程度，淋漆板件必须在漆膜干燥12h以后，并经砂磨完全除去石蜡层之后，再涂下一层；3）喷涂用施工漆液配方如下：按淋涂比例配好的施工漆液Ⅰ0.5kg、加入过氧化环己酮浆0.04～0.05kg、苯乙烯适量；4）喷涂时空气压力为0.45～0.50MPa，并且每遍喷完应将喷枪立刻洗净，浸泡在洗涤剂丙酮中，以备下次使用；5）均为中国第二砂轮厂耐水砂纸粒度代号；6）粒度代号均为罗马尼亚进口抛光膏代号，也可用国产抛光膏代替。

（2）聚酯清漆涂饰工艺之二　主要用于钢琴的涂饰，即部件先涂饰后组装。所用封闭底漆和面漆均为齐齐哈尔油漆厂产品。涂饰工艺过程如表8-24所列。

表8-24　聚酯清漆涂饰工艺过程之二

序号	工序名称	材　料	方法	工具设备	工艺条件	备　注
1	表面清净	—	手工	刷具、砂纸等	—	除污迹、灰尘、胶质等
2	着色	染料水溶液[1)]	刷涂	多层架车	1%～4%染料水溶液	以样板或实样为准
3	干燥	—	自然干燥	含水率测定仪	20～25℃，8～12h，含水率8%～10%	未达含水率要求应继续干燥
4	涂饰底漆	北方牌聚氨酯封闭漆[2)]	刷涂	排笔、多层架车	粘度35～55s(涂－4)，涂漆量50～60g/m²	—
5	干燥	—	自然干燥	多层架车	20～25℃，2h	—
6	拼色	聚氨酯漆拼色液[3)]	手工	排笔	粘度12～13s（涂－4），涂漆量30～40g/m²	—
7	干燥	—	自然干燥	—	20～25℃，16h以上	—
8	砂磨	400号水砂纸	手工干砂	砂纸板	—	轻砂，砂后清除磨屑
9	板面涂饰面漆	PE－20聚酯漆的施工漆液[4)]	刷涂	排笔	粘度60～80s(涂－4)，总涂漆量360～440g/m²	刷涂两遍，间隔30～40min

（续）

序号	工序名称	材　料	方法	工具设备	工艺条件	备　注
10	干燥	—	自然干燥	—	20～25℃，4h	—
11	立面涂饰面漆	PE—30聚酯漆的施工漆液[5]	喷涂[6]	PQ—2喷枪	粘度25～28s（涂—4），总涂漆量320～400g/m²	喷涂2或3遍，间隔20～30min
12	干燥	—	自然干燥	—	20～25℃，24h	—
13	砂磨	320水砂纸	手工或机械干砂	水平带式砂光机	—	砂后清除磨屑
14	砂磨	500号水砂纸、肥皂水	手工或机械湿砂	水平带式砂光机	—	砂后清除磨屑
15	干燥	—	自然干燥	—	20～25℃，50min	—
16	抛光	粗抛光膏	机械	软辊抛光机	—	粗抛光
17	抛光	细抛光膏	机械	软辊抛光机	—	精抛光

注：1）视基材表面具体情况，如粗管孔材，需要填孔，可将填料与着色材料放入封闭漆中，擦涂填孔，待干燥后轻轻砂磨光滑再着色；2）PU—10北方牌聚氨酯封闭漆由甲乙两组分组成，施工时甲乙两组分配比为1∶4；3）拼色液是在聚氨酯封闭漆中，加入适量着色材料，以样板为准进行拼色；4）平面用聚酯漆，其配漆按聚酯漆100份、固化剂（过氧化环己酮）4～6份、促进剂（环烷酸钴）2～4份、5%蜡液1～2份调配，并适量加入苯乙烯调至施工粘度；5）PE—30聚酯漆施工漆液配方为：立面漆100份、固化剂2～4份；促进剂2～4份、5%蜡液1～2份、苯乙烯适量；6）喷涂压力为3.5～4.0MPa、喷枪口径2.5mm。

（3）聚酯清漆涂饰工艺（非蜡型）之三　一般要求高光泽的原光涂饰的中级木器可用此工艺。具体工艺过程见表8-25。

表8-25　聚酯清漆涂饰工艺过程（非蜡型）之三

序号	工序名称	材　料	方法	工具设备	工艺条件	备　注
1	表面清净	—	手工	刷具、砂纸等	—	除净污迹、灰尘、胶质等
2	腻平	猪血腻子[1]	手工	嵌刀	—	腻平局部缺陷
3	干燥	—	自然干燥	—	20～25℃，约40min	—
4	砂磨	1号木砂纸	手工干砂	—	—	砂后清除磨屑
5	填孔着色	猪血填孔着色剂[2]	手工擦涂	刨花、棉纱	—	全面擦涂平整
6	干燥	—	自然干燥	—	20～25℃，1h	—
7	涂层着色	染料水溶液	刷涂	排笔	4%～12%染料水溶液	按产品色泽要求选择配方
8	干燥	—	自然干燥	—	20～25℃，约1h	—
9	拼色	染料水溶液	手工	棉纱布	—	视具体情况调染液
10	干燥	—	自然干燥	—	20～25℃，1～2h	—
11	涂饰面漆	191或196聚酯树脂[3]	扣涂[4]	玻璃纸木框、刮板	粘度为原漆粘度，涂漆量500～600g/m²	—

（续）

序号	工序名称	材　料	方法	工具设备	工艺条件	备　注
12	干燥	—	自然干燥	—	薄膜封闭，20～25℃，20～30min	干燥后，揭下玻璃纸木框
13	整修	—	手工	小刀	—	修整流淌处
14	板边涂漆	聚氨酯清漆	刷涂	排笔	粘度15～20s（涂－4），总涂漆量170～250g/m²	连涂三遍，间隔1～2h
15	干燥	—	自然干燥	—	20～25℃，36h以上	—

注：1）腻子配方为：熟猪血38、碳酸钙62、着色颜料适量；2）根据产品色调要求由熟猪血、碳酸钙与适量着色颜料和少量水调配，其中熟猪血是用生猪血、水与干石灰按10：4：0.5比例调制；3）非蜡型聚酯漆施工漆液配方为：聚酯树脂1kg、过氧化二苯甲酰0.015～0.025kg、二甲基苯胺10～15ml；4）用薄膜封闭隔氧匀称扣涂。

8.1.1.5　丙烯酸清漆涂饰工艺　中、高级木器的涂饰可选用丙烯酸漆涂饰。和硝基漆工艺相比，漆膜丰满光亮，经抛光后平滑如镜。并具良好的保光、保色性，耐热性高，耐腐蚀性强等性能。尤其涂饰本色或浅色木器，其漆膜有极好的透明度和白度。表8-26列出两种丙烯酸漆涂饰工艺的应用性能。

表8-26　丙烯酸清漆涂饰工艺对比

工艺编号	着色剂	方法	质量	基材	特　点
之一	染料水溶液、油性填孔着色剂	手工或机械	高级	环孔材和散孔材	用虫胶清漆和醇酸清漆为底漆。施工周期稍长
之二	醇溶着色剂、木器棕眼填充剂、聚氨酯着色漆	机械	高级	水曲柳等刨切薄木贴面的刨花板、细木工板等	用聚氨酯封闭漆为底漆。适合板件的机械化涂饰，缩短施工周期，提高劳动效率

（1）丙烯酸清漆涂饰工艺之一　具体工艺过程见表8-27。

表8-27　丙烯酸清漆涂饰工艺过程之一

序号	工序名称	材　料	方法	工具设备	工艺条件	备　注
1	表面清净	—	手工	毛刷等	—	除污迹、胶质、灰尘等
2	腻平	虫胶腻子	手工	嵌刀	—	—
3	干燥	—	自然干燥	—	20～25℃，20～30min	—
4	砂磨	0号或1号木砂纸	手工干砂	—	—	全面砂磨，砂后除磨屑
5	着色	染料水溶液	刷涂	排笔	1%～4%染料水溶液	以样板为准，调配染料液
6	干燥	—	自然干燥	—	20～25℃，1～2h，使含水率达10%～12%	—
7	涂饰底漆	虫胶清漆	刷涂	排笔	粘度16～17s（涂－4），涂漆量50～60g/m²	—
8	干燥	—	自然干燥	—	20～25℃，20～30min	—

（续）

序号	工序名称	材　料	方法	工具设备	工艺条件	备　注
9	砂磨	0号木砂纸	手工干砂	—	—	轻砂，砂后除磨屑
10	填孔着色	油性填孔着色剂	手工刮涂	刮刀	视基材管孔大小，决定着色剂粘度	—
11	干燥	—	自然干燥	—	20～25℃，8h以上	—
12	砂磨	0号或1号木砂纸	手工干砂	—	—	砂后除磨屑
13	涂饰底漆	醇酸清漆[1)]	喷涂	PQ—2喷枪	清漆与稀释剂比例为1：1，涂漆量150g/m²	—
14	干燥	—	自然干燥	—	20～25℃，12h以上	
15	腻平	虫胶腻子	手工	嵌刀	—	嵌补漏嵌处
16	干燥	—	自然干燥	—	20～25℃，20～30min	—
17	砂磨	0号旧木砂纸	手工干砂	—	—	砂后除磨屑
18	拼色	醇性拼色剂	手工	排笔	粘度12～13s（涂—4），涂漆量30～40g/m²	—
19	干燥	—	自然干燥	—	20～25℃，20～30min	—
20	砂磨	0号旧木砂纸	手工干砂	—	—	轻砂，砂后除磨屑
21	涂饰底漆	醇酸清漆	喷涂	PQ—2喷枪	清漆与稀释剂比例为4：1，涂漆量150g/m²	—
22	干燥	—	自然干燥	—	20～25℃，24h以上	—
23	砂磨	0号旧木砂纸	手工干砂	—	—	砂后除磨屑
24	涂饰面漆	B22—1丙烯酸清漆的施工漆液[2)]	喷涂	PQ—2喷枪	粘度15～20s（涂—4），漆膜厚度以20～50μm为宜	漆膜过厚会咬起下层漆膜
25	干燥	—	自然干燥	—	20～25℃，24h以上	—
26	砂磨	240或260号水砂纸、肥皂水	手工湿砂	砂纸板	—	湿砂时，再次补腻子，砂后除磨屑
27	干燥	—	自然干燥	—	20～25℃，50min以上	—
28	涂饰面漆	B22—1丙烯酸清漆施工漆液	喷涂	喷枪	粘度15～20s（涂—4），漆膜厚度以20～50μm为宜	—
29	干燥	—	自然干燥	—	20～25℃，48h以上	干燥1周最好
30	砂磨	360或400号水砂纸	手工湿砂	砂纸板	—	砂后除磨屑
31	干燥	—	自然干燥	—	20～25℃，50min以上	—
32	抛光	101或201抛光膏、煤油	手工或机械	棉纱、抛光机	—	机械抛光时不用煤油
33	上光蜡	汽车上光蜡	手工	—	—	—

（续）

序号	工序名称	材　料	方法	工具设备	工艺条件	备　注
34	整修	各种涂饰材料	—	—	—	对加工和运输中产生的缺陷给予修补

注：1）或用酚醛清漆；2）B22－1丙烯酸木器清漆为双组分漆，施工配比为：组分Ⅰ为1，组分Ⅱ为1.5，并加入适量二甲苯调至施工粘度。

（2）丙烯酸清漆涂饰工艺之二　本工艺采用天津油漆厂生产的醇溶着色剂、木器棕眼填充剂、聚氨酯着色漆，进行染色和填孔。并经聚氨酯封闭漆封底后涂饰B22－1丙烯酸木器清漆。具体工艺过程如表8-28所示。

表8-28　丙烯酸清漆涂饰工艺过程之二

序号	工序名称	材　料	方法	工具设备	工艺条件	备　注
1	表面清净	—	手工	毛刷等	—	除灰尘、胶质、污迹等
2	润湿	35～40℃温水	手工擦	干净棉布	—	实木圆角处，按2～5工序重复两遍
3	干燥	—	自然干燥	—	20～25℃，2～4h	
4	砂磨	0号或1号木砂纸	手工或机械	砂光机	—	
5	除尘	—	手工或机械	毛刷吸尘器	—	
6	腻平	虫胶腻子	手工	嵌刀	—	局部缺陷腻平
7	干燥	—	自然干燥	—	20～25℃，20～30min	—
8	砂磨	0号或1号木砂纸	手工干砂	—	—	砂后除磨屑
9	着色	醇溶着色剂[1)]	辊涂	CFW－4涂色机	涂饰速度7～25m/min	—
10	干燥	—	自然干燥	—	20～25℃，15～20min	—
11	填孔着色	木器鬃眼填充剂、各色聚氨酯着色漆[2)]	辊涂	DR－8辊涂机	辊涂速度6～60m/min，涂漆量25～35g/m^2	—
12	干燥	—	自然干燥	—	20～25℃，15～20min	—
13	涂饰底漆[3)]	聚氨酯木器封闭漆、各色聚氨酯着色漆	辊涂	辊涂机	粘度30～40s（涂－4），漆膜厚度25～45μm	以样板为准，适量调入着色漆
14	干燥	—	自然干燥	—	20～25℃，4～6h	—
15	砂磨	0号或1号木砂纸	手工干砂	—	—	砂后除磨屑
16	涂饰面漆	B22－1丙烯酸木器清漆施工漆液	刷涂或喷涂	鬃刷、喷枪	粘度15～20s（涂－4），漆膜厚度20～50μm	漆膜过厚会咬起下层漆膜
17	干燥	—	自然干燥	—	20～25℃，12h	—
18	砂磨	0号或1号木砂纸	手工或机械	砂光机	—	砂后除磨屑

（续）

序号	工序名称	材　料	方法	工具设备	工艺条件	备　注
19	涂饰面漆	B22－1丙烯酸木器清漆施工漆液	刷涂或喷涂	鬃刷、喷枪	粘度15～20s（涂－4），漆膜厚度20～50μm	—
20	干燥	—	自然干燥	—	20～25℃，12h	—
21	砂磨	0号或1号木砂纸	手工或机械	砂光机	—	砂后除磨屑
22	涂饰面漆	B22－1丙烯酸木器清漆施工漆液	刷涂或喷涂	鬃刷、喷枪	粘度15～20s（涂－4），干漆膜厚度≤50μm	—
23	干燥	—	自然干燥	—	20～25℃，36h以上	—
24	砂磨	360号水砂纸、肥皂水	手工或机械湿磨	水砂机	—	—
25	干燥	—	自然干燥	—	20～25℃，36h以上	最好干燥5d
26	抛光	抛光膏	手工或机械	抛光机		手工用棉纱
27	上光蜡	汽车上光蜡	手工擦磨	棉纱		
28	整修	各种涂饰材料				对加工或运输中产生的缺陷给予修补

注：1）醇溶着色剂由醇溶性染料、着色颜料、酒精组成；2）根据样板颜色，在木器棕眼填充剂中，适量加入各色聚氨酯着色漆、醇溶着色剂，各色聚氨酯着色漆是双组分漆，其配漆比例为，铁红色：组分一100，组分二53；杏黄色：组分一100，组分二42；黑色：组分一100，组分二52；深黄色：组分一100，组分二42；施工时，各色着色漆按上述比例配好后，加入到木器鬃眼填充剂中；3）聚氨酯木器封闭漆是双组分漆，施工漆液配比为，组分一3，组分二1，加入适量稀释剂稀释至施工粘度，配好的施工漆液需在8h内用完。

8.1.1.6 光敏清漆涂饰工艺　光敏漆，其涂层必须经紫外线照射后才能固化。固化后的漆膜比较光亮平整，可以不抛光。

光敏漆最大特点是涂层固化快。我国使用的早期的光敏漆，一般在几分钟内即达实干。光敏漆一般用机械淋涂板件，先油漆后装配。此种漆固体份含量高，对环境污染轻，并且便于组成机械化、自动化生产线，缩短生产周期，节约厂房面积。

采用光敏漆涂饰工艺须有一套淋涂固化设备，并且涂饰流水线多为封闭式的，包括净化空气设备等。需要一定投资，使光敏漆的应用在国内受到了限制。

如前所述，光敏漆膜的固化，须经特定波长（360～365nm）的紫外线辐射。高压汞灯在工作时会产生800℃热辐射，这种热能影响板件表面漆膜质量，故必须采用水冷或风冷方式把热能消除掉。

紫外线对人体有害，选用紫外固化装置应能遮蔽紫外线。操作人员不能用肉眼直接窥望高压汞灯照射区。

近年我国应用光敏漆工艺详见8.4UV漆应用工艺分析。

8.1.1.7 腰果清漆涂饰工艺 如前所述，腰果清漆具有优异的性能，可以代替大漆使用。既可以节约大量生漆，又降低成本，而且花色品种丰富。并且可以直接用于木器的透明涂饰，如装饰家具、乐器、手工艺品，等等。当这些制品的基材选用水曲柳、柚木、樟木、黄波罗等木材时，使用腰果清漆进行精细的涂装，使所得到的漆膜平滑、光亮、丰满厚实、色泽鲜艳，具优异的装饰效果。表 8-29 列出腰果清漆涂饰工艺的典型实例。

表 8-29 腰果清漆涂饰工艺过程

序号	工序名称	材 料	方法	工具设备	工艺条件	备 注
1	表面清净	丙酮、漂白剂等	手工			除胶质、灰尘、树脂、色变等
2	去木毛	1 号木砂纸、酒精	火燎法			砂磨后除磨屑
3	填孔着色	腰果漆填孔着色剂[1)]	手工刮涂	橡胶刮板等		必要时，可第二遍刮涂
4	干燥		自然干燥		20～25℃，12～24h[2)]	
5	砂磨	1 号或 1.5 号铁砂布	手工干砂	砂纸板		全面砂磨，砂后除磨屑
6	腻平	腰果漆腻子	手工	嵌刀		
7	干燥		自然干燥		20～25℃，4～6h	
8	砂磨	1 号木砂纸	手工干砂			局部砂磨，砂磨后清除磨屑
9	涂饰底漆	腰果清漆	手工刷涂	发刷或扁鬃刷	一般原漆施工，涂漆量 125g/m^2	粘度大的漆，用短毛刷
10	干燥		自然干燥		20～25℃，16～18h	
11	砂磨	280 或 320 号水砂纸、肥皂水	手工湿磨	砂纸板		砂后清除磨屑
12	干燥		自然干燥		20～25℃，50min	
13	涂饰面漆	腰果清漆	手工刷涂	扁鬃刷等	原漆施工，涂漆量 100 g/m^2	
14	干燥		自然干燥		20～25℃，16～18h	
15	涂饰面漆	腰果清漆	手工刷涂	扁鬃刷等	原漆施工，涂漆量 150 g/m^2	
16	干燥		自然干燥		20～25℃，18h 以上	
17	整修	各种涂饰材料				对加工和运输中产生的缺陷给予修补

注：1）腰果漆填孔着色剂（漆灰）是用腰果清漆、瓦粉并加入水调制而成，其重量比为：漆：瓦粉：水为 1：1.3：0.3，调制时应配入少量的墨烟和铁红；2）鉴定着色剂是否干燥可用指甲背面向灰地（已刮涂漆灰处）上快速刮痕，如刮痕泛白则表明已干，即可作下道工序。

8.1.2 亚光透明涂饰

用亚光清漆涂饰木器，可以形成较低光泽的透明涂膜，木纹显现，无强烈刺眼的亮光。具有工艺简单、容易操作、省工、省料、效率高、成本低、修饰工作量少等优点，故目前许多木器采用亚光装饰。

木器亚光透明涂饰可分为填孔亚光与显孔亚光两种。填孔亚光涂饰要将木管孔填平，漆膜平整；后者则不需将管孔完全填平，涂饰后的漆膜薄而均匀，管孔显现。

中、高级木器一般适宜采用亚光涂饰。作亚光的木器材质要好，国内以柚木、水曲柳本色作亚光效果为好。

8.1.2.1 硝基亚光清漆涂饰工艺 硝基亚光清漆涂饰工艺，涂饰底层与硝基清漆涂饰工艺的底层一样。亚光清漆一般涂饰 2～4 遍，漆膜表面平整，亚光一致，并有滑腻感。涂饰后能保持木材天然纹理与底层色泽。

(1) 硝基亚光清漆涂饰工艺之一 用于制做显孔亚光漆膜，其表面形成薄而均匀的柔和光泽。适合板件的机械化涂饰，实行先油漆后装配的工作程序。具体工艺过程见表 8-30。

表 8-30 硝基亚光清漆涂饰工艺过程之一

序号	工序名称	材料	方法	工具设备	工艺条件	备注
1	表面清净	—	手工	毛刷等	—	除净胶质、灰尘、污迹等
2	腻平	虫胶腻子	手工	嵌刀	—	—
3	干燥	—	自然干燥	—	20～25℃，20～30min	—
4	砂磨	0 号或 1 号木砂纸	手工干砂	—	—	砂后清除磨屑
5	着色	染料水溶液	刷涂	排笔、多层架车	1%～4%染料液	—
6	干燥	—	自然干燥	—	20～25℃，2～4h	—
7	涂饰底漆	硝基打磨漆[1)]	淋涂	淋漆机、多层架车	粘度 30～35s(涂－4)，涂漆量 90～100g/m²	—
8	干燥	—	自然干燥	—	20～25℃，20～30min	—
9	砂磨	0 号木砂纸	手工干砂	—	—	砂后清除磨屑
10	涂饰面漆	硝基亚光清漆[2)]	淋涂	淋漆机、多层架车	粘度 35～40s(涂－4)，涂漆量 90～100g/m²	—
11	干燥	—	自然干燥	—	20～25℃，30min	—
12	涂饰面漆	硝基亚光清漆	淋涂	淋漆机、多层架车	粘度 35～40s(涂－4)，涂漆量 120～150g/m²	—
13	干燥	—	自然干燥	—	20～25℃，24h 以上	—

（续）

序号	工序名称	材　料	方法	工具设备	工艺条件	备　注
14	板边涂饰底漆	硝基打磨漆	喷涂	PQ－2 喷枪	粘度 28～35s(涂－4)，涂漆量 90～100g/m²	—
15	干燥	—	自然干燥	—	20～25℃，20～30min	—
16	砂磨	600 号水砂纸	手工干砂	—	—	砂后清除磨屑
17	板边涂饰面漆	硝基亚光清漆	喷涂	PQ－2 喷枪	粘度 28～35s(涂－4)，每遍涂漆量 90～100g/m²	喷涂两遍，间隔 20～30min
18	干燥	—	自然干燥	—	20～25℃，12h 以上	—
19	砂磨	600 号水砂纸	手工干砂	—	—	轻砂，砂后清除磨屑
20	抛光	酒精、信那水	手工擦涂	棉球	酒精与信那水比例为 1∶1	擦至手感平滑
21	整修	各种涂饰材料	—	—	—	板件装配后，对缺陷处整修

注：1）硝基打磨漆为哈尔滨油漆厂生产，打磨漆与信那水比例一般为 3∶1；2）硝基亚光清漆可由油漆厂加工，也可自制，消光的程度，可视消光剂的多少或不同而有差异。

(2) 硝基亚光清漆涂饰工艺之二　本工艺用于木制品显孔亚光涂饰，以手工操作为主。使用的 PG－1 型亚光清漆是由南京西善合成剂厂生产。具体涂饰工艺过程见表 8-31。

表 8-31　硝基亚光清漆涂饰工艺过程之二

序号	工序名称	材　料	方法	工具设备	工艺条件	备　注
1	表面清净	—	手工	毛刷等	—	—
2	腻平	虫胶腻子	手工	嵌刀	—	—
3	干燥	—	自然干燥	—	20～25℃，20～30min	—
4	砂磨	1 号木砂纸	手工干砂	—	—	砂后清除磨屑
5	填孔着色	水性填孔着色剂	手工擦涂	棉纱、鬃刷	—	—
6	干燥	—	自然干燥	—	20～25℃，1～2h	—
7	涂饰底漆	稀酚醛清漆[1]	手工刷涂	排笔	涂漆量 80～100g/m²	
8	干燥	—	自然干燥	—	20～25℃，8～12h	—
9	砂磨	0 号木砂纸	手工干砂	—	—	轻砂，砂后清除磨屑
10	涂饰底漆	虫胶清漆	刷涂	排笔	粘度 15～17s(涂－4)，涂漆量 40～45g/m²	—
11	干燥	—	自然干燥	—	20～25℃，20～30min	—
12	拼色	醇性拼色剂	手工	排笔、小毛笔	粘度 12～14s(涂－4)，涂漆量 35～40g/m²	—

（续）

序号	工序名称	材　料	方法	工具设备	工艺条件	备　注
13	干燥	—	自然干燥	—	20～25℃，20～30min	—
14	砂磨	0号旧木砂纸	手工干砂	—		轻砂，砂后除磨屑
15	涂饰面漆	PG－1型亚光漆	手工刷涂	排笔	粘度30～40s（涂－4），涂漆量90～100g/m²	涂刷两遍，间隔20min
16	干燥	—	自然干燥	—	20～25℃，50min以上	—
17	砂磨	0号木砂纸	手工干砂	—	—	砂后除磨屑
18	涂饰面漆	PG－1型亚光漆	刷涂	排笔	粘度30～40s（涂－4），涂漆量100～120g/m²	—
19	干燥	—	自然干燥	—	20～25℃，12h以上	—
20	上光蜡	汽车上光蜡	手工擦磨	棉纱	—	—

注：1）酚醛清漆与200号溶剂汽油配比为3∶7。

（3）硝基亚光清漆涂饰工艺之三　用于制品显孔亚光涂饰。工艺过程见表8-32。

表8-32　硝基亚光清漆涂饰工艺过程之三

序号	工序名称	材　料	方法	工具设备	工艺条件	备　注
1	表面清净	—	手工	毛刷等	—	除净灰尘、胶迹、污迹等
2	润湿	30～35℃水	手工擦涂	棉纱或排笔	清水	—
3	干燥	—	自然干燥	—	20～25℃，1～2h，使含水率达10%～12%	—
4	砂磨	0号或1号木砂纸	手工干砂	—	—	砂后清除磨屑
5	涂饰底漆	虫胶清漆	刷涂	排笔	粘度16～17s（涂－4），涂漆量60g/m²	—
6	干燥	—	自然干燥	—	20～25℃，20～30min	—
7	腻平	虫胶腻子	手工	嵌刀	—	—
8	干燥	—	自然干燥	—	20～25℃，20～30min	—
9	砂磨	0号木砂纸	手工干砂	—	—	砂后清除磨屑
10	涂饰底漆	虫胶清漆	手工擦涂	棉球	粘度15～16s（涂－4），涂漆量45g/m²	擦涂两次，间隔1～2h
11	干燥	—	自然干燥	—	20～25℃，20～30min	—
12	涂层着色	染料水溶液	刷涂	排笔、鬃刷	4%～12%染料水溶液	—
13	干燥	—	自然干燥	—	20～25℃，30min	—
14	涂饰底漆	虫胶清漆、醇溶染料	刷涂	排笔	粘度15～16s（涂－4），涂漆量45g/m²	以样板为准，适量加染料
15	干燥	—	自然干燥	—	20～25℃，30～40min	—
16	拼色	醇性拼色剂	手工	排笔	粘度12～13s（涂－4），涂漆量20～30g/m²	—

（续）

序号	工序名称	材　料	方法	工具设备	工艺条件	备　注
17	干燥	—	自然干燥	—	20～25℃，30～40min	—
18	砂磨	0号木砂纸	手工干砂	—	—	轻砂，砂后清除磨屑
19	涂饰底漆	虫胶清漆、醇溶性染料	刷涂	排笔	粘度15～16s（涂－4），涂漆量45g/m²	刷两遍，间隔30min
20	干燥	—	自然干燥	—	20～25℃，24h以上	—
21	砂磨	0号木砂纸	手工干砂	—	—	轻砂，砂后清除磨屑
22	涂饰面漆	硝基亚光清漆	喷涂	喷枪	粘度25～28s（涂－4），涂漆量100～150g/m²	—
23	干燥	—	自然干燥	—	20～25℃，24h以上	—
24	砂磨	500号（粒度280）水砂纸	手工干砂	—	—	精砂至平整光滑，不许砂损漆膜
25	上光蜡	汽车上光蜡	手工擦磨	棉纱	—	—
26	整修	各种涂饰材料	—	—	—	对加工中产生的缺陷给予修补

（4）硝基亚光清漆涂饰工艺之四　本工艺以手工操作为主。采用先装配后油漆的工作程序。适于PG－1型亚光漆的填孔亚光涂饰工艺。工艺过程见表8-33。

表8-33　硝基亚光清漆涂饰工艺过程之四

序号	工序名称	材　料	方法	工具设备	工艺条件	备　注
1	表面清净	—	手工	毛刷等	—	除净灰尘、胶迹、油脂等
2	腻平	虫胶腻子	手工	嵌刀	—	—
3	干燥	—	自然干燥	—	20～25℃，20～30min	—
4	砂磨	0号或1号木砂纸	手工干砂	—	—	砂后清除磨屑
5	填孔着色	水性填孔着色剂	手工擦涂	棉纱、鬃刷	涂饰量50～60g/m²	—
6	干燥	—	自然干燥	—	20～25℃，1～2h	—
7	涂饰底漆	稀酚醛清漆	手工刷涂	排笔	涂漆量80～100g/m²	—
8	干燥	—	自然干燥	—	20～25℃，8～12h	—
9	砂磨	0号木砂纸	手工干砂	—	—	轻砂，砂后清除磨屑
10	复填孔着色	油性填孔着色剂	手工刮涂	刮刀	涂饰量30～40g/m²	—
11	干燥	—	自然干燥	—	20～25℃，8～12h	—
12	砂磨	0号木砂纸	手工干砂	砂纸板	—	砂后清除磨屑
13	涂饰底漆	虫胶清漆	刷涂	排笔	粘度16～17s（涂－4），涂饰量40～45g/m²	—
14	干燥	—	自然干燥	—	20～25℃，20～30min	—
15	拼色	醇性拼色剂	手工	排笔、毛笔	粘度12～13s（涂－4），涂漆量35～40g/m²	—

（续）

序号	工序名称	材　料	方法	工具设备	工艺条件	备　注
16	干燥	—	自然干燥	—	20～25℃，20～30min	—
17	砂磨	0号旧木砂纸	手工干砂	—	—	轻砂，砂后除清磨屑
18	涂饰面漆	PG－1型亚光漆	刷涂	排笔	粘度30～40s（涂－4），涂漆量90～100g/m^2	刷四遍，间隔30min
19	干燥	—	自然干燥	—	20～25℃，24h以上	—
20	砂磨	400号水砂纸、肥皂水	手工湿砂	砂纸板	—	砂后除清磨屑
21	干燥	—	自然干燥	—	20～25℃，50min	—
22	涂饰面漆	PG－1型亚光漆	刷涂	排笔	粘度30～35s（涂－4），涂漆量70～80g/m^2	—
23	干燥	—	自然干燥	—	20～25℃，12h以上	—
24	上光蜡	汽车上光蜡	手工擦磨	棉纱	—	—

8.1.2.2　聚氨酯亚光清漆涂饰工艺　聚氨酯亚光漆工艺是指用树脂色浆涂饰工艺制作显孔亚光漆膜和填孔亚光漆膜。各道工序具体操作要求和表8-16中有关内容相同，最后涂饰亚光漆一遍。漆膜表面平整，亚光一致。

（1）聚氨酯显孔亚光涂饰工艺　表面清净→腻平→干燥→干砂磨→擦涂颜料树脂色浆→干燥→刷涂树脂面色（聚氨酯染料色漆）→干燥→拼色→干燥→干砂磨→刷涂聚氨酯清漆（加5%滑石粉）→干燥→刷涂聚氨酯清漆（加5%滑石粉）→干燥→干砂磨→刷涂（或喷涂）亚光漆→擦涂上光蜡→整修。

（2）聚氨酯填孔亚光涂饰工艺　表面清净→腻平→干燥→干砂磨→擦涂颜料树脂色浆→干燥→刷涂树脂面色（聚氨酯染料色漆）→干燥→拼色→干燥→刷涂聚氨酯清漆→干燥→干砂磨→刷涂聚氨酯清漆→干燥→干砂磨→刷涂聚氨酯清漆→干燥→刷涂聚氨酯清漆→干燥→刷涂聚氨酯清漆→干燥→干砂磨→刷涂聚氨酯清漆→干燥→刷涂聚氨酯清漆→干燥→干砂磨→刷涂聚氨酯清漆→干燥→刷涂聚氨酯清漆→干燥→湿砂磨→干燥→刷涂（或喷涂）亚光漆→上光蜡→整修。

8.1.2.3　丙烯酸亚光清漆涂饰工艺　用丙烯酸亚光清漆涂饰的木器，能清晰显现木材天然纹理，手感平滑不刺眼，给人一种木材的自然美感。丙烯酸亚光清漆涂饰工艺的典型实例如表8-34所示。

表8-34　丙烯酸亚光清漆涂饰工艺过程

序号	工序名称	材　料	方法	工具设备	工艺条件	备　注
1	表面清净	—	手工、机械	吸尘器	—	除净污迹、胶质、灰尘等
2	腻平	硝基腻子	手工	嵌刀	—	—
3	干燥	—	自然干燥	—	20～25℃，20～30min	—

（续）

序号	工序名称	材　料	方法	工具设备	工艺条件	备　注
4	砂磨	0号或1号木砂纸	手工干砂	砂纸板	—	全面砂磨，砂后清除磨屑
5	填孔着色[1]	京Q06－8硝基木器底色涂料[3]	喷涂[2]	喷枪	粘度16～20s（涂－4，25℃），消耗量150g/m²	
6	干燥	—	自然干燥	—	20～25℃，10～20min	—
7	涂饰底漆	Q06－6硝基木器底漆[3]	喷涂或淋涂	喷枪或淋漆机	喷涂粘度18～22s；淋涂粘度28～32s(涂－4)。涂漆量：喷涂150g/m²；淋涂100～150g/m²	连涂两遍，间隔50min。轻砂除磨屑后接涂
8	干燥	—	自然干燥	—	20～25℃，50min	—
9	砂磨	0号木砂纸	手工干砂	—	—	轻砂，砂后除磨屑
10	涂饰面漆	京B22－80丙烯酸亚光木器清漆[3]	喷涂或淋涂	喷枪或淋漆机	粘度：喷涂18～20s；淋涂28～32s（涂－4）。涂漆量：喷涂150g/m²；淋涂100～150g/m²	—
11	干燥	—	自然干燥	—	20～25℃，12～24h	—

注：1）本色制品可直接涂饰Q06－6硝基木器底漆，而不上京Q06－8硝基木器底色涂料；　2）也可滚涂，粘度（30±2）s（涂－4）；　3）均由北京红狮涂料公司生产。

8.2　不透明涂饰工艺

不透明涂饰，是选用不透明涂料，使木器表面形成一层均匀的色漆漆膜，掩盖了木材纹理和颜色。

一些材质较差的木材以及纤维板，刨花板等木质材料，其外表没有天然美丽的花纹，而且还可能有各种节子等缺陷。如果把它们制成制品，一般采取不透明涂饰工艺，以掩盖木器外表的所有缺陷。并且显现各种鲜艳的颜色，达到保护、装饰和实用等多方面的目的。

根据木器使用涂料品种和装饰质量不同，木器不透明涂饰基本上可以分为普级与中、高级。普级多用油性调合漆、酚醛磁漆、醇酸磁漆等涂饰；中、高级多用硝基磁漆或聚氨酯磁漆等涂饰。

8.2.1　亮光不透明涂饰

用亮光不透明涂料装饰获得的漆膜为亮光漆膜。亮光不透明漆膜平整光滑，具各种不同色彩。

8.2.1.1　油性调合漆涂饰工艺

（1）油性调合漆涂饰工艺之一　这种工艺适宜于涂饰儿童玩具、家具；低档办公用品，木条长凳；家庭简易碗柜、小书架、小方凳等。用于普级木器的不透明涂饰，其工艺过程见表8-35。

表 8-35 油性调合漆涂饰工艺过程之一

序号	工序名称	材 料	方法	工具设备	工艺条件	备 注
1	表面清净	碱液、有机溶剂等	手工	—	—	除净油脂、胶迹等
2	腻平	虫胶腻子	手工	嵌刀	—	—
3	干燥	—	自然干燥	—	20～25℃，15～20min	—
4	砂磨	1号木砂纸	手工干砂	—	—	见注1)
5	全面填平	水胶腻子2)	手工刮涂	刮刀	腻子呈厚粥状，涂饰量 100～150g/m^2	—
6	干燥	—	自然干燥	—	20～25℃，40～50min	—
7	砂磨	1号木砂纸	手工干砂	砂纸板	—	砂后清除磨屑
8	涂饰底漆	油性调合漆	刷涂	鬃刷	粘度50～70s(涂－4)，涂漆量90/100g/m^2	见注2 3)
9	干燥	—	自然干燥	—	20～25℃，24h以上	—
10	涂饰面漆	油性调合漆	刷涂	鬃刷	粘度50～70s(涂－4)，涂漆量70～80g/m^2	涂漆前除尘
11	干燥	—	自然干燥	—	20～25℃，24h以上	—
12	砂磨	0号或1号木砂纸	手工干砂	—	—	轻磨，砂后除磨屑
13	涂饰面漆	油性调合漆、清油	刷涂	鬃刷	粘度40～60s(涂－4)，涂漆量60g/m^2	漆与清油比例为2∶1
14	干燥	—	自然干燥	—	20～25℃，36h以上	—

注：1）如有收缩渗陷的腻子可补嵌，干后砂磨； 2）水胶腻子配方如下：石膏粉100份、水胶溶液70份、调合漆3～4份、除用水胶腻子外，也可用油性填平漆；3）也可用白厚漆中加入酚醛清漆和200号溶剂汽油调配成的底漆涂饰，但效果不如直接涂饰油性调合漆好。

（2）油性调合漆涂饰工艺之二 用于木制门窗涂饰。具体工艺过程见表8-36。

表 8-36 油性调合漆涂饰工艺过程之二

序号	工序名称	材 料	方法	工具设备	工艺条件	备 注
1	表面清净	碱液、有机溶剂等	手工	—	—	除净油脂、胶迹、松脂等
2	砂磨	$1\frac{1}{2}$或1号木砂纸	手工干砂	—	—	砂后清除磨屑
3	涂饰底漆	清油、200号溶剂汽油	刷涂	鬃刷	清油与汽油比例为1∶2.5，涂漆量70～80 g/m^2	—
4	干燥	—	自然干燥	—	20～25℃，24h	—
5	腻平	水胶腻子、调合漆1)	手工	嵌刀	—	嵌补局部缺陷
6	全面填平	水胶腻子、调合漆	手工刮涂	刮刀	腻子呈厚粥状，涂饰量80～90 g/m^2	—
7	干燥	—	自然干燥	—	20～25℃，4～8h	—
8	全面填平	水胶腻子、调合漆	手工刮涂	刮刀	腻子呈厚粥状，涂饰量70～80g/m^2	—

（续）

序号	工序名称	材　料	方法	工具设备	工艺条件	备　注
9	干燥	—	自然干燥	—	20～25℃，12h	—
10	砂磨	1号木砂纸或100号铁砂布	手工干砂	—	—	全面砂磨光滑，砂后清除磨屑
11	涂饰面漆[2)]	油性调合漆、200号溶剂汽油	刷涂	鬃刷	加5%～8%200号溶剂汽油，涂漆量70～80 g/m²	调合漆颜色可自选
12	干燥	—	自然干燥	—	20～25℃，12h以上	—
13	砂磨	1号旧木砂纸	手工干砂	—	—	轻砂，砂后除磨屑
14	涂饰面漆	油性调合漆、清　油	刷涂	鬃刷	调合漆与清油比例为1：1，涂漆量为70～80 g/m²	—
15	干燥	—	自然干燥	—	20～25℃，24h以上	—

注：1）按水胶腻子总重量加3%～5%调合漆，冬季（－5～－10℃）施工时，应在腻子中加适量催干剂，并在加水时按水的重量1/3加入酒精，以加速干燥，水要用热水，腻子调好后应趁气温最高时抢刮腻子；2）如果门窗涂饰两种或两种以上颜色的调合漆时，可在底油刷好干燥后，按要求分别用该色腻子将门窗的里外面刮涂平整，腻子要用该色调合漆调制，涂刷之前，应先将所需各色调合漆按比例调成所需的色彩，如内部用奶油色，用白调合漆按比例的95%～96%加入同性能的黄调合漆为4%～5%，涂刷时，要特别注意分色处界限，不能将外面色漆刷到里面色漆漆膜部位上，也不能将里面色漆刷到外面色漆的部位上。

8.2.1.2　醇酸磁漆涂饰工艺

（1）醇酸磁漆涂饰工艺之一　用醇酸磁漆涂饰的木器其表面质量优于油性调合漆。具体工艺过程如表8-37所列。

表8-37　醇酸磁漆涂饰工艺过程之一

序号	工序名称	材　料	方法	工具设备	工艺条件	备　注
1	表面清净	—	手工	—	—	除净油脂、灰尘、胶迹等
2	砂磨	$1\frac{1}{2}$或1号木砂纸	手工干砂	—	—	砂后清除磨屑
3	腻平	醇酸腻子[1)]	手工	嵌刀	—	—
4	干燥	—	自然干燥	—	20～25℃，8h	—
5	砂磨	1号木砂纸	手工干砂	—	—	砂平嵌补处，清除多余腻子
6	全面填平	C07－5醇酸腻子、醇酸漆稀释剂[1)]	手工刮涂	刮刀	腻子呈厚粥状，涂饰量80～90g/m²	根据所要求的颜色，选择相应颜色的腻子
7	干燥	—	自然干燥	—	20～25℃，8～12h	—
8	砂磨	1号木砂纸	手工干砂	砂纸板		砂后清除磨屑
9	涂饰面漆	C04－2醇酸磁漆	刷涂	鬃刷	粘度50～60s（涂－4），涂漆量80g/m²	防止流淌、过楞
10	干燥	—	自然干燥	—	20～25℃，12～18h	—
11	砂磨	0号木砂纸	—	—	—	轻砂，砂后清除磨屑

（续）

序号	工序名称	材　料	方法	工具设备	工艺条件	备　注
12	涂饰面漆	C04－2 醇酸磁漆	刷涂	鬃刷	粘度 50～60s（涂－4），涂漆量 80g/m²	涂刷均匀，防止流淌
13	干燥	—	自然干燥	—	20～25℃，12～18h	—
14	涂饰面漆	C04－2 醇酸磁漆	刷涂	鬃刷	粘度 50～60s（涂－4），涂漆量 80g/m²	—
15	干燥	—	自然干燥	—	20～25℃，24h 以上	—
16	砂磨	400 号水砂纸、肥皂水	手工湿砂	砂纸板	—	砂磨平滑，砂后除磨屑
17	干燥	—	自然干燥	—	20～25℃，50min	—
18	涂饰面漆	C04－2 醇酸磁漆、醇酸清漆	刷涂	鬃刷	磁漆与清漆配比为 3∶2，涂漆量 75～85g/m²	—
19	干燥	—	自然干燥	—	20～25℃，36h 以上	—

注：1）醇酸腻子是用所要求颜色的 C07－5 醇酸腻子，适量加入双飞粉后调成膏状而成，或用油性填平漆做腻子，配方为：碳酸钙 2.5kg、白厚漆 1kg、清油 0.5kg、200 号溶剂汽油 0.5kg，刮涂时如果基材木节或刨痕较多，可刮涂两遍，至表面平整，干后用砂纸包木块砂至平滑，最后擦净粉末。

（2）醇酸磁漆涂饰工艺之二　用于普级白色醇酸磁漆涂饰。该工艺在全面填平基础上，选用虫胶清漆做底漆。具体工艺过程如表 8-38 所示。

表 8-38　醇酸磁漆（白色）涂饰工艺过程之二

序号	工序名称	材　料	方法	工具设备	工艺条件	备　注
1	表面清净	—	手工	—	—	除净油脂、灰尘等
2	腻平	虫胶腻子	手工	嵌刀	—	—
3	干燥	—	自然干燥	—	20～25℃，15min 以上	—
4	砂磨	0 号或 1 号木砂纸	手工干砂	—	—	砂后清除磨屑
5	全面填平	油性填平漆	手工刮涂	刮刀	腻子呈厚粥状，涂饰量 70～80g/m²	—
6	干燥	—	自然干燥	—	20～25℃，12h 以上	—
7	砂磨	1 号木砂纸	手工干砂	砂纸板	—	砂后清除磨屑
8	涂饰底漆	虫胶清漆、立德粉[1]	刷涂	排笔	粘度 16～18s（涂－4），涂漆量 70～80g/m²	—
9	干燥	—	自然干燥	—	20～25℃，15～20min	—
10	砂磨	0 号或 1 号旧木砂纸	手工干砂	—	—	砂后清除磨屑
11	涂饰底漆	虫胶清漆、立德粉	—	—	粘度 16～18s（涂－4），涂漆量 70～80g/m²	—
12	干燥	—	自然干燥		20～25℃，15～20min	—
13	砂磨	0 号或 1 号旧木砂纸	手工干砂	—	—	砂后清除磨屑

（续）

序号	工序名称	材 料	方法	工具设备	工艺条件	备 注
14	涂饰底漆	虫胶清漆、立德粉	刷涂	排笔	粘度16～18s（涂－4），涂漆量70～80g/m²	—
15	干燥	—	自然干燥	—	20～25℃，1h	—
16	砂磨	0号或1号旧木砂纸	—	—	—	砂后清除磨屑
17	涂饰面漆	C04－42白醇酸磁漆	刷涂	鬃刷	粘度50～60s（涂－4），涂漆量80～90g/m²	防止流淌、过楞
18	干燥	—	自然干燥	—	20～25℃，18h	—
19	砂磨	0号木砂纸	手工干砂	—	—	砂后清除磨屑
20	涂饰面漆	C04－42白醇酸磁漆	刷涂	鬃刷	粘度50～60s（涂－4），涂漆量80～90g/m²	—
21	干燥	—	自然干燥	—	20～25℃，36h以上	—

注：1）在浓度20%的虫胶清漆中，加入2～4份立德粉调和均匀，刷涂必须均匀。

8.2.1.3 硝基磁漆涂饰工艺 各色硝基磁漆主要用来涂饰中、高级木器。如卧室套装、客厅、书房与宾馆家具等，同时也包括收音机壳等木器。具体工艺过程见表8-39、8-40。

表8-39 硝基磁漆涂饰工艺过程之一

序号	工序名称	材 料	方法	工具设备	工艺条件	备 注
1	表面清净	—	手工	—	—	除净油脂、树脂等
2	腻平	虫胶腻子	手工	嵌刀	—	—
3	干燥	—	自然干燥	—	20～25℃，15min	—
4	砂磨	1号木砂纸	手工干砂	—	—	全面砂磨，砂后除磨屑
5	涂饰底漆	Q06－4各色硝基底漆	手工刷涂	—	粘度40～45s（涂－4），涂饰量70～80g/m²	—
6	干燥	—	自然干燥	—	20～25℃，20～30min	—
7	砂磨	1号木砂纸	手工干砂	—	—	砂后清除磨屑
8	全面填平	Q07－5各色硝基腻子	手工刮涂	刮刀	涂饰量100～120g/m²	—
9	干燥	—	自然干燥	—	20～25℃，约3h	—
10	砂磨	0号或1号木砂纸	手工干砂	—	—	—
11	涂饰面漆	Q04－2（或Q04－3）硝基磁漆1)	刷涂	排笔	粘度30～35s（涂－4），涂漆量120～130g/m²	涂刷两遍，间隔30～40min
12	干燥	—	自然干燥	—	20～25℃，30～40min	—
13	砂磨	0号木砂纸	手工干砂	—	—	轻砂，砂后清除磨屑
14	涂饰面漆	Q04－2（或Q04－3）硝基磁漆	刷涂	排笔	粘度30～35s（涂－4），涂漆量110～120g/m²	见注2）
15	干燥	—	自然干燥	—	20～25℃，40～50min	—

（续）

序号	工序名称	材　料	方法	工具设备	工艺条件	备　注
16	砂磨	0号木砂纸	手工干砂	—	—	砂后清除磨屑
17	涂饰面漆	Q04－2(或Q04－3)硝基磁漆、硝基清漆	手工擦涂	棉球	粘度40～50s(涂－4)，涂漆量120～140g/m²	擦涂方法同硝基清漆工艺
18	干燥	—	自然干燥	—	20～25℃，8～12h	—
19	砂磨	320号水砂纸、肥皂水	手工湿磨	砂纸板	—	磨平，除净磨屑，干燥30～40min再涂漆
20	涂饰面漆	Q04－2(或Q04－3)，硝基磁漆、硝基清漆	手工擦涂	棉球	粘度30～35s(涂－4)，涂漆量110～120g/m²	—
21	干燥	—	自然干燥	—	20～25℃，36h以上	—
22	砂磨	400号水砂纸、肥皂水	手工湿磨	—	—	砂后清除磨屑
23	干燥	—	自然干燥	—	20～25℃，40～50min	—
24	抛光	201号白色抛光膏	手工擦磨	棉纱	光泽达60%以上	—
25	上光蜡	汽车上光蜡	手工擦磨	棉纱	—	—
26	整修	各种涂饰材料	—	—	—	—

注：1）根据需要选用适当颜色硝基磁漆；2）刷涂第三遍硝基磁漆和擦涂时，适当加硝基清漆，以提高漆膜光泽。

表8-40　硝基磁漆涂饰工艺过程之二

序号	工序名称	材　料	方法	工具设备	工艺条件	备　注
1	表面清净	—	手工	—	—	除灰尘、油脂等
2	全面填平	硝基填平腻子[1]	手工刮涂	刮刀	粥状稀腻子	视基材平整度，决定是否刮2或3遍
3	干燥	—	自然干燥	—	20～25℃，30～40min	—
4	砂磨	0号或1号旧木砂纸	手工干砂	砂纸板	—	砂平，砂后清除磨屑
5	腻平	硝基腻子[2]	手工	嵌刀	—	补局部缺陷
6	干燥	—	自然干燥	—	20～25℃，15min	—
7	砂磨	1号旧木砂纸	手工干砂	—	—	砂平嵌补处，砂后清除磨屑
8	涂饰底漆	Q06－4硝基底漆	喷涂	PQ－2喷枪	粘度28～30s(涂－4)，涂漆量150g/m²	无底漆时，可直接涂饰面漆
9	干燥	—	自然干燥	—	20～25℃，40min以上	—
10	砂磨	0号木砂纸	手工干砂	—	—	砂后清除磨屑
11	涂饰底漆	Q06－4硝基底漆	喷涂	PQ－2喷枪	粘度28～30s(涂－4)，涂漆量150g/m²	—
12	干燥	—	自然干燥	—	20～25℃，30min以上	—

（续）

序号	工序名称	材　料	方法	工具设备	工艺条件	备　注
13	涂饰面漆	Q04－2 硝基磁漆	喷涂	PQ－2 喷枪	粘度 28～30s（涂－4），涂漆量 150g/m²	—
14	干燥	—	自然干燥	—	20～25℃，40～50min	—
15	砂磨	0 号木砂纸	手工干砂	—	—	砂后清除磨屑
16	涂饰面漆	Q04－2 硝基磁漆、硝基清漆	喷涂	PQ－2 喷枪	粘度 28～30s（涂－4），涂漆量 120～150g/m²	磁漆中可适量加入清漆
17	干燥	—	自然干燥	—	20～25℃，12h	—

注：1）硝基填平腻子是用滑石粉与硝基磁漆调成粥状腻子；2）嵌补的硝基腻子配方为：硝基磁漆 1、X－1 硝基漆稀释剂 0.5（适量增减）、滑石粉（或碳酸钙）适量，将其调成腻子，连续补洞 2 或 3 遍，待干后砂磨。

8.2.1.4　聚氨酯磁漆涂饰工艺　聚氨酯磁漆是近年来发展的新型不透明涂料。既具有清漆的主要性能，又具有各种不同的色彩。用此磁漆涂饰的木器，色彩鲜艳，丰满光亮。表 8-41 列出三种聚氨酯磁漆涂饰工艺的应用性能的对比。

表 8-41　聚氨酯磁漆各涂饰工艺对比

工艺编号	填平剂	方　法	质量	基材	特　　点
之一	水性填平剂	手工	中级	天然树种、人造板	工艺简单、便于操作。色泽鲜艳，但原光漆膜平整度稍差
之二	丙烯酸酯乳胶漆填平剂	手工	中、高级	天然树种、人造板	用环氧树脂底漆封闭，漆膜附着力好，且平整光滑
之三	聚氨酯清漆	手工	中、高级	中密度纤维板	从底漆至面漆均用聚氨酯系列涂料。附着力极好，漆膜有优异的耐腐蚀性、耐水性、耐热性

（1）聚氨酯磁漆涂饰工艺之一　原光漆膜的聚氨酯磁漆涂饰工艺过程见表 8-42 所列。

表 8-42　聚氨酯磁漆涂饰工艺过程之一

序号	工序名称	材　料	方法	工具设备	工艺条件	备　注
1	腻平	虫胶腻子	手工	嵌刀	—	嵌补前，表面除油脂、灰尘等
2	干燥	—	自然干燥	—	20～25℃，20～30min	—
3	砂磨	0 号或 1 号木砂纸	手工干砂	—	—	全面砂磨，砂后清除磨屑
4	全面填平	碳酸钙、水	手工擦涂	棉纱、竹花等	碳酸钙与水重量比为 2∶3	—

（续）

序号	工序名称	材　料	方法	工具设备	工艺条件	备　注
5	干燥	—	自然干燥	—	20～25℃，2～4h	—
6	除尘	—	手工	刷具	—	清除浮尘
7	涂饰底漆	合成漆片、酒精、X－1硝基漆稀释剂	刷涂	排笔	粘度15～18s(涂－4)，涂漆量80～100g/m²	酒精与稀释剂比例为10∶1
8	干燥	—	自然干燥	—	20～25℃，20～30min	—
9	砂磨	0号木砂纸	手工干砂	—	—	砂后清除磨屑
10	涂饰底漆	合成漆片、酒精、X－1硝基漆稀释剂	刷涂	排笔	粘度15～18s(涂－4)，涂漆量70～80g/m²	—
11	干燥	—	自然干燥	—	20～25℃，20～30min	—
12	腻平	虫胶腻子	手工	嵌刀	—	—
13	干燥	—	自然干燥	—	20～25℃，20～30min	—
14	砂磨	0号或1号木砂纸	手工干砂	—	—	砂后除磨屑
15	涂饰面漆	SH－聚氨酯磁漆	刷涂	鬃刷	粘度20s(涂－4)，涂漆量80～90g/m²	见注1)
16	干燥	—	自然干燥	—	20～25℃，1～2h	—
17	涂饰面漆	SH－聚氨酯磁漆	刷涂	鬃刷	粘度18s(涂－4)，涂漆量90～100g/m²	—
18	干燥	—	自然干燥	—	20～25℃，12h	—
19	砂磨	0号木砂纸	手工干砂	—	—	轻砂，砂后清除磨屑
20	涂饰面漆	SH－聚氨酯磁漆	刷涂	鬃刷	粘度15～18s(涂－4)，涂漆量120～150g/m²	
21	干燥	—	自然干燥	—	20～25℃，1～2h	—
22	涂饰面漆	SH－聚氨酯磁漆	刷涂	鬃刷	粘度15～18s(涂－4)，涂漆量120～150g/m²	旁板不刷
23	干燥	—	自然干燥	—	20～25℃，36h以上	—
24	整修	各种涂饰材料	手工	—	—	—

注：1) SH－各色聚氨酯磁漆施工漆液配方如下：SH－1甲组分1、SH－2乙组分1（体积比），所用聚氨酯稀释剂配方为：二甲苯3、环己酮1、醋酸丁酯1（体积比）。

(2) 聚氨酯磁漆涂饰工艺之二　具体涂饰工艺过程如表8-43所列。

表8-43　聚氨酯磁漆涂饰工艺过程之二

序号	工序名称	材　料	方法	工具设备	工艺条件	备　注
1	表面清净	—	手工	—	—	除净灰尘、油脂等
2	全面填平	丙烯酸酯乳胶填平漆1)	手工刮涂	刮刀	腻子呈浆糊状	刮涂两遍，层间干燥1h后砂磨
3	干燥	—	自然干燥	—	20～25℃，1h	—

（续）

序号	工序名称	材　料	方法	工具设备	工艺条件	备　注
4	腻平	虫胶腻子	手工	嵌刀	—	—
5	干燥	—	自然干燥	—	20～25℃，15min	—
6	砂磨	1号木砂纸	手工干砂	—	—	全面砂磨，砂后清除磨屑
7	涂饰底漆	SH－3聚氨酯环氧底漆	刷涂	排笔	粘度16～20s（涂－4），涂漆量80～100g/m^2	SH－1甲组分1；SH－3环氧底漆4，配制底漆
8	干燥	—	自然干燥	—	20～25℃，1h	—
9	涂饰底漆	SH－3聚氨酯环氧底漆	刷涂	排笔	粘度16～20s（涂－4），涂漆量80～100g/m^2	酌加相应磁漆2)
10	干燥	—	自然干燥	—	20～25℃，4h	—
11	砂磨	0号木砂纸	手工干砂	—	—	砂后清除磨屑
12	涂饰面漆	SH－聚氨酯磁漆3)	刷涂	鬃刷	粘度20s（涂－4），涂漆量90～100g/m^2	—
13	干燥	—	自然干燥	—	20～25℃，约1h	—
14	涂饰面漆	SH－聚氨酯磁漆	刷涂	鬃刷	粘度20s（涂－4），涂漆量90～100g/m^2	—
15	干燥	—	自然干燥	—	20～25℃，12h	
16	砂磨	0号木砂纸	手工干砂	—	—	轻砂，砂后清除磨屑
17	涂饰面漆	SH－聚氨酯磁漆	刷涂	鬃刷	粘度15～18s（涂－4），涂漆量80g/m^2	—
18	干燥	—	自然干燥	—	20～25℃，1h	—
19	涂饰面漆	SH－聚氨酯磁漆	刷涂	鬃刷	粘度15～18s（涂－4），涂漆量80～100g/m^2	
20	干燥	—	自然干燥	—	20～25℃，1h	—
21	涂饰面漆	SH－聚氨酯磁漆	刷涂	鬃刷	粘度15～18s（涂－4），涂漆量150～180g/m^2	旁板可不涂刷
22	干燥	—	自然干燥	—	20～25℃，36h以上	—
23	砂磨	360或400号水砂纸、肥皂水	手工湿砂	砂纸板	—	板件可机械砂磨
24	干燥	—	自然干燥	—	20～25℃，50min	—
25	抛光	201号白色抛光膏、煤油	手工擦磨	棉纱	光泽达70%以上	板件可机械抛光
26	上光蜡	汽车上光蜡	手工擦磨	棉纱	—	—
27	整修	各种涂饰材料	手工	—	—	修整磕碰、缺陷处

注：1）丙烯酸酯乳胶填平漆配方如下：丙烯酸酯乳胶漆1、羧甲基纤维素5、滑石粉6.5、水适量；2）当涂饰白磁漆时，因遮盖力高，在涂饰底漆时，可不加相应的白磁漆，当涂饰蛋青等浅色漆时，最好在底漆中掺进相应的磁漆，比例可适量；3）聚氨酯磁漆施工漆液配方同工艺之一。

(3) 聚氨酯磁漆涂饰工艺之三　中、高级木器涂饰用聚氨酯磁漆也可用表 8-44 所列的工艺过程。

表 8-44　聚氨酯磁漆涂饰工艺之三

序号	工序名称	材　料	方法	工具设备	工艺条件	备　注
1	表面清净	—	手工	—	—	除净油脂、胶迹、树脂、灰尘等
2	腻平	虫胶腻子	手工	嵌刀	—	—
3	干燥	—	自然干燥	—	20～25℃，20～30min	—
4	砂磨	0 号木砂纸	手工干砂	—	—	全面砂磨，砂后清除磨屑
5	涂饰底漆	稀聚氨酯清漆	刷涂	排笔	漆与稀释剂之比为 1∶3，涂漆量 90～100g/m²	或喷涂
6	干燥	—	自然干燥	—	20～25℃，18h	—
7	砂磨	0 号木砂纸	手工干砂	—	—	轻磨、砂后清除磨屑
8	涂饰底漆	稀聚氨酯底漆	刷涂	排笔	漆与稀释剂之比为 3∶2，涂漆量 80～90g/m²	或喷涂
9	干燥	—	自然干燥	—	20～25℃，12h	—
10	砂磨	0 号木砂纸	手工干砂	—	—	轻磨，砂后清除磨屑
11	涂饰底漆	白聚氨酯磁漆	喷涂	喷枪	漆与稀释剂之比为 1∶1，涂漆量 90～100g/m²	—
12	干燥	—	自然干燥	—	20～25℃，18h	—
13	砂磨	0 号木砂纸	手工干砂	—	—	砂后清除磨屑
14	涂饰面漆	SH—聚氨酯磁漆	喷涂	喷枪	漆与稀释剂之比为 1∶1，涂漆量 100～110g/m²	—
15	干燥	—	自然干燥	—	20～25℃，30min	—
16	涂饰面漆	聚氨酯磁漆、聚氨酯清漆[1)]	喷涂	喷枪	涂漆量 100～110g/m²	—
17	干燥	—	自然干燥	—	20～25℃，36h 以上	—
18	砂磨	400 号水砂纸、肥皂水	手工湿磨	砂纸板	—	板件可机械砂磨，砂后清除磨屑
19	干燥	—	自然干燥	—	20～25℃，50min 以上	—
20	抛光	抛光膏	手工或机械	棉纱、抛光机	—	—
21	上光蜡	汽车上光蜡	手工擦磨	棉纱	—	—
22	整修	各种涂饰材料	—	—	—	对缺陷处修整

注：1) 聚氨酯磁漆、聚氨酯清漆与稀释剂比例为 1∶1∶3。

8.2.1.5　**聚酯磁漆涂饰工艺**　GDF 型聚酯磁漆，为双组分聚酯漆，是一种涂料新品种。其涂层光滑，漆膜光亮，耐磨、耐刮、耐热、耐酸碱、耐溶剂，且具有保光、保色等性能。

该产品有 1 型和 3 型之分，使用时加固化剂，不同型号不能混合使用。其中 GDF3 型黑聚酯漆涂饰工艺过程列于表 8-45。

表 8-45 GDF 型聚酯磁漆涂饰工艺

序号	工序名称	材 料	方法	工具设备	工艺条件	备 注
1	表面清净	1.5 号木砂纸	—	—	—	除净污迹、胶迹、灰尘，且全面砂磨
2	除尘	—	—	鸡毛掸	—	清除表面磨屑粉尘
3	腻平	硝基腻子	手工	嵌刀	—	—
4	干燥	—	自然干燥	—	20～25℃，20～30min	—
5	砂磨	1.5 号木砂纸	—	—	—	砂磨嵌补处，砂后清除磨屑
6	全面填平	乳白胶腻子[1]	手工刮涂	刮刀	腻子呈浆糊状	两次刮涂间隔 20min
7	干燥	—	自然干燥	—	20～25℃，12h	—
8	砂磨	1.5 号木砂纸	手工干砂	砂纸板	—	砂后清除磨屑
9	涂饰封闭漆	硝基清漆	喷涂	喷枪[2]、封闭喷涂室	清漆与信那水比例为 2：(1～3)，涂漆量 100～150g/m^2	施工漆液用 200 目纱布过滤
10	干燥	—	自然干燥	—	20～25℃，20～40min	—
11	砂磨	1 号木砂纸	手工干砂	—	—	砂后清除磨屑
12	涂饰封闭漆	硝基清漆	喷涂	喷枪、喷涂室	清漆与信那水比例为 2：1～3，涂漆量 100～150g/m^2	漆液用 200 目纱布过滤
13	干燥	—	自然干燥	—	20～25℃，20～40min	—
14	砂磨	1 号木砂纸	手工干砂	—	—	砂后清除磨屑
15	涂饰底漆	GDF3 型黑聚酯底漆施工漆液[3]	喷涂	喷枪	涂漆量 100～150g/m^2	漆液用 200 目纱布过滤，喷涂三次，间隔 30min。砂磨，除尘后再喷下一遍
16	干燥	—	自然干燥	—	20～25℃，30min	—
17	腻平	聚酯底漆腻子	手工	嵌刀	腻子配比：老粉 3；底漆 2；适量稀释剂	补漏嵌处
18	干燥	—	自然干燥	—	20～25℃，5～10h	—
19	砂磨	320 号水砂纸、肥皂水	手工湿砂	砂纸板	—	—
20	干燥	—	自然干燥	—	20～25℃，50min	干后清除磨屑
21	涂饰面漆	GDF3 型黑聚酯面漆施工漆液[4]	喷涂	喷枪	涂漆量 100～150g/m^2	漆液用 200 目纱布过滤，喷涂两遍，间隔 20～30min
22	干燥	—	自然干燥	—	20～25℃，5～10h	见注5)

注：1）配方为：羧甲基纤维素 3%、老粉 42%、水 40%、白乳胶 15%，纤维素先用水稀释放置 8～10h 完全溶化后，再与老粉、白乳胶等混合；2）喷枪可用 TG112 型、SG112 型、NEW112 型（为日本产），也可用国产 PQ－1 型、PQ－2 型喷枪，还应有排气、过滤设备，空气压缩机（压力范围为 0.3～0.7MPa），油水分离器，分水滤气器；3）底漆施工漆液配方为：3 型黑底漆：3 型 GDF50：GDF1 号＝10：3：（8～14）；4）面漆施工漆液配方为：（以 3 型黑面漆为例）3 型黑面漆：GDF50：GDF1 号＝10：6.5：（8～14），其中 GDF50 为固化剂，GDF1 号为聚酯型稀释剂，注意，涂饰不同类型、不同颜色的面漆，固化剂的加入量略有不同；5）如有更高级要求的家具，则经贴纸、印花等，再淋涂不饱和聚酯树脂，如高级茶几面、酒柜面等宜做此装饰。

本工艺选自《家具》杂志 1991 年第五期《GDF 型聚酯装饰工艺》一文。

8.2.1.6 **高光聚酯系列漆涂饰工艺** 近年一批高光聚酯系列木器漆在我国家具行业迅速得到推广应用。其中有港台（或其在内地合资设厂）产品；有内地油漆厂引进国外技术的产品，还有合资或独资的三资企业的产品。牌号很多，例如华润牌、玉莲牌、金冠牌、仙人掌牌、紫荆花牌、大宝牌、飞扬牌、鸿昌涂料等。这些牌号的漆虽有差别，但都有类似的优异性能。其液体涂料的固体份含量高，涂层干燥快，固化的漆膜丰满高光泽，坚硬耐磨，保光保色。并具优异的耐热、耐液、耐化学药品性。其具体品种包括清漆、磁漆、底漆、面漆、特种效果漆（幻彩漆、珠光漆等），还有亚光品种。其化学组成实际是聚酯（PE）与聚氨酯（PU）两类，但统称聚酯系列漆。其涂饰效果即目前充斥国内家具市场的高档餐桌、餐椅、茶几、大班台、矮柜等客厅、卧室与宾馆家具，曾标明“聚酯家具”。表面多为彩色油漆装饰（尤其强烈对比黑白分色的家具），或有大理石、幻彩、猫眼、珍珠、绢丝效果的模拟图案，表面再罩以高光清漆，经抛光处理表面漆膜极为丰满厚实，光亮如镜。几乎没有任何涂饰缺陷，视感、手感令人赏心悦目，色彩装饰现代感十足。

现就北方曾流行的某种牌号的聚酯系列漆涂饰工艺简介如下。

(1) 表面处理 先清除表面脏污与灰尘，用 320 号砂纸打磨平整光滑。继而用猪血腻子或原子灰（聚酯腻子）将钉眼等局部缺陷腻平，然后再手工满批猪血腻子（猪血、石灰与水按 100：15：20 比例加适量滑石粉），干后打磨清除磨屑。

(2) 涂底漆 一般涂封固底漆与二度底漆两遍。封固底漆多选用对木材与涂层附着力好、渗透性好、封固性强的双组分聚氨酯漆涂饰。常温表干 1～2h，不需打磨便可直接喷涂二度底漆（如透明涂饰则需干后打磨平滑）。

二度底漆可用聚酯（PE 底漆）或聚氨酯（PU 底漆），前者为三组分（底漆、引发剂、促进剂）气干聚酯；后者为双组分（底漆、固化剂，另外加稀释剂）聚氨酯。

PE、PU 二度漆达实干（约 3～5h）均可打磨，要求细致打磨平整光滑（可用 320～400 号水砂纸干磨）。

(3) 涂面漆 应在表面处理、封固、底涂基础上打磨平整无缺陷后进行。彩色家具一般选用适宜色调的聚氨酯磁漆（面漆、固化剂与稀释剂比例约为 2：1：3）。要求喷涂场所空间清洁干净，喷涂均匀且不可一次喷涂太厚。

(4) 清漆罩光 透明涂饰（显现基材真实木纹者）可在表面处理涂底漆后，即可喷涂双组分高光聚氨酯清漆。不透明的模拟图案，例如作猫眼底的家具，一般在面漆上用白乳胶贴猫眼纸后，喷涂一遍封固底漆干硬打磨平整无缺陷后，可喷涂清漆。视档次与质量要求在涂面漆后如表面平滑光亮无缺陷可不罩清漆。

(5) 抛光 在涂面漆与清漆罩光之后，如表面有缺陷则需进行抛光处理。抛光可先用水砂纸湿磨，先粗磨后细磨，细磨时深色用 1200～2000 号水砂纸，浅色用1000～1500 号水砂纸。继而用粗蜡、细蜡、精细蜡抛光研磨，多用手提抛光机进行，抛出需要的光泽与表面效果。

上述工艺多采用喷涂。喷涂粘度（涂－4）PU 为 13～18s；PE 为 18～22s；空气压力为 0.4～0.6MPa；喷枪与工件距离为 20～30cm；适宜的温、湿度为 15～30℃，40％～70％。

8.2.2 亚光不透明涂饰

用亚光不透明涂料装饰获得的漆膜为亚光漆膜。亚光不透明漆膜表面光泽柔和，光照下不会产生眩光，使人感觉舒适安定。

8.2.2.1 **醇酸无光磁漆涂饰工艺** 用醇酸无光磁漆涂饰后的漆膜平滑无光。主要用于车厢、特种木箱、船舱等表面的涂饰。其工艺过程见表 8-46。

表 8-46 醇酸无光磁漆涂饰工艺过程

序号	工序名称	材 料	方法	工具设备	工艺条件	备 注
1	表面清净	—	手工	—	—	除净灰尘、油脂、胶迹等
2	腻平	虫胶腻子	手工	嵌刀	—	—
3	干燥	—	自然干燥		20～25℃，15～20min	—
4	砂磨	0 号或 1 号木砂纸	手工干砂	—	—	全面砂磨，砂后清除磨屑
5	涂饰底漆	C06－1 铁红醇酸底漆	刷涂	鬃刷	粘度 40～50s(涂－4)，涂漆量 70～80g/m^2	涂刷前将漆充分搅拌
6	干燥	—	自然干燥	—	20～25℃，24h 以上	—
7	砂磨	0 号木砂纸	手工干砂	—	—	砂后清除磨屑
8	涂饰底漆	C06－10 醇酸底漆[1]	刷涂	鬃刷	粘度 50～60s(涂－4)，涂漆量 80～90g/m^2	涂刷前将漆充分搅拌
9	干燥	—	自然干燥	—	20～25℃，24h	—
10	砂磨	0 号木砂纸	手工干砂	—	—	砂后清除磨屑
11	涂饰面漆	C04－43 各色醇酸无光磁漆	刷涂	鬃刷	粘度 50～70s(涂－4)，涂漆量 80～90g/m^2	—
12	干燥	—	自然干燥	—	20～25℃，12h	—
13	砂磨	0 号木砂纸	—	—	—	砂后清除磨屑
14	涂饰面漆	C04－43 各色醇酸无光磁漆	刷涂	鬃刷	粘度 60～70s(涂－4)，涂漆量 70～80g/m^2	—
15	干燥	—	自然干燥	—	20～25℃，15h 以上	—

注：1）对质量要求稍低的木制品，如特种木箱等，可直接涂一或两遍面漆即可。

8.2.2.2 硝基亚光磁漆涂饰工艺 用硝基亚光磁漆涂饰工艺所成漆膜平整光滑，具柔和的亚光效果，其涂层干燥快。主要用于中级制品及室内表面涂饰。具体工艺过程如表 8-47、8-48 所列。

表 8-47 硝基亚光磁漆涂饰工艺过程之一

序号	工序名称	材 料	方法	工具设备	工艺条件	备 注
1	表面清净	—	手工	—	—	除净灰尘、油脂等
2	腻平	硝基腻子	手工	嵌刀	—	—
3	干燥	—	自然干燥	—	20～25℃，15～20min	—
4	砂磨	0 号或 1 号木砂纸	手工干砂	—	—	全面砂滑，砂后清除磨屑
5	涂饰底漆	Q01－1 硝基清漆或硝基打磨漆[1]	刷涂	排笔	粘度 35～40s（涂－4），涂漆量 80～90g/m^2	—
6	干燥	—	自然干燥	—	20～25℃，20～25min	—
7	砂磨	0 号或 1 号旧木砂纸	手工干砂	—	—	砂后清除磨屑
8	涂饰面漆	各色硝基亚光磁漆[2]	喷涂	喷枪	粘度 28～30s（涂－4），涂漆量 100～150g/m^2	或刷涂，刷涂粘度 35～40s（涂－4）
9	干燥	—	自然干燥	—	20～25℃，20～30min	—
10	涂饰面漆	各色硝基亚光磁漆	喷涂	喷枪	粘度 28～30s（涂－4），涂漆量 100～150g/m^2	刷涂粘度 35～40s
11	干燥	—	自然干燥		20～25℃，20～30min	—
12	涂饰面漆	各色硝基亚光磁漆	喷涂	喷枪	粘度 28～30s（涂－4），涂漆量 100～150g/m^2	—
13	干燥	—	自然干燥	—	20～25℃，12h 以上	—

注：1）硝基打磨漆由哈尔滨油漆厂生产；2）由南京西善合成剂厂生产。

表 8-48 硝基亚光磁漆涂饰工艺过程之二

序号	工序名称	材 料	方法	工具设备	工艺条件	备 注
1	表面清净	—	—	毛刷	—	除净灰尘、油脂等
2	涂饰底漆	C06－1 醇酸铁红底漆	刷涂	鬃刷	粘度 50～60s（涂－4），涂漆量 80～90g/m^2	—
3	干燥	—	自然干燥	—	20～25℃，24h	—
4	砂磨	1 号木砂纸	手工干砂	砂纸板	—	砂后清除磨屑
5	填平	醇酸铁红底漆腻子[1]	手工刮涂	刮刀	腻子呈稀粥状，涂漆量 70～90g/m^2	刮涂两遍，间隔 4h
6	干燥	—	自然干燥	—	20～25℃，18h 以上	—
7	砂磨	0 号木砂纸	手工干砂	—	—	砂后清除磨屑
8	涂饰底漆	虫胶清漆、钛白粉	刷涂	排笔	虫胶浓度 20%，钛白粉与虫胶漆比例为 1∶5，涂漆量 80～90g/m^2	刷两遍，间隔 15～20min

（续）

序号	工序名称	材料	方法	工具设备	工艺条件	备注
9	干燥	—	自然干燥	—	20～25℃，20～30min	—
10	砂磨	0号木砂纸	手工干砂	—	—	砂后清除磨屑
11	涂饰面漆	PG－1型硝基亚光磁漆	刷涂	排笔	粘度30～45s（涂－4），每遍涂漆量100～120g/m²	刷两遍，间隔15～20min
12	干燥	—	自然干燥	—	20～25℃，12h以上	—
13	砂磨	0号木砂纸	手工干砂	—	—	全面砂滑，砂后除磨屑
14	涂饰面漆	PG－1型硝基亚光磁漆	刷涂	排笔	粘度30～45s（涂－4），涂漆量90～100g/m²	—
15	上光蜡	汽车上光蜡	手工擦磨	棉纱	—	—
16	整修	各种涂饰材料	—	—	—	对缺陷处整修

注：1）醇酸铁红底漆腻子配方为：酚醛清漆21、醇酸铁红底漆20、水7、石膏52。

8.3 聚酯漆新工艺分析

8.3.1 聚酯、聚氨酯区别

近年来我国木器涂饰技术以前所未有的速度空前发展，其主要特征即所谓“聚酯漆”的广泛应用，专门研制与生产木器漆的厂家大量涌现，确实使木器家具表面的装饰效果焕然一新。许多家具商场摆放的家具上标明“聚酯家具”，书刊杂志上聚酯漆的广告触目皆是。80年代尤其90年代以来，“聚酯漆”的花色品种繁多，除了传统的底漆、面漆、清漆、色漆以及亮光漆、亚光漆而外又出现许多诸如闪光漆、幻彩漆、爆花漆、贝母漆、银朱漆等等。

这里首先需要指出的是，许多新品种的所谓“聚酯系列漆”中的PU（POLYURETHANE FINISHES）即是按我国涂料标准分类中的聚氨酯漆类。所谓“聚酯系列漆”中的PE（POLYESTER FINISHES）则是标准分类中的聚酯漆类。但是当今涂料商品市场中笼统的将这两类漆都称之谓“聚酯漆”是不够准确的，可以说市场上广告中以及众多家具厂中使用的“聚酯漆”大多是聚氨酯漆。正如前述，按我国标准的涂料分类，这是我国18大类涂料中的完全不同的两大类漆，即在类别、组成、性能、应用与固化机理方面都是完全不同的。诚然，这两类漆都是木器漆中的上品，也是现代国内外木材涂饰的主要用漆品种。用聚酯、聚氨酯漆涂饰的木器家具均可以获得上乘的装饰质量与装饰效果，都可以做出高档的木制品，一般消费者难以从外观上加以区别，但是木器家具行业的用漆者却不可以忽略二者的许多根本区别。

有人把聚氨酯漆称作聚酯漆也有一定的道理，因为双组分的聚氨酯漆，其中的一个组分（含羟基组分，一般在产品使用说明书中有的称“漆”，有的称“主剂”）常用聚酯、聚醚、丙烯酸树脂、环氧树脂等作原料，但是另一组分（含异氰酸基组分，一般在产品使用说明书中常称“固化剂”或“硬化剂”）则是多异氰酸酯的预聚物或加成物。应当说此一组分对聚氨酯漆的性能特点给予更多的影响。

聚氨酯、聚酯这两类漆是当前木器家具应用最广泛的漆类，尤其聚氨酯漆的用量更多更广泛。二者的组成与性能前面已有叙述，为了更合理的使用，这里将二者加以比较以便制定更适宜的涂饰工艺规程。详见表 8-49。

表 8-49 聚氨酯、聚酯漆使用性能对比表

项目 \ 品种	PU 类	PE 类
组成基料	多异氰酸酯的加成物或预聚物（含异氰酸基—NCO 组分） 聚酯、丙烯酸树脂、聚醚、环氧树脂等（含羟基—OH 组分）	不饱和聚酯、交联单体
溶剂	醋酸丁酯、环己酮、二甲苯	苯乙烯等
固体份含量	40%～70%	95%～99%
组分数	1～3 组分，有单组分、双组分，后者配漆时还有稀释剂，一般配漆比例为：主剂：固化剂：稀释剂为 1：0.5～1：0.5～1.5	4～5 组分，通常为 4 个组分，一般配漆比例为：漆：引发剂：促进剂：稀释剂为 100：1.8～2.5：1.5～2：0.2～0.3 传统避氧蜡型聚酯还有蜡液共 5 个组分
配漆使用期限	较长，4～8h	很短，15～20min
固化条件与机理	可常温气干或低温（50℃）烘干。 含异氰酸基组份与含羟基组份的力。 成聚合反应交联固化成膜。	传统避氧聚酯需隔氧干燥，新型气干聚酯不必隔氧可气干。 不饱和聚酯与苯乙烯在引发剂促进剂作用下发生游离基聚合反应交联固化成膜
施工卫生条件	属溶剂型漆，漆中含 30%～60%有机溶剂，涂饰后需全部挥发，污染环境，有毒有味，易燃易爆，需加强通风	属无溶剂型漆，漆中所含部分溶剂涂饰后与不饱和聚酯发生共聚反应，共同成膜基本无有害气体挥发
干燥时间	表干 15～20min 打磨 3～4h 实干＜24h	表干 30～40min 打磨 6～10h 实干＜24h
重涂间隔	可采用“湿碰湿”工艺，即表干接涂	可采用“湿碰湿”工艺，即表干接涂
性能	漆膜具优异综合理化性能	综合理化性能优异，并具无溶剂型漆独特特点

上表为综合当前流行的所谓“聚酯系列漆”的许多牌号的性能，实际指标应参阅具体牌号的产品说明书。当前市场流行的“聚酯漆”约有几十个牌号，按销售网点多广告多者有华润牌、玉莲、飞扬、仙人掌、紫荆花、英雄、华大、双龙、汇龙、德国聚酯王、海骏、金冠、仙野、皇冠、冠芳牌等等，此外还有台湾、日本与欧洲原装进口漆（如意大利 ICA 专业木器漆）等。

8.3.2 广东聚酯工艺举例

当前专业木器漆、家具漆产品多牌号多广告多反映了木器家具漆的繁荣，也是中国木器涂饰历史的盛世。应当承认由于市场的竞争，众多涂料生产厂家都在开拓市场上下了功夫，也在售后服务上下了功夫，这些厂家确实有针对性的研究了自己生产涂料如何应用，并都提供了可供参考与使用的产品说明书，这实际上大大方便了涂料用户，一般有涂料施工应用基本理论的操作者都可以参考说明书正常施工。许多涂料产品说明书都列出各品种的性能、配漆比例以及施工过程，现仅以华润、华大与玉莲等牌号为例介绍如下：

8.3.2.1 华润工艺（广东顺德华润涂料厂“聚酯”漆工艺） 以实木制品透明涂饰为例，使用华润牌木纹宝、擦色宝（二者均属PU类填孔着色剂）、着色剂、修色剂（二者均为染料溶液）、有色士那（属含着色材料之PU类），上述五种材料均有如柚木色、花梨木色、粟壳色、酸枝色、黑棕色等不同的颜色用作基材与涂层着色（即底着色、面着色），现以使用上述材料与华润牌底面漆的涂饰工艺举例如下：

（1）基材打磨砂光后擦涂木纹宝（漆：固＝1：0.1）干燥4h打磨，喷涂有色士那，干燥1h喷涂PU透明底漆，干燥打磨喷涂PU清面漆。

（2）实木基材打磨砂光擦涂木纹宝，干燥6h打磨，擦涂擦色宝干燥30min之后刷涂或喷涂底得宝（PU类封闭底漆，漆：固＝1：0.2）干燥2h可轻磨，喷涂PE透明底漆，干燥5h后打磨，进行修色（喷涂PU清面漆中加入修色剂），干燥30min喷涂PU清面漆。

（3）实木基材打磨砂光喷涂着色剂干燥30min，喷涂PU透明底漆，干燥5h打磨，进行修色（喷涂PU清面漆中加入修色剂），干燥30min喷涂清面漆。

（4）实木基材打磨砂光，喷涂有色士那干燥6h擦涂擦色宝，干燥30min喷涂封闭底漆，干燥4h打磨后喷涂半光清面漆（用于显孔装饰）。

8.3.2.2 华大工艺（广东顺德华大涂料厂“聚酯漆”工艺）

（1）实木透明涂饰（使用华大牌底面漆、着色剂等）

① 面着色系列：实木基材用120#砂纸打磨，喷涂封闭底漆（华大牌HD8000D，漆：固：稀＝1：0.2：0.5～1），干燥3h用240#砂纸打磨，喷涂2～3道透明底漆（华大牌HD8001D，漆：固：稀＝1：0.4：1，采用湿碰湿法），干燥4h用320#砂纸打磨，喷涂有色透明面漆1～2道（华大牌HD8900面着色透明系列，为含着色材料的PU类清面漆，漆：固：稀＝1：0.5～0.8：1），干燥10～30min，喷涂PU清面漆罩光，干燥24h包装成品。

② 底面着色系列：实木基材用120#砂纸打磨，擦涂着色剂（华大牌万用着色剂HD700系列，有各种颜色），干燥2h喷涂封闭底漆（HD8000D）一道，干燥3h后用240#砂纸打磨，喷涂2～3道透明底漆（HD8001D，采用湿碰湿法），干燥4h后用320#砂纸打磨，喷涂PU清面漆（加入15%HD700着色剂），干燥24h成品包装。

③ 底着色系列：实木基材先用120#打磨后再用240#砂纸打磨平滑，擦涂着色剂（HD800着色油系列），干燥2h后喷涂封闭底漆（HD8000D），干燥3h后用240#砂纸打磨，喷涂2～3道透明底漆（HD8001D，采用湿碰湿工艺），干燥4h后用320#砂纸打磨，喷涂PU清面漆，干燥24h成品包装。

（2）不透明涂饰（用华大牌PU类有色不透明涂料）

基材（中密度纤维板等）用120#砂纸打磨后刮灰，干燥1h后用240#砂纸打磨，喷涂封闭底漆，干燥3h后用240#砂纸打磨，喷涂有色不透明底漆（黑、白、灰）2～3道，干燥4h后用320#砂纸打磨，喷PU类有色不透明面漆，干燥10～30min后喷涂PU类透明清漆罩光，干燥24h成品包装。

8.3.2.3 玉莲工艺（广东顺德裕北化工公司“聚酯”工艺） 广东顺德裕北化工公司玉莲牌聚酯系列漆品种丰富，性能优异，使用玉莲漆采用不同的工艺方法可以获得多种装饰效果的产品，例如底着色工艺、面着色工艺、底面着色工艺以及仿木纹工艺、珠光（银光）、云彩、仿皮、裂纹等工艺，现以目前实木制品透明涂装应用较多的底面着色工艺为例介绍如下：

（1）素材处理 以120号～240号砂纸打磨平整；

(2) 填孔着色　用 FU480 填充剂加入 ST 系列万能着色剂，以软布擦涂或喷涂后擦涂。25℃干燥 1～3h；

(3) 下涂　喷涂 PU121 头度底漆一道，25℃干燥 2～3h；

(4) 研磨　用 240 号～320 号砂纸打磨平整；

(5) 中涂　喷涂玉莲 PU 清底漆 2～3 道或 PE 清底漆喷涂二道，可采用湿碰湿或喷磨喷方式。25℃干燥 3～4h；

(6) 研磨　以 240 号～320 号砂纸打磨平整；

(7) 上涂　喷涂玉莲 PU 清面漆加入 ST 系列一边，25℃干燥 4h；

(8) 罩光　喷涂 PU 清面漆一道，25℃干燥 24h。

说明：

(1) 如薄木贴面产品可在工序 2 之前增加 PU121 封固工序；

(2) 工序 5 与 7 可选任何一种玉莲清底或清面漆（亮光亚光均可），ST 系列用量可酌情增减，色泽与配比可查玉莲产品说明书任选；干燥时间亦查具体型号产品；

(3) 工序 8 可省略，亦可干后轻磨再罩面。

8.4 UV 漆应用工艺分析

UV 漆即光敏漆，紫外线快速固化涂料，其组成、性能与应用前已叙述，这里要着重强调的是 UV 漆的应用经历了曲折，当前与早年的应用工艺有了变化。

光敏漆无异是木器家具专用漆中的上品、新材料，早在 60 年代末在国外兴起，很快引起世界各国的重视，80 年代初我国一些涂料厂与研究部门适应板式家具需要，纷纷推出国产光敏漆新品种与相应的紫外线固化设备，一时间许多板式家具厂上了光敏漆涂饰流水线，估计在全国范围至少有 50 条以上的光敏漆流水线，上的最多的城市当属天津，起码有十几条流水线在运转，用光敏漆涂饰的板式家具也上了市场。但是没有几年时间，许多光敏漆流水线停用，并陆续拆除，涂料厂的光敏漆也停止生产。约在 80 年代的中后期，全国绝大部分的光敏漆涂饰流水线均已停用，但是 90 年代以来光敏漆的应用重又兴起，大部分应用在实木地板的表面油漆，也有部分用于板式家具涂饰。

80 年代以来随着我国国民经济改革开放政策的实施，人民生活水平提高，室内装饰业兴起，人们崇尚自然追求返朴归真成为一种时尚，无论宾馆或者家庭陆续铺起实木地板，一个时期许多木器行业大量生产实木地板，一开始生产的木地板都是未经涂饰涂料的素地板便已上市，地板铺装后再在室内涂漆。但是 90 年代以来，开始出现油漆地板，人们已不满足于铺装地板之后再去买了涂料请人油漆等待干燥。于是许多地板生产厂家便纷纷上油漆后出售。但是地板块小数量多油漆干燥占地大，于是寻求快速地板油漆便是急需解决的问题。

光敏漆在现代木器实用的涂料品种中是干速最快的漆种，因此在地板上应用便有了广阔的市场。90 年代以来的光敏漆是从国外引进开始，尤其紫外线固化设备多为意大利、日本、我国台湾省产品。比之 80 年代国产紫外线固化设备长度已大大缩短（一台进口紫外线固化装置仅有 2～3m 长），紫外灯管的功率提高，从而缩短了光敏漆的干燥固化时间（一般只用几秒钟即可达实干）。

目前国产光敏漆比之 80 年代在品种与性能上均有很大改进。适应地板油漆的需要光敏漆不仅有底漆面漆亮光、亚光等不同品种，并针对不同的使用方法有喷涂用、辊涂用与淋涂用等不同品种。现以华润牌紫外线快速固化紫外线涂料为例介绍部分紫外线漆的品种性能（见表 8-50）。

表 8-50 华润 UV 紫外线漆品种性能表

项目 \ 型号	UV101 辊涂透明底漆	UV103 喷涂底漆	UV201 淋涂亮光清面漆	UV201A 亚光清面漆	UV202 辊涂面漆	UV203 喷涂面漆
外观	乳黄色乳浊液	乳黄浮浊液	清晰透明	乳白色液体	清晰透明	清晰透明
细度，μ	≤70	≤70	<10	≤40	<10	<10
固体份，w %	>95	>95	>98	>98	>98	>98
硬度，H	≥3	≥3	>4	>4	≥4	>3
附着力，级	≤2	≤2	≤2	≤2	≤2	≤2
涂布量，g/m^2	50～60	40～60	150～200	30～50	30～50	40～60
固化速度，m/min	9～10	9～10	8～9	5～6	5～6	8～9
应用条件	臭氧型汞灯、照距 10cm 左右，灯功率 80W/cm，气温≮5℃，相对湿度≯80%					
使用方法	正向或组合辊涂	喷涂	刀型淋涂	辊或淋涂	正向辊涂	喷涂
稀释剂	酌情使用	UV13	不必使用	不必使用	酌情使用	UV13
稀释比		1∶1				1∶0.3～0.4
特点	良好木纹填充性厚涂性好，透明度高	良好附着力高丰满度	高光泽、具镜面效果	光泽柔和手感好	流平性好	硬度高丰满度好

如前述紫外线漆特别适于大型家具厂、木材加工厂的光敏漆涂装流水线使用，适于辊涂、淋涂及喷涂，可用于板式家具大平面板件、实木地板以及薄木贴面板的涂饰。

华润 UV 漆固体份含量高，固化块，一般达实干只需 3～5s，能大大提高流水线的线速度，成倍地提高工作效率、增加产量，大幅度节约能源和成本。其底漆填充性好，附着力强，硬而好磨，透明度高，亮光清面漆流平性好、特亮特硬，清晰丰满，手感细腻。亚光清面漆漆膜之视感、手感均佳，亚光度可为用户特配。

UV 漆亦属无溶剂型漆，仅有极少量溶剂挥发，是保护环境、降低污染的理想用漆。

UV 漆使用时，喷、淋、辊涂均可。底漆一般以辊涂为好，面漆以淋涂为佳。不用加入稀释剂，一般出厂漆均针对具体施工方法调好粘度，将流水线的工艺条件调整适宜便可使用，特殊情况可加入少量稀释剂。

具体涂饰工艺过程举例如下：

(1) 实木地板光固化涂饰工艺：

(2) 家具板件光固化涂饰工艺：

对山毛榉薄木贴面家具板件作本色填孔亮光涂饰工艺过程：

① 白坯表面处理：用硝基腻子腻平缺陷，240 号砂纸打磨平滑，除尘；

② 涂底漆：辊涂 UV 底漆，涂饰量 40～50g/m^2；

③ 紫外线固化：传送带速度 5m/min，2 灯紫外线固化装置；

④ 砂光：用 320 号砂纸砂光并除尘；

⑤ 涂底漆，同②～④工序；

⑥ 涂面漆：淋涂 UV 亮光面漆，涂漆量 105～160g/m^2（需亚光效果，可改用亚光面漆）；

⑦ 紫外线固化：用 3 灯紫外线固化装置，传送达速度可调，约 5m/min。

实木地板白坯用砂光机砂光→清除磨屑→底漆第一次辊涂→紫外线固化→漆膜砂光→底漆第二次辊涂→漆膜砂光→面漆淋涂→流平→面漆紫外线固化。

用砂光机、除尘机、辊涂机、紫外线固化机各一台，底面漆各辊涂一遍亦可。节省设备。

白坯有缺陷可用配套透明腻子腻平。要求着色时可使用配套透明着色剂先在白坯上着色后涂饰紫外线漆。

9 大漆涂饰

大漆，又称天然漆、生漆、土漆、国漆、金漆、雕漆等，是我国著名特产之一。它是从生长着的漆树上，割开树皮从韧皮层中流出来的一种乳白色粘稠液体。在我国产于河南、河北、陕西、广西、江西、云南、贵州、安徽、福建、台湾等省（区）。目前，我国大漆产量最多的地区有秦岭、大巴山、巫山、大娄山和云贵高原等地。其产量占全国总产量80%以上。

刚从漆树上采割下来的漆液称为新漆。新漆含水分多、燥性好、干燥快、漆膜坚硬、耐腐性好，但色深、毒性大，易使皮肤过敏。主要适用于涂刷。在化工设备的内部及化学试验台台面等要防腐蚀处理。经过贮存2年以上的大漆，称为陈漆或老漆。陈漆燥性差、干燥慢，使用时需加新漆或锰等催干剂以提高其干燥性能。将大漆经加工或常温脱去一部分水分，并加入适量熟桐油或熟亚麻仁油等称为熟漆（未加熟油大漆俗称生漆），也叫透明漆。熟漆的干燥性能比生漆差，但色浅、光泽好、毒性小、透明度高，能显示木纹的美观，较适用于涂装木制家具等。如果在大漆中加入朱红、铁红、墨绿等颜料，就可制成各种美丽的彩色漆。还可用大漆（生漆）直接调成漆灰、漆糊等，涂于预制的漆胎表面。制作和装饰各种精美的漆器，如盘、盒、碗、花瓶、屏风、漆画，等等。因此，我国劳动人民早在几千年以前，就采用大漆来保护和装饰，如庙宇、宫殿、棺椁、车、船、乐器、木器家具和精美的工艺美术品等。如近年来，在湖南长沙发掘的马王堆、江陵凤凰山等西汉古墓出土文物中的棺椁和数百件漆器中，有的内红外黑，有的是先涂红漆后涂黑漆，而后采用红、褐、金黄色等漆来描绘纹饰图案。这些图案线条清晰流畅、工艺精湛、色泽艳丽。还有的涂件是在雕花木胎上髹漆，使外观呈现浮雕式的美丽花纹，这些高超的雕漆艺术都是举世闻名的。所以，大漆在当今的涂料之中，仍有“涂料之王”的美称。

9.1 大漆分类

大漆的分类全国各地不一，有的按大漆产地和性能分类；有的按漆树的种类分类，还有的按大漆的加工方法等分类。

9.1.1 按产地和性能分类

根据大漆的产地和性能，可分为毛坝漆、建始漆、西南漆和西北漆四大类。具体分类和性能如表9-1。

表 9-1 按产地和性能分类

品 种	产 地	性 能
毛坝漆	湖北省的利川、恩施、宣恩、咸丰和来凤县等地	干燥快、光泽好、附着力强，漆膜丰满、色泽浅（呈蛋黄色），质浓、状粗（属优质大漆）
建始漆	湖北省建始、巴东、五峰、长阳、宜都等县；四川省的奉节、城口；陕西省的安康等地	色浅、透明度高，其他性能稍次于毛坝漆
西南漆（南山漆）	四川省南部，云南及贵州等地	干燥快、附着力强，质浓、丰满度好，但颜色较深、漆渣较多
西北漆（西山漆）	陕西省中部、甘肃秦岭等地	色浅、漆液稀、干燥性差，适于做彩色精制漆

9.1.2 按树种分类

根据漆树的种类，可分为大木漆、小木漆和油籽漆三种。具体分类和性能见表 9-2。

表 9-2 按树种分类

品 种	性 能
大木漆	漆质浓状粗；气味酸香；含水分多；干燥快；漆膜坚硬。由于含水分多，漆膜光泽差，贮存过久表面易结皮
小木漆	漆轻柔细腻；气味清香；含水分少；漆膜柔韧性好而富有弹性。但干燥慢
油籽漆（特种小木漆）	漆质极轻柔细腻近似植物油；多呈酱紫色；气味淡微酸香；含水分少；干燥性极差（使用时需加燥性好的大漆）

9.1.3 按加工方法分类

大漆按传统加工方法可分原桶装、棉漆、广漆和推光漆等几种；按化学法加工还可生产各种改性生漆（又称改性大漆）。现我国已有二十余种改性生漆，其中常见的有 T09－11 漆酚清漆、油基生漆、漆酚树脂黑烘漆 1006 型、漆酚聚氨酯清漆等。常见品种和性能如表 9-3 所列。

表 9-3 按加工方法分类

分类方法	品 种	加工方法与组成	性 能
按传统加工方法分类	原桶装（生漆）	从漆树韧皮内，采割流出来的漆液直接装入木桶内	含水分和杂质较多，使用时需过滤加工
	棉 漆（净滤生漆）	将原桶漆经反复过滤除净杂质，并在常温下脱去部分水分	粘度小于生漆；流动性较好；光洁度和弹性比生漆膜好；干燥速度比生漆慢
	广 漆（金漆、透纹漆、熟漆）	由棉漆与干性油（熟桐油、熟亚麻油）混合而配成	色浅、毒性小、漆膜丰满、光泽好。干燥性能次于生漆，适于木器透明涂饰
	推光漆（退光漆）	将棉漆放入瓷容器中，隔火低温（30～38℃）水浴加热，不断搅拌至漆色呈黑色为止	漆质浓厚，涂饰时不易流挂
	明光漆	将棉漆在低温下脱水，加入松香粉末而制成	漆质浓、光泽好，涂饰时不易流挂

（续）

分类方法	品　种	加工方法与组成	性　能
按化学加工方法分类（改性生漆）	油基生漆（油性大漆）	用净生漆与亚麻油和顺丁烯二酸酐和树脂加工配成，用二甲苯做稀释剂	色浅、毒性小、光泽好、耐久、耐水、耐烫、附着力强。用于家具及室内装饰物的贴金罩光等
	T09—11 漆酚清漆（503 漆酚树脂漆）	将生漆在常温下脱水、活化，加入二甲苯缩聚制成	漆膜干燥快；漆膜坚固。易于施工，可刷、喷、浸涂
	漆酚聚氨酯清漆	用纯漆酚与聚氨酯混合调配而成[1)]	漆膜光泽好、坚硬、低毒、易刷涂；漆膜流平性好；表干 1～2h；实干 24h。适于木器透明涂饰
	漆酚树脂黑烘漆 1006 型	将生漆中的漆酚萃取出来与醋酸铁反应而成	色特黑而纯正；不带杂色；耐磨、耐热、抗潮、抗水。具优良冲击强度，质量比特黑胺基烘漆好，干燥快（160℃实干 1.0～1.5h）

注：1）纯漆酚制造方法是：用二甲苯脱去生漆中水分，得到纯漆酚二甲苯，再分离出二甲苯即得到纯漆酚。

9.2　大漆组成与性能

关于大漆的组成及其性能等，这些都是有关涂料的最基本知识。

9.2.1　大漆的组成

大漆的主要组成包括漆酚、漆酶、树胶质、水分及少量其他有机物质。但因产地、土壤、气候、树龄和割漆时间等不同，使各种组成含量有所差异。一般大漆中的各组分含量见表 9-4。

表 9-4　大漆组成

漆　酚，%	漆　酶，%	树 胶 质，%	水　分，%	其他有机物
40～80	8～10	7～9	20～40	少量

9.2.1.1　漆　酚　漆酚是大漆最主要的部分。它不溶于水而能溶于乙醇、汽油、松节油、丙酮类等多种有机溶剂和植物油中。漆酚可用乙醇和水分离出来，即将生漆放入容器内，置于沸水浴上加热，蒸去水分后加入无水乙醇静置。至不溶于醇的部分沉淀下层时，再将上层溶于醇的部分过滤，蒸去乙醇，余下的褐色液体就是漆酚。

漆酚是几种具有不同饱和度酯肪烃取代基的邻苯二酚的混合物。其结构式如下：

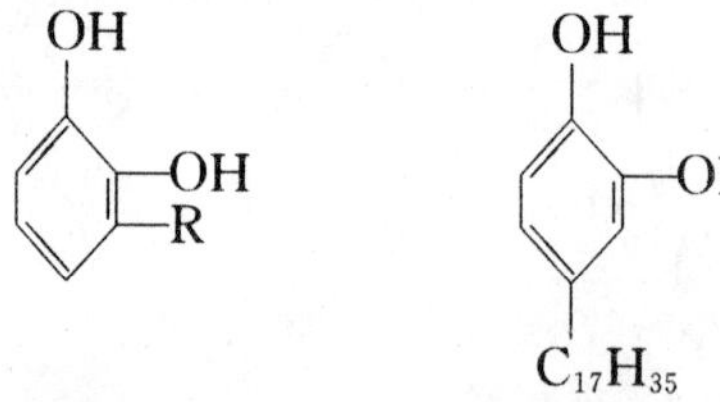

OH　OH　R　　　　OH　OH　$C_{17}H_{35}$

漆酚　　　　异构体漆酚

由于产地的不同，R 可分别为下列烃基。

$R_1=—C_{15}H_{31}=—(CH_2)_{14}CH_3$

$R_2=—C_{15}H_{29}=—(CH_2)_7CH:CH(CH_2)_5CH_3$

$R_3 = —C_{15}H_{27} = —(CH_2)_7CH : CHCH_2CH : CH(CH_2)_2CH_3$

$R_4 = —C_{15}H_{25} = —(CH_2)_7CH : CHCH_2CH : CHCH : CHCH_3$

$R_5 = —C_{15}H_{25} = —(CH_2)_7CH : CHCH_2CH : CHCH_2CH : CH_2$

$R_6 = —C_{17}H_{33} = —(CH_2)_9CH : CH(CH_2)_5CH_3$

$R_7 = —C_{17}H_{35} = —(CH_2)_{16}CH_3$

大漆中的漆酚都是由连有上述烃基侧链的结构式以不同比例混合而成，没有单一结构式漆酚的大漆存在。我国大部分地区大漆中的漆酚是侧链为 R_1、R_2、R_3、R_4 的混合物；R_6、R_7 侧链漆酚是台湾漆及越南漆的主要成分；泰国及缅甸大漆的漆酚主要为异构体漆酚。其中 R_1 为饱和漆酚，是白色结晶体，约占漆酚总量的 1%～3%；R_2 为单烯漆酚，R_3 为双烯漆酚，均为液体，各占漆酚总含量的 8%～12%；R_4 为含共轭双键的三烯漆酚，为液体，约占漆酚总含量的 50%～70%；R_5 的漆酚和异构体漆酚在大漆中含量较少。

通常说大漆中漆酚含量越高则大漆质量越好。实际上，影响大漆质量的是漆酚中不饱和成分（尤其三烯成分）的含量，也就是大漆中三烯漆酚含量越高，则大漆的质量越好。我国大漆漆酚总含量高，漆酚组成中三烯漆酚所占的比例大，所以质量比其他国家好。

9.2.1.2 漆　酶　漆酶是大漆中的含氮化合物，是大漆在常温条件下自然干燥不可缺少的物质。它不溶于有机溶剂和水而溶于漆酚，是一种含铜的氧化酶。能促进漆酚的氧化，起着加速大漆涂层氧化而干燥结膜作用，是大漆自然干燥不可缺少的天然催干剂。漆酶活性与含铜量有关。从新鲜大漆中分离出来的漆酶呈蓝色，含铜量高，活性大；从 2 年以上陈漆中分离出来的漆酶呈白色，活性弱、干燥慢，故使用陈漆需兑入新漆。

漆酶活性还受环境温湿度以及介质酸度影响。当温度为 40℃及相对湿度为 80%时，漆酶活性最大，在此条件涂饰大漆干燥最快、最好。而当温度高于 70℃或低于 0℃时，漆酶的活性几乎完全消失。漆酶所需之最适宜的 pH 值为 6.7，当 pH 值低于 4.0 时活性极小，而大于 8.0 时几乎没有活性。

9.2.1.3 树胶质　树胶质在大漆中溶于水而不溶于有机溶剂。属于多糖类物质，其内还含有微量的钙、钾、钠、镁、铝、硅等元素。从大漆中分离出来的树胶质呈黄白色透明体，具有树胶的清香味。一般来说，大木漆（生长在高山和中山地区的漆树）中的树胶质含量较多；小木漆（生长在低山丘陵地区的漆树）树胶质含量较少。

大漆中树胶质含量的多少，能影响漆液的粘度和漆膜的质量。树胶质在大漆中不但能提高漆膜的附着力，还能加快漆膜的干燥速度（树胶质和漆酚之间能产生某种相互作用），同时又是一种很好的悬浮剂和稳定剂。它能使大漆中各主要成分（包括水）成为分布均匀的乳胶体，并使其稳定而不易变质。

9.2.1.4 水　分　大漆中的水分不仅是形成乳胶体的主要成分，同时也是大漆在自然干燥过程中漆酶发挥作用时所必要的条件，即使在精制的大漆中，水分含量也必须在 4%～6%左右，反之漆膜极难自干。一般说来，大漆中的水分含量较少，漆质较好，水分含量较多的大漆质量低，漆膜的光泽差。但是，大漆中的水分含量往往与树种、产地和采割技术有关。如果割漆时，切割刀切入的木质部较深，其漆液的含水量就多，反之就少。

9.2.1.5 其它有机物质　大漆中的其它有机物质含量很少，其中油分约占 1%，另外还有微量的葡萄糖、甘露糖醇和醋酸等。这些物质对大漆的质量没有显著的影响。

9.2.2　大漆的性能

大漆不溶于水，但溶于许多如乙醇、甲醇、丙酮、环己酮、甲苯、二甲苯、汽油、煤油等有机溶剂。刚采割的大漆虽然呈乳白色，但接触空气后，表层的乳白色就逐渐转变为褐色、紫红色以至黑色。如装桶后的大漆经静置后，往往是上稀下稠，上层水分少，下层水分多(这种现象为其它液体罕见)。其中上层为黑色，中层为黄色，下层为白色，而且上层表面易氧化结成一层薄薄的黑色漆膜（俗称俺皮）。

大漆在特定条件下，由漆酶促进其氧化聚合反应，其涂层最后由漆酚形成极复杂的网状高分子立体结构。它的漆膜不但坚硬光亮，而且具突出的耐磨、耐久、耐水、耐油、耐热、耐溶剂、耐酸、耐土壤腐蚀及优良的绝缘性能，对木材有很好的附着力。现将大漆干漆膜的各种优良性能介绍如下。

9.2.2.1　物理性能

（1）附着力强　大漆不但与木材的附着力较强，而且对钢铁的附着力也很强。如在大漆中加入适量的瓷粉或铁粉，其与钢板的粘合力（附着力）可达 700N/cm^2 以上，优于其它涂料。

（2）密封性（防渗性）好　大漆漆膜对物体的密封性很强，即使用 5 000 倍的显微镜观察漆膜表面，其针孔也极少。

（3）漆膜坚硬　一般漆膜的硬度约为 0.2～0.7（摆杆硬度计），而大漆漆膜硬度可达 0.78～0.89。这是一般漆膜难以达到的。

（4）光泽强　大漆漆膜的光泽突出，可达 118%（光电光泽计），远远超过《家具表面漆膜测定法》国标规定的一级光泽（85%）。大漆漆膜的保光性也很好，光泽持久。用大漆涂饰的家具使用几十年后仍光亮如新。

（5）耐磨性高　大漆漆膜的耐磨性优于任何涂料。其每平方厘米漆膜能经受 700N 以上的摩擦力也不致损坏。

（6）绝缘性好　大漆漆膜的抗电击穿强度可达 50～80kV/mm，即使长期浸泡在水中其抗电击穿也不低于 60kV/mm。故有良好的绝缘性。

9.2.2.2　化学性能

（1）耐油性好　大漆漆膜几乎不溶于任何动、植物油和矿物油，如鱼油、牛油、桐油、亚麻油、煤油等。因此漆膜耐油性好。

（2）耐水性强　大漆漆膜能在热水、沸水中长期浸泡或冷热交替也不发生变化。这是大多数漆膜所不能达到的。

（3）耐溶剂性好　大漆漆膜几乎不溶于任何强溶剂，如苯类、酮、酯、醚和氯仿，等等。

（4）耐热性高　大漆漆膜可长期在温度 150℃左右条件下不发生变化，短期可耐高温达 250℃左右，这是一般漆膜难以达到的。

9.2.2.3　耐腐蚀性能　大漆漆膜的耐腐蚀性能突出，如表 9-5 所列。

大漆也有不足之处。如漆膜色深、性脆、粘度大、不便施工；含水分多不易久存；不耐碱和强氧化剂等。同时操作工艺复杂，自然干燥必在相对湿度 80%以上，漆液易使人皮肤过敏。尽管如此，由于它有许多独特的性能，至今仍在国民经济及国防工业中占有很重要的地位。

表 9-5 大漆漆膜耐腐蚀性能

腐蚀介质	浓度，%	温度，℃	耐腐性	腐蚀介质	浓度，%	温度，℃	耐腐性
硫酸	<70	<100	耐	硫酸铜	不限	80	耐
盐酸	不限	沸点	耐	醋酸	20～80	常温	耐
硝酸	<20	常温	耐	水	—	沸点	耐
磷酸	<70	80	耐	酒精	—	常温	耐
氨水	<28	常温	耐	苯	—	常温	耐
碳酸钠	不限	100	耐	汽油	—	常温	耐
氢氧化钠	<1	80	耐	明矾	饱和	常温	耐
硫酸钙	饱和	常温	耐	漂白粉	饱和	常温	耐

9.3 大漆质量鉴别

大漆质量的优劣对施工方法和涂饰质量有很大影响。优质大漆施工中不仅省料、省力、省时，而且涂饰后漆膜质量高。反之劣质漆、陈漆，被掺假的大漆不利施工，干性不正常，耗漆多，易出现涂饰缺陷，涂膜质量低劣。其鉴别方法通常分为两种情况，即标准检测法与简易鉴别法。前者与检测其它类涂料一样，按国家有关标准规定用相应仪器检测液体大漆的外观色泽、粘度、干燥时间，以及干后漆膜的附着力、硬度、柔韧性、冲击强度、耐液、耐热、耐磨、耐温度与光泽等性能。后者则是我国民间沿用多年的在选购大漆时的一些简便实用的鉴别方法，不需复杂的设备仪器，仅使用简单的工具和直接观察，可基本上识别出好漆和坏漆与纯漆和假漆。具体采用的可分为观察法、闻味法、煎盘法与试验法等四种（有关标准检测方法前边已叙述）。

9.3.1 观察法

即直接用肉眼观察漆膜、颜色、转色、丝条、米心与砂路、底浆水、漆渣等。优质漆基本符合传统验漆口诀（“好漆清如油、光亮照人头、摇现虎斑纹、挑起卷银钩”，大漆转色“白似雪、红似血、黑似铁”）描述的形态，可根据口诀作具体的观察鉴别。

9.3.1.1 看漆膜 当贮于桶内的大漆与空气接触，表层易于氧化结膜。优质漆水分少，短时间不易结膜，存放日久表面结成一层较薄的皮膜，色黑光亮，膜面有分布均匀排列整齐的细小皱纹，指触弹性大、韧性好。含水较多的漆结皮快、膜厚、皱纹粗、色暗淡。人工掺水的漆结皮较快，存放越久结皮越厚，表面无皱纹呈平光板状，且有黄白色的水渍。掺入干性油的大漆，漆膜皱纹厚、不规则、色棕黑。掺入半干性油的大漆，结膜慢、漆膜薄、有油影、指触粘手、色棕黑反光。掺较多不干性油的大漆，表面长期不能结膜。

9.3.1.2 看颜色 桶装优质漆分上、中、下三层，凡上层为表面膜，厚硬光亮色黑；中层漆液黄色带红头；下层漆液乳白色较稠厚的则质量纯。用一光滑木板（验漆板）插入漆桶底，再慢慢提出漆液表面，板上也会留下三种不同的颜色。即具有“油面”、“黄腰”、“粉底”的大漆，漆酚含量高，漆酶活性强。各层颜色越鲜明，表明漆质越好，三层颜色区别不鲜明或无区别者是次品或混有杂质的漆。

9.3.1.3 **看转色** 将桶内存漆揭去表皮或将大漆涂于物体表面接触空气，在短时间内漆液便由乳白色变为淡黄、黄色、深黄、褐红、棕色、棕黑，直至黑色，稳定渐变，不跳色。不同品种的大漆转色速度稍有不同，如大木漆转色快，小木漆则较慢，但都由浅到深循序变色。一般优质漆转色快层次清，如有跳色现象说明是次品漆或假漆。如掺水的漆涂后即由乳白色跳为水红色以后转色速度减慢；混入油料的漆以很快速度变为乌红色以后转色较慢；掺了皮硝的漆很快出现泥黑色。总之，跳色、转色慢、色相不正的漆都不是好漆。

9.3.1.4 **看丝条** 用棍棒挑起漆液向下流淌时形成细长的丝条，丝断时回缩有力，断头处能回缩卷起如鱼钩形状。掺水的漆则不起丝；混入油料的漆丝短，断时不起钩状；加入其它杂质的漆很快下滴成堆。

9.3.1.5 **看米心、砂路** 大漆中的漆酶与树胶质在漆液中会自然凝聚成细粒状的游离物，大部分均匀地散布在漆液中部，少部分沉聚底部。其中乳白色似碎米状的颗粒称为米心；黄白色或红黑色似砂粒状物称砂路。这些凝聚物并非固体，而是一种液态结晶。当搅动漆液时米心破碎成白色线条状，砂路亦伴随米心自成线路明显可见，继续搅拌会自然消失，待静置后又会逐渐复现。凡米心、砂路颗粒大、多、明显和分布密的大漆便是新鲜好漆；反之颗粒小、稀少、不明显的则多为陈漆或次漆；而没有米心、砂路的则是变质或掺假的漆。

9.3.1.6 **看底浆水** 也称骨浆水、母水、白露脚等，是大漆中所含有的由漆树分泌的游离可见的天然乳白色水分。常沉于桶底，将其翻动于漆面接触空气即变为灰白色，静置后会自行沉于桶底并恢复成乳白色原状。优质漆有底浆水色白明显稀而纯净，没有底浆水的漆或底部色黄、黑者不是好漆或是掺假的漆。

9.3.1.7 **看漆渣** 大漆中的漆渣可分为原渣和人工渣两类。原渣包括自然渣和机械渣两种，自然渣是漆液接触空气氧化结膜形成的；机械渣是采、割时割口上的泥沙、木屑等杂物带入漆液中形成。而人工渣则是掺假的漆人为掺入泥沙、铁锈、石粉及木屑等。原渣在漆中含量较少，对漆质影响不大；人工渣往往数量多影响漆液变质。原渣一般能均匀分散在漆液中，同时渣、汁分明，面渣起轮廓，底渣起蜂窝，并呈现白色底浆。人工渣大部分沉于容器底部，同时渣、汁不清，无白色底浆。所以如漆与渣相混难以看清则是已经腐败之陈漆，或是被掺进杂质之次漆。

如底渣过多，可取出用溶剂（如丙酮）溶解过滤，观察漆渣形态、性质，以确定其种类。

9.3.1.8 **看虎斑纹** 当摇动一桶好漆时，由于干燥好转色快，以及不同漆层接触空气先后顺序不同，漆面会出现紫、红、黄、白相间深浅分明犹如虎背斑纹极为美观的表相。而掺杂弄假的漆不清漂，不会出现虎斑纹。

9.3.2 闻味法

可以用鼻闻大漆的气味来鉴别漆的好、坏与新、陈。优质漆常具有浓厚的漆树之清香气味或有一定自然的酸香气味。大漆的香型特殊而味浓，酸香味重表明漆酶活性大，漆香味浓说明漆酚的含量高。而随着大漆存放时间越久，则香味越淡，所以气味太淡的大漆品质较次，如有腐败臭味的漆已变质。而掺杂使假的漆则能从气味中分辨出来，如掺有汽油、煤油与其它油料的漆中必然会散发汽油、煤油本身的气味。

9.3.3 煎盘法

煎盘法是把一定数量的大漆，放在特制的铜盘小戥（用于称金、银或药材等的小戥）中，通过温火加热挥发出水分。求得该漆有效成分的含量，依此来鉴别大漆质量的优劣。

具体操作是，先将原桶漆上、中、下部的漆液充分搅拌均匀，取无渣漆准确称一钱（5g），放入煎盘中在酒精灯或电炉上煎熬。煎盘与火的距离先近而后远，煎熬的时间视火力的大小而定。在煎熬过程中，观察盘中的漆液应是先起米汤色大泡花，后起黄色小泡花，再起枯黄色絮绒花。但在絮绒花中间出现清油窝时，就要立即松盘旋转（将煎盘略为提高，离开火苗，捻动戥线煎盘即旋转），待烟起泡息时，离火称重，用百分比计算纯度。如最后称重是六分五厘（3.25g），该漆液的纯度（规格）就为65%；如是七分（3.5g）则该漆液的纯度就是70%；其它依此类推。

关于大漆纯度（规格）的标准，按国家有关部门的规定是，大木漆的纯度65%；小木漆的纯度70%；各种大漆的渣含量不得超过3%。

用煎盘法不但可直接测出大漆的纯度，同时还可以帮助识别真假。如原汁漆在煎盘过程中应是烟起泡息，同时清盘亮底。掺假的漆不清盘亮底，而是泡沫不息，周围卡边，盘底有沉积杂质。因此，煎盘法是鉴别大漆纯度和识别大漆真假的一种可靠方法。

9.3.4 试验法

常用于鉴别大漆质量优劣的试验法有纸试法、圈试法和水试法三种。

9.3.4.1 纸试法 纸试法可分为烧试和流试两种：前者是将漆液滴于纸上用火点燃，凡易燃又无爆炸响声者为好漆；难燃烧并有爆炸声者，多是掺水或其它杂物的漆。后者是将漆液滴在毛边纸上，立即将纸竖起让漆液自然下流，观察漆分和水分的扩散情况。好漆扩散少，边缘呈锯齿状；掺油的漆扩散面大，并有黄色透明的油渍；掺水的漆不但扩散面大，且纸的背面有明显的水渍。

9.3.4.2 圈试法 用竹篾编成鸡蛋大小的圆圈，插入漆液中，然后缓慢提出。好漆可在圈中形成半透明状的薄片；次漆或掺假的漆不能形成。

9.3.4.3 水试法 将少量的漆样滴入水中，滴下后成螺旋状或珠粒状而不化开者为好漆；滴下后能溶化开或散开有油花的为掺油及其它杂物的漆。也可将少许漆液滴入白色碗中，用水冲入后静置观察。好漆呈圆珠形沉于底部；掺油的漆呈扁平状沉于底部，但有油花浮于水面；掺水的漆虽然能沉于底部，但不会形成圆珠状。

9.4 大漆的精制与调配

9.4.1 推光漆类

用大漆（生漆）可以加工精制透明推光漆、半透明推光漆、快干推光漆和黑色推光漆等多种。但是，无论精制那种推光漆，都要先反复过滤，除去漆液中的树皮、木屑等杂质。同时应选择质浓、纯度高、活性大、干燥快等优良的生漆做原料，才能保证精制大漆的质量。

9.4.1.1 透明推光漆 透明推光漆，是先将原桶生漆经反复过滤，再经适当加热脱去一部分水分等精制而成。这种漆的特点是漆膜透明，经推光后光亮如镜，同时色彩鲜艳夺目，保光性和耐水性好。适于涂饰木器、漆器等罩光，精制方法如下。

（1）选漆 应选用色浅、质浓、干燥快等性能优良的大漆。如湖北、四川、陕西等省大部分地区出产的大漆，适于精制透明推光漆。

（2）精制方法 精制方法可分为手工与机械法两种。

①手工法是将原桶漆过滤后，倒入木盆内放在阳光下曝晒并用木棒不断搅拌漆液，使漆

液内水分缓缓蒸发。待除去水分含量的 30%时，漆色由灰乳色逐渐变为透明的棕色，这时可停止搅拌。取少许漆液薄涂于木材表面，就显示出淡棕色的木材花纹。

大量精制时，可将滤净的生漆倒入大木盘中，用红外线等电热辐射，并不断搅拌，使漆内的水分蒸发。但温度不可过高（38℃以下），以免水分挥发过快、过多，影响漆膜干燥。

另一种方法是，将净生漆倒入陶钵内，用电炉或炭火加热煮沸，使水分快速蒸发。但这种方法会失去漆膜的干燥性能，故待冷却后还应加入适当的新漆（或燥性好的漆）来提高干燥性能。

②机械法是将生漆放入离心机过滤后，投入装有搅拌（80～120r/min）、通气、排风（抽空）、加热、冷却等装置的反应釜中。开动搅拌机，同时从釜底分散通入压缩空气，并从釜顶部排风，使大量分散空气流强行通过整个漆层，控制釜内温度在 30～38℃之间，使漆液脱水，活化漆酶并促使漆酚进行一定程度的氧化聚合反应，由单体变成具有一定分子量的聚合物。待水分含量达到 6%～8%，粘度达到要求，釜内漆色也转变成紫红或深棕色时，加入适量的二甲苯或松节油稀释至所需用粘度为止。

以上两种方法精制的大漆为半成品（坯漆），在使用时干燥性能和透明度还不够理想。按坯漆重量还要加入 70%精滤生漆和 15%的紫坯油才能配成透明推光漆。

紫坯油的制法是，将滤出的漆渣加入生桐油中浸泡一个月以上，然后将漆渣与生桐油一起加入锅内熬炼至水分全部蒸发。并使温度在 20min 左右，从 140℃迅速升到 280℃，试验观察油丝达 3～4cm 长（将热油滴在刮刀上数滴，迅速将刮刀放入冷水中冷却，取出刮刀用手指试丝）时，起锅冷却出烟后滤净杂质即成紫坯油。使用时，将坯漆、精滤生漆与紫坯油按重量比例充分搅拌均匀。其特点是色鲜（浅棕红色）、透明度高、干燥快，适于涂饰高级透明家具和其它木器。

9.4.1.2 半透明推光漆 半透明推光漆的精制方法与透明推光漆的坯漆制法相同。但在选漆时要求不太严格，即选用中等色度的大漆（如贵州毕节、大方、黔西、金沙等地所产）均可。精制后，不加坯油就可直接使用。

该漆的特点：涂层干燥快；漆膜坚硬耐磨、能打磨抛光；漆膜耐久、耐化学腐蚀。它的主要用途是：可配制黑色推光漆；可加入不同颜料配制各种彩色漆；可加入适量坯油（不加催干剂的熟桐油或熟亚麻油）调配透明漆；适于涂薄木质家具。

9.4.1.3 快干推光漆（明光漆） 该漆漆膜光亮、丰满，不需上蜡抛光，直接做罩光漆。

（1）精制方法　精制方法包括选漆、精滤与熬炼。

选漆时选择质浓、色浅、杂质少、干性好的生漆做原料。

精滤是先用夏布配合拧漆架将选好生漆粗滤出漆渣，再在夏布表面薄衬一层丝棉或脱脂棉反复紧拧滤净杂质。如大量使用可用离心机过滤。

熬炼是将不锈钢锅或铝锅先加热，然后将滤净生漆倒入锅内，用温火慢慢熬炼，边熬炼边加入松香粉（按漆重的 60%）。松香粉应均匀地散在漆液表面，并用木棒不断搅拌，使松香熔化并与漆液充分混合。待松香全部与漆液混合后，取试样至丝条 3cm 左右时，立即起锅止烟冷却，再经过滤即成坯漆。

（2）调配方法　快干推光漆应根据气温适量加入快干生漆和坯油调配。春冬与夏秋两季配比不同，其配比如表 9-6 所列。

表 9-6 快干推光漆配比

材料	重量比,%		备注
	春冬	夏秋	
坯漆	30～40	50	几个组分充分
快干生漆（净滤）	30～40	25	分混合均匀，静置 3～5h
坯油	25～35	25	后使用

9.4.1.4 黑色推光漆 黑色推光漆，就是在精制推光漆的漆坯中，加入 3%～5%的氢氧化铁(黑料)，充分搅拌到漆液与黑料反应至色泽清亮黑度合格后为止。为了提高黑漆的光泽，可在反应后按生漆重量加入 15%左右的精制熟亚麻油。并经过加热熬炼至适宜粘度，再加入黑漆中，充分搅拌均匀，滤净杂质方可使用。

精制黑推光漆，可选用色深、质浓、燥性好的生漆作原料。其常用品种、产地、规格与使用量如表 9-7 所列。

表 9-7 常用精制黑推光漆品种

产地	品种	规格（纯度）,%	使用量,%
贵州	大木漆	65 左右	50 左右
贵州	小木漆	70 左右	10 左右
湖北竹溪或恩施	大木漆	70 左右	20 左右
西北地区	大木漆	60 以上	20 左右

9.4.2 广漆类

广漆，也称熟漆、笼罩漆、金漆、赛霞漆等。其特点是漆膜坚韧、色浅鲜艳、光亮透明，耐久、耐热、耐水、耐潮、耐化学腐蚀等。可配制彩色漆，适于涂饰木家具和工艺美术品与漆器等。

广漆的精制，就是在棉漆中，加入适量的熟桐油（坯油）配制而成。但是，加入坯油的比例，要根据大漆的漆种和不同的季节而定。如湖北毛坝漆燥性较好，可单独与坯油混合调配广漆；其它地区的大、小木漆以及油籽漆还要根据该漆的干性快慢相互搭配来调配广漆。另外，如气温较高，可适量多加些坯油，借此来提高漆膜的光泽和丰满度；气温低应少加坯油，否则影响漆膜干燥。

9.4.2.1 选 漆 应选用质浓、坯力强（即加较多的坯油还能保持其干性）、燥性好的上等漆种。同时加坯油后漆色呈茶褐色，成膜后呈透明红褐色，而且色艳光亮，涂膜丰满。现将适于制广漆的品种、产地、规格及相互搭配的使用量列入表 9-8，以供参考。

表 9-8 适于制广漆的品种

产地	品种	规格（纯度）,%	使用量,%
湖北毛坝	大木漆	70 左右	30
浙江严州	大木漆	70 左右	30
陕西平利	大木漆	70 左右	20
贵州各地	小木漆	70 以上	15
四川巫山	大木漆	70 以上	20

9.4.2.2 精制与调配

（1）精制 先将纯桐油与亚麻油（胡麻油）按重量7∶3配好，然后热炼和吹风到一定的粘度，过滤冷却后即为坯油（熟油）。粘度的大小根据施工季节而定，如夏秋两季粘度要大；冬春两季粘度应小。然后将选好的大漆原料，经反复滤净杂质待用。

（2）调配 应根据施工季节和大漆的质量优劣来确定坯油的调配比例。如夏秋两季，可按净滤大漆的重量加入50%左右的坯油；冬春两季可加入30%～40%的坯油充分混合均匀。还应注意，气温高和相对湿度大的季节，应调加粘度高的坯油，反之应调加粘度低的坯油，这样才利于广漆的干燥。如果使用紫坯油，则质量效果更好。对于质量差（主要指陈漆）的，可适当减少坯油的用量，以确保该漆的干性。

为了正确掌握调加坯油的用量，最简单的方法是，用精滤大漆调加不同比例的坯油，然后在竹竿或玻璃片上涂样试干。如在常温和相对湿度80%以上环境，4～8h能干燥，且干后漆膜丰满光亮，说明坯油比例适宜。如干燥过快，同时漆膜起皱，说明大漆坯力强，这时可加大坯油的用量，至干燥适宜和漆膜丰满光亮为止。

9.4.3 揩漆类

揩漆类的精制方法，与推光漆的半成品精制方法大致相同。其特点是漆膜干燥快，坚硬、耐热、耐水、耐化学腐蚀。主要用于精致木竹器具、工艺贴金和工艺美术品 与漆器等。

9.4.4 改性生漆类（改性大漆）

生漆经过常温脱水、活化、缩聚等改性后，使它减少了毒性，提高了干性。而且易于施工，和一般涂料一样，可刷、喷、浸等，能适应大批量快速施工的需要。几种改性生漆的简单加工方法和性能见表9-3。

9.5 大漆涂饰工艺

了解和掌握大漆涂饰工艺，是涂饰好大漆制品的必要条件。

9.5.1 工具与材料

大漆涂饰所用工具和材料，除有专用工具和材料外，也有一般涂料涂饰所用工具和材料。

9.5.1.1 工 具 大漆涂饰所用工具除牛角刮板、木刮板、橡胶刮板和短毛棕刷（漆栓）等专用工具以外，其它与一般油漆相同。

（1）牛角刮板 牛角刮板也称牛角翘、牛角抄、骨刮板等，是调制大漆腻子和揩涂（擦涂）大漆的主要工具（不能用钢板刮刀，以免金属与大漆中弱酸性漆酚起反应而使大漆变黑）。它是由水牛角先锯成厚薄适宜的骨劈（坯料），然后经削、刮、刨、磨等加工制成。其特点是刮刀刃口有20°左右的斜度（见图9-1），使用时有较好的弹性和韧性，便于在物面上来回刮涂。牛角刮板常分为大、中、小三种型号。其中，大、中号适于满刮漆灰（腻子），小号主要用于调配漆灰和刮填洞缝。

使用时用大拇指与四指分别压在刮板的两面（如图9-2），使刮板随手腕的运力在物面上来回刮填腻子。

牛角板遇热或遇日光曝晒易变形，故使用后应擦净插入木块的锯缝中（如图9-3），以免刮板变形。对于已变形的刮板，可先用开水将牛角板泡软，然后用两块平物（如厚玻璃等）重压平整，即可使用。

（2）木刮板 木刮板主要用于配合漆栓揩涂大漆，也用于清理边沿线条等处积存的腻子

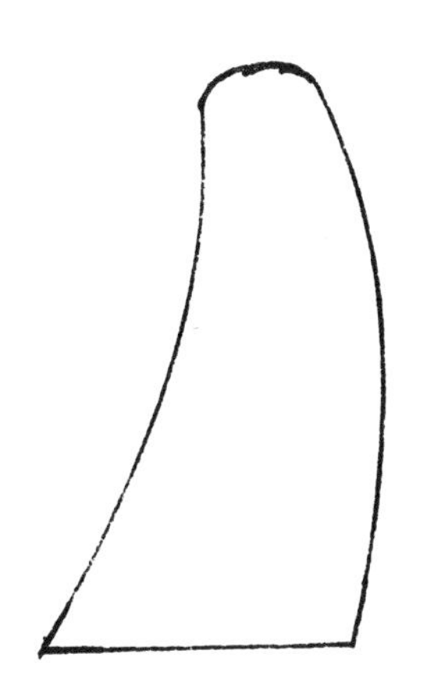

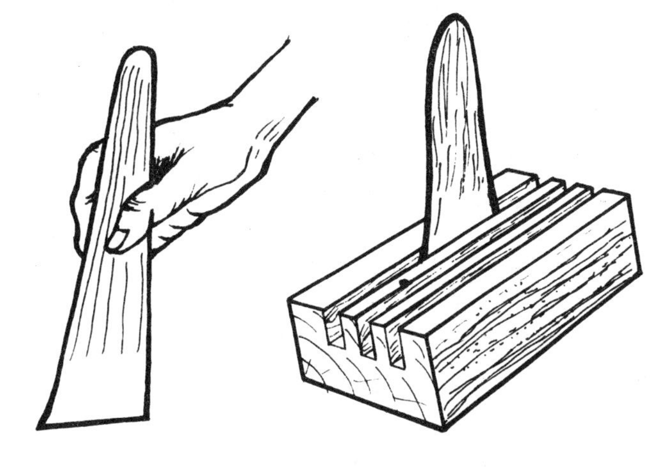

图 9-1　牛角刮板形状　　图 9-2　牛角板用法　　图 9-3　牛角板放法

或漆液。一般由漆工自制。其方法是，选用长 100～120mm、宽 60～80mm、厚 4～6mm 质硬的薄木板，将两面刨平滑，四边刨平直。按长度较好的一头作刮刃，刮刃的厚度应在 1.5mm 左右，并磨出适当的斜度（类似牛角板刮刃），以便于使用。

（3）橡胶刮板　橡胶刮板是用 4～8mm 厚的橡胶板，先锯或割成长 80～100mm、宽 40～80mm（根据需要）不等的胶板，然后用砂轮将四边磨平、磨直，再将一头磨出刮刃即成。由于橡胶刮板弹性极好，故适于刮批圆棱家具腻子，或刮平最后一层大漆表面上的刷纹。但应说明，刮平大漆表面刷纹用的橡胶刮板，刮刃必须平直，同时刮刃应宽，才能刮平刷纹，反之不宜刮平。

（4）漆栓　漆栓可分为牛尾制和人发制两种，是刷涂大漆、熟桐油或粘度大的油性漆等专用工具。

①牛尾漆栓：是用牛尾经过精选梳直后，再用稀布裹多层大漆或腻子压制而成（见图 9-4）。规格有 38.46mm（$1\frac{1}{2}$in）、51.28mm（2in）、64.1mm（$2\frac{1}{2}$in）等多种。其特点是，毛硬而短（10mm 左右），弹性大。而且头部刷毛用秃后，可用刨刃等工具将刷毛上部布层削去少许继续使用。

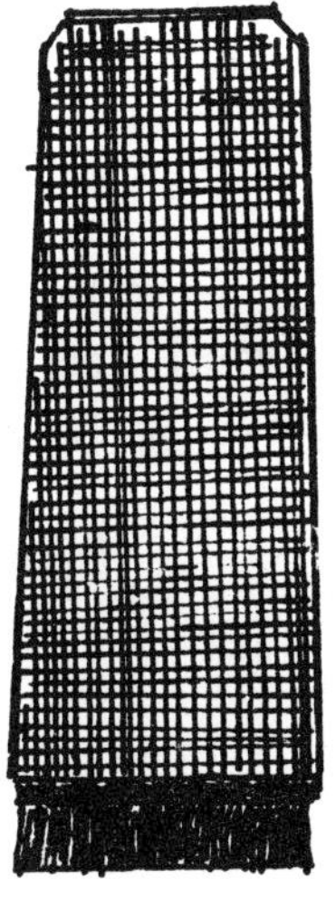

图 9-4　牛尾漆栓

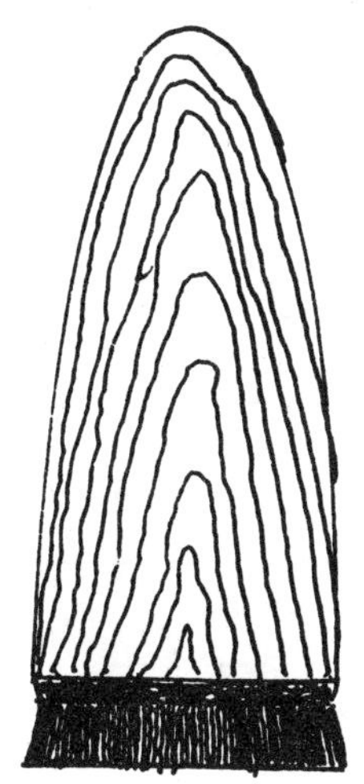

图 9-5　人发漆栓

②人发漆栓：是将人发与木夹板用脲醛树脂等胶粘合而成（如图 9-5）。其特点是，刷毛细，弹性大，主要用于刷平用牛尾漆栓刷大漆时表面留下的刷纹，也用于刷涂熟桐油或粘度大的油漆。

牛尾漆栓和人发漆栓的拿法与牛角刮板相同。使用时手握漆栓在物面上进行涂刷，使用后用煤油或汽油彻底洗净刷毛内的漆液，然后用布包好存放。

9.5.1.2 材 料 大漆涂饰常用的材料品种及用途如表 9-9 所列。

表 9-9 大漆涂饰常用材料

类别	品 种	用 途
填料	石膏粉、碳酸钙、瓦灰、滑石粉、木屑	石膏、木屑用填补洞眼；碳酸钙和石膏粉调腻子；滑石粉用调配填孔剂；瓦灰用于打磨漆膜
着色颜料	钛白粉、铁红、铁黄、铁蓝、酞菁蓝、酞菁绿、入漆黄、入漆绿、立索尔红、油溶黑等	调制各种彩色漆
金属颜料	金粉、银粉、金泊、银泊、银硃（朱砂）	用于调制工艺美术漆及用于漆器涂饰
染料	各种酸性染料、品红、青莲、藤黄、猪血、嫩豆腐	用于木器基材染色
增稠剂	猪苦胆汁（其中含有胆固醇及胆酸钠等）	加入较稀大漆中，可增加漆液稠度，施工时防止流挂
打磨料	江石、瓦灰、木砂纸、铁砂布、水砂纸、木贼草	木砂用于砂磨白坯；铁砂布用于砂磨腻子；水砂纸用于砂磨漆膜
油料	熟桐油、熟亚麻油1)	加入大漆中可提高漆膜的光泽及丰满度，减轻大漆起皱性
催干剂	醋酸铵、二氧化锰粉、草酸铵	缩短大漆干燥时间2)
稀释剂	二甲苯、松节油、200 号溶剂汽油，或 X－6 醇酸漆稀释剂	用于调节大漆粘度
清洗剂	煤油等	用于清洗工具

注：1）也可用酚醛清漆或醇酸清漆代替熟油，但因清漆中含有较多的溶剂，使丰满度差；2）若在广漆中按生漆重加入 5%～10%醋酸铵和 0.5%二氧化锰粉，或 5%～10%草酸铵和 0.5%的二氧化锰粉混合催干剂，可提高干燥速度 2～4 倍。

9.5.2 广漆涂饰工艺

根据着色用材料不同，可分水色底广漆面和油色底广漆面及猪血底广漆面、豆腐底广漆面等几种涂饰工艺。

9.5.2.1 水色底广漆面

水色底广漆面，就是先用染料水溶液着染白坯表面，色层干后再刮涂腻子，待腻子刮好，干后再涂广漆。其特点是水色色泽可根据需要选择，并且水色色泽鲜艳，能显示木材纹理，便于操作，成本低，适于涂饰木家具及其它木制品。具体工艺过程如表 9-10 所列。

表 9-10 广漆涂饰工艺之一

序号	工序名称	材 料	方法	工具设备	工艺条件	备注
1	表面清净	丙酮等	手工	凿刀等		除净胶迹、松脂、灰尘等
2	砂 磨	1 号木砂纸或 100 号砂布	手工干砂	砂纸板		全面砂磨，砂后清除磨屑
3	着 色	染料水溶液1)	刷涂	排笔或鬃刷		要求涂刷均匀

（续）

序号	工序名称	材　料	方法	工具设备	工艺条件	备注
4	干　燥		自然干燥		20～25℃，1～2h	
5	腻　平	广漆腻子[2]	手工	嵌刀	腻子呈膏状	大洞缝先用木屑胶腻子粗补一次
6	干　燥		自然干燥		20～25℃，相对湿度80%～85%，16～24h	
7	砂　磨	0号木砂纸	手工干砂			砂磨嵌补处，砂后清除磨屑
8	全面填平	广漆填平剂[3]		牛角板	[4]	圆棱处用橡胶板以不覆盖木纹为准
9	干　燥		自然干燥		20～25℃，相对湿度，80%～85%，16～24h	
10	砂　磨	120#砂布	手工干砂	砂纸板		用力不宜过大，以防露白，砂后除磨屑
11	质量检验	染料水溶液、广漆腻子				露白处补色，漏嵌处补腻子
12	涂饰面漆	广漆	刮涂、刷涂[5]	木刮板、牛尾栓、人发漆栓	涂层应在20μm以下，涂漆量70～100g/m²	
13	干　燥		自然干燥		20～25℃，相对湿度80%～85%，5～7d	[7]
14	砂　磨	360号水砂纸、温水	手工湿砂			全面砂磨，砂后清除磨屑
15	干　燥		自然干燥		20～25℃，50min左右	
16	涂饰面漆	广漆[6]	刮、刷涂	木刮板、牛尾栓、人发漆栓	涂层厚应在30μm左右，涂漆量100～150g/m²	
17	干　燥		自然干燥		20～25℃，相对湿度80%～85%[8]，5～7d	最好放置3个月左右再使用

注：1）大漆常用色泽配比是，棕红色：品红3～6g、开水1kg、胶液30～50g（胶料与开水比例为1：6～8，棕黄色：酸性金黄6～8g、开水1kg、胶液30～40g，调配时品红应加入开水中煮10～15min，并用细木棒不断搅拌，待块状品红全部溶解后加入胶液，用细布过滤后冷却至40℃左右即可使用，酸性金黄按一般酸性染料溶解法即可；

2）广漆腻子配比是：石膏粉60g、广漆40g、水适量，调法是先取50g石膏置于木板上，然后加40g广漆用牛角板搅拌均匀，再将中间挖个小坑，将余下的10g石膏粉逐渐加入并逐渐加入充分搅拌至呈膏状即可；

3）广漆填平剂的配比是：滑石粉100g、广漆40～50g、200号溶剂汽油（或用松节油及醇酸稀释剂）10g、水适量，应注意调制腻子和填平剂时，每次调量宜少，否则不好使用；

4）调制腻子所用的坯油（熟桐油），熬炼至240℃即可使用，调制填平剂用的坯油，应熬炼至270℃左右，否则干燥慢，配广漆用的坯油，应熬炼275～280℃才能使用，否则影响漆膜的光泽；

5）先用木刮板挑预先试好干性的广漆，将物面薄刮均匀，而后用牛尾栓将漆面用力横、竖交替反复刷涂，或对角交替反复斜着刷涂，至漆膜厚薄均匀为止，再用人发漆栓顺木纹方向轻轻将漆膜理平（对于外平表面木器，最好用橡胶刮板刮涂），最后用小漆栓仔细收拾干净边缘棱角等处的余漆，以免余漆干后起皱；

6）第二层漆在涂前必须先小试，即在竹竿等表面厚涂一层广漆，放置潮湿处观察8～12h，如果在此时间内，漆膜能达到表干，同时不起皱纹，证明可涂，如果干燥过慢，应加入适量快干漆进行调整，但调后的漆必须有较好的光泽，如果干燥过快，且干后光泽差，有皱纹，可增加坯油的用量；

7）检验第一层漆膜干燥方法是：用指甲用力抠漆膜，其漆膜表面只留下痕迹而不破裂即为实干，如果头层漆未达实干就涂第二层漆，则易造成漆膜粗糙，质量低劣；

8）即先将室内打扫清洁，然后用水将地面和四周的墙壁洒湿，放置物件的底脚应用木块垫起，以防接触水分影响质量。漆膜未达表干之前，室内应关闭门、窗，禁止通风，否则漆膜不易干燥。

9.5.2.2 油色底广漆面 油色底广漆面的施工方法比水色底广漆面简单。腻子和填平剂可用熟桐油（加催干剂）、酚醛清漆或醇酸清漆代替广漆。同时刮腻子和填平剂或刷色所用工具、操作方法和干燥环境，同一般油漆一样，适于涂饰一般木制品。具体工艺过程如表 9-11 所列。

表 9-11 广漆涂饰工艺之二

序号	工序名称	材 料	方法	工具设备	工艺条件	备 注
1	表面清净		手工			除净胶迹、树脂、灰尘等
2	砂 磨	1 号木砂纸	手工干砂	砂纸板		全面砂磨，砂后清除磨屑
3	全面填平	油性填平剂1)	刮涂			同时将洞缝填平
4	干 燥		自然干燥		20～25℃，18～24h	
5	全面填平	油性填平剂2)	刮涂			
6	干 燥		自然干燥		20～25℃，18～24h	
7	砂 磨	1 号木砂纸	手工干砂	砂纸板		全面砂磨，砂后清除磨屑
8	填孔着色	油性填孔着色剂3)	刷涂与擦涂	排笔	着色剂呈稀粥状	
9	干 燥		自然干燥		20～25℃，24h	
10	砂 磨	0 号旧木砂纸	手工干砂			轻砂，砂后清除磨屑，露白处补色
11	除 尘	干净的潮湿软布	手工擦			反复抹净杂质、擦干净而不擦掉颜色为准
12	涂饰面漆	广漆	刮涂、刷涂	木刮板、牛尾栓、人发漆栓	涂层应在 20μm 以下，涂漆量 70～100g/m²	
13	干 燥		自然干燥		阴凉潮湿环境，5～7d	
14	砂 磨	360 号水砂纸，温水	手工湿砂			砂后清除磨屑
15	干 燥		自然干燥		20～25℃，50min 左右	
16	涂饰面漆	广漆	刮涂、刷涂	木刮板、牛尾栓、人发漆栓	涂层厚在 30μm 左右，涂漆量 100～150g/m²	
17	干 燥		自然干燥		潮湿、洁净环境 5～7d	

注：1）油性填平剂的配比：石膏粉 100、熟桐油 40、汽油 20、颜料适量（重量比）、水适量；2）可用滑石粉或碳酸钙代替石膏粉；3）油性填孔着色剂的配比：碳酸钙 100、熟桐油（或酚醛清漆、醇酸清漆）30～40、200 号溶剂汽油 80～120、颜料适量（重量比）。

9.5.2.3 猪血底广漆面 猪血底广漆面，就是用生猪血加适量颜（染）料配成猪血着色剂进行着色。其特点是，着色剂能渗入木质内层，填塞木鬃眼，涂饰大漆后不易产生管孔渗陷，且漆膜平整而光亮。

猪血着色剂的调配方法是：先用稻草或双手将生血块搅碎；然后用筛网过滤；再逐渐往

血中加少许熟石灰水（开水冲泡的石灰块水）和需要的颜（染）料。加时并用木棒顺一个方向慢慢搅拌均匀，即成所用的猪血着色剂。

猪血着色剂的施工方法是：用毛刷蘸着色剂将物面薄刷一遍，如着色剂太浓，可加少量的水调稀。待着色剂干后，用砂布的反面轻轻将色面砂磨光滑，并除净磨屑，再按水色广漆面的涂漆方法涂两遍广漆。

9.5.2.4 豆腐底广漆面 豆腐底广漆面的操作方法是：将嫩豆腐搅拌成浆料，滤出渣质；加需要的颜（染）料调成着色剂；按猪血着色剂的刷法均匀刷一遍；干后轻砂磨光滑，除净磨屑，再涂两遍广漆。

9.5.3 推光漆涂饰工艺

推光漆涂饰工艺的特点是：涂后的漆膜能耐酸、耐碱、耐烫、耐擦、耐久，但施工程序多，工艺复杂，施工周期长。主要适于涂饰高级家具的桌面与化学试验台的台面等。

用推光漆涂饰的制品，基材含水率不得超过18%。最好在杉木、樟木板表面涂饰推光漆，而且板面最好用同种木板拼制而成。

具体工艺过程如表9-12所列。

表9-12 推光漆涂饰工艺过程

序号	工序名称	材 料	方法	工具设备	工艺条件	备 注
1	表面清净	丙酮等	手工	凿刀等		除净胶迹、灰尘、松脂等
2	腻 平	棉漆与石膏粉及水调制的腻子（稠漆灰）	手工	嵌刀		
3	干 燥		自然干燥		20～25℃，4～8h	
4	砂 磨		手工干砂			嵌补处砂光滑，砂后清除磨屑
5	全面填平	广漆填平剂（稀漆灰）[1]	手工刮涂	刮刀		连续刮涂2或3遍
6	干 燥		自然干燥		20～25℃，相对湿度80%～85%，4～8h	
7	砂 磨	1号木砂纸	手工干砂			全面砂磨，砂后清除磨屑
8	贴布[2]	用水浸过的干布块，稀漆灰	手工	牛角板、毛刷		
9	干 燥		自然干燥		20～25℃，相对湿度80%～85%，8～24h	
10	砂 磨	1号木砂纸	手工干砂	刀片	先将物面四周小边的布毛削干净，再砂磨	轻砂光滑，砂后清除磨屑
11	全面填平	稠漆灰	手工刮涂	宽橡胶刮板		将布纹盖严
12	干 燥		自然干燥		20～25℃，相对湿度80%～85%，4～8h	
13	砂 磨	1号木砂纸	手工干砂			砂光滑，砂后清除磨屑

（续）

序号	工序名称	材　料	方法	工具设备	工艺条件	备　注
14	全面填平	广漆填平剂[3]	手工刮涂	宽牛角板		连续刮2或3遍，至物面平整
15	干　燥		自然干燥		20～25℃，4～8h	
16	砂　磨	320号水砂纸、水	手工湿砂	砂纸板		全面砂滑，砂后清除磨屑，待干
17	腻　平	广漆填平剂	手工刮涂	刮刀		补缺陷处，干后砂磨，清除磨屑
18	涂饰面漆	推光漆	手工刷涂	漆栓	用明光坯漆（熬制的棉漆）60份，快干棉漆40份充分混合均匀而成推光漆	
19	干　燥		自然干燥		20～25℃，相对湿度80%～85%，24h	
20	砂　磨	320～400号水砂纸、水	手工湿砂	砂纸板		砂至平整光滑，砂后清除磨屑
21	干　燥		自然干燥		20～25℃，约50min	
22	涂饰面漆	推光漆	手工刷涂	漆栓		同工序18
23	干　燥		自然干燥		20～25℃，相对湿度80%～85%，3d	
24	砂　磨	320～400号水砂纸、水	手工湿砂	砂纸板		先粗砂，后细砂，砂后清除磨屑
25	干　燥		自然干燥		20～25℃，50min	
26	推光[4]	瓦灰浆、水	手工擦磨	人发漆栓		
27	上光蜡	汽车上光蜡	手工擦磨			

注：1）稀漆灰配方：石膏100、棉漆60、汽油15、水适量；

2）贴布具体做法是：将按物面尺寸裁好的布块（经水浸并凉干）平摊在物面上，用牛角板满刮布面两遍稀漆灰，再将此布面贴于被贴表面，贴时将布面拉平、拉直、拉紧，而后用刮板将布面刮平、贴紧，接着将布面刷1或2遍稀漆灰；

3）刮第三遍广漆填平剂配方是：石膏与滑石粉按重量1∶1混合，再与棉漆及适量水混合调成；

4）推光工艺是：先用水漂过的瓦灰细末撒在砂磨好的漆膜表面，然后用人发（80～100g）握成团，手拿发团顺物面方向反复擦磨，擦磨时可用发团蘸少许水（擦磨时省力），在擦磨过程中，瓦灰浆由灰色变为棕红色，同时漆膜无光、平整、颜色一致，即表明原光漆膜已经脱掉（俗称脱衣），此时不要去掉瓦灰浆，这时改用手掌擦磨，若在擦磨中瓦灰已干，可加适量水，并由局部到全部擦磨至漆膜发热发亮，如果漆膜发热发亮过慢，应再加瓦灰浆及水擦磨至漆膜达到光亮、丰满乌黑为止；

5）在调制漆灰时，如天气过于潮湿，可在调制时加入适量的坯油代替大漆，这样既可降低成本又可提高质量。

9.5.4 生漆涂饰工艺

生漆涂饰可分为刷生漆和擦生漆两种方法。

9.5.4.1 刷生漆 刷生漆的特点是，工艺简单、操作省力、易掌握，漆膜坚硬、耐磨、耐久、耐腐蚀性强，但色深、不透明。主要适用于涂饰化学实验台的台面，具体工艺过程如表9-13所示。

表 9-13 刷生漆涂饰工艺过程

序号	工序名称	材 料	方法	工具设备	工艺条件	备 注
1	表面清净	丙酮等溶剂、1号木砂纸	手工			除净树脂、灰尘、胶迹等
2	腻 平	生漆腻子（稠漆灰）	手工	嵌刀	腻子呈膏状	用生漆、石膏及水调制腻子
3	干 燥		自然干燥		20～25℃，相对湿度80%～85%，4～8h	
4	砂 磨	1号木砂纸	手工干砂			局部砂磨，砂后清除磨屑
5	全面填平	生漆填平剂（稀漆灰）	手工刮涂	牛角板		刮1或2遍
6	干 燥		自然干燥		20～25℃，相对湿度80%～85%，4～8h	
7	砂 磨	1号木砂纸	手工干砂			全面砂磨，砂后清除磨屑
8	涂饰面漆	生漆60份，松节油（或醇酸稀料）40份	刷涂	漆栓	漆膜厚度15～20μm，涂漆量90～100g/m²	
9	干 燥		自然干燥		20～25℃，24h	
10	砂 磨	320号水砂纸、清水	手工湿磨	砂纸板		砂后清除磨屑，8～11工序重复
11	干 燥		自然干燥		20～25℃，约50min	1遍
12	涂饰面漆	生漆60份，松节油（或醇酸稀料）40份	刷涂	漆栓	漆膜厚度15～20μm，涂漆量90～100g/m²	
13	干 燥		自然干燥		20～25℃，3～5d	
14	砂 磨	400号水砂纸、水	手工湿磨	砂纸板		砂后除磨屑
15	抛 光	101或201抛光膏、棉纱、煤油	手工擦磨		抛光膏用煤油调成厚粥状	
16	上光蜡	汽车上光蜡、棉纱	手工擦磨			

9.5.4.2 **擦生漆** 擦生漆的特点是，装饰质量高、漆膜平滑如镜，但工艺复杂，操作要求细致。适用于涂饰核桃木、檀木等制作的高档木器，具体工艺过程见表 9-14。

表 9-14 擦生漆涂饰工艺过程

序号	工序名称	材 料	方法	工具设备	工艺条件	备 注
1	表面清净	丙酮等溶剂、1号木砂纸	手工			除净树脂、胶迹、灰尘等
2	腻 平	生漆腻子	手工	嵌刀		
3	干 燥		自然干燥		20～25℃，相对湿度80%～85%，4～8h	
4	砂 磨	1号木砂纸	手工干砂			
5	全面填平	生漆填平剂	手工刮涂	牛角板		刮1或2遍
6	干 燥		自然干燥		20～25℃，相对湿度80%～85%，4～8h	
7	砂 磨	1号木砂纸	手工干砂			全面砂磨，砂后清除磨屑

（续）

序号	工序名称	材 料	方法	工具设备	工艺条件	备 注
8	涂饰面漆	生漆、松节油或醇酸稀释剂	刷涂	漆栓	生漆 60 份，稀释剂 40 份，每遍漆膜厚度 15～20μm	涂刷两遍，间隔 24h
9	干 燥		自然干燥		20～25℃，相对湿度 80%～85%，24h 以上	
10	砂 磨	320～400 号水砂纸、水	手工湿磨	砂纸板		砂后清除磨屑，干燥约 50min
11	擦涂面漆	生漆、香油	手工擦涂	棉球	生漆 95 份，香油 5 份，涂漆量 50～80g/m²	擦涂 2 或 3 遍，间隔 12h 以上，漆膜擦至光亮平滑
12	干 燥		自然干燥		20～25℃，相对湿度 80%～85%，3～5d	

9.5.4.3 晒生漆 晒生漆的操作方法是，先将被涂制品置于阳光下晒热，然后用漆栓蘸晒好滤净的生漆，将物面反复涂刷至漆色变黑后，立即搬回室内，再反复多次涂刷。直至拉不动漆栓（粘栓），漆膜光亮及塌丝时，再放置潮湿处干燥。按这样可涂 2 或 3 道晒生漆，待干透再进行磨光和抛光，就得到满意的质量。

9.5.4.4 生漆黑板 用生漆涂饰黑板的特点是，漆膜坚硬耐磨，漆色经久不褪。便于写字，容易揩擦，很受用户欢迎。

其操作方法是，先用滤净生漆与石膏粉加黑颜料（如碳黑等）调成黑漆灰；将黑板（木制或其它材料制做）满刮 3 或 4 道至物面平整；干后打磨光滑，抹净粉末。再用滤净生漆加黑颜料及适量的松节油混合搅匀，用毛刷将物面均匀刷一道，干后即可使用。

9.5.5 漆器与贴金

9.5.5.1 漆器工艺 漆器工艺可分为漆器制作和漆器装饰两大工序。

（1）漆器制作 漆器制作也称胎型（底胎）制作，其制作材料可用木材、竹材、皮革、金属、塑料等多种。现将木制底胎简介如下。

①选料：木材应选用桧木、楠木、泡桐等具有韧性并不易变形的材种。并在制作木胎前，将木材用热蒸、水煮、烘干等方法进行加工处理，以免变形或减少变形。

②制作：将加工好的木材，按设计要求制成各种素胎等漆器（如器皿、屏风板）胎坯，然后在胎坯表面上涂生漆、裱布、刮漆灰、髹漆等，以使制成所需用的木胎。

（2）漆器装饰 底胎制成后，可在表面装饰丰富多彩的花纹，或彩绘各种美观的图案。然后，在花纹或图案表面进行数十次乃至上百次的刷漆或擦漆，至漆膜达到相当的厚度后，再进行磨光和抛光。以使漆器表面达到极为光滑、光亮、美观为止。

9.5.5.2 贴金工艺 贴金工艺多用于装饰少数民族地区的古老家具、雕花板和工艺美术制品等。其操作方法如下。

（1）作底 将需贴金的花板、线脚等处批刮生漆灰，干后砂磨光滑，涂刷细嫩豆腐一道。

（2）涂漆 用自制的小漆栓或大画笔，蘸优质广漆细致地将须贴金的部位描涂 2 或 3 道。

（3）贴金 将铝（银箔）精心地铺于被贴部位，然后用细软且有弹性的平头毛笔，将铝箔轻轻涂刷贴平，再用排笔掸去多余的铝箔。

（4）罩光 用小漆栓或画笔，蘸金黄色的黄皮漆或较浅的毛坝漆及严州漆，按涂刷广漆的方法涂 2 或 3 道，干后就获得逼真的贴金装饰。

9.5.6 大漆施工要点

大漆施工要点有以下几个方面。

9.5.6.1 涂　刷　在涂刷广漆或未加稀料的纯生漆时，其每面至少要横、竖交替反复涂刷 10 多次，方能将漆膜涂刷均匀。因为广漆和不加稀料纯生漆的粘度都很大，流平性差，故涂刷次数过少漆膜不易均匀。待漆膜刷至非常均匀时，再用人发栓顺木纹方向轻轻将漆膜刷平（理平），或用橡胶板或手掌将刷纹刮平，以使干后的漆膜达到平整光滑。

9.5.6.2 收　理　收理是提高大漆涂饰质量的一项重要措施。即每道大漆涂后，要反复多次收净边沿线角等处的残漆，否则易出现皱纹，严重影响质量。特别是涂饰生漆，漆膜略厚就易起皱。

9.5.6.3 干　燥　大漆的干燥环境与涂饰质量有着密切的关系。虽然大漆在室温 25～35℃，相对湿度 80%的环境中干燥较快，但当相对湿度大于 95%时，漆膜易出现发白，而且光泽差，这是潮气过大所引起，应特别注意。另外，大漆遇风、日晒、气温过低也不易干燥。因此，选择好干燥环境，对提高质量有很大的影响。

9.5.6.4 涂层配套　大漆的漆膜干后坚硬，收缩性小，所以在干后的大漆表面，不宜涂饰漆膜软、韧性好的漆类，如油性漆，以免造成底面漆附着力差等缺陷。如果末道大漆涂后的光泽不够理想，可用光泽较好的大漆来调整，不要用酚醛漆或醇酸漆去罩光，否则会影响大漆的优良性能。

9.6 大漆的贮存与过敏防治

9.6.1 大漆的贮存

大漆的贮存可分为漆桶与包装和贮存与保管两步。

9.6.1.1 漆桶与包装

（1）漆桶　大漆都是用木桶盛装。木桶由杉、楸、白杨等质软不易变形的木材制成。规格分大桶和小桶两种。大桶盛漆 50kg，小桶盛漆 25kg。漆桶形状多是扁圆。大桶外部应用四道四股竹篾或四道三股铁丝箍紧；小桶可用三道四股竹篾或三道三股铁丝箍紧。另外，漆桶必须双底、双盖、内盖、内底嵌在上下口内，外盖、外底加在上下口外。内外盖和内外底之间，应有 3cm 左右的空隙，以防压力过大或猛烈撞击损伤内盖内底而造成漆液流失。

（2）包装　由于大漆是一种粘性大、浓度高的液体，遇空气、潮气易氧化干燥、结膜。故在装桶后应立即将内盖盖严钉牢，再用漆灰糊缝，然后钉好外盖，最后在桶的外壁上注明品名、规格、毛重、皮重、净重、产地和单位，以便调运、结算和查询。

9.6.1.2 贮存与保管

（1）贮存库房　贮存大漆的库房，要求阴凉、避风，库内最高温度不超过 30℃，最低温度不低于 0℃。如果气温过高，漆桶容易干裂造成漏漆，气温过低也易使大漆质量受到影响，故以地下室或墙壁较厚的库房作为大漆仓库最为适宜。

（2）保管　大漆不宜与盐、碱、酸以及化学肥料、石灰、糖类等材料接触。如果漆中混进了这些物质，干性就会受到破坏，严重的甚至报废。故此，大漆仓库要严格与以上物品隔离，以免降低大漆质量或报废。

大漆在保管过程中，漆桶容易发生裂缝漏漆，尤其在夏季的伏旱天气，则更为明显，故要经常检查。对于微小的渗漏，可采取向地面喷水的方法，增加室内湿度，促使木桶受潮膨胀，合缝止漏。对于漏漆严重的漆桶，应及时堵缝或另换新桶。对于存放时间较长的大漆，应经常抽样检验，如有变质现象，要及时查明原因，设法挽救或处理，以免变质造成损失。

9.6.2 大漆的过敏防治

大漆有毒，易使人体过敏，应注意避免与防治。

9.6.2.1 过敏症状 大漆使人体过敏的症状，主要表现在皮肤上。但由于每个人的体质差异，而使过敏反应程度也不同。一般来说，过敏较轻的局部皮肤（如手背）出现红斑，刺痒难忍，焦躁不安，二三天后逐渐消退。过敏较重的，局部乃至全身出现丘疹，待一周左右，丘疹即逐渐消退。过敏严重的，局部可出现红肿水泡，经两周左右，水泡开始结痂，并逐渐脱屑，但护理不当，很易感染而引起糜烂性溃烂，甚至发生严重的并发症如败血症等。

9.6.2.2 预防过敏 过敏预防可分为接触预防和药物预防两种方法。接触预防就是在调配和使用大漆时，避免皮肤接触漆液；药物预防就是在接触大漆之前，口服专用药物。具体预防措施如表 9-15 所列。

表 9-15 预防过敏措施

序号	接触预防	药物预防
1	施工前用食用植物油（香油、豆油、花生油等）或甘油、凡士林等涂擦皮肤暴露部位。施工后用 2%～5% 的食盐溶液或 1∶5 000 的 $KMnO_4$ 冷液擦洗全身	接触大漆前，口服螃蟹焙干研细粉末，每次 15g，温开水冲服
2	施工时戴乳胶手套	接触大漆前，口服干大漆渣研细粉末，每次 6g，温开水冲服

9.6.2.3 过敏治疗

（1）中药治疗　针对不同情况可采用不同中药。具体治疗方法见表 9-16。

表 9-16 过敏治疗方法

刺痛难忍	红肿与泡疹	溃烂流水
蝉衣 15g；二花、勾藤、公英、连翘、千里光各 30g；升麻、红花、黄芩、黄柏、赤芍各 9g。水煎两次，早晚各服一次	二花、黄芪、元参各 30g；首乌、鸡内金各 15g；赤勺、苡米各 9g；公英、连翘各 12g；黄柏、黄芩各 6g。水煎两次，早晚各服一次	党参、黄芪、元参各 30g；公英、银花、连翘各 12g；赤勺、鸡内金、苡米各 9g；黄柏、黄芩各 6g；首乌 15g。水煎两次，早晚各服一次

（2）西药治疗　可用口服药苯海拉明、扑尔敏、安基敏等；外敷药可用强的松、可的松等；静脉注射可用普鲁卡因、葡萄糖酸钙、痒苦乐明等。

在以上用药期间，禁忌饮酒和食用刺激性食物。或遵医嘱。

10 涂饰缺陷

采用各种涂饰方法，将液体涂料涂于制品表面的过程中，以及涂层干燥前后都可能产生一些缺陷。这些缺陷会影响涂饰操作的进行，影响涂层固化的进程，尤其影响制品表面装饰质量与涂饰效率。熟悉涂饰可能产生的各种缺陷，分析其原因，以便防止缺陷的产生或产生之后的补救处置，将有利于提高涂饰质量与效率。

10.1 产生缺陷的影响因素

造成涂饰可能产生各种缺陷的影响因素有涂饰材料（主要是涂料)、被涂饰基材性质、涂饰环境、涂饰用工具与设备以及涂饰技术等。一般说，涂饰后即刻出现的缺陷，其原因多为涂饰技术不良所造成；而涂饰后较长时间出现的缺陷多为涂料品质不良所致。

10.1.1 涂料与缺陷的关系

涂料的配方设计、制造工艺以及运输贮存、调配使用时的许多因素，将会导致施工之后产生缺陷。涂料组成中的主要成分——成膜物质与溶剂的原料品质应当保证良好。成膜物质与溶剂以及颜料的比例必须合理，其品种选择适宜，其基本性能应控制得当。例如，含多量易挥发溶剂的挥发型漆（如硝基漆）或其中低沸点溶剂过多挥发过快时，当天气潮湿时施工，会因溶剂挥发吸收热量使涂层周围温度降低。当空气中的水蒸汽接触涂层便会凝缩成水混入涂层中使涂层变白，造成严重缺陷。

涂料在运输贮存过程中可能因为环境温度的关系、溶剂溶解能力的原因、溶剂的品种与数量以及容器漏水漏气等原因，可能造成混浊、增稠、沉淀与结皮等缺陷。这些缺陷如未经处理便施工肯定会给施工质量带来影响。

涂料的流动性质（涂饰性、粘度等）不适当时，将会影响涂饰质量。涂饰性也称作业性，系指涂料涂饰操作的难易，常以手工刷涂时毛刷移动的难易而定。一般低粘度慢干性涂料便于涂刷。粘度是受溶剂的数量与比例控制，但是粘度过低与干燥过慢也会出现其它缺陷，例如落上大量灰尘而造成颗粒。

涂料粘度与干燥速度还会影响立面涂饰时产生流挂（流淌与下垂)。流挂是施工中较严重的缺陷。流挂与涂料比重成正比例，比重越大越易于流挂。与涂料粘度成反比例，干燥快，粘度高与薄涂可避免流挂。

涂料当使用调配时，原则上不同种类的涂料不得混合。涂料能混合均匀而不发生涂膜缺陷的性质谓之相容性。使用前需要混合的涂料要作小样混合试验，相容涂料的涂膜良好，不相容涂料的涂膜则易于产生缺陷。

常用涂料在不同时期产生的缺陷，以及因溶剂与颜料的原因而产生缺陷同施工方法、施工环境的关系如表 10-1 所列。

表 10-1 不同阶段涂饰缺陷情况

阶段	缺陷	涂料							涂饰工艺							施工环境		
		硝基漆	聚氨酯漆	聚酯漆	光敏漆	乳胶漆	溶剂	颜料	涂料粘度	涂料温度	涂饰设备调整	操作熟练程度	涂料调配均匀	涂层厚度	烘烤条件	温度	湿度	光线
贮存中缺陷	混浊	○					○						○				○	
	变厚		○	○					◎	○								
	结皮						○											
	固化		○	◎						○						○		
涂饰中缺陷	刷痕			◎			○		◎		○	◎		○				
	流挂		◎				◎		◎		○	◎		◎	○			
	缩孔		◎			○							○					
	气泡						○		◎		○			○		○	○	
	发白	◎				○	○									○	◎	
涂层干燥后缺陷	变色		◎					○										◎
	失光						◎							○			◎	○
	不丰满	◎					◎		○					◎				
	剥离			◎					○					◎				
	发粘	○		○									○					
	针孔		◎		○		○		◎	○	○	○		◎	○	○		○
	橘皮			○	○		◎		◎		○	○	○	◎	○			
	开裂			○				○						○				○
	咬底		○				◎											
	颗粒		◎					○			○							
	粉化					○		◎								○		

注：◎表示缺陷较严重；○表示缺陷较小。

10.1.2 涂饰方法与缺陷的关系

木制品生产过程中，常根据被涂饰制品的形状、大小、产量以及使用目的等条件，采用各种不同的涂饰方法。各种涂饰方法可能产生的缺陷如表 10-2 所列。可参考各种缺陷易发生的情况而决定选择何种涂饰方法。

表 10-2 涂饰方法与缺陷的关系

涂饰方法 \ 缺陷	橘皮	流挂	气泡	遮盖不足	色不均匀	针孔	涂面粗糙	膜厚不匀
空气喷涂	○							
无气喷涂	○		○			○		
加热喷涂	○		○			○		
静电喷涂				○	○		○	
淋　涂			○			○		
辊　涂					○			
浸　涂		○		○	○			○

10.2 涂料贮存中的缺陷

涂料在贮存运输中可能发生的缺陷如表 10-3 所列。

表 10-3 涂料贮存运输中的缺陷

缺陷	现象	原　因	处　置
混浊	清漆透明度差，混浊，有沉淀物	(1) 低温贮存产生沉淀或析出物 (2) 催干剂析出，特别是铅催干剂 (3) 混入水分 (4) 稀释剂的溶解力不足，选用不当	(1) 加热 (2) 加热或陈化后过滤净化 (3) 防止溶剂中含水，防止桶口渗入水 (4) 选用适当溶剂或添加溶解力强的溶剂
变厚	贮存过程中，涂料粘度逐渐增高，直至胶状或结块由于溶剂挥发或氧化聚合反应使粘度增高称为增稠 由于漆基与颜料反应增稠称为肝化或结块	(1) 色漆中颜料与漆基反应 (2) 容器不完全密闭或装桶未满，部分溶剂挥发，空气中氧也能促进胶化 (3) 贮存涂料的库房温度过高，或日光直射，或放于加热器旁 (4) 溶剂选择不当，使用了溶解力不强的稀释剂	(1) 避免选用可能与漆基反应的颜料 (2) 容器要密闭，开桶使用后一定要密闭好，最好在一周内用完 (3) 避免贮存场所温度过高，造成热固性树脂的漆基受热时粘度升高 (4) 应选用溶解力强的溶剂
结皮	氧化干燥型涂料(如油性漆)在桶内贮存时，表面干结成一层硬皮	(1) 促进表面干燥的催干剂（如钴干料）添加过多，或含桐油的漆类 (2) 容器未密闭或未装满，使漆面接触空气 (3) 贮存温度高或阳光直射	(1) 促进表面干燥的催干剂可先不加入涂料中，待使用前再按比例加入 (2) 涂料尽量装满容器，使涂料液面少接触空气 (3)将盛满涂料的容器倒置，用涂料堵住容器盖，不让空气流入容器内 (4) 对于整桶漆每次倒出一定量后，可立即加入挥发慢的溶剂（如松节油）隔绝空气 (5) 对用后的半桶漆可去桶盖后加盖牛皮纸隔绝空气
沉淀结块	色漆贮存中颜料与漆料分离，颜料沉淀在容器底部结成硬块	(1) 色漆中颜料粗，比重大造成沉淀结块 (2) 贮存温度高或加稀料过多，造成漆液粘度低，造成沉淀结块 (3)贮存时间过长或颜料与漆基产生反应所致	(1) 制漆时颜料应磨细，分散良好，可避免沉淀 (2) 贮存温度不可过高（不宜超过 25℃），不可使漆液粘度过低 (3) 对沉淀较轻者充分搅拌即可，如已结成硬块需倒出稀漆，将硬块捣碎再加漆料搅匀过滤后使用

10.3 刷涂缺陷

至今我国在涂饰生产中仍有部分采用刷涂法。由于刷涂的手工操作，因操作技术、施工环境被涂饰制品的表面性状，以及选用涂料品种等因素影响而产生各种缺陷。其原因与处置方法如表10-4所列。

表10-4 刷涂缺陷原因与处置

缺陷	条件	原因	处置
流挂	涂饰技术	1. 一次涂饰过厚 2. 蘸漆太多，刷涂不均匀 3. 涂料施工粘度过低	1. 每次薄涂，分几次涂饰 2. 蘸漆适中，刷涂均匀 3. 施工粘度调配适宜
	涂料条件	1. 刷表面选用了慢干涂料 2. 涂料高沸点溶剂过多 3. 涂料比重大	1. 宜用快干涂料 2. 高、低沸点溶剂适当搭配 3. 尽量选用轻比重涂料
	被涂表面条件	1. 被涂制品表面和环境温度高于涂料温度 2. 被涂制品表面形状复杂，有雕花、凹槽等 3. 干燥室充满溶剂蒸气	1. 被涂表面与环境温度应与涂料温度一致 2. 涂饰雕花与凹槽等处注意不可积漆过多 3. 干燥室及时换气
刷痕、刷纹	涂饰技术	1. 没有顺木纹涂刷 2. 施工粘度过高 3. 涂层尚未流平急于进行加热烘烤 4. 漆刷保管不当，刷毛干硬和不整齐	1. 最后应顺木纹涂刷 2. 调整施工粘度 3. 需涂层流平，溶剂基本挥发完毕再行烘烤 4. 妥善使用和保养漆刷
	涂料条件	1. 高固体份、高粘度涂料不宜采用刷涂 2. 涂料中低沸点溶剂含量过多挥发太快 3. 涂料中混入水分，降低了涂料流动性 4. 涂料贮存期已过，即将固化	1. 可采用高压无气喷涂或辊涂 2. 调整低沸点溶剂含量比例，使挥发速度适宜 3. 贮存时防止水分混入 4. 应在涂料有效期内使用
针孔、小孔（聚氨酯漆极易产生）	涂饰环境条件	1. 施工环境气温超过30℃以上 2. 施工环境风速超过1m/s 3. 施工环境空气相对湿度过高（85%以上）	1. 应在15～25℃施工环境条件下施工 2. 风速应控制在0.5～1.0m/s 3. 空气相对湿度应控制在85%以下
	涂饰技术条件	1. 涂料粘度过高，一次涂刷过厚 2. 下层涂膜干燥不充分与下层涂膜已有针孔 3. 加热干燥的初期温度过高 4. 刷涂方法不当，毛刷往返时产生气泡	1. 调整涂料粘度，一次涂刷不宜过厚 2. 下层应充分干燥再涂上层，应砂磨掉下层针孔再涂漆 3. 应缓慢加热 4. 掌握正确刷涂方法，降低涂料粘度
	涂料条件	1. 涂料中低沸点溶剂含量过多，造成表干过快 2. 某些漆中的固化剂或催干剂加入量过多	1. 调整低沸点溶剂含量比例，控制表干速度 2. 应按正确比例加入固化剂或催干剂
	被涂饰基材条件	1. 工件表面有灰尘、水分、油分等附着 2. 经过加热的工件表面尚未恢复至常温即行涂刷 3. 管孔未充分填实，孔内留有空气，且涂刷过厚	1. 清净被涂饰基材表面 2. 加热后的工件应恢复至常温再进行涂饰 3. 充分填实管孔，封闭管孔后再涂饰，且不宜涂饰过厚

（续）

缺陷	条件	原　　因	处　　置
桔皮（涂层不平整，呈橘子皮状，凸凹不平）	涂饰环境	1. 环境气温过高，溶剂挥发快，涂层流平性差 2. 风速过大，溶剂蒸发激烈，涂层流平性变差	1. 尽量在(20±5)℃条件下涂饰，或使用蒸发缓慢的稀释剂 2. 控制涂面风速在0.5～1.0m/s范围内
	涂饰技术	1. 施工粘度过高 2. 下层涂膜干燥不充分或水砂后水分干燥不充分 3. 底面层涂料不配套	1. 降低施工粘度 2. 注意涂层充分干燥与水分充分干燥 3. 选用同类型涂料
	被涂基材条件	1. 被涂基材表面温度过高，溶剂急剧挥发不利流平 2. 被涂基材吸液能力大 3. 被涂基材表面含油脂	1. 使被涂制品表面温度与环境温度一致 2. 基材先涂封闭漆 3. 清除油脂
	涂料条件	1. 使用了即将凝胶的涂料 2. 消光剂加入过量 3. 涂料中混有水分	1. 用前检查涂料质量 2. 适量加入消光剂 3. 混有水分的涂料不宜用
干燥不良（涂饰后虽然较长时间涂层仍不固化）	涂饰环境	1. 环境温度过低溶剂挥发缓慢 2. 湿度过高，溶剂挥发慢 3. 通风不良，空气中充满溶剂蒸气	1. 环境温度以15～25℃为宜 2. 增加室温和除湿 3. 进行适当通风处理
	涂饰技术条件	1. 溶剂选择不当 2. 下层涂料干燥不充分 3. 底面层涂料配合不当 4. 多组分漆调配不当 5. 过分涂厚 6. 白坯基材不洁净	1. 选择适当溶剂 2. 注意干燥条件 3. 掌握涂料性能，预先试验 4. 按说明书规定，严格按比例调配 5. 尤其油性漆不要超过规定厚度 6. 涂饰前彻底清净基材
	被涂基材	1. 基材含水率过高 2. 白坯基材树脂含量多 3. 基材表面附着水分、油分	1. 控制基材含水率 2. 尤其涂聚酯漆前，清除树脂 3. 清除水分、油分，并干燥
颗粒（涂层起粒粗糙）	涂饰环境	1. 空气中与环境周围灰尘过多 2. 工具、设备、容器不洁净	1. 施工环境空气应净化 2. 工具、设备、容器保持洁净
	涂饰技术	1. 将性质与类别不同的涂料混用 2. 稀释剂加入过多，涂料含固量下降，色漆中颜料造成	1. 需经试验不得随便混用 2. 稀释剂不宜加多，以免造成颜料凝结起粒
	基材条件	1. 基材砂磨后磨屑未除净 2. 被涂基材表面过分粗糙	1. 涂饰前除净磨屑 2. 应全面腻平干后砂磨平滑
	涂料条件	1. 涂料贮存中已结皮，使用前未将漆皮过滤干净 2. 涂料制造时，颜料分散、研磨不良，造成涂膜起粒	1. 注意涂料贮存时避免结皮，使用前应进行过滤 2. 入厂涂料应检查色漆细度，并作试验
发白（泛白涂面呈乳白色）	涂饰环境	1. 空气湿度过高(85%以上) 2. 环境温度低，风速超过1.0m/s	1. 调节湿度 2. 提高施工环境温度，风速控制在0.5～1.0m/s
	涂饰技术	1. 被涂基材表面温度比室温低 2. 稀释剂蒸发过快 3. 一次涂饰过厚	1. 提高基材表面温度等于或高于室温 2. 适当加入防潮剂 3. 避免一次涂厚

（续）

缺陷	条件	原　　因	处　　置
起皱（皱纹）	涂饰技术	1. 涂层烘烤温度过高 2. 涂料粘度过高，涂膜过厚 3. 油性漆钴、锰催干剂用量偏高 4. 下层涂料未干透 5. 施工场地通风量过大	1. 控制烘烤温度 2. 调整粘度，一次涂膜不宜过厚 3. 注意正确使用钴、锰催干剂用量 4. 下层涂料充分干燥 5. 控制通风量
开裂（龟裂）（涂饰后不久涂膜产生割裂而失去涂膜连续性）	涂饰环境	1. 太阳紫外线 2. 冷热温差反复作用 3. 施工温度极低	1. 选用耐候性好的含颜料的色漆 2. 选用柔韧性好的涂料 3. 避免涂饰
	涂饰技术	1. 涂膜干后硬度过高 2. 下层漆未干涂了上层漆，二层漆之间涂膜伸缩力不一致 3. 催干剂加入过量 4. 白坯基材树脂未除净 5. 基材含水率过高，干燥过程中基材开裂 6. 使用聚酯漆时引发剂、促进剂过量	1. 面漆硬度不宜过高 2. 待下层漆干燥后再涂上层漆 3. 适量加入催干剂 4. 清除树脂 5. 控制基材含水率 6. 按配方规定加入引发剂和促进剂
剥落（脱落、片落）（在线角、凹槽、榫结合、安装五金件等处管孔涂膜浮起，呈模糊状）	涂饰技术	1. 一次涂厚，尤其凹槽处 2. 填孔剂浮粉未擦净和干燥不充分 3. 材面留有磨屑 4. 底面漆不配套	1. 凹槽、线角处不宜涂厚 2. 擦清浮粉，充分干燥 3. 彻底清除磨屑 4. 选用配套涂料
	被涂基材条件	1. 基材含水率高 2. 基材表面有灰尘 3. 基材有裂纹等缺陷 4. 基材树脂含量高 5. 下层涂膜干硬、平滑，使上层涂膜失去粘附力	1. 控制基材含水率 2. 清除灰尘 3. 处理基材缺陷 4. 彻底去脂 5. 控制下层涂膜干燥程度，适当对下层涂膜研磨
变色（涂饰后涂膜颜色与要求颜色不符）	被涂基材	1. 基材本身变色 2. 漂白剂（草酸、双氧水）等残存基材上与涂料发生反应	1. 选用不易变色木材 2. 清除漂白剂等残留物
	涂料条件	1. 使用了耐光性差的涂料 2. 使用了耐光性差的染料 3. 不同性质和类型涂料不能混用	1. 使用耐光性良好的涂料 2. 使用耐光性良好的染料 3. 避免使用不相容涂料
收缩（渗漆）（涂饰后或过一段时间涂膜失去平整、光滑状态，形成凹陷失光）	涂饰技术	1. 下层涂膜未干透接涂上层涂料 2. 稀释剂加入量过多，降低了固体份含量 3. 涂饰过薄涂膜	1. 应在下层涂膜干透后，再进行上层涂饰 2. 基材吸液能力强时，涂料中不宜加入过多稀释剂 3. 涂膜过薄易收缩，控制厚度
	被涂基材条件	1. 基材材质软吸液能力强 2. 基材管孔粗大 3. 基材含水率高 4. 基材本身收缩导致涂膜收缩 5. 基材表面有油迹、蜡质等污物	1. 使用固体份含量较高涂料 2. 填满、填实、填牢管孔 3. 控制基材含水率 4. 避免基材收缩 5. 彻底清除基材表面脏污
	涂料条件	1. 使用了固体份含量低的漆 2. 溶剂挥发太快涂层还未流平产生收缩 3. 涂层干燥过程中表面张力不一致 4. 双组分漆未充分调匀	1. 避免使用低固体份含量的漆 2. 不宜使用挥发太快的溶剂 3. 添加适当助剂 4. 充分调匀，并放置一会再涂

（续）

缺陷	条件	原　因	处　置
失光（倒光）涂饰后不久涂膜光泽消失	涂饰技术条件	1. 涂饰时稀释剂加入过量 2. 涂饰时涂料中混入水分 3. 涂饰环境湿度高，涂层吸湿 4. 涂饰环境温度过低，涂层未干水气冷凝在涂膜表面 5. 水砂未砂平即进行抛光 6. 水砂后水未干透	1. 稀释剂用量不宜过多 2. 避免混入水分 3. 控制环境湿度 4. 控制环境温度 5. 抛光前必须砂平、砂透、砂细腻 6. 水砂后彻底晾干
	被涂基材	1. 基材表面过分粗糙和未经底漆处理 2. 基材表面有脏污（油、蜡等）	1. 基材表面必须砂磨平滑，并经打底 2. 涂饰前必须彻底去污
	涂料	1. 色漆中颜料与填料过多	1. 控制颜料、填料与涂料比例
咬底	涂饰技术条件	1. 上层使用了含强溶剂的漆（如下层是油性漆，上层为硝基） 2. 上、下层使用相同涂料，产生咬底、咬色是因为下层漆未干 3. 不同类型涂料配套使用时，不了解涂料性质	1. 上、下层涂料应配套使用 2. 应控制涂饰上层涂料时的间隔时间 3. 应充分掌握涂料性质，并进行试验
缩空	涂饰技术条件	1. 施工场地有硅油残留物或在配漆间附近接触含硅油空气 2. 涂料本身硅油含量高或作为消泡剂的硅油加入量过多，或原液硅油未经稀释即加入涂料中调合不匀 3. 下层涂膜中硅油含量过多 4. 基材表面含有油脂、水分、硅油等	1. 避免在有硅油残留物附近施工，施工场地远离配漆间 2. 控制涂料中的硅油含量，原液硅油需经稀释后，再加入漆中并需搅拌均匀 3. 充分砂磨下层涂膜 4. 清除基材表面的油污杂物

注：上表参考《木材涂装》一书中的有关内容编写。

10.4　喷涂缺陷

如前述有三种喷涂方法，生产中应用较多的是空气喷涂与高压无气喷涂。与手工涂饰相比，喷涂明显地提高了涂饰效率，改善了涂饰质量，但是，也会因为设备的使用、喷涂技术以及环境与涂料等因素，而产生各种缺陷。其中空气喷涂易产生的缺陷如表 10-5 所列；空气喷涂中主要因喷枪出现故障而产生的缺陷如表 10-6 所列；高压无气喷涂易产生的缺陷如表 10-7 所列。

表 10-5　空气喷涂缺陷原因与处置

缺陷	原　因	处　置
流挂	1. 喷涂压力不均 2. 喷涂距离过近 3. 出漆量与喷涂速度不平衡 4. 喷枪与被喷涂表面角度不对 5. 喷涂量过多 6. 喷涂环境温度过低 7. 喷嘴大、压力大、出漆量大 8. 每一喷涂程序终了后，未及时放开喷枪扳机	1. 控制喷涂压力 2. 距离应控制在 15～25cm 3. 出漆量与喷速保持平衡，喷枪移速以 30～50cm/s 为宜 4. 应保持垂直 5. 应控制喷涂量 6. 提高环境温度 7. 选择适宜喷嘴和压力，控制出漆量 8. 每一喷涂程序完毕，应及时放开喷枪扳机

（续）

缺陷	原　因	处　置
泛白	1. 采用空气喷涂时没安装油水分离器，或分离器失效，使涂料中混入水分喷出 2. 水帘式喷涂室水的流量过快，室内湿度过高 3. 喷涂室风速过大 4. 涂料中或调粘度时，低沸点溶剂加入过多，溶剂中含有水分	1. 安装油水分离器，并经常检查油水分离器正常工作，保证涂料中不混入油和水 2. 控制水的流量和室内空气相对湿度 3. 风速应控制在50～80cm/s 4. 控制低沸点溶剂加入量，检查溶剂的品质
颗粒（粗糙）	1. 基材表面有灰尘、磨屑以及没去除的木毛与空气中的绒毛 2. 喷涂系统过滤网失效 3. 使用过的喷枪没洗净就喷含强溶剂的涂料，将漆皮咬起，形成漆皮渣混入漆中 4. 喷涂过薄，未形成连续涂膜 5. 喷嘴孔径小，压力过大，喷涂距离过远，漆液未达表面已胶凝 6. 喷涂压力过低，涂料雾化不良 7. 喷枪移动速度过快，喷涂不均	1. 喷涂前对基材表面彻底清净除尘去木毛，净化空气 2. 更换过滤网 3. 喷涂后及时彻底清洗喷涂设备 4. 增加喷涂量 5. 正确掌握喷涂技术 6. 调整至适宜压力 7. 控制喷枪移动速度，宜在30～50cm/s
橘皮	1. 喷枪型号选择不当 2. 喷嘴磨损，漆液雾化不良 3. 涂料粘度过高，造成雾化不良 4. 涂料温度过低，涂料流平性差 5. 喷枪移动速度或快或慢 6. 喷涂距离过远 7. 喷涂压力不足，涂料雾化不良	1. 选择适合涂料性能的喷枪 2. 调换喷嘴 3. 调整涂料粘度 4. 加热涂料，改善流平性 5. 正确掌握喷枪移动速度 6. 控制喷涂距离 7. 增高压力
气泡	1. 喷枪压力过大，喷涂距离过远 2. 喷涂系统过滤网失效 3. 一次喷涂过厚 4. 漆中或稀释剂中低沸点溶剂多，挥发太快	1. 控制喷涂压力与距离 2. 检查过滤网 3. 控制喷涂量 4. 适量加入挥发慢的溶剂
涂料浪费	1. 喷涂压力过大，雾化过细飞散损失严重 2. 喷涂程序完毕，继续扣住扳机 3. 喷涂角度不正确 4. 喷涂小面积用了大喷嘴 5. 喷涂涂膜不均匀 6. 喷涂室风速过大，造成漆雾流失 7. 喷涂技术不熟练	1. 控制喷涂压力 2. 喷涂程序完毕，及时放开扳机 3. 对基材应保持直角 4. 选用适宜喷嘴 5. 熟练掌握喷涂技术 6. 控制喷涂室风速 7. 纠正不正确的喷涂操作

表 10-6　喷枪故障与排除方法

现　象	原　因	处　置
喷枪不出风	1. 风嘴有杂物堵塞 2. 风阀有杂物堵塞	1. 清理风嘴 2. 清理风阀，用压缩空气从风嘴逆向吹
喷枪不停风	1. 风阀有杂物关闭不严 2. 阀体划伤 3. 弹簧松或折断 4. 风阀杆发涩	1. 清理风阀 2. 修理阀体 3. 拉长或更换弹簧 4. 用溶剂洗净，并注机油
喷枪不出油	1. 油路、油嘴有堵塞 2. 油嘴口不在风嘴口前边	1. 清理油路、油嘴 2. 调整油嘴和风嘴位置
喷漆时断时续	1. 漆已用尽 2. 喷头油嘴或风嘴松动 3. 涂料通路堵塞或损坏 4. 漆壶盖进气口堵塞 5. 输漆橡皮管折曲 6. 空气压力过高 7. 涂料粘度过高	1. 加漆 2. 拧紧螺帽 3. 清理、修理、更换 4. 及时透开 5. 检查调整 6. 调整压力 7. 调整粘度
射流过剧 漆雾强烈	1. 空气压力过大 2. 涂料输出量不足	1. 调节压力 2. 调节涂料输出量
射流不足 喷涂中断	1. 空气压力太小 2. 喷涂系统漏气 3. 压力漆桶压力 不足 4. 输漆开关开启不完全或连管折曲	1. 提高压力 2. 检查、修理 3. 调整压力漆桶压力 4. 充分开启开关，调整连管
雾化不良	1. 涂料粘度过高 2. 涂料喷出量过大	1. 稀释 2. 调整喷出量
喷头渗漆	喷头拧得不紧，喷嘴端部磨损	拧紧、更换
扳机流漆	前垫座磨损	更换垫座

注：上表参考《涂装技术》一书中的有关内容编写。

表 10-7　高压无气喷涂故障与处置

现　象	原　因	处　置
涂料压力 不能升高	1. 没开空气阀 2. 涂料压力表损坏 3. 用后清理不善，吸漆阀被涂料粘结 4. 输漆系统进入空气 5. 涂料不足	1. 打开空气阀 2. 更换压力表 3. 用溶剂彻底清洗 4. 堵绝空气进入输漆系统 5. 加足涂料
高压泵工作 涂料雾化不良	1. 气泵压缩空气不足 2. 压缩空气供给阀过细 3. 空气压力过低 4. 喷嘴过滤器堵塞 5. 使用涂料不合适	1. 增大空气量 2. 增大供给阀 3. 提高压力 4. 清理过滤器 5. 更换涂料
喷涂中涂 料中断	1. 喷嘴堵塞 2. 过滤器堵塞 3. 涂料管堵塞	1. 清理堵塞 2. 用溶剂清洗 3. 用 120 目网过滤涂料
喷枪漏漆	1. 针阀的衬垫磨损 2. 喷嘴阀面有异物附着	1. 更换衬垫 2. 清理
压力波动大	1. 喷嘴孔太大，出漆量过多 2. 蓄压器漏气	1. 改用孔较小的喷嘴 2. 排除漏气

10.5 淋涂缺陷

如前所述，使用淋漆机淋涂板件，涂饰效率高，涂饰质量也很好。如果能形成和保持漆幕的连续均匀与完整性，一般能获得均匀的漆膜，但是如操作不当也会产生淋涂缺陷。其具体情况如表 10-8 所列。

表 10-8 淋涂缺陷与处置

缺陷	原因	处置
气泡	1. 涂料粘度过大 2. 过滤网失效或过粗 3. 涂料输送压力过大 4. 涂料在机器内空转时间长，造成粘度升高，产生气泡 5. 淋头刀口与被淋涂表面距离过大，造成涂料与表面接触时冲击力增加	1. 调整涂料粘度或加入适量消泡剂 2. 更换过滤网，漆槽中增加一道过滤网 3. 调整漆泵输送压力 4. 经常调整粘度 5. 淋头刀口与被淋涂表面的距离应调至适当距离，一般为 10cm
泛白（发白）	1. 涂料中低沸点溶剂过多 2. 施工环境湿度过高 3. 涂料溶剂含有水分 4. 被涂基材表面含有水气	1. 控制低沸点溶剂加入量 2. 湿度应控制在 80%以下 3. 检查溶剂质量 4. 清除被涂基材表面水气
丝纹（淋后涂层有丝纹状类似手工刷痕）	1. 淋头底缝刀口损伤有缺口 2. 刀口清洗不净，留有漆渣	1. 修正淋头底缝刀口 2. 彻底清洗底缝刀口
破幕	1. 涂料压力不够 2. 涂料粘度过低 3. 无引幕器或引幕器损坏 4. 底缝刀口缝隙中有颗粒 5. 刀口间隙过大，涂料输送压力过小	1. 增加涂料压力 2. 控制稀释的程度 3. 检查引幕器 4. 清除颗粒 5. 正确调整刀口间隙，控制涂料输送压力
涂膜不均匀	1. 刀口精度不良 2. 输送带有跳动和过渡，辊筒有结漆	1. 检查刀口间隙精度 2. 检查输送系统
飘漆	1. 施工环境通风量过大 2. 底缝刀口与被淋表面距离过大，输送速度过高 3. 涂料粘度过低	1. 降低风速 2. 调整距离，降低输送速度，一般以 75～80m/min 为宜 3. 涂料粘度控制在（涂－4）18s 以上
侧边流挂和结漆	1. 一次淋涂量过厚 2. 输送带和干燥架水平度差	1. 一次淋涂量一般控制在 120～180g/m^2 2. 检查输送带和干燥架水平度（保持水平）

11 涂饰流水线

涂饰流水线是指用涂饰设备、工作位置以及运输装置等将涂饰工序连接起来的生产组织形式。进行流水线涂饰将提高生产效率，保证涂饰质量，并使油漆车间的平面布置井然有序，尽量组建合理的涂饰流水线是涂饰作业的发展方向。

11.1 概 述

要想有一条比较理想的符合本单位实际情况的涂饰加工生产线，首先要有一个周密的设想，这个设想就是设计。即要考虑现有技术水平，还要看到将来发展的方向，结合本单位的现状与今后发展趋势，全面权衡利弊，设计一条能尽快地提高经济效益的涂饰流水线。

11.1.1 流水线特点

涂饰流水线的命名有各种各样。有以干燥介质命名的流水线，如热风式、远红外线、紫外线、电子束等；有以采用涂料命名的流水线，如光敏漆涂饰流水线、聚氨酯漆涂饰流水线等；有以涂饰的产品命名的流水线，如板件涂饰流水线、椅子涂饰流水线等；有以加工工艺命名的流水线，如喷涂流水线、淋漆流水线等。若以其功能命名涂饰流水线，总的概括为两大类：一是工序自动生产线；二是工艺自动生产线。工序自动生产线就是在整个工艺过程中，某一道工序或几道工序实行流水线生产，而其它工序仍旧是手工或单机生产；工艺自动生产线即在整个工艺过程都是自动化流水线生产，产品在生产过程中是不停滞前进。这两种流水线各有千秋，其特点见表 11-1 所示。

根据实际情况，确定选择工序自动生产线，还是工艺自动生产线，这是设计者首先要明确的方向。

11.1.2 设计流水线要点

影响家具涂饰质量的因素很多，如工艺复杂、重复工序多、涂层干燥慢等。给设计流水线带来很多困难，目前涂饰生产线在我国尚未普及其主要原因就在于此。不管设计哪种类型流水线，都应克服这些关键因素。

11.1.2.1 简化涂饰工艺 传统家具涂饰工艺过程十分繁琐，一道工序要重复几次才能完成，这是阻碍流水线作业的最大障碍。自动线生产要求工艺越简单越好。如色浆工艺，一道工序能完成填孔、着色、封底等几道工序，为自动生产创造有利条件。所以说自动生产线必须简化工艺。

表 11-1 流水线特点

类别	优点	缺点
工序自动生产线	①可以在原有涂饰工艺基础上，对某一道工序或几道工序实行自动流水线生产，重点解决关键工序 ②工序改革促进整个工艺变革，确保前后工序生产效率平衡，促进整个工艺生产效率提高 ③便于管理、安排灵活，减轻劳动强度，减少有害气体，提高产品质量 ④可按照产品特点、工艺特殊要求，设计生产线上设备 ⑤投资少、见效快，适用于中小型企业	①生产工艺不完善，在大批量生产中，有一定局限性 ②整个工艺的自动化程度低，不可能成倍提高产量 ③整个工艺中还有单机或手工工序，产品质量不够稳定
工艺自动生产线	①生产效率高，能成倍提高产量，产品质量稳定，大大减少有害气体危害 ②生产工艺比较完善、先进，能适应大批量生产 ③自动生产、工序之间衔接紧凑，节约场地 ④用料单耗计算准确，车间便于科学管理 ⑤工艺要求严格，文明生产，净化处理要求高，符合现代化生产	①产品造型结构要适应整条流水线生产 ②一次性投资费用较大，只适合于大、中型企业

11.1.2.2 采用固体份含量高的涂料 在涂饰过程中，一道工序要反复进行几次才能完成，涂料中固体含量不高是其原因之一。如硝基清漆固体含量在施工时只有15%～18%；聚氨酯清漆48%左右；而光敏涂料是95%；不饱和聚酯漆高达98%以上。涂饰一遍不饱和聚酯漆相当于涂饰两遍聚氨酯或五遍硝基清漆。由此看来，采用光敏涂料或聚氨酯涂料比用硝基清漆更利于涂饰流水线生产。合理选用涂料是设计流水线重要依据。

11.1.2.3 采用无挥发性溶剂涂料 溶剂在涂饰过程中，主要是降低成膜物质的粘度，便于施工。大部分溶剂属于有毒易燃物品，将随着漆成膜后挥发，污染空气，给人体带来危害，易引起火灾。为了解决这个问题，在自动生产线中就必须设计出一系列排污处理设备。无疑会增加投资经费，设备复杂，维修管理也较困难。如果采用不饱和聚酯漆或光敏涂料等无挥发性溶剂涂料，或水溶性涂料，就可不用或减少排污设备，易实现自动化生产。普通涂料往往因成膜时间长，不能使上下工序很好衔接，而快速固化光敏涂料，在紫外线辐射下3～5min内完全固化。这些无挥发性溶剂、快速固化涂料的应用，为实现涂饰流水线生产创造良好条件。

11.1.2.4 产品采用板式结构 产品应以最简单形式，尽量以平面出现在油漆工艺中。要求是拆装式或板件式产品，先油漆后组装，这是为实现涂饰流水线生产打下基础。以上几点是设计涂饰流水线时首先考虑的问题。

11.1.3 设计流水线内容

为了获得高效率、低成本、改善劳动条件，各工序要尽量采用先进的技术、设备、管理方法。每一工序要设计或选配最实用的设备，保证产品的数量、质量按技术指标完成，这些设备即可组成流水线。如何确定这些设备，就是设计流水线内容。

11.1.3.1 产品定型 在流水线上加工的产品先要定型。产品定型不是指单一产品固定不变，而是指产品固定在一定范围内变化，尽量使产品做到标准化、通用化、系列化。加工件最大宽度、最大长度、最小长度、最大厚度及最小厚度等，在一定范围内变化，可确定设备加工产品基本尺寸，即设备的基本参数。例如，工件最大宽度为800mm，淋漆机的淋刀头的有效长度应在950mm以上；工件其它尺寸也相应决定设备的一些规格。当然，确定这些尺寸时，既要结合现有生产实际情况，也要考虑今后若干年内生产发展的需要，充分发挥设备经济效益。产品定型尺寸决定后，设备的最宽和最高尺寸就能确定。

11.1.3.2 **产量计算** 产量计算，主要是设计设备的加工能力，选购设备时的依据。先把要加工的各种产品规格、类型折算成某一产品数量，设备加工能力就应满足这一数量加上若干年内发展的数量总和的需要。

具体怎样计算加工能力，把车间里现有生产数量或计划在流水线上的生产数（已折算成某单一产品数），换算成单一产品某一部件的总件数。这总件数当以月产量或年产量计算时，还须算出每小时是多少，即设备每小时加工能力。以每小时应完成的件数乘上每件长度，加上涂料固化时间，就可以计算出设备传送速度及干燥区的长度。干燥区的长度加上各机器的长度及之间联接传送的长度，就是整条流水线的长度。有长度、宽度和高度就能计算出流水线占地面积及空间位置。

11.1.3.3 **选定工艺** 设计流水线，知道产品基本尺寸、年产量和准备采用何种涂料后，首先确定的是工序自动生产线还是工艺自动生产线，然后确定流水线的具体工艺路线，即选定工艺。例如，采用聚氨酯涂料，应确定热固化工艺；采用光敏涂料，应选光固化工艺；若用光敏涂料封底聚氨酯漆罩光，就应选光固化与热固化相结合的工艺。当然，这只是一个大工艺方向的确定，具体还要结合单位的涂料来源、能源供应情况、产品工艺及质量要求等全面考虑，合理选定每一道工序的具体工艺。

11.1.3.4 **设备选型** 工艺选定后，就能确定加工设备型号。对每台设备的速度、生产能力、外形尺寸等计算；对设备结构、传动方式，各机件之间联接构造的设计；再使机器之间或各加工工序之间，用一定的运输机构衔接、配置通风除尘等类的辅助设备，使之组成一完整的流水线。这全过程称涂饰流水线设计。

11.1.3.5 **通风量、用水量及能源的设计** 油漆车间无论从工艺要求，还是安全卫生方面要求，都有风、水、能源的供给。对这几方面也应按工艺要求进行必要设计。

（1）通风量计算 工艺要求不同，通风量要求也不同。手工涂饰、辊涂等自然干燥车间的通风，是解决有毒气体的排除；降低易燃气体浓度，增加空气对流，所以对通风量计算要求不严。若采用蒸汽加热干燥和远红外线辐射干燥时，通风量除了解决上述要求外，主要是解决热能交换的用量。当用光固化干燥时，通风量计算除解决上面要求，还要计算防止高压汞灯表面温度过高所需冷却空气，保证产品质量所需净化空气。用电子束固化，通风量的计算除保证产品质量所需净化空气外，主要防止氮气外溢，发生意外事故。所以说，不同工艺要求，通风量计算内容也不同，但总要以引进补充新鲜干净空气，排出有害气体为原则。

（2）用水量计算 用水量计算与通风量计算一样，因工艺而异。一般车间只需要少量工艺用水和生活用水就足够了；采用光固化工艺生产，除此而外还应有冷却用水。冷却用水不仅需要通过严格计算，保持供水不断，而且还要进行水质处理，以保证紫外光的透射。具体计算法请参考有关光固化设计资料。

（3）计算能源 油漆车间能源计算比较复杂，有蒸汽量、用电量及其它能源的计算。多数车间内用蒸汽保温，涂层固化用蒸汽加热，用汽量计算较为常见。红外线或远红外线加热固化涂层、紫外线固化涂层所用各种元件的耗电能计算；各种设备运转及车间照明用电等所有电能损耗计算；若用燃油加热时，则有油耗量计算；这些都是能源计算。

根据以上所计算的各种数据，配备各种辅助设备，以满足工艺要求，这也是构成一条完整流水线不可缺少的内容。

11.1.4 工艺配备

从工艺要求的角度看，一条先进的流水线肯定配备最先进的工艺。工艺配备具体包括以下几方面内容。

11.1.4.1 涂饰前准备

（1）涂料选择　依据产品表面涂饰的质量分普、中、高三档，并有亮光与亚光之别，选择各种既经济又符合质量要求的涂料，确定基本工艺路线，选定或设计相应的设备。

（2）着色前准备　制品在着色前要经过打磨砂光、去木毛、去脂、漂白、除尘去污，填补虫孔、管孔、钉眼及裂缝等工序，这些工序称着色前准备。可以用手工或机械方法进行，机械有辊腻子机、轻砂机、除尘机、轻砂除尘联合机，根据不同要求选用不同机械设备。

（3）着色物质及方法　着色物质种类较多，有油性腻子、水性腻子、水粉子（水老粉）、色浆、水色、酒色、彩色涂料等；着色方法有浸涂、辊涂、刮涂、刷涂、气压喷涂（干法或半干法）等，根据所采用的着色法，来选用配套设备。

11.1.4.2 涂饰方法　着色前准备及着色方法选定后，涂饰方法亦应确定。如组合板式家具，平面涂饰多采用淋涂、辊涂较好；椅类、钟壳等制品，采用浸涂、喷涂较多。无论淋涂、辊涂，还是浸涂、喷涂等都应该有相应的机械设备来完成涂饰。每一道工序之间怎样衔接，采用哪种干燥形式，如何进行固化，也要选择相应的机械与设备。

11.1.4.3 涂层干燥方法　涂层干燥方法很多，确定选用何种干燥方法是设计流水线的关键。流水线的长短、造价高低、占用场地大小、投资多少、生产效率强弱等，都是根据干燥方法来决定的。如同样的产量、质量，用光敏涂料光固化工艺比用聚氨酯涂料热固化工艺，流水线长度仅为1/40，一次性投入资金可节约60%。由此看来，涂层干燥方法选择的重要性。

11.1.4.4 漆膜修饰　漆膜修饰是根据选用涂料、干燥方法及产品质量要求而定。普级产品漆膜修饰要求不严；中、高级产品漆膜修饰要求较严。涂层干燥后，要磨水砂、擦蜡抛光，并要有相应机械设备来完成，这些机械设备选型配套，也要经过设计。还有辅助材料的合理选择亦很重要，例如，水砂纸粒度大小，抛光膏粗细及油蜡型号等都应配套合理选用。

11.1.4.5 整体布局　整条流水线的布局应符合整个车间或整个工厂的生产工艺流程。不出现往返搬运或逆流现象，符合文明生产、安全卫生及防毒、防火、防爆，三废处理达到国家标准。只有全面考虑，综合设计，才能创造一条比较理想的涂饰流水线。

11.2 板件涂饰流水线

板件涂饰流水线是先油漆后组装。工件一般以平面出现在油漆工艺中，亦称板式油漆生产线。这样的油漆流水线，我国近年来引进和国产都有，国产以光固化流水线发展最快。据1987年不完全统计，全国约有六十几条各种类型的流水线，如光固化流水线、热空气干燥流水线、远红外干燥流水线及两种以上干燥方法同时应用的流水线亦有不少。现介绍几条有代表性的流水线实例。

11.2.1 紫外线辐射固化流水线

紫外线辐射固化流水线在我国是70年代末80年代初发展的一种快速固化流水线，在国际上，是70年代初发展的新技术之一。国内紫外线辐射固化简称光固化，其流水线亦称光固化流水线。它分有无低爆区、有无流平区。流水线的固化区长度有8～50m变化，固化时间有1～12min的区别。所以种类繁多，不一一介绍。现以MLG80A型光固化流水线为代表，介绍紫外线辐射固化流水线。

MLG80A型光固化流水线如图11-1所示，它属于工序自动流水线。是组合家具板件涂饰光敏漆紫外线辐射固化的设备，适合各种板件的表面罩光。

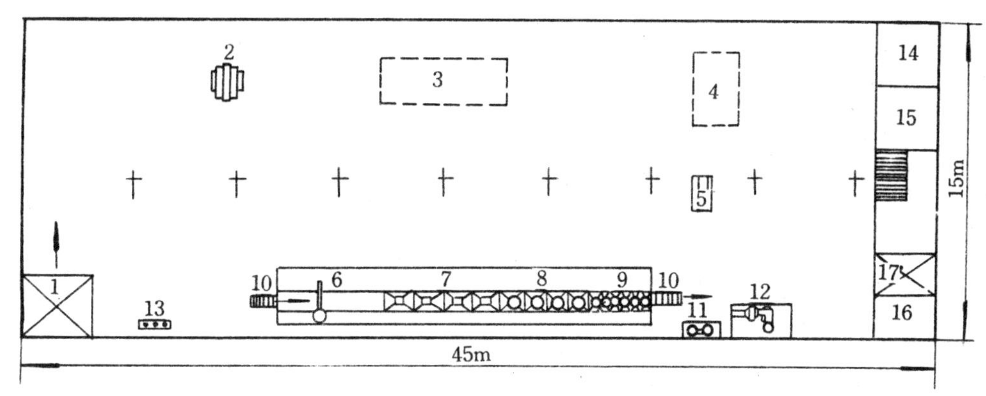

图11-1 MLG80A型光固化生产线平面布置图

1、17. 电梯 2. 着色辊涂机 3. 手工着色区 4. 手工刷底漆 5. 轻砂除尘机 6. 淋漆机 7. 流平区 8. 预固化区 9. 主固化区 10. 进出料架 11. 净水器 12. 鼓风机 13. 操作台 14. 贮漆室 15. 配漆室 16. 更衣室

MLG80A型光固化流水线主要由淋漆机6、流平区7、预固化区8、主固化区9、进出料架10、净水器11、通风设备12、操作台13及传动链条等组成。

整个车间的工艺流程及流水线的工作原理如下：板件由电梯1进入车间，板件经着色辊涂机2着色或手工着色3，自然干燥后手工刷涂底漆4，上凉架，底漆干燥后用轻砂除尘机5砂光除尘；手工进行油漆封边处理后，通过进料架10进入淋漆机6淋涂光敏漆，经过流平区7流平（时间2.5min），进入预固化区8，在黑光灯（低压汞灯）照射2～3min，流入主固化区9，在高压汞灯照射30～60s，漆层快速固化成膜，从出料架10流出，人工收下装车。如须淋涂第二遍光敏漆，手工砂磨除尘或经轻砂除尘机5砂光除尘，重复上面淋涂工艺一遍即可。成品检验敷油蜡后，从电梯17转入下道工序装配出厂。

该流水线的特点：

①在光固化流水线中，属有低爆、有流平区类型，整条流水线长度较短，占地少。

②固化时间短，一般在3～6min固化成膜，若与聚氨酯漆自然固化24h比，其固化速度快240～480倍，生产周期快。

③光敏漆的固体份含量高达95%，比聚氨酯漆（48%固体份）将近高达2倍，能节约涂料降低成本。

④固化快，无挥发性溶剂故可减少有害气体的危害。

⑤能提高产品质量，降低劳动强度，提高劳动生产率4～8倍。

⑥该流水线相对一次性投资比用聚氨酯漆自干较多，耗电能也较多。

⑦高压汞灯及水冷却套易损坏，维修费用较大。

⑧板件边角圆线较难处理。

流水线技术参数见表 11-2。

表 11-2 技术参数

项　目	单位	参　数	备　注
被涂饰板件尺寸：长	m	0.35～2.0	
宽	m	0.02～0.8	
厚	m	0.003～0.05	
淋漆机涂饰速度	m/s	1.5～2.0	
固化区的传送速度	m/s	0.078～0.09	包括流平、预固化、主固化
整条流水线固化时间	min	3～7	包括流平时间
流水线上安装容量	kW	75.3	包括辐射与电机功率
流水线上操作人员	名	2	
流水线单班年产量	万件	24～28（1.62m×0.8m×0.02m）	一年以 280 天计
流水线占场地尺寸	m	20.4×1.5×2.7	长×宽×高

流水线使用维护注意事项：

①所使用的光敏漆质量应符合木器表面涂饰质量要求。

②高压汞灯冷却水必须用软化水，并不能断水。

③高压汞灯启发器（漏磁变压器）调整到正常位置。

④通风量应保证正压，空气净化到 100 级。

⑤光敏漆要过滤，保证挤压式淋刀口畅通无阻。

11.2.2 印刷木纹板光敏漆涂饰流水线

直接印刷木纹装饰工艺是人造板表面装饰二次加工方法之一，在我国是 70 年代发展的一种较新工艺。如刨花板、中密度纤维板、硬质纤维板等经直接印刷木纹处理后，就可以（代替木材，胶合板等）直接制造家具，装修房屋及制成其它木制品。既省工又省料，价廉物美。为了保护印刷好的木纹在再加工过程及搬运中不受损坏，需要涂上保护膜。有的用喷涂各种常用涂料，有的采用淋涂各种涂料。这里介绍一条国产的印刷木纹板光敏漆涂饰流水线。

该流水线的组成见图 11-2 所示。由横向输送台 1，淋漆机 2，控制台 3，滚式输送链 4、空气清洗滤尘器 5，离心式风机 6，预固化区 7，进风管 8，主固化区 9，隔离室 10，底色立式干燥机 12，输送带 13、清扫机 14，输送带 15，双色木纹印刷机 16 等组成。

该流水线主要用于硬质纤维板表面印刷木纹涂饰光敏漆快速固化的流水线。能适用整张（1220mm×2440mm）纤维板及门窗、家具等部件的印刷木纹表面涂饰处理。在该流水线上完成底色干燥，清扫除尘，印刷木纹，淋光敏漆，固化成膜即为成品。既可做建筑上的装饰板，亦可用作家具板件。

流水线的特点：

①属工艺自动生产线。把涂底漆、印木纹及表面罩光等工序连成一条流水线，并且采用“冂”字排列，节省场地，比较紧凑。

②工件涂底漆后，用提升式干燥机干燥既可节约场地，又起到把工件从底层运送到上层的运输机作用，为实现自动生产提供第一个条件。

③整条流水线操作人员只有 3～4 人，效率高，质量有保证。

④自动化程度高，密封性好，故三废少。

⑤能适用幅面尺寸变化大的工件加工。

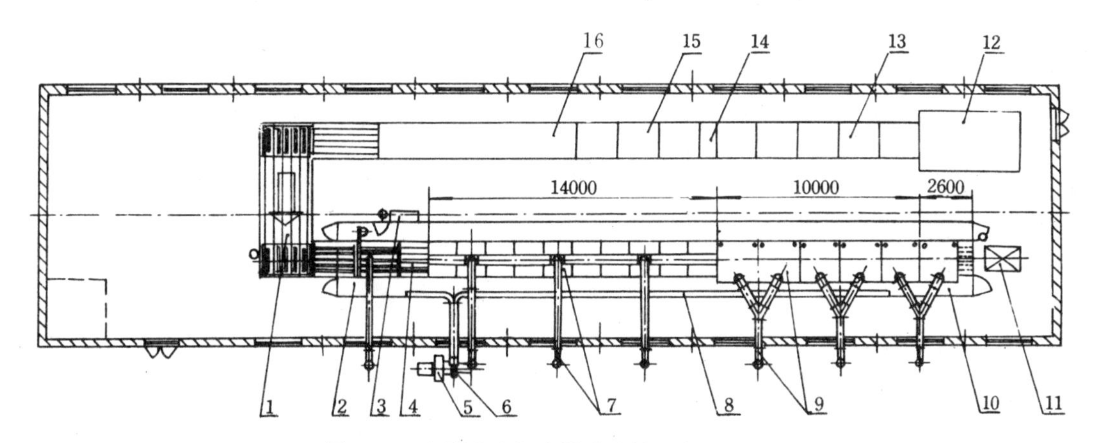

图 11-2　印刷木纹板光敏漆涂饰流水线平面图

1. 横向输送台　2. 淋漆机　3. 控制台　4. 滚式输送链　5. 空气清洗滤尘器　6. 离心式风机　7. 预固化区及排风管　8. 进风管道　9. 主固化区及高压灯排风管　10. 隔离室　11. 成品垛　12. 底色立式干燥机　13、15. 输送带　14. 清扫机　16. 双色木纹印刷机

⑥具有木纹印刷工艺和光固化涂饰工艺双重优点。

⑦一次性投资大，耗电能与蒸汽较多。

⑧双套色印刷机同步性能要求严格。

该流水线的工作原理及工艺流程如下：在底层，板块手工进料到辊腻机上，进行打腻子。干燥后砂磨，在着色机上辊色（涂底漆）或手工刷色后，立即手工送入立式干燥机 12（图 11-2）。立式干燥机是提升式，一端在底层，另一端就在二楼上，经过 15min 热空气干燥后，板件已干，并从底层缓慢上升到二楼。自动卸板由输送带 13 送入清扫机 14 清扫除尘，再由输送带 15 传入双套色印刷机 16 印刷木纹。由横向输送台 1 换向送至淋漆机 2。淋涂光敏漆后通过滚式输送链 4 送入预固化区 7，漆层在预固化区内照射 3～7min，再流入主固化区 9 照射2～5min，涂层固化成膜。经过冷却后成品即可堆垛入库。

流水线技术参数见表 11-3。

流水线使用维护注意事项：

①双套色木纹印刷机保证同步运行确保套色。

②底色浆、套印油墨及光敏漆要配套性好，快速固化。

③整条流水线的输送速度应配套畅通。

④紫外辐射隔离室内靠风冷却，通风量应确保正压。

⑤空气净化应达 100 级以下。

⑥套印机用后清洗干净，确保木纹清晰。

11.2.3　带立式热风干燥室的涂饰流水线

带立式热风干燥室的涂饰流水线可用于板式家具涂饰，也可用于胶合板表面涂饰，以及刨花板，中密度或高密度纤维板表面涂饰。加工的尺寸变幅较大，除了板式家具外，还可加工车船、门窗及建筑上的各种装饰板。漆的类型适应面亦广，能把白坯从流水线的一端进入，成品从另一端出来，并能自动进行反面加工，是比较先进的流水线。

表 11-3 技术参数

项　目	单位	参　数	备　注
加工板件尺寸范围：长	m	0.35～2.4	
宽	m	0.35～1.22	常用 0.6、0.9、1.22
厚	m	0.002～0.03	
印刷机印刷速度	m/min	2～6	
双套色印刷机长度	m	9.6	
淋漆时传送速度	m/s	1.0～1.4	各输送速度可调节
淋头刀口间隙	mm	0.1	
淋漆时淋刀内分流腔压强	MPa	0.2～0.3	
淋涂时光敏漆温度	℃	40	
粘度	s	45	涂 4# 杯
紫外线固化时间	min	5～12	预固化、主固化合计
生产能力（速度计）	m/min	2～5	
最低生产率	m^2/h	103	
操作人员	人	4	不包括底层人员
安装功率	kW	113.175	包括辐射功率与电机
流水线的外廓尺寸	m	80×8.5×2.7（长×宽×高）	不包括提升机尺寸

带立式热风干燥室涂饰流水线如图 11-3 所示。是由自动装料机 6、带式横向砂光机 7、辊式染色机 9、辊式输送机 8、红外线干燥烘箱 10、辊涂机 11、14 两台，紫外线烘道 12 两台，回转辊式输送机 13，清砂除尘机 15、双边调整输送机 16、双头淋漆机 17、双速辊式输送机 18、立式热风干燥室（集装烘箱）19、卸料旋转机 20、自动卸料机 21 及真空吸盘等组成。

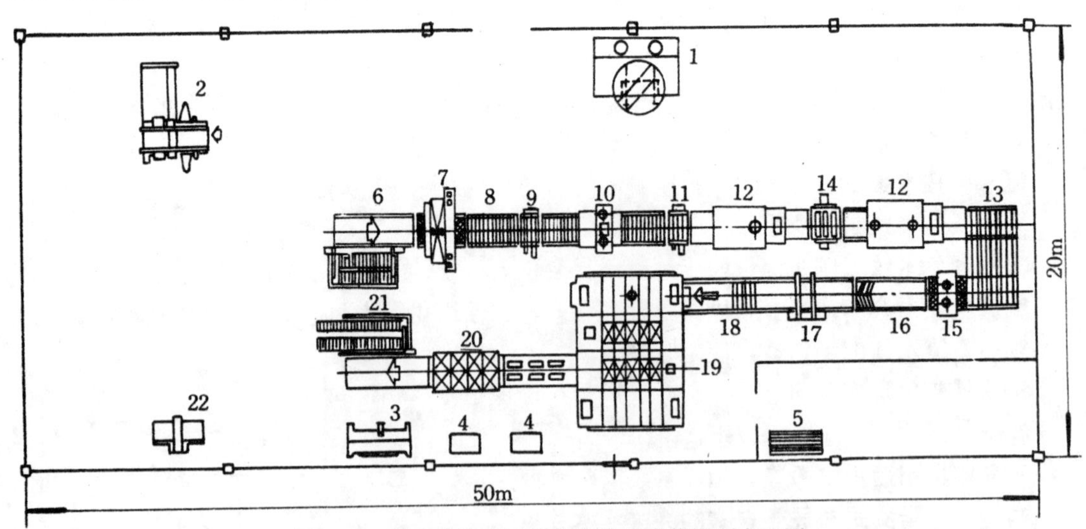

图 11-3 带立式热风干燥室涂饰流水线平面布置图

1. 水帘式喷涂间 2. 砂边机 3. 带式砂光机 4. 砂磨工作台 5. 成套大实验设备及配漆室 6. 自动装料机 7. 带式横向砂光机 8. 辊式输送机 9. 辊式染色机 10. 红外线干燥箱 11、14. 辊涂机 12. 紫外线烘道 13. 回转辊式输送机 15. 接触式轻砂除尘机 16. 双边调整输送机 17. 双头淋漆机 18. 双速输送机 19. 立式热风干燥室 20. 旋转机 21 自动卸料机 22. 抛光机

车间工艺流程及流水线工作原理。工件进入车间，先由水帘式喷涂间 1 喷涂板件边线，自

然干燥后，用小车推至砂边机 2 砂光边线，不符合要求时再喷涂一遍。边线油漆后推至自动装料机 6 旁，真空吸盘将板件一块一块吸至输送机上，进入带式横砂机 7 砂光除尘。由辊式输送机 8 运至辊式染色机染色，其涂布量为 20g/m² 染色后进入红外线烘箱 10 干燥 0.5～2.4min。着色后，进入辊涂机 11 辊涂光敏腻子，涂布量为 30～50g/m²。然后进入紫外线烘道 12 辐射固化 18～120s 干后，进入第二台辊涂机 14 辊涂第二遍光敏腻子。经第二台紫外线烘道固化同样时间，其后由换向回转输送机 13 将板件调头进入接触式轻砂机 15 轻砂除尘。通过双边调整运输机 16 送至双头淋漆机 17 淋涂双组分聚氨酯漆（亦可淋单组分树脂漆），涂布量为 35～60g/m²。然后，由双速辊式输送机 18 送至立式热风干燥室 19 内，干燥室内分装板预热区、干燥区及冷却卸板区。板件在室内以层叠自动平移，故亦称集装式烘箱，室内最高温度 65℃，耗用蒸气热量 12.5×10⁸J/h，干燥时间（从进板至出板）45min 至 1h。经质量检验，合格板由自动卸料机 21 卸料堆垛，不合格板可在带式砂光机 3 或砂磨工作台 4 进行修整。若板件反面需要油漆时，通过卸料旋转机 20 旋转 180°后，由自动卸料机 21 堆垛装车，送至自动装料机 6 旁，按照上面工艺流程进行反面油漆涂饰。最后用抛光机 22 抛光处理即为成品入库。

该流水线的特点：

①是一条比较完整的属于工艺自动涂饰生产线，自动化程度较高，生产效率也较高。

②立式热风干燥室占场地少，容量大，故亦称集装烘箱式流水线。

③减轻劳动强度，降低三废的危害。

④产品质量稳定，降低生产成本，经济效益明显。

⑤能适用于各种板件涂饰各种涂料，适应性强，是目前国内较完善的流水线。

⑥一次性投资大，技术条件要求高。

⑦所耗电能、蒸气、压缩空气等能源较多，维护保养任务繁重。

该流水线主要技术参数见表 11-4 所列。

表 11-4　主要技术参数

项　　目	单位	参　　数	备　　注
涂饰板件尺寸：长	m	0.35～3.5	
宽	m	0.07～1.3	
厚	m	0.002～0.07	误差为±0.0002
流水线安装总功率	kW	225.93	包括紫外线灯
压缩空气耗用量	NL/min	5 190	
蒸气热能耗用量	J/h	12.5×10^8	
吸尘所需要的排风量	m^3/h	35 800	
立式热风干燥室外形尺寸	m	5.0×7.5×5.6	长×宽×高
整个车间的占地面积	m^2	1 000	
整个车间的生产人员	人	14	包括质量检验员、化验配漆员
生产效率（单班产量）	m^2	1 700	板件正反两面油漆

流水线使用维护注意事项：

①全自动流水线各机器与传送机构速度之间应协调配套。

②着色机、辊腻机、淋漆机使用后立即清洗保养。

③质量检验在生产之中进行，及时处理不合格产品。

④流水线用于不透明涂饰时，腻子内调配颜色，要淋涂带色漆。

⑤立式热风干燥室每层可装一块工件，亦可装几块，视板件大小长短而定。

11.2.4 带热风干燥隧道的涂饰流水线

带热风干燥隧道流水线可用于进行板式家具各种板件透明与不透明涂饰。可加工小规格的胶合板、刨花板、中密度或高密度纤维板表面。此外，还可加工小规格的车船及建筑上的各种装饰板。适用各种类型的涂料。

带热风干燥隧道涂饰流水线的组成见图 11-4 所示。是由带式横砂机 1、辊式输送机 2、辊式染色机 3、红外线干燥箱 4、辊涂机 5、紫外线烘道 6、轻砂机 7、双边调整输送机 8、双头淋漆机 9 及热风干燥隧道（亦称烘道）10 等组成。

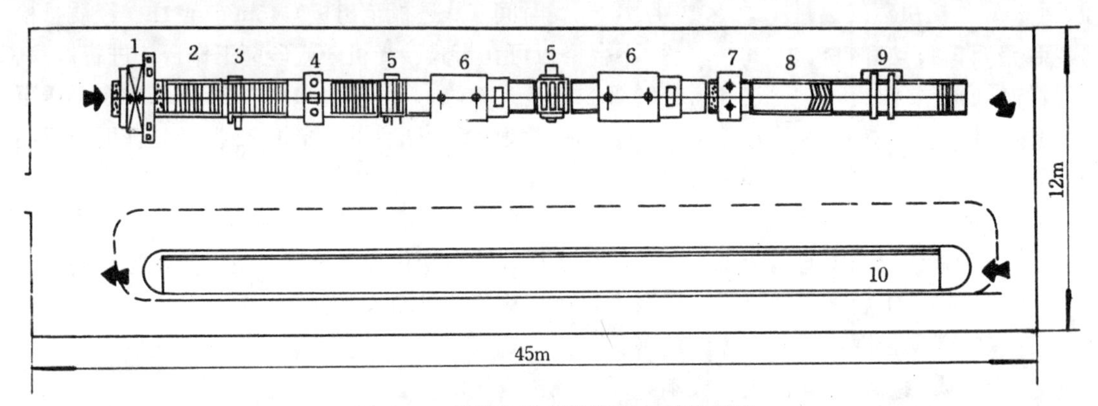

图 11-4　带热风干燥隧道流水线平面图

1. 带式横砂机　2. 辊式输送机　3. 辊式染色机　4. 红外线干燥箱　5. 辊涂机
6. 紫外线烘道　7. 轻砂机　8. 双边调整输送机　9. 双头淋漆机　10. 热风干燥隧道

其工艺流程及工作原理如下：板件在其他车间把边部处理好后，用小车推至带式横砂机 1 处，手工进板在带式横砂机 1 上进行轻砂除尘。经辊式输送机 2 送入辊式染色机 3 染色，经红外线烘箱 4 干燥 0.5～2.4min。然后进入辊涂机 5 辊涂光敏底漆，经紫外线烘道 6 辐射固化 18～120s，再重复辊涂与固化，光敏底漆每次涂布量 30～50g/m^2。由轻砂机 7 轻砂除尘后，通过双边调整输送机 8 送至双头淋漆机 9 进行表面罩光，淋单组分树脂漆，亦可淋双组分漆，涂布量为 350～600g/m^2。其后手工接收放置凉架小车上，小车装满后推至热风干燥隧道 10 入口，挂上隧道内的传送链条，自动进入隧道内干燥 30～45min，耗用蒸气热量 62.8×10^7J/h。干后在出口处由手工从凉架小车上卸下堆放小推车上，可进入下道工序（另一个车间）水磨抛光，亦可入库为成品进行装配。

该流水线的特点：

①热风干燥隧道流水线是一条较先进的板式家具涂饰流水线，属工艺自动流水线。

②能进行透明与不透明两种涂饰方法。

③是利用紫外线辐射和热空气干燥相结合，手动与自动相结合，主机是进口设备及热风干燥隧道工厂自行设计制造的流水线。

④流水线占地少，投资省。

⑤干燥隧道仅为简单的凉架小车通过式烘道，便于管理与保养。

⑥产量高、成本低、经济效益明显，适应性强。

⑦所耗电能、蒸气较多。

流水线主要技术参数见表 11-5 所列。

表 11-5 主要技术参数

项　　目	单位	参　　数	备　　注
涂饰板件尺寸：长	m	0.35～2.4	
宽	m	0.07～1.1	
厚	m	0.002～0.07	误差为±0.0002
流水线安装总功率	kW	123.44	包括紫外线灯
蒸汽热能耗用量	J/h	62.8×10^7	
流水线占地	m^2	500	
车间生产人员	人	5	包括化验配漆员、质检员
生产效率（单班生产）	m^2	1 700	包括反面涂饰
整条流水线长度	m	78	包括隧道的进出口

流水线使用维护注意事项：

该流水线的主要加工机械与带立式热风干燥室流水线上各机械相同。只是立式干燥室改成隧道式，自动进出料机械换成手工进出料。故注意事项均与其相同。

11.3 制品涂饰流水线

可拆装板式结构的制品，零部件先涂饰后组装，有利于实现涂饰的机械化，可提高涂饰生产率。但是，还有些制品（如钟壳、椅子等）不便拆装，也不宜采用零部件先涂饰后组装的方式。则可对整个制品进行涂饰，也可以组织整体制品的涂饰流水线。

11.3.1 钟壳静电喷涂流水线

挂钟既是生活用品，又是陈设工艺品，表面涂饰质量要求较高，体积不太大，造型复杂多变，一般以手工操作为主，辅以少量设备协助加工。近年生产发展较快，手工生产满足不了发展需要，开始研究机械化或自动化生产，钟壳静电喷涂流水线即是其中之一。

钟壳静电喷涂流水线的用途，主要是解决座钟或挂钟的钟壳表面罩光漆涂饰工序，使原来采用喷涂方法易产生流挂或堆积的缺陷得以消除。保证产品质量，提高功效。使用光敏涂料，其干燥时间缩短到数分钟即可进入下道工序，装配出厂。

钟壳静电喷涂流水线的组成如图 11-5 所列。由工件进出口门 1、输送链 2、挡光板 3、静电喷涂机 4、盛漆桶 5、操作台 6、静电发生器 7、紫外线照射区 8 及轨道等组成。

钟壳涂饰工艺及流水线工作原理：手工填刮纹孔与钉眼，刮涂腻子与着色都在手工着色区 10 内完成。刷涂底漆或手工喷涂底漆在涂底漆区 9 内完成。用小车将工件推置流水线的进出口 1 处，手工挂上流水线的工件钩，由输送链 2 在轨道上不停地缓慢移动将工件送往前方输送速度 1～4m/min。经过第一台静电喷涂机 4 立即喷涂光敏漆，进入第一道紫外线照射区 8。照射区 8 是由 100 支 350W 的汞灯组成一个竖直六角形照射烘道，经过 2～3min 辐射固化。再进入第二台静电喷涂机 4 喷涂第二遍光敏漆，同样经过第二道紫外线照射区 8 照射 2～

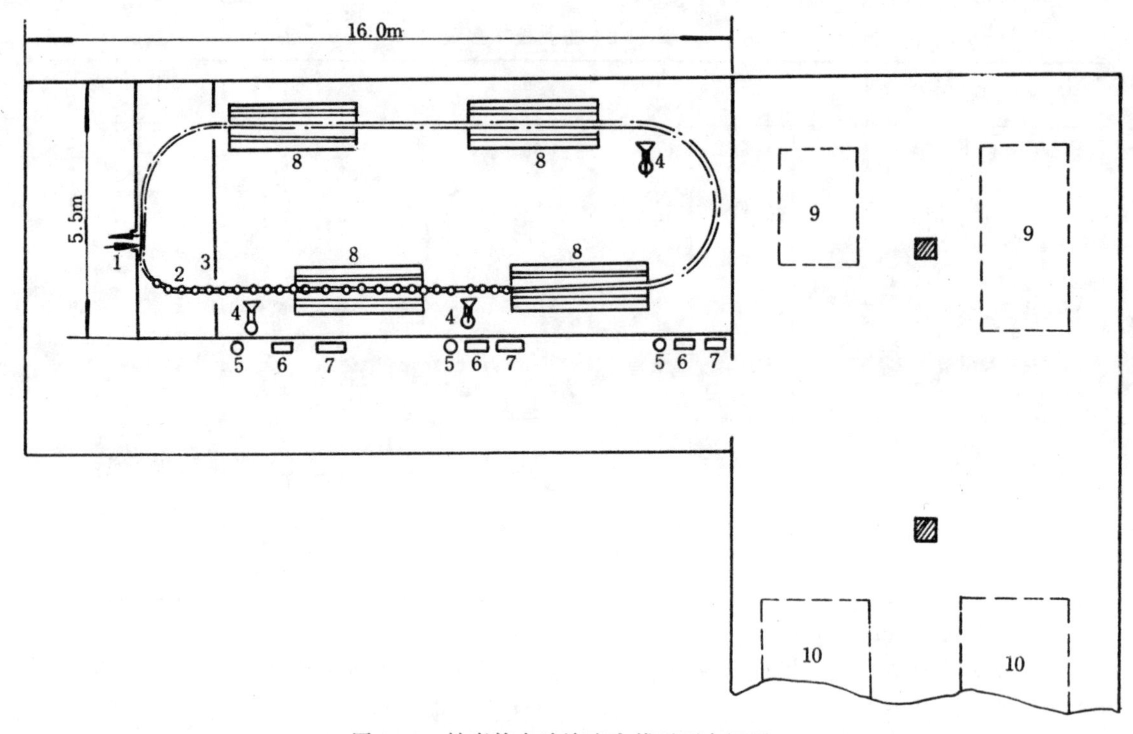

图 11-5 钟壳静电喷涂流水线平面布置图

1. 工件进出口 2. 输送链 3. 挡光板 4. 静电喷涂机 5. 盛漆桶 6. 操作台

7. 静电发生器 8. 紫外线照射区 9. 手工涂底漆区 10. 手工着色区

3min 固化。再喷涂第三遍光敏漆固化成膜后，由进出口门 1 处手工卸下，质量检验合格，即成品出厂。

钟壳静电喷涂流水线的特点：

①该流水线是属工序自动流水线，只完成表面罩光一道工序。功效较高、质量稳定。

②是静电喷涂光固化流水线。既具备光固化设备的优点，又具备静电喷涂工艺的特征。

③不用超高压汞灯，也不用低压汞灯，不分低爆、高爆区，用中压汞灯，无需冷却水冷却。耗电能较多。

④是一种竖直六面照射的烘道，故是一种造型复杂的小型木制品表面罩光较为理想的涂饰流水线。

⑤占用场地很少，只有 88m²，并且还有一套备用紫外线照射区，在其他流水线中不多见。

⑥静电喷涂，又是光照射，易发生火灾。

该流水线的技术参数见表 11-6 所列。

流水线使用维护注意事项：

①工件进出口处严防紫外光外漏，除用挡光板之外，应采取措施防止紫外光直射灼伤皮肤与眼睛。

②喷涂的旋杯要清洗干净，防止堵塞。

③经常检查汞灯发光效率，有损坏及时调换，严防火灾。

表 11-6 钟壳喷涂流水线技术参数

项 目	单位	参 数	备 注
每一组的喷涂尺寸：最大长	m	1.0	每一只吊钩上可同时挂两
最大宽	m	0.45	只钟壳，两只为一组
最大厚	m	0.3	
总装机容量	kW	160	包括汞灯
操作人员	人	2	包括质量检验
单班日产量	只	1 150～4 600	
流水线占用地	m^2	120	包括过道、操作台

11.3.2 椅子静电喷涂流水线

椅子大多是实木家具，框架结构，多数先制作后涂饰。它与钟壳一样，造型复杂多变，榫眼结合处多，牢固度要求高。先涂饰后组装很难保证涂饰质量与牢固度，还使简单工艺复杂化，降低生产效率。以前都是手工操作，近年来椅类涂饰有喷涂、浸涂等先进工艺出现，相继也组成了一些流水线生产。椅子静电喷涂流水线就是其中之一，现简要介绍如下。

椅子静电喷涂流水线用于出口折椅的涂饰，代替以前的手工刷涂或喷涂。既能提高功效又能保证质量；减少浪费，降低成本；使原来的干燥时间由数小时、十几小时缩短到15min～1h即可进入下道工序，包装出厂。

椅子（出口折椅）静电喷涂生产线的组成如图 11-6 所示。由工件进出口 1、输送链及轨道 2、挡风板 3、静电喷头 4、控制台 5、高压静电发生器 6、盛漆桶 7、远红外线烘道 8 等组成。

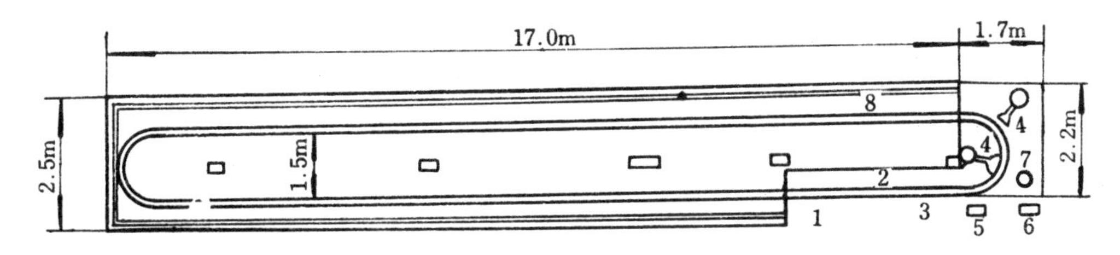

图 11-6 椅子静电喷涂流水线平面图

1. 工件进出口 2. 输送链及轨道 3. 挡风板 4. 静电喷头 5. 控制台 6. 高压静电发生器 7. 盛漆桶 8. 远红外线烘道

椅子静电喷涂生产线及出口折椅的涂饰工艺如下。在另外车间，白坯用手工砂光滑。刷涂头遍底漆，自然干燥后轻砂刷第二遍底漆，干后，轻砂刷第三遍底漆，干燥后轻砂掸去灰尘。小车推至流水线工件进出口 1 处，手工装上流水线输送链钩 2，轨道送入静电喷涂区，由两支静电喷枪 4 从正反两面喷涂椅子，表面基本喷涂两次。进入远红外线辐射烘道 8 内，此烘道是用石棉板组成狭长密封小房间，内装有几百块远红外线碳化硅板状元件，通过烘道干燥 15～60min，漆层固化成膜，回流到出口处 1，手工卸下椅子，即为成品检验入库或包装出厂。

椅子静电喷涂流水线的特点：

①该流水线是属工序自动生产线，只完成椅子表面罩光一道工序，其它工序还是手工完成。

②是静电喷涂，具备静电喷涂的优点。

③采用碳化硅板远红外线加热，占用场地少，是一条典型的远红外线加热喷涂流水线。

椅子静电喷涂生产线的技术特性见表 11-7 所列。

表 11-7 技术参数

项　目	单位	参　数	备　注
涂饰椅件最大尺寸：长	m	1.1	
宽	m	0.5	
厚	m	0.15	实际不超过 0.07
输送链传动速度	m/min	1～5	烘道分预热、干燥、低温区
操作人数	人	2	
单班产量	只	500～700	8h 计算
总装机容量	kW	180	包括辐射功率
该流水线用地	m	18.7×2.5×2.4	长×宽×高
干燥时间	min	15～60	包括预热与冷却

流水线使用维护注意事项：

①静电喷涂，严防火灾。

②喷涂后的旋杯必须清洗干净，防止堵塞。

③注意干燥区温度不能太高（不得超过 65℃），以免油漆烤焦。

12 工时与材料消耗

工时与材料消耗直接影响涂饰质量和成本。以工时和材料消耗为依据，正确地确定出工时与材料消耗定额，是家具涂饰设计的重要内容。

一般制定工时定额应具备的条件是：原材料供应及时；工人掌握工时定额规定的操作方法及技术条件；生产的产品必须符合内控标准和国家标准所规定的质量要求；具有保证正常生产的工作环境；有专业人员对机器、设备定期进行维修保养。

工时定额主要应该包括基本时间（操作时间）和辅助时间（生产准备、清洗机器等）。本章的工时定额一般情况下是综合计测的。

材料消耗主要是指涂料、稀释剂、颜料、染料、砂纸、抛光膏等的消耗。在制定材料消耗时，除考虑直接消耗外，其间接消耗（施工滴漏、运输损耗、操作者熟练程度等）因素也要兼顾。

由于影响工时与材料的消耗定额因素甚多，本文所列各项定额仅供参考。

12.1 表面清净消耗定额

如前所述，表面清净包括去污、去树脂、脱色等工序。由于在实际生产操作中，去污往往是和去树脂或脱色同时进行的，故本节内将只列出去脂和脱色的工时定额。

12.1.1 去 脂

去脂主要采用溶剂溶解或碱液洗涤（洗涤后再以清水洗净）等方法处理。脱脂处理后，用虫胶清漆封脂，以防木材内部树脂进一步溢出。

操作：由一人用毛刷将去脂液涂于木材表面含松脂部位。待脱脂后用排笔涂刷一层虫胶清漆。具体消耗见表 12-1。

表 12-1 去脂工时与材料消耗

序号	方 法	材 料	工时，s/m^2	材 耗，kg/m^2
1	溶解法	丙酮、酒精、四氯化碳、松节油、甲苯等	120～300	0.1～0.15
2	碱液洗涤[1)]	碳酸钠 氢氧化钠 水	120～300	0.009～0.012 0.0075～0.01 141～188
	清 洗[2)]	热 水 碳酸钠 水	30～60	0.1～0.12 0.002～0.0025 0.08～0.085
3	封 脂	虫胶清漆（浓度 1∶5）	40	0.06

注：1）碳酸钠配成 5%～6%的水溶液，氢氧化钠配成 4%～5%的水溶液；2）碳酸钠配成 2%的水溶液。

12.1.2 脱 色

在透明涂饰时，基材脱色处理采用刷涂或手工擦涂漂白液，然后以冷水洗净被漂白部位。脱色工时与材料消耗见表 12-2。

表 12-2 脱色工时与材料消耗

方 法	材 料	工耗，s/m^2	材 耗，g/m^2
过氧化氢法	15%～30%过氧化氢溶液	30～60	10～15
次氯酸钠法	3%～4%次氯酸钠溶液	30～60	10～15
亚硫酸氢钠法	(1) 亚硫酸氢钠饱和溶液	60～90	10～15
	(2) 结晶高锰酸钾		0.063～0.065
草酸法	(1) 结晶草酸	90～180	0.7～0.78
	(2) 结晶硫代硫酸钠		0.7～0.78
	(3) 结晶硼砂		0.245

注：表中所列各种结晶试剂，在使用时由专业人员配成规定浓度的溶液。

12.2 基材砂光消耗定额

基材砂光（或称白坯木材表面砂光）方法主要用各种砂光机的砂带砂光或用手工砂光。当装饰质量要求很高时，基材的砂光同时应去木毛。

12.2.1 机械砂光

机械砂光可根据被砂光基材的部件是板面或者是边线等，可选用不同类型的砂光机。

12.2.1.1 水平带式砂光机 主要用于板件板面的砂光，如柜门、旁板、抽屉面等。砂光一般分两遍，第一遍用 $1\frac{1}{2}$～1 号（粒度 80～100）的砂带砂光；第二遍用 0 号（粒度 120）或 00 号（粒度 150）的砂带砂光。砂光可以单个板件进行，或同时砂光一组同样厚度的板件。

砂光操作包括从料堆上取出板件，固定在夹具上，或直接送入砂光机工作台上进行，砂好的板件放在另一料堆上。要求去木毛润湿的板面，需先刷水后再将板件放在料堆上。

板件运输方式，视板件规格，可以单块搬运，也可以一次搬运几块。工艺要求见表 12-3。

表 12-3 板面砂光工艺要求

工 序	砂带号数（号）	备 注
第一遍砂光和润湿	$1\frac{1}{2}$～1	需抛光的板面
第二遍砂光	0～00	
第一遍砂光	$1\frac{1}{2}$～1	不需抛光的板面
第二遍砂光	0～00	

注：需抛光的板面，在第一遍砂光后润湿表面。

表面漆膜需抛光的板件砂光工时如表 12-4 所列。

表 12-4 板面砂光工时定额

工时定额	单面砂光，s		双面砂光，s	
板件面积，m^2	Ⅰ遍砂光和润湿	Ⅱ遍砂光	Ⅰ遍砂光和润湿	Ⅱ遍砂光
0.05	24.0	12.0	45.0	21.0
0.10	32.5	18.7	58.5	32.0
0.15	37.0	22.5	68.5	38.5
0.20	42.5	26.5	77.0	47.0
0.25	46.5	34.8	86.0	53.5
0.35	53.5	36.5	101.0	65.0
0.40	56.5	38.7	106.5	71.8
0.55	65.5	47.8	122.5	83.0
0.60	68.0	50.0	128.5	87.0
0.65	70.0	52.0	133.0	91.5
0.75	74.5	56.6	142.0	105.0
0.85	79.0	61.0	150.0	114.0
0.95	83.0	65.0	158.0	122.0
1.05	87.0	70.0	165.0	130.0
1.15	91.0	74.0	172.0	137.5
1.20	93.0	75.0	177.0	142.0

表面漆膜不需抛光板件砂光工时如表 12-5 所列。

表 12-5 板面砂光工时定额

板件面积，m^2	工时定额		板件面积，m^2	工时定额	
	单面，s	双面，s		单面，s	双面，s
0.05	21.5	38.0	0.55	57.6	107.0
0.10	28.7	51.8	0.60	60.0	111.0
0.15	34.0	61.0	0.65	62.0	115.5
0.20	38.0	69.0	0.75	66.0	123.0
0.25	41.6	76.0	0.85	69.0	130.0
0.35	47.6	88.0	0.95	72.7	136.0
0.40	50.5	93.6	1.05	76.0	142.6
0.50	55.0	103.0	1.15	78.7	148.0
			1.20	80.0	151.0

计算实例：计算出在带式砂光机上，砂光面积为 0.75m^2 的板件两个面所需工时（只一个面抛光）。

从表 12-4 查出一个面砂光工时为 75＋57＝132s；从表 12-5 查出一个面砂光工时为 66s，从而得出两个面砂光总工时为 132＋66＝198s。

12.2.1.2 边线砂光机 边线砂光机是由在一个垂直方向上的主动皮带轮和被动皮带轮带动砂带进行连续运动的。砂带用一固定压块使其紧贴到被砂光板件的板边上，以进行直形边和异形边的砂光。根据工艺要求工作台可以上下移动和横向移动，还可以倾斜一定角度。

操作：由一人从料堆上取板件，水平放在工作台上，将要砂光的板边推向砂带的压块处，对板边进行砂光。砂好的板件，经检查加工质量后，放到另一料堆上。需要时，把叠放在一起的板边用水润湿；或者把单个板件堆在料堆前，将其板边一块一块地润湿，待干燥后进行第二遍砂光。同时负责更换砂带。其工艺要求见表 12-6 所列。

表 12-6 板边砂光工艺要求

工序	通过砂光机次数，次	砂带号数，号	备注
第一遍砂光和润湿	2	$1\frac{1}{2}$～1	需抛光的板边
第二遍砂光	1	0～00	
第一遍砂光	1	0～00	不需抛光的板边

其直边和异形边砂光工时见表 12-7。

表 12-7 板边砂光工时定额

单位：s

边线长度，mm	通过砂光机的次数		边线长度，mm	通过砂光机的次数	
	1	2		1	2
300～450	3.3	6.3	1 200～1 400	8.3	16.7
500～600	4.2	8.4	1 450～1 600	9.3	18.5
650～800	5.3	10.3	1 650～1 800	10.0	20.4
850～1 000	6.3	12.7	1 850～2 000	11.3	22.5
1 050～1 150	7.0	14.5			

注：1）日更换砂带 1～3 次；2）一叠板件的板边一起润湿的工时按 28.3s/m² 计算；3）单个板件板边砂光的同时，润湿板边的工时为：零件长 $l \leqslant 0.5$m，为 4.6s，零件长度＞0.5m，为 7.9s；

计算实例：计算出尺寸为 1 600mm×80mm×20mm 的一个长撑的一个长边进行第一遍砂光和砂光后润湿所需工时。

由表 12-6 知，需抛光的板边，其板件两次通过砂光机，完成第一遍砂光，并在砂光同时润湿板边。

从表 12-7 查出两次通过砂光机的工时为 18.5s/零件；单个零件润湿板边的工时为 7.9s/零件总工时为 18.5＋7.9＝26.4s/零件。

12.2.1.3 盘式砂光机 主要用于砂光矩形截面的直形或异形实木零件。

第一遍砂光用 $1\frac{1}{2}$号的砂带或砂纸；第二遍砂光为 1 号或 0 号。

全部操作由一人完成，并负责搬运零件和换砂纸。表 12-8 列出边宽度在 25～50mm 之间，最大弯曲度为 15°的实木零件的边线进行一遍砂光的工时。

表 12-8 零件边线砂光工时定额

零件长度，mm	工时定额，s/个				零件长度，mm	工时定额，s/个			
	边线数目					边线数目			
	1	2	3	4		1	2	3	4
330	5.0	6.9	8.8	10.7	610	7.7	11.0	14.5	17.9
350	5.5	7.5	9.5	11.4	650	8.0	11.7	15.4	19.2
390	5.8	8.0	10.3	12.5	690	8.3	12.2	16.1	20.0
430	6.2	8.6	11.0	13.5	730	8.6	12.7	16.9	21.2
470	6.4	9.1	11.7	14.5	770	8.9	13.2	17.6	22.0
510	6.9	9.8	12.8	15.5	790	9.0	13.5	17.9	22.4
550	7.1	10.2	13.3	16.5	810	9.2	13.7	18.3	22.9
570	7.3	10.6	13.8	17.0	830	9.4	13.9	18.6	23.4

砂光两遍时的工时为一遍工时的二倍。

12.2.1.4　白坯检验和修补　白坯检验和修补，就是对砂光后的板件（细木工板或胶贴薄木的刨花板）或实木零件进行修补。如：在断裂处贴单板；把翘曲的单板贴好；对某些小缺陷用腻子进行嵌补等。修补后需局部或全部砂光。

工时包括工人从料堆上取零件放在工作台上手工修补、砂光，并把零件放到已修补的料堆上。

小型零件可从料堆上每次取料5～10个，放在工作台上，再逐块修补、砂光。全部零件修补后，把零件放到已加工好的料堆上。其检查和修补工时见表12-9、表12-10、表12-11。

表12-9　修补板边工时定额

边线长度，mm	工耗，s/边	边线长度，mm	工耗，s/边	边线长度，mm	工耗，s/边
200～250	7.0	800～850	24.0	1 400～1 450	40.0
300～350	10.0	900～950	27.0	1 500～1 550	43.5
400～450	13.0	1 000～1 050	30.0	1 600～1 650	46.5
500～550	15.5	1 100～1 150	32.0	1 700～1 750	48.0
600～650	18.5	1 200～1 250	35.0	1 800～1 850	52.0
700～750	21.0	1 300～1 350	38.0	1 900～2 000	54.0

表12-10　修补板面工时定额

板件面积，dm^2	工耗，s/面	板件面积，dm^2	工耗，s/面	板件面积，dm^2	工耗，s/面
5～7	13.5	47～49	40.0	89～91	56.0
8～10	16.9	50～52	41.5	92～94	57.0
11～13	19.5	53～55	43.0	95～97	58.0
14～16	22.0	56～58	44.0	98～100	59.0
17～19	24.0	59～61	45.0	101～103	60.0
20～22	26.0	62～64	46.5	104～106	61.0
23～25	28.0	65～67	47.0	107～109	62.0
26～28	29.5	68～70	48.5	110～112	62.5
29～31	31.0	71～73	50.0	113～115	63.5
32～34	33.0	74～76	51.0	116～118	64.0
35～37	34.3	77～79	52.0	119～121	65.0
38～40	36.0	80～82	53.0	122～124	66.0
41～43	37.2	83～85	54.0	125～128	67.0
44～46	39.0	86～88	55.0	729～130	68.0

表 12-11　修补辅助时间

板件体积，dm^3	修补不翻转板件，s	翻转 1 次，s	翻转 2 次，s	翻转 3 次，s	翻转 4 次，s
2	7.5	10.0	12.5	15.5	18.0
4	10.0	13.5	18.0	22.0	26.0
6	12.5	16.0	21.5	27.0	32.0
8	14.0	18.5	24.5	31.0	34.0
10	15.5	20.5	27.4	37.0	41.5
12	17.0	22.0	30.0	38.0	45.5
14	18.0	24.0	32.0	41.0	49.0
16	19.0	25.0	34.0	43.0	52.0
18	20.0	26.0	36.0	46.0	55.0
20	21.0	28.0	38.0	48.5	59.0

翻转次数说明：修补一个大面和长边后，翻转修补另一个长边和一个短边，再翻转修另一个面，再翻转修另一个短边。即整个板件需全部修补时共翻转 4 次。

计算实例：计算出修补一块 500mm×350mm×20mm 的板件，修补两个表面和全部边线所用工时。

经计算板件面积为 17.5dm^2，从表 12-10 查出面积为 17.5dm^2 的板面，检查和修补两个表面的工时为 24×2=48s。

从表 12-9 查出两个长边 500mm 和两个短边 350mm 的工时为 15.5×2+10×2=51s。

从表 12-11 查出部件翻转 4 次才能完成一个体积为 3.5dm^3 板件的全部加工工时为 26.0s。

因此，板件为 500mm×350mm×20mm 的修补总工时为：1.11×(48+51+26)=138.8s。其中 1.11 为修补工时计算系数。

12.2.1.5　砂光材料消耗　各类砂光机用砂带（砂纸）消耗如表 12-12 所列。

表 12-12　砂光材料消耗

砂光机类型	水平带式砂光机	边线砂光机	盘式砂光机
砂带（砂纸）消耗，m^2/m^2	0.022～0.024	0.074～0.077	0.016～0.019

12.2.2　手工砂光

已装配成整体制品，一般用手工砂光。需要时，在第一遍砂光后，用水润湿需油漆的制品表面，待干燥后，进行第二遍砂光。其手工砂光工时与材料如表 12-13 所列。

表 12-13　手工砂光工时与材料消耗

砂光部位	工时，s/m^2	材耗，m^2/m^2
外表面	290	0.020
内表面	230	0.016

其中外表面是指制品的外部涂饰或作其他表面处理之处；内表面是指制品玻璃门内或其他空格（如搁板）内的涂饰或做其他表面处理之处。砂纸消耗如果按张数计算，规格为 228mm

×280mm 的材耗为：外表面 2.5 张/m²；内表面 2 张/m²。

12.3 腻平消耗定额

腻平消耗包括填补局部缺陷（虫眼、钉眼、微小裂缝等）及填管孔两部分。不透明涂饰的全面填平可参照填管孔的材料消耗，并适当增减。

12.3.1 局部腻平

局部嵌补指嵌补洞眼（虫眼、钉眼等）、裂缝等局部缺陷。嵌补工时定额如表 12-14 所示。

表 12-14 腻平工时定额

调腻子工时，min		洞眼缺陷，个/min			裂缝缺陷（长度计），mm/min		
<50g	>50g	$\varphi<2$	$2\leqslant\varphi<3$	$\varphi>3$	$b\leqslant4$	$b>4-5$	$b>5$
8～10	10～16	10	7	5	9	8	7

注：1）Φ 指洞眼直径，以 mm 表示；2）b 指裂缝宽度，以 mm 表示；3）裂缝指条纹状缺陷。

腻平材料消耗列于表 12-15 所示。

表 12-15 腻平材料消耗

材　料	洞眼 φ，g/mm²			裂缝 b（长度计），g/mm			
	≤2	2～3	≥3	<1	≥1～2	≥2～3	≥3
碳酸钙	0.038～0.075	0.112	0.115	0.045	0.090	0.135	>0.135
虫胶片	0.002 4～0.004 8	0.007 3	0.007 9	0.002 9	0.005 8	0.008 7	>0.008 7
酒　精	0.009 7～0.019	0.029 5	0.029 9	0.011 6	0.023 2	0.035	>0.035
着色颜料	0.000 04～0.000 08	0.000 12	0.000 17	0.000 048	0.000 096	0.000 14	>0.000 14

计算实例：求腻平长度 27mm，宽度小于 4mm 的一个裂缝的实施工时。

从表 12-14 查得 $b\leqslant4$mm 的工时计算依据为 9mm/min，经计算得出实施工时为 3min（27÷9=3min）。

12.3.2 填管孔

填管孔主要用油性填孔剂、水性漆填孔剂、水性色浆填孔剂等填充木材管孔。并且在填孔同时使木材表面着色。下面将叙述手工刮涂和机械辊涂的工时与材料消耗。

12.3.2.1 手　工 手工填管孔操作是指用牛角刮刀或橡皮刮刀对制品或板件全面刮涂填孔剂。

由一人操作。一段一段地顺木纹方向刮涂，最后用棉纱擦去表面上多余的填孔剂。

板边和小零件（指杆、腿及一些曲线型零件）直接用棉纱蘸填孔剂擦涂至颜色均匀一致，最后用另一块棉纱擦干净。

正视面的板件刮涂两遍，其它板件刮涂一遍。其手工操作的工时（一遍）消耗如表 12-16 所列。材料消耗见表 12-17、表 12-18 所列。

表 12-16　填管孔工时定额

板　　面		板　　边		小零件 $L \leqslant 1.0$m	
面积，m²	工耗，s	边线长度，mm	工耗，s	面积，m²	工耗，s
0.04～0.09	82.3	300～500	12.6	0.03～0.06	57.5
0.10～0.20	110.9	600～800	20.1	0.07～0.09	75.9
0.25～0.40	147.7	900～1 200	30.0	0.10～0.12	94.3
0.45～0.70	186.4	1 300～1 500	37.5	0.13～0.15	112.8
0.75～0.95	222.0	1 600～1 800	44.7	0.16～0.18	131.1
1.00～1.20	244.0	2 000～2 200	52.5	0.19～0.20	143.4

注：1）L 为零件长度，以 m 计；2）刮涂两遍的工时为一遍的 2 倍。

表 12-17　油性填孔剂材料消耗　　单位：g/m²

材　　料	配方 1		配方 2		配方 3		配方 4		配方 5		配方 6		配方 7		配方 8	
	1 遍	2 遍	1 遍	2 遍	1 遍	2 遍	1 遍	2 遍	1 遍	2 遍	1 遍	2 遍	1 遍	2 遍	1 遍	2 遍
硫　酸　钙	22.0	35.0	50.3	80.3	27.2	43.5	32.4	51.6	47.5	65.8	—	—	—	—	—	—
碳　酸　钙	—	—	—	—	—	—	—	—	—	—	9.99	15.3	50	66	51.2	65.4
清　　油	6.7	10.6	—	—	5.4	8.7	11.9	18.9	—	—	—	—	—	—	—	—
油基清漆	—	—	4.0	6.4	—	—	—	—	—	—	—	—	—	—	—	—
厚　　漆	11.2	17.7	—	—	10.8	17.4	—	—	—	—	—	—	—	—	—	—
酚醛清漆	—	—	—	—	—	—	—	—	6	12.5	—	—	6.3	7.6	6.5	7.5
200 号溶剂汽油	4.5	7.1	9.4	15	5.4	8.7	4.9	7.7	—	—	—	—	20	30	21	32
松　节　油	—	—	—	—	—	—	—	—	3.2	5.12	—	—	—	—	—	—
熟　猪　血	—	—	—	—	—	—	—	—	—	—	20	30.7	—	—	—	—
着 色 颜 料	—	—	2.7	4.3	—	—	—	—	2.5	4.7	—	—	0.63	0.75	0.72	0.92
水	—	—	0.67	1.1	—	—	4.9	7.7	1.6	2.6	—	—	—	—	—	—
总　　计	44.4	70.4	67.07	107.1	48.8	78.3	54.1	85.9	60.8	90.7	29.99	46.0	76.93	104.35	79.42	105.82

表 12-18　其他填孔剂材料消耗　　单位：g/m²

填孔剂	丙烯酸酯乳胶漆	滑石粉	碳酸钙	聚醋酸乙烯乳液	羧甲基纤维素	着色颜料	酸性染料	水
水性漆填孔剂	14.0	76.0	—	—	2.8	—	—	66.5
水性色浆填孔剂	—	53.2	12.5	22.1	2.6	2.4	10.3	108.6

12.3.2.2　机械辊涂　板件采用辊涂机辊涂法填管孔。辊涂机辊涂填管孔是板件在辊涂机上通过进行，其传送速度为 5～25m/min。

（1）工时　操作时由 1 或 2 名工人将料车拉到辊涂机边，第一名工人将板件放到输送带上，第二名、第三名工人接辊涂后的板件，并用棉纱擦去流淌至边缘上多余的填孔剂，辊涂后的板件放在干燥架上送至干燥室干燥。

由 1 人准备填孔剂，调试辊涂机、检查填孔剂的粘度。工作结束后要清洗胶辊，整理擦头。

全部操作需 4～5 人。表 12-19 中列出辊涂单面的工时。

表 12-19　机械辊涂工时　　单位：s/件

零件长度 (mm)	进给速度，m/min				
	7	8	9	10	11～12
450～600	24.0	24.0	24.0	24.0	23.0
601～750	25.0	24.5	24.5	24.5	23.5
751～900	26.0	25.0	25.0	25.0	24.0
901～1 100	28.5	27.0	26.5	25.5	24.5
1 101～1 300	30.5	30.5	29.5	29.0	28.0
1 301～1 500	33.5	32.0	31.5	31.5	29.5
1 501～1 650	34.5	34.0	33.0	32.5	32.0
1 651～1 850	35.5	35.0	35.0	34.5	33.5

注：调整和清洗辊涂机加一时间系数 1.35。

计算实例：计算辊涂一板件为 509mm×356mm×20mm 的一个面工时定额。(进给速度 11m/min)

由表 12-19 查出为 23.0s，工时定额为 23.0×1.35＝31.05s

(2) 材料消耗　机械辊涂时，由于溶剂挥发较多，工作结束后还要清洗机器，因此在材料消耗上与手工有所差异。表 12-20 列出油性填孔剂的材料消耗。

表 12-20　辊涂油性填孔剂材料消耗

材　料	双飞粉	着色颜料	酚醛清漆	松香水	煤油
材耗，g/m^2	60～70	0.7～0.9	9～11	0.05	0.02

注：包括运输、施工中损耗。

12.4　涂饰着色消耗定额

木器涂饰常用的着色材料是颜料和染料。用颜料可以配成水性填孔着色剂和油性填孔着色剂，使基材填孔和着色同时进行。用染料可以配成染料水溶液或酒精溶液，以及其他有机溶剂的溶液，多用于涂层着色，也可用于木材着色。另外还有一 些其他着色方法。在工时与材料消耗上都有些差异，下面分别加以叙述。

12.4.1　颜料着色

颜料着色就是手工将颜料着色剂涂擦木材表面上，在填孔同时使木材表面着色。

12.4.1.1　水性材料着色　用水性颜料着色剂着色的工时可分部件和制品两种情况。

(1) 部件工时　操作工时包括将部件车拉近工作台边，从料车上取下零件放在工作台上(小型零件每次可拿 2 或 3 块)，零件摆好后进行擦涂，着色后的零件放在料架上。工时定额见表 12-21 所列。

计算实例：求板件为 1 240mm×665mm×20mm 的一个面用水性材料着色的工时。

经计算板件一个面的面积为 $1.24\times0.665m^2=0.82m^2$，由表 12-21 查得工时为 260s。

表 12-21 水性材料着色工时定额

板面		板边		零件 $l \leqslant 1.0$m	
面积，m^2	工耗，s	边线长度，mm	工耗，s	面积，m^2	工耗，s
0.04～0.099	108.0	300～590	14.0	0.03～0.06	80.0
0.10～0.24	145.0	600～890	23.1	0.061～0.09	105.5
0.25～0.44	190.0	900～1 200	34.1	0.10～0.12	137.7
0.45～0.74	230.0	1 210～1 500	44.0	0.13～0.15	167.0
0.75～0.95	260.0	1 510～1 800	50.7	0.16～0.18	207.5
0.96～1.20	289.0	1 810～2 100	60.5	0.19～0.20	208.5

注：1）着色剂由专业人员调配；2）l——零件长度。

（2）制品工时 操作工时包括将制品运到工作场所，摆放好，进行擦涂着色剂。工时定额见表 12-22 所示。

表 12-22 水性材料着色工时定额

面积，m^2	0.4～0.99	1.0～1.99	2.0～3.99	4.0～6.0	6.1～8.1	8.2～9.2	9.3～11.0
工时，s	420	640	1 264	1 536	1 820	1 920	2 400

（3）材料消耗 主要根据体质颜料与水的比例。而这种比例是根据基材的种类所选择的，如粗孔材，着色剂浓度要高，体质颜料耗用相应要多。表 12-23 列出粗孔材的材料消耗。而细孔材则在此基础上要适量多加水，其体质颜料消耗要少些。

表 12-23 水性颜料填孔着色剂消耗

材料	色泽							
	本色	淡黄色	橘黄色	栗壳色	浅柚木色	浅黄纳色	浅红木色	咸菜色
碳酸钙	75～78	73～74	75	100～110	90	75～80	85～95	95～100
铁红	—	0.5	1.23	5.9	—	0.98	4.56	—
铁黄	—	0.25	—	2.7	1.5	0.98	—	—
铬黄	0.2	—	—	—	—	—	—	—
哈巴粉	—	0.69	—	—	6.39	10.09	—	—
红丹	—	—	1.23	—	—	—	—	—
黑墨水	—	—	—	15.99	—	—	7.68	1.82

注：1）表内数字包括损耗在内；2）单位：g/m^2。

12.4.1.2 油性材料着色 是用油性颜料填孔着色剂涂擦木材表面，在填孔同时使木材表面着色。调制的粘度以便于擦涂为宜。

油性材料操作方法与水性材料大致相同，但涂后擦得稍慢些，工时定额比水性材料增加5%。

材料消耗如表 12-24 所列。

表 12-24 油性颜料填孔着色剂消耗

材料	体质颜料	着色颜料	酚醛清漆	松香水	煤油
材料消耗，g/m^2	75～80	2～8	0.01～0.015	40～50	10～20

12.4.2 染料着色

用染料着色常见的方法有刷涂水性染料溶液或酒精的染料溶液。其中水性染料着色剂可以直接着染木材，也可以着染涂层；酒精的染料溶液（着色虫胶清漆）多用于涂层着色。

12.4.2.1 水性染料着色 水性染料着色即是用染料的水溶液着色的方法。多用手工刷涂。

(1) 部件着色工时 工人从料台上取下零件，放在工作台上。小型零件每次可取2～8块，零件放好以后，先刷涂水性染料着色剂，然后用另一把毛刷、排笔或海绵擦去多余溶液。使颜色均匀一致，再将零件放到料架上。

涂饰过程中，如果出现一些染色前看不见的缺陷，通过砂光和再次染色进行修补。着色工时定额如表12-25所列。

表12-25 水性染料着色工时定额

板面		板边		小零件 $l\leqslant1.0$m	
面积，m^2	工时，s	边线长度，mm	工时，s	面积，m^2	工时，s
0.04～0.09	38.0	300～500	5.5	0.03～0.06	28.0
0.10～0.24	50.0	600～800	8.7	0.07～0.09	38.5
0.25～0.44	64.5	900～1 200	12.5	0.1～0.12	48.9
0.45～0.74	79.0	1 300～1 500	16.0	0.13～0.15	59.0
0.75～0.99	89.0	1 600～1 800	18.9	0.16～0.18	69.5
1.0～1.2	97.0	1 900～2 100	22.5	0.19～0.2	76.5

注：油性染料着色剂工时，可参照水性染料着色剂。

(2) 制品着色工时 工时定额见表12-26。

表12-26 水性染料着色工时定额

面积，m^2	0.4～0.99	1.0～1.99	2.0～3.99	4.0～6.0	6.1～8.1	8.2～9.2	9.3～11.0
工时，s	400	600	900	1 200	1 500	1 800	2 100

(3) 材料消耗 材料的消耗主要是各种染料的消耗。根据所要求的色泽，以及直接着染木材或在涂层上着色，其材料消耗均有所不同。具体材料消耗见表12-27所列。

表12-27 水性染料着色剂材料消耗

色泽 / 材料	淡黄色	浅黄纳色	黑纳色	红木色	深红木色	深黄纳色	栗壳色	浅柚木色
黑纳粉	—	—	(1)[1)]5 (2)[2)]2.28	(1) 1.9 (2) 19	(1) 7.89 (2) 15.2	—	(1) 5	—
黄纳粉	—	(1) 2.8	—	—	—	(1) 5.4 (2) 1.8	(1) 9.0 (2) 1.43	(1) 1.2 (2) 0.39
酸性嫩黄G	(1) 0.08	—	—	—	—	—	—	(1) 0.037
酸性橙Ⅱ	(1) 0.006	—	—	(1) 0.5	—	—	—	—
酸性红B	—	—	—	(1) 1.5	(1) 1.5			

（续）

材料＼色泽	淡黄色	浅黄纳色	黑纳色	红木色	深红木色	深黄纳色	栗壳色	浅柚木色
黑墨汁	—	—	(2) 4.1	(1) 4.0 (2) 2.4	(1) 20.0 (2) 22.85	(2) 6.01	(2) 28.5	—
酸性黑ATT	—	—	(1) 0.07	—	—	—	—	(1) 0.031 (2) 2.03
水	(1) 98.5	(1) 95.6	(1) 78.5 (2) 79.8	(1) 82.0 (2) 98.7	(1) 67.0 (2) 76.8	(1) 75 (2) 90	(1) 77 (2) 92	(1) 75 (2) 85
品　红	—	—	—	(1) 0.1	(1) 0.1	—	—	—

注：表中（1）为直接着染木材消耗；（2）为涂层着色消耗。

12.4.2.2 **醇性染料着色**　按样板色泽要求，将一种或几种染料（有时也放入适量着色颜料和染料）调入虫胶漆中配成的溶液，一般也称酒色。酒色主要用于涂层着色。

（1）工时　由操作者根据样板色泽要求自行调配酒色。其他操作方式同水性染料着色。工时定额见表 12-28 所列。

表 12-28　刷涂酒色工时定额

部件面积，m^2	工时定额，s			制品面积，m^2	工时定额，s		
	第一遍	第二遍	第三遍		第一遍	第二遍	第三遍
0.02～0.059	31.5	30.5	31.5	0.5	290.2	289.1	287.1
0.06～0.19	49.0	48.5	49.0	1.0～1.99	352.2	352.1	350.0
0.20～0.59	67.5	65.5	67.5	2.0～2.99	412.2	411.1	411.5
0.60～0.89	85.5	84.0	85.0	3.0～3.99	490.2	488.4	487.5
0.90～1.19	97.0	95.0	96.0	4.0～4.99	580.5	577.4	576.5
1.20～1.59	115.0	113.0	114.0	5.0～5.99	670.2	667.5	668.8
1.60～2.00	135.0	133.0	135.0	7.0～7.99	850.5	849.0	848.5

（2）材料消耗　主要是酒精和虫胶的消耗。具体消耗见表 12-29 所列。

表 12-29　酒色材料消耗

单位：g/m^2

材　料	填孔着色后				刷涂水色后			
	一遍	二遍	三遍	总计	一遍	二遍	三遍	总计
虫　胶	16.87	9.38	8.13	34.37	16.25	9.03	7.83	33.11
酒　精	50.63	28.13	24.4	103.2	48.75	27.08	23.48	99.31
染　料	适　量	适　量	—	—	适　量	适　量	—	—
颜　料	适　量	适　量	—	—	适　量	适　量	—	—
总　耗	67.5	37.5	32.5	137.39	65.0	36.1	31.3	132.4

12.5　拼色消耗定额

拼色采用目测手工操作方法。工时消耗主要与树种及基材质量有关。拼色多数是在涂底漆之后或直接在白坯用染料溶液染色后进行。

拼色操作：由 1 人把需拼色的零件从料架上取下，放在工作台上，将其摆好以后进行拼色。制品则直接操作即可。

需拼色用的酒色由工人根据色泽深浅随时进行调配。工时定额见表 12-30 所示。

表 12-30 拼色工时定额

面积（m²）	0.02～0.059	0.06～0.19	0.20～0.59	0.60～0.89	0.90～1.19	1.20 以上
工时（s）	9.5	12.0	42.0	65.2	70.6	72.0

12.6 涂漆消耗定额

涂漆包括涂底漆和涂面漆。施工方法分为手工涂饰和机械涂饰。手工涂饰主要是刷涂、擦涂，其中刷涂适宜于几乎所有的底漆和面漆。机械涂饰主要是淋涂、喷涂等，几乎适宜所有的面漆以及部分底漆的涂饰。

12.6.1 涂饰底漆

木器应用的底漆品种主要有虫胶漆、聚氨酯木器封闭底漆、ss－911 涂料、水性涂料（丙烯酯木器乳胶漆）等。但在工时消耗方面，与底漆品种关系不大，其中水性涂料工时消耗略长些。

12.6.1.1 工　时 底漆的涂饰以刷涂为主。在工时消耗上分为部件和制品两种情况。表 12-31 列出刷涂一遍底漆的工时消耗。

表 12-31 刷涂底漆工时消耗　　单位：s/m²

涂饰类别	面　积，m²					
	0.02～0.05	0.06～0.10	0.2～0.5	0.6～0.8	0.9～1.1	1.2 以上
部　件	180	144	102	84	66	60
制　品	面　积，m²					
	0.5	1	2	3	4	5
工时	270	240	210	210	180	180

计算实例：求刷涂一个部件面积为 0.03m² 一遍底漆的工时定额。

由表 12-31 查消耗为 180s/m²，经计算 180×0.03＝5.4s，得工时定额为 5.4s。

12.6.1.2 材料消耗 虫胶底漆材料消耗见表 12-32。

表 12-32 虫胶底漆材料消耗　　单位：g/m²

材　料	白　坯	油性材料填孔		第 1 遍	第 2～6 遍
		第 1 遍	第 2 遍		
虫胶清漆（1∶4～1∶3.5）	50～58	43	37	52～63	45～55
虫　胶	5.0～5.8	8.6	7.4	12.0～13.0	8.5～10.5
酒　精	45.0～52.5	34.4	29.6	40.0～50.0	36.5～44.5

刷涂水性涂料材料消耗见表 12-33 所列。

表 12-33 水性涂料材料消耗　　单位：g/m²

材　料	1∶1.0		1∶0.5		1∶0.2		原　液			白　坯
	第 1 遍	第 2 遍	第 1 遍	第 2 遍	第 1 遍	第 2 遍	第 1 遍	第 2 遍	第 3 遍	1 遍
丙烯酸酯木器乳胶漆	29.3	21.4	29.3	21.4	29.3	21.4	55.0	40.7	39.0	35.0
水	29.3	21.4	14.5	10.5	5.86	4.28	—	—	—	35.0

SS—911 涂料材料消耗见表 12-34。

表 12-34 SS—911 涂料材料消耗 单位：g/m²

材料	白坯	油性材料填孔		涂层		
		第 1 遍	第 2 遍	第 1 遍	第 2 遍	第 3 遍
SS—911 涂料	35～40	40	32	44～46	34～35	33～34
酒精	15～20	17	13	18～19	14～15	13～14

12.6.2 涂饰面漆

面漆施工方法主要有刷涂、擦涂、淋涂、喷涂等。

12.6.2.1 刷涂与擦涂 绝大多数涂料适宜刷涂。可擦涂的漆种主要是硝基漆等挥发型漆类。

（1）工时 刷涂各类清漆工时消耗基本一致，刷涂色漆一般比清漆耗时稍多些。但由于涂料品种的差异，在调配涂料时的工时上有些出入，这里只介绍实施工时。值得提出的是手工操作工时消耗，极受操作者技术水平和熟练程度的影响，考核工时消耗应以中等操作水平为依据。刷涂常规面漆工时消耗如表 12-35 所列。

表 12-35 刷涂常规面漆工时定额 单位：s/m²

涂饰类别	涂料	面积，m²/件					
		0.02～0.05	0.06～0.1	0.2～0.5	0.6～0.8	0.9～1.1	1.2 以上
部件	清漆	180	150	120	108	90	60
	色漆	192	174	150	132	108	90
涂饰类别	涂料	面积，m²/件					
		0.5	1	2	3	4	5
制品	清漆	270	240	222	210	180	168
	色漆	288	270	258	240	222	210

擦涂硝基清漆是在涂饰一定厚度漆膜的基础上，擦涂 2 或 3 次。直至漆膜表面达到比较平滑均匀为止。全部过程由 1 人操作。工时定额见表 12-36 所列。

表 12-36 擦涂硝基清漆工时定额 单位：s/m²

类别	次数	面积，m²/件						
		0.02～0.05	0.06～0.10	0.2～0.5	0.6～0.8	0.9～1.1	1.2～1.3	1.3 以上
部件	一	71.0	69.0	66.5	65.7	64.5	63.0	62.0
	二	49.0	47.0	45.5	45.0	45.0	44.0	43.5
类别	次数	面积，m²/件						
		0.5	1	2	3	4	5	6
制品	一	66.5	61.0	60.5	59.0	57.0	55.0	54.0
	二	47.5	42.5	42.0	41.5	39.0	38.5	38.0

注：1）部件擦涂时，操作工负责搬运部件；2）面积小的部件需同时擦涂多块。

（2）材料消耗 由于涂料品种的不同，以及涂饰工艺要求的差异，其材料消耗也有所不同。刷涂酚醛清漆、醇酸清漆、聚氨酯磁漆、亚光漆材料消耗见表 12-37 所列。

表 12-37 常用面漆材料消耗 单位：g/m²

序号	材料	封闭	第一遍	第二遍	第三遍	第四遍	第五遍
1	酚醛清漆	24～30	50～60	55～60	—	—	—
	200号溶剂汽油	20～26	—	—	—	—	—
2	醇酸清漆	24～36	60～70	50～60	—	—	—
	醇酸稀释剂	16～24	15～20	15～20	—	—	—
3	聚氨酯磁漆	—	100～120	60～80	66～86	76.8～96	84.6～104
	稀释剂	—	适量	适量	适量	适量	适量
4	亚光漆	—	66.9	54.4	—	—	—
	稀释剂	—	适量	适量	—	—	—

刷涂与擦涂硝基清漆的材料消耗如表 12-38、12—39 所列。

表 12-38 刷涂硝基清漆材料消耗 单位：g/m²

涂饰遍数	材料	硝基清漆与信那水比例				
		1∶1.0	1∶1.1	1∶1.2	1∶1.3	1∶1.4
1	硝基清漆	58～60	58～60	58～60	58～60	58～60
	信那水	58～60	63.8～66	69.6～72	75.4～78	81.2～84
2	硝基清漆	58～60	58～60	58～60	58～60	58～60
	信那水	58～60	63.8～66	69.6～72	75.4～78	81.2～84
3	硝基清漆	60～62	60～62	60～62	60～62	60～62
	信那水	60～62	66～68.2	72～74.4	78～80.6	84～86.8
4	硝基清漆	60～65	60～65	60～65	60～65	60～65
	信那水	60～65	66～71.5	72～78	78～84.5	84～91

表 12-39 擦涂硝基清漆材料消耗 单位：g/m²

擦涂次数	材料	硝基清漆与信那水比例				
		1∶1.0	1∶1.5	1∶1.6	1∶1.7	1∶1.8
1	硝基清漆	90～100	90～100	90～100	90～100	90～100
	信那水	90～100	135～150	144～160	153～170	162～180
2	硝基清漆	90～100	90～100	90～100	90～100	90～100
	信那水	90～100	135～150	144～160	153～170	162～180
3	硝基清漆	90～100	90～100	90～100	90～100	90～100
	信那水	90～100	135～150	144～160	153～170	162～180

刷涂硝基磁漆材料消耗如表 12-40 所列。

表 12-40 刷涂硝基磁漆材料消耗 单位：g/m²

材料	硝基磁漆与信那水比例							
	1∶1.2		1∶1.3		1∶1.4		1∶1.5	
	第1遍	第2遍	第1遍	第2遍	第1遍	第2遍	第1遍	第2遍
硝基磁漆黑色	80	90	80	90	80	90	80	90
深色	110	120	110	120	110	120	110	120
浅色	140	150	140	150	140	150	140	150
信那水	96～168	108～180	104～182	117～195	112～196	126～210	120～210	135～225

擦涂硝基磁漆材料消耗如表 12-41 所列。

表 12-41　擦涂硝基磁漆材料消耗　　单位：g/m²

材　料	磁漆与信那水比例							
	1∶1.2		1∶1.3		1∶1.4		1∶1.5	
	擦 5 遍	擦 10 遍	擦 5 遍	擦 10 遍	擦 5 遍	擦 10 遍	擦 5 遍	擦 10 遍
黑硝基磁漆	30	60	30	60	30	60	30	60
深色硝基磁漆	40	80	40	80	40	80	40	80
浅硝基磁漆	50	100	50	100	50	100	50	100
信那水	36～60	72～120	39～65	78～130	42～70	84～140	45～75	90～150

注：擦涂 10～15 遍为"一次"。

刷涂聚氨酯清漆材料消耗见表 12-42。

表 12-42　刷涂聚氨酯清漆材料消耗　　单位：g/m²

材　料	第 1 遍	第 2 遍	第 3 遍	第 4 遍	第 5 遍	封　闭
聚氨酯清漆	37～57	82～98	98～120	118.9	146	38
S01－3 专用稀释剂	4～8	11～13	13～15	15	19	18.9

12.6.2.2　淋　涂　板式部件可用淋涂法涂漆。应用淋涂法涂漆的涂料以硝基漆、蜡型聚酯漆较多。

在制定淋涂工时定额时，主要应考虑部件尺寸、涂漆层数、设备型号、涂料品种，每个班次调整淋漆机头的次数。

(1) 工时　淋涂硝基清漆采用单头淋漆机，淋涂蜡型聚酯漆选用双头淋漆机。

操作时，辅助工人把料车拉近淋漆机工作台，第一个辅助工人把板件放在传送带上，第二个辅助工人接过淋涂后的板件放在干燥车上。装满板件后的干燥车送到干燥室。

主要操作工人准备涂料，调试淋漆机头，检查油漆粘度和涂漆量。

换油漆时，或工作结束后要清扫机器和工作场所。全部操作定员为 3 或 4 人。其中淋涂不饱和聚酯漆定员为 4 人。

淋漆操作工时见表 12-43。

表 12-43　淋漆操作工时　　单位：s

板件面积，dm²	漆层数，层						
	1	2	3	4	5	6	7
4	1.7	3.4	5.2	7.1	8.8	10.5	12.4
6	2.0	4.0	6.0	8.0	10.0	12.0	16.0
8	2.2	4.4	6.6	8.8	11.0	13.2	15.4
10	2.4	4.8	7.2	9.6	12.0	14.4	16.8
12	2.5	5.1	7.6	10.2	12.7	15.3	17.8
14	2.7	5.4	8.1	10.8	13.5	16.2	18.9
18	3.0	6.0	9.0	12.0	15.0	18.0	21.0
20	3.1	6.3	9.4	12.6	15.7	18.9	22.0
25	3.3	6.6	9.8	13.1	16.4	19.7	23.6
35	3.8	7.6	11.4	15.0	19.0	22.7	26.5
45	4.0	8.1	12.3	16.4	20.5	24.6	28.7
55	4.4	8.8	13.2	17.6	22.0	26.4	30.8
65	4.7	9.4	14.1	18.8	23.5	28.2	32.9

（续）

板件面积，dm²	漆层数，层						
	1	2	3	4	5	6	7
75	4.9	9.8	14.7	19.6	24.5	29.4	34.3
85	5.2	10.4	15.6	20.8	26.0	31.2	36.4
95	5.4	10.9	16.2	21.6	27.0	32.4	37.8
105	5.6	11.2	16.8	22.4	28.0	33.6	39.2
115	5.8	11.6	17.4	23.2	29.0	34.8	40.6

由于淋漆层数的差异，调整淋漆头时间和清洗机器时间也有所差异。故根据淋漆机头调整次数的不同加一时间系数。如表 12-44 所列。

表 12-44 调整淋漆机时间系数

淋头数	淋漆机头调整次数							
单头	1	2	3	4	5	6	7	8
	1.53	1.54	1.55	1.56	1.57	1.60	1.61	1.63
双头	1.54	1.56	1.58	1.60	1.62	1.64	—	—

工时定额计算实例。

例 1：计算出在一个单头淋漆机上，淋涂一个 509mm×356mm（面积为 18dm²）板件的一个面涂 4 层硝基清漆，在另一个面上淋 3 层漆所用工时定额。一个工作班淋漆机平均调整 5 次。

工时定额应为 1.57×操作工时。由表 12-43 查得淋 7 层漆所用操作工时为 21s，得出工时定额为 1.57×21.0＝32.97s。

例 2：计算出在双头淋漆机上，淋涂一个 1 760mm×600mm（面积为 105.6dm²）板件的一个面，涂 2 层聚酯漆的工时定额。

一个工作班淋漆机平均调整次数为 2 次。

由表 12-43 查得淋 2 层漆所用操作工时为 11.2s，得出工时定额为 1.56×11.2＝17.47s。

（2）材料消耗　表 12-45 列出淋涂硝基清漆材料消耗。

表 12-45 淋涂硝基清漆材料消耗　单位：g/m²

配比 / 材料	1∶1.3		1∶1.5		1∶1.6		1∶1.8	
	第 1 遍	第 2 遍	第 1 遍	第 2 遍	第 1 遍	第 2 遍	第 1 遍	第 2 遍
硝基清漆	50～52	52～55	46～48	48～51	44～46	46～49	42～44	44～47
信那水	65.0～67.8	67.8～71.5	69.0～72.0	69.0～76.5	70.5～73.6	73.6～78.4	75.6～79.2	79.2～84.6

注：1）需加 10%损失系数；2）配比是指硝基清漆和信那水的用料比；3）淋涂第 3 遍以上的材料消耗同第 2 遍。

表 12-46 列出淋涂不饱和聚酯清漆的材料消耗。

表 12-46 淋涂聚酯漆材料消耗　单位：g/m²

材料	第一遍	第二遍
不饱和聚酯漆	250～260	250～260
环烷酸钴液	6～7	6～7
过氧化环己酮浆	12.5～13.5	12.5～13.5
苯乙烯	20～30	20～30
石蜡	0.1～0.17	0.1～0.17

注：①苯乙烯的用量依据施工漆液的粘度要求可适量加入；②加 5%～10%损失系数。

12.6.2.3 **喷 涂** 常用于喷涂的面漆有硝基漆、醇酸清漆、丙烯酸清漆等。在聚酯清漆中，也有部分品种用于喷涂，例如北方牌（齐齐哈尔油漆总厂）的平面、立面聚酯清漆。

（1）板边的喷涂 板件的周边用喷涂法涂饰面漆时，用喷枪进行操作。

当喷涂一般涂料时，全部操作可由1人来完成。这个工人取板件，成垛堆放在工作台上，以便在垂直方向形成连续加工面。根据被涂饰板件的大小和边线数目，板件可垛成几个料堆，距地面高度大约为1500～1 700mm，以便于操作。垛好后进行喷涂，并且负责调配涂料。

工时定额见表12-47所示。

表12-47 喷板边工时定额 单位：s/件

边线面积，dm^2	板件长≤1m				板件长＞1m			
	涂层数							
	2	4	6	8	2	4	6	8
0.5	3.3	6.6	10.0	13.5	6.9	13.8	20.7	28.6
1.5	5.1	10.3	15.4	20.4	8.7	17.5	26.1	35.0
2.5	6.9	13.8	20.9	27.8	10.5	21.0	31.5	42.2
3.5	8.5	16.9	25.4	33.8	12.3	24.7	37.0	49.1
4.5	10.3	20.6	31.0	41.5	14.1	28.2	42.3	56.5
5.5	12.1	24.3	36.5	48.9	15.9	31.8	47.8	63.8
6.5	13.9	27.9	41.7	55.8	17.7	35.4	53.2	70.9
7.5	15.7	31.5	47.2	63.0	19.5	39.0	58.6	78.0
8.5	17.5	35.0	52.5	70.0	21.3	42.6	64.0	85.4
9.5	19.3	38.6	57.9	77.0	23.1	46.2	69.4	92.4
10.5	21.1	42.2	63.3	84.4	24.9	50.0	74.7	99.6
11.5	22.9	46.0	68.7	91.6	26.7	53.4	80.0	106.8
12.5	24.7	49.4	74.0	99.0	28.5	57.0	85.5	114.0
13.5	26.5	53.0	79.5	106.0	30.3	60.6	91.0	121.0
14.5	28.3	56.6	85.0	115.2	31.8	63.6	95.4	127.0
15.5	31.1	62.2	93.3	124.4	33.6	67.2	100.8	134.4
16.5	31.9	63.8	95.7	127.6	35.4	70.8	104.4	140.0
18.0	34.6	69.2	104.0	138.4	39.0	78.0	117.0	156.0
20.0	38.1	76.2	114.3	152.4	43.0	86.0	129.0	172.0
22.0	40.8	81.6	122.4	163.2	47.0	94.0	141.0	188.0
24.0	44.4	88.8	132.2	177.6	51.0	102.0	153.0	204.0
25.0	46.2	92.4	138.6	184.8	53.0	106.0	159.0	212.0

工时定额计算实例：计算喷涂一个板件为509mm×356mm×20mm的四周小边涂8层硝基清漆的工时定额。

经计算四周小边面积为5.09×0.2+3.56×0.2×2＝3.46dm^2，由表12-47查得喷8遍用工时定额为33.8s。

喷涂北方牌聚酯清漆时，由2人来完成。他们取板件，将这些板件立放在工作台车上，以便在水平方向形成连续加工面，喷涂后把台车推入干燥室。并负责把干燥后的板件堆放在辊台上。由1人负责调配涂料。喷涂操作工时见表12-48。

表 12-48　聚酯漆喷边操作工时　　单位：s/件

边线面积，dm²	涂层数，层				边线面积，dm²	涂层数，层			
	1	2	3	4		1	2	3	4
0.5	0.5	1.0	1.4	2.0	10.5	9.5	18.9	28.2	37.8
1.5	1.5	3.0	4.4	5.8	11.5	10.4	20.8	31.2	41.5
2.5	2.3	4.6	5.8	9.3	12.5	11.3	22.6	33.9	45.2
3.5	3.3	6.5	9.8	13.2	13.5	12.2	24.4	36.6	48.8
4.5	4.1	8.2	12.3	16.4	14.5	13.0	26.0	39.0	52.0
5.5	5.0	10.0	15.0	20.0	15.5	14.0	28.0	42.0	56.0
6.5	5.8	11.6	17.4	23.3	16.5	14.9	28.8	44.7	59.6
7.5	6.7	13.4	20.0	26.9	18.0	16.2	32.3	48.5	64.7
8.5	7.7	15.3	22.9	30.7	20.0	17.9	35.8	53.8	71.7
9.5	8.5	17.0	25.6	34.0	22.0	19.8	39.6	59.4	79.2
					24.0	21.5	43.0	64.6	86.2

喷涂以外的板件搬运时间，调配涂料时间，洗喷枪时间为辅助时间。辅助时间见表 12-49。

表 12-49　聚酯清漆喷边辅助时间

板件长度，m	辅助时间，s/件
≤1	24
>1	44

工时定额计算实例：计算喷涂一个板件为 1 760mm×600mm×20mm 的四个边，涂三层漆的工时定额。

经计算四周边总面积为 17.6×0.2×2+6×0.2×2=9.44dm²，由表 12-48 用插入法查得涂三层聚酯漆所用操作工时为 25.6s，由表 12-49 查喷边所用辅助时间为 44s。总工时定额为 25.6+44=69.6s。

（2）部件的喷涂　由 1 人负责调配涂料、取零件、摆好后进行喷涂。当需要喷涂其他面时，负责翻转零件。工作结束后负责洗喷枪及清扫工作场所。

根据部件品种或需喷涂的面数，可选择不同的放置方法。需喷涂几个面的部件，摆放时，中间可留有一定间距，形成水平方向间断喷涂面。只需喷涂一个面的部件，并有直边，摆放时，一般不留间隙，可以在水平方向上形成连续喷涂面。表 12-50 列出一个操作工喷涂硝基清漆时部件的工时。

表 12-50　硝基清漆喷涂部件工时　　单位：s/遍

一个面的面积，dm²	零件间无间隔	零件间有间隔	一个面的面积，dm²	零件间无间隔	零件间有间隔
1.0	1.0	1.5	16.0	15.5	21.7
2.0	2.1	2.8	17.0	16.7	23.5
3.0	2.9	4.2	18.0	17.5	24.5
4.0	4.0	5.6	19.0	18.5	25.9
5.0	4.9	6.9	20.0	19.5	27.5
6.0	5.9	8.2	21.0	20.4	28.5
7.0	6.8	9.6	22.0	22.1	30.0
8.0	7.8	10.9	23.0	22.3	31.1
9.0	8.8	12.5	24.0	23.1	32.5

（续）

一个面的面积，dm^2	零件间无间隔	零件间有间隔	一个面的面积，dm^2	零件间无间隔	零件间有间隔
10.0	9.8	13.7	25.0	23.8	33.9
11.0	10.8	15.1	26.0	25.5	34.6
12.0	11.5	16.5	27.0	26.5	35.5
14.0	13.5	17.7	28.0	27.5	36.5
15.0	14.5	20.5	29.0	28.4	37.4
			30.0	29.5	38.4

喷涂多遍时，需要安放翻转零件，这个时间为辅助时间。安放翻转零件的辅助时间见表12-51。

表 12-51　喷涂部件辅助时间

工　步	零件翻转次数			
	0	1	2	3
安放翻转零件（之间无间隔）时间（s/零件）	4.8	8.4	12.3	15.9
安放翻转零件（有间隔）时间（s/零件）	6.2	9.8	13.5	17.1

计算实例：计算出一个操作工喷涂一个 1 600mm×40mm×20mm 部件的二个面（一个宽度方向的面，一个厚度方向上的面），喷涂 6 层硝基清漆所用工时定额（零件间保持一定距离）。

经计算一个宽度方向的面为 6.4dm^2，一个厚度方向上的面为 3.2dm^2，由表 12-50 查出面积为 6.4dm^2 工时（用插入法）为 8.8s，面积为 3.2dm^2 的工时为 4.6s，总工时定额为（8.8＋4.6）×6＋9.8＝90.2s。其中 9.8s 为部件翻转一次的时间。

（3）制品的喷涂　喷涂各类清漆工时基本一致。由于涂料品种的差异，在调配涂料时的工时有些差异，表 12-52 列出喷涂常规面漆的实施工时。

表 12-52　制品喷涂工时

面积，m^2/件	0.5	1	2	3	4	5
工时，s/m^2	80.5	78.5	75.4	70.5	60.5	58.4

（4）材料消耗　喷涂用硝基清漆材料消耗如表 12-53。

表 12-53　喷涂硝基清漆材料消耗　　单位：g/m^2

材　料	配　方					
	1∶1.6			1∶1.8		
	第一遍	第二遍	第三遍	第一遍	第二遍	第三遍
硝基清漆	57.7～61.5	59.6～63.5	59.6～63.5	53.6～57.1	55.4～58.9	55.4～58.9
信那水	92.3～98.5	95.4～101.5	95.4～101.5	96.4～102.9	99.6～106.7	99.6～106.7

注：配方为硝基清漆与信那水比例。

喷涂板边用聚酯漆材料消耗见表 12-54。

表 12-54　喷涂聚酯漆材料消耗　　单位：g/m²

材　　料	第 1 遍	第 2 遍	第 3 遍
不饱和聚酯清漆	120.0	120.1	120.0
环烷酸钴液	2.6	2.6	2.6
过氧化环己酮浆	6.3	6.3	6.3
苯 乙 烯	6～7	6～7	6～7
石　　蜡	适　量	适　量	适　量

12.7　涂层砂光消耗定额

涂层砂光是指已干燥的中间涂层与表面漆膜的砂光。

12.7.1　中间涂层砂光

中间涂层砂光，主要是除掉刷毛、木毛刺、灰尘等。一般用手工操作，所用砂纸为 0 号或 1 号。

零件砂光时，工人从料堆或料车上取零件，放在工作台上，或固定在夹具上，进行手工砂光。砂光后将零件堆放在另一料堆上或小车上。砂光时，要求刮去表面及边部多余的涂料，并进行局部修补。

制品砂光时，即在涂漆干燥后，在原地用砂纸砂光、修补等。表 12-55 列出砂光一遍的工时定额。

表 12-55　中间涂层砂光工时定额　　单位：s/m²

涂　　料	板件面积，m²		实木零件	制　　品
	≤0.04	>0.04		
硝 基 清 漆	110	132	740	264
聚氨酯清漆	122	154	758	284

注：1）实木零件指腿、杆、压板、扶手、抽屉面等；2）虫胶清漆同硝基清漆，醇酸清漆、各种磁漆、丙烯酸清漆等同聚氨酯漆类；3）砂纸消耗为 0.030 8m²/m²。

12.7.2　表面漆膜砂光

装饰质量要求较高的木器，表面漆膜需经抛光处理，而在抛光处理之前需用砂纸或砂带砂光至一定程度。制定工时定额时，应考虑涂膜种类、砂光方法等影响因素。

12.7.2.1　手工湿磨　一般用于制品及部件等。在表面漆膜实干后，要求抛光的产品，若用手工湿磨时，工时定额和所用水砂纸消耗见表 12-56。

表 12-56　制品湿磨工时与材料消耗

涂　　料	不同面积的工时，s/m²			材料消耗，m²/m²
	7～11m²	4～6m²	3.5m² 以下	(m²/m²)
硝基清漆	336	486	780	0.015 4
聚氨酯清漆	350	496	795	0.020 5

12.7.2.2　往复式水砂机湿磨　往复式水砂机主要用于平表面的部件湿磨（如硝基漆等挥发性漆必须湿磨）。这种水砂机多自行设计制造，其设备技术特性各有差异。

全部工序由一人操作。包括从料堆上取板件，送入水砂机工作盘上进行砂光，砂好后的板件经揩擦后放在另一料堆上。经一遍砂光的工时定额与水砂纸材料消耗见表 12-57。

表 12-57　湿磨工时定额及材料消耗　　单位：s/件

涂　料	面　积，dm^2							材　耗，m^2/m^2
	18～21	22～30	31～40	41～45	46～50	51～60	61～70	
硝基清漆	240	250	260	270	280	285	290	0.016 5
聚氨酯清漆	260	265	270	275	290	295	300	0.022 5

12.7.2.3　**水平带式砂光机**　用于板件表面漆膜的砂光。湿磨或干磨都可以，主要由涂料品种来决定。一般砂光分两遍进行，第一遍用粒度为 280～320 的砂带粗砂；第二遍用粒度为 400～500 的砂带细砂。

（1）板件的板面砂光　操作方式同往复式水砂机。表 12-58 列出了在水平带式砂光机上干磨（砂）一个面上的聚酯漆膜等所用工时定额。

表 12-58　聚酯漆膜砂光工时定额　　单位：s/件

板件面积，m^2	第 1 遍	第 2 遍	板件面积，m^2	第 1 遍	第 2 遍
0.055 以下	30.1	19.9	0.41～0.50	64.1	53.8
0.56～0.099	33.5	23.2	0.51～0.60	75.3	65.1
0.10～0.15	35.9	25.5	0.61～0.70	96.2	85.6
0.16～0.20	42.6	32.4	0.71～0.80	102.0	91.7
0.21～0.25	40.5	36.2	0.81～0.90	117. 5	107. 1
0.26～0.30	49.6	39.5	0.9 以上	≥155.4	≥145.0
0.31～0.40	55.6	45.4			

注：两遍砂光砂纸消耗为 $0.09m^2/m^2$。

工时定额计算实例：计算砂光一个板件为 1 600mm×500mm 的聚酯漆膜两遍所用工时（砂光一个面）。

由表 12-58 查出面积为 $0.80m^2$ 的两遍砂光工时为 102.0+91.7=193.7s。

（2）板边砂光　板边为直边的板件可在水平带式砂光机上砂光。砂光时，是把板件立放在特制的工作架上。机械砂光未砂到处再由辅助工人手工砂光。全部工序由两人来完成。聚酯漆膜板边砂光工时定额见表 12-59。

表 12-59　聚酯漆膜砂光工时定额

边线长度，mm	工时	边线长度，mm	工时	边线长度，mm	工时
100～200	10.8	701～800	37.2	1 450～1 500	55.5
201～300	13.3	801～900	39.5	1 550～1 600	58.3
301～400	16.0	901～1 000	41.5	1 650～1 750	61.1
401～500	21.3	1 100～1 200	44.3	1 751～1 800	63.9
501～600	29.0	1 250～1 300	47.1	1 850～1 900	66.9
601～700	32.0	1 350～1 400	49.9	1 901～2 000	69.5

注：1）砂纸消耗为 $0.05m^2/m^2$；2）单位：s。

工时定额计算实例：计算砂光一个板件为 1 600mm×500mm×20mm 的四个周边的聚酯漆膜所用工时定额。

由表 12-59 查出两个短边砂光工时为 21.3×2=42.6s；两个长边工时为 58.3×2=116.6s，得出总工时定额为 116.6+42.6=159.2s。

12.8 漆膜抛光消耗定额

表面漆膜经砂光后要进行抛光。部件抛光可用带式抛光机、手扶式辊筒抛光机、六辊抛光机、边线抛光机等进行抛光；制品用手工进行抛光。

12.8.1 水平带式抛光机

用于板面的抛光。一个板件分别在3台带式抛光机上经粗抛、细抛、精抛三次抛光。每台设备由1人操作。需抛光的板件及抛光膏由工人运到机台边，负责上抛光膏，把板件放到滑动工作台上。大板件可放1个，小板件可同时放几个，然后抛光，加工完部件从工作台上取下，放在料台上。抛光聚酯漆膜的工时定额见表12-60所列。

表12-60 聚酯漆膜抛光工时定额

面积，m^2	抛光次数			面积，m^2	抛光次数		
	1	2	3		1	2	3
0.055以下	7	6	5	0.41～0.50	19	18	15
0.056～0.099	8	7	7	0.51～0.60	22	19	18
0.10～0.15	10	9	8	0.61～0.70	24	21	19
0.16～0.20	11	10	10	0.71～0.80	27	24	21
0.21～0.25	14	12	10	0.81～0.90	32	27	25
0.26～0.30	15	14	12	0.90以上	36	34	27
0.31～0.40	18	15	14				

注：1）表中所列为抛光一个面的工时，两面抛光工时为单面的1.85倍；2）单位：s。

计算实例：抛光一个1 600mm×500mm的板件一个面，需三次抛光的工时。

经计算板件面积为0.8m^2，由表12-60查得抛光三次的工时为27+24+21=72s。

12.8.2 手扶式辊筒抛光机

用于零件的板面抛光或制品的平表面抛光。

操作：由1人完成。工时包括取零件、抛光、并把抛光好的部件堆放在料车上。表12-61列出抛光一个面的硝基漆膜所用工时。

表12-61 硝基漆膜抛光工时定额

面积，m^2	工时，s	面积，m^2	工时，s	面积，m^2	工时，s
0.10～0.15	45	0.26～0.30	59	0.51～0.60	73
0.16～0.20	49	0.31～0.40	64	0.61～0.70	78
0.21～0.25	54	0.41～0.50	68		

12.8.3 六辊抛光机

是带有六个软辊的机械进料式的抛光机。用于板面的抛光。

全部工序由2～3名操作工完成。主要操作工负责调整机器，观察设备运转情况，上抛光膏，并把板件放进抛光机。板件通过抛光机后由辅助工取下，并放在料车上。

板件、抛光膏、毛刷、抹布等由操作工运到各自工作位置。板件通过设备的次数，根据工艺要求应达到的质量标准来确定。表12-62列出进给速度为5～10m/min的六辊抛光机，一个面一次通过抛光机所用工时。

表 12-62 六辊抛光机抛光工时定额 单位：s

零件长度，mm	进给速度，m/min					
	5.0	6.0	7.0	8.0	9.0	10.0
450～600	10.0	9.0	8.5	8.5	8.5	8.5
601～750	12.5	11.0	9.0	8.5	8.5	8.5
751～900	15.0	12.0	10.5	9.5	8.5	8.5
901～1 100	18.0	15.0	13.0	11.5	10.0	9.0
1 101～1 300	21.0	18.0	15.0	13.5	12.0	11.0
1 301～1 500	24.0	20.0	18.0	15.0	14.0	12.0
1 501～1 650	26.0	22.0	19.0	17.0	15.5	14.0
1 651～1 850	27.0	25.0	21.0	19.0	17.0	15.5
1 851～2 000	32.0	27.0	23.0	21.0	18.5	16.5

计算实例：求出抛光一个为 1 600mm×50mm×20mm 的板件四次通过六辊抛光机所用工时（进给速度为 6m/min）。

由表 12-62 查出一次通过抛光机工时为 22s 则总工时定额为 22×4＝88s。

12.8.4 边线抛光机

用于抛光板件的直边和简单弯曲的边。

工时包括：将同样规格成组的板件放在工作台上，经夹紧后进行抛光，抛光完的板件取下堆放在料堆上。每班结束后负责清扫设备。

表 12-63 列出由两人操作时板边抛光聚酯漆膜的工时定额。

表 12-63 聚酯漆膜板边抛光工时定额

边长，mm	200	300	400	500	600	700	800	900	1 000	1 100	1 200	1 300	>1 400
1 条边工时，s	1.7	1.9	2.1	2.3	2.8	3.5	4.0	5.0	6.0	6.5	6.8	6.9	7.5

计算实例：计算抛光一个板件为 514mm×361mm×20mm 的四个周边所用工时。

由表 12-63 查，按四舍五入法，两个长边工时为 2.3×2＝4.6s；两个短边工时为 2.1×2＝4.2s。所用总工时为 4.6＋4.2＝8.8s。

12.8.5 悬臂式双辊抛光机

用于抛光线条、搁板条、椅子腿、压板等小型零件。两个辊同时工作。

操作：两名操作工各自将料车拉近抛光机，每次抛光 1 个零件，先抛光零件长度的一半，然后翻转零件，抛光剩下的一半，直至把所需抛光的面抛完为止。

操作工负责上抛光膏、清扫设备。工时定额见表 12-64。

表 12-64 小部件抛光工时定额

零件长度，mm	面或边线数目				零件长度，mm	面或边线数目			
	1	2	3	4		1	2	3	4
100～150	22	36	50	64	600～650	34	60	86	112
200～250	25	42	59	76	700～750	36	64	92	120
300～350	27	46	65	84	800～850	38	68	98	128
400～450	29	50	71	92	900～950	40	72	104	136
500～550	32	56	80	104	1 000	42	76	110	144

注：单位 s。

计算实例：计算出抛光一个 500mm×30mm×30mm 的零件，四个长度方向的面都要抛光所需工时定额。

由表 12-64 查得抛光长度方向的四个面工时为 104s，由于抛光机为双辊，在同一时间内可抛光两个上述零件，所以该零件抛光工时应为 104÷2=52s。

12.8.6 手工抛光

制品多用手工抛光。由 1 人在表面漆膜砂光后，用手工对制品进行抛光。手工抛光时，由操作工提前将固体块状的抛光膏捣碎，用煤油溶解成浆糊状再使用。手工抛光工时见表 12-65 所列。

表 12-65 手工抛光工时定额表

面积，m^2	9.0～11.0	6.5～8.5	4.0～6.0	3.5 以下
工时，s/m^2	673	750	1 140	1 500

注：书柜等线条稍多的木器工时应为一般制品的 1.11 倍。

12.8.7 材料消耗

各类抛光机及手工抛光所用抛光膏消耗见表 12-66 所列。

表 12-66 抛光材料消耗

抛光类别	材 耗，g/m^2	
	抛 光 膏	煤 油
手工抛光	22～25	7～8
带式抛光机	25	—
边线抛光机	45	—
手扶式辊筒抛光机	24	—
悬臂式双辊抛光机	35	—
六辊抛光机	60～80	—

主要参考文献

1. 化学工业部涂料技术训练班编写．涂料工艺．北京：石油化学工业出版社，1976
2. 杨秉国编译．砂带磨削与砂光机．木工机床，1987（3）
3. 张广仁．木器油漆工艺．北京：中国林业出版社，1983
4. 化学工业部涂料工业研究所主编．涂料品种．北京：化学工业出版社，1983
5. 金国淼．干燥设备设计．上海：上海科学技术出版社，1983
6. 卢开为等．远红外辐射加热技术．上海：上海科学技术出版社，1983
7. 机械工业部第四设计院主编．油漆车间设备设计．北京：机械工业出版社，1985
8. 邹茂雄．木材涂装．台湾淑馨出版社，1985
9. 张勤丽．人造板表面装饰．北京：中国林业出版社，1986
10. 王家瑞．板式家具生产技术．北京：轻工业出版社，1986
11. 李庆章．人造板表面装饰．哈尔滨：东北林业大学出版社，1987
12. 南京林业大学主编．木工机械．北京：中国林业出版社，1987
13. 王锡春等．涂装技术．北京：化学工业出版社，1987
14. 刘俊哲．实用涂料涂装手册．沈阳：辽宁科学技术出版社，1988
15. 温元凯．中国涂料手册．杭州：浙江科学技术出版社，1988
16. 林永信主编．林业实用技术大全．哈尔滨：东北林业大学出版社，1988
17. 张广仁，李　坚．木材涂饰原理．哈尔滨：东北林业大学出版社，1990
18. 周长庚．实用油漆涂装大全．太原：山西科学教育出版社，1990
19. 邓背阶等．彩色家具涂饰技术．上海：上海科学技术出版社，1990
20. Б. М. Буглай. Технология отделки древесины. Москва：Издательство Лесная Промышленность，1973
21. Ю. С. Тупичын. Процессы и оборудование для отделки древесиных плитных материалов. Москва：Издателъство Лесная Промышленность，1983
22. П. Бёме 著，О. Х. Ивановой 译．Промышленная отделка поверхностей плитных материалов из древесины. Москва：Издательство Лесная Промышленность，1984